张祖刚 陈衍庆 主编
中国建筑工业出版社

高校建筑类专业参考书系
The reference book series for the major of architecture in universities

建筑技术新论

•图书在版编目(CIP)数据

建筑技术新论／张祖刚，陈衍庆主编 .—北京：中国建筑工业出版社，2007
(高校建筑类专业参考书系)
ISBN 978-7-112-09401-1

Ⅰ.建… Ⅱ.①张… ②陈… Ⅲ.建筑工程－工程技术－高等学校－教材 Ⅳ.TU

中国版本图书馆 CIP 数据核字 (2007) 第 144782 号

责任编辑：陈 桦 吕小勇
版式设计：付金红
责任校对：陈晶晶 梁珊珊

高校建筑类专业参考书系
建筑技术新论
张祖刚 陈衍庆 主编

*

中国建筑工业出版社出版、发行（北京西郊百万庄）
各地新华书店、建筑书店经销
北京广厦京港图文有限公司设计制作
化学工业出版社印刷厂印刷

*

开本：787×1092毫米 1/16 印张：31¼ 字数：758千字
2008年1月第一版 2012年8月第二次印刷
定价：**42.00** 元
ISBN 978-7-112-09401-1
　　　(16065)

版权所有 翻印必究
如有印装质量问题，可寄本社退换
　(邮政编码 100037)

《建筑技术新论》编委会

主　　编：张祖刚　陈衍庆

编写人员：

第1章　　同济大学　李国强、吴明儿、孙飞飞、罗永峰、陈素文

第2章　　哈尔滨工业大学　李桂文、蔡洪彬、张岩、林学军

第3章　　东南大学　柳孝图

第4章　　清华大学　栗德祥、袁铁声、周正楠

第5章　　重庆大学　周铁军、林岭

第6章　　山东建筑大学　刁乃仁

第7章　　西安建筑科技大学　赵西平、郭华、杜高潮、杨柳、万杰

第8章　　华中科技大学　余庄

第9章　　华中科技大学　余庄

第10章　　欧洲建筑技术学院　黄琲斐

FOREWORD | 前言

　　促进社会发展的基本动力是生产力，促进建筑发展的基本动力是建筑技术，建筑发展的历史说明了这一原理。近100多年来，建筑发展的历程充分说明了新技术、新材料、新结构、新设备、所起到的关键作用。特别是近几十年来，生态、能源、电子等新技术在建筑中的应用与发展，更加促进了建筑的迅速发展。正是由于这些新技术的迅速发展，才能使建筑发展符合当今世界自然进化的规律，即低耗高效，建立在可持续发展的基础之上。

　　当前，中国建筑的发展，缺少中国特色的建筑理论予以指导，更缺少的是物质基础，即建筑新技术、新材料、新结构、新设备的创新研究及其产品生产。在校学生所学习的建筑技术课程内容以及从事建筑设计工作的建筑师所掌握了解的建筑技术知识，尚不够先进或全面。我国是一个缺地、缺水的国家，中国人口占世界总人口的21%，但耕地仅占全球的7%，淡水资源亦仅占全球的7%。在2006年3月通过的我国国民经济和社会发展"十一五"规划中，提出了"全面贯彻落实科学发展观"、"建设资源节约型、环境友好型社会"的战略思想和发展目标。为了更好地贯彻符合国情的建设发展方针政策，为了提供给建筑学专业学生和建筑师需要的比较系统的建筑新技术知识，我们组织编写这本《建筑技术新论》。

　　鉴于现代建筑的综合性质，需要建筑多专业的合作共同来完成，建筑学专业学生和建筑师要具备全面的建筑各专业的基本知识，为此在中国建筑学会建筑师分会建筑技术专业组的大力支持下，我们特别邀请对建筑技术相关专业有深入研究的教授、学者分篇撰写。各篇的作者是：第1章"新结构"同济大学李国强教授等，第2章"新材料、新部品、新构造"哈尔滨工业大学李桂文教授等，第3章"建筑物理环境"东南大学柳孝图教授，第4章"可持续建筑技术"清华大学栗德祥教授等，第5章"建筑安全设计"重庆大学周铁军教授等，第6章"建筑环境与设备"山东建筑大学刁乃仁教授等，第7章"建筑节能与节地"西安建筑科技大学赵西平教授等，第8章"建筑智能技术"，第9章"计算机辅助建筑性能设计"华中科技大学余庄教授，第10章"西方建筑技术发展"欧洲建筑艺术学院黄琲斐博士等。还需要提出的是，在这本书立项、编写和出版过程中，得到陈桦编辑的大力帮助与支持，此书各篇作者在校都有繁重的教学与研究任务，于百忙之中编写专题篇，在这里向他们以及责任编辑表示衷心的感谢。

这本书的内容，着重介绍近一时期的建筑新技术之情况，所举实例大都是本世纪前后的实践，它将有助于提高中国建筑的发展水平。但这是现阶段的成果，适合我国各地区的"低耗高效"的"适宜技术"等内容尚不够多，随着我国创新研究的进展，会不断补充这些新的内容，我们期待着。

张祖刚　陈衍庆
2007年3月

CONTENTS 目录

第1章　新结构　　1
- 1.1　大跨度索膜结构　　1
- 1.2　高层建筑钢—混凝土混合结构　　10
- 1.3　玻璃结构　　19
- 1.4　结构抗震新技术　　37

第2章　新材料　新部品　新构造　　53
- 2.1　墙体材料　　53
- 2.2　屋面材料　　61
- 2.3　门窗　　66
- 2.4　地面材料　　75
- 2.5　防水材料　　77
- 2.6　防护材料　　81
- 2.7　吸声、隔声材料　　84
- 2.8　防火　　87
- 2.9　相变材料　　93
- 2.10　通风　　94

第3章　建筑物理环境　　101
- 3.1　建筑物理环境概述　　101
- 3.2　热环境　　106
- 3.3　光环境　　117
- 3.4　声环境　　127
- 3.5　空气环境　　139

第4章　可持续建筑技术　　151
- 4.1　可持续建筑基本概念　　151
- 4.2　建设对环境的生态化补偿　　157
- 4.3　围护结构体系设计　　164
- 4.4　室内环境控制设计　　166
- 4.5　能源优化策略　　169
- 4.6　生态技术策略应用案例　　170

第5章　建筑安全设计　　189
- 5.1　建筑安全设计的内涵及外延　　189

5.2　国内外发展现状 _____ 191
5.3　建筑灾害机理分析 _____ 194
5.4　建筑安全设计的策略 _____ 199
5.5　小结 _____ 223

第6章　建筑环境与设备 _____ 227
6.1　暖通空调新技术 _____ 227
6.2　室内空气环境控制技术 _____ 240
6.3　暖通空调节能与可再生能源技术 _____ 250
6.4　建筑节水新技术 _____ 264
6.5　建筑节电新技术 _____ 270

第7章　建筑节能与省地 _____ 279
7.1　建筑节能概论 _____ 279
7.2　建筑节能理论 _____ 283
7.3　节能建筑构造 _____ 293
7.4　建筑气候与节能 _____ 305
7.5　省地建筑 _____ 311

第8章　智能建筑技术 _____ 319
8.1　智能建筑的应用目标 _____ 320
8.2　智能建筑各子系统的介绍 _____ 326
8.3　智能建筑与绿色建筑的关系 _____ 333

第9章　计算机辅助建筑性能设计 _____ 345
9.1　计算机辅助建筑性能设计的发展趋势 _____ 345
9.2　计算机辅助建筑性能设计的方法 _____ 347
9.3　DOE简介 _____ 359
9.4　CFD模拟与建筑环境 _____ 370

第10章　西方建筑技术发展 _____ 383
10.1　低能耗节能建筑 _____ 383
10.2　被动式节能住宅 _____ 411
10.3　老建筑节能更新 _____ 436
10.4　太阳能在建筑中的利用 _____ 459
10.5　地热能利用 _____ 485

建筑技术新论
New Theory of Building Technology

New Structure
新结构

第1章 新结构

1.1 大跨度索膜结构

1.1.1 索结构

索通过拉力承受荷载，不存在屈曲失稳，极限承载力可以达到拉伸强度，是一种效率很高的承载材料[1]。高强度的索很久以前就被广泛地应用于桥梁结构中，目前世界上绝大多数的大跨度桥梁都采用拉索。

索应用于建筑结构的历史并不长。随着建筑物跨度的不断增加，要求结构轻型，承载效率高，特别是体育场馆、会展中心、车站、机场等公共设施的增加，索在建筑结构中得到了越来越多的应用，结构形式也日益丰富[2]。

(1) 索材料

索由一定数目的高强度钢丝经绞合而成，也称钢丝绳。钢丝是索的最小单位，由含碳量为0.6%～0.8%的优质碳素钢经多次冷拔而成，直径一般为数毫米，抗拉强度可达$1.6kN/mm^2$～$1.8kN/mm^2$。索的绞合方法通常是先将钢丝绞合成钢丝股，再将钢丝股绞合成索。索以钢丝股的数目和每股中钢丝的数目进行分类，截面规格用数字表示，比如7×19表示该索由7股绞合，每股有19根钢丝组成。

索也可用钢丝直接绞合，比如规格1×7的索是由7根钢丝绞合而成，也被称为钢绞线。钢绞线的外面数层也有用Z字形或梯形截面的钢丝绞合而成的，这样可提高防水性能。如果钢丝不进行绞合而是直接进行平行集束，由此构成的索称为平行钢丝束。

由于钢丝绞合后会留下一定空隙，因此索的抗拉刚性以平行钢丝束为最好，钢绞线次之，钢丝绳最差，而索的柔软性则正好相反。图1-1给出了以上3种索的截面形式。除此之外，高强度钢棒在一些情况下可代替索承受轴向拉力。

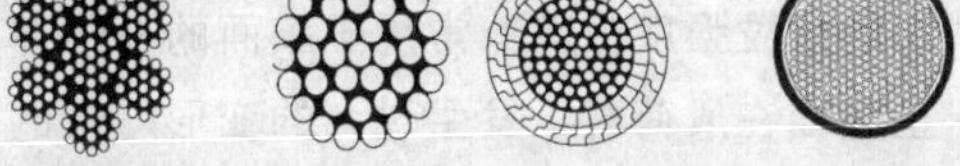

(a) (b) (c)

图1-1 索截面
(a) 钢丝绳7×19；　　(b) 钢绞线；　　(c) 平行钢丝束

(2) 索网结构

索网结构由两个方向的索经张拉形成稳定的索网格曲面，可用于屋盖结构。为保证曲面的稳定，曲面上任意一点两个方向的拉索具有相反的曲率，即索网形成的曲面是一个负高斯曲面，例如图1-2所示的马鞍形曲面。具有相反曲率的两方向拉索既可以有效地抵抗沿曲面法线方向的压力，同样也可以有效地抵抗风吸力，因此负高斯曲面具有很好的整体刚性。

索网曲面上的任意一点应满足两方向拉索经张拉后索张力的平衡条件。对于给定的边界条件和索的预张力，可以通过平衡条件计算出曲面形状，这个过程称为曲面的找形分析。图1-3为通过有限元计算找形得到的索网曲面形状。

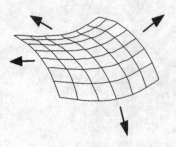

图 1-2 马鞍形曲面

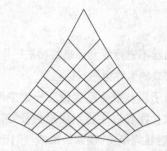

图 1-3 索网曲面计算例

（3）索膜结构

柔性的索非常适用于膜结构的软边界；索的抗拉强度很高，常用于膜面的补强并防止膜面在风荷载下发生过大的变形。索的配置还可以调整膜面过于单一的曲面形状，使曲面形状富于变化，满足建筑对造型的要求。

图 1-4 是位于巴黎新商业区新凯旋门（Grande Aeche）中的索膜结构。膜结构整体由众多的索悬吊于空中，寓意为浮云。索的连接处采用了很多可自由回转的铸钢节点，图 1-5 为典型连接节点。

图 1-4 巴黎新凯旋门中的"浮云"

图 1-5 可自由回转的索节点

（4）索杆结构

索杆结构指承受拉力的索和承受压力的杆组成的杆系结构，长度较短的索常常用细径的高强度钢棒代替。由索杆组成的杆系结构通常必须进行张拉施工，在索中导入一定大小的预张力。预张力的作用一方面提供此类杆系结构的初始刚度以保证结构的稳定，例如图 1-6 中长度 l、预张力 T_0 的索在水平位置时具有初始刚度 $4T_0/l$，这种由内力引起的刚性称为几何刚性。预张力的另一重要作用是使索能够在预张力消失之前承受名义上的压应力。由于预张力使得索可以看作受压杆件，真正压杆数目大为减少，因此索杆结构是一种效率非常高的结构形式。

张拉整体结构是索杆结构的一种。严格意义上的张拉整体结构要求压杆之间互不接触，通过结构的预张力产生的几何刚度达到稳定，因此杆件总数可以少于 Maxwell 关于稳定结构的最少杆件数（$n \geqslant 3d - 6$；n 为杆件数，d 为节点数）。图 1-7 是某一稳定的张拉整体结构模型，杆件数为 24，少于 Maxwell 要求的最少杆件数 30。这类张拉整体结构虽然杆件数可以做到极端的少，但由于预张力产生的几何刚性远小于弹性变形产生的弹性刚性，因此在荷载作用下结构整体会产生很大的变形，在建筑结构中应用不多。通过增加一些拉索或允许压杆接触可以构成形式多样的索杆结构体系，以满足建筑结构对结构刚度的要求。

P
T_0
l
P
δ
P
$k_g=4\frac{T_0}{l}$
0
δ

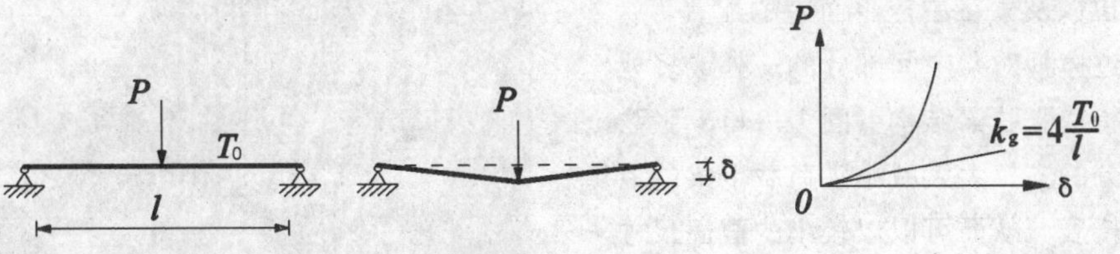

图 1–6 预张力 T_0 与初始几何刚性 k_g

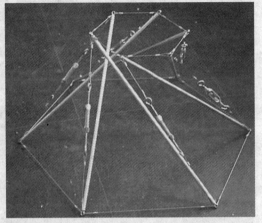

图 1–7 处于稳定状态的张拉整体结构（节点12，索18，杆6）

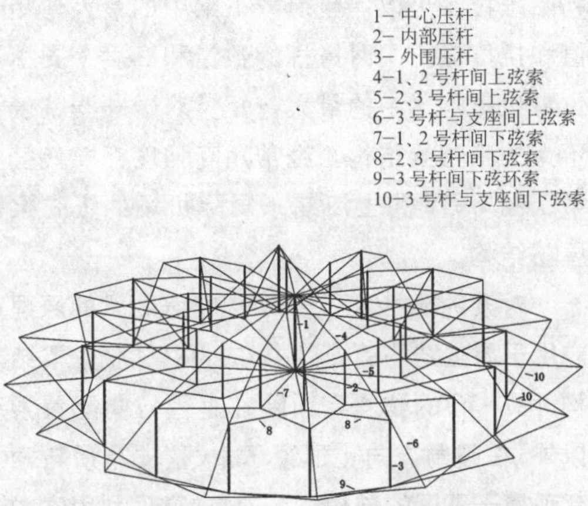

1- 中心压杆
2- 内部压杆
3- 外围压杆
4-1、2 号杆间上弦索
5-2、3 号杆间上弦索
6-3 号杆与支座间上弦索
7-1、2 号杆间下弦索
8-2、3 号杆间下弦索
9-3 号杆间下弦环索
10-3 号杆与支座间下弦索

图 1–8 日本天城索穹顶中索与杆的配置

索杆结构的设计分析以及施工有较高的难度。结构的体型以及杆件的配置应保证拉索能有效张紧，拉索张紧状态下结构有足够的刚度，结构分析应包含结构预张力分析和张拉施工分析内容，张拉施工时应进行有效地监测和控制。

索穹顶是张拉整体结构的一个应用实例，目前全世界建有数座索穹顶，索与杆的配置方法各有不同，图 1–8 为日本天城索穹顶中索与杆的配置图。2002 年日韩世界杯足球赛场馆大量采用了索杆和索膜结构，图 1–9 与图 1–10 是韩国釜山体育馆的结构模型，采用撑杆、索和膜组合的张拉结构体系。釜山体育馆的平面为直径 228m 的圆形，穹顶中间有 180m × 152m 的开口以满足草坪对阳光的需求。施工前对施工的每一步都进行过预先确定，施工过程中对力和位移进行连续检测和控制。

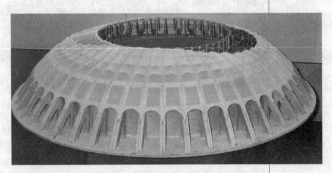

图 1–9 2002 年世界杯足球赛韩国釜山体育馆模型

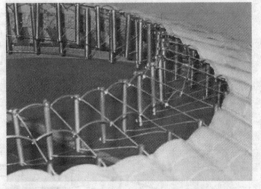

图1–10 韩国釜山体育馆撑杆、索和膜组合的张拉结构

(5) 索与梁组合的结构

索与梁的组合可以分为索对梁或屋盖的

弦支、斜拉以及索在屋盖平面内的配置等。

索通过撑杆对梁中间部分的一处或多处进行支撑构成张弦梁结构（图1-11）。张弦梁中间部分的支撑大大减小了荷载下梁的最大弯矩和挠度，从而可以以较小的截面尺寸达到较大的跨度。通过对张弦梁中的索进行初始张拉，可以调整荷载下梁中的最大弯矩值和挠度值。同时撑杆的数量和高度、支撑位置也影响梁中的最大弯矩。对于一些跨度不大的张弦梁结构，经常用高强度钢棒代替索。图1-12为上海浦东国际机场的张弦梁屋盖结构。

对索进行立体配置，可以将张弦梁的原理应用于屋盖结构的支撑中，成为立体张弦梁结构。图1-13的弦支穹顶除在直径方向配置索以外，在圆周方向也配置了索。弦支穹顶与索穹顶属于不同的结构体系，弦支穹顶利用索对刚性屋盖进行补强，而索穹顶则是由索杆组成的柔性体系。

通过立柱或桅杆利用索对梁或屋盖进行斜拉，这种结构形式多用于运动场看台的悬挑屋面、扁平屋盖结构等，例如图1-14的吉林速滑馆采用了利用悬索和吊索的屋盖悬吊体系。利用索进行弦支或斜拉时，应考虑载荷在索和梁或屋盖上的分配，保证索和梁或屋盖协调工作。由于索处于单纯的拉伸状态，

图1-12 上海浦东国际机场的张弦梁屋盖结构

图1-14 吉林速滑馆悬吊式屋盖

索的初始徐变、连接处的松弛、温度变化引起的伸缩、施工顺序等都会对荷载的分配产生很大的影响。如何保证索和刚性的梁或屋盖协同工作，是设计的一项重要内容。

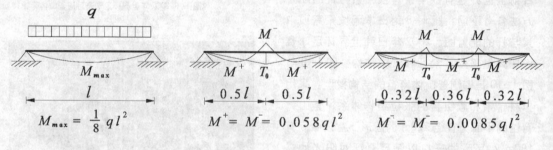

图1-11 张弦梁以及梁中弯矩

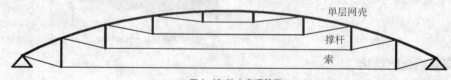

图1-13 弦支穹顶简图

索还可以在屋盖平面内配置以提高屋盖的面内剪切刚度。比如正方形网格状结构，在对角线方向配置纤细的拉索可保证格子视觉流畅性的同时又有较大的抗剪刚性（图1-15a）。对于单层网格结构，通过在网格交点处面外方向的撑杆配置斜向钢棒（图1-15b），或在网格中间设置飞杆并配置斜向拉杆和两方向拉索（图1-15c），可有效地提高单层网格的平面内剪切刚度和面外弯曲刚度。日本熊谷穹顶采用了图1-15b的体系，利用直径350mm的钢管构成10m×10m的格子，配以直径35mm的拉杆，建成了水平投影为长边235m短边135m的椭圆形单层穹顶。

图1-16为法国卢浮宫的玻璃金字塔结构。拉杆在各个方向上的配置有效增加了玻璃支撑的网格体系的刚性，使得结构晶莹透明（图1-17）。

图1-16 卢浮宫玻璃金字塔

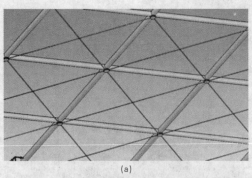

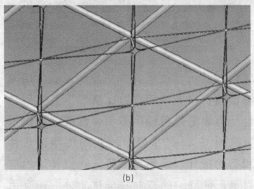

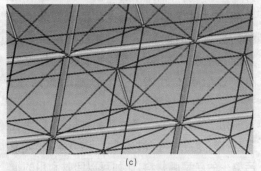

图1-15 单层网格中索的配置
(a)平面内；(b)平面外(单侧)；(c)平面外(两侧)

图1-17 玻璃支撑格子中的拉杆

1.1.2 膜结构

从古代游牧民族用于栖息便于移动的小型帐篷（Tent），到现代马戏团巡回演出的大型帐篷，膜结构的历史悠久。与传统的帐篷相比，现代建筑用的膜结构（Membrane Structure）不仅可用于大型集会、展览会等临时性建筑，还大量用于体育场馆、会议中心等永久性建筑。膜结构的材料也从古代的动物毛皮、橡胶制品，发展到现代的纤维织物。膜结构以其造型优美多变、室内明亮、重量轻、易于跨越很大的空间等其他结构形式无法比拟的特点，越来越受到人们的喜爱（图1-18）。

(1) 膜材料

目前绝大多数的建筑用膜材料是由纤维

图1-18 2005年日本爱知世博会主题音乐馆

编织而成的,组成织物的纤维有聚酯纤维和玻璃纤维,玻璃纤维比聚酯纤维有更高的强度(图1-19)。织物表面通常涂有涂层,涂层用于保护纤维以减少气候引起的老化,避免异物划伤。涂层还具有较强的自洁作用,保证膜材料表面的清洁。常用的涂层有聚氯乙烯(PVC)涂层和聚四氟乙烯(PTFE)涂层。PVC涂层一般用于聚酯纤维膜材(称为PVC膜材),由于PVC涂层在太阳光照射下易发生老化,影响透光性和自洁性,因此PVC膜材寿命一般在10年以内。目前常在PVC涂层表面再涂上聚偏氟乙烯(PVF)、聚二氟乙烯(PVDF)等面层,可以使涂层寿命和自洁性能得到较大提高。PTFE涂层一般用于玻璃纤维膜材(称为PTFE膜材),PTFE化学稳定性能和自洁性能都比较好,因此PTFE膜材的使用寿命长,可达20年以上,常用于永久性建筑。

膜材料的厚度一般为0.3~1.2mm,单位面积的自重大约为1.0kg/m²。膜材的抗拉强度很高,1cm宽的中等强度的膜材可承受一名普通成人的体重。膜材料根据织物纤维的方向分为经向(Warp)和纬向(Filling),一般情况下两方向的力学特性存在差别。未使用过的膜材料第一次拉伸后发生较大的残余变形,表现出比较强的黏弹特性,以后的拉伸过程应力变形曲线趋向稳定并且表现出弹性特性,因此膜结构的荷载效应分析中通常将膜材料假定为各向异性(经向和纬向)的线性弹性材料。

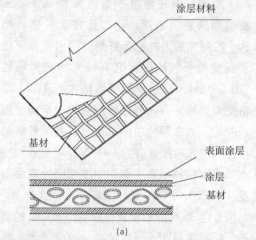

图1-19 膜材料的组成
(a)示意图;(b)编织前的玻璃纤维

膜材料的材性试验有双向拉伸试验,用来测试膜材料在不同应力比情况下的变形特性,为确定裁剪缩小率和弹性模量提供依据。图1-20是某膜材的双向拉伸试验片和初始拉伸以及第二、第三次拉伸时的应力变形曲线。除双向拉伸试验外,还有用于测试膜材强度的单向拉伸试验、测试膜材撕裂强度的撕裂试验、测试膜材抗弯能力的弯曲疲劳试验、测试膜材老化特性的耐候试验等,另外还有测试膜材自洁性、透光率、耐火性等的试验。

用于建筑结构的膜材料品种很多,同时各国都在开发强度高、耐久性好、透光率高、环境污染少的新型膜材料。比如可以回收利用的植物纤维膜材、高透光率ETFE膜材等。

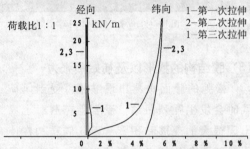

图1-20 某膜材双向拉伸试验片和拉伸变形曲线

图1-21 施工中的日本大馆穹顶（PTFE双层膜）

(2) 膜结构的分类

膜结构根据其支撑形式，可分为骨架膜结构、张拉膜结构和空气膜结构[3]。

骨架膜结构通过压板和螺栓等将膜面固定于刚性支撑边界上，例如钢梁边界、混凝土边界和木边界等，单枚膜宽度较大时可在膜面中央配置拉索进行补强。骨架膜结构膜面的基本形状由骨架决定，膜材充当屋面材料为建筑物内部提供明亮的空间，同时膜屋面重量轻可使骨架结构跨越很大跨度，因此骨架膜结构常用于大跨度空间结构，例如：体育馆的穹顶、大型购物中心的屋盖等。骨架膜结构中膜面的曲率变化不大，刚性边界使得膜面在外载下不易发生很大的变形，因此骨架膜结构比较适合在风荷载或雪荷载较大的地区使用。

图1-21是位于多雪地区的大型木结构穹顶，屋面采用外层和内层的双层PTFE膜面。外层膜厚0.8mm，用于承受荷载，而内层膜厚0.35mm。积雪时通过在双层膜间吹入温风使积雪融化，保证屋盖的透光性，还可以防止膜面内侧的结露。

张拉膜结构没有连续的刚性支撑边界，膜的边界通常连接在柔性的拉索上，索与膜面通过张拉形成丰富多彩的曲面形式（图1-22）。张拉膜结构通常由桅杆等提供高度不等的支撑点，膜面上的荷载通过索传递到支撑点，再由桅杆等传到基础。张拉膜结构的膜面形状富有变化，能充分展示膜结构的无穷魅力，但由于缺乏刚性支撑，外荷载下膜面极易发生很大的变形，对膜面形状的设计、拉索的配置等有很高的要求。特别是台风经常光顾的地区，膜面形状不合理会导致局部风压过大，张拉膜结构出现大变形、局部撕裂甚至发生整体破坏。

图1-22 张拉膜结构

空气膜结构按工作原理可分为气承式和气胀式两种结构形式。

气承式空气膜结构的室内空间是封闭的，通过送风机或抽风机使得室内空间的大气压大于或小于外部的大气压，从而支撑膜面或张紧膜面，实际使用中以送风形式较多。正常情况下气承式空气膜结构的内外气压差大约为200Pa（约为1个标准大气压的1/500），这个压力是根据人员可安全通过出入口和保证充气膜具有足够刚度而设定的，一般与空气膜结构的实际大小无关。在暴风或大雪情况下通过增大内压来提高空气膜结构的整体刚度以防止膜面出现过大变形，由于内压较高，此时应限制人员的出入。

气胀式空气膜结构采用开放的室内空间，在由膜面形成的密闭空间中充气使得膜面张紧，例如管式空气膜和双层空气膜（图1-23）。气胀式空气膜结构形状多变且室内无需密封，但空气内压高于气承式结构。无论是气承式还是气胀式空气膜结构，为保证空气气压的稳定而进行的日常维护和控制，是此类结构设计中的一项重要内容。

大型气承式空气膜结构以其前所未有的明亮的内部空间，简洁的屋面形式，低廉的造价和便利的施工性，在20世纪70年代到80年代广为建造。20世纪90年代以后，大规模永久性气承式空气膜结构因日常维护的复杂性已很少建造，而气胀式临时性建筑，以及空气膜与其他结构形式组成的新型结构体系得到了发展。图1-24是将双层空气膜做成可以折叠的形式，用于日本丰田体育馆开闭式屋盖结构中。

图1-24 日本丰田体育馆可折叠式充气膜

（3）膜结构的找形以及初始预张力

松弛的膜面极易出现皱褶，受到风荷载时会发生强烈振动，受到雪荷载时容易出现很大的变形和积雪，因此膜结构在使用时膜面各处都必须保持张紧的状态。骨架膜结构和张拉膜结构通过施工将预先缩小了的膜面拉伸到固定位置从而张紧膜面；空气膜结构则通过空气的压力张紧膜面。膜面一般情况下为曲面，但是并非所有的曲面都能通过边界的张拉或气压使其张紧，膜结构的找形分析就是通过力学的平衡关系寻找能够被张紧的曲面。

以封闭的空间曲线为边界张成的曲面中面积最小的曲面，数学上称为最小曲面。最小曲面对应于力学上的等张力曲面，比如由肥皂膜张成的曲面（不计自重时）。等张力曲面上任意一点都可以以相同的张力张紧，曲面稳定，是膜结构中使用最多的曲面。计算机技术还未发达的20世纪五六十年代，膜结构的曲面形状依靠实验方法确定，用的最多的是测量给定边界的肥皂膜形状。20世纪70年代以后，利用有

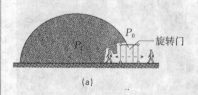
(a)

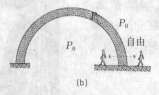
(b)

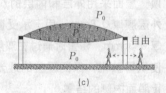
(c)

图1-23 空气膜结构原理
(a) 气承式空气膜；(b) 管式空气膜；(c) 双层空气膜

限元等方法通过计算机就可以计算出要求的曲面形状，图1-25为一例。

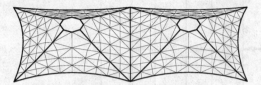

图1-25 有限元法计算得到的曲面形状

膜结构的初始预张力是指张拉施工完成以后膜面的应力值，表示膜面被张紧的程度。单位宽度（每米）的膜面上初始预张力一般为数千牛顿，初始预张力过小会导致膜面出现皱褶、强风下变形过大、易积水等，而初始预张力过大则会增加张拉施工难度。随着膜结构完成年数的增加，因膜面松弛，初始预张力会逐渐减少，膜结构设计时应考虑这个因素，设置必要的调整装置以便日后进行二次张拉。

（4）膜结构曲面的近似展开、裁剪和张拉施工

除了一些特殊的曲面（例如圆锥面），一般的曲面无法展开成为平面。膜结构曲面一般为不可展曲面，但构成曲面的膜材料是平面的，因此必须采用近似的方法将膜结构的曲面展开为平面，这个过程称为曲面的近似展开。曲面的近似展开中最常用的是测地线法。测地线是指连接曲面上两点间距离最短的线段。测地线法是在膜面上找出沿一定方向间隔一定距离的多条测地线，将相邻的两条测地线之间的曲面近似地取作平面，由此将膜面展开成一系列的平面（图1-26）。膜面上的拼接线影响膜面的视觉效果，因此测地线的配置应充分考虑建筑的要求。图1-27是上海F1赛车场看台荷叶状巨大遮阳伞中膜面拼接线形成的叶茎效果。

膜面曲面经过近似展开成为一系列平面，在对膜材进行裁剪以前，必须进行缩小处理使得膜面安装后能够张紧。缩小率是膜结构制作中非常重要的一项参数，关系到膜面是否合理张紧、有无局部应力集中和膜面是否出现皱褶

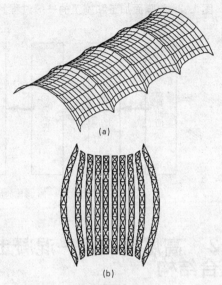

图1-26 曲面的平面展开
(a)曲面；(b)平面展开图

图1-27 上海F1赛车场看台膜面拼接线形成的图案

等。缩小率决定时应考虑膜材的双向拉伸试验结果、膜张力松弛特性、张拉施工过程等因素。特别是PTFE膜材，拉伸刚度大不易张拉，对缩小率有更高的要求。

膜面展开后的平面形状经缩小后即可进行裁剪。膜材供货时通常被卷成具有一定幅度的一卷，裁剪时注意纤维方向并进行合理的排列以减少废料。目前比较先进的裁剪方法是通过计算机控制进行自动激光裁剪。

裁剪得到的膜片在工厂进行拼接后形成具有一定大小的整块膜片。膜片之间的拼接方法有缝合和焊接等，缝合适用于无法焊接的膜材或荷载较小的连接，焊接是目前应用得最多的工厂连接方法。拼接得到具有一定大小的膜块运至现场，进行逐块的张拉施工。

图 1-28 为膜面加工和施工的一般过程。

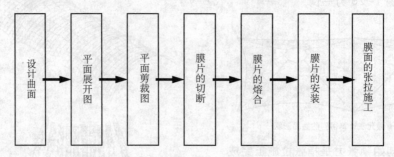

图 1-28 膜面的加工和施工过程

1.2 高层建筑钢—混凝土混合结构

1.2.1 引言

钢—混凝土混合结构多采用混凝土剪力墙（或芯筒）加外围钢框架的结构形式[6]（图1-29），兼有钢结构强度高、施工速度快、混凝土结构抗侧刚度大的优点。在1996年建设部颁布的《1996～2010年建筑技术政策》及2001年建设部和国家冶金工业局颁布的《建筑用钢技术政策》中，均将高层建筑钢—混凝土混合结构列为大力推广的建筑新技术。

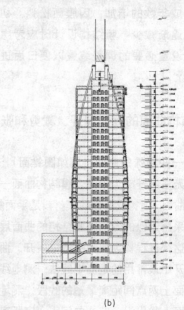

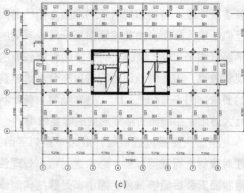

图 1-29 上海沪东造船厂技术中心大楼[7]
(a) 沪东造船厂技术中心大楼施工现场；(b) 建筑剖面图；
(c) 标准层结构平面布置图

钢—混凝土混合结构最早于1972年用于芝加哥的Gateway III Building (36层137m)，我国至20世纪80年代才将钢结构用于高层建筑，目前已建成或在建的高层钢结构建筑（约有40余幢）中有一半以上采用的是钢－混凝土混合结构，目前正在建造的上海环球金融中心（101层492m，图1-30）也采用了这一结构体系。而这种结构体系在国外一般仅用于非地震区，故很少对其进行抗震研究。日本1992年曾对高层混合结构的抗震设计作了一定的研究，但之后并未深入下去，故也未在高层建筑中推广采用混合结构。美国的有关设计规范指出，由于对混合结构未进行过系统研究，在历史上也有过震害记录，因此不宜用于地震区。

图1-30 上海环球金融中心

在传统的土木工程领域中，往往先有工程实践，然后才进行系统深入的研究。究其原因是土木工程结构一般都有较高的冗余度，工程师在丰富的工程经验和正确的力学概念指导下即可以设计出较为合理的结构形式，在缺乏研究支撑的情况下可以通过增加安全储备来保障结构的安全。混合结构体系在我国这样一个多地震国家的发展恰恰也沿袭了这一传统。直到20世纪末，我国既无高层建筑钢—混凝土混合结构设计规范，又没有对这种结构的抗震性能进行过系统研究，而在地震区已建成了不少混合结构超高层建筑，最具代表性的有上海金茂大厦、深圳地王大厦。工程界和学术界对这些建筑的抗震可靠性产生了很大争议。

混合结构受到业主和工程界青睐的根本原因是，它综合了钢结构和混凝土结构各自的优点，具有较好的综合结构性能与经济性能：钢结构施工速度快、柱网开间大，而混凝土结构刚度大、成本低。因而混合结构与全钢结构比，具有节省型钢与节点用料、降低施工难度与造价和提高结构抗火性能的优点；与全混凝土结构相比，又具有减轻结构自重、节约基础造价、减小地震作用、提高施工速度的优点。

古有所谓："成也萧何，败也萧何"。人们对混合结构抗震可靠性的疑问正来自于它把受力性能迥异的钢结构和混凝土结构捆绑在一起：两种结构体系能共同工作吗？如果不能，将在地震来临时被各个击破，后果不堪设想。同济大学率先对此进行了系统深入的研究，通过结构试验和节点试验证实了混合结构体系的抗震可靠性，通过理论分析建立了抗震设计方法，并主持编写了我国第一部混合结构设计规程——上海市标准《高层建筑钢—混凝土混合结构设计规程》（DG/TJ08-015-2003），为该结构体系的推广应用奠定了坚实的理论基础。

1.2.2 抗震试验

在计算机技术和结构分析理论高度发展的今天，对于结构抗震这一复杂的命题，工程界仍认为除了实际震害以外，只有试验才最具说服力。可以说这是"实践是检验真理的唯一标准"著名论断在地震工程领域的具体体现。而模拟地震振动台试验是目前验证结构体系抗震性能最有效的试验手段之一。

同济大学在其土木工程防灾国家重点实

验室进行了一个典型的 25 层钢—混凝土混合结构的模拟地震振动台试验[8]（图 1-31）。由于该振动台台面尺寸只有 4m×4m，最大载重量只有 25t，因此，有必要像其他大型结构的实验一样，按照相似理论，采用原型与模型 1:20 的长度比例将原型结构等比例缩小为模型结构。为了确保材料性能的相似性，除了在长度上按比例调整外，还将时间按 1:8 的比例缩短，即将地震波的输入在时间上等比例压缩，同时将密度按 4:1 的比例放大，办法是在模型上附加质量。

图 1-32 芯筒破坏情况

图 1-31 振动台试验模型

振动台试验表明[8]：

（1）钢—混凝土混合结构可有较好的延性，即在大震下结构不再保持弹性，楼层间的位移因构件发生损伤而明显加大，但不会引起整体结构的倒塌。

（2）高层钢—混凝土混合结构随地震强度的加大，损伤加剧，阻尼增大，自振频率不断下降；结构破坏主要集中于混凝土芯筒，表现为底层芯筒混凝土受压破坏、暗柱和角柱纵筋压屈（图 1-32），而钢框架处于弹性阶段，没有明显的破坏现象。结构整体破坏属于弯曲型，属于延性破坏，是工程抗震设计所允许发生的破坏形式。

（3）试验和分析表明，只要设计合理，

根据现行《建筑抗震设计规范》设计的高层钢—混凝土混合结构可具有较好的抗震性能，能够满足"小震不坏，中震可修，大震不倒"的抗震要求。

除了上述结构整体抗震性能外，振动台试验还揭示了混合结构在局部区域的一个特殊问题，即钢框架梁和混凝土芯筒连接区受力复杂，预埋件与混凝土之间的粘结易遭到破坏，特别是芯筒角部节点区混凝土破坏严重（图 1-33）。为此，同济大学进一步做了三个足尺钢梁—混凝土墙节点的拟静力抗震试验[9]（图 1-34a，图 1-34b）。在试验中节点处的部分锚筋被拉断（图 1-34c），虽然锚筋发生了较为显著的变形，但并未发生锚筋被拉出的粘结破坏。由此推断节点处的锚筋破坏为锚筋的强度破坏，因此按照规范《钢筋混凝土结构预埋件》（JSJT—203）规定的锚固长度，可以使受反复轴力的钢梁与混凝土墙连接节点的锚筋强度得到充分的发挥，而荷载的循环次数增大将使节点锚筋的强度降低。

图 1-33 钢梁与芯筒连接节点破坏情况

力产生的扭矩较右侧的连接方式偏大,使整个节点处于不利的受力情况,因此在实际工程中建议采用图1-35中右侧的连接方式。(2)增加锚板的厚度、提高锚板的刚度、使不同位置的锚筋均匀受力,充分发挥每一根锚筋的锚固能力。建议在以后的该类工程中锚板厚度应至少为20mm。

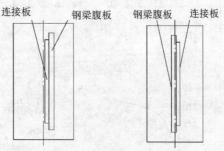

图1-35 连接板的位置

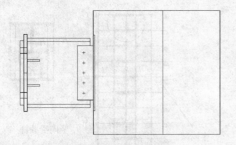

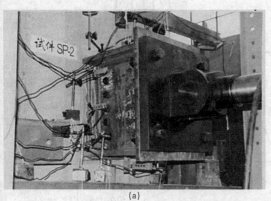

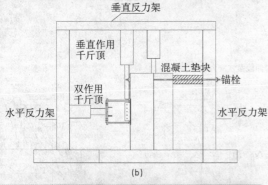

图1-34 足尺钢梁·混凝土墙节点拟静力抗震实验
(a) 钢梁——混凝土剪力墙节点试验模型;(b) 钢梁——混凝土剪力墙节点试验装置图; (c) 节点破坏情况

根据试验结果,对连接节点抗震设计提出两点改进建议[9]:(1) 调整连接板的位置,以减少偏心轴力产生的扭矩对节点锚筋的不均衡的作用。在图1-35中左侧的连接方式轴

1.2.3 混合结构弹塑性地震反应分析模型

混合结构平面一般较规则,因此可以不考虑结构的扭转反应,由此可分别在结构平面的主轴方向上,将混合结构分解为钢框架和混凝土核心筒两部分并联工作(图1-36)。为简化计算,再把平行于地震方向的每榀钢框架简化为相应的半刚架。而混凝土核心筒按一定规则等效为平面弯剪构件,按层划分单元,采用宏观墙单元模型;半刚架和混凝土墙体通过刚性连杆协同工作。对结构的整体P-效应,采用一列竖向受载杆与上述简化结构并联,如此便构成了用于对混合结构进行弹塑性地震反应分析的简化模型[10] (图1-36)。这一简化模型能减少自由度和计算工作量,试验证明又有较高的计算精度,是一种实用的分析模型。

半刚架的梁、柱单元可以采用图1-37所示的滞回模型。Vulcano.A.和Bertero把剪力墙单元理想化为一个连接上下楼面水平无限刚性横梁的串联水平弹簧和转动弹簧组件(图1-38),这一两元件模型简单、直观和

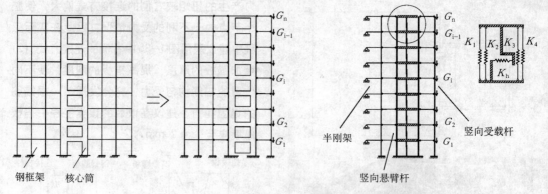

图 1-36 高层钢—混凝土混合结构力学模型

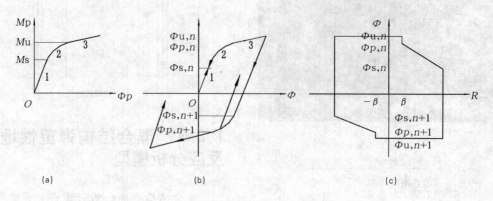

图 1-37 钢构件截面恢复力模型

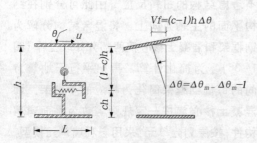

图 1-38 两元件模型（Vulcano & Bertero）

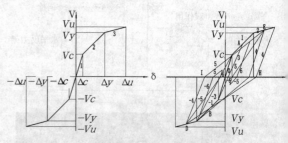

图 1-39 剪切刚度滞变模型（退化三线型）

实用，且保留了能较好描述剪力墙的剪弯主要性态的特点。剪力墙单元分别可以采用图 1-39 和图 1-40 所示的剪切刚度滞变模型和弯曲刚度滞变模型。

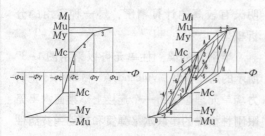

图 1-40 弯曲刚度滞变模型（退化三线型）

1.2.4　混合结构钢梁与混凝土墙节点受力分析

高层钢—混凝土混合结构由外部钢框架和内部混凝土核心筒两类抗侧力结构组成。这两类抗侧力在水平荷载作用下的变形和受力特性各异。剪力墙核心筒以弯曲变形为主，如图 1-41(a) 所示；框架则以剪切变形为主，如图 1-41(b) 所示。在同一结构中，通过钢梁把两者联系到一起，它迫使框架和核心筒剪力墙在同一标高处共同变形。图1-41(c)中虚线表示框架和剪力墙的各自变形曲线，实线表示经过协同工作后结构所具有的变形曲线。分析表明，在地震过程中钢梁内部将产生反复的轴力作用。然而在通常的设计计算过程中，我们把铺在钢梁上的混凝土楼板假定为无限刚性，这样计算中地震下在钢框架和核心筒之间产生的水平力作用通过刚性楼板来传递。整个结构体系中的梁只受到弯矩和剪力的作用，连接钢梁和混凝土剪力墙的节点仅仅按照弯矩、剪力复合受力设计。这显然与实际不一致，并将造成设计偏于不安全。为此需要分析计算混合结构中钢梁与混凝土墙节点水平受力分布情况。

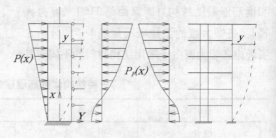

图1-42 连续化分析示意图

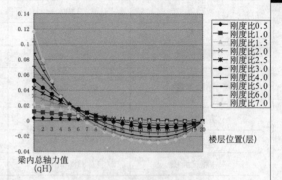

图1-43 楼层位置与钢梁轴力曲线

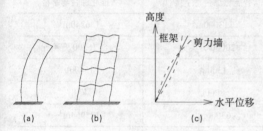

图1-41 框架—剪力墙结构的变形特征

可以采用连续化方法计算混合结构钢梁与混凝土墙节点受力，即如图1-42所示将与混凝土墙相连的钢梁切开后各钢梁中的未知力P_{Fi}化成未知函数$P_F(X)$，然后根据框架—芯筒协同工作关系建立微分方程求解。图1-43所示为一幢20层混合结构建筑与混凝土墙相连梁内总轴力值计算结果。可以发现如下规律：

(1) 最大轴力随着钢结构与混凝土结构刚度比λ的增大而增大；

(2) 随着刚度比λ的增大，结构中钢梁的零点轴力所在位置会向下移动；

(3) 在钢梁零轴力点以下，钢梁的轴力随高度的增加而减小；在钢梁零轴力点以上，钢梁的轴力随高度的增加先增大后减小；在零轴力点以下的最大轴力大于其上部的最大轴力。

1.2.5　综合经济效益分析

经济效益是决定一项新技术能否得到广泛推广应用的至关重要的因素之一。目前，在高层建筑结构设计中采用何种结构材料方案是讨论比较多的问题，因为其直接影响到建筑的经济合理性。我国高层建筑传统地采用钢筋混凝土结构，而钢结构在我国高层建筑中的应用只是近十多年才兴起的，这与我国国情、钢产量、成型制造工艺及经济政策等方面有关。对于采用何种结构材料方案，除了考虑造价以外，还应从建筑有效使用面积、结构抗震及地基处理、建筑布置灵活性、施工周期及施工对周围环境影响等综合因素作全面、系统的分析，应以其综合经济效益为依据[15]。

对此，同济大学从综合经济效应角度，选用上海市在建的三幢功能相同（都为智能化综合写字楼）的高层建筑为比较对象，对目前高层建筑主要采用的三种材料结构体系进行了细致的比较分析。这三幢建筑分别为全钢结构（世界广场），钢—混凝土混合结构（上海森茂大厦）

和钢筋混凝土结构（南京西路1160号商办大楼），各幢大厦的工程概况见表1-1。分析主要考虑各幢大厦由于采用结构材料的不同对其整体成本的影响，假设各工程的机电设备、电梯、装修等非结构性项目不随结构体系的变化而产生变化，不列入比较项目。

三种结构体系高层建筑的比较分析表　　　　　　表1-1

工程名称	世界广场	上海森茂大厦	南京西路1160号商办大厦
地点	上海（浦东）	上海（浦东）	上海（浦西）
投资单位	中国人保信托投资公司	日本森海外株式会社	上海雄元房地产公司
高度	150m	198m	193.13m
层数	38	48	45
建成时间	1997年底	1998年4月	1998年底
结构体系	框架全钢结构	钢筋混凝土核心筒，外框钢骨混凝土结构	框剪混凝土结构
基础形式	钻空灌注桩	钢管桩加箱基	箱基
建筑功能	智能化综合写字楼	智能化综合写字楼	智能化综合写字楼
总建筑面积	83800m^2	113000m^2	136240m^2
实际总投资额	13890万美元	约20000万美元	约合16200万美元
总用钢量	11000t	13000t	15400t
其中型钢用量	约10000t	8000t	400t
混凝土总用量	65636m^3	63000m^3	125964m^3
基础混凝土用量	56576m^3	32500m^3	70964m^3
上部结构混凝土用量	9060m^3	30500m^3	55000m^3

为精简起见，分析时工程整体成本定义为工程的结构造价（包括地基基础的处理费用与地下室和上部结构造价）和由于采用不同结构材料所产生的结构施工工期与建筑有效使用面积的差异并由此带来的经济收益转换成的等效成本之和。各工程的整体成本见表1-2。因各工程的总建筑面积（包括地下室面积）不同，为统一标准，以每平方米建筑面积的等效造价为标准进行比较分析。由表1-2可见，高层建筑采用钢—混凝土混合结构与采用混凝土结构相比，在建筑有效使用面积与施工工期方面具有一定的优势，能取得较可观的经济收益，从而可抵消一部分因采用钢结构而增加的费用，进而使得工程的整体成本明显降低。

整体成本分析表　　　　　　表1-2

项目		世界广场	森茂大厦	南京西路1160号商办大厦
结构造价（万美元）		3461	4271	3744
与工期有关的节约成本	利息（万美元）	−217	−421	0
	租金收入（万美元）	−334	−609	0
有效使用面积增加的经济收益（万美元）		−648	−616	0
整体成本（万美元）		2262	2625	3744
每平方米成本（美元）		270	232	275

1.2.6 工程实例

(1) 金茂大厦[16]

金茂大厦是一幢集办公、宾馆、商业于一体的综合性大楼，建筑面积289500m²，主楼地上88层，地下3层，高420.5m。图1-44为金茂大厦平面图和剖面图。

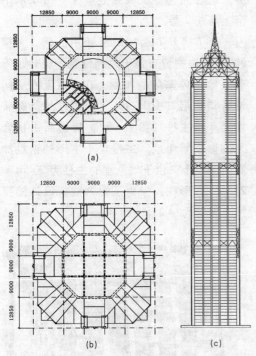

图1-44 金茂大厦平面图与剖面图
(a) 56层以上平面图；(b) 56层以下平面图 (c) 剖面图

金茂大厦主楼结构的地上部分为中央钢筋混凝土剪力墙组成的8边形核心筒体和外框的8个钢骨混凝土巨型组合柱、8根钢巨型柱及钢梁。核心筒体的厚度由下至上逐步减小，从850mm到450mm。核心筒腹部剪力墙呈井字形布置，起于地下3层，终止于53层，厚度为450mm。在24层至26层、51层至53层和85层至87层三个部位设置两层楼高的钢桁架，作为水平刚度加强层，使中央钢筋混凝土核心筒体与外周均匀布置的8个钢骨混凝土巨型组合柱组成"核心筒体—钢巨型桁架—钢骨混凝土巨型组合柱"的高效率抗侧力系统，是典型的钢—混凝土混合结构。8个钢骨混凝土巨型组合柱分别成对布置在外侧东、南、西、北四边，由宽翼型H型钢及钢筋混凝土组成，其截面由下往上从1.5m×5.0m变成1.0m×3.5m。混凝土标号从C60、C50变成C40。钢巨型柱分别成对布置在东南、西南、西北、东北四边，由H型钢与钢板焊接而成。其平面位置通过转换钢柱转换11次，逐步向核心筒内收。楼板为钢梁、金属压型钢板组合楼板，一般跨度为4.5m。

大楼的主要抗侧力构件为中央钢筋混凝土筒体，钢筋混凝土结构提供了非常好的质量与刚度比以及内在的动力阻尼特性，大大减小了风荷载引起的结构动力反应，对抗风设计相当有利，不仅满足了风荷载下的位移和强度要求，也满足了建筑物的舒适度要求。竖向荷载承重构件采用钢结构，大大减轻了结构自重，并且加快了施工速度。

结构分析结果为，在风荷载作用下，结构顶点位移为$H/575$，层间位移为$h/550$；在地震作用下，按反应谱计算，顶点位移为$H/1930$，层间位移为$h/1930$，按等效静力法计算，顶点位移为$H/845$，层间位移为$h/750$。

(2) 长江中心[16]

长江中心位于香港中区皇后大道中2号，俯瞰维多利亚港，占地共9700m²，原为希尔顿酒店、拱北行及花园道多层停车场。东面为花园道，南面有基督教的圣约翰教堂，西面为特别行政区终审法院，北面为繁忙的皇后大道中。长江中心群包括一座62层高的办公楼（顶部绝对标高为290m），3层绿化裙楼及6层停车地库。完成后的长江中心群将提供120000m²办公室及25000m²的停车场。

办公室大楼结构楼板为46.95×46.95m²，含幕墙的宽度为47.2m，四角有1m的削角。主楼核心筒体为钢筋混凝土结构，四周为钢管混凝土组合柱，柱距7.2m。主楼的高宽比值约为6，因此对横向的风荷载非常敏感。因为香港的建筑物条例没有抗震设计的要求,所以设计时只考虑主楼在抗风时的反应。主楼结构动力分析结果表明,阻尼比值选用1%时,前3个自振周期分别为7.6s(弱轴)、5.7s(强轴)及2.4s(扭转)。按加拿大(NBCC)规范得出最高加速度为13×10^{-3}g(弱轴)及11×10^{-3}g(强轴)。主楼顶部弱轴方向的位移为797mm,即总高度的1/378。筒体、边柱、加强桁架等,都是控制主楼刚度的构件。在22至24层、41至43层双向皆设有刚性伸臂桁架。在59至61层则只在弱轴方向设有刚性伸臂桁架。为使边柱及筒体在受风时产生共同作用,在机械层之外围,亦设有加强桁架。在横向荷载作用之下,筒体是承担水平剪力最有效的构件,而边柱则以拉/压反应抵御弯矩,再把荷载通过转换层,传至主柱再达地基。水平构件为组合楼板与钢梁。组合楼板在标准层厚度为130mm,机械层为150至200mm厚。图1-45为长江中心标准层平面图。

边柱的钢管为$\phi 965\times12.7$mm至$\phi 1422.4\times18$mm之圆钢管。采用钢管混凝土柱是因为圆柱表面面积小,能取代模板,亦不需要防火材料,所以不但比其他方案经济,在施工速度上亦比传统方法快。未注入混凝土之钢管,在设计阶段已考虑了它的施工流程,其强度必须最少承托6层。边柱内为C60高强混凝土,每次从下至上灌注3层。

为了提升办公楼的可使用面积,大楼的24根边柱皆布置于最外位置,但为了外观及地下停车场的布置,在2层至4层间设有转换层(图1-46),把边柱的荷载转换至8根主柱(图1-47)。转换层由拼合之方形钢管组成。主柱是十字形的钢柱加高强混凝土,位于地下室的主柱为$2.3\text{m}\times2.15\text{m}$方形柱,但为了配合建筑设计的要求,大堂为$\phi 2.5$m圆柱。

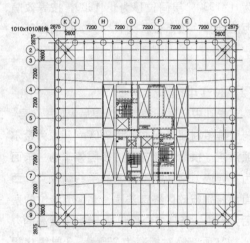

图1-45 长江中心标准层平面图

图1-46 转换层

筒体的布置在低层如罗马"II"字,按电梯所达楼层缩小至高层的长方形。筒体墙的厚度是由最底层1.5m及0.8m减至顶部0.4m。筒体全为C60高强混凝土,选用爬模,建造速度曾高达每2至3天便完成一层。筒体内部水平构件则是C40混凝土。

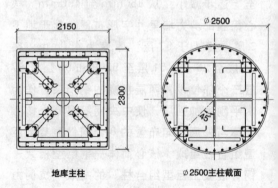

图1-47 主柱详图

1.3 玻璃结构

1.3.1 玻璃材料及其特性

玻璃是有代表性的脆性材料，几乎所有的破碎都是由于玻璃表面产生拉应力造成的。玻璃在它的应力峰值区不能产生塑性重分布，一旦荷载应力超过强度允许值便立即发生破坏。一直到破坏时为止，玻璃的应力-应变几乎是线形关系。玻璃的抗压和抗拉强度有很大的区别，它的抗压强度很高。设计时抗拉强度往往是最重要的参数。玻璃的弹性模量在 70～73GPa 之间，约为钢材弹性模量的 1/3。经过热处理后的钢化玻璃强度高于 70MPa，而淬火玻璃强度可超过 120MPa。玻璃的自重仅为 2500kg/m³，所以玻璃的强重比要优于普通钢材。玻璃热膨胀系数为 $\alpha=9e-6$，与钢材相近，使得钢材和玻璃能用于同一结构，发挥各自的特长。此外玻璃的抗腐蚀性能强，因此玻璃用于结构的防腐费用很低。因此如果对其设计合理，扬长避短，将玻璃用于建筑上能够发挥出意想不到的效果。

结构用玻璃主要类型有：退火玻璃、夹丝玻璃、钢化玻璃及淬火玻璃等。通过对这几种玻璃的再次加工得到一些特殊用途的玻璃，如夹层玻璃及隔热隔声玻璃等。

(1) 退火玻璃

退火玻璃由液态玻璃缓慢冷却形成。玻璃液直接由引上法形成的是普通玻璃，其表面平整度低；将玻璃液在熔化的锡液上凝结而成的称为浮法玻璃，其表面光滑，质量良好，可进一步深加工成钢化或半钢化玻璃。

(2) 钢化玻璃

将普通平板玻璃或浮法玻璃原片在特制的加温炉中均匀加热至 620℃，使之轻度软化，结构膨胀，然后用冷气流迅速冷却。这导致玻璃外层先于内部收缩和凝固。玻璃内部最终冷却并凝固后对玻璃外层产生压力作用，使之始终处于压力之下，它还会使玻璃内部产生张力。裂缝最容易在有拉力的物体中扩张，所以要防止玻璃破碎就必须消除玻璃表面的拉力，使之不易破碎。

平板玻璃实际强度降低的主要原因是表面微裂纹、结构的不均匀性、微观缺陷、玻璃中残余应力的影响等。表面微裂纹是促使玻璃强度降低的主要原因之一。当玻璃表面存在微裂纹时，由于玻璃是脆性材料，在受到应力作用时不会产生流动，就能在小裂纹的端部引起很大的促使裂纹急剧扩展的应力，玻璃破坏时，表面成为破坏的起始点。当大气中的活性介质如水渗入便会使玻璃强度明显降低。玻璃中的化学不均匀性及气泡、结晶夹杂也会因成分与主体玻璃不同而造成局部应力集中而形成裂纹。

随着科学技术的发展，在广泛应用玻璃的各个领域对玻璃制品的轻质高强提出越来越高的要求，因此玻璃材料或单元的增强技术已成为一个重要的研究课题。

钢化玻璃具有较高的机械强度、较好的热稳定性和安全性能。

钢化玻璃的抗弯强度是一般玻璃的 4～5 倍。厚度 5mm 的钢化玻璃，抗弯强度一般可达到 152MPa。国内钢化玻璃的抗冲击强度约是一般玻璃的 1.53～3 倍，国外约为一般玻璃的 4 倍。例如，227g 的钢球在玻璃试样（300×300×5mm）中心的上方 2.5～3m 的高度自由落下试样不破碎，而一般玻璃为 1m 以下不破碎。钢化玻璃的挠度比一般玻璃大 3～4 倍，1200×350×6mm 的一块钢化玻璃，最大弯曲达 100mm，故在玻璃板片的受力分析中考虑几何非线性的影响是很有必要的。钢化玻璃具有一定的耐水压强，400×600×6mm 的试样为 1～2.8kg/cm²。

热稳定性是指玻璃能承受剧烈温度变化而不破坏的性能。钢化玻璃可经受温度突变的范围达 250～320℃，而一般玻璃只有 70～100℃。例如，将钢化玻璃（510×310×6mm）放置到 0℃，浇上熔融铅水（327.5℃）试样不破裂。

此外，钢化玻璃破碎时，整块玻璃全部碎成类似蜂窝状钝角小颗粒（俗称"玻璃雨"），不易伤人，具有一定的安全性。其原因是钢化玻璃的张应力存在于玻璃的内层，当玻璃破裂时，在外层压应力的保护下，能使玻璃成为布满裂缝的集合体而不易散落，碎片呈类似蜂窝状的钝角小颗粒。

钢化玻璃不能再行切裁。这是由于钢化玻璃中有很大的、均匀分布的、相互平衡的应力，所以一般不能再行切割，需要在钢化前进行预定尺寸的切割。

钢化玻璃具有"自爆"的特性。这是指钢化玻璃在无外界机械力作用下发生的自身炸裂。主要原因是钢化玻璃中存在非玻璃体物质而造成应力集中，当超过一定技术极限，钢化玻璃就会"自爆"。

钢化玻璃可作为中空玻璃和夹层玻璃原片。其性能指标如表1-3所示。

钢化玻璃的物理性能　　　　　　　　　　　表1-3

密度 (t/m³)	弹性模量 (Pa)	泊松比	抗压强度 (Pa)	比热 kJ/(kg·K)	线膨胀系数 (2~300℃)	热传导率 (W/(m·K))
2.5	7.0×10^{10}	0.2	10^9	0.792	1.0×10^{-5}	1.0

(3) 夹层玻璃

夹层玻璃是一种性能优良的安全玻璃，它是由两片或多片玻璃用透明的聚乙烯醇缩丁醛（PVB）胶片牢固粘合而成，具有透明、高机械强度、耐光耐热、耐寒等性能，玻璃和中间层的牢固粘合，使夹层玻璃具有良好的抗冲击性能和破碎时的安全性能。当夹层玻璃受到冲击破碎时，碎片粘在中间PVB膜上，不会有玻璃碎片飞溅伤人，只是形成辐射状的裂纹，还能保持原来的形状和可见度。

夹层玻璃的原片可使用浮法玻璃、钢化玻璃、夹丝、夹网玻璃、彩色玻璃等等，玻璃的强度设计值见表1-4。玻璃可以是透明、半透明或不透明的，PVB胶片采用无色或有色均可。

由于夹层玻璃的韧性、弹性和粘接性，它首先在强调牢固和安全的各种建筑上使用，以其耐久易于装配而独树一帜。在发达国家已有明文规定，在高层建筑等公用建筑中必须使用安全玻璃。

此外，PVB胶片具有对声波的阻尼功能，故有良好的隔音效果。同时，它对紫外线有阻挡作用，可保护陈列品或商品免受紫外线的辐射而褪变颜色，但这一点对植物花卉的生长是极为不利的，故在暖房和温室中不能选用，而一般应选用中空玻璃。

当夹层玻璃被用于人们头顶上方时（如采光顶），必须经过剩余强度检验，即保证夹层玻璃破碎后，在仍承担一定荷载作用的条件下，在要求的时间内，不会从支承结构中脱落。

玻璃的强度设计值（MPa）　　　　　　　　　表1-4

玻璃的类型	厚度（mm）	Fg（大面）	Fg（直边缘）
普通玻璃	5	28.0	19.5
浮法玻璃	5-12	28.0	19.5
	15-19	20.2	14.0
钢化玻璃	5-12	84.0	58.8
	15-19	59.0	41.3
夹层玻璃	6-10	21.0	14.7

注：1. 夹层玻璃和中空玻璃的强度可按所采用的玻璃类型取用其强度。
　　2. 表中钢化玻璃强度设计值取为浮法玻璃强度设计值的3倍。当钢化玻璃强度不到浮法玻璃强度3倍时，应根据实测结果予以调整。

由于钢化玻璃和半钢化玻璃两者在破坏后裂片的大小和形式不同，两者组合成的夹层玻璃有助于提高剩余强度。因为两者强度不同，组合使用时一般将钢化玻璃置于不易受荷载的一侧。

(4) 中空玻璃

中空玻璃是现代建筑的一种有效的能量保存手段。一块标准的中空玻璃包括两块或多块平行放置的玻璃板，用隔离铝管将玻璃板隔开。铝管在每个转角处相连接并在管内填充一种特殊的吸附剂，然后在单元四周用一种弹性密封胶结合。中空玻璃原片玻璃厚可采用3mm、4mm、5mm、6mm、8mm、10mm、12mm厚，空气层厚度可采用6mm、9mm、12mm。

中空玻璃具有良好的保温、隔热、隔噪音的功能，可以降低进入室内的噪音27～40dB。镜面中空玻璃的热导率可达$1.74W/(m\cdot K)$，比370mm厚砖墙的保温性能还好。中空玻璃中充氩气还能进一步提高其热工作性能。另外，中空玻璃还有防结露的功能。

1.3.2 玻璃结构的类型及其发展

长期以来，由于玻璃性能所限，玻璃只能用于门窗采光，但人们也尝试着用玻璃作为建筑结构材料。由于钢化玻璃及夹层玻璃的出现，使玻璃从强度和安全性方面都得到了保证，从而玻璃越来越多地作为结构构件，在结构体系中承担了部分甚至全部结构承载的功能。

玻璃结构从形式上可分为：
(1) 全玻璃结构；
(2) 玻璃—金属组合结构。

从应用范围上，玻璃结构可用于：
(1) 全玻璃屋；
(2) 幕墙；
(3) 采光顶；
(4) 梁；
(5) 柱；
(6) 楼梯；
(7) 雨篷。

其中以在幕墙和采光顶中的应用最多，随着科学技术和经济的不断发展，玻璃结构新的实用途径和结构形式不断出现。下面对玻璃幕墙、温室结构和玻璃采光顶进行详细的介绍。

(1) 玻璃幕墙

1) 玻璃幕墙的发展与应用

1910年，建筑设计大师格罗皮乌斯在包豪斯新校舍中首次采用玻璃幕墙。1914年，在科隆的德意志联盟展览会的模范工厂的设计时，他采用玻璃幕墙创造了新建筑造型的成功典例。1926年，格罗皮乌斯在德绍包豪斯校舍车间部分的设计中，再次沿用了玻璃幕墙的设计手法。

1950年建成的纽约联合国秘书处大厦，可以算是在高层（39层）中最早使用玻璃幕墙的实例。由W.K.哈里森和M.阿布拉莫维茨设计，采用板式建筑造型，两端为无窗实墙而幕墙采用铝框格和暗绿色吸热玻璃，玻璃幕墙和白色大理石山墙在色彩、质感上形成强烈对比。

利华大厦（Lever House）由SOM事务所于1952年完成，这是一幢全玻璃幕墙建筑。全玻璃幕墙高层建筑的出现标志着玻璃幕墙走向成熟。1958年，密斯与约翰逊合作设计了纽约西格拉姆大厦（Seagran Building），高39层，其玻璃幕墙采用琥珀色单层隔热玻璃和镶包青铜的钢窗框，在色彩上配合协调并表现出高雅的格调，成为"密斯风格"的代表作。玻璃幕墙在这一个时期成为现代建筑的主角。

20世纪70年代中期以后，玻璃幕墙进入了多元化时代。贝聿铭设计的波士顿汉考克大厦，在布局和造型上做了杰出的处理，使这幢摩天大楼像一个有雕塑感的玻璃块，取得了很大的成功，不仅赢得了"严肃美"的名声，而且还被波士顿市民誉为"最漂亮的建筑艺术"，贝先生也因此而得到美国 AIA 荣誉奖。汉列斯顿·派克、凯文·洛奇与丁克洛设计的联合国发展有限公司大厦，也是一幢极富雕塑感的玻璃高楼，并得到了很高的评价。这两幢高层建筑都企图保持玻璃幕墙的特点，同时，又充分发挥其不同角度光影变化给人以强烈视觉感受的优点，是对密斯风格的延续和提高。1985年，我国在北京长城饭店的设计中第一次采用了玻璃幕墙。

因玻璃幕墙造型简洁、豪华、现代感强，能反映周围的景色，具有很好的装饰效果，并且将墙与窗合二为一，自重轻，相当于砖砌体的 1/12，混凝土的 1/10，所以，玻璃幕墙在全世界范围内发展迅猛，形成一种流行风格。于是，目前设计中流行着这样的说法：若要新，就用金，若要酷，就用幕。金是指钢结构，幕是玻璃幕墙。玻璃幕墙、钢与玻璃构成的高技派建筑已经成为当前写字楼市场上的主流。玻璃幕墙在写字楼建筑上有其独特优势：首先是外观华丽大方，具有现代办公气息，起到强化外立面的效果；其次，视野开阔，通透性强；其次，写字楼进深大，采光要求较高，玻璃幕墙容易满足其设计要求。

2）玻璃幕墙的发展阶段

玻璃幕墙的发展经历了以下三个阶段：

① 明框玻璃幕墙

玻璃幕墙的发展初期使用明框玻璃幕墙。主要由幕墙框架和装饰面玻璃组成，框架大都采用型钢或铝合金型材作为框格。常用型钢有角钢、方钢管、槽钢、工字钢等。用型钢作框架强度高、易加工和焊接，但表面应进行防锈、防腐、防火措施处理。铝合金型框架既可作玻璃面的嵌固框又可作为与墙面锚固铁件连接的受力杆件。

② 隐框玻璃幕墙

隐框玻璃幕墙是第二代玻璃幕墙，最大特点是立面看不见骨格和窗框，使玻璃幕墙外观更统一，更新颖，通透感更强。施工工艺不同于第一代玻璃幕墙。它不是将玻璃嵌在窗框的凹槽内，而是用一种高强胶粘剂，将玻璃粘到骨架上。安装应注意的问题主要是结构胶的使用。目前使用的是硅酮胶，大部分进口，价格贵。而且使用时的相容性检验要送到其生产厂家检验，检验时间长，致使施工单位以次充好，从而使玻璃幕墙存在严重安全隐患。因此，为了克服安全隐患，要严格监督检查，严格按玻璃幕墙规范要求施工和管理。

③ 点式连接法玻璃幕墙

点式 DPG (Dot Point Glazing) 连接法属第三代玻璃幕墙。此技术为英国皮尔金顿玻璃公司开发，在强化玻璃四角打孔，再用螺栓加以固定，螺栓与玻璃表面平齐，使建筑物内外更流通和融合。由于玻璃打孔，打孔处容易因重力、风力、地震力引起应力集中，所以，在螺栓和玻璃孔之间以及玻璃后面加上垫圈，起缓冲作用，玻璃所受外力通过垫圈传递。

另一种 DPG 连接方法用拉·维莱特体系，主要施工工艺是在玻璃四角的孔洞中安装一个半球形的铰接螺栓，使其自由转动。螺栓的转动中心和玻璃重心是一致的，可以避免连接处产生弯矩，并且每块玻璃四个孔洞用一个 H 形构件加以连接，以此来控制因风力和地震力引起的每块玻璃的位移。

3）玻璃幕墙的分类

① 全玻璃幕墙

全玻璃幕墙是随着玻璃生产技术的提高和产品多样化而诞生的，它为建筑师创造一个奇特、透明、晶莹的建筑提供了条件。全玻璃幕墙改变了过去着重用玻璃表现窗户、表现建筑、表现质感、表现体型的传统手法，而是更多地利用玻璃透明的特性，追求建筑物内外空间的流通和融合，人们可以透过玻璃清楚地看到玻璃的整个结构系统，使这种结构系统从单纯的支承作用转向表现其可见性。由于这种奇特的效果，各类大型公共建筑（大剧院、会展中心、机场候机楼等）广泛采用点连接全玻璃幕墙。

由诺曼·福斯特（Norman Foster）设计的 Willis Faber & Dumas Building（图1-48），主体是一座3层钢筋混凝土建筑，其弧形的正立面采用了连续的全玻璃幕墙，从楼顶到地面6块玻璃为一列，每层两块玻璃，玻璃间为补丁板式连接，下面玻璃的重量由与之连接的上层玻璃承担，最上面一块玻璃通过两块平板悬挂在一个转轴上。为抵抗水平荷载，每一层的上面一块玻璃板带有玻璃肋支承，而下面玻璃没有玻璃肋，节省了室内空间，这样每层上面一块玻璃为对边支承，下面一块玻璃为四点支承。玻璃肋与面板之间，竖向为滑动连接，使玻璃肋并不承担面板的竖向荷载。将幕墙在顶端吊挂起来，可以使表面平整，在水平荷载作用下可有微小摆动，避免应力集中。类似的典型的全玻璃幕墙结构还有英国的圣海伦斯宾馆（图1-49）和美国雷明顿公园（图1-50）。

图1-49 英国圣海伦斯宾馆

图1-50 美国雷明顿公园

② 玻璃—钢组合幕墙

玻璃—钢组合结构使用广泛，形式多样，其中巴黎的拉·维莱特科学城幕墙（图1-51）为此类结构的先驱，同时也是典型的代表作品。

该幕墙的主体结构是立面为32m×32m的框架，由直径300mm不锈钢管焊接而成。为了提高框架整体的刚度，每层由一水平桁架加强，桁架由直径为30～55mm的拉杆组

图1-48 Willis Faber & Dumas Building大厦

图 1-51 拉·维莱特科学城

通过撑杆给玻璃以水平支撑。为了防止当一边的钢索张紧时另一边钢索松弛变形，钢索中预先施加 20kN 预拉力，当最大风荷载时，张紧一端的钢索内力可达 40kN。

由于索桁架的两条索有两个交点，使桁架平面外为不稳定体系，有绕以两交点的连线为轴转动的趋势，但是由于玻璃板面在其平面内刚度很大，因而可以通过刚度较大的撑杆对索桁架的转动加以约束。玻璃面板通过和索桁架共同工作，保证了索桁架的稳定性。

在吸收拉·维莱特科学城幕墙的基本设计思想的基础上，世界上不少地方建造了类似结构形式的幕墙。德国外交部大楼幕墙的水平支撑仅为水平索，通过撑杆与玻璃相连，玻璃自重由垂直索承担（图 1-52）。图 1-53 为建于 1994 年的德国慕尼黑凯宾斯基饭店的幕墙，其支撑体系仅为单层索网，采用 MJG 连接。（详见 1.3.3 玻璃结构的连接方法，夹板连接）

图 1-52 德国外交部大楼幕墙

成，并施加预应力。

整个框架由同样大小的 8m×8m 的单元格子构成，每个格子固定了 4×4 块 2m×2m 的钢化玻璃。每单元中的一列 4 块玻璃吊挂于上端梁，玻璃间用 H 形钢爪连接，用以传递竖向荷载。

每两行玻璃交接处有一水平索桁架作为玻璃的水平支撑，两端固定于主体框架上。索桁架由撑杆和两套相对的抛物线形拉索组成，其顶点相距 600mm，撑杆是截面较大的圆钢，拉索是 19 股的钢绞线。索桁架的形状是为了保证在风压力和风吸力两种不同的工况下，始终有一端的钢索张紧抵抗风力，并

图1-53 德国凯宾斯基饭店幕墙

(2) 温室结构

展览温室在我国尚属新生事物,它是科学技术、经济和文化发展到一定水平的产物。展览温室是在一个人工控制的相对稳定的环境条件下,通过科学的、艺术的布展珍奇植物,供人们游赏的室内空间;同时,也是进行植物收集、栽培和适应性研究以及植物科普宣传、教育的基地,是青少年和游客认识自然界植物多样性的重要场所。主要展示内容是热带、亚热带的珍奇植物和在本地难以露地生长且具有高品位的观赏价值或经济价值的植物。热带植物有如热带雨林的高大建群植物,热带的果树、棕榈类、天南星类、凤梨类、蕨类、兰花和水生植物等;其他像仙人掌和多肉植物类以及高山植物等。布展可以成为室内森林,也可以布置成室内花园;展览温室一直是园艺学也是建筑学的研究对象,它的发展大致经历了3个时期:展览温室的雏形、早期的和现代的展览温室。

1) 展览温室的雏形

从远古到17世纪末,那时的温室可谓雏形:构造简单,室内设施缺乏,保温性能差,只勉强满足单一植物在冬季维持生长的需求。它是专门为达官贵人建造的,平民百姓难以享用。罗马最早进行反季节的果树和花卉栽培,第一个温室是在公元30年为古罗马皇帝提比略(Tiherius)建造的,其时玻璃还没有发明,温室叫做光室(specularium),屋顶材料是由小块半透明的云母精心装配而成的;黄瓜种在篮子里,篮子的底部是正在发酵的厩肥,其产生的热量可以维持黄瓜的生长。当时所有这些只是为了皇帝能吃上不当时令的黄瓜。这个提比略温室虽简陋,但它创造了一个新时尚。17世纪,柑橘在欧洲成为奢侈品,柑橘在温室能越冬和观赏,因此,这种温室叫做柑橘温室,它形成了展览温室的雏形。1616年德国园艺师索罗蒙(Solomon)在海德堡建成第一座可移动柑橘温室,冬天推到柑橘种植场,虽然比较笨重,但效果还不错,这个温室直到今天还在。从17世纪中叶起,这种温室逐渐成为欧洲上等花园的必需品。

2) 早期的展览温室

展览温室的发展,在早期跨越的时段较长,它的形成、发展与建筑材料和技术进步密切相关。17世纪末薄板玻璃的发明,使温室有了透光性能好的覆盖材料,冬季室内能获得充足的光源,出现了玻璃屋顶和玻璃幕墙的温室。植物学家和物理学家布哈维(Boerhaave)根据在短日时入射光应垂直玻璃的原理,计算出当地的最佳入射角。英国的总园艺师米勒(Miller)基于太阳在冬季垂直入射、在夏天45度角反射的理论,设计了在两个角度有玻璃屋面的温室。发展到19世纪初,伦敦(London)的研究结果,认为曲面屋顶是最佳形式,因为它不仅能承载雪的重压,且冬季在白天都有光线垂直入射到温室内,这就是所谓的维多利亚式穹顶温室。这种结构形式影响了一代又一代的温室设计和建造。

19世纪中叶，英国开辟了早期展览温室的黄金时代。1844~1848年，著名的建筑师布顿（Burton）在英国皇家植物园（邱园）建造了棕榈温室。为了最大限度地使太阳光照射到室内，采用铸铁制成的穹顶支承框架设计得十分纤细，玻璃被划分成小块镶嵌于弧形框架间，形成平滑的平面，同时为穹顶框架提供了水平支撑，保证了框架结构的稳定。温室建筑面积2308m^2，室内设有分隔，展示热带的乔木和灌木，主要是棕榈类、苏铁类和其他经济作物。它是维多利亚时代温室的典范，至今仍是最漂亮的穹顶温室之一。这种穹顶温室在世界各地都可发现它的范本，如纽约植物园展览温室、旧金山金门公园的花卉展览温室、德国大莱植物园温室等。

3）现代的展览温室

进入20世纪，展览温室的设计理念发生了根本变革。温室多设计成可自动控制任一环境条件的多个独立空间，使每种植物都可在其最适合的条件下生长发育。现代展览温室已超出了单纯建筑的范畴，且它是园艺、建筑与美学的完美结合。比较著名的现代展览温室有密苏里植物园、芝加哥植物园、莫斯科植物园、蒙特利尔植物园、布鲁克林植物园的展览温室和尼亚加拉瀑布展览温室等。其中具有代表性的是美国特拉华州长木公园（Longwood Garden）和日本大阪世界园艺博览会的展览温室。

建于1914年的长木公园展览温室，当初的面积较小，后经多次扩建形成现在的温室群。它高超的园艺水平结合巧妙的艺术配置吸引了世界上成千上万的游客，已成为世界上著名的室内花园之一。其建筑面积超过20000m^2，展示主题20多个，展览的植物种类选4500种。温室的主展厅是四季花园主题植物展示区，春季的球根及其他花卉，夏季的荷花、睡莲和王莲，秋季的菊花和冬季的圣诞花等。其他展示的品种主要按照植物的类型所设置：仙人掌类、热带兰花、蕨类、食虫植物、天南星科植物、凤梨类、棕榈类及栽培果树和花卉展示，还设儿童植物展示区等。

大阪1989年为世界园艺博览会建造的展览温室面积4750m^2，最高点29m，耗资54亿日元。整个展室共分为11间，展示的主要植物类型包括热带雨林、热带花木、仙人掌和多肉植物、食虫植物以及高山植物等。各个展览区域通过玻璃划分成不同的空间，每一间的环境单独控制。由于展示的植物类别比较齐全、布置很精巧，非常适合中小学生接受生物多样性的教育，它是大阪世博园内永久性的景点。

我国展览温室的发展较晚。20世纪80年代初，我国各地植物园和公园建造了一批小规模的展览温室。1999年，昆明世界园艺博览会建成了我国第一座大型的展览温室，面积超过3000m^2，展示热带雨林、热带花卉以及高山植物，面积分别为700m^2、400m^2和300m^2，其他部分作为科普展示区。2000年，在昆明世博园二期名花艺石园内，新建了2400m^2以室内花园为主的展览温室，各种国花、省花、市花和名贵花卉通过自然布置形成景观，每个季节有不同的展示主题。

北京植物园展览温室是北京市迎接建国50周年的献礼工程，其占地面积55m×104m，总建筑面积1700m^2，以"绿叶对根的回忆"构想为主题，显示了北京——中国首都对生态环境的重视。北京植物园展览温室主体结构是由几十榀不同高度、不同跨度、不在同一平面内的钢架组成，更完美地体现了建筑艺术的魅力。主体钢架是由12000多根钢管焊接而成，加上建筑造型独特，施工、安装难度极大。由于植物对紫外线的特殊需要，玻璃原片均采用法国超白玻璃。为了最大限度地与建筑外型相吻合，玻璃精确的分割成尺寸不

图1-54 北京植物园展览温室

同、形状各异的8000多片，制成12mm+12mm（空气）+8mm的中空钢化玻璃，并精心设计了数十种连接件。这座亚洲占地面积最大、设计独特、技术含量最高的展览温室，内设热带雨林、四季花园、沙漠植物、专类植物分区。现在大部分植物均已入住温室，繁花似锦，和玻璃建筑交映成辉。

(3) 玻璃采光顶

1) 玻璃采光顶建筑的发展和应用

玻璃采光顶是建筑的一个组成部分，它是随建筑的发展而发展的。因此研究玻璃采光顶的发展必须研究建筑的发展，研究在不同历史条件下，玻璃采光顶的功能、技术和艺术形象的发展过程以及玻璃采光顶和建筑相互作用的过程。

秦汉时代我国劳动人民创造出黏土砖、黏土小青瓦（即秦砖汉瓦），用于建造房屋，用砖垒墙，用瓦做屋盖。以后随着玻璃的出现，人们感到侧窗采光难以满足大进深房屋采光需要，逐渐用屋面采光。一种作法是用玻璃热压成形，如小青瓦的玻璃弧瓦。这种方法简单易行，且排水方便，不需加做其他排水构造设施，其缺点是采光的面积小，只能在椽子间采用。另一种做法是在屋面需要采光的部分做一个专门采光口，上铺平板玻璃。这种采光口，采光面积大，但是排水做法复杂，节点处理不好，往往容易渗漏。机制黏土平瓦屋面的使用，出现了黏土平瓦屋面采光顶和锥形采光罩，其支承系统为木结构或钢支架，也可以是钢筋混凝土框架以及上述材料混合结构。19世纪后期随着世界工业化进程，一批大型工业厂房兴起，这些厂房跨度有的多达30m以上，单靠侧窗采光不能满足厂房内采光需要，因此采光天窗就应运而生。常用的有采光罩、采光板、采光带和三角形天窗。这些天窗主要以采光（通风）为主，也带有装饰的意义。这些天窗基本采用钢（木）骨架，也有直接在钢筋混凝土框架上钢筋混凝土板上安装玻璃的。

20世纪铝合金型材用于建筑门窗、幕墙，也就有了铝合金玻璃采光顶。这种新型的采光顶在建筑中的地位有了一个大的飞跃，它是建筑艺术的体现，就是说它的艺术功能与它的采光（通风）功能具有同等重要的地位，甚至在某种意义上讲，它的艺术功能超越了采光功能。它的表现手法随建筑风格不同而各异。它的几何形状有单坡、双坡、半圆、1/4圆、折线、锥体、穹顶等，还有由这些基本几何形状组成的群体，以及与幕墙组成的联体，真是万紫千红，百花齐放。20世纪80年代随着结构性玻璃装配技术的广泛应用，玻璃采光顶建筑也采用结构性玻璃装配技术制作，出现了铝合金隐框玻璃采光顶。这种采光顶由于玻璃上表面没有夹持玻璃的压板，玻璃顶上表面形成平坦的表面，使雨水畅通无阻下泄。在玻璃框架玻璃幕墙诞生的同时，出现了玻璃框架玻璃采光顶。这种支承系统（框架）与采光顶全部采用玻璃的新型采光顶，它赋予玻璃采光顶全新的一种艺术形象，由于它无遮拦的全视野的特性，给人们一种特有的艺术享受，在很多公共建筑上开始应用。

最近几年，玻璃采光顶及玻璃幕墙发展迅速，特别是点驳式玻璃采光顶和玻璃幕墙，以其造型简洁、轻巧和美观深受建筑师和业主们喜爱。因此，国外很多优秀的建筑均以其独特的玻璃结构设计闻名于世，特别是在德国，点驳式玻璃采光顶和玻璃幕墙有较高的发展水平和广泛的应用，例如：柏林议会大厦玻璃屋顶、2000年汉诺威世博会中德国展馆的玻璃屋顶和柱子[27]、奥格斯堡市（Augsburg）马克希姆（Maxim）博物馆的玻璃屋顶（图1-55）、莱比锡展览馆屋顶和幕墙、Griebel电脑公司办公楼天井玻璃屋顶（图1-56）、汉堡双X形办公楼幕墙、柏林外

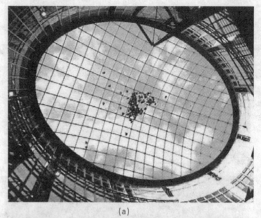

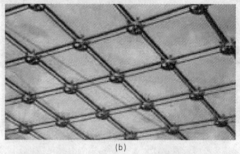

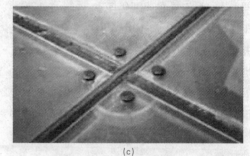

图1-56 Griebel电脑公司办公楼天井玻璃屋顶
(a) 悬索屋顶；(b) 屋顶索结构；(c) 爪件细部

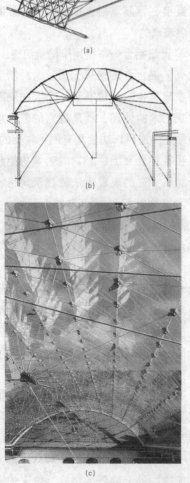

图1-55 马克希姆博物馆玻璃屋顶图
(a) 拱顶结构轴侧图；(b) 拱顶结构剖面图；(c) 室内仰视

交部大楼幕墙和意大利卡塞塔（Caserta）的Crowne Plaza Hotel所采用的玻璃大厅屋面结构[17]。其中马克希姆（Maxim）博物馆的玻璃屋顶为柱面壳体，结构长37m，跨度14m，矢高4.5m，采用半钢化夹胶玻璃，玻璃用于拱形屋面，使其受主要应力为压应力，正是发挥了玻璃的抗压性能好的力学特点。汉诺威世博会展馆的柱子主体为 $\varnothing 355.5mm \times 70mm$ 的钢管，用玻璃板与预应力不锈钢加劲，以增强柱子的稳定性。钢索中施加的预应力使钢索总处于受拉状态，则玻璃板在钢索作用下始终受压，当柱子受弯时，弯曲方向一侧的玻璃板中压力增大。Griebel电脑公司办

公楼天井玻璃屋顶中庭长直径 21m，短直径 13m，主承重结构是环绕椭圆形中庭的钢圈和联系其间的索网结构。拉索连接圆形爪件，支撑玻璃，将玻璃自重荷载和其他荷载转化为拉力，传递给钢圈，钢圈受压力。同时，利用索网是柔性结构的特点，允许 20cm 左右的变形，通过变形承担一定的荷载，减轻结构的负担。钢索直径 25mm，同钢圈用螺栓连接，爪件成圆形，伸出四支紧固件支撑玻璃（图1-56c），玻璃四点支撑。为了节省室内空调的费用，采用隔绝玻璃。其组成为 10mm 单片安全玻璃，15mm 空气层和 12mm 的夹层安全玻璃。此类建筑以现代化的建筑思想及新颖的结构造型成为 20 世纪 90 年代德国建筑较具代表性的部分。正是由于德国以及欧洲建筑师和工程师的努力，推动了玻璃结构在世界范围的进一步发展。

在国内已出现许多具有代表性的点支玻璃采光顶工程，例如：南京市奥体中心体育馆曲面玻璃屋顶（图1-57）、深圳市市民中心玻璃采光顶和昆明市柏联广场15m 直径中厅圆形屋盖[33]。深圳市市民中心玻璃采光顶采用我国自行设计的预应力拉索网架建造而成，此种结构是通过预应力手段将空间刚度良好的网架结构技术与能够充分发挥钢材抗拉性能的拉索结构技术有机地融合在一起，从而形成了一种全新的预应力拉索结构体系。昆明市柏联广场 15m 直径中厅圆形屋盖是我国建成的第一个弦支网壳玻璃采光顶，上铺中空玻璃，其矢跨比为 1/25，上弦为单层肋型网壳，下弦用预应力环形索，用斜向索拉上弦节点，上下弦之间采用竖向铰接压杆。此外，还有北京建成的几个工程，造型独特的北京植物园植物展览温室（图1-58）、面积超过 10000m² 的北京远洋大厦幕墙和大型采光顶、西单文化广场圆锥形采光顶、中华世纪坛护栏等工程。

2）玻璃屋顶的分类

点式玻璃屋顶是另一种较为常见的点式

图1-57 南京市奥体中心体育馆曲面玻璃屋顶

图1-58 北京植物园展览温室

玻璃技术应用于建筑的形式。同样是出于对通透性增强的考虑，采用点式玻璃技术作屋顶，能加大自然采光的程度。同时点式玻璃的支撑结构形式多样，设计灵活，而且施工便利，有利于设计出形式独特的建筑屋顶。

按照点式玻璃屋顶的支撑结构形式可将点式玻璃屋顶分为4种：即全玻璃结构点式玻璃屋顶、拱、梁和刚架支撑的点式玻璃屋顶、下张拉索式桁架支撑点式玻璃屋顶；空间杆系或索系统的点式玻璃屋顶。

① 全玻璃结构点式玻璃屋顶

全玻璃结构点式玻璃屋顶是指主要由玻璃构件构成支撑屋顶的结构，并通过点式钢构件连接屋顶玻璃。此种点式玻璃屋顶都是玻璃主承重结构，对玻璃强度要求较高。

单纯的将玻璃作为梁体系来支撑屋顶的建筑，是十分困难的，因为玻璃的抗拉性能很差。在早期点式玻璃建筑实践中，确有尝试，但是证明这种结构只能应用于很小的跨度，并且不能长久。

如何克服玻璃抗拉性能差的问题，转化为更适宜的压力，成为了这一类结构设计主要需解决的问题。例如，全玻璃结构的点式玻璃屋顶，可以采取一种非常简单而实际的结构，即应用折板结构的原理设计，将玻璃板成一定的角度互相支撑排列，依靠玻璃自身的抗压能力来承担玻璃的自重，减少了玻璃个体承受的拉力，从而较好地解决了这一问题。在玻璃与玻璃之间用点式构件或硅胶连接。图1-59所示为德国的某地铁站台，这个地铁站的挑檐式屋顶有50m长，屋顶的支撑结构是一列弯折的钢管，彼此间距2m，悬臂部分向外延伸3.5m。玻璃架在钢管上，互相之间的夹角为46°。两块玻璃连接的上下两个部分都是用角钢作支座，从角钢上伸出点式构件固定玻璃。出于安全考虑，玻璃都采用由预拉安全玻璃组成的夹层安全玻璃。折叠的玻璃屋顶形成了独特的韵律，成为地铁站的标志象征。

② 拱、梁或刚架支承的点式玻璃屋顶

拱、梁或刚架支承点式玻璃屋顶是指以拱、梁或刚架为主体支承结构，在其上连接点式构件支承或悬挂玻璃屋顶。如果玻璃直接作为梁、拱或结构体系的一部分，那么它属于玻璃主承重结构。但在目前的大部分情况下，基于玻璃的力学特性，它基本上属于玻璃次承重结构。

图1-60为德国汉诺威的Lindener Volksbank银行，主体支承结构由5根横向的玻璃三铰拱组成。每根玻璃拱由3片鱼腹型的平面玻璃组成。玻璃的底部有一条拉索，连接整个拱上的3个铰接点，可以部分承受拉力，以防止玻璃承受拉力过大而断裂。9根沿内缘长向通长的钢管既是横向玻璃拱的稳定支撑，又是所有爪件的联系支撑体。玻璃拱采用夹层安全玻璃，由10mm厚的预拉安全玻璃和15mm单片安全玻璃组成。屋顶玻璃采用双层玻璃，上层为浮法玻璃，下层是夹层安全玻璃。每面玻璃面积2.50m×0.80m，有6点支承。

③ 下张拉索式桁架支承点式玻璃屋顶

下张拉索式桁架支承点式玻璃屋顶是指

(a)

(b)

图1-59 德国某地铁站的挑檐式玻璃屋顶
(a) 结构局部；(b) 屋顶细部

(a)

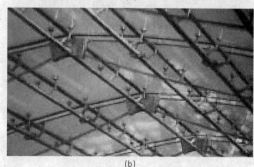

(b)

图1-60 德国汉诺威Lindener Volksbank银行的玻璃屋顶
(a) 屋顶透视；(b) 屋顶结构局部

由钢索和钢杆,或是完全由钢索构成桁架中下部拉杆的部分,钢杆件或玻璃组成压杆构件。这一索桁架体系再通过点式构件连接玻璃。下张拉索式桁架支承点式玻璃屋顶可以是玻璃主承重的,也可是玻璃次承重。如果玻璃作为压杆或压杆构件的一部分,该桁架结构就是玻璃作为主承重结构的体系。玻璃或钢杆作为桁架体系中的压杆,是一种特殊的桁架结构形式。同时它的杆件纤细,形式十分精美,同点式玻璃技术能很好的结合,从而表现出点式玻璃屋顶机械美学和光学通透性良好的特点,是近年来应用较多的一种点式玻璃屋顶形式。图1-61为亚琛工大所建的一个废弃古堡上的屋顶,屋顶将玻璃作为主承重结构构件设计——作为桁架体系中的压杆,和钢构件共同构成桁架体系。屋顶由15块水平向玻璃、10块竖向玻璃和钢构件组成的3.00m×2.50m的玻璃屋顶直接架于砖墙上。屋顶的主支承桁架由钢索、钢管组成的拉杆体系和玻璃组成的压杆体系构成。每两个钢管的底部互相连接,形成一个V形"开叉",构成一组联系杆件。各组V形联系杆件之间用预应力钢索连接,玻璃架于这些钢结构之上。每3块玻璃通过2组联系杆件和4条钢拉索支承起。也就是说,钢索和钢管既是桁架的拉杆,也是玻璃自重荷载的承担体。9mm厚的钢板和角钢是屋顶面和角部的主要点式构件。钢板和玻璃之间通过夹片连接,既避免了在玻璃上钻孔而破坏玻璃,又可以降低造价。玻璃和钢板之间用2mm厚的橡皮垫片以保护玻璃。所有的压杆玻璃均为12mm单片安全玻璃。夹层安全玻璃在这里是不适宜的,因为玻璃作为压杆,必然会给夹层安全玻璃带来一定的摩擦力,而摩擦力将会使夹层安全玻璃中的PVB膜与玻璃的连接受损。

④空间杆系或索系统的点式玻璃屋顶

空间杆系或索系统的点式玻璃屋顶是利用空间结构和点式玻璃技术结合形成的一种屋顶形式。点式玻璃技术和空间结构有很好的结合点,例如:点式构件的铰接能很好的满足空间结构这一柔性空间结构产生变形的要求;玻璃通过屋顶点式构件单片连接,施工和维护简单,而与整体结构无关;玻璃可以作为体系的压杆承载部分荷载,以减少额外构件数量,增大屋顶透明性。因此空间杆系或索系统的点式玻璃屋顶在跨度较大空间的应用上十分受欢迎。

图1-62为法国的卢浮宫玻璃金字塔,由室外地坪开口对角方向上引出的4条索桁架悬挂起一个由4根钢管和8根钢索组成的六面体。上下共有7层的六边形索圈,分别连接于索桁架和六面体的各定点和钢管的中点。庞大而复杂的索网体系组成了这个金字塔的主体结构。由索网上引出的爪件固定在每块玻璃的角部。为了避免金字塔表面的凸凹不平,所有索和杆件的预应力经过了精心的计

(a)

(b)

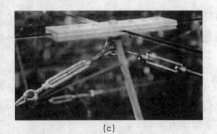
(c)

图1-61 亚琛工大在废弃古堡上的玻璃屋顶
(a) 废墟和添建的玻璃屋顶; (b) 玻璃屋顶结构局部;
(c) 玻璃屋顶细部

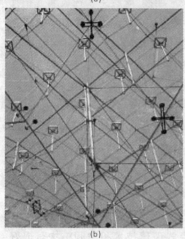

图1-62 法国的卢浮宫金字塔
(a) 多媒体展厅图；(b) 由4根钢管和钢索组成的六面体

算，刚刚好承担玻璃的自重。四面侧面幕墙上，每块四边平行的玻璃都是由4对十字形爪件角部支撑。每对爪件是由内外两只爪件合并共同紧固玻璃的。玻璃之间不填缝，预留空隙。这也是为了使玻璃的重量不会互相叠加，而影响每根索的承载力。倒覆玻璃金字塔170m² 的顶面由30mm厚底夹层安全玻璃构成。它较厚是因为它将承担雨雪荷载和其他活动荷载。玻璃金字塔210m² 的四面幕墙，玻璃较薄，使用10mm厚的夹层安全玻璃。

1.3.3 玻璃结构的连接方法

现代建筑中玻璃结构的连接可以分成两类：一是玻璃与玻璃的连接，二是玻璃与金属的连接。连接手段也有两种：一是采用结构胶粘结，二是采用金属件连接。使用结构硅酮胶连接玻璃是普遍采用的玻璃连接方法，可用于玻璃之间及玻璃与金属之间的连接。

（1）玻璃与玻璃的连接

全玻璃幕墙就是利用玻璃与玻璃之间的结构硅酮密封胶使玻璃板与玻璃肋连接起来，多用于建筑物的裙楼、橱窗、走廊，并适用于展示室内陈设或游览观景。

玻璃肋用硅酮胶连接，形成大片玻璃与支承框架均为玻璃的幕墙，这种大片玻璃支承在玻璃框架上的形式有后置式、骑缝式、平齐式和突出式（图1-63）。

1）后置式：玻璃肋置于大面玻璃的后部，

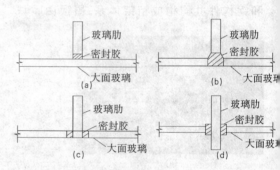

图1-63 玻璃与玻璃的连接节点形式
(a) 后置式；(b) 骑缝式；(c) 平齐式；(d) 突出式

用密封胶与大面玻璃粘接成一个整体。

2）骑缝式：玻璃肋位于大面玻璃后部的两块大面玻璃接缝处，用密封胶将三块玻璃肋与两块大面玻璃连接在一起，并将两块大面玻璃之间的缝隙密封起来。

3）平齐式：玻璃肋位于两块大面玻璃之间，玻璃肋的一边与大面玻璃表面平齐，玻璃肋侧面透光厚度不一样，会在视觉上产生色差。

4）突出式：玻璃肋位于两块大面玻璃之间，突出大面玻璃表面，玻璃肋与大面玻璃间用密封胶粘接并密封。

（2）玻璃与金属的连接形式

借助于机械加工的金属连接件将玻璃与

玻璃或玻璃与金属连接起来，金属材料一般为不锈钢或铝合金，连接方式可分为夹板（摩擦）连接和点式连接两类。

1) 夹板（摩擦）连接

由于玻璃的抗压强度较高，因此玻璃可采用夹板连接方式。一种方法是首先将接触面进行表面处理（喷砂或酸蚀），将其处理粗糙后，用带有垫片的两片钢板夹住玻璃，通过拧紧螺栓使钢板和玻璃之间产生足够的摩擦力。这种连接的优点是连接处无应力集中，但要精确地确定结合层的摩擦系数有一定困难。在这种连接中，玻璃可以钻孔，也可以不钻孔。当钻孔时，螺栓杆在荷载作用下并不与孔壁接触（图1-64）。另一种方法是补丁板式连接（图1-65），这种连接是在玻璃板边缘或角部打孔，用螺栓穿过，并将金属夹板夹紧，且与支承结构连接。金属夹板与玻璃之间用结构胶粘结。这种连接曾被著名建筑师诺曼·福斯特（Norman Foster）应用于 Willis Faber & Domas Building 的玻璃幕墙结构中。还有一种方法是由德国施莱锡博士（Dr.J.Schlaich）开发的新型的MJG（Minimum Joint Glass）连接法（图1-66）。这种方法是将4块相邻玻璃的角部放置在带有十字肋的底板上，底板固定于支承结构上，再用一根主螺栓穿过盖板，将盖板与底板连接，同时将玻璃压紧，玻璃板与底板和盖板之间放置垫片，4块玻璃之间放置间隔条。这种连接可避免在玻璃上打孔。

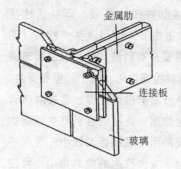

图1-65 补丁式连接方法

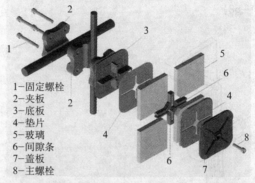

1—固定螺栓
2—夹板
3—底板
4—垫片
5—玻璃
6—间隙条
7—盖板
8—主螺栓

图1-66 MJG连接方法

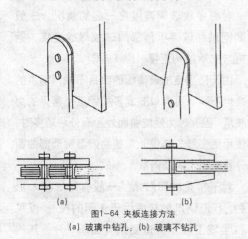

图1-64 夹板连接方法
(a) 玻璃中钻孔；(b) 玻璃不钻孔

2) 点式连接

点式连接在建筑效果的展现上有其不可比拟的优势，它使得建筑物得以最大程度地展现其"轻盈、通透"，并展示其加工精致的金属连接件及金属构架，使人们有一种力与现代的美感。玻璃结构所用的点式连接有如下两种：

(A) 螺栓连接

直接在玻璃上打孔，将螺栓穿过孔，拧紧螺栓将玻璃固定，栓头和栓杆分别与玻璃板面和孔壁接触并传递荷载。浮头式栓头（图1-67）凸出板面；而用沉头式栓头（图1-68）时孔需要开有斜坡，栓头表面和玻璃板平齐。采用螺栓连接时，由于孔壁要受力，故要对孔壁进行精磨抛光。螺栓连接对玻璃板几乎是完全约束，连接处容易产生很高的应力集中，故常用于玻璃板面较小、荷载不大的情形。为了减少孔边的应力集中，可使用垫圈和弹簧板等"软连接"加以改进（图1-68）。

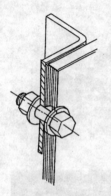

图1-67 螺栓连接，浮头式栓头凸出玻璃板面

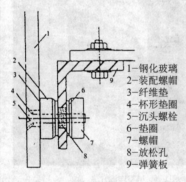

1—钢化玻璃
2—装配螺帽
3—纤维垫
4—杯形垫圈
5—沉头螺栓
6—垫圈
7—螺帽
8—放松孔
9—弹簧板

图1-68 沉头式栓头表面与玻璃板面平齐，垫圈与弹簧板等"软连接"

（B）球铰连接

球铰连接是在玻璃角部打孔，在空中安装夹具。由于夹具和孔要紧密配合，故对孔的精度要求较高，同时孔壁也要求抛光。夹具也分为沉头和浮头两种。对于中空玻璃连接要采用与之相适应的夹具（图1-69）。夹具中安装一顶部为半球状的螺栓，可以在夹具中自由转动，其转动中心与玻璃板的厚度中心一致，这样就释放了节点对玻璃的扭转约束。由于孔边应力集中主要是由约束弯矩引起的，释放约束弯矩则可以大大降低应力集中。承受外荷载时，连接处的应力集中大大降低（图1-70）。

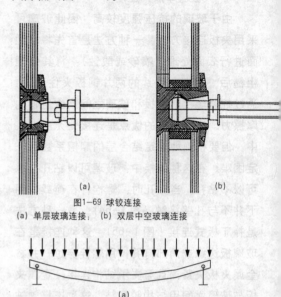

(a)　　　　　　(b)

图1-69 球铰连接
(a) 单层玻璃连接；(b) 双层中空玻璃连接

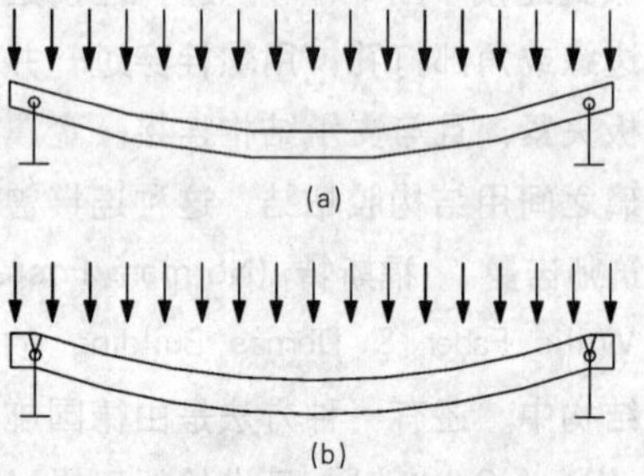

图1-70 球铰连接与螺栓连接受力比较
(a) 球铰连接（连接无约束）；(b) 螺栓连接（连接有约束）

还有一种叫Rodan式的点式连接（图1-71），也使用了球铰，由于球铰在玻璃板的外部，降低了对制孔的工艺要求，简化了连接的构造，但是受平行于板面荷载的作用时，玻璃板中将产生约束弯矩。

对将多块玻璃连接在一起的情况，一般需要钢爪和玻璃板角部的球铰螺栓连接，钢爪再与支承结构连接（图1-72）。

由于所固定的玻璃板的数目不同，钢爪的肢数也不同，可有单肢或多肢钢爪，常见的为四肢爪，但有时为适应曲面外形而分块较多时，可使用更多肢，其中北京植物园温室顶部曲面部分就采用了六肢钢爪。

对于常见的四肢爪，一般有H形和X形两种。H形钢爪最初使用于法国的拉·维莱特科学城工程，构造复杂（图1-73）。其约

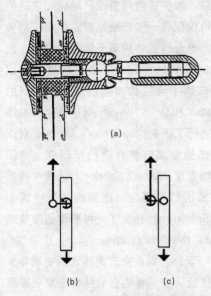

图1-71 Rodan式连接的构造
(a)Rodan式连接的构造;(b)球铰在玻璃板外部时的受力状况;
(c)球铰在玻璃板内部时的受力状况

图1-72 钢爪连接

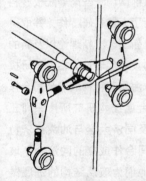

图1-73 法国拉·维莱特科学城钢爪连接形式

束简化图为图1-74 (a)，肢间实际为机构，这样玻璃板不仅可以自由地在平面内转动，还可以产生平面外相对运动，如图1-74 (a)的②、③、④三种基本运动或其间的组合，以适应主体结构的变形（如层间位移）。

X形钢爪（图1-72）的约束示意如图1-74 (b)所示，其构造简单，应用也很广泛。

X形钢爪各肢间为刚接，约束了玻璃板平面内运动，玻璃板只能绕球铰在平面内转动。可进一步简化为图1-74 (b)中的②。

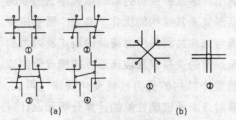

图1-74 钢爪连接的约束示意图
(a) H形钢爪；(b) X形钢爪

1.3.4 玻璃结构的未来

(1) 材料的发展

随着科学技术的日益发展，建筑玻璃生产技术正向能源、材料、环保、信息、生物五大区域迈进。建筑玻璃生产技术的发展主要表现在平板玻璃生产新技术的研发和深加工玻璃新品种的开拓两大领域，今后的研究应该放在以下6个方面：

1) 钢化与半钢化玻璃的物理力学性能与应用技术；
2) 中空玻璃物理力学性能与应用技术；
3) 夹胶玻璃物理力学性能及应用技术；
4) 夹丝玻璃物理力学性能与应用技术；
5) 玻璃物理力学性能测试技术与方法；
6) 建筑玻璃自爆与疲劳性能。

(2) 结构形体与构造发展

玻璃结构以其独特的优点成为新的发展趋势，这也对玻璃结构的支承结构提出了新的要求，而玻璃板本身的强度和刚度计算是在整体结构分析的基础上进行的，但在这方面国际上还没有相应的规范作为依据，仅有德国等少数一些国家的学者将以概率统计为基础的可靠度理论引入玻璃结构的计算，并用极限状态法给出了相应的强度、位移验算公式。因此，玻璃结构的计算目前已不再困难，而在玻璃结构形式及构造方面需要做进一步研究。首先,支承结构要轻、节点要简单、构件要纤细。需要采用预应力技术,此技术不但使结构受力更加合理,而且杆件截面尺寸更小。这就需要研究新的结构形式、新的节点形式及其结构的优化。其次,需要研究玻璃与结构共同作用时荷载的特点及内力的分布规律的关系以及玻璃部分破损或全部破损后整个结构的受力性能变化规律。再次,需要对点支承玻璃性能的计算分析和设计以及金属连接件等各节点承载性能的计算分析和设计做进一步的分析研究。

结构形体的发展:

1) 力求做到结构外形与建筑造型的统一、协调,要求结构工程师与建筑师密切合作,进行结构学与建筑学的综合研究与开发,设计多种多样的、既受力合理又造型美观的玻璃结构工程。

2) 通过仿生学的研究,根据大自然中贝类、果实、树叶等动植物的曲面形状和构造,创造出自然美的、新颖的玻璃壳形体。

3) 通过结构形体优化、力集度法等方法的理论分析和试验研究,合理选取和确定适合于各种平面形状的玻璃形体。

4) 考虑玻璃抗压强度大的优点,构建结构形式,使其作为结构构件,充分发挥玻璃的力学性能。

节点构造的发展:

1) 研制与开发受力合理、构造简单、制作安装方便,且能定型化、标准化生产的新型节点体系。

2) 研制适用于玻璃结构能承受弯矩(包括主平面内的弯矩,或双向弯矩与扭矩)的节点形式与构造。

3) 研制与开发玻璃结构的可调节点体系,以减少节点类型和消除施工安装中的误差。

(3) 计算理论发展

在国外,对于采光顶和幕墙这种新型建筑结构形式,无论是德国、美国还是其他一些国家的研究机构,都没有形成一套成型的理论体系,即使在应用范围已经比较广泛的德国,也仅仅有一些行业标准。因此,对各类新型、更合理的结构单元体系的开发、设计理论的研究成为国外学者对玻璃结构以及钢—玻璃组合结构研究的热点。德国的 G.Sedlacek 和 Dr K.Blank 对玻璃材料的结构性能进行了研究;Rainmund Lehman 对点支式玻璃的金属连接件进行了研究;德国著名结构专家 Werner Sobek 对玻璃结构的连接方法进行了研究;德国的施莱锡博士 (Dr. J. Schlaich) 开发了一种新型的摩擦连接—MJG (Minimum Joint Glass) 连接法;Wifried Fuhrer 对点支玻璃幕墙的支承体系进行了试验研究;著名空间结构专家史蒂西 (Schittich) 对玻璃结构进行了系统的总结,并出版了《Glass Construction Manual》。

在国内,不同形式的玻璃幕墙结构已经广泛地应用于建筑围护结构中,已公布了相应的设计规范。但新型的、大覆盖面积的、高效的玻璃结构单元及结构体系的研究与开发尚在起步阶段,还缺乏专门的设计依据。但玻璃结构的实际应用范围及结构形式的发展相当迅速,迫切需要进行专门、深入、针对性的理论研究和技术开发工作。目前国内一些高等院校和科研所对玻璃结构进行了大量科研工作,并取得了一系列的新技术、新工艺、新理论以及新的相关检测方法。国内具有代表性的相关科研机构有:清华大学和珠海晶艺特种玻璃公司合作成立的建筑玻璃与金属结构研究所、深圳三鑫玻璃工程公司以及同济大学与汕头经济特区金刚玻璃有限公司合作成立的同济金刚玻璃幕墙研究中心。他们为玻璃结构的进展做出了贡献,同时也确立了他们在国内相关领域的领先地位。中国建筑科学研究院赵西安[46]教授在玻璃面板的计算理论方面做出了很大贡献。清华大学王元清、石永久[38~41]等对点支玻璃幕墙中带孔玻璃面板的承载性能、变形性能进行了理论和试验研究;分析了金属紧固件、垫层材料及孔边应力状态对点支玻璃面板承载性能的影响,并对金属连接件的承载性能进行了试验研究。天津大学刘锡良[27]等对玻璃结构的发展及玻璃面板与索杆支承体系共同作用进行了理论分析和试验研究。北京科技大学刘忠伟[44~45]等对点支式玻璃幕墙抗风压性能、夹层玻璃的力学模型进行了探讨分析。郑州大学童丽萍[35~37]对玻璃幕墙中空玻璃的非线性力学性能进行了分析。同济大学张其林[43]等对点支玻璃幕墙桁架支承体系、点支式夹层和中空玻璃的承载性能以及玻璃面板与支承体系共同作用方面进行了研究。此外，马国馨、姚裕昌、赵西安等专家学者对幕墙和采光顶的设计和施工方法进行了理论和试验研究。

从推动玻璃结构的技术进步、制定相应的标准和设计方法需要出发，计算理论方面应对下列相关问题进行研究：

1）带孔玻璃承载性能的计算分析与设计：
①带孔玻璃受力分析与设计；
②带孔玻璃的温度应力场分析与设计；
③带孔夹胶玻璃力学性能分析与设计。

2）金属连接件承载性能的计算分析与设计：
①新型金属连接件的研制与开发；
②金属连接件承载性能评估分析方法。

3）轻细型支承结构的研究：
①轻细型支承结构体系研究；
②轻细型支承结构从性能研究；
③预应力技术在玻璃建筑结构中的应用研究。

4）玻璃承重结构的计算分析与设计：
①玻璃承重结构的计算理论；
②玻璃承重结构的设计方法；
③玻璃承重结构的安全性和耐久性分析；
④玻璃承重结构的检测和加固方法；
⑤玻璃承重结构的节点从连接方法与性能研究。

(4) 制作安装技术发展

新的制作安装技术将会给玻璃结构带来广阔的使用前景，在对目前国内玻璃结构制作安装的基础上，进行新方法和新技术的研究。

1）改进和更新玻璃结构的加工工艺和设备，采用计算机程序控制的全自动化生产方法来加工制作节点与杆件，提高加工精度和生产效率，降低产品成本与工程造价。

2）研究与开发无脚手架和少脚手架的高空悬挑安装法。

3）研究与开发地面组装（包括设若干道铰线的地面分块组装），采用简易设备，整体提升或顶升的施工安装方法（包括就位后在铰线处再固定刚接的施工安装方法），以便大幅度地减少高空作业，加快施工周期和降低工程造价。

1.4 结构抗震新技术

传统的结构抗震设计主要致力于保证结构自身具有一定的强度、刚度和延性，以满足一定的抗震设计要求。这种设计，结构处于被动抵御的地位，因此是一种消极的抗震方式。为使结构更有效地抵抗地震，各国研究者一直在积极寻找新的结构抗震设计途径，以隔震、减震为技术特点的结构抗震新技术，便是这种努力的结果。

目前实用的抗震新技术有：隔震技术、耗能减震技术与吸振减震技术。

1.4.1 隔震技术

(1) 隔震原理

基底隔震是在结构物地面以上部分的底部设置隔震层，使之与固结于地基中的基础顶面分开，从而限制地震动向结构物的传递。

目前采用的基底隔震，主要用于隔离水平地震作用。隔震层的水平刚度应显著低于上部结构的侧向刚度。此时，可近似认为上部结构是一个刚体，如图1-75所示。设结构的总质量为m，绝对水平位移为y，地震动的水平位移X_g，隔震层的水平刚度为k，阻尼

系数为 c，则底部隔震系统的运动平衡方程为

$$m\ddot{y}+c\dot{y}+ky=c\dot{x}_g+kx_g \quad (1-4-1)$$

注意：这里 $\ddot{y}$ 为质量 m 相对于定参考系的绝对加速度。

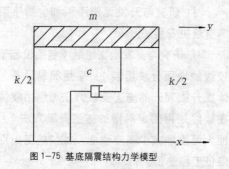

图1-75 基底隔震结构力学模型

为了解隔震原理，假设地震动是圆频率为 ω_g 的简谐振动，则由振动理论可求得上部结构绝对位移（加速度）振幅与地震动位移（加速度）振幅的比值为 R（图1-76）。

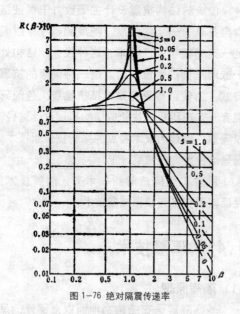

图1-76 绝对隔震传递率

$$R=\frac{y_{max}}{x_{g\,max}}=\frac{\ddot{y}_{max}}{\ddot{x}_{g\,max}}=\frac{1+4\zeta^2\beta^2}{[(1-\beta^2)^2+4\zeta^2\beta^2]^{1/2}} \quad (1-4-2)$$

式中 $\beta=\dfrac{\omega_g}{\omega}$，$\omega=\sqrt{\dfrac{k}{m}}$，$\zeta=\dfrac{c}{2m\omega}$

R 称为绝对隔震传递率。R 值越小，表明上部结构所受的地震作用小，即隔震效果越好。

图1-76 的曲线表明，地震动与隔震结构的频率比 β 大于 $\sqrt{2}$ 时，隔震系统才有隔震能力。而且频率比越大，隔震能力越强。因此基底隔震结构设计的一般原则是：

1) 在满足必要的竖向承载力的同时，隔震装置的水平刚度应尽量可能小，以降低隔震结构的自振频率，使之低于地震动的优势频率范围，从而保证结构地震反应有较大的衰减。

2) 在风荷载作用下，隔震结构不能有太大的位移。因此，结构底部隔震系统常需安放风稳定装置，使得在小于设计风载的风力作用下，隔震层几乎不会变形；而在超过设计风载的地震作用下，风稳定装置退出工作，隔震装置开始工作。一些具有风稳定装置功能的阻尼器，常代替风稳定装置配合隔震装置一起用于隔震结构。

(2) 常用隔震装置

1) 橡胶支座隔震

橡胶支座是最常用的隔震装置。常见的橡胶支座分为钢板叠层橡胶支座、铅芯橡胶支座、石墨橡胶支座等类型。钢板叠层橡胶支座由橡胶片和薄钢板叠合而成（图1-77）。由于薄钢板对橡胶片的横向变形有限制作用，因而使支座竖向刚度较纯橡胶支座大大增加。支座的橡胶层总厚度越小，所能承受的竖向荷载越大。为了提高叠层橡胶支座的阻尼，发明了铅芯橡胶支座（图1-78），这种隔震支座在叠层橡胶支座中间钻孔灌入铅芯而成。铅芯可以提高支座大变形时的吸能能力。一般说来，普通叠层橡胶支座内阻尼较小，常需配合阻尼器一起适用，而铅芯橡胶支座由于集隔震器与阻尼器于一身，因而可以独立使用。另外，在天然橡胶中加入石墨，也可大幅度提高橡胶支座阻尼。

通常使用的橡胶支座，水平刚度是竖向刚度的1%左右，且具有显著的非线性变形特征。当小变形时，其刚度很大，这对建筑结构的抗风性能有利。当大变形时，橡胶的

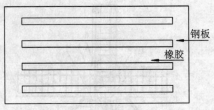

图 1-77 叠层橡胶支座

剪切刚度可下降至初始刚度的 1/5～1/4，这就会进一步降低结构频率，减少结构反应。当橡胶剪应力超过 50% 以后，刚度又逐渐有所回升，起到安全阀的作用，对防止建筑的过量位移有好处。

橡胶支座隔震装置设计的关键是合理确定隔震支座承受的应力。我国建筑抗震设计规范规定：隔震层各橡胶隔震支座，考虑永久荷载和可变荷载组合的竖向平均压应力设计值不应超过表 1-5 的规定。在罕遇地震作用下，不宜出现拉应力。

2) 滚子隔震

滚子隔震主要有滚轴隔震和滚珠隔震两种。

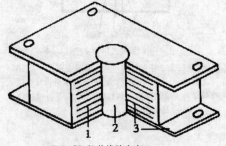

图 1-78 铅芯橡胶支座
1-橡胶；2-铅芯；3-钢片

橡胶隔震支座平均压应力　　　　　　表 1-5

建筑类别	甲类建筑	乙类建筑	丙类建筑
平均压应力（MPa）	10	12	15

注：1. 对需验算倾覆的结构，平均压应力设计值包括水平地震作用效应。
2. 对需进行竖向地震作用计算的结构，平均压应力设计值应包括竖向地震作用效应。
3. 当橡胶支座的第二形状系数（有效直径与各橡胶层总厚度之比）小于 5.0 时，应降低平均应力限值；直径小于 300mm 的支座，其平均压应力限值对丙类建筑为 12MPa。

图 1-79 为一滚轴隔震装置。在基础与上部结构之间设置上、下两层彼此垂直的滚轴，滚轴在椭圆形的沟槽内滚动，因而该装置具有自己复位的能力。

图 1-80 则为一实际滚珠隔震装置。该装置是在一个直径为 50cm 的高光洁度的圆钢盘内，安放 400 个直径为 0.97cm 的钢珠。钢珠用钢箍圈住，不致散落，上面再覆盖钢盘。一般来说，采用滚子隔震装置时，应注意安装有效的限位、复位机构，以保证被隔震的结构物不致在地震作用下出现永久性变形。

3) 滑动支座隔震[56]

滑动支座隔震是在上部结构与基础之间设置可以相互滑动的滑板。在风载或小震作用时，静摩擦力使结构固结于基础之上。大震作用下，

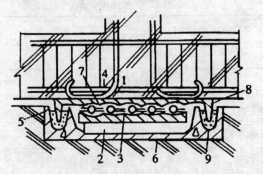

图 1-79 双排滚轴隔震装置
1-上部滚轴群；2-下部滚轴群；3-呈弧形沟槽的中间板；4-钢制连接件；5-销子；6-底盘；7-盖板；8-盖板向下突壁；9-散粒物

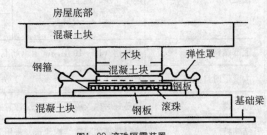

图 1-80 滚珠隔震装置

结构将水平滑动，从而减小地震作用，同时滑板间的摩擦阻尼可消耗地震能量。

为控制滑板间的摩擦力以满足隔震要求，通常在滑板间加设滑层。常用的滑层材料有聚氯乙烯板、砂粒、铅粒、滑石、石墨等。

4) 摇摆支座隔震[56]

图 1-81 是日本提出的一种摇摆支座隔震方案。该方案在杯形基础内设一个上、下两端有竖孔的双圆筒摇摆体。竖孔内穿预应力钢丝束并锚固在基础和上部盖板上，起到压紧摇摆体和提供复位力的作用。在摇摆体和基础壁之间填以沥青或散粒物，可为振动时提供阻尼。

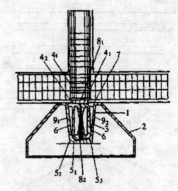

图 1-81 摇摆式隔震支座

1—柱子；2—杯形基础；3—隔震支座；4_1、4_2—上部承台；5_1、5_2、5_3—下部承台；6—摇摆倾动体；7—预应力钢丝束；8_1、8_2—锚具；9_1、9_2—基础壁体

图 1-82 是伊朗人设计的不倒翁式隔震房屋。该房屋顶面半径显著大于底面半径，能起提供复位力的作用。

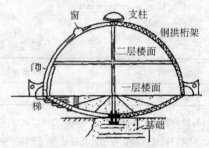

图 1-82 不倒翁式隔震支座

(3) 工程实例

下面介绍两个分别在新西兰和日本所建的隔震钢结构。

1) 奥克兰市政厅

新西兰奥克兰市政厅是 1914 年建造的钢结构建筑。它由 1 层地下室、4 层群楼、11 层标准层和 3 层钟楼组成。1989 年 10 月 17 日发生了 Loma Prieta 地震。钟楼的钢框架和部分外墙受到较大的损伤，因而停止使用。1991 年 6 月到 1995 年 4 月进行了改造加固。其剖面图见图 1-83，其概况见表 1-6。

2) 新电报大楼

新电报大楼是位于日本爱知县割谷市昭和镇 1 段 1 号，由电报公司投资，清水

新西兰奥克兰市政厅概况　　　　　　　　表 1-6

用途	市政厅	施工期		1991.6～1995.4
结构设计	Forell/Elsesser Engineers, Dynamic Isolation Systems, Inc			
施工	Sheedy 公司			
层数	地下 1 层，地上 18 层	高度		99.0m
		建筑面积		14200m²
上部结构	钢结构（1～10 层局部用钢筋混凝土剪力墙）			
大变形时自振周期	X 方向：$T_1 = 2.75s$		Y 方向：$T_1 = 2.75s$	
隔震器	铅芯叠层橡胶隔震器和叠层橡胶隔震器		共 111 个	
结构特点	当时最高的隔震结构建筑，采用隔震方式抗震加固后保持原有的内部装修、壁画和雕塑等			

建设公司设计建造的办公楼,地上15层,地下3层。其占地面积为1874m²,建筑面积为52132m²。施工期为1998年1月～2000年初。为了能在大地震中作为防灾据点而采用隔震结构。隔震装置设在地下1层的设备层和地下2层的停车场之间。

如图1-84所示,该大楼地上部分的柱子采用了钢管混凝土柱,为了提高横向刚度采用了电报公司开发的反附着式支撑。为了达到16m跨度,采用钢梁。

隔震层采用了24个高阻尼橡胶支座、8个由高阻尼叠层橡胶支座和弹簧支座组合而成的橡胶弹簧支座,及8个在罕遇地震下避免产生拉力而加了中心千斤顶的高阻尼叠层橡胶支座共40个隔震支座。

该建筑物隔震层以上高度超过60m,上部结构固定基础的基本周期为2.3～2.4s。隔震结构的基本周期(剪应变为200%时)为4.5s。其概况如表1-7所示。

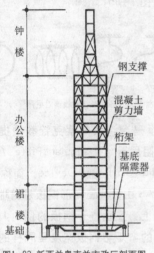

图1-83 新西兰奥克兰市政厅剖面图

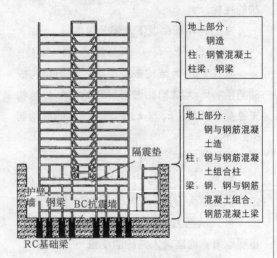

图1-84 日本爱知县新电报大楼剖面图

日本爱知县新电报大楼概况　　　　　表1-7

用途	办公楼	施工期间	1998年1月～2000年初
结构设计	清水建设(株)		
施工	清水建设(株)		
层数	地下3层,地上15层	高度	58.99m
占地面积	2874(m²)	建筑面积	14200m²
基础	现浇钢管混凝土扩孔桩	场地类别	2类场地
上部结构	钢结构(组合结构)		
大变形时自振周期	剪应变为200%时结构的基本周期为4.5s		
隔震器	高阻尼叠层橡胶隔震器　　8个Ø1500+16个Ø1200		
	带千斤顶的高阻尼叠层橡胶隔震器　4个Ø1400+4个Ø1200		
	橡胶滑板隔震器　8个Ø1500		
结构特点	为高度超过日本规范的隔震建筑		

1.4.2 耗能减震技术

(1) 原理

耗能减震技术是通过采用附加子结构或一定的措施，以消耗地震传递给结构的能量为目的的减震手段，但其原理也适用于减小结构的风载。

地震时，结构在任意时刻的能量方程为

$$E_i = E_s + E_f \quad (1-4-3)$$

式中，E_i 为地震过程中输入给结构的能量；E_s 为主结构本身的耗能；E_f 为附加子结构的耗能。

主结构耗能由以下几部分组成

$$E_s = E_v + E_e + E_c + E_y \quad (1-4-4)$$

其中，E_v 为结构振动动能；E_e 为结构振动势能；E_c 为结构黏滞阻尼耗能；E_y 为结构塑性变形耗能。E_v 与 E_e 之和为结构的振动能 E_D，即

$$E_D = E_e + E_v \quad (1-4-5)$$

显然，E_D、E_v 与 E_e 均与结构反应有关。结构反应越大，则 $E_s(E_s = E_D + E_c + E_y)$ 也越大。

可以从两方面认识耗能减震原理。从能量观点看，地震输入结构的能量 E_i 是一定的。通过耗能减震装置消耗掉一部分能量，则结构本身需消耗的能量减小，意味着结构反应减小。从动力学观点看，耗能装置的作用，相当于增大结构阻尼，从而使整个结构反应减小。

(2) 常用耗能减震装置

耗能减震结构的耗能装置，可以是安放在结构物能产生相对位移处的阻尼器，也可以是由结构物的某些非承重构件（如支撑、剪力墙等）设计成的耗能构件。这些耗能装置在风或小震下具有较大的刚度。但强烈地震发生时，耗能装置应率先进入非弹性状态，产生较大阻尼，大量消耗地震能量。试验表明，耗能装置可做到消耗地震总输入能量的90%以上。

下面介绍几种用于多高层钢结构的耗能装置。

1) 阻尼器

阻尼器通常安装在支撑处、框架与剪力墙的连接处、梁柱连接处以及上部结构与基础连接处等有相对变形或相对位移的地方。在基底隔震系统中，阻尼器常与隔震装置相配合使用。常用的阻尼器有以下几种：

①软钢阻尼器。利用低碳钢具有优良的塑性变形性能，可以在超过屈服应变几十倍的塑性应变下往复变形数百次而不断裂的优点，可按需要将软钢板（棒）做成各种形状的阻尼器（图1-85）。

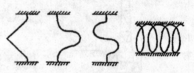

图1-85 各种形状的软钢阻尼器

图1-86是台湾大学蔡克铨教授提出的三角板耗能阻尼器 (Triangular Plate Added Damping and Stiffness Device；简称TA-DAS)。TADAS由数片三角形钢板悬臂地焊接在一块底板上，在垂直于钢板的侧向力作用下，悬臂板的弯矩与钢板宽度呈同样的线性变化，整块钢板会同时发生弯曲屈服，故可提供较大的变形与消耗能力。

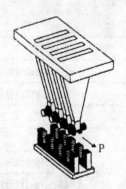

图1-86 三角形钢板耗能阻尼器 (TADAS) 示意图

②摩擦阻尼器。将几块钢板用高强螺栓连在一起，可做成摩擦阻尼器（图1-87）。通过高强度螺栓的预拉力，可调整钢板间摩擦力的大小。对钢板表面进行处理或加垫特殊摩擦材料，可改善阻尼器的往复动摩擦性

能。试验表明，加高效摩擦垫的摩擦阻尼器，具有稳定滞回性能。

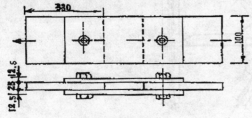

图1-87 摩擦阻尼器

③黏滞阻尼器。黏滞阻尼器主要利用活塞在高黏性流体里运动产生黏滞阻尼力来消耗能量。黏滞阻尼力主要与活塞在流体里的运动速度有关，一般与活塞运动的速度成正比。图1-88是一个黏滞阻尼器的实例。

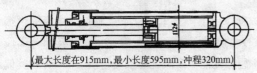

图1-88 黏滞阻尼器

④黏弹性阻尼器。黏弹性阻尼器采用黏弹性材料制成，黏弹性材料具有弹性（变形后复位）和黏性（变形过程中耗能）两种组合功能。图1-89是一种典型的由黏弹性材料制成的阻尼器。

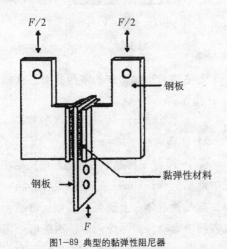

图1-89 典型的黏弹性阻尼器

2）耗能支撑

耗能支撑实质上是将各式阻尼器用在结构支撑系统上的耗能构件。常用的耗能支撑有以下几种：

①耗能交叉支撑。在支撑交叉处利用软钢阻尼器原理，可做成耗能交叉支撑，如图1-90所示。这种耗能装置通过支撑交叉处的方钢框或圆钢框的塑性变形消耗能量。

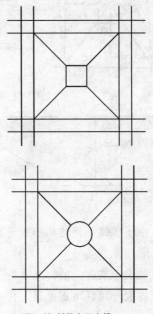

图1-90 耗能交叉支撑

②摩擦耗能支撑。将高强螺栓—钢板摩擦阻尼器用于支撑构件，可做成摩擦耗能支撑。图1-91和图1-92是两种用于实际工程的摩擦耗能支撑形式。

摩擦耗能支撑在小震下不滑动，能像一般支撑一样提供很大的刚度。而在大震下支撑滑动，降低结构刚度，减小地震作用，同时通过支撑滑动摩擦消耗地震能量。

③耗能隅撑。隅撑两端刚接在梁、柱或基础上，普通支撑简支在隅撑的中部（图1-93）。地震作用下，通过隅撑的屈服消耗地

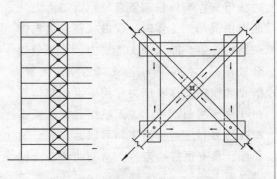

图1-91 摩擦耗能支撑（形式之一）

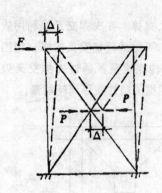 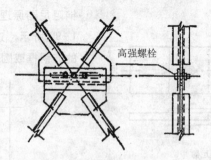

图1-92 摩擦耗能支撑（形式之二）

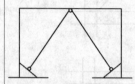 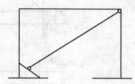 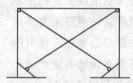 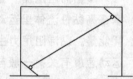

图1-93 耗能隅撑

震能量。由于隅撑不是结构的主要构件，更换较为方便。

④耗能偏心支撑。偏心支撑主要是通过梁段的塑性变形消耗地震能量。在风载或小震作用下，支撑不屈服，偏心支撑能提供很大的侧向刚度。在大震下，支撑及部分梁段屈服耗能，衰减地震反应。图1-94为各类偏心支撑结构框架。

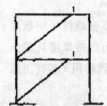 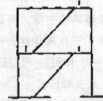 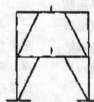 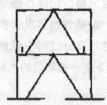

图1-94 偏心支撑结构框架

⑤无粘结套箍耗能支撑。这是一种新颖的金属屈服耗能支撑构件。在内核钢支撑和外包钢管之间不粘结（图1-95）或在内核钢支撑和外包钢筋混凝土或者钢管混凝土之间涂无粘结漆形成滑动界面，使内核钢支撑与外包钢管或外包混凝土之间能自由滑动。工作时，仅内核钢支撑与框架结构连接，即仅钢支撑受力，而外包钢管或混凝土约束内核钢支撑的横向变形，防止内核钢支撑在压力作用下发生整体屈曲和局部屈曲。因此，无粘结套箍耗能支撑在拉力和压力作用下均可以达到充分的屈服，具有很好的延性，滞回曲线稳定饱满（图1-96），其滞回特性明显优于普通钢支撑。

无粘结套箍钢支撑的常用截面形式如图1-97所示。

3) 耗能墙

图1-98是一种黏滞耗能墙。该耗能墙由上下两部分构件构成，下部做成容器状，其中装盛黏性液体，上部可做成钢板墙状，可在容器中运动。实际应用时，耗能墙可镶嵌在钢框架中，耗能墙上部与框架上层梁相连，耗能墙下部与框架下层梁相连。地震作用下钢框架将产生层间变形，使耗能墙上部钢板在钢容器中运动，通过黏滞液体产生的阻尼力消耗地震能量。

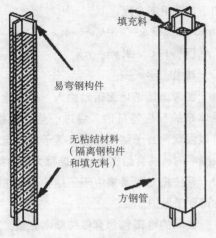

图1-95 无粘结套箍钢支撑的基本部

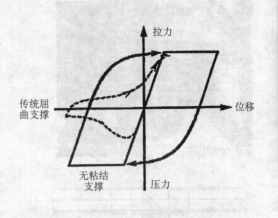

图1-96 无粘结套箍钢支撑的轴力—位移关系

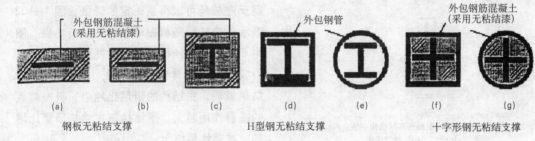

图1-97 各种无粘结套箍钢支撑截面

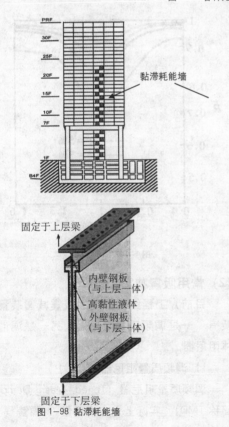

图1-98 黏滞耗能墙

(3) 工程实例

台北市京华城购物休闲中心是超大型商业建筑，地上12层，地下7层，总建筑面积204500m²，典型建筑平面如图1-99所示。

该建筑采用支撑框架结构体系，在支撑与框架的连接处，采用了三角板软钢阻尼器，如图1-100所示。

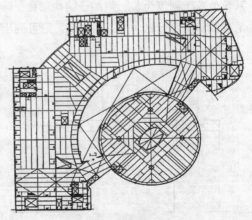

图1-99 台北市京华城购物休闲中心典型平面

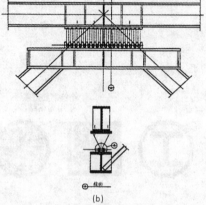

图 1-100 软件阻尼器在实际结构中的应用
(a) 全貌 (b) 构造详图

1.4.3 吸震减震技术

(1) 原理

吸振是通过附加子结构使主结构的能量向子结构转移的减震方式。这类减震系统的减震原理可由图 1-101 所示的力学模型承受地面激励时的反应特征加以说明。

设图 1-101 中主体结构质量为 m_0，阻尼系数为 C_0，刚度为 K_0，附加子结构质量、阻尼系数、刚度分别为 m_1、C_1、K_1，则可列出如下运动平衡方程：

$$m_0\ddot{x}+C_0\dot{x}+K_0x-C_1\dot{v}-K_1v=-m_0\ddot{x}_g \quad (1-4-6)$$
$$m_1(\ddot{x}+\ddot{v})+C_1\dot{v}+K_1v=-m_1\ddot{x}_g \quad (1-4-7)$$

其中，$v=x_1-x_0$。

当考虑简谐地面运动输入，并考虑无阻尼体系的反应特征时，经过一些数学推导，可以发现，当子结构的频率等于地面运动输入频率时，将会给出主结构振幅为零的结果。即，系统振动能量集中于子结构而使主体结构得到了保护。

实际的地震包含有多种频率分量，结构系统也必然是有阻尼系统，但在子结构频率 ω_{TMD} 接近或等于主结构频率时，主结构的地震反应总是可以得到一定的降低。图 1-102 表示一个按照随机振动原理的分析结果，图中 R 是一个主结构的振动控制频率参数，当 $R<1$ 时，表示具有减震效果。大量理论分析结果表明：主结构的阻尼比越小，吸振装置的减震作用越大；子结构与主结构质量比增加，减震作用增大。

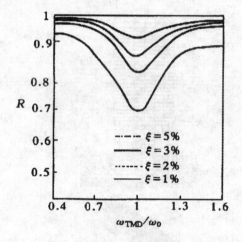

图 1-102 TMD 控制效率

(2) 常用吸震减震装置

目前，工程结构常用的吸震减震装置主要有：一是调频质量阻尼器，另一是调谐液体阻尼器。

1) 调频质量阻尼器 (TMD)

调频质量阻尼器 (Tuned Mass Damper，简称 TMD)，实际上是一个质量·弹簧·阻

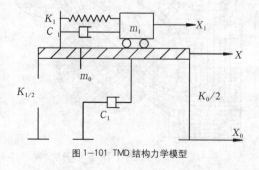

图 1-101 TMD 结构力学模型

尼系统，可做成滑动的质量块，支承在建筑物的顶部（图1-103a）或悬挂在建筑物的顶部（图1-103b）。

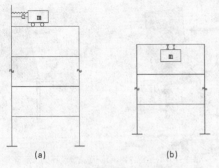

图1-103 调频质量阻尼器（TMD）
(a) 支承式；(b) 悬挂式

2) 调谐液体阻尼器（TLD）

将装液体的容器置于结构物上，结构振动，液体的荡晃形成一个调谐液体阻尼器。通常称这类装置为TLD（Tuned Liquid Damper），如图1-104所示。为增大阻尼，可在液体（一般用水）中设筛网。

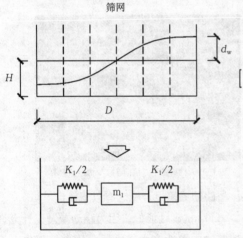

图1-104 调谐液体阻尼器（TLD）

设计TLD时，应尽量使水的振荡周期接近结构的固有周期。水的振荡频率公式为

$$f = \sqrt{\frac{g}{2\pi L} tg\left(\frac{2\pi H}{L}\right)} \quad (1-4-8)$$

式中　L——水平波的波长；
　　　H——水深；
　　　g——重力加速度。

(3) 计算方法与设计要求

采用吸震减震装置结构的抗震计算模型可与未采用吸振减震装置结构的计算模型完全一致，仅需对吸震减震装置按一个子结构振动系统进行模拟。

对于带吸震减震装置的结构，底部剪力法不再适用，应采用振型分解反应谱法或时程分析法进行抗震计算。

带吸震减震装置结构的抗震设计要求，可与未带吸震减震装置结构的抗震设计要求一致。

(4) 工程实例

台湾TC大楼，建在高雄市，85层347.6m高。总建筑面积305274m²。采用支撑框架结构体系，结构平面与立面如图1-105所示。

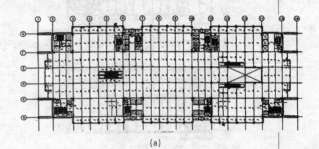

图1-105 高雄市TC大楼
(a) 平面 (b) 立面

在该建筑顶部78层楼面的两个对角，采用了两个TMD装置，如图1-106所示。每个TDM的质量达100t，而整个建筑为221000t。实测表明，该建筑采用TMD后，结构的等效阻尼比从2%左右提高到了8%左右。

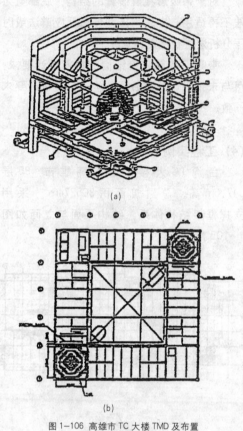

图1-106 高雄市TC大楼TMD及布置
(a) TMD；(b) TMD的布置

1.4.4 跷动减震设计

(1) 原理[60]

跷动减震设计是一个新颖的减震设计概念。日本竹中工务店和东京工业大学合作研究，在结构抗震设计中引入了跷动减震概念，与传统结构抗震设计概念大不相同。传统建筑结构中，上部结构紧固在下部基础（桩基）上，发生地震时，上部结构不能上下跷动（图1-107a），而跷动减震方法允许上部结构上下跷动，与下部基础松脱，这样可以耗散地震动能，阻止强烈振动传播到上部结构中，而且地震作用下结构周边不会产生竖向拔力，有效地防止上部结构和下部基础发生严重破坏（图1-107b）。

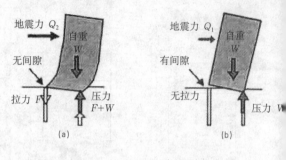

图1-107（强震作用下）跷动减震设计概念示意
(a)传统设计；(b)分级振动控制设计

跷动减震设计有两种方法：一种是整个上部结构与下部基础在竖向不紧固；另一种是结构中地震力较大的柱、竖向连续墙、支撑等部分构件与下部基础不紧固（图1-108）。前一种方法适用于高宽比较大的建筑物在强烈地震作用下会产生很大竖向拔力的情形。

图1-108 柱脚桩顶"插销连接"构造示意图

跷动减震设计概念有以下优点：

1) 抗震性能好。因为跷动减震设计允许建筑物中可能产生较大竖向拔力的部件上下跷动，这样不仅可以耗散地震能量，大大改善建筑物的抗震能力，而且可以防止结构和基础发生严重破坏。

2) 基础构造简化。与传统设计思路相比，跷动减震设计中不需要使用锚栓来固定上部结构，也不需要采用厚基础来锚固锚栓，从而大大减轻基础重量、减少所需附件。

3) 经济效果明显。采用跷动减震设计概念，不但可以简化基础构造，而且可以大大减少上部结构用于抵抗地震的构件数量。此外，还可以缩短建设工期。

（2）工程实例

在进行了一系列的理论和实验研究的基础上，日本竹中工务店开始在实际工程中应用跷动减震设计概念。2001年10月建成的日本横滨松下通信工业佐江户工厂研究大楼（地上7层）中，在地震作用下竖向拔力最大的12个柱脚与桩顶之间采用了"插销连接"构造（图1-108）[70]。在预定2002年2月完工的横滨STAF公司本部办公楼（地上8层）中，在片筏基础与桩顶之间将采用10个类似的"插销连接"构造[71]。竹中工务店正在大力推广这项技术。

跷动减震设计还是一个很新的设计概念，有不少问题亟待解决。

参考文献

[1] 张其林．索与膜结构．同济大学出版社，2002．

[2] 海诺·恩格尔．结构体系与建筑造型．天津大学出版社，2002．

[3] Kazuo Isshii, Membrane designs and structures in the world, Shinkenchiku-sha, Tokyo Japan, 1999.

[4] 斋藤公男．空间结构的发展与展望—空间结构设计的过去·现在·未来．中国建筑工业出版社，2006．

[5] 上海市工程建设规程，《膜结构检测技术规程》，DG/TJ08-2019-2007，J11015-2007，上海，2007．

[6] 李国强．我国高层建筑钢—混凝土混合结构的发展，第四届中日建筑结构技术交流会论文集，大连，中国，1999；195-201．

[7] 李国强，陈素文，丁翔．陆烨．高层建筑钢—混凝土混合结构设计实例．建筑钢结构进展．2005，7（6）：38-46．

[8] 李国强，周向明，丁翔．高层建筑钢—混凝土混合结构模型模拟地震振动台试验研究．建筑结构学报．2001，（2）：2-7．

[9] 李国强，曲冰，孙飞飞，何伟民，郭家耀．高层建筑混合结构钢梁与混凝土墙节点低周反复加载试验研究．建筑结构学报．2003，24（4）：1-7．

[10] 周向明，李国强，丁翔．高层钢—混凝土混合结构弹塑性地震反应简化分析模型．建筑结构．2002，（5）：26—30．

[11] 李国强，丁翔，郑敬有，周向明．高层建筑钢—混凝土混合结构分区耦合分析模型及开裂层位移参数分析．建筑结构．2002，（2）：21-25．

[12] 李国强，周昊圣，周向明．高层钢—混凝土混合结构弹塑性地震位移的工程实用计算．建筑结构学报．2003，24，（1）：40-45．

[13] 李国强，梁剑海，刘玉姝．MTS墙单元理论及其适用性．钢结构．2001，（6）：58-61．

[14] 李国强，姜丽人，张晓光．高层建筑钢—混凝土混合结构简化分析模型．建筑结构．1999，（6）：12-24．

[15] 李国强，张洁．上海地区高层建筑采用钢结构与混凝土结构的综合经济比较分析．建筑结构学报．2000，（2）：75-79．

[16] 李国强．当代建筑工程的新结构体系．建筑学报．2002，（7）：22-26．

[17] M. E. Giuliani, G. C. Giuliani. Large Span Glazed Roof in a Seismic Area. IASS Symposium 2004 Montpellier. Shell and Spatial Structures from Models to Realization, 2004；342-343.

[18] J. Brodniansky & R. Aroch. Glass and Steel Structures. IASS Symposium 2001 Nagoya. Theory. Design and Realization of Shell and Spatial Structures. 2001；22—23．

[19] A. Burmeister, E. Ramm, R. Reitinger. Glass Structures of German Expo 2000 Pavilion. IASS Symposium 2001 Nagoya. Theory, Design and Realization of Shell and Spatial Structures. 2001；360—361.

[20] M. Eekhout. Tensegrity Glass Structures. IASS Symposium 2004 Montpellier. Shell and Spatial Structures from Models to Realization. 2004；402—403.

[21] M. Saitoh, A. Okada and R. Imamura. Study on Glass Supporting System Pinched at Corner—Structural

Characteristics and Structural Design method. IASS Symposium 2001 Nagoya. Theory, Design and Realization of Shell and Spatial Structures. 2001：354-355.

[22] D.A.Reed. Influence of Non-Gaussian Local Pressures on Cladding Glass. Journal of Wind Engineering and Industrial Aerodynamics. 48(1993), 51-61.

[23] Rice P, Hutton H．Transparent Architecture – Glasfassaden mit Structructural Glazing.Basel. Birkhaeuser, 1995．

[24] Thornton, J.A. Glass towers at the Centrode Arte Reina Sofia. Madrid．Proceedings of the Institution of Civil Engineers. Civil Engineering, 1993, (8)：110-117．

[25] Brodniansky, J.Aroch. Theoretical and Experimental Verification of Glass Panels(in Slovak). In: Proceedings of the 26th Meeting of Experts on Steel Structures:"Steel Structures and Bridges. State-of-the-Art and Prospects for Development". Rajecke Teplice. Oct.26-27,2000, 121-126.

[26] Andrew Kwok Wai So, Siu Lai Chan. Nonlinear finite element analysis of glass panels. Engineering Structure.1995, 18(8): 645-652.

[27] 刘锡良．现代空间结构．天津：天津大学出版社，2002:237-338．

[28] 刘向阳，刘锡良等．玻璃材料与新型建筑．天津大学学报.2001, 34(1):77-80.

[29] 李燕云，王斌兵．玻璃结构在国外的发展状况．第一届现代结构工程学术会议．2001；306-309.

[30] 霍赫鲍姆事务所（HOCHBAUAMT）．奥格斯堡市马克西姆博物馆的玻璃屋顶．郝琳译．世界建筑.2002, (1).

[31] 萨特鲍姆事务所（SATDTBAUAMT）．施派尔中世纪犹太庭院的玻璃屋顶．郝琳译．世界建筑．2002, (1).

[32] 盛平，陆承康，程懋堃．北京植物园展览温室钢结构设计．建筑结构．2004, (2).

[33] 刘中华．玻璃采光顶支承结构体系的理论与应用技术研究．浙江大学硕士学位论文.2003.

[34] 沈小峰．玻璃结构的发展和应用．世界建筑．2002,(1)：17-22.

[35] 童丽萍，罗英．中空玻璃幕墙结构的非线性问题研究[J]．工业建筑．2001, 31(10)；16-18.

[36] 童丽萍．高层建筑玻璃幕墙结构分析的理论和加权残值法．东南大学博士论文, 1997.

[37] 童丽萍，李明．风荷载作用下玻璃幕墙结构的受力分析与计算．工业建筑．2000, 30(4)；27-30．

[38] 王元清，石永久．点支式玻璃幕墙柔型支承体系设计的若干问题．建筑结构．2003,33(8)；57-59.

[39] 王元清，石永久等．点支式玻璃建筑结构体系及其应用技术研究．土木土程学报.2001, 34(4)；1-8.

[40] 王元清，杨威等．点式玻璃建筑中四点支承玻璃板的受弯分析．工程力学．2002, 19(6):63-66.

[41] 王元清，石永久等．沉头式点支承单层玻璃板承载性能的计算分析与试验研究．建筑结构学报．2003, 24(6)：72-78.

[42] 殷永炜，张其林等．点支式中空和夹层玻璃承载性能的试验研究．建筑结构学报．2004, 25(1)；93-98.

[43] 张其林，殷永炜等．点支式幕墙夹层玻璃承载性能的试验研究．结构工程师．2003,19(4)；76-80.

[44] 刘忠伟，马眷荣．建筑玻璃应用技术．北京：中国建筑工业出版社，1997.

[45] 刘忠伟．点接式玻璃幕墙超强度分析．建筑材料学报.2001, 4(1).

[46] 赵西安．幕墙工程手册．北京：中国建筑工业出版社，1996.

[47] AISC Seismic Provisions for Structural steel buildings. April 15,1997.

[48] T.T. Soong and G.F. Dargush.Passive energy dissipation systems in structural engineering.John Wiley & Sons,1997.

[49] T.T. Soong and B.F. Spencer Jr.Supplemental energy dissipation: state-of-the-art and state-of-the-practice. Engineering Structures.24(2002):243-259.

[50] M.C. Constantinou, T.T.Soong, G.F. Dargush, Passive Energy Dissipation Systems for Structural Design and Retrofit, MCEER Monograph No.1, MCEER, Buffalo, New York, 1998.

[51] Pall A.S., Marsh C. and Fazio P. (1980), Friction Joints for Seismic Control of Large Panel Structures, J.Prestressed Concrete Inst.,25(6):38-61．

[52] Pall A., Vezina S., Proulx P. and Pall R., Friction-dampers for seismic control of Canadian Space Agency Headquarters.Earthquake Spectra.1993,9(3): 547-557．

[53] Pall A., Pall R. Friction-dampers used for Seismic Control of New and Existing Buildings in Canada, Proc. 17-1 on Seismic Isolation, Energy Dissipation, and Active Control.1993, (2):675-686．

[54] Grigorian CE, Yang TS, Popov EP, Slotted bolted connection energy dissipators, Earthquake Spectra, 1993, 9(3):491-504．

[55] Virgina Fairweather.Rebuilding Mexico City.Civil Engineering, ASCE.1986:36-37.

[56] 李国强，李杰，苏小卒．建筑结构抗震设计．北京：中国建筑工业出版社，2002．

[57] 沈聚敏，周锡元，高小旺，刘晶波．抗震工程学．北京：中国建筑工业出版社，2000．

[58]《建筑抗震设计规范》（GB50011-2001）．

[59] 邓长根，何永超．日本建筑结构隔震减震研究新进展．世界地震工程．2005,18（3）．

[60] 邓长根．日本建筑结构耗能减震研究和应用的若干新进展．四川建筑科学研究.2003,29(3).

[61] 蔡克铨，黄立宗．含三角形加劲阻尼装置构架之设计方法与应用．海峡两岸及香港钢结构技术研讨会，2000．

[62] 陈福松，王庆明，蒋志强．特殊耐震消能系统在建筑结构之应用．建筑钢结构进展．2002,4(2)．

[63] 邓雪松，张耀春，程晓杰．钢支撑性能对高层钢结构动力反应的影响．地震工程与工程振动．1997, 17(3):52-59.

[64] Remennikov A.M. and Walpole W.R.Modeling the Inelastic Cyclic Behavior of Bracing Member for Work-Hardening Material, Internation Journal of Solids and Structures. 1997,34(27):3491-3515．

[65] 若林實．耐震构造．东京：森北出版株式会社，1981．

[66] 李杰，李国强．地震工程学导论．北京：地震出版社，1992．

[67] 肖振宇，徐忠根，周福霖．隔震钢结构的实例介绍．建筑结构进展．2002,4(2): 45-50.

[68] 陈福松，王庆明，蒋志强．消能、隔震系统在建筑结

构之应用，海峡两岸及香港钢结构技术研讨会，2000年5月：上海，43-59.

[69] 戴忠. 主动协调质量阻尼器在超高层钢结构建筑上之应用，海峡两岸及香港钢结构技术研讨会，2000年5月，上海：85-497.

[70] Takenaka Corporation. Creation of "stepping vibration control", a reverse concept for improved seismic resistance, http://www.takenaka.co.jp/takenaka_e/news_e/pr0102/m0102_06.htm, 2001.

[71] Takenaka Corporation. Total building bobbing "stepping structure" first used in downtown building, http://www.takenaka.co.jp/takenaka_e/news_e/pr0109/m0109_02.htm, 2001.

建筑技术新论
New Theory of Building Technology

New Material
New Component
New Conformation

新材料　新部品　新构造

第2章 新材料 新部品 新构造

随着科学技术的不断发展和人们认知水平的提高，相关基础理论逐步完善，新科学理论及学科交叉新理论不断生成，新型建筑材料和新部品以及它们在建筑领域应用的新构造技术层出不穷，新功能倍增，使建筑设计人员的创作天地无限展开，更加有助于创造宜人的人居建筑与环境。

新型建筑材料、新部品、新构造的"新"主要体现在如下八个方面：

一、材料成分新。越来越多的无机物、有机物和化合物与原有建筑材料融合、复合、整合，出现新材料，又有纳米材料、相变材料等先进材料进入建材领域，扩大了建筑材料的应用性能和应用范围。

二、性能新和功能新。新的材料组分和新的技术带动了材料性能的发展，使材料及其部品出现新的功能和新的性能。

三、工艺新。对已有材料进行某些工艺上的开发与深加工，如纳米技术，提高其应用性能。

四、设计理念新。生态化、绿色化、可持续性设计理念已逐步深入树立起来，要求材料、部品、构造顺应新理念。

五、构造简化，施工方便。

六、技术迁移创新。将国外或国内相关领域先进技术引进建筑领域应用的过程中，结合当地的实际情况对技术进行改进创新，提高其适用性。

七、功能集成，一体多能。体现物尽其用，综合利用，少费多用，循环利用。

八、引导新的走向。许多新的技术和材料的应用给创造新的建筑形象和功能提供了可能，引导建筑设计理念和方法的创新。

2.1 墙体材料

目前，国内的建筑墙体材料仍以烧结建筑制品类、建筑砌块和板材类为主。虽然近些年来，通过不断消化吸收国外先进设计和生产技术，国家也通过政策对新型墙体材料进行大力扶持，使得我国墙体材料工业在研发、设计、生产水平方面有了很大提高，但总体水平仍较落后，烧结建筑制品在使用中仍占主要地位。因此，采用可再生资源，减少能源消耗，改进工艺，提高劳动生产率，减少污染将是我国建筑业发展总的指导方向。墙体也将向节能环保、轻质高强、多功能、高效率、易于施工的方向发展。

为贯彻"禁止使用实心黏土砖"的规定，墙体砌体出现了多种替代材料。

2.1.1 外墙材料

(1) 承重材料

1) 煤矸石砖

煤矸石是在煤炭生产和加工过程中产生的固体废弃物，将其烧结可制成煤矸石砖。

① 主要应用特性：煤矸石砖的生产不占用土地资源，并且可以消耗采煤废料煤矸石；烧制过程中耗煤量较少，节约煤炭资源，

承载负荷能力强,其强度约为黏土砖的2倍;但自重较大,不便于装卸及运输。

② 适用范围:适用于承重墙体。

2) 页岩砖

页岩多孔砖是以页岩为主要原料,经过成型、干燥、焙烧而成的一种墙材。页岩是一种沉积岩,经过开采粉碎等处理加工后的页岩是理想的制砖原料。

① 主要应用特性:节能,省料,生产成本较低;强度高,性能好;减少结构自重,降低基础处理费用;保温、隔热性能较高。

② 适用范围:适用于承重墙体。

3) 蒸压粉煤灰砖

蒸压粉煤灰砖是以粉煤灰、石灰、石膏和细集料为原料,压制成型,经高压蒸汽养护制成的实心粉煤灰砖。

① 主要应用特性:规格与实心黏土砖相同,为240mm×115mm×53mm;强度高;性能较稳定。

② 适用范围:蒸压粉煤灰砖可替代实心黏土砖,但用于基础或易受冻融和干湿交替作用的建筑部位,必须使用一等品或优等品,且不得用于长期受热(200℃以上)、受急冷急热和有酸性介质侵蚀的建筑部位。

4) 蒸压灰砂砖

蒸压灰砂砖是以石灰和砂子为主要原料,成型后经蒸压养护制成,是一种承重砖。

① 分类:按外形分有实心砖、空心砖。

② 适用范围:适用于多层混合结构建筑的承重墙体和其他构筑物;实心砖与空心砖均不得用于长期在200℃以上温度的建筑部位、流水冲刷的建筑部位,以及受急冷、急热和有酸性介质侵蚀的建筑部位。空心砖只可用于防潮层以上的建筑部位。蒸压灰砂砖表面光滑,当用于高层建筑、地震区或筒仓构筑物时,除应有相应的结构措施外,还必须采取提高砖和砂浆间粘结力的相应措施。

(2) 非承重材料

1) 轻骨料混凝土小型砌块——陶粒混凝土砌块

集料按表观密度不同分为重、轻两种。重骨料又称普通骨料,轻骨料是一种堆积密度较小的、骨料中含有许多微细小孔的轻质骨料,用轻骨料配制成的轻骨料混凝土具有表观密度小($<1950kg/m^3$)、相对强度高、保温隔热及抗裂性能好等优点。

① 主要应用特性:重量轻;保温性能好;装饰贴面粘贴强度高。

② 适用范围:重集料主要用于承重墙体,轻集料可用于保温墙体和非承重墙体。

2) 脱硫石膏砌块(以"德凯"为例)

脱硫石膏砌块是利用火力发电厂对烟气进行脱硫后产生的高品质二水石膏为原料,经过煅烧、浇注、干燥、成型,生产出的具有强度高、隔热、隔声、防火、环保、健康舒适等特点的非承重内隔墙材料。砌块外形为乳白色长方体,砌块表面平滑润泽,棱边平直,纵横边缘分别有榫键、榫槽,其规格为 666mm×500mm×80mm。

① 主要应用特性:质轻:石膏砌块表观密度 600~900kg/m^3 有利于高层建筑减轻负荷,可降低建设成本。强度高:承受30kg砂袋落差0.5m冲击3次以上、800N重物垂直吊挂24h未出现贯通裂纹,一般环境下不龟裂、不变形,断裂荷载可达 5kN 以上。加工性好:可根据现场情况加工,可锯、刨削、钻孔,干态砌筑,施工快捷方便。防火:防火等级为A1级,防火极限2.9h以上,石膏建材的最终水化产物是二水硫酸钙($CaSO_4·2H_2O$),遇到火灾时不会释放有害物质。隔热:导热性小,导热系数为0.109W/(m·k),可节约能源。隔声:隔声性能良好,单层计权隔声量43dB。呼吸功能:"德凯"石膏砌块的"呼吸功能"源于它的多孔性,这些孔隙在室内湿度大时,可将水分吸入;反之,室内湿度小时,又可将孔隙中的水分释放出来,自动调节室内的湿度。环保:石膏砌块在生产上可节能,产品可回收再利用且卫生,在生产和使用过程也都不排放废气、废渣、废水和对人体有害的物质,施工

无噪声，不污染环境。节能：建筑石膏的煅烧能耗最低，仅为水泥的1/4，石灰的1/3。吸收电磁辐射：不产生静电，可吸收电器所释放出的辐射，不吸灰尘，有益人体健康。"德凯"脱硫石膏砌块无放射性：特别是脱硫石膏经过过滤脱水更加纯净，凸显出对健康的有益性。石膏砌块的pH值在5～6，墙体表面不存水，可大大抑制霉菌的滋长。可近皮肤：脱硫石膏砌块的水汽渗透性和pH值，与人皮肤的化学—物理性质惊人地相似，被称为"可近皮肤"的建材。

② 适用范围：可广泛应用于住宅、宾馆、写字楼、大型体育场馆等建筑的非承重墙体。

3）植物纤维石膏渣空心砌块

植物纤维石膏渣空心砌块属轻集料混凝土砌块。它是以农业废气物（包括秸秆、棉梗、麦草、稻草、豆秆、锯末、谷壳等）和砂为基本集料，以石膏矿渣和水泥为胶结料，以聚苯乙烯泡沫颗粒、膨胀珍珠岩、粉煤灰等为掺合材料，经模压或注模凝结而成的空心砌块。

① 主要应用性能：以秸秆泡沫石膏渣空心砌块性能为例，见表2-1。

② 适用范围：用于非抗震设防区和地震设防烈度为6～8度地区的工业和民用建筑中的非承重墙体。

4）草砖

草砖是以稻、麦草用草砖机打压，用14号铁丝捆绑成块状而成。

① 主要应用特性：草砖价格低廉，取材方便，制作不需能源，无有害气体排放。草砖具有良好的保温性能，其保温性能是普通黏土砖的5～6倍，造价低。

② 适用范围：草砖一般用于农村建筑一层的住宅外墙使用。其结构形式有三种：承重型、框架型、混合型。在承重型的建筑中，草砖承受屋架的重量。承重型的建筑一般较少，只限一层，圈梁之间的跨度比较小。框架型建筑中，屋顶和顶棚的重量由木、钢、混凝土或砖柱的框架承受。草砖在框架体系中只起围护作用，不承重。混合型建筑，承重型与框架结构并存。一堵墙只能是框架型或者是承重型。一堵墙不可能既是框架型，又是承重型。否则会受力不均。

5）竹子

竹子是一种非常结实的天然纤维材料。

① 主要应用特性：压缩强度为混凝土

秸秆泡沫石膏渣空心砌块性能指标　　　　　表2-1

密度	450～1000kg/m³	吸水率	10.2%
强度	3.2～14.4MPa	软化系数	0.84
抗冻性	20次冻融	导热系数	0.12～0.135W/(m·K)
质量损失	0.48%	隔声	45dB
强度损失	4%	孔洞率	26%
干缩值	0.19mm/m	传热系数	0.79～0.89W/(m²·K)

的2倍，其抗拉强度几乎与钢筋相差无几。其有柔软性的特点，可以弯曲成任何形状，因此在建筑上可做屋顶、墙体等构件。

② 适用范围：可广泛应用于建筑上，可以为承重体系、围护材料、装饰材料、地面材料等。

③ 建筑用竹竿质量的保证措施：一般应选择生长3～5年的成熟竹竿，要在每年最恰当的季节收割。收割的第一天就应进行防虫、防腐处理，处理方法有许多，如"蓝矾浸渍剂"，其溶液有硼酸、磷酸氢二钠四水合物；还有用聚氨酯、异氰酸盐、脂肪化胶水，以大豆为原料的黏合剂等进行处理。

2.1.2 隔墙材料

隔墙材料是非承重轻质隔墙,通过加入纤维等有机或无机物质和采取加压等特殊工艺以增强材料的各方面性能。目前多采用各种纤维增强板材、轻质条板和各种复合板材。新型轻质隔墙材料有纤维增强硅酸钙板(硅酸钙板)、纤维增强水泥加压平板(高密度板)、轻质条板、金属面夹芯板和光触媒硅纤陶板等。

(1) 纤维增强硅酸钙板(硅酸钙板)

纤维增强硅酸钙板简称为"硅钙板",以钙质、硅质材料与纤维作主要原料,经制浆、成坯与蒸压养护等工序合成的轻质材料,是一种新型墙体材料。

1) 分类:纤维增强硅酸钙板主要分石棉纤维增强硅酸钙板和非石棉纤维增强硅酸钙板。

2) 主要应用特性:纤维增强硅酸钙板密度低、湿胀率小、防火、防潮、防蛀、防霉,可加工性好。

3) 适用范围:适用于高层建筑内隔墙,亦适用于潮湿环境中的浴室及厨房(墙板面应粘贴瓷砖或刷防水涂料)。高档建筑应选用非石棉纤维增强硅酸钙板(并指明绝对不含石棉)中的高级板(GN);中档建筑宜选用非石棉纤维增强硅酸钙板中的高级板,亦可选非石棉纤维增强的普通板(N)或石棉纤维增强的高级板(GA);一般建筑可选用石棉纤维增强的普通板(A)。食品加工、医药等建筑内隔墙,不应选用含石棉的板材。

(2) 非石棉纤维增强水泥中密度与低密度板("埃特板")

1) 分类:低密度埃特板、中密度埃特板、瓷力埃特板。各类板材基本组成详见表2-2。

埃特板基本组成   表2-2

种类	基本组成
低密度埃特板(LD)	采用非矿物纤维、水泥和密度调节剂为基本原料,制成的不燃无石棉纤维增强的水泥平板
中密度埃特板(MD)	
瓷力埃特板	采用非石棉纤维、水泥和密度调节剂制成的、有独特压纹的板材

2) 主要应用特性:埃特板采用流浆工艺生产,不加压,材质均匀,无应力集中,韧性好,不易折,抗冲击强度高,且不含石棉,故普遍用于中档或高档建筑中。

3) 适用范围:低密度埃特板(LD)适用于抗冲击强度要求不高的内隔墙,且不宜长期处于潮湿状态下;当建筑对防火性能要求高时,宜选用低密度埃特板,其最高耐火极限可达3h以上,其防潮、耐高温性能亦均优于石膏板,但不宜以瓷砖作饰面;中密度埃特板(MD)适用于潮湿环境或易受冲击的内隔墙。瓷力埃特板采用压纹设计,提高了对瓷砖胶的粘结力,是长期潮湿环境下(如浴室、厨房、洗衣房等),以瓷砖作饰面时,选用的理想板材。

(3) 蒸压轻质加气混凝土(NALC)板

蒸压轻质加气混凝土(NALC)板是以水泥、石灰、硅砂为原料,以铝粉为加气剂,采用专用防锈液处理的焊接钢筋网片配筋,经高温高压蒸汽养护而成的高性能多孔硅酸盐板材。

1) 主要应用特性:保温、隔热(导热系数0.13)、轻质(相对密度0.5)、耐火、阻燃(墙板材4小时耐火)。加气混凝土为无机物,不会燃烧,而且在高温下也不会产生有害气体。可加工:可锯、可钻、可磨;吸声、隔声。以其厚度不同可降低 30~50dB 噪声。可承载风荷载、雪荷载及动荷载。

2）适用范围：应用于结构围护、防火墙及地铁高架桥、高速公路两侧的隔声屏障等。

(4) 丹麦"代高"隔断墙

丹麦"代高"（DEKO）隔断墙系统是以热镀锌钢制型材、铝合金型材和高分子材料等材料为结构，配以相应的各类型玻璃、饰面石膏板等装饰材料而组成的一种可拆装式模块隔断墙体系统。由透光模块、实体模块、特殊节点模块及门模块组成。

1）主要应用特性：丹麦代高（DEKO）隔断墙能够满足建筑在隔声、防火、稳定性、环保等方面的要求。

2）适用范围：适用办公大楼、商厦、公共建筑、医院、院校、厂房和机场等。

(5) 移动隔声墙 DORMA HuPPE Variflex

墙板骨架由铝合金及钢管组成。骨架上配有墙板金属箍件，采用上下两层隔声橡胶结构和特殊成型之橡胶墙角组件。骨架内还可填以额外隔声材料。此系统构造可按要求做成直面、带角度、多边形甚至是椭圆形的。

1）主要应用特性：有良好的隔声效果，该系统使用灵活，可满足多种不同的布置方案和要求，自动控制系统灵活方便，具有良好的安全防火性能。

2）适用范围：该产品适用于特殊要求的非常规空间。其多样性和灵活性符合不同的特殊需求，甚至超高房间、斜面顶棚及曲面空间的分隔。

2.1.3 外墙饰面材料

外墙饰面是指在建筑外围护结构表面粘贴、涂刷或安装装饰材料，其目的在于提高墙体抵抗自然界中各种因素如灰尘、雨雪、冰冻、日晒等侵袭破坏的能力，并与墙体结构一起共同满足保温、隔热、隔声、防水、美化等功能要求。所以外墙装饰材料应兼顾保护墙体和美化墙体的两重功能。

常见的外墙饰面材料有外墙涂料，陶瓷类装饰材料和各种建筑装饰石材等。我国的建筑涂料产业近年来有了较快发展，利用高新技术改造传统涂料产业，是迅速提高我国涂料产业水平的捷径。纳米材料由于具有一系列特殊的物理化学性能，受到了人们越来越多的重视，利用纳米技术改性，提高涂料产品质量，是目前涂料研究领域中比较活跃的发展方向。此外，功能性涂料越来越受到市场关注，如高耐候性的氟碳涂料和硅丙涂料，具有特定功能的外墙保温隔热涂料、室内净化涂料、钢结构防火涂料、纳米抗菌涂料，以及与涂料产品配套的高档腻子等都有所发展。

(1) 超耐候性户外建筑涂料

超耐候性户外建筑涂料是指其耐候性和耐久性在目前所有的建筑涂料中是最优的，完全可以满足高层、超高层建筑以及需要长期保持良好装饰效果的高级建筑物、构筑物的建筑涂料。户外耐候性可达20年以上，有耐污染、附着力强、可加温固化、常温干燥等优点。超耐候性涂料以氟树脂涂料为代表，常温固化FC-S200系列氟碳涂料是以高科技的氟树脂为主要成膜物质配制而成的超耐候性建筑涂料。整个系列由配套的底漆、面漆、罩光漆和稀释剂构成。

1）主要应用特性：耐候性好，抗水解，耐化学介质良好，耐溶剂性好，耐热性好，耐污染性好，自洁性好。

2）适用范围：广泛用于各种墙面、石板、水泥等基材。

(2) "申纽丽"外墙弹性涂料系列

1）分类：包括"戈尼漆"系统和"戈尼飞"系统，"戈尼漆"系统适用于覆盖<0.2mm的非结构性细微裂缝，"戈尼飞"系统适用于覆盖<2mm的非结构性细微裂缝。

2）主要应用特性：抗污性良好，耐沾

污性达6%，高保色，可使墙面长期持久如新；耐久、弹性、防水，有效掩盖墙体表面的细微裂缝，防龟裂，具有优异的延伸率；既可作为装饰涂料用，又可组成半厚涂料保护系统；有良好的耐候性能，可抵抗各种恶劣的天气，具有良好的透水气性；可选择防霉杀菌配方。

3）适用范围：适用于建筑物外墙新旧基面的装饰和保护。

(3) 四氟氟碳合成树脂复合涂层仿金属幕墙装饰涂料

1）主要应用性能：氟碳涂料采用先进的四氟氟碳树脂，具有优异的耐久性、耐候性、保色性、保光性等；具有良好的耐水性、耐化学品性；具有防霉抗藻性，有效防止霉菌、藻类对墙面的污染；罩光清漆具有良好的抗碱、耐擦洗性能和优良的耐候性。

2）适用范围：适合于耐候性要求很高的工业或民用建筑物，以及桥梁、储罐、铁制容器以及其他大型结构表面的涂装。

(4) 房屋包覆材料（以"杜邦"™"特卫强"®为例）

杜邦™特卫强®是一种高密度聚乙烯材料，还是可回收利用的环保材料。

1）主要应用特性：减少穿过墙壁空隙和接缝处的空气流动，减少热量损失，达到节能效益。

2）适用范围：主要用于住宅和商用建筑的屋顶和墙面的包覆及保护。

(5) 复合透光石材板

这种新型材料是使用5mm厚的超薄石材板，通过半透明的树脂或强胶与10mm厚的透明玻璃复合，使之成为以玻璃为基层，石材为面层的复合板材。

1）主要应用特性：双面视觉效果，不同的材料层面传达了不同的视觉信息，界定场所，区分空间。中空玻璃层阻碍了热能对外传递交流的速度，起到保温隔热的作用，提高了空调效率。石材层对光线进行过滤，减弱日照强度，创造柔和光效，同时浮现丰富纹理。面层的超薄石材，厚度降低，大大节约了有限的石材矿产资源，特别是稀、奇、特石材，提高了石材利用率。复合后板材的重量仅为普通板材的1/3，设计方面，可以在建筑物整体结构上减少混凝土和钢材的用量，大幅度地降低建造成本。施工方面，易操作，不仅可以减少人力，还可节约施工工时60%以上。保洁性强，在使用了胶和玻璃做石材的隔离层后，不泛酸碱，不泛浆，较好地避免了石材因为水泥泛碱或钢铁挂件生锈而出现水斑、变色和白华等污染现象。复合后的板材，经测试比同等厚度的大理石强度高3倍，比花岗石高2倍，特别是对砂岩、洞石、米黄一类的易断裂的大理石强度大大提高。减色性差，天然大理石无法拒绝色差，但复合板一破三，可将色差降至最低。灵活经济，形式多样，可根据经济状况和形式要求，改变任何单独一个材料层的材料种类和大小，从而获得不同的图案肌理和光影效果。

2）适用范围：复合透光石材板不仅用于建筑外墙面，还可用于室内装修，例如吧台、柜台、室内间隔板、顶棚以及浴室间、卫生间等部位。

2.1.4 墙体节能

发展和采用经济、高效的节能墙体已成为当代建筑材料行业的必然选择，特别是在建筑外墙复合保温方面尤为重要。用于建筑保温、隔热方面的材料主要有岩棉、玻璃棉、加气混凝土、膨胀珍珠棉、膨胀蛭石、矿渣棉等。聚苯乙烯泡沫塑料板由于其自重轻（表观密度20kg/m³），保温性能好，造价低，施工方便，已成为目前工程中应用较多的保温材料。而当前国家又进一步提出建筑节能65%的目标，中外专家都将实现此目标的关键锁定在聚氨酯墙体材料上，并展开深入研究，在不远的将来，聚氨酯材料将在建筑领域得到更多的应用。

目前常见的新型节能墙体有EPS（模塑聚苯乙烯泡沫塑料）板外保温系统、胶粉EPS颗粒保温浆料外保温系统、现浇混凝土无网聚苯板复合ZL胶粉聚苯颗粒外墙外保温技术、机械固定EPS钢丝网架板外保温系统、GKP外墙外保温系统、GRC（玻璃纤维增强水泥）复合节能外墙、聚苯板薄抹灰外墙外保温体系、ZL胶粉聚苯颗粒外墙外保温体系、EC—2000外墙外保温体系、无溶剂聚氨酯硬泡外保温技术、ZL泡沫玻璃外保温等。

1967年法国国家科学研究中心太阳能研究室主任特朗勃教授提出蓄热墙的方法——"特朗勃墙"，此后，太阳能应用于建筑领域便日益成为新型建筑节能墙体的一个重要发展方向。同时，对于干草、木屑、稻壳、黏土等天然材料在墙体节能方面的开发再利用也成为一个热点。

（1）太阳墙（SAH系统）技术

SAH系统由集热和气流输送两部分系统组成。其构造特点有点像双层皮，但工作原理并不一样。冬季，白天室外空气通过小孔进入空气腔，在流动过程中获得板材吸收的太阳辐射，受热压作用上升，进入建筑物的通风系统，然后由管道分配输送到各层空间。夜晚，墙体向外散失的热量被空腔内的空气吸收，在风扇运转的情况下被重新带回室内。这样既保证了新风量，又补充了热量。夏季，风扇停止运转，室外热空气可以从太阳墙底部及孔洞进入，从上面和周围的孔洞流出，热量不会进入室内（图2-1、图2-2）。

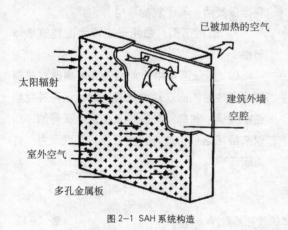

图2-1 SAH系统构造

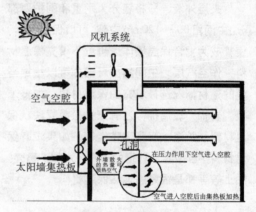

图2-2 SAH系统工作原理

（2）双层通风幕墙

双层通风幕墙又称热通道幕墙、呼吸式幕墙、模间式幕墙、通风式环保节能幕墙、双层幕墙等。它由内外两层幕墙组成，形成一个箱体。外层幕墙属于封闭状态，由明框、隐框或点支式幕墙构成。内层幕墙属于可开启状态，由明框、隐框或具有开启扇和检修通道门组成。

1）分类：分为开敞式和封闭式两大类。

2）主要应用特性：比单层幕墙节约能源40%～60%，隔声效果显著，改善室内空气质量和工作、生活环境，各种幕墙墙体材料均可使用。技术复杂——多一层幕墙，多遮阳系统，多上下风口和自动控制系统，建筑面积要损失2.5%～3.5%，造价较高，要提高1.5～2.5倍，防火不利。

3）适用范围：适用于各种建筑物的外墙装饰面。具有优良的保温、隔热和隔声性能，既适用于寒冷的北方地区，也适用于炎热的南方地区，是一种性能优良的建筑节能环保产品。寒冷地区适合采用封闭式内通风双层幕墙，外幕墙采用密闭的隔热型，提高节能效果。炎热地区适合采用开敞式外通风双层幕墙，内幕墙封闭，外幕墙设有进风口和排风口，减少太阳辐射热的影响，节约能源。

4) 典型建筑构造方案（图2-3）

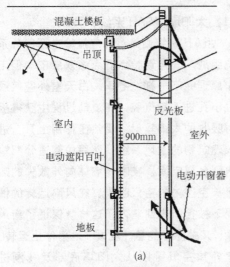

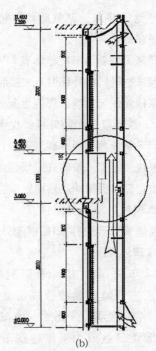

图2-3 双层通风幕墙通风原理示意图

(3) 夹层墙

夹层外墙，即将墙分为承重和围护两部分，中间留60～120mm空隙，可填保温材料，使其成为复合保温墙体。也可不填充保温材料，作空气层。中间的夹层部分可以根据当地的建材情况选择填充的保温材料，如聚苯板、岩棉、玻璃棉，还有无机松散或块状保温材料、炉渣、膨胀珍珠岩等。如果没有保温材料，当地容易获得的干草、木屑、稻壳、黏土等等都是很好的天然保温材料。

1) 主要应用特性：保温效果好，保温材料选择灵活，利于就地取材。

2) 适用范围：适用于寒冷地区建筑墙体节能。

① 当保温层中添加稻壳和木屑时对夹层墙保温性能的提高较为显著，而且这两种材料在小城镇、村镇、林区中又是最易获得的，所以夹层墙这种构造方式有很好的发展潜力，详见表2-3。

夹层中添加不同材料后墙体的传热系数[W/(m²·k)]　　　　表2-3

	空气层(mm)		炉渣(mm)		木屑(mm)		稻壳(mm)	加草黏土(mm)	
	60	120	60	120	60	120	120	60	120
夹层墙	1.27	1.27	1.23	0.98	0.80	0.526	0.484	1.41	1.23
370墙	1.65								
490墙	1.32								

② 目前小城镇有些多层建筑中采用稻草板作为夹心保温材料（图2-4）。

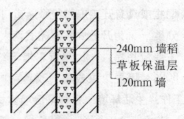

图2-4 以稻草板为夹心保温材料的墙体

(4) 轻型钢结构ASA板镶嵌式集成节能建筑体系

轻型钢结构ASA板镶嵌式集成节能建筑体系由机制水泥增强内隔墙板、机制水泥增强复合保温外墙板、保温屋面板和轻质楼板（即称ASA系列板）组成。ASA板主要原料是水泥、粉煤灰、空气。钢结构构件、ASA板全部工厂化生产，现场安装，全部干作业。ASA板材采用两侧泡沫水泥，中间复合聚苯。

1）主要应用特性：高效节能，有良好的保温与隔热性能，重量轻，防火性能好，镶嵌式的ASA板把钢构件包裹在板材之中，提高了体系的防火性能，耐火极限4h。ASA系列板材无毒无害，抗震性能好。在8度设防区可建6～8层建筑；废旧的ASA板粉碎后可重新生产ASA板。

2）适用范围：该体系主要用于住宅建筑，也可用于一般民用建筑和一般轻工业建筑。

(5) 电热膜

电热膜是布置在建筑物内部的顶面、地面、墙面或其他表面的一种特制膜，它对辐射源发射出的红外线辐射热进行反射供暖，此供暖方式的主体就是电热膜。它是一种通电后能发热的半透明聚酯薄膜。由可导电的特制油墨、金属载流条经印刷、热压在两层绝缘聚酯薄膜间制成的一种特殊的加热元件。它不单纯加热空气，而是使人体和周围密实物体（墙壁、地面、家具等）首先吸收热量，温度升高，然后由这些物体散发辐射热来自然均匀地提高室内温度。

1）主要应用特性：耐高压，最高耐压可达3750V。耐潮湿，完好的电热膜除剪开的两端外，整个膜片是防水的。承受温度范围广，最高100℃，最低-40℃。运行安全，电热膜工作时表面最高温度不超过60℃，不会因过热引起自燃或爆炸。性能稳定，对电热膜连续通电2000h没有任何损坏。使用寿命长，可达数十年以上。健康舒适，电热膜节能省电，不含对人体有害的射线。

2）适用范围：广泛应用于各种建筑供暖及工业、农业、交通等领域。

2.2 屋面材料

目前国内建筑主要应用的新型屋面材料有太空板—发泡水泥复合板，聚苯乙烯泡沫塑料夹芯板，各种沥青玻纤瓦、合成树脂瓦、烧结瓦、油毡瓦等。这些新型屋面材料注意加强屋面的密闭性，提高防水能力。同时注意加强保温隔热性能，力求在节能增效方面有所突破，并取得良好效果。另外，新型屋面材料也使屋面造型更加美观，并且易于生产，便于施工。

2.2.1 坡屋面材料

(1) 金属彩板装饰瓦

金属彩板装饰瓦采用彩色涂层钢板一次冲压成型，是一种取代传统黏土瓦的新型建材。有Ⅰ型和Ⅱ型两种。

1）主要应用特性：彩色涂层钢板以冷轧板为基板，在高速连续化机组上经化学预处理、初涂、精涂等工序处理后，使其具有良好的装饰性和抗腐蚀性，防晒、耐老化、涂层附着力强，可长期保持色泽鲜亮。

2）适用范围：广泛应用于工业与民用建筑坡屋面防水屋顶。

(2) 玻纤瓦（以"欧文斯科宁"为例）

玻纤瓦是欧美国家使用多年的屋顶建筑材料，是一种美观耐用的新型轻质屋面材料。

1）主要应用特性：经久耐用，无破碎之忧。克服了普通柔性屋面材料易老化开裂以及刚性瓦易破碎的缺点。采用彩色天然矿石粒，色彩选择广泛且稳定。重量轻，大大降低了屋面系统的自重。节点处理简单，施工简易，无需更多配件。欧文斯科宁瓦屋面可抵御光照，冷热，雨水和冰冻等多种气候因素引起的侵蚀，耐候性好。防火性好，可达 A 级。防尘自洁性好，天然彩色矿石粒经过防静电处理，不吸附灰尘。耐腐蚀性好，不会在酸雨等恶劣城市环境的影响下出现锈蚀、花斑等现象。

2) 适用范围：适用于坡度为 20°~90° 以及球面等复杂屋面。

(3) 防水瓦（以"爱舍宁"为例）

防水瓦是由植物纤维在高温高压下浸渍沥青压制而成。

1) 主要应用性能：完全防水，可作为防水层。其有兼具保温、隔热、隔声的作用，可使瓦下的热空气由低向高处流动，使热量不会通过保温层、结构层等传递到室内，使室内顶板下表面温度比使用其他瓦材降低 7℃，同时提高隔声效果。质地坚硬，抗压强度可达 $2000kg/m^2$。通风除湿，爱舍宁瓦下有 $205cm^2/m$ 空间，保证了空气流动的畅通。节约造价，可以省去保温层上面的混凝土整浇层和顺水条。有足够的柔韧性，适合安装在表面不平整的屋面结构上。

2) 适用范围：适用于坡度为 10°~60° 的坡屋面。作为下覆层与各种陶土瓦、水泥瓦等搭配使用，可延长屋面系统寿命。

3) 屋面系统隔热效果分析，如图 2-5 所示。

4) 有、无保温层屋面系统的处理方案，如图 2-6 所示。

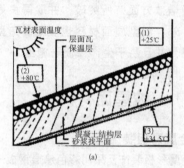

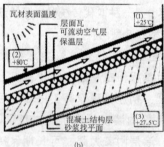

图 2-5 屋面系统隔热效果分析
(a) 非通风屋面；(b) 通风屋面

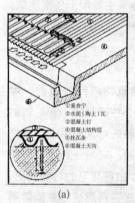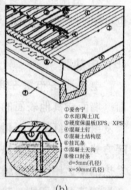

图 2-6 有、无保温层屋面系统的处理方案
(a) 无保温层屋面系统；(b) 有保温层屋面系统

(4) 斜屋顶窗排水板系统（以"威卢克斯"为例）

1) 主要应用特性：威卢克斯的铝合金排水板表面有标准的防腐防水涂层，并与斜屋顶窗的罩板相连接，其制作程序包括压弯和卷合，不需焊接。水密性：排水板顶部与底部和周边部分搭接，保证连接紧密。在排水板和屋面材料之间用海绵垫条进行密封。为确保窗户和屋顶结构之间的气密性和水密性，排水板现配有 4 片 SBS 防水卷材（合乎威卢克斯斜屋顶窗的尺寸）。

2) 适用范围：单个排水板 EDH 专为波形小于 90mm 的波形屋面材料而设计，如：波形瓦、俯仰瓦和水泥瓦。此种排水板可安装于坡度在 15°~90° 之间的斜屋顶上，防水性能卓越。单个排水板 EDS 专为厚度小于 8mm 的平形屋面材料而设计，如平板瓦，屋顶防水卷材，沥青瓦，EDS 排水板也适合小波形压型钢板瓦。在坡度为 15°~90° 之间的斜屋顶上使用，可确保其水密性。灵活多样的威卢克斯组合排水板系统专为两樘或多樘的斜屋顶窗组合而设计，其性能和质量与单套排水板相同。组合排水板系统由 7 个基本部件构成，使斜屋顶窗可进行灵活多样的组合。

3）典型建筑构造方案（图2-7）

图2-7 威卢克斯斜屋顶窗构造

2.2.2 平屋面材料

（1）喷涂聚氨酯发泡、聚脲弹性体屋面保温防水一体化技术

SPUF—SPUA屋面保温防水一体化技术是一种新型的屋面防水技术。采用高效节能的保温材料（SPUF）的同时，也采用了特殊的闭孔结构和施工工艺，使其兼具保温及防水功能。

1）主要应用特性：构造简单、自重轻。SPUF—SPUA屋面保温防水一体化体系结构简明，形成的保温防水层均是连续、无接缝的，保温、防水效果俱佳。施工效率高，一般情况下，单台套喷涂SPUF设备工作效率可达500m²/天，而SPUA设备单台套可达1000m²/天，SPUF—SPUA连续施工，单位施工周期极短，可在12h内完成，极大减少天气对屋面防水保温的影响。

2）适用范围：适用范围广泛，不仅从防水体系Ⅰ～Ⅳ的工业与民用建筑可应用，而且对不同基层的屋面以及新旧屋面也适用。

3）典型建筑构造方案（图2-8）

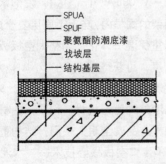

图2-8 SPUF—SPUA屋面防水基本构造

（2）胶粉聚苯颗粒屋面保温做法

胶粉聚苯颗粒屋面保温做法采用胶粉聚苯颗粒对平屋面或坡屋面进行保温，并用抗裂砂浆复合耐碱网布进行抗裂处理，防水层采用防水涂料或防水卷材，保护层采用防紫外线涂料或块材等。基本构造详见图2-9。

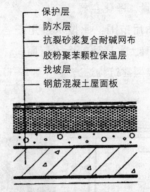

图2-9 胶粉聚苯颗粒屋面保温做法的基本构造

（3）现场喷涂无溶剂硬质聚氨酯泡沫塑料屋面保温做法

采用现场喷涂无溶剂硬质聚氨酯泡沫塑料对平屋面或坡屋面进行保温，采用轻质砂浆对保温屋面进行找平及隔热处理，保护层采用防紫外线涂料或块材等。基本构造如图2-10所示。

图2-10 聚氨酯屋面保温做法的基本构造

（4）JKSW—架空式生态屋面系统

JKSW—架空式种植屋面系统主要有结构层、找坡层、保温层、找平层、结合层（隔离层）、防水层、架空排水层、过滤层、种

植介质层和微喷灌溉系统等组成。

1）主要应用特性：缓解热岛效应，调节城市小气候。减少因温差引起的膨胀收缩而造成的屋顶构造裂缝渗漏现象。具有储水功能，减少屋面泄水。还大自然有效的生态面积，完善生态系统，增加空气湿度。增加城市含氧量，净化空气。

2）适用范围：此技术适用于各种类型的钢筋混凝土平屋顶的上人屋面。

3）典型建筑构造方案（图2-11）

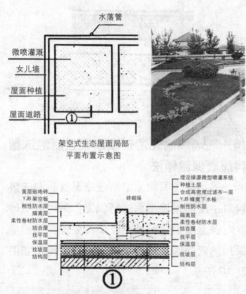

图2-11 JKSW架空式生态屋面系统

(5) 屋顶花园系统（以"威达"为例）

1）屋顶花园的设计组成：植物层：种植各类植物，每平方米大约重量＞10kg；营养土层：给植物提供生存空间，每平方米大约重量 $1.1 \sim 1.4 kg/cm^2$（厚度）；排水及过滤层：储存水以及把过量的水排放到外部，阻止微小颗粒进入和堵塞排水系统，每平方米 Vedaflor SSM500 重3.5kg；分离层：保护防水层不受结冰所产生的应力的影响，每平方米重约0.2kg；第二层植物根阻拦层：阻止植物根穿透防水层及保温层；第一层植物根阻拦层：增加阻止植物根穿入的强度，提高保险系数；保温层；隔汽层；承重基面，例如水泥屋面、复合夹板屋面或钢结构屋面。

2）分类：轻型花园屋顶：种植的是生命力极强的耐旱厚肉质和草本科类植物。这种屋面系统不需要大规模的植物层，从而减少了屋顶的重量。重型花园屋顶：可以在停车场及多层建筑的屋顶上创造一个真正的绿色花园。这种屋面系统要求有很厚的土层用来种植树木、矮树丛和花草，并可以有水和花园。这种系统构造只有在安装了防水层、过滤层、保护层以及排水层这样一个完整的系统构造时候才可以保证其功能和防水性能。

3）典型建筑构造方案（图2-12）

图2-12 屋顶花园构造

2.2.3 大跨度屋面材料

(1) 太空板—发泡水泥复合屋面板

太空板产品是由钢（混凝土）围框、内置桁架、水泥发泡芯材及上下面层复合而成。

1）分类：包括太空网架板、太空轻质大型屋面板，太空预应力大型屋面板及有檩结构体系的太空轻质条型屋面板。

2）主要应用性能：承重保温一体化、轻质高强：芯材表观密度 $230 \sim 350 kg/m^3$ 导热系数 $0.065 \sim 0.085 W/(m \cdot K)$。发泡水泥制备于预置桁架的围框内，与上下面层复合成型，因而实现承重保温一体化。调整太空板厚及内置桁架密度，可获得在 $1.0 \sim 5.0 kN/m^2$ 承载能力。耐久、耐火、耐腐蚀、隔热、隔声、太空板除油漆外均为无机材料构成，主材为高强低碱水泥，产品安全耐久使用，结构重要性系数 $\gamma_0=1.0$。太空板核心技术——水泥发泡工艺，其独特的泡孔形成机理，使之具有闭孔特性，它是芯材获得强度、耐火、保温、隔热、隔声等卓越性能指标的技术基础。太空板耐火极限＞2h。太空板芯材隔声量≥45dB。节能：太空板钢结构住宅产业化配套产品已按节能65%新标准实施，工业用屋面已符合节能65%要求。太空板水泥发泡芯中，为降低水化热，添加30%以上的粉煤灰等环保产品。太空板产品生产过程中无三废排出，其中93.5%的材料可重复利用。

3）适用范围：太空屋面板可用于工业厂房、民用建筑屋面工程，特别适用于各种钢结构、框架结构及大跨度工程中的屋面围护结构。

4）典型建筑构造方案（图2-13）

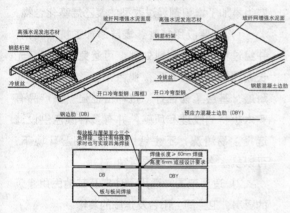

图2-13 大型屋面板安装示意图

5）构造方案要点：太空屋面板采用新型防水卷材防水，不需要另做找平层，找坡及防水完成后屋面自重增加＜10kg/m²。太空网架板和太空轻质大型屋面板在高寒地区选用可作加强保温型设计，节点选用防冷桥做法。

(2) 聚苯乙烯泡沫塑料夹芯板

聚苯乙烯泡沫塑料夹芯板是由彩色钢板作表层，闭孔自熄型聚苯乙烯泡沫塑料作芯材，通过自动化连续成型机将彩色钢板压型后用高强度胶粘剂粘合而成的一种高效新型复合建筑材料。

1）分类：按照板间的不同连接方式可分为拼接式、插接式、隐藏式和咬口式、阶梯式等多种形式。

2）主要规格：厚度（mm）：50、75、100、125、150、175、200、225、250；宽度（mm）：拼接式1200，插接式950、1150，顶板960、1000、1150、1200。

3）主要应用特性：保温、防水一次完成，施工速度快，经久耐用，美观大方等。

4）适用范围：主要适用于公共建筑、工业厂房的屋面、墙壁和洁净厂房以及组合冷库、楼房接层、商亭等。最大连续使用温度为75℃。

(3) 金属屋面系统

这是一种新型屋面系统，除了能满足正常的防风、防水、排水的要求外，还具备了自重小、保温、降噪、防雷及造型新颖等多方面的功能。

1）分类：主要屋面材料有钛锌板、太古建筑铜板、铝镁锰合金板、不锈钢、镀铝锌钢板等。

2）主要应用特性：风压变形性能、空气渗透性能和雨水渗透性能、保温性能、隔声性能等各项性能均可达到一级，能满足各类建筑物所在地域及气候条件的要求。

3）适用范围：较广泛地应用于体育场馆、展览馆等大型现代公共建筑的屋面。

4）典型建筑构造方案，如图2-14所示。

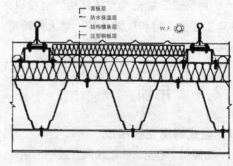

图2-14 金属屋面构造节点

5）构造方案要点：面板设计采用强度和防腐蚀性能较好的金属薄板或钛锌板。金属屋面安装前须对主体钢结构尺寸进行复测。每一单元屋面的防水卷材需焊接成一块整体，卷材边缘与钢结构交接的部位卷起搭接，用防水胶粘贴并固定，伸入不锈钢天沟粘贴固定。

(4) ETFE 膜材料

ETFE 的中文名为乙烯－四氟乙烯共聚物。ETFE 膜材的厚度通常小于 0.20mm，是一种透明膜材。2008 年北京奥运会国家体育馆及国家游泳中心等场馆中将采用这种膜材料。

1) 主要应用特性：特有抗黏着表面使其具有高抗污、易清洗的特点。通常雨水即可清除主要污垢。ETFE 膜使用寿命至少 25～35 年，是用于永久性多层可移动屋顶结构的理想材料。ETFE 膜达到 B1、DIN4102 防火等级标准，燃烧时也不会滴落。可以通过控制充气量的多少，对遮光度和透光性进行调节，有效地利用自然光，节省能源，同时起到保温隔热作用。ETFE 膜几乎不需日常保养。可对其由于机械损坏的屋顶进行简单检查（一年一次为宜），并根据需要就地维修。同时也可检查通风系统，更换过滤装置。ETFE 膜完全为可再循环利用材料，可再次利用生产新的膜材料，或者分离杂质后生产其他 ETFE 产品。可在现场预制成薄膜气泡，方便施工和维修。可以加工成任何尺寸和形状，满足大跨度的需求，节省了中间支承结构。

2) 适用范围：该膜材料多用于跨距为 4m 的两层或三层充气支撑结构，也可根据特殊工程的几何和气候条件，增大膜跨距。小跨度的单层结构也可用较小规格。

2.2.4 吊顶

(1) 盒式蜂窝铝板吊顶

由面材、芯材、表面涂层、胶粘剂组成。

1) 主要应用特性：防火性能：难燃 B1 级。吸声性能（针孔性）：I 级。表面火焰扩散性：1 级。墙边四边密封，具有良好的抗冷凝作用。面材：预滚涂层铝卷，合金 AA3005，H44，厚度为 0.5mm 或 0.7mm（内墙板厚为 1.0mm）。芯材：经特殊防腐处理的铝蜂窝，合金 AA3003，铝箔厚度 0.076mm，孔径 19mm。表面涂层：① 正面：聚酯烤漆（或按客户需求提供耐色光烤漆，在色泽和光泽度的稳定性及抗刮伤、抗粉化、抗腐蚀性能方面效果好）；② 背面：聚酯烤漆或底漆。胶粘剂：双组分高温固化的聚氨酯胶。

2) 适用范围：用作各类建筑的室内吊顶及内墙装饰板。

(2) 复合材料吊顶（以"欧文斯科宁""小憨豹"为例）

该产品由表层和基层两层复合而成。表层为添加了耐候助剂等添加剂的不饱和树脂，基层为添加了增韧剂经过改型的聚乙烯基化合物。

1) 主要应用特性：表层添加了抗老化剂，并经过抗紫外线辐射处理，可避免强光或灯光长期照射引起的老化、褪色，色彩稳定，表面耐磨，基层柔韧性好，抗冲击性强。该产品有实木板材的纹理和质感，并有多种颜色供设计选择。易清洗，不生锈，长期在潮湿环境下，可以抗水汽，抗酸碱的腐蚀。

2) 适用范围：适用于住宅及其他民用建筑的厨房、卫生间、阳台及走廊的装修。

2.3 门窗

门窗是建筑散热的主要环节，约占建筑能耗的 40%～50%。因此，外窗的保温性和气密性是解决建筑耗能问题的重要方面。另外，随着人们生活水平的不断提高，对于生活舒适度的要求也越来越高。新型门窗材料改善了隔声效果和外观造型，为人们提供了舒适的使用环境。

当前主要是从门窗框型材的材质、材型和玻璃等方面来提高门窗的各种性能。

2.3.1 金属门窗

(1) 铝合金隔热型材（以"坚美"为例）

采用 PA66GF25 隔热条将铝合金型材内外

部分通过滚齿穿条滚压等特殊工艺加工组合而成具有隔热功能的建筑型材。

1) 主要应用特性：隔热型材配合使用中空玻璃组成的隔热门窗，隔声量可达30～40dB，传热系数K值为3.0W／(m²·K)，室内外温差可达10～20℃。采用全套瑞士慕勒滚压设备、德国"TECHNOFORM"及意大利"Alfa Solare"玻璃纤维强化聚酰胺尼龙6.6隔热条；组合隔热铝材，可满足建筑外围护结构热工性能的要求，并且机械强度高，耐化学腐蚀性强。隔热铝材的内外型材可分别处理（阳极氧化、粉末喷涂、氟碳喷漆、电泳）成不同色彩，达到内、外双色的装饰效果；具有抗风压、防空气渗透、防雨水渗透等性能。

2) 典型建筑构造方案（图2-15）

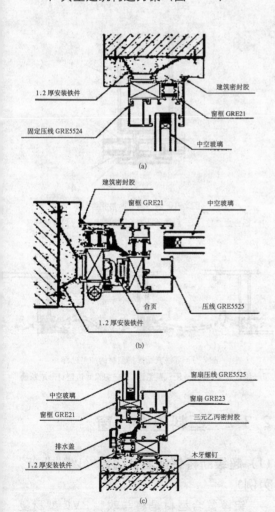

图2-15 隔热门窗与墙体连接节点图

(2) 安全窗系列（以"旭格"为例）

安全等级分为 SF Ⅰ、SF Ⅱ、SF Ⅲ (EF1)、SF Ⅳ (EF2)、SF Ⅴ (EF3) 五个等级。

1) 安全窗 SF Ⅰ

可满足防撬窗的要求。这种安全窗可阻止偶然和见机盗窃者企图以普通体力或小型起撬工具打开关闭或锁住的窗户。推荐安装的玻璃：ISO——玻璃。

2) 安全窗 SF Ⅱ

装有附加的安全五金配件，可满足钳工和五金质量协会于1994年7月13日颁布的规范要求。这种安全窗可阻止熟练的见机盗窃者用较大型起撬工具打开窗户。推荐安装的玻璃：A1—A3 DIN52290。

3) 安全窗 SF Ⅲ (EF1)

装有附加的安全五金配件（例如 EF 组合件），根据 DIN V18054 EFO/EF1，可满足防盗要求。这种安全窗可阻止装备有较大型起撬工具的其他辅助工具的盗窃者进入室内。推荐安装的玻璃：B1 DIN52290。

4) 安全窗 SF Ⅳ (EF2)

装有附加的安全五金配件（例如 EF 组合件），根据 DIN V18054 EF2，可满足防盗窗要求。这种安全窗可阻止有经验的盗窃者除了使用 S Ⅲ 中提到的工具外，还使用重型起撬工具和辅助工具撬开窗户。推荐安装的玻璃：B2 DIN52290。

5) 安全窗 SF Ⅴ (EF3)

只有与 Royal S70 DH 系统相结合才能使用。装有附加的安全五金配件（例如 EF 组合件），可满足 DIN V18054 EF3 规定的防盗窗要求。这种安全窗可阻止非常熟练的盗窃者除使用SFS Ⅳ中提到的工具外，还使用重型敲击工具和辅助工具撬开窗户。推荐安装的玻璃：C3—B3 DIN52290。

(3) 电动采光排烟天窗（以"建盟"为例）

该天窗采用彩色钢板经压型、聚氨酯发泡制作而成型，以阳光板为采光材料。

1）分类：主要有一字型天窗、侧开型天窗、圆拱型天窗、避风型天窗和三角型天窗。

① 一字型、三角型、避风型采光排烟天窗主要由彩钢板窗体、阳光板采光窗扇和蜗杆传动开窗系统组成。彩钢板窗体各组成部分由双层彩色钢板冷弯成型，双层彩钢板之间填充聚氨酯保温材料，彩钢板窗体各组成部分之间由钢板冷冲压连接件连接。适用于消防等级较高的建筑，其中一字型最大开启角度为90°，三角型和避风型最大开启角度为60°。

② 侧开型天窗由骨架、窗扇、型材及开窗系统组成。适用于平时以采光为主，且需要经常开启通风的建筑，其最大开启角度为45°。

③ 圆拱型天窗由基架部分、采光部分、窗扇体及传动系统组成。基架体包括上下边、中梃、边梃和连接方管。适用于平时以采光为主，且需要经常开启通风的建筑，其最大开启角度为45°。

2）适用范围：适用于基本风压≤0.7kPa的地区，屋面坡度为2%～10%的钢筋混凝土、彩色压型钢板等屋面的顶部采光、通风、排烟。

3）构造方案要点：厂房跨度较大时，应顺坡布置；较小时可顺屋脊布置。窗基座最好用钢板轧制，较长时应考虑分段加强。

(4)"金秋竹"飞机库大门

适用范围：适用于工业与民用建筑，如民用、军用飞机库大门以及工业厂矿、仓储、造船企业等建筑用门。适用于钢筋混凝土、各种砌体和钢结构墙体。门扇厚度为100～500mm，适用于基本风压≤0.7kPa，温度在 −40～40℃的地区。

(5) 隔热断桥铝型材

它的隔热原理是基于产生一个连续的隔热区域，利用隔热条将铝合金型材分割成两个部分。隔热条式断桥铝材是在两条铝材中间插入隔热条，再滚压成型。隔热条是用一种人工合成的热塑胶树脂制成的。隔热条"冷桥"选用材料为聚酰胺尼龙66，其传热系数为0.3W／(m²·K)（图2-16）。灌注式断桥铝材的生产过程是先把铝型材腔体部分灌入隔热材料（一般是异氰酸酯和树脂），再切掉原型材的边（图2-17）。

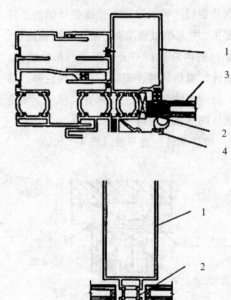

图2-16 隔热条式断热铝型材
1—铝合金立柱；2—隔热条；3—中空玻璃；4—铝合金外盖

图2-17 灌注式断热铝型材的加工过程
1—设计断热槽；2—浇筑聚氨酯；3—切除底边型材形成断桥

2.3.2 塑料复合门窗

(1) 超级断桥铝塑复合门窗（以"北新"为例）

铝塑复合型材是将与改性PVC型材复合的铝型材部位开0.05mm深的齿，每厘米

12个齿,且双面开齿,之后将改性PVC型材经穿条机穿入开齿后的铝型材中,经铝塑复合机滚压,将开齿部位的铝合金嵌入改性PVC型材,使两者紧密结合。铝合金与PVC型材间的单面剪切力不小于2400N/10cm为合格。用铝塑复合型材生产的门窗,称为铝塑复合超级隔热门窗(如北新超级断桥铝塑复合门窗)。

1)主要应用特性:它集铝合金门窗的高强度、外观装饰性强等优点,同时兼有PVC门窗优良的保温、隔热性能,具有优良的性价比,是目前铝门窗、塑料门窗的升级换代产品。铝塑复合门窗的内开系列便于玻璃的安全擦洗。

2)适用范围:本产品特别适用于抗风性能要求较高的建筑,以及保温隔热性能要求较高的高档写字楼、宾馆、饭店、医院、学校等公共建筑。

3)典型建筑构造方案(图2-18)

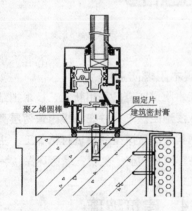

图2-18 门窗框与墙体连接示意

(2)玻璃钢节能门窗(以"莱茵"为例)

玻璃钢门窗是继木、钢、铝、塑后的"第五代"新型门窗。玻璃钢门窗综合了其他类门窗的优点,既有钢、铝门窗的坚固性,又有塑钢窗的防腐、保温、节能性能,更具有自身的独特性能,在阳光直接照射下无膨胀,在寒冷的天气下无收缩,轻质高强无需金属加固,耐老化,使用寿命长,如发生火灾,在高温下阻燃且不易挥发有毒气体,其综合性能优于其他类门窗。

1)主要应用特性:产品具有强度高、保温、节能、环保、美观、耐久等优点。型材增强材料选用优质的无碱玻璃无捻粗砂和进口的美国RHCHOLD公司的配方,由指定厂生产的不饱和聚酯树脂,型材质量好,表面光洁,不需处理可直接用于制造门窗。型材的截面采用多腔结构,具有独立和密闭的主体腔体,满足排水、增强保温、隔声的效果。型材表面采用玻璃钢专用的环保涂料直接喷涂,色彩多种多样,涂层具有良好的耐候和抗老化性能。中空玻璃总厚度为22~28mm,一般选用5+12+5的中空玻璃,其具有良好的隔声、保温性能。玻璃安装槽的深度达22mm,提高了安全性。采用独特的玻璃安装方法,玻璃外侧采用聚乙烯结构胶带粘结密闭,内侧采用橡塑软硬共挤压条,不仅为玻璃提供安全、可靠的密封,还使产品美观、透光率高。

2)适用范围:适用于高档住宅、宾馆、写字楼等工业与民用建筑。

3)典型建筑构造方案(图2-19、图2-20)

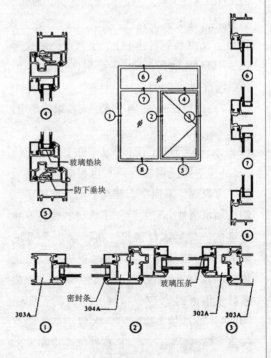

图2-19 平开窗

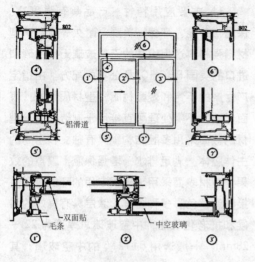

图 2-20 推拉窗

2.3.3 木门窗

(1) 木质防火门

该产品是在轻体实芯保温门基础上研制开发的新型产品。产品选用经阻燃处理的优质木材做边框，科学设置防火燃屏蔽层，配以特效改性阻燃胶，加压加热一次成型。

1) 主要应用特性：产品达到国标 GB14101-93 甲、乙、丙木质防火门标准。另可进行饰面装饰处理。木质防火门分为 8 种类型（由易到难排列），分为 3 个耐火等级：甲级耐火时间 1.2h，乙级耐火时间 0.9h，丙级耐火时间 0.6h。

2) 适用范围：适用于有防火要求的场所。

(2) 木包铝节能门窗（以"东亚"为例）

1) 主要应用特性：木包铝节能门窗运用等压原理，采用空心结构密闭，提高了气密性和水密性，有效阻止了热量的传递。靠近室内一侧用木材镶嵌，再配以 5+9+5 或 5+12+5 的热反射中空玻璃，更进一步阻止热量在窗体上的传导，从而使窗体的传热系数 K 值达到 2.7W/(m²·K)，属于 GB/T8484—2002 的 7 级标准。木包铝节能门窗保温、隔热性能优异，窗型整体强度高。木包铝节能门窗以闭合型截面为基础，采用内

插连接件配合挤压工艺组装，镶木选材精良，加工工艺独特，不干裂、不变形。采用进口配件，性能优越，装饰感强。可包 10mm 厚原木，与室内装饰浑然成一体。

2) 适用范围：适用于工业与民用建筑。

3) 典型建筑构造方案 （图 2-21）

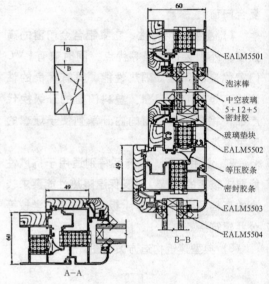

图 2-21 木包铝节能窗

(3) 实木阻燃防盗门

实木阻燃防盗门采用新工艺技术把结构用胶合板浸泡阻燃剂，并在门板内置两层高强度网状钢丝，热压成型后再进行精加工。主要应用特性：阻燃防盗、美观、绿色环保。

2.3.4 建筑玻璃

建筑玻璃是建筑物的重要组成部分。随着建筑业的蓬勃发展，建筑玻璃也在不断地改进技术性能和增加新品种以满足良好人居环境的要求。新型建筑玻璃除了具有采光、视野通透的功能外，在保温、隔热、隔声和安全性能方面也有了很大的改善。另外，玻璃安装材料支承块、定位块、间距片和密封材料的性能也在提高。常见的新型玻璃有钢化玻璃、防弹玻璃、光电玻璃、热增强玻璃、自洁玻璃、印花和彩釉太阳能控制玻璃、媒体玻璃、吸热玻璃、水

下用玻璃、电致变色玻璃、真空玻璃、泡沫玻璃、超白玻璃、蜂窝玻璃、双层中空玻璃、有壳气泡玻璃和抗电磁屏蔽玻璃等。

(1) 防炸弹玻璃系统

防炸弹玻璃系统是一种有效应对炸弹恐怖袭击的全新安防产品，是由高强度玻璃基片（是钢化玻璃强度的3倍）与专用抗爆高分子聚合物经高温粘合而成的玻璃组合，同时配合铝合金及缓冲构件共同组成。

1) 主要应用特性：具备防炸弹冲击波性能：产品可抵抗9kg的TNT黄色炸药，1m距离的爆炸冲击，相当于可抵御峰值压力为6094psi，冲量为1524psi—ms爆炸冲击波。具备防弹性能：可有效抵御国家标准最高等级FJ79狙击步枪、7.62mm口径、钢芯弹的冲击。不同厚度的玻璃，具备不同的防范等级。具备抗暴功能：可通过80次标准消防斧和消防镐的人力砸击，而保持背片玻璃完好、无飞溅。具备防火功能：各种组合的玻璃均可达到C类I的耐火极限（超过60min，温度达到1000℃以上）。使用周期长：产品两面均为高强玻璃基片无复合聚碳酸酯材料（PC板），因此耐刮划，使用寿命远超过普通的防弹玻璃。常用规格玻璃最大尺寸：2400mm×4500mm；玻璃最小尺寸：200mm×400mm。

2) 适用范围：适用于有防范炸弹袭击和防弹要求的玻璃隔断、幕墙等结构形式。防爆门窗可应用于外交使馆、金融机构、重要人物接待室、大型重要公共建筑以及一切需要预防炸弹爆炸、枪击的重要建筑部位和场所。

(2) 热增强玻璃

热增强玻璃，俗称半钢化玻璃。它的生产与全钢化玻璃相同，不同的是退火玻璃被加热到稍低的620℃，且冷却处理的量和压力不是那么快，控制的工艺制度也更严格。热增强玻璃保留了强化玻璃的全部优点，而克服了强化玻璃的缺陷。

1) 主要应用特性：其表面比钢化玻璃更加平整，光变形较小。热增强玻璃按理想的表面抗压水平4000～7000psi特别制造，破碎块比较大，碎片仍在嵌装之中，且强度足够，自爆率较低。

2) 适用范围：适用于大型规格玻璃幕墙。

(3) SOLAR-E-XINYI™ 太阳能热反射环保夹层玻璃

SOLAR-E-XINYI™ 太阳能热反射环保夹层玻璃的主要热反射材料是可选择波长的材料 XIR 膜。XIR 膜在玻璃内侧使用，可满足设计需要的热能控制要求。

1) 主要应用特性：该产品副像偏离小，光畸变小，在平面和曲面上呈现整体统一的外观装饰效果。采用复合夹层技术，具有滤紫外线和防红外线两种功能。可将太阳光中99.9%以上的紫外线滤掉，保护室内饰物，不因紫外线照射而褪色。透光度高，在可见光透射率达70%以上的同时，将红外线的透射率降低至40%以下，减少红外线的射入，提高人体的舒适度，达到节能、环保的效果。XIR 夹层玻璃的太阳能控制效果好，可选择性地阻挡紫外线和近红外线，可见度、透明度高，耐久性强，吸热少。XIR 夹层防反射玻璃在超白、低反射夹层玻璃中，可见光透射率为80%，太阳能热增益系数为0.42%。XIR 中空玻璃可充当一个绝热器，在冬季和夏季都能够提供令人舒适的温度。极佳的太阳能控制、高中性和低反射性技术加工出的曲面中空玻璃装饰效果更好。最大尺寸：2000mm×6000mm；总厚度范围：5～60mm 弯夹尺寸取决于弯玻璃尺寸。

2) 适用范围：SOLAR-E-XINYI™ 太阳能热反射环保夹层玻璃可加工成夹层安全玻璃、中空玻璃及双层表面玻璃，适用于建筑、汽车、火车等领域。XIR 夹层玻璃可用于天窗、日光浴室、大型玻璃表面、前景观光、指挥塔台、综合体育馆、图书馆、博物馆、医院等建筑。XIR 夹层防反射玻璃适用于店面橱窗、展示厅等大平面的应用。XIR 中空玻璃可用于大型玻璃表面、日光浴室、博物馆等。

(4) 纳米自清洁玻璃（以"中科"为例）

中科纳米自洁玻璃是镀膜、中性色的自清洁玻璃。比普通玻璃在降雨后保持更加清亮的效果。自清洁薄膜可除去玻璃表面的有机沉淀物，进一步促成表面均匀水幕的形成。

1) 主要应用特性：具有抗刮擦和耐久性。纳米自清洁功能：经过处理的玻璃表面具有超亲水性能达到自清洁。光催化功能：在阳光或紫外光的照射下，自清洁纳米薄膜材料对有机物会具有强烈的分解作用，而对无机物不会发生任何作用。实验表明：利用该光催化活性，分解产物为 CO_2、H_2O 等其他无害气体。由于水分无法在基材表面形成水珠，可防雾。抗污染能力强，耐粘污、耐酸、耐碱。结构设计合理。具有超双亲薄膜的稳定性，并克服了彩虹现象。厚度：3～9mm。

2) 适用范围：适用于各类室内玻璃、室外玻璃和各类装饰玻璃。

(5) 光电玻璃

光电玻璃由低铁钢化玻璃、太阳能光电模块、背面玻璃、特殊金属导线、EVA胶片等组成。通过EVA胶片的作用把太阳能光电模块密封在两片玻璃的中间，是一种新型的建筑用高科技玻璃产品。完整的太阳能光电玻璃系统是由光电玻璃、电路、充电控制器、电源转换器、蓄电池等构成。其分类见表2-4。

太阳能光电玻璃分类　　　　　　　表 2-4

光电玻璃品种	呈现颜色	光电转换率	适用地区
单晶体硅光玻璃	黑色	16%以上	阳光充足地区
多晶体硅光玻璃	黑色	13%以上	阳光充足地区
非晶体硅光玻璃	灰色透明、半透明或不透明	较高	适用于阳光不足地区和阴雨天

1) 主要应用特性：低铁钢化玻璃，光电玻璃产品采用低铁钢化玻璃覆盖在太阳能光电模块上，以确保光线通过率，并产生更多的电能。EVA（是一种聚烯烃塑料）夹层，EVA的使用增强了太阳能元件的安全性，同时也不会降低晶体硅光电板的功率。减反射镀膜，采用减反射镀膜可以减少光线的反射，从而提高光电组件的功率，光电玻璃发电量为 $135W/m^2$，阴雨天气会有所降低，变化量在5%～20%之间。负载框架，可以承受200km/h（125mph）的风速，标准框架为银灰色或深灰色涂层。安全型装置可以承受高达1000V的系统电压；具有夹层玻璃的高机械稳定性，安全可靠，使用寿命长。

2) 适用范围：光电玻璃既可作为建筑物外围护，又可发电，常用于光电玻璃幕墙、光电玻璃天幕、厂房屋顶、停车棚、公共汽车站亭、家庭及商业用发电系统。

3) 构造方案要点：通常幕墙采用透明光电玻璃，以求得发电功能与装饰效果的统一。光电玻璃的发电量大小与安装正确与否有较大关系，一般应注意避开阴影，在北半球应面向正南，以接受最大的阳光照射，在南半球则须面向正北，一般将当地纬度加上10°为适当倾斜角度。选用适当的电力线，以保证传导电力最佳。

4) 典型建筑构造方案（图2-22）

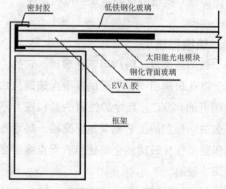

图 2-22 光电玻璃其中一种安装形式

(6) 水下用玻璃

水下用玻璃适用于水族馆的展示窗、游泳池观测摄影窗以及海底公园、船侧用舷窗等处连续承受水压的玻璃设计应用。水下用玻璃的安全系数详见表 2-5。

(7) 吸热玻璃

涂上颜色的玻璃，包括本体着色和表面镀膜两种。这种玻璃能吸收射入光线的 20%～80%，并转换成热量，然后将这些热量以长波发射和对流形式传送给外部空气和室内房间，可将进入室内的太阳能减少 20%～30%。

水下用玻璃的安全系数　　　　表 2-5

品种	强度离散安全系数F_1	疲劳安全系数F_2	综合安全系数F
浮法玻璃	2.0	3.0	6.0
钢化玻璃	2.0	1.5	3.0

(8) 光致变色玻璃

光致变色玻璃是根据太阳光的强度自动调节透光率的一种调光玻璃。

(9) 电致变色玻璃

电致变色是指在电场或电流的作用下，材料对光的透射率和反射率能够产生可逆变化的现象，把电致变色原理运用于玻璃就是电致变色玻璃。这种玻璃上镀有复合镀层，形成两个电极，中间为电解质。在不通电时，两电极均透明，但在施加电压后，迫使一些电介质离子进入某一电极的晶格中，这时材料变得不透明，将电压方向改变，又能将离子从电极上移开，电极恢复透明。用电致变色玻璃做成的窗户，可以动态地控制进入室内的太阳辐射能，从而达到减少室内空调负荷，节省能耗的目的。同时，也能起到改善自然光照程度、防窥、防眩光等作用，并可减少室内外遮光设施，如窗帘、百叶窗、遮阳篷等的装置费用。

(10) 真空玻璃

真空玻璃是基于保温瓶的原理，将两片平板玻璃四周密封起来，将其间隙抽成真空并密封排气口。两片玻璃之间的间隙为 0.1～0.2mm。为使玻璃在真空状态下承受大气压力的作用，两片玻璃板之间放有支撑物，支撑物非常小，不会影响玻璃的透光性。

1）主要应用特性：传热系数低，保温效果好。热阻高，防结露性能好。隔声性能好，特别是低频段隔声性能优于同样厚度玻璃构成的中空玻璃。不存在中空玻璃水平放置时气体热导变化问题，不存在中空玻璃运到高原低气压地区的胀裂问题。由于两片玻璃形成刚性连接，又是全玻璃材料密封，内部还加有吸气剂，所用的Low-E膜是"硬膜"，因此耐久性好。厚度比中空玻璃薄一倍以上，可以深加工组合成"夹层真空"、"真空＋中空"、"自洁真空"等具有各种性能的"组合真空玻璃"。目前，真空玻璃最大尺寸为 1200 mm×2000mm。

2）结构示意图（图 2-23、图 2-24）

图 2-23 真空玻璃结构示意

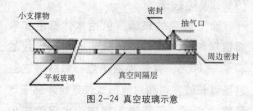

图 2-24 真空玻璃示意

(11) 泡沫玻璃

新型保温隔热材料泡沫玻璃是以非平板玻璃和瓶罐玻璃为原料，经高温发泡成型的多孔无机非金属材料。

主要应用特性：它是一种新型环保多功能建筑材料，耐高温，遇火不燃烧；无有害挥发物，对人体无毒性，无放射损害；绝缘、防磁波、防电波、防窃听；有良好化学稳定性，不风化、不老化、不受虫蛀、不会霉烂变质；遇水不软化、不吸湿、可用水冲洗，自然风干后仍然保持原有的吸声性能和形状。其在低温、地下、露天、易燃、易潮以及有化学侵蚀等苛刻环境下使用时，不但安全可靠，而且经久耐用。可直接制成永不变色制品，也可在安装后进行整体喷色，以达到一定的装饰效果。泡沫玻璃保温隔热材料属无机材料，与其他无机材料结合牢固，耐候性好，体轻、机械强度高，形体稳定性好，易用普通的木工工具进行切割，和普通水泥砂浆结合性好，易和墙体粘贴，施工简便、速度快。干法施工不受季节限制，用常规方法粘贴和安装，可广泛用于建筑节能。

(12) "PPG starphirer®" 超白透明玻璃

超白玻璃是一种超透明低铁玻璃，也称低铁玻璃、高透明玻璃。它是一种高品质、多功能的新型高档玻璃品种。

1）主要应用特性：透光率可达 91.5% 以上，具有晶莹剔透、高雅秀美的特性，并有良好的物理、机械及光学性能。可见光透过率极高，太阳能获得率、紫外线透过率等指标均达到了同类产品的先进水平。

2）适用范围：单片 starphire® 超白透明玻璃可复合成各种厚度的玻璃，用于观景玻璃、安全玻璃、玻璃幕墙以及其他各种装饰性用途，还应用于太阳能光电幕墙领域。

(13) 防火玻璃

1）分类：分灌浆防火玻璃、低膨胀防火玻璃及高强度防火玻璃。

2）主要应用特性：灌浆防火玻璃靠中间的防火浆发泡，但厚度大，最大的问题在于受到阳光照射会出现气泡和变白变黄，影响玻璃的通透性。低膨胀防火玻璃有石英玻璃和硼硅酸盐玻璃，但必须高价进口，面板尺寸受限。高强度的铯钾防火玻璃有良好的防火性能，强度是钢化玻璃的 1.5～3 倍，价格低，透光性好。各种玻璃耐热冲击性能见表 2-6。

各种玻璃耐热冲击性能对比　　　　　表 2-6

品种名称	高强度单片铯钾防火玻璃	高强度单片低辐射镀膜防火玻璃	钢化玻璃	半钢化玻璃	浮法玻璃
火焰冲击强度（℃）	1000		500	500	500
耐火时间（min）	90以上	90以上	5～8	<3	<1

(14) 透光蜂窝玻璃

透光蜂窝玻璃实际上是一种热绝缘体。这种新型的透光绝热体可以被看成是一块玻璃板，它由两层坚韧的玻璃夹透光蜂窝层构成，内部充入一定压力的惰性气体然后密封成型。在蜂窝透光材料中最核心的部分是被称为 KAPIPANE 的毛细层，由很多毛细管按蜂窝状排列而成。构成蜂窝层的毛细管直径为 2.5mm，高为 10mm，呈白色（图 2-25）。

1）主要应用特性：透光蜂窝层的 K 值很

低只有 0.8W/(m²·K)，因而具有良好的绝热性。蜂窝层由于其自身的结构特点对光线有很好的导向作用使入射光线作向前的漫射，以至于可以对房间作深度照明。它可以高效地传递太阳能用来加热房间。能有效阻隔紫外线，保护值达 400μm，而隔声效果则高达44dB。蜂窝层起着漫射光线的作用，所以它的视觉效果有些类似于喷砂玻璃，但较之有更好的层次感，加之其光滑的表面就更增加了它的表现力。

2) 适用范围：KAPIPANE 板的用途很广，它与 U 形玻璃结合也能具备很好的视觉效果和热工性能，可直接作为整个建筑的围护墙。

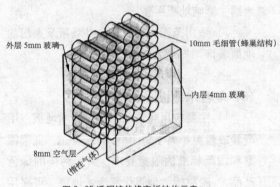

图 2-25 透明绝热蜂窝板结构示意

2.4 地面材料

地面材料是人类生产、生活、行为和活动的各种场所的承接面，直接与人接触。它要满足人在各种行为状态下的物理的、化学的、生物的、心理的需求，这就成为地面材料不断提升性能、品质的促进动力。目前常用的地面材料有木地板、石材、地毯、瓷砖以及各类涂料面层等。新型地面材料不仅在美观、耐磨性、防水、防潮方面有所改进，而且更加注重环保，体现对人性的关怀。例如弹性较好的材料，不仅步感舒适，而且大大降低了对楼板的撞击声，使居室更显安静。减少有害有机物挥发对室内环境造成的污染，也是新材料研发实践中力图解决的问题。

2.4.1 石材、地面砖

(1) "雅阁博陶" 泳池地砖

按 DIN.EN 14411 A1 标准生产，以挤压工艺生产的瓷砖再加以超高温烧制而成，色泽鲜亮持久。

1) 主要应用特性：不同防滑度的防滑砖，满足相关安全规范。防滑砖：防滑度，A级至C级，R9至R13。具有抗酸性，抗腐蚀，防侵蚀，抗清洁剂、消毒剂，不褪色等特性。新 HT 特殊技术下的釉面砖，具有抗菌、易洁、除臭效果，大大提高卫生条件。平砖：颜色87种，规格：100mm×100mm～250mm×500mm；

2) 适用范围：泳池。

(2) 玉晶石

玉晶石全称微晶玻璃陶瓷玻化砖复合板。它是在完全玻化陶瓷板表面复合一层 3～5mm 的微晶玻璃，经二次烧结而成的高科技新产品。玉晶石兼备玻化石与微晶玻璃两种材质的双重优势，不吸污，其耐磨性、硬度、抗折强度、耐酸碱等综合性能远优于一般石材。

1) 主要应用特性：吸水率低。表面光泽度≥95°，立体感强。表面硬度≥6。耐磨性好，抗折强度高达 54MPa 以上，抗冻性强，防潮隔水。厚度在 13～18mm。

2) 适用范围：外墙、内墙、地面均可使用，用于外墙干挂和室内墙面时，装饰效果更佳。

(3) 防静电瓷质地板

该产品采用高新技术将无机耐高温导电超细材料加入瓷层内部，进行物理改性，并经 1360℃ 高温烧制而成。

1) 主要应用特性：抗静电性能稳定，具有防静电、高耐磨、耐腐、不发尘、抗压、易清洗、尺寸精度高、防火 A 级等优点。产品规格：600mm×600mm×10mm。

2) 构造方案要点：作为机房的地面材料，设计时应考虑其防静电性能、防火等级、耐磨性、耐老化等物理特性。选用 A 级防静电材料，表面电阻为 $1.0\times10^5 \sim 1.0\times10^{10}\Omega$；体积电阻为 $1.0\times10^5 \sim 1.0\times10^9\Omega$；系统电阻为 $1.0\times10^5 \sim 1.0\times10^9\Omega$。地面要求：找平层用 M15 砂浆，含水率＜10%，表面平整，无明显凹凸裂缝现象，铺设静电接地网，根据现场实际情况预埋静电接地带，按要求用专用铝带和不锈钢带进行连接。

3) 适用范围：适用于电子仪器生产车间、洁净车间、大规模集成电路生产车间、广播设备和程控交换设备生产车间，适用于对静电敏感的军火、航天、易燃的石油化工及医院手术室，以及用于各类通信机房（上走线设备）的地面等。

2.4.2　木地面

木地板主要分为实木地板、强化地板、实木复合地板和竹木地板 4 个大类。其中实木地板越来越引起人们的重视。未来木地板发展方向为：向规模化、标准化、科技化方向发展。通过科技手段逐步提高木地板的使用功能，提高木地板的尺寸稳定性，使木地板更耐磨、阻燃、耐水、抗静电。复合型地板将成为木地板行业发展的趋势；实木地板的表面加工会出现各种形式，如使用高耐磨表面油漆或使用耐磨透明材料进行覆面。

(1) 浮雕表面地板

1) 主要应用特性：艺术浮雕表面：表面经过处理，使原木自然纹理顺畅。耐磨及防滑：钻石成分的高耐磨表层纯洁光亮。迷宫式双锁扣：该锁扣结构在表面以下设计了两个锁紧面，达到了表面无缝而内部紧缩的效果，增加了整体感。立体防潮设计：优质高密度基材（HDF）具有独特防潮设计。

2) 适用范围：住宅与公共建筑。

(2) 强化木地板（浸渍纸层压木质地板）

浸渍纸层压木质地板又称强化木地板，是以一层或多层专用纸浸渍热固性氨基树脂，铺装在刨花板、中密度纤维板、高密度纤维板等人造板基材表面，背面加平衡层，正面加耐磨层，经热压而成的地板。

1) 主要应用特性：北新牌地板以"漂浮"方式铺设。如在毛毡地面上铺设，就不需要任何垫材。如在水泥地面上铺设，必须先铺一层 2～3mm 厚的专用 PE 防潮层，防潮层与防潮层之间要用胶袋封接好。沿着墙壁，防潮层要高出地面，紧贴墙，以防地面潮气泄露，影响地板平整。

2) 适用范围：适用于公共场所及家居的地面装饰。

(3) 复合木地板

1) 主要应用特性：强化复合木地板，甲醛释放量可不高于每 100g 释放 5mg，低于国家和国际标准的限量要求，为无污染的绿色产品。"船甲板"型强化复合木地板，可采用世界上先进的凹凸槽加工工艺，使其密度增强，耐冲击力大幅度提高。

2) 适用范围：住宅与公共建筑。

2.4.3　强化复合材料地板

(1) 防静电陶瓷 - 金属复合活动地板

该产品面层为防静电瓷质面层，中间基材为（水泥、水玻璃、纤维等）复合板，底层为铝合金板，周边为导电胶条圈边。

1) 主要应用特性：该产品具有防静电、防火、防潮、耐磨、表面光洁高雅、无眩光、抗污能力强、铺设平整等优点。

2) 适用范围：适用于各类计算机房、通信枢纽机房、金融数据中心、电力调度中心、智能化大厦的地面工程及其他管线比较集中和防尘防静电的场所。

(2) 吸声塑胶地板

1) 主要应用特性：吸声性能好，超耐磨，使用寿命长，保养方便、经济。防火性能好，有特强阻燃性能，耐烟蒂烧伤，地板表面不会燃烧。耐化学药物，抗一般稀酸碱性溶剂。卫生，基材中加入生物控制药物，能抑制真菌与细菌生长，所有接缝处均以焊条热熔粘合，防止尘埃及湿气侵入。

2) 构造方案要点：地下室或较潮湿的地面需作防水处理。施工时室内温度不应低于15℃，室内相对湿度不应大于80%。

(3) 防静电活动地板

基层结构由3部分组成：垫子、支座、横梁（地板高差超过50mm时，必须安装横梁以提高稳定性）。

1) 主要应用特性：结构坚实，承载能力及过击能力强。配件齐全，灵活组合性强。高抗静电板面，有良好的放静电效果。底部全钢镀锌板，抗弯强度大。四周封边平整牢固，密封性强，防止潮湿及变形。简化通信线、电缆及风管的安装。设备可直接在活动地板上联接电缆，设备检验方便，不需采用特殊电缆。更有效、灵活地运用室内空间，并可随时重新调整房间的空间及使用。

2) 适用范围：计算机房等。

(4) 防滑玻璃地板

防滑玻璃地板是由高强度防滑玻璃基片、PVB胶膜及其他高强度玻璃基片所组成的一种新型建筑装饰材料。

1) 分类：分为单片防滑玻璃地板和夹层防滑玻璃地板。

2) 主要应用特性：防滑性，防滑玻璃表面的防滑层具有较高的摩擦系数($COF \geq 0.6$)，即使在沾水后，潮湿的表面依然保持很好的防滑性能，防滑涂层使用周期长。通透性，防滑处理后的玻璃地板依然保持通透特性，完全实现通畅无阻、视觉一体化，使视觉空间更加开阔。安全性，防滑玻璃地板的基片都具有较强的强度，可以承受较大荷载而不破裂，通过夹层而成的防滑玻璃地板不仅能承受更大的荷载，即使在防滑玻璃基片受到意外破坏时，下层的玻璃依然能够提供足够的支撑力以确保安全。防滑层与玻璃结合一体，可经长期摩擦而不脱落。夹层防滑玻璃地板，在强度设计时不计入第一层玻璃（装饰层）的强度作用，仍具有足够的安全系数。

3) 适用范围：防滑玻璃地板可用于宾馆、酒店、娱乐场所、办公楼、住宅及公共场所的台阶、楼梯和地面。

(5) 软石地板

该地板是以天然大理石粉及多种高分子材料合成的新一代高档建筑材料。

1) 主要应用特性：既有天然大理石的纹理，又有特殊的图案与性能，具有柔、软、坚、防滑、防火阻燃、安装简单等特点。节能无污染，是可回收再利用的绿色环保建材。

2) 适用范围：高档民用建筑。

(6) 网络地板（平铺型）

网络地板也称线床地板，是平铺在找平的钢筋混凝土楼板上的，有布线线槽、明装线槽盖板。平铺型网络地板（复合材料型）由阻燃PVC面层、水泥膨胀珍珠岩承压模块、复合材料盖板等组成。

2.5 防水材料

建筑物的防水是依靠具有防水性能的材料和产品来实现的，防水材料质量的优劣直接关系到防水层的耐久年限。防水工程的质量在很大程度上取决于防水材料和产品的性能和质量，材料是防水工程的基础。新型防水材料以化学建材为主要组成部分。主要品种包括改性沥青防水卷材、高分子防水卷材、防水涂料、密封材料、堵漏材料和各种防水系统等。新型防水材料具有强度高、延性大、高弹性、轻质、耐老化等良好性能，在建筑防水工程中的应用比重日益提高。建筑防水材料可分为柔性和刚性两大类。柔性防水材料拉伸强度高、延伸率大、质量小、施工方便，但操作技术要求较严，耐穿刺性和耐老化性能不如刚性材料。

长期以来，我国的建筑防水工程一直沿用 20 世纪五六十年代的传统做法和传统防水材料。传统建筑防水材料是指传统的石油沥青纸胎油毡、沥青涂料等防水材料。这类防水材料存在着对温度敏感、拉伸强度和延伸率低、耐老化性能差等缺点。特别是用于外露防水工程时，高低温特性都不好，容易引起老化、干裂、变形、折断和腐烂等现象。屋面长期经受风吹、日晒、雨淋等外界恶劣自然环境的侵袭和基层结构的变形影响，其防水工程中所采用的防水材料的耐候性、耐温度、耐外力的性能尤为重要。新型防水材料的"新"主要体现在两个方面。一是材料"新"，具体地说就是在传统材料基础上进行高温、加压、氧化等特殊处理，或加入某些有机或无机材料，以改善传统建筑防水材料的性能指标和提高其防水功能。例如，对沥青进行催化氧化处理，提高其抗低温冷脆性能，使之成为优质氧化沥青，这样纸胎沥青油毡的性能就得到了很大提高。在这基础上用玻璃布胎和玻璃纤维胎来逐步代替纸胎，从而进一步克服了纸胎强度低、伸长率差、吸油率低等缺点，提高了沥青油毡的品质。二是施工方法"新"，比如对缝隙、搭接等的处理用先进的施工方法，对于提高屋面的防水性能也是至关重要的。

目前国内市场上常用的新型屋面防水材料有改性沥青油毡、高分子防水卷材、建筑防水涂料、建筑密封材料、刚性防渗堵漏材料等品种和功能比较齐全的防水材料体系。

2.5.1 卷材防水

(1) 自粘性橡胶防水卷材（以"水无耐"为例）

该卷材以 SBS 三元嵌段聚合物合成高分子橡胶，加入适量的化学助剂和沥青填充料等经过混炼，与高分子合成树脂聚乙烯网格布压延成型的自粘性橡胶防水材料。

1) 主要应用性能：该产品拉伸强度高，延伸率大，抗渗性能好，适应基层形变能力强。耐高温及耐老化性能好，冷施工，施工简便。质量可靠，有自粘性，自身密封。对环境及人体无害，自身延伸率好，有效克服了基层的形变。自愈能力强，保证防水防腐的效果，耐候、耐久性好。

2) 适用范围：适用于工业与民用建筑的屋面及地下防水工程，广场、平台、桥梁、隧道、机场、地下结构等工程的防水防渗以及各类管道的防腐。

(2) TBL "贴必灵"自粘橡胶沥青防水卷材

TBL 卷材是无胎基的同质多元型 SBS 高聚物和高分子橡胶改性沥青自粘性防水卷材。TBL 自身粘结、剪切、剥离强度都要大于自身延长力强度，因此不会因基层变形而自动脱开，能适应各种情况下的基材变形，基层潮湿也同样适用。TBL 卷材比点铺、条铺更优越，表面被刺穿后能自然愈合，封闭成一体，不会导致防水的失败。

1) 分类：塑膜卷材（适用于构造内部各部位防水）；铝膜卷材（适用于将卷材铺贴在构造表面，可反射阳光，起到屋面散热、防水双重作用）；无膜双面自粘卷材（适用于铺筑防水工程及金属构件拼接间隙的防水）。

2) 主要应用特性：有戳破自愈的能力。拥有良好的自身延伸率，足以克服基材形变而产生的防水不利因素。粘结力大于自身强度。施工简单，无需加热。

3) 适用范围：屋面的柔性防水，蓄水池、地下建筑的内外防水，桥梁和高架、高速公路的路面防水。

(3) 弹性体改性沥青防水卷材（简称 SBS 卷材）、塑性体改性沥青防水卷材（简称 APP 卷材）

SBS、APP均为改性沥青防水卷材,是以聚合物改性沥青为浸涂材料,以聚酯毡为胎基,以细砂、页岩片、彩砂、铝箔、PE膜等为覆面材料而制成的一种防水卷材。

1)适用范围:一般工业与民用建筑屋面或地下防水工程,屋顶花园以及道路、桥梁、地铁、游泳池等工程的防水防潮。SBS卷材适用于寒冷、严寒环境下的建筑防水,APP卷材适用于炎热环境下的建筑防水。

2)构造方案要点:防水设防需满足防水等级规定,屋面防水等级为Ⅰ级和Ⅱ级。地下工程需多道设防时,可采用多层SBS卷材或APP卷材,亦可与刚性防水等复合使用。多道设防时,卷材厚度不小于3mm,一道设防时不应小于4mm,厚度小于3mm时,不得采用热熔法施工。重要的工业与民用建筑及较高标准的工程,应选用聚酯胎卷材。重要和较高标准叠层防水结构的底层和一般工程可选用玻纤胎卷材。选用矿物粒(片)料上表层的卷材,可不再另设保护层,上人屋面必须增设刚性保护层。有振动的工业厂房屋面和其他结构变形较大的屋面宜选用聚酯胎改性沥青卷材。地下工程卷材防水层应铺设在混凝土结构主体迎水面上,在外圈形成封闭圈。冷粘法施工气温不宜低于5℃,热熔法施工气温不宜低于-10℃。

(4) Tefond"特封"拉链式防水保护卷材

该材料的设计原理是中凹结构将面层与结构基层脱开,通过密集的支点传递压力,在支点之间形成了整体的建筑空隙夹层,消除水压力。

Tefond"特封"HDPE(高密度聚乙烯)防水卷材,包括6个品种:"特封"、"特封普陆"、"特封普栏"、"特封水安"、"特封水安普陆"、"特封洪平"。

"特封":-30~60℃防护和隔离层的作用具有一个单边机械接合边且阴阳嵌入的结构。"特封"是防水的有效方法。用于墙和地基、地板及"特封"隔声。

"特封普陆":防水防护和双防水具有双边密封接合边,"特封普陆"除了简单的机械接合边,还有防水密封胶带,以确保连接处的防水。"特封普陆"是一种防水、防潮和防压力蒸汽的材料,用于地基和墙的防水、平屋顶的防水和防护、钢筋水泥板与地下接触及水渠的隔离层。

"特封普栏":"特封普栏"上覆一层增强型玻璃纤维网,具有单边机械接合边。主要用于对内墙潮气的治理和通风。

"特封水安":可用于强度要求较高的地方,如道路、铁路及隧道。上覆一层聚酯土工织物,具有机械接合边。设计"特封水安"是为了对建筑进行排水。

"特封水安普陆":"特封水安普陆"上覆一层聚丙烯土工织物,具有双重机械接合边和密封胶带。用于屋顶花园、挡土墙及隧道的防水和排水。

"特封洪平":防水和抗高压,由于"特封洪平"具有较强的物理性能,可用于强度要求较高的地方,如道路、铁路及隧道。

(5) 热塑性聚烯烃类防水片材

该新型材料以乙烯—α烯烃共聚物和轮胎固体废弃物胶粉为主体材料,采用全动态硫化技术、原位反应增容技术和先进的胶粉活化改性技术开发而成。

1)主要应用特性:良好的耐候性能和良好的物理机械性能,可以像塑料一样进行热合粘接,成本低、柔性好,生产和使用后的材料均可回收。

2)适用范围:用于建筑物屋顶和地下防水、防渗工程。

2.5.2 堵漏材料

"金汤水不漏"是一种常用的堵漏材料,也是一种粘结材料,分缓凝型和速凝型两种,均为单组分灰色粉料。

1)主要应用特性:无毒、无害,带水

快速堵漏，迎背水面均可使用，施工简单，粘结力强，耐水性好，不老化。

2) 适用范围：可用于各种砖石、混凝土结构和新旧建筑的防潮、防渗及渗漏修缮，尤其适用于各种地下构筑物、沟道、水池、厕浴间等工程的防潮、抗渗和堵漏。

3) 构造方案要点：缓凝型用于无渗水面防水，速凝型用于渗水面做防水层或漏水口堵漏。用"金汤水不漏"粘贴瓷砖、陶瓷锦砖、大理石等块材，使防水和粘贴一次完成。将缓凝型和速凝型"金汤水不漏"按不同比例拌匀，可人为控制其硬化时间。

2.5.3 复合防水材料

(1) 屋面防水体系（以"威达"为例）

1) 主要应用特性：产品都以沥青为主要成分，可以使整个屋面协同抵抗应力的破坏。建议做两层防水，边角部位用加厚层处理。铝箔胎基的蒸汽阻拦层能阻止下部的各种潮气浸湿保温层。对于不同的保温材料，适用不同的防水材料来增加整体性，VEDATOP®SU 专用于 EPS 保温材料而 VEDATOP®TM 专用于矿棉保温材料等。顶层防水材料带有板岩或粒石防老化作用。专用植物根阻拦防水材料能有效阻止植物的根系对屋面结构的穿透作用。屋面做法从结构层开始依次为找平层——蒸汽阻拦层——保温层——第一层防水材料——第二层防水材料。

2) 典型建筑构造方案（图2-26）

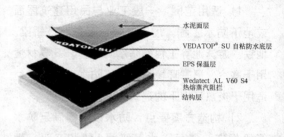

图2-26 混凝土屋面平屋顶防水方案举例

(2) 复合防水系统（以"易而固"为例）

复合防水系统是依据刚柔并用、多道设防、复合防水的原则，以刚性防水涂料、卷材、涂膜三种材料，按不同工法进行复合，以提高防水工程质量。

1) 分类：Y11 无机防水涂料，是水泥基无机物防水涂料。Y12 弹性防水涂料，是聚合物乳液和特种水泥复合防水涂料。Y13 高弹性防水涂料，是以聚合物乳液为基料的高性能防水材料。903 合成高分子防水卷材，是以高分子合成树脂为主要原料，经添加抗老化剂、稳定剂、助粘剂等添加剂，与高强度聚酯无纺布采用先进生产工艺制成的高分子防水片材。

2) "易而固"复合防水工法、复合形式及适用范围详见表2-7。

"易而固"复合防水工法、复合形式及适用范围　　　　表2-7

设计选用工法	复合形式	适用范围
涂膜+卷材+涂膜	Y11（厚≥1.5mm）+903高分子防水卷材（厚1.2mm）+Y12（厚≥1.5mm）/Y13（厚≥1.5mm）	特别重要或对防水有特殊要求的建筑工程
涂膜+卷材	Y11（厚≥1.5mm）+903高分子防水卷材（厚1.2mm）	高层建筑屋面、地铁、隧道、桥梁等防水工程
涂膜+涂膜	Y11（厚≥1.5mm）+Y12（厚≥1.5mm）/Y13（厚≥1.5mm）	地下、水池、人防洞库、厕所、浴室等防水工程
卷材防水	903高分子防水卷材（厚1.5mm）	一般建筑的单道防水工程
涂膜防水	Y12（厚≥2mm）/Y13（厚≥2mm）	

3）典型建筑构造方案（图2-27）。

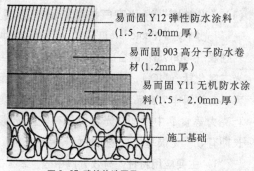

图 2-27 建筑构造图示

2.5.4 刚性防水材料

"VC—微晶"水泥砂浆防水剂（"VC—微晶"水泥外加剂）

该产品以美国无机化学公司的微晶混合物为基料，与多种混凝土外加剂复合而成的新型防水剂。

1）主要应用特性：微晶水泥外加剂的主要化学成分是非结晶的硅酸铝，与水泥拌合时，能和水泥水化后所产生的氢氧化钙相结合，生成硅酸钙凝胶，增强骨料间的界面结合力，改善砂浆和混凝土的内部微观组织结构，达到提高强度、防止渗透要求的效果。

2）适用范围：适用于墙面、楼地面及屋面的有防水、防潮及抗渗要求的地方。如：卫生间、厨房、水池（箱）、地下室及地下蓄水池等。

2.5.5 防水部品

最为典型的防水部品是地漏，它是一种排水配件，其主要任务是排出室内地面积水并阻止排水系统中的有害气体进入室内。地漏可以按适用场所或材质进行分类。目前在高端用户市场上较多的是全铜镀铬地漏。

1）多通道地漏

①分类：多通道地漏有一通道、二通道、三通道等多种形式，而且通道位置可不同，使用方便。

②适用范围：主要用于卫生间，内设有洗脸盆、洗手盆、浴盆和洗衣机等较多卫生器具时，该地漏的多个通道可连接多根排水管。

2）存水盒地漏：存水盒地漏盖为盒状，并设有防水翼环可随不同地面做法调节安装高度，施工时将翼环放在结构板上。

3）双算杯式地漏：双算杯式地漏内部水封盒用塑料制成，形如杯子，便于清洗，比较卫生，排泄量大，排水快，采用双算有利于拦截污物。

4）防回流地漏：防回流地漏设有防回流装置，可防止污水倒流。一般设有塑料球，或采用防回流止回阀。这种地漏适用于地下室，或用于电梯井排水和地下通道排水。

5）网框式地漏：网框式地漏内部设有带孔径的滤网，可滤去污水中的杂质。网框可拆洗。这种地漏适用于公共厨房、浴室等含有大量杂质的排水场所。

6）侧墙式地漏：侧墙式地漏不自带水封，适用于楼板下面不允许敷设排水管道的场所。

2.6 防护材料

2.6.1 防腐材料

(1) E531-80 高模数陶瓷树脂型富锌防锈涂料

该产品是由水性硅酸盐粘结剂、超细改性锌粉及各类添加剂组成的双组分水性环保涂料。

1）主要应用特性：模数高达5.3，附着力为0级。喷涂后涂层与钢结构表面反应生成硅酸铁产生化学附着。耐酸雾性、耐湿热性（600h 无锈蚀），耐人工老化性（400h 无锈蚀）。耐低温 $-20℃$ 耐高温 $800℃$（0.5h 无变化）。涂层具有优异的防腐性能，耐磨性接近一般钢铁，柔韧性优良，可进行本体修补，修补料与旧涂层结合力很高。与普通的油性富锌底漆相比，因其无 VOC（有机挥发物），故具有无毒、无污染、不燃且防腐能力强的特性。

2）构造方案要点：宜采用喷涂，钢铁表面温度及环境温度应大于5℃，相对湿度应小于90%。

3) 适用范围：本产品为高性能钢结构长效防腐涂料，可用作防腐底漆，亦可直接用作防腐涂层而不罩其他面漆。适用于各类钢结构建筑、原油储罐、桥梁、港湾码头、船舶、矿井等钢结构设施的长效锈蚀保护。

(2) H06-5环氧富锌防腐底漆

本品是由环氧树脂为基料，加入锌粉，以聚酰胺树脂作固化剂配制而成。

1) 主要应用特性：阴极保护，防腐性能优良。该漆具有优良的附着力和耐冲击性能（附着力为0级）。具有良好的耐油性、耐水性，良好的耐热性，焊接切割时烧伤面积小。具有快干性，只需很短的时间即能搬运或涂装后道油漆，能与大多数油漆配套。

2) 适用于钢构件表面防腐预处理等，尤其适合用作膨胀钢结构防火涂料的配套底漆。

(3) "威盛亚"耐蚀理化板

1) 分类：耐蚀理化板主要分为"威盛亚"实芯理化板（C—SPC）系列和"威盛亚"贴面型理化板（390）。

2) 主要应用特性：抗化学、抗污染性能好。耐蚀理化板可针对酸类（包括王水、65%硝酸、98%浓硫酸）、碱类（包括氨水、硫化钠15%、氢氧化钠等）、溶剂类（包括苯类、酸类、醇类等）、普通试剂（包括福尔马林、硫酸铜、牙用煤酚醛液等）、染色剂与指示剂（包括甲酚红、溴百里酚蓝、溴甲酚（绿）pH指示剂等）的腐蚀，这是选用实验室或其他设施台面的依据。具有耐沸水、耐高温、耐辐射热、耐冲击力等特点。具有稳定的抗细菌性能，不支持实验细菌生长。实芯理化板表面经特殊处理，其耐刮系数从以往耐蚀理化板的2.5N提高到4.5N。

3) 适用范围：适用于各种有抗腐蚀要求的实验室台面和橱柜表面；可做门和护墙板，还广泛应用在检测机构和污水处理等环保行业及照相馆暗室和美容院等。

2.6.2 防污染材料

(1) "光触媒"净化空气抗菌防霉墙面漆

"光触媒"（Photocata）是光（Photo=Light）+触媒（catalyst）的合成词。其主要成分是纳米二氧化钛（TiO_2），纳米二氧化钛本身无毒无害，在美国作为食品添加剂，可准许在口香糖、巧克力等食品中添加。光触媒具有安全无毒，长期有效，无损基材，施工性好等特点。

1) 主要应用特性：有效分解甲醛、苯、二甲苯、氨、TVOC等有害气体，并具有防臭、除臭的效果。产品中GNA型具有释放负离子、促进人体的新陈代谢和改善室内空气本质的功效。具有很强的杀菌、防毒的作用，无任何毒性反应，抗菌防毒0级，安全长效。耐沾污，具有分解有机污染物的自洁功能，灰尘等污染物不易附着墙面。采用纳米材料，使产品具有高遮盖力，且白度好、色彩鲜艳。刷涂面积大，易施工。覆盖细缝裂纹，由于采用性能优异的纳米结构材料和高性能的乳液及助剂，从而使产品具有优异的附着力和抗划伤性能。助剂采用零VOC可天然生物降解的产品。

环保安全。防霉、防结露，耐水、耐碱、耐洗刷能力良好。

2) 适用范围：适用于住宅、酒店、办公室、医院、宾馆的内墙、顶棚、隔断的装饰。

(2) "经典2000"防氡墙面漆

"经典全能多合一"防氡墙面漆是专为超豪华家庭装修及墙面保护设计的内墙用漆。其多种显著功能为墙壁的美化及保护提供了重要的作用。

主要应用特性：具有防氡抗菌功能。有良好的防水功能，特殊的防水配方能防止水分渗透过墙壁。良好的防霉抗菌功能。特殊的弹张性能，可以覆盖已有的或将产生的细微裂痕，使漆面光滑如新。遮盖力强、附着力好。耐碱、抗水泥降解性、抗碳化、抗风化。无毒性，安全环保。

(3) "立邦"抗菌超级五合一乳胶漆

立邦抗菌超级五合一内墙乳胶漆采用独特

配方，添加抗菌成分，使居室墙面具有抵御细菌的功能，保护室内环境免受细菌如大肠杆菌、金黄色葡萄球菌和白色念珠菌的侵袭，是一种耐性持久、促进墙体表面卫生的防护型涂料。

1) 主要应用特性：耐擦洗，覆盖细微裂纹，有防水功能，抗碱防霉，气味清新。

2) 适用范围：适用于家庭、学校、饮食操作间和医院等需卫生表面的建筑内墙的涂装。

(4) "立邦"202高级内墙乳胶漆

改性丙烯酸内墙亚光墙面漆。

1) 主要应用特性：优良的耐候性，保护与装饰效果持久。优良的耐碱性能，防止漆膜粉化及褪色。防霉抗菌性能好，漆膜防水性能及耐水洗刷性能好，遮盖力强，漆膜平整，施工简单方便，与水泥、砖石及木结构均有良好的附着力。

2) 适用范围：适合内墙的墙面、顶棚、石膏板及木间隔的装饰。可用于水泥、石膏板及砖石等结构表面。

2.6.3 综合保护

(1) Kemply"凯倍板"复合装饰板

"凯倍板"由刨花板、木夹板、石膏板、聚苯乙烯板、挤塑板和聚氨酯板等组合而成，强度高。

1) 主要应用特性：抗冲击、耐潮、耐腐蚀、易清洁、易安装、性能价格比高。

2) 适用范围：适用于需安装简便且耐久性要求高的地方。

3) 典型建筑构造方案，如图2-28所示。

(2) Glasbord"凯斯板"玻璃纤维强化塑料板（FRP）

该塑料板材质为玻璃纤维树脂混合物。

1) 主要应用特性：坚硬，具有很强的抗冲击性，Surfaseal表面处理确保防刮防磨损。易清洁，表面性能强，能使脏污、油脂被快速、简便地清洁干净，能有效抗污、抗化学品。整体防潮，防菌，防霉，不会生锈、腐蚀。安装简易，易切割，钻孔。固定方式有两种，粘接和固定件固定。

2) 适用范围：适用于对卫生清洁要求高的地方，如冷冻冷藏库、食品加工车间、厨房、公共食堂、餐厅、制药厂、实验室、更衣室、医院、卫生间、学校等。应用部位有吊顶、墙面、门、隔断等。

3) 典型建筑构造方案，如图2-29、图2-30所示。

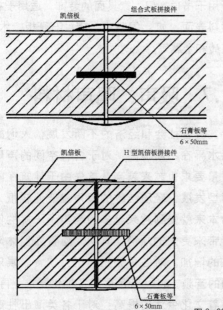
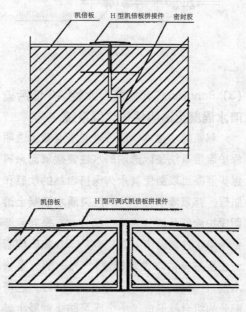

图2-28 凯倍板横向拼接节点

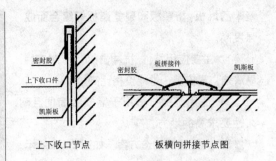

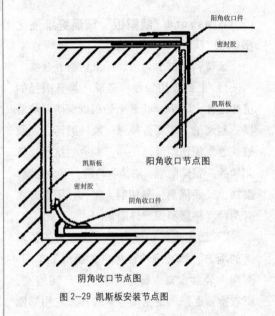

图 2-29 凯斯板安装节点图

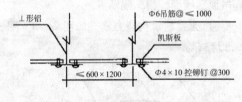

图 2-30 凯斯板吊平顶节点图

(3) Bonnflon"邦氟隆"水性 AC 低污染清水混凝土透明保护涂层系统

邦氟隆水性 AC 低污染清水混凝土透明保护涂层系统是以透明的水性氟碳罩面涂料保护混凝土表面使其永久保持自然的质感和肌理。邦氟隆水性 AC 低污染清水混凝土透明保护涂层系统分为两个部分：一是邦氟隆低污染水性氟碳漆（以 LUMIFLON 氟碳树脂为主要成分的水性氟碳漆），另一部分是憎水剂（一种防止混凝土吸水的材料）。这两部分的组合就形成了一个既可防止混凝土老化又具有很好耐久性的涂层系统。

主要应用特性：良好的耐候性，氟碳涂料具有的良好耐候性涂膜 15 年至 20 年可以不受损害，从而使建筑物长期免于维护。底涂是一种防止混凝土吸水的特殊材料，它可防止混凝土内部水分进入涂膜，起到有效的防水作用。自然的表面肌理，防止混凝土吸水的底涂加上透明氟碳罩面漆的系统基本上封闭了混凝土的所有毛细孔，这样的涂膜可以防止混凝土出现微裂纹并防止被腐蚀。有效防止混凝土中性化，混凝土本身为碱性物质，中性化破坏是混凝土最大的危害。此涂层系统可最大程度地保护混凝土，防止其被酸雨腐蚀，从而避免中性化破坏。

(4) "柔漫丝／斯堪迪丝"玻璃纤维壁布

壁布由玻璃纱织造，原料是石英砂、苏打、石灰、白云石等天然材料。粘贴于各种材料表面，再涂敷不同色彩涂料，组成主体织纹、色彩丰富的高级装饰材料。

1）主要应用特性：玻璃纤维壁布性能稳定，不可燃，防振，耐水溶剂、碱和酸。有防撞击，可修补，防止墙面开裂，基材处理较简便等特点，阻燃性达到 B1 级材料要求。

2）适用范围：适用于室内墙面装饰，也可用于吊顶、门、家具面的装饰。适用于各种材料表面，如：混凝土、砖、石膏板、木板、瓷砖和金属等。

2.7 吸声、隔声材料

随着社会和经济的不断发展，人们的生活水平在不断提高。对于各种空间的声环境质量要求也越来越高。首先由于建筑在向轻薄型发展，轻质结构的隔声量普遍较低，这给本来就受到越来越多的噪声源干扰的使用者带来更大的烦恼。其次，随着人们休闲交往的增加，对各种公用休闲、饮食、娱乐空间的音频、音质、音色呈现多样化要求。再次，随着文化生活的提高，对于各类演出性建筑的声环境质量提出了高质量、场景化、真实性的要求。于是，许多新型建筑隔声吸声材料产品相继出现。目前建筑常用的吸声材料有各种吸声板、穿孔板、空间吸声体和各种吸声结构等。表2-8是几种新型吸声材料的性能对比。

几种新型吸声材料的性能对比表　　　　　表2-8

产品名称	降噪系数
龙牌矿棉装饰吸声板	≥0.25
星牌矿棉装饰吸声板	≥0.45（GH类）
	≥0.3（其他类）
泡沫铝吸声板	≥0.54（无空气层）
	≥0.70（有空气层）
Micronet阻燃微网复合吸声材料	≥0.67
Micronet阻燃吸声泡沫材料	≥0.68

2.7.1 吸声材料

(1) 空间吸声体（以"钦艺"为例）

1) 分类：空间吸声体包括十字架形吸声体、浮云式平面悬挂式吸声体和立面悬挂式吸声体。

2) 适用范围：一些体育馆、大剧院、音乐厅等大型建筑厅堂，为了保持本身的建筑风格，同时又能达到建筑声学设计要求，需选用空间吸声体。空间吸声体尤其适用于工业厂房和舞厅的降噪。

(2) 穿孔吸声板（以"爱富希"为例）

FC系列穿孔吸声板是由"爱富希"纤维增强水泥板或硅酸钙板加工制成。

1) 主要应用特性：强度高、装饰性好、吸声效果佳、防火、防水。

2) 适用范围：适用于地铁、影剧院、电台、电视台、纺织厂和噪声超标准的厂房，以及体育馆等大型公共建筑的吸声墙板、吊顶板。也适用于有吸声要求的建筑内隔墙、吊顶及道路吸声屏障等。

3) 几种典型吸声墙体及吊顶构造，如图2-31所示。

(3) 装饰吸声板（以"合睿"为例）

由长纤维的木丝与天然菱镁矿粉结合，经高温高压处理而成。

1) 产品系列及特点

①超细纹木丝吸声板 HeraKustik Star 系列：Herakustik Star 是新型的吸声装饰板，精致的表面纹理具有良好的吸声特性，是墙面和吊顶的理想装修材料。由于Star板的主要成分为木丝，符合环保要求，广泛用于现代化办公场所、剧院、音乐厅、文化活动中心及饭店等场所。

②细纹木丝吸声板 HeraKustik F 系列：Herakustik F 的表面由精致的木丝覆盖而成，木丝由菱镁矿粉胶结，并且受到菱镁矿粉的防腐蚀保护。F板为环保型，具有细纹外观，良好的吸声效果。适合装饰风格独特、功能性强的墙面和吊顶，广泛用于幼儿园、餐馆、体育馆等场所。

③细涂层木丝吸声板 Travertin Micro 系列：Micro板表面纹理细致精美，适合装饰顶棚和墙面的装修，例如：办公室、公共场所和幼儿园等。作为一种天然的建筑材料，Micro板具有耐冲击的特性。

2) 主要应用特性：菱镁矿粉内含有防腐剂，能防治木丝腐蚀，保持木丝的原有特性。富于质感、坚固稳定，具有天然木材的舒适性，吸声效果好。"合睿"装饰吸声板不仅能够吸收声波产生的能量，同时还能吸

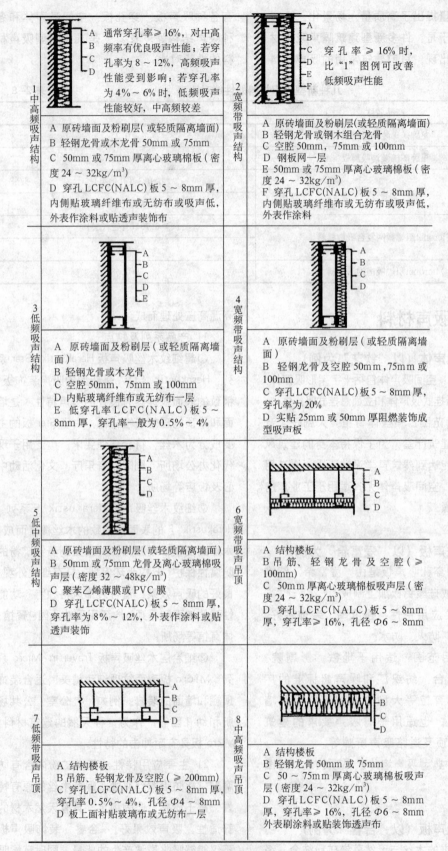

图 2-31 几种典型吸声墙体及吊顶构造

收强烈撞击引起的动能。特别是在体育馆中，Heraklith装饰吸声板完全能经受时速90km球体的撞击。

3）适用范围：适用于室内顶棚和墙面的吸声与装饰。

2.7.2 隔声材料

隔声毡（以"精馨"为例）

产品以高聚物为基料，添加改性剂，经压延工艺制成隔声降噪材料，称隔声毡。

1）分类：按燃烧性能分为阻燃型和非阻燃型。

2）主要应用特性：该产品具有质轻、超薄、环保、阻尼大、隔声性能强、柔软、拉伸强度大以及阻燃、防潮、防蛀等优点。在抗张、抗压、弯曲半径、应力开裂等性能方面优于传统材料。可任意裁剪弯曲，可粘贴，可用钉枪施工固定，采用干式施工法。占用体积小，受使用环境影响小。

3）适用范围：公共及居住建筑降噪（宾馆、酒店、写字楼、住宅的吊顶、隔断墙、下水管道等）。娱乐行业降噪（KTV房、迪吧、演艺吧等结构传声、空气传声的处理）。专业静音要求的场所（录音室、琴房、影剧院等）。工业噪声治理（厂房降噪、隔声罩的制作、隔声门、管道处理）。车、船以及低噪声产品的应用（如静音电话亭、低噪声洗碗机等）。

2.8 防火

2.8.1 防火玻璃

（1）高强度单片铯钾防火玻璃

高强度单片铯钾防火玻璃是一种具有防火功能的建筑外墙用的幕墙或门窗玻璃。它是采用物理与化学的方法对浮法玻璃进行处理而得到的。

1）主要应用特性：弯曲强度高，为钢化玻璃的1.5～3倍，抗冲击性能高于普通玻璃和钢化玻璃，具有突出的耐温性和抗热炸裂性。高耐候性，完全不受环境条件的影响和束缚，任何气候条件下都能保持通透与明亮。

2）适用范围：既可用于玻璃幕墙，也可用于防火门或防火窗。

3）典型建筑构造方案，如图2-32、图2-33所示。

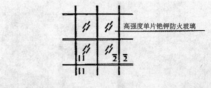

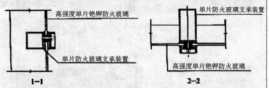

图2-32 防火玻璃裙墙做法举例

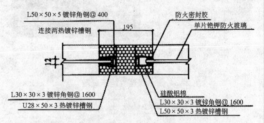

图2-33 室内防火玻璃隔断做法举例

（2）高强度单片低辐射镀膜防火玻璃

1）主要应用特性：具有优越的耐火性能，防火性能满足《建筑用安全玻璃 防火玻璃》GB15763.1规定的C类I级的要求，复合的夹层玻璃可达到B1级，中空玻璃达到B2级。高强度及高安全性，具有与高强度单片铯钾防火玻璃一样的强度，约是钢化玻璃的1.5～3倍。高强度单片低辐射镀膜防火玻璃破碎后，碎片为钝角状态，并且其碎片比钢化玻璃更细小，几乎不会对人体造成伤害。隔热节能，高强度单片低辐射镀膜防火玻璃的遮热金属膜具有很低的辐射率，其辐射率小于0.25，最低可达0.11，能有效阻止红外辐射热能的传递，具有冬暖夏凉的特点。尤其是与其他玻璃组合成中空玻璃时，节能效果更加显著，比普通中空玻璃节省能源达 40%。可以通过能量传递图看出其节能效果（图 2-34）。当把高强度单片低辐射镀膜防火玻璃作为基片与钢化玻璃组合，制成高强度节能防火中空玻璃时，可获得很好的节能性能。其中空组合结构如图 2-35 所示，具有环保效应，并有较高的可见光透过率，能够充分利用自然光，还具有较低的室外光反射率，可加工性能好，具有高耐候性。

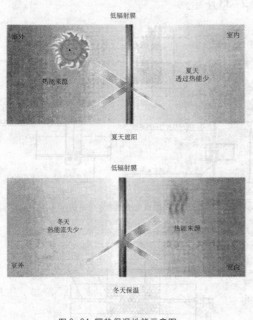

图 2-34 隔热保温性能示意图

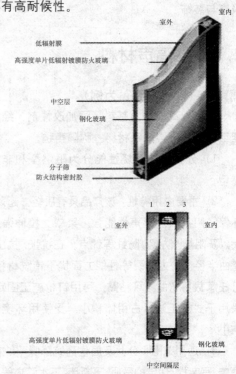

图 2-35 中空结构组合

2）适用范围：适用于有节能需求的防火幕墙、防火门窗等。

2.8.2 防火涂料

防火涂料属于特种涂料。当它用在可燃基材表面时，则在火灾高温作用下可以降低材料表面燃烧特性，改变其燃烧性能，推迟或消除其引燃过程，阻滞火灾迅速蔓延，并可提高耐火极限。当它用在不燃、难燃材料制成的建筑构件（如钢结构、预应力混凝土楼板等）时，则可在火灾或高温作用下降低建筑构件温度上升的速度，提高其耐火极限，从而推迟结构失稳。

防火涂料可以从不同的角度进行分类。按基料组成可分为无机防火涂料和有机防火涂料。无机防火涂料用无机盐作基料，有机防火涂料用合成树脂作基料。

防火涂料按防火机理可分为非膨胀型防火涂料和膨胀型防火涂料。非膨胀型防火涂料在火灾中受热会生成一种玻璃釉状物，覆盖在材料表面，起到隔绝空气和隔热的作用，使基材不易燃烧。但这种釉状物比较薄，防火和隔热性能较差，高温环境下易损坏，然而该涂料具有较好的装饰性，而且着色方便，耐水性、耐腐蚀性和硬度都较好。膨胀型防火涂料在火灾中受热时，表面涂层会熔融、起泡、隆起，形成海绵状隔热层，并释放出不燃气体，充满在海绵状隔热层中。这种膨胀的海绵状隔热层厚度，往往是原涂层厚度的 10 多倍，甚至上百倍，隔热性能优良，隔热效果显著，但外观装饰性稍差。

防火涂料按其分散介质类型可分为水溶性防火涂料和溶剂性防火涂料。无机防火涂料和乳胶防火涂料一般以水作分散介质，而有机防火涂料一般用有机溶剂作分散介质。

防火涂料按其保护对象可分为钢结构防火涂料（包括预应力混凝土防火涂料）和饰面型防火涂料。

(1) 饰面型防火涂料

饰面型防火涂料用于保护可燃性基料，可涂覆在被保护材料表面，是一种多用途防火涂料，它可以分为溶剂性和水溶性两类。

1) 溶剂性防火涂料

① A60-1 改性氨基膨胀防火涂料

（A）主要应用特性：A60-1 改性氨基膨胀防火涂料遇火生成均匀致密的海绵状泡沫隔热层，有很好的防火、隔热、防水、耐油、耐酸碱、耐气候变化等性能，能调配成多种颜色，有较高的装饰性。

（B）适用范围：主要用于高层建筑、商店、库房、影剧院、地下工程等的可燃性构件。

② A60-01 透明防火涂料

（A）主要应用特性：A60-01 透明防火涂料在高温火焰作用下，能迅速膨胀发泡，形成炭化隔热层，能够有效地阻止火灾蔓延，具有良好的防火隔热性能。该涂料无味、无毒、遇火也不会放出有害气体。涂料涂膜平滑、透明显纹性好，具有良好的装饰性。

（B）适用范围：应用广泛，主要适用于宾馆、饭店、礼堂、医院、剧场和计算机房等室内木装修的防火保护。

③ A60-501 膨胀防火涂料

（A）主要应用特性：A60-501 膨胀防火涂料遇火体积迅速膨胀 100 倍以上，形成连续的蜂窝状隔热层，并释放出阻燃气体，具有优良的阻燃隔热性能。

（B）适用范围：可以广泛地用于木板、纤维板、胶合板、塑料板、海绵、玻璃钢和水泥石棉等作防火保护。

④ AE60-1 膨胀型透明防火涂料

（A）主要应用特性：AE60-1 膨胀型透明防火涂料透明光亮，可保持基材的原有纹理，具有普通清漆的装饰作用。涂层受火时膨胀发泡，形成保护层，具有良好的阻燃隔热效果。

（B）适用范围：适用于各种公共建筑，如宾馆、酒店、学校、影剧院和商店等室内的木板、纤维板、胶合板及其制品的防火保护。

⑤ F60-2 膨胀型防火涂料

（A）主要应用特性：F60-2 膨胀型防火涂料遇火迅速生成连续而均匀致密的泡沫层，具有良好的阻燃隔热效果。泡沫层形成的过程中释放出大量的不燃惰性气体，能够非常有效地抑制燃烧。该涂料有良好的防水、防潮和耐酸碱性等性能。

（B）适用范围：适用于木材和玻璃钢等可燃性材料的防火保护。

⑥ C60-3 膨胀型过氯乙烯防火涂料

（A）主要应用特性：C60-3 膨胀型过氯乙烯防火涂料遇火膨胀后生成致密的蜂窝状隔热层，其阻燃隔热、防水防潮、耐酸碱、耐盐雾和耐候等性能均优异，能调配成多种颜色，具有良好的装饰性。

（B）适用范围：适用于建筑室内外的防火，尤其是在盐雾环境下。

2) 水溶性防火涂料

① SJC4 水溶性防火涂料

（A）主要应用特性：SJC4 水溶性防火涂料以水为溶剂，具有安全、无毒和无污染等特点。该涂料在火焰高温作用下，可分解出大量不燃气体，降低了空气中可燃气体和氧的浓度，使燃烧窒息。同时，涂料在火焰高温作用下形成膨胀隔热保护层。

（B）适用范围：适用于建筑上各种木质材料表面的防火保护。

② X-60 饰面型防火涂料

（A）主要应用特性：X-60 饰面型防火涂料是一种新型水溶性膨胀发泡防火涂料，具有无味和无污染等特点。

（B）适用范围：适用于工厂、仓库、学校和医院等木质材料表面的防火保护。

③ B60-1 膨胀型丙烯酸水性防火涂料

（A）主要应用特性：B60-1膨胀型丙烯酸水性防火涂料在遇火或高温作用下分解出大量的惰性气体，降低了空气中可燃气体和氧气的浓度，使燃烧窒息。同时，该涂料膨胀发泡形成隔热覆盖层，隔绝基材同空气的接触，从而有效地阻止火焰继续扩展燃烧。该涂料还有自干快、无毒和附着力强等特点。

（B）适用范围：适用于高级宾馆、酒店、学校、医院、影剧院和商场等建筑内的木板、纤维板和胶合板等材料的防火保护。

④ RH-1水性膨胀型防火涂料

（A）主要应用特性：RH-1水性膨胀型防火涂料在遇火或高温作用下迅速发泡，形成均匀致密的炭化隔热层，从而起到阻燃隔热作用。

（B）适用范围：适用于室内木结构防火装修和中央空调通风管道。

⑤ YZL-858发泡型防火涂料

YZL-858发泡型防火涂料是一种水溶性防火涂料，它是由无机高分子材料和有机高分子材料复合而成。

（A）主要应用特性：对无机高分子材料和有机高分子材料进行了扬长避短的综合，显著特点是坚而不脆，有优异的阻燃性、装饰性和耐候性等特点。

（B）适用范围：适用于饭店、展览馆、礼堂和学校等各类建筑的木结构防火。

⑥ B60-2木结构防火涂料

（A）主要应用特性：B60-2木结构防火涂料是以水作溶剂，具有不燃、不爆、无毒无污染、易干、耐候和耐油等优点，阻燃效果突出。该涂料颜色多样，涂层表面可砂磨打光，具有良好的装饰性。

（B）适用范围：适用于礼堂、宾馆、医院、办公楼、计算机房和厂房等建筑中可燃装修材料和围护结构，如涂在木隔墙、木屋架和木龙骨等表面，可起到阻燃隔热的作用。

⑦ TF-90膨胀防火涂料

（A）主要应用特性：TF-90膨胀防火涂料遇火或高温时，涂膜熔融发泡，几十倍至上百倍地膨胀，形成有大量惰性气体的泡沫状熔融层，可以有效地阻止或延迟火灾的发生和蔓延。该涂料用水为其分散介质，无毒、无污染，且能调配成各种淡雅色彩，具有良好的装饰效果。

（B）适用范围：可应用于高层建筑、宾馆、影剧院、古建筑的隔墙、吊顶和门窗等木结构材料的阻燃装修。

⑧ YZ-196发泡型防火涂料

YZ-196发泡型防火涂料是水溶性防火涂料，它是由无机高分子材料和有机高分子材料复合而成的。

（A）主要应用特性：该涂料遇火或高温膨胀发泡生成致密的蜂窝状隔热层，起到阻燃隔热作用。

（B）适用范围：该涂料适用于室内木材料的装修。

⑨ SFT-Ⅰ型水溶性防火涂料

（A）主要应用特性：SFT-Ⅰ型水溶性防火涂料遇火或高温会膨胀发泡生成致密的蜂窝状炭化层，具有防火隔热作用。该材料无毒、无任何刺激性气味。

（B）适用范围：适用于建筑室内木结构吊顶、护墙夹板和木屋顶等。

⑩ E60-1膨胀型无机防火涂料

（A）主要应用特性：E60-1膨胀型无机防火涂料采用新型的合成无机盐为基料，并应用复合阻燃剂，彼此精密配合，达到高效的阻燃隔热效果。该涂料耐水和耐候性均好，可调配成多种颜色，有很好的装饰性。

（B）适用范围：适用于木材、纤维板和塑料制品等可燃基材的防火保护。

⑪ HH型无机防火涂料

（A）主要应用特性：HH型无机防火涂料是一种水性膨胀型涂料，遇火或高温能生成泡沫隔热层，有一定的阻燃效果。具有较好的防水、防潮和耐候等性能。

（B）适用范围：主要适用于住宅、宾馆和仓库等内部可燃部位作防火保护。也可以用作胶粘剂，粘贴石膏板、纤维板和石棉制品等。

⑫ B60-70膨胀型丙烯酸乳胶防火涂料

B60-70膨胀型丙烯酸乳胶防火涂料是以水为介质，加入新型阻燃剂和颜料等配制而成。

主要应用特性：该涂料遇火或高温即生成均匀致密的蜂窝状隔热层，有显著的隔热作用。具有防水防潮性良好、无毒、无臭和无污染等特点。

⑬ B878膨胀型丙烯酸乳胶防火涂料

B878膨胀型丙烯酸乳胶防火涂料是以水为介质，加入阻燃剂和颜料等配制而成。

（A）主要应用特性：该涂料遇火或高温即生成均匀致密的蜂窝状隔热层，有显著的阻燃隔热作用和无毒、无臭、无污染等特点。

（B）适用范围：主要用于建筑物内部可燃性材料的防火保护和装饰，适用于各种民用建筑。

⑭ PC60-1膨胀型乳胶防火涂料

（A）主要应用特性：PC60-1膨胀型乳胶防火涂料是一种水性防火涂料，具有优良的阻燃隔热性能。有无臭、无毒、无刺激味、无污染和成本低等优点。

（B）适用范围：适用于各种不同气候地区建筑室内木质结构、纤维板、胶合板和塑料吊顶以及玻璃钢屋顶等的防火保护和装饰。

（2）钢结构防火涂料

钢结构防火涂料（包括预应力混凝土楼板防火涂料）是施涂于钢结构表面和预应力混凝土楼板底面，能形成阻燃隔热保护层以提高钢结构和预应力混凝土楼板耐火极限的特种涂料。钢结构防火涂料按涂层的厚度分为厚涂型（H类）、薄涂型（B类）两类。

1）厚涂型钢结构防火涂料

厚涂型（H类）钢结构防火涂料属于非膨胀型防火涂料，适用于钢结构建筑，也可用于混凝土构件。当涂覆于建筑物表面后，它能起到阻燃隔热和隔绝空气的作用，防止火焰侵入基材。含有有机物质的非膨胀型防火涂料，受热分解释放出N_2等，可以阻燃或延缓火势蔓延。该涂料在燃烧初起阶段阻燃或延缓火势蔓延效果显著，但一旦火势猛烈就会失去作用。因此该涂料一般用于对防火要求较低的建筑，其耐火时间和涂层厚度有关。其特点是耐火时间长，一般1.5～3h，最高可达3h以上，涂层厚度达8～50mm。耐老化性能好，兼有抗冻、保温和吸声的特点且价格低廉。

① LG钢结构防火涂料

LG钢结构防火涂料为双组分涂料，其甲组分为稀料，乙组分为干粉料。

（A）主要应用特性：该涂料密度小、热导率低、与钢结构附着力强、强度高、干燥固化快、阻燃隔热性能好，且无毒无污染，在高温作用下涂层不脱落。阻燃隔热性，研究实验表明，喷涂这种涂料保护钢构件，可承受1000℃左右的高温达4h之久。

（B）适用范围：适用于建筑的钢屋架、承重钢柱、钢梁和钢楼板等构件的阻燃隔热，也可应用于防火墙和防火挡板等构件的防火。

② STI-A钢结构防火涂料

（A）主要应用特性：STI-A钢结构防火涂料具有密度小、热导率低和阻燃隔热性能好等特点，可根据要求调成各种颜色。

（B）适用范围：可用作各类建筑钢结构、钢筋混凝土梁板柱的防火保护层。

③ TN-LG钢结构防火涂料

（A）主要应用特性：TN-LG钢结构防火涂料喷涂钢结构表面会形成一层阻燃隔热层，使钢结构在火灾中受到隔热保护，其强度不会在火灾的高温作用下急剧下降而导致建筑物坍塌。

（B）适用范围：适用于各类建筑中的承重钢构件的防火保护，也可用于防火墙。

④ JG-276钢结构防火涂料

（A）主要应用特性：JG-276钢结构防火涂料除在火灾环境中具有优异的防火性能外，在通常环境下具有隔热、保温、吸声、防结露、耐候性、耐老化和无毒无污染等性能。

（B）适用范围：适用于各类钢结构建筑的防火保护，如高层建筑和大跨建筑的钢结构。

⑤ ST-86 钢结构防火涂料

（A）主要应用特性：ST-86 钢结构防火涂料强度高、粘结力好，并有一定的装饰效果，是一种较为理想的新型防火涂料。

（B）适用范围：适用于各类建筑中的钢结构和钢筋混凝土结构的梁、柱、墙和楼板的防火保护。

2）薄涂型钢结构防火涂料

薄涂型钢结构防火涂料遇火和高温发生吸热化学反应，可以消耗大量热量，降低燃烧温度；分解出的 N_2、NH_3 等惰性气体可以覆盖到建筑物表面，起到隔绝空气的作用。此外，该涂料的厚度急剧膨胀几十倍至上百倍，形成发泡海绵状隔热层，起到阻燃的效果。该涂料涂层薄，单位面积用量少，防火功能强，装饰效果好，是防火涂料的发展方向。

超薄型（C类）钢结构防火涂料属于薄涂型钢结构防火涂料的一个种类，其厚度不超过 3mm，耐火极限在 1.5h 之内，在满足防火要求的同时，又具有较好的装饰效果。该涂料的特点是涂层超薄、装饰效果好、粘结强度高、耐火性能好，适用于钢结构建筑的柱、梁和网架结构。

① LB 钢结构膨胀防火涂料

（A）主要应用特性：LB 钢结构膨胀防火涂料具有涂层薄、粘结力强、阻燃隔热性能好和无毒等特点，涂料显碱性但不腐蚀钢材。

（B）适用范围：适用于裸露钢结构的防火保护，还可以补涂钢结构的建筑物的裂缝，既能提高钢构件的耐火极限，又可以满足装饰要求。

② SG-1 钢结构膨胀防火涂料

（A）主要应用特性：SG-1 钢结构膨胀防火涂料具有膨胀性能突出、涂层薄、装饰性和耐湿热性好等特点。

（B）适用范围：除适用于钢结构防火保护外，同时适用于预应力混凝土楼板的防火保护。

③ SB-2 钢结构膨胀防火涂料

（A）主要应用特性：SB-2 钢结构膨胀防火涂料涂层薄，附着性较好，富有装饰效果，耐老化和抗疲劳性能良好。经人工老化疲劳 30 年实验后，仍具有较好的防火性能。

（B）适用范围：可广泛应用于各类钢结构，特别适用于大跨建筑的钢结构防火保护。

④ TN-LB 钢结构膨胀防火涂料

（A）主要应用特性：TN-LB 钢结构膨胀防火涂料遇火能迅速膨胀，形成较厚实的防火隔热层，可使钢结构在火灾中受到保护。该涂料涂层薄，防火性能好，粘结强度高，装饰效果好，抗震性、抗弯性、耐冻融、耐湿热、耐暴晒和耐化学腐蚀性好。

（B）适用范围：适用于建筑物中裸露的钢屋架的防火保护。

⑤ L6-SW 室外钢结构防火涂料

（A）主要应用特性：具有附着力强、耐火、耐雨淋、耐暴晒和耐化学腐蚀等特点。涂料涂层厚度为 2mm 时，耐火极限可达到 1h；涂层厚度为 3mm 时，耐火极限可达 2h。

（B）适用范围：适用于石油、化工设备及油（气）罐支撑梁等露天钢结构的防火保护和装饰。

2.8.3 防火部品

(1) 钢质防火门（以"森林"为例）

1）分类：按门扇的形式分，有平板门、平板镶玻璃门、钢框玻璃门；按门的开启形式分，有单扇平开门、双扇平开门、子母平开门。

2）适用范围：钢质防火门用于高层民用建筑；防火防盗门系列用于住宅、会场等；防火玻璃门用于消防分区。

3) 构造方案要点：加固件采用 1.2～1.5mm 厚钢板，若加固件设有螺孔，钢板厚度不低于 3.0mm。门框与门扇搭接的裁口处设置防火膨胀密封条。凡用于疏散通道的防火门都具有在发生火灾时能迅速关闭的功能，门要向疏散方向开启，不宜装饰和插销。带有碰口的双扇防火门，应配有顺序器。防火门安装的留缝宽度 ≤3～4mm。

(2) 自动防排烟系统（以"森林"为例）

森林牌自动防排烟系统包括自动排烟窗，自动排烟百叶窗，隐形侧幕墙自动排烟窗，挡烟垂臂（垂帘）。

1) 自动排烟窗：装有一种热压力顺序阀，在处于设定温度的紧急情况下，自动开启外顶盖，使烟气热量和未燃烧气体能够迅速排出室外。其特点有：自动排烟窗在各种天气情况下通风好。在高热量的厂房室内，可以自动打开外顶盖通风，将室内废气排出室外，在雨天，它可以借助远程装置启闭，自动闭合。天幕型自动排烟窗采用阳光透明玻璃板，无论是在打开状态还是闭合状态，均可满足大厅内的光照要求。隔声、隔热、排烟迅速。形式多样，可适宜多种楼面的安装。

2) 自动排烟百叶窗：采用手动和气动装置实现室外新鲜空气迅速置换室内过热的或被污染的空气。

3) 挡烟垂臂（垂帘）：主要用于建筑内部作为防烟分区的活动型垂直防烟分隔。当接收到火警联动信号后，自动挡烟垂臂（帘）自顶棚下翻或下垂不小于 500mm 的高度，自动形成挡烟分区。在火灾发生初期，可有效地防止烟气，并及时将热烟排除。

2.9 相变材料

相变材料（Phase Change Materials，简称 PCM）是一种新型的材料。物质的存在形式通常可分为三种形态：固态、液态、气态，相变是指物质从一种聚集状态到另一种聚集状态的变化。相变材料不同于常规性的材料，它利用相变过程中吸收或释放的热量来进行潜热储能。利用相变材料的这种特性，将节约能源的理念拓展到充分有效地利用已获得的自然能源和低价能源。通过对材料的潜热、蓄热能力的控制，调节人们对热量在不同时间、空间和热量规模的不同需求。

相变材料应具有以下特点：凝固熔化温度低，相变热高，导热率高，比热大，凝固时无过冷或过冷度极小，化学性能稳定，室温下蒸气压低。此外，相变材料还需与建筑材料相容，可被吸收。

相变材料主要包括无机 PCM、有机 PCM 和复合 PCM 三类。

2.9.1 相变建筑构件

目前常见的有：新西兰把水和氯化钙用混凝土封装放在混凝土地板中；清华大学把有机脂肪酸的混合物封装在类平板形塑料袋中放在吊顶中；加拿大把有机和无机相变材料吸收到石膏和混凝土材料中制成相变墙板；清华大学将石蜡—聚乙烯体系、石蜡—SBS 体系的定型相变材料与混凝土材料掺混用在地板中；西班牙将 NPG 固—固相变材料作为地板。以上相变建筑材料及其构件的相变蓄能虽然都在研制和示范过程中，尚未大量推广，但是将会成为建筑节能和提高建筑热舒适性的重要方向。

2.9.2 相变储能建筑材料

相变储能建筑材料应该兼备普通建材和相变建材两者的优点。20 世纪 90 年代以 PCM 处理建筑材料（如石膏板、墙板与混凝土构件等）的技术发展起来。随后，PCM 在混凝土试块、石膏墙板等建筑材料中的研究和应用一直方兴未艾。

PCM 与建材基体的结合工艺，目前主要有以下几种方法：将 PCM 密封在合适的容器内；将PCM密封后置入建筑材料中；通过浸泡将PCM渗入多孔的建材基体（如石膏墙板、混凝土试块等）；将PCM直接与建筑材料混合；将有机PCM乳化后添加到建筑材料中；将石蜡乳化，然后按一定比例与相变特种胶粉、水、聚苯颗粒轻骨料混合，配制成兼具蓄热和保温的可用于建筑墙体内外层的相变蓄热浆料。

(1) 相变蓄热浆料

相变蓄热浆料的制备是将胶粉、水、乳化蜡、聚苯颗粒，按照一定比例和使用方法搅拌成可批抹的浆料。将此浆料批抹在不同基层上面，干燥后即成为相变蓄热层。

1) 主要应用特性：相变蓄热浆料的蓄热能力大大高于普通保温浆料以及其他建筑材料，在发生相变时其性能稳定。相变材料与基体材料相容性好，相变材料工作中变成液体时不会发生流淌下坠的问题。简单快捷，成本低廉。得到的相变蓄热层是一种兼具保温、隔热、蓄热和环保于一体的新型建筑储能材料。

2) 适用范围：主要用于建筑物外墙外层的相变蓄热层。

3) 典型构造做法如图2-36、图2-37所示。

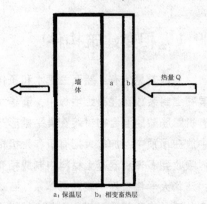

图2-36 相变蓄热层复合保温层示意
a：保温层　b：相变蓄热层

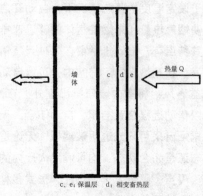

图2-37 "三明治"做法示意
c、e：保温层　d：相变蓄热层

(2) 建筑用相变储能复合材料

该产品的复合材料以密实度比较高的气硬性或水硬性的胶凝材料为基体，其中分散多孔材料集料。集料与基体的体积比为0.4～1.5。在多孔材料集料中储存有机相变材料，储存量为30%～70%重量比。

主要应用特性：

1) 建筑物构件可具备超过10MJ/m³左右的储能密度；

2) 相变温度可以在15～60℃之间调节，满足建筑物取暖和制冷的要求；

3) 利用了在建筑领域广泛使用的多孔材料作为有机相变材料的储存介质、密封层材料和基体材料，材料成本更加低廉；

4) 可采用建筑材料的常规制备工艺，使得该材料的工业化生产转化易于实现，制备工艺成本也很低。

5) 采用密实的材料对有机相变材料进行密封，提高了相变材料在各种建筑环境中的耐久性，最大限度地减少了相变材料可能对建筑环境带来的污染。

2.10 通风

2.10.1 通风部品

(1) 通风管道

通风管道的材质有两种，即金属材料和非金属材料。

1) 非金属材料风道具有良好的性能和选

用前景。其技术参数及适用范围见表2—9。

非金属风管板材的技术参数及适用范围　　　　表 2—9

风管类别		保温材料密度 (kg/m³)	管板厚度 (mm)	燃烧性能	强度 (MPa)	适用范围
酚醛铝箔复合板风管		≥60	≥20	B1级	弯曲强度≥1.05	工作压力小于或等于2000Pa的空调系统及潮湿环境
聚氨酯铝箔复合板风管		≥45	≥20	B1级	弯曲强度≥1.02	工作压力小于或等于2000Pa的空调系统、洁净环境及潮湿环境
玻璃纤维复合板风管		≥70	≥25	B1级	—	工作压力小于或等于1000Pa的空调系统
无机玻璃钢	水硬性无机玻璃钢风管	≤1700	—	A级	弯曲强度≥70	低、中、高压空调及防排烟系统
	氯氧镁水泥风管	≤2000	—	A级	弯曲强度≥65	
硬聚氯乙烯风管		1300～1600	—	B1级	拉伸强度≥34	洁净室及含酸碱的排风系统

2) 铝箔聚氨酯复合柔性风管所用钢丝的防腐一般采用镀铜,裸钢丝有油膜保护层。

(2) 铝箔酚醛风管

该产品其内外表面均为铝箔,中间层为酚醛泡沫材料构成。

1) 主要应用特性:重量轻(密度>65kg/m³),制作方便,可在现场根据用户需要进行施工。清洁卫生,夹芯板表面采用铝箔复合,保证了风管送风的卫生,沿程阻力小,空气品质高。保温性好,由于产品是由铝箔 + 酚醛泡沫 + 铝箔构成,因而具有良好的隔声抗振性、保暖性和阻燃、节能的特性,降低了运行费用。美观耐用,产品的内外表面均为防氧化铝箔复合,延长了产品的使用寿命。

2) 适用范围:该产品可以广泛用于工业、民用建筑,还适用电子厂、食品加工厂、医院、药厂、人防工程、体育场馆、大型超市、商场宾馆等对空气质量要求高或需要明装风管的场所。此外,还可用于轻质墙体、隔热衬里、吊顶、硫化室、喷漆间、易燃品仓库以及防火门、防盗门和其他的防火隔热设施。

(3) "都龙"止回阀

都龙牌止回阀是根据流体动力学原理,采用导流式止回技术,经科学研制、合理设计,为解决"小截面"通风道倒风问题而开发的专用装置。

1) 主要应用特性:该止回阀的阀片开启方向与管道内排出气体流动方向保持一致,从而避免了风道内部气流对止回阀开启与闭合的影响,保证气体防倒灌的整体效果,能有效阻止楼层之间窜烟、窜味、窜气现象,能有效防止有毒有害气体的传播,重量轻,安装方便。

2) 常用尺寸见表2—10。

"都龙"止回阀常用尺寸　　　　表 2—10

产品名称	型号	预留洞尺寸 (mm)	阀门外形尺寸 (mm)
标准型厨房用	DC—03	160×160	180×180×185
标准型卫生间用	DW—03	105×105	125×125×180
穿墙型厨房用	AC—01	165×165	200×200×110
穿墙型卫生间用	AW—01	165×165	200×200×110

(4) T80 自然通风器

1) 主要应用特性：T80 外壳采用隔热型材，流线型设计，具有优良的水密性和气密性。

2) 适用范围：适用于塑钢门窗、铝合金门窗、木门窗及各种玻璃幕墙。多用于办公室、卧室、客厅、医院、酒店等场所，可安装在玻璃的上端或下端。

(5) 智能通风器（以"丝吉利娅"为例）

1) 主要应用特性：AEROMAT80 窗式消声通风器，通过室内外温差、气压差及外界风压实现空气交换。根据实验结果，即使室内外压差仅为 10Pa 时，其通风量也可达到 $30m^3/h$。

2) 适用范围：多用于办公室、卧室、客厅、医院、酒店等场所。

(6) TB-11-2 型卫生间通风器

1) 主要应用特性：具有体型小、重量轻、噪声低、安装简便和使用方便等优点。主要技术指标见表 2-11；产品结构构件采用防潮、防锈材料制造，电机是全封闭式，能抗潮气的长期侵蚀。外壳采用 ABS 工程塑料成型。在出风口处设置了逆止风阀，严密可靠。出风口的方向可由用户自行调整；该产品的风量可使一般卫生间的换气次数达到 18 次/h 以上；采用了前向多叶离心式风机输送空气，压力高、噪声低、出风口尺寸小。其外形尺寸和安装方式与我国各类风道的结构形式相适应。

TB-11-2型卫生间通风器技术指标　　表 2-11

电 压	220V
输入总功率	<30W
风 量	50~100m^3/h
静 压	9~55Pa
噪 声	<49dB（A）
频 率	50Hz

2) 适用范围：适用于靠竖向风道通风的暗卫生间。

(7) 通风器（BLD、BLB 系列通风器）（以"雪莲"为例）

该产品是高中级宾馆、饭店、会议中心、展览中心、体育场馆、写字楼、机房、客厅、卫生间等场合使用的大风量、低噪声、低温升、豪华型天花板式通风器。BLD、BLB 系列产品是专为家庭卫生间设计制造的低噪声、低温升、低耗电、能长期连续运转的换气设备。

主要应用特性：BLD 系列产品为全金属结构，防潮、防水、耐腐蚀、坚固耐用。采用全封闭进口滚动轴承，噪声低。采取了控制温升措施的特制电机，耗电少，能在复杂环境下长期连续运转。设有单项自动活门，防止气流倒灌及异物进入。联接方式简单，安装快捷，出风口为锥形转换器，有利于管道安装。BLB 通风器为半卧式壁式安装，全塑外壳，重量轻，坚固耐用。采用全封闭进口轴承和控制温升措施的特制电机，耗电少，能在高温下长期运转，安装十分简单。

2.10.2 通风系统

(1) BPS-Ⅲ型住宅复合式垂直集中排烟气系统

1) 主要应用特性：该系统由 BPS 排气道、BPS—Ⅲ型复合式止逆阀、屋顶无动力排气风帽、吸油烟机（用户自购）四部分组成，配套使用。止逆阀是该系统的关键产品，用止逆阀替代了辅烟道，减少了排气道的占地面积和重量。二次油气分离率高，把重力分离不了的油烟通过滤网清滤，解决了排气道内部油污清洗的难题。无动力排气风帽是依靠自然风力及热压差原理，使排气道出风口造成局部负压从而达到增强系统排风能力的效果。

2) 适用范围：适用于住宅厨房的垂直排烟和暗卫生间的垂直排气。其他建筑物的排烟气可参考使用（燃气热水器排气严禁接入使用）。

3) 系统组成部分示例（图2-38）。

BPS—Ⅲ型卫生间止逆接口

无动力排气风帽

BPS—Ⅲ型复合侧开式止逆阀

BPS排烟气道

油烟管家（BPS—Ⅲ—Z型自控调压止逆阀）

图2-38 系统组成示例

(2) 变压式排气道系统（Ⅱ）

1）产品性能原理与构成：变压式排风道利用空气动力学伯努利方程所表述的流体内部动压与静压转换原理，在特定位置完成动压与静压的转换，使不开排油烟机的厨房进风口处静压减小，与导流式止回排气阀共同作用，消除串烟串味现象。变压式通风道系统由竖向共用变压式排气道、风帽构成。其中排气道内设置变压板、导向管及导流式止回排气阀。风帽有自力式、止回式、变压式。变压式风帽见图2-39。

2）适用范围：适用于各类住宅楼的厨房、卫生间，以及其他民用、公用和工业辅助用房的厨房、卫生间。

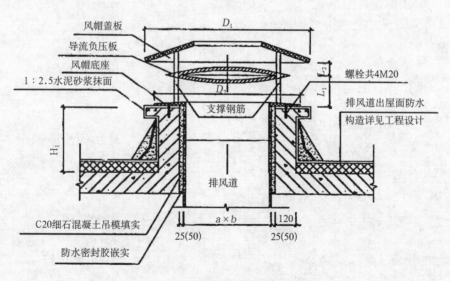

图2-39 变压式风帽出屋面做法

主要参考文献

[1] 建设部工程质量安全监督与行业发展司,中国建筑标准设计研究所.全国民用建筑工程设计技术措施:建筑产品选用技术（建筑·装修）.2003版.北京:中国计划出版社,2003.

[2] 建设部工程质量安全监督与行业发展司,中国建筑标准设计研究所.全国民用建筑工程设计技术措施:建筑产品选用技术（建筑·装修）.2004版.北京:中国计划出版社,2004.

[3] 中国建筑标准设计研究所.全国民用建筑工程设计技术措施:建筑产品选用技术（建筑·装修）.2005版.北京:中国计划出版社,2005.

[4] 中国建筑标准设计研究所.全国民用建筑工程设计技术措施:建筑产品选用技术（建筑·装修）.2006版.北京:中国计划出版社,2006.

[5] 国家住宅工程中心产品开发部,建设部居住建筑与设备研究所.小康住宅厨房卫生间整体设计与配套产品.北京:国家住宅与居住环境工程技术研究中心,2005.

[6] 建设部科技发展促进中心,北京振利高新技术公司.外墙保温应用技术.北京:中国建筑工业出版社,2005.

[7] 中国房地产及住宅研究会.电热膜供暖:住宅采暖新选择.中国住宅设施.2004,（7）.

[8] 高志华.中国实木地板市场概况与发展趋势.中国住宅设施.2005,（11）.

[9] 中国建筑材料科学研究院.建筑玻璃应用技术规程（JGJ 113—2003）.北京:中国建筑工业出版社,2003.

[10] 中国安装协会.通风管道技术规程（JGJ 141—2004）.北京:中国建筑工业出版社,2004.

[11] 黑龙江省建筑标准设计研究院.住宅厨房卫生间变压式排风道图集（Ⅱ型）.黑龙江:黑龙江省建筑设计标准化办公室,2002.

[12] 中国建筑设计研究院,天津大学建筑学院.不同建筑气候区住宅围护结构保温隔热技术及施工工艺.北京:建设部科学技术司,2006.

[13] 中国建筑设计研究院,天津大学建筑学院.可替代黏土砖的新型多层住宅建筑体系选型:新型砌体墙材结构体系研究.北京:建设部科学技术司,2006.

[14] 中国建筑设计研究院,孝感市天然居墙材有限公司.混凝土小型空心砌块结构体系:秸秆泡沫石膏渣墙体空心砌块生产及应用技术研究.北京:建设部科学技术司,2006.

[15] 中国建筑协会建筑师分会建筑技术专业委员会,东南大学建筑学院.绿色建筑与建筑技术.北京:中国建筑工业出版社,2006.

建筑技术新论　Physical Environment of Building
New Theory of Building Technology
建筑物理环境

第3章 建筑物理环境

3.1 建筑物理环境概述

3.1.1 人与物理环境

物理环境一般是指室内、外空间的热环境、光环境和声环境，现今已扩大包括电磁辐射环境、水环境和空气品质。物理环境是人们生存环境的基本组成部分。自人类祖先构筑洞穴、庇护所开始，"庇护"的基本功能就是抵御恶劣的自然气候和对自然光、自然风等的利用，当然还要防止食肉动物袭击。随着时代发展，增加了对人为噪声环境和人为电磁辐射环境的防护要求，并且要优化物理环境设计。

人们在所处的各种室内、外空间环境中，总伴随有热、光、声等因素的刺激，在刺激量达到一定的低限值时才能被人们感觉和引起反应。例如不同种颜色的可见光，只有在他们都有足够的发光强度时，才能被识别、判断。声波传播到人耳必须引起足够的压力交替变化，才能产生听觉。因此，环境条件的绝对阈值是没有感觉和有感觉之间的临界值，而一定的刺激量差，则可以判断出环境条件的区别。由于人们维持正常的生理、心理功能以及能够有效地从事各种活动的能力，取决于所处的环境条件，而人们对于物理环境刺激的精神和物质的调节机能有一定的限度，所以我们要设法调整、控制物理环境的刺激量（例如环境温度、相对湿度、气流速度、日照、采光以及噪声等）使环境的刺激量处于最佳范围。图3-1可以说明最佳刺激的概念。

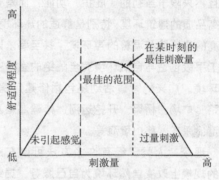

图3-1 最佳刺激的概念

人们对物理环境舒适度的判断，主要取决于：环境温度、湿度、光环境、声环境以及空气品质。图3-2 表示在建筑环境中一些因素的舒适范围及相关的量。

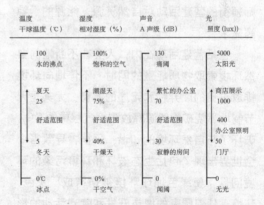

图3-2 主要的物理环境因素及舒适范围
（注：图中各列标明的量不按比例）

3.1.2 营建活动与物理环境

（1）营建活动

营建活动是人类谋求生存、繁衍的最基

本活动之一。从考古发掘的先民洞穴到古代小屋（例如西安半坡村），都可以看出先民打造的庇护所是依托自然环境、顺应自然条件、利用自然资源和能源构筑人工环境的初级（或原始的）营建活动。

随着社会发展、人口增加（甚至是膨胀），尤其是自18世纪工业革命以来科学技术的进步（对许多工程技术的应用，甚至误认为有无限的地球资源和能源可依托），人类的营建活动已发展到现今的大都会、摩天楼，并且不只限于当初的"庇护"功能，而是要有高品质的建筑环境，特别是舒适的热环境、明亮的光环境和温馨的声环境；甚至要求以人工手段创造与自然环境完全隔绝的室内空间环境。广义的营建活动还包括修建厂房、道路、广场、桥梁、开挖运河、修建海港及空港、采矿、移山填海等。

现今，人类已经有许多方法可以在空前的规模上改变自然环境为自己服务。据统计，在过去150年里，地球陆地面貌已被改变47%；整个20世纪，全世界矿物燃料消费量增加17倍。在改变地球陆地面貌和消耗地球资源、能源中，营建各种人工环境的活动都占很大份额。图3-3显示了由建筑师领衔的营建活动对自然资源、能源的"鲸鳄需求"。

包括营建活动在内，人类在不断地向自然环境索取物质能量的同时，不停地向环境排放过量的废弃物和无序的能量，尤其是无节制地燃烧矿物能源释放到大气层中的CO_2，破坏了与自然环境的和谐、平衡，导致当今全世界出现了包括生态破坏和环境污染的环境问题，使绿色地球环境被伤害成"灰色"环境。任何国家的城市开发和营建活动的影响都不只限于某一地域范围，而是延伸扩大到横越海洋、极地和大气层。统计表明，我国人均消费能源（折合为石油计算，下同）880kg，人均排放CO_2 2.5t；美国人均消费能源7960kg，人均排放CO_2 19.8t；我国排放CO_2总量相当于美国的3/5。

图3-3 现今营建活动对自然资源、能源的"鲸鳄需求"
资料来源：Charles J. Kibert, et al. Construction Ecology[M]. 2002：272.

(2) 营建活动对物理环境的影响

经济的快速增长和城市化意味着从以农业为主的经济活动转变为需要消耗大量矿物燃料的工业、建筑业和交通运输业，并且相应地出现人口往城市区域和城镇聚居的趋势。在城市区域和城镇集聚生活的人及从事的高强度经济活动（包括城市建设等各种为满足生产、生活需求的营建活动），因消耗大量矿物燃料及改变原生下垫面，形成了自然条件和人工条件共同作用的物理环境。图3-4概括了城镇区域的一些特定条件及出现的相关物理环境问题。

3.1.3 物理环境与规划设计

(1) 简述

物理环境设计本质上是属于规划、设计范畴。从城市总体规划（包括功能分区、道路系统等）、建筑用地选址、建筑群总体布局、单体建筑设计（包括围护结构）开始，着力探求整合设计，就能够以较少的花费获得满意的物理环境品质。

传统的建筑物理主要考虑运用相关的工程技术措施，改善单体建筑室内空间的

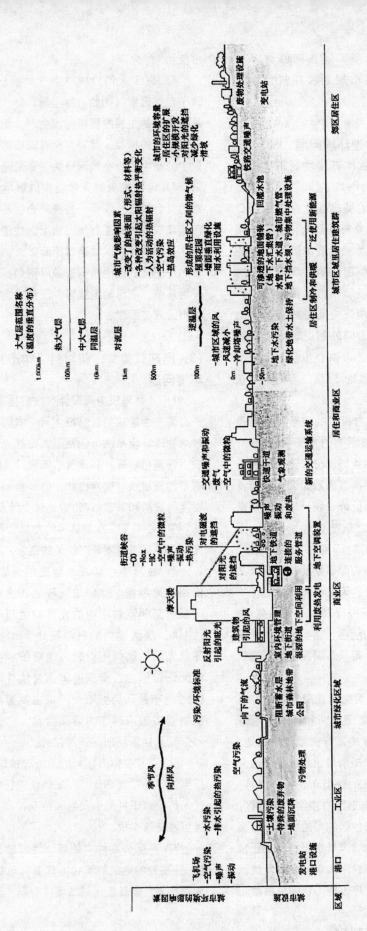

图 3-4 城市区域的特定条件及出现的相关物理环境问题

资料来源：Anna Ray-Jones. Sustainable Architecture[M]. 2000: 157.

热、光、声环境品质；现在面临许多新的矛盾要整合到城市规划和建筑群体设计中去。

(2) 城市范围的物理环境问题

1）最近40年我国苏南地区市、县减少的日照时数分别平均为280h和395h，导致原已用地紧张的城市居住区在冬至日（包括大寒日）中午能够受到太阳直射的楼层逐渐减少。一些大、中城市流行开辟的步行商业街，因两侧密集的商场向室外排放无序热量和地面硬质不透水铺装的热特性，使城市中心区户外空间过热。依在南京观测，夏日当中山门外邻近车行道路的空气温度为32℃时，市中心步行商业街相当于行人高度的气温达37℃，人们不愿在此久留。

2）许多城市着力投资的夜景照明已是城市设计中展现城市活力的重要手段之一，是城市光环境的重要组成部分。上海的调查表明，该市夜景照明亮度大致是澳大利亚首都坎培拉的100倍。此外，统计表明，南京市民夜晚在23：00之前睡觉的占72%，而一些夜景照明的熄灯时间则在23：30之后。现在城市居民难以用肉眼看到北极星，天文台很少能参加世界级的天文观测项目。

人类一直着力研究提高人工光源亮度，但忽视其在使用中的危害。据美国鸟类学家统计，每年约有400万只鸟因撞上高层建筑的广告灯死亡。

3）为了缓解地面交通梗阻状况，许多城市正在开发利用地下空间和建造高架道路。近年南京市修建的贯穿玄武湖底隧道，其出入口分别在玄武湖情侣园附近和居民文教区，出、入口引来的重型车辆行驶噪声，改变了邻近地域原先划定的声学功能分区。此外一些城市邻近居住区的多层次高架道路昼夜繁忙的交通运输噪声严重干扰居民正常生活。有些浅埋地下铁路车辆行驶引发的固体振动已影响地上医疗设施、精密仪器的正常使用。

4）现今人们对城市空气质量日益关注，除了自然因素（例如：沙尘暴）外，导致空气品质下降的主要原因是能源生产、工业及交通运输车辆的排废。此外，一些城市区域开发建设中的扬尘成为空气污染的主要来源之一。

5）电磁辐射对人体健康的影响是多种因素的综合效应。现今一些移动通信基站就设在密集建筑群的高层建筑屋顶上。快速发展的城市化进程使城市区域范围不断扩大，原先考虑了防护距离的强电磁辐射源（例如：广播电视发射系统、高压输电线等）已经或将被围合在城市区域范围里。

(3) 新建筑类型、新材料（构造）的物理环境问题

1）公共建筑流行设计有数层楼高的中庭，一方面成为建筑的新特征，另一方面则需特别考虑物理环境品质（包括引入自然光、空气品质、语言私密等）和建筑节能设计。现今日益增多的开放式（或网格式）办公室都讲究不同程度的安静和语言私密。以往较少涉及的法庭、新闻中心、教堂、跳舞休闲的夜总会等，对热、光、声等环境品质都有相关的要求。

2）城市中心区域大型建筑为追求时尚，使用玻璃幕墙。有些玻璃幕墙在盛夏骄阳之下反射到邻近住宅内的光热辐射每天持续长达10h，使居室内的气温高达37℃。居民除受"火团"烘烤还引起白内障眼疾，儿童在家无法做作业。南京近年调查统计表明，占68%的市民认为城市光污染主要源自一些建筑物立面玻璃幕墙的强反射光、广告牌的强烈灯光及娱乐场所闪烁的采光。

此外，有些体形怪异的沿街建筑玻璃幕墙，反射呈现的景观杂乱，在车辆快速行驶中的驾驶人员难以识别周围景物和路况，甚至判断失误引发交通事故。

3）高层公寓住宅的整体性（结构的整体性、连接整幢建筑的管线）、设备（电梯、空调、管道井等）以及使用轻质墙体材料、预制干法

施工等,导致建筑围护结构绝热(冷桥、渗透、冷凝等)和隔声(结构声、空气声的传声途径、住户的语言私密等)都不同程度地出现了需要解决的新矛盾。

4)一些地下商城虽有连片的商铺,但顾客寥寥无几。究其原因主要是没有足够的通风换气量,尤其是新鲜空气。商铺使用的装饰材料(甚至包括待销售的服装)含有不同程度的甲醛、苯类化学物质。一些商场开门后1h,空气里的细菌含量就比室外高45%;营业9h后,空气中浮悬颗粒浓度比室外高9倍,加上闷热、刺眼、嘈杂等诸因素构成的严重恶化的物理环境,必然是顾客稀少,职工体力不支,难以维系经营。

地面以上的一些办公建筑的网格式办公区因缺少足够的通风换气量,常年弥漫着装修材料散发的化学物质刺鼻气味、油漆味,以及工作人员自己的烟味、饭菜味、夏日的汗味,在这类空间里工作的人时常感觉头昏、胸闷,呼吁"需要呼吸新鲜空气权"。

(4) 居民对环境品质追求及生活、休闲方式改变衍生的物理环境问题

1)城市居民剧增的电力消费主要是用于改善热舒适。占我国国土面积约1/6的夏热冬冷地区的居民改善热舒适的特点是:自己设定舒适标准(主要是室内空气温度),自己决定采暖、制冷时段,自己选择设备。使用设备改善热舒适,必然与城市耗能总需求及对城市总体环境品质的影响、建筑物外围护结构的节能设计等问题紧密相连。

2)现今的居住区,除密集分布住宅建筑外,还为儿童嬉戏、老人休闲提供各种户外活动空间,包括水面及与其相邻的场地、步行道路、假山、绿化配置等;居住区内还有日益增多的机动车辆频繁出入。这些情况要求居住区的夜间照明能够保证清楚识别水面、陆地景物、车行和步行道的全部长度,并有助于识别住户门牌号码。但有些居住区户外照明一方面缺少对安全要求的仔细考虑,另一方面又将住户的居室内照得如同白昼,影响住户的正常生活和私密。

3)人们对噪声的敏感和公寓住宅里各户之间噪声干扰日益明显。城市居民对自己家庭不断更新装修的施工噪声,家用电器(尤其是音响设备)噪声,都觉得是不可避免和可以理解的,但对邻居类似噪声的干扰就难以容忍。近年曾发生因邻居装修噪声干扰,老人出面交涉、争吵诱发心脏病丧命提出法律诉讼的事件。

(5) 要求全面考虑并综合解决热、光、声及空气环境品质的矛盾

1)以城市居住区总体布局而言,为减少城市交通噪声干扰,往往考虑沿干道建造连续的障壁建筑作为声屏障(可能长达数百米),试图以"牺牲"一条临干道建筑的办法得到一片安静的居住区,然而对居住区建筑群布局还要求组织、诱导有利于夏季散热的自然通风和有利于争取建筑物在冬季的日照。

2)窗在建筑造型、美观、功能等方面的重要性是不言而喻的。从物理环境考虑,对窗的设计有保温、节能、遮阳、通风、采光、隔声等诸方面要求,而可采取的设计、技术措施往往相互制约。因此须依情况抓住主要矛盾,分析不同需求的相互制约关系并加以整合,寻求优化的设计方案和技术措施。

3)现今人们对声环境的要求不只是降噪或沉寂,还盼望有以自然声为主的声环境。此种声环境的创造必然与居住区依绿色建筑理念考虑的规划设计整合在一起,例如包括从居住区的增湿、降温、改善空气品质、美化等考虑的绿化系统、水体景观和地面铺装等。

综上分析,可知物理环境是人工构筑室内、外空间环境基本功能的组成部分。依绿色建筑理念,做好与城市规划、建筑设计整合的物理环境设计,是时代赋予规划师、建筑师的责任。

3.2 热环境

3.2.1 热舒适与建筑外围护结构

(1) 热舒适与建筑耗能

热环境对人们的身心健康有直接影响，热舒适是人们对热环境满意程度的主观评价。人体与环境之间的热平衡是热舒适的必要条件。这种平衡取决于空气温度 t_i、空气相对湿度 ϕ_i、气流速度 v、平均辐射温度 t_r 四个环境参数及人体新陈代谢产热率 q_m、穿着衣服的热阻 Rclo。丹麦学者范格尔 (P.O.Fanger) 经大量试验获得了预测热感指数 (Predicted Mean Vote, 简写为 PMV)，国际标准化组织 (ISO) 规定 PMV 值在 −0.5 ~ +0.5 范围内是室内热舒适指标。然而只有舒适性空调才能达到这一标准。我国目前尚无有关的规定。

近年来一些学者的研究认为范格尔的 PMV 值应用范围还是有某些限制，研究还发现，即使上述四个环境参数都在舒适范围，如果身体某一部分暖而另一部分冷，就会感觉不舒适。例如，对流、不对称热辐射、垂直温差等都可能引起热不舒适。

我国于 1993 年公布实施了"民用建筑热工设计规范"。近年为贯彻落实国家节约能源、保护环境的法规和政策，改善夏热冬冷地区居住建筑热环境，先后公布实施了"既有采暖居住建筑节能改造技术规程"、"夏热冬冷地区居住建筑节能设计标准"以及"公共建筑节能设计标准"等，这些规范和标准都是相关建筑设计、建造和验收的依据。此处仅仅简要介绍"夏热冬冷地区居住建筑节能设计标准"。

1) 室内热环境和建筑节能设计指标

① 冬季采暖卧室、起居室温度为 16 ~ 18℃，换气次数为 1.0 次/h。

② 夏季空调卧室、起居室温度为 26 ~ 28℃，换气次数为 1.0 次/h。

③ 居住建筑通过采用增强建筑围护结构保温隔热性能和提高采暖、空调设备能效比的节能措施，在保证相同的室内热环境指标的前提下，与未采取节能措施相比，采暖、空调能耗节约 50%。

2) 建筑和建筑热工节能设计

① 建筑群的规划布置、建筑物的平面布置应有利于自然通风。

② 建筑物的朝向宜采用南北向或接近南北向。

③ 条式建筑物的体型系数不应超过 0.35，点式建筑物的体型系数不应超过 0.4。

④ 外窗（包括阳台门的透明部分）的面积不应过大。不同朝向、不同窗墙面积比的外窗，其传热系数应符合表 3-1 的规定。

不同朝向、不同窗墙面积比的外窗传热系数 $K[W/(m^2 \cdot K)]$　　　　表 3-1

朝向	环境条件	窗墙面积比				
		≤0.25	>0.25且≤0.30	>0.30且≤0.35	>0.35且≤0.45	>0.45且≤0.50
北（偏东60°到偏西60°范围）	冬季最冷月室外平均气温>5℃	4.7	4.7	3.2	2.5	—
	冬季最冷月室外平均气温≤5℃	4.7	3.2	3.2	2.5	—
东西（东或西偏北30°到偏南60°范围）	无外遮阳设施	4.7	3.2	—	—	—
	无外遮阳（其太阳辐射透过率≤20%）	4.7	3.2	3.2	2.5	2.5
南（偏东30°到偏西30°范围）		4.7	4.7	3.2	2.5	2.5

⑤ 多层住宅外窗宜采用平开窗。

⑥外窗宜设置活动外遮阳。

⑦建筑物1～6层的外窗及阳台门的气密性等级不应低于现行国家相关标准规定的Ⅲ级；7层及7层以上的外窗及阳台门的气密性等级不应低于规定Ⅱ级。

⑧围护结构各部分的传热系数和热惰性指标应符合表3-2的规定。其中外墙的传热系数应考虑结构性冷桥的影响，取平均传热系数，其计算方法应符合该标准相关规定。

围护结构各部分的传热系数$K[W/(m^2·K)]$和热惰性指标D　　　　表 3-2

屋顶*	外墙*	外窗（含阳台门透明部分）	分户墙和楼板	底部自然通风的架空楼板	户门
$K≤1.0, D≥3.0$	$K≤1.5, D≥3.0$	按表3-1规定	$K≤2.0$	$K≤1.5$	$K≤3.0$
$K≤0.8, D≥2.5$	$K≤1.0, D≥2.5$				

注：当屋顶和外窗的K值满足要求，但D不满足要求时，应按"民用建筑热工设计规程"中的相关条款验算隔热设计要求。

(2) 现代建筑外围护结构设计策略

为了创造优良的建筑空间环境，建筑设计可分为三个层面。第一层面是通过建筑物自身的建筑设计减少冬季的室内热损失和夏季的室内得热，并提高自然光利用率。基本建筑设计的周全考虑对于设备（负荷）的选择及其使用的能耗都有重要影响。第二层面包括被动式采暖、降温和自然采光等技术的运用。这一层面技术设计如果能够尽量利用自然资源和能源也有助于减少对机械设备的依赖。第三层面主要是利用能源驱动的设备补充，以满足热舒适的需求。

现今建造的一些建筑物，讲求建筑形式的新奇特。对上述第一层面、第二层面的重要作用缺少认真的考虑，甚至只依靠第三层面要给使用者提供与自然环境完全隔绝的室内人工环境。这不仅背离人们对自然环境的习惯需求，也背离了国家建设资源节约型、环境友好型社会的要求。

3.2.2　外围护结构保温设计

(1) 墙体

墙体是外围护结构主体。墙体的保温构造方式目前主要有单一材料保温墙体、夹心复合保温墙体、内保温复合墙体以及外保温复合墙体等四种。在选用保温材料时还应依据建筑物类型、防火等级考虑材料的强度、抗蚀、耐火、稳定性以及对人体健康影响等因素。

单一材料保温墙体是利用若干自身具有较好热工及力学性能的砌块作墙体。表3-3是其余三种复合保温墙体技术性能的比较。

三种保温墙的技术性能比较　　　　表 3-3

技术类型	典型构造（由外至内）	主要优点	主要缺点
外墙内保温	结构层+绝热层（矿棉板或玻璃棉板或EPS板）+面层（纸面石膏板或无纸面石膏板或GRC轻板）	1.对面层无耐候要求 2.施工便利 3.施工不受气候影响 4.造价适中	1.有热桥产生，削弱墙体绝热性；绝热层效率仅30%～40% 2.墙体内表面易发生结露 3.若面层接缝不严而空气渗漏，易在绝热层上结露 4.减少有效使用面积 5.室温波动较大
外墙夹心保温	1.现场施工：结构层中间填入绝热层（矿棉板或玻璃棉板或EPS板） 2.预制复合板（钢筋混凝土中间嵌入绝热层）	1.施工尚便利 2.绝热性优于外墙内保温技术，使用功能尚可 3.用现场施工法，造价不高	1.有热桥产生，一定程度上削弱墙体绝热性；绝热层效率为50%～75% 2.墙体较厚，影响有效使用面积 3.墙体抗震性不够好 4.预制复合板如接缝处理不当易发生渗漏

续表

技术类型	典型构造（由外至内）	主要优点	主要缺点
外墙外保温	1.现场施工：饰面层（带色聚合物水泥砂浆）+增强层（被覆玻璃纤维网格布或镀锌钢丝网）+绝热层（EPS板或矿棉板）+结构层 2.预制带饰面外保温板（例如，嵌有EPS板的钢丝网与钢筋增强的水泥砂浆板），用粘挂接合法固定于结构层上	1.基本上可消除热桥；绝热层效率高，可达85%～95% 2.墙体内表面不发生结露 3.不减少使用面积 4.既适用于新建造房屋，也适用于旧房改造，可不影响使用 5.室温较稳定，热舒适性好	1.冬季、雨季施工受到一定限制 2.采用现场施工，对所用聚合物水泥砂浆以及施工质量均有严格要求，否则面层易发生开裂 3.采用预制板时，对板缝处理有严格要求，否则在板缝处易发生渗漏 4.造价较高

注：表中EPS为膨胀聚苯乙烯。
资料来源：徐占发主编.建筑节能技术实用手册[M].北京：机械工业出版社，2005：12.

(2) 门、窗

门窗是与墙体组合的轻质、薄壁、透明部件。由于窗框、窗樘、窗玻璃的热阻比墙体小得多，而且还存在经缝隙渗透的冷风及窗洞口的附加热损失，必然是外围护结构体系中保温性能最薄弱环节。图3-5及图3-6分别是住宅阳台门和普通铝合金窗的热象图。由图中标出的数值可知玻璃、门框、窗框及缝隙的温度都比墙体温度高出许多。门窗保温性能的改进当从选用的玻璃、门窗框材料和构造、气密性等方面入手。

①玻璃 厚度仅为3～5mm的普通透光玻璃几乎没有保温性能，如果在两层玻璃之间设空气层（厚度一般为6～12mm），甚至采用三玻构造或张膜结构，都有助于增加玻璃的热阻，例如6+12+6的白玻中空组合，当充空气

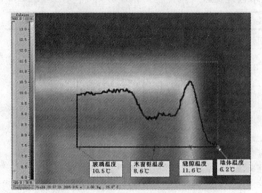
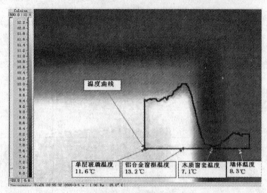

图3-5 阳台木门热像图
（室内暖气温度17.9℃，室外温度7.6℃）

图3-6 普通铝合金窗热像图
（室内暖气温度17.9℃，室外温度7.6℃）
资料来源：马淳靖.现代住宅外围护结构设计研究[D]，2005：22.

时 K 值约为 2.7W/($m^2 \cdot K$)，充填 100% 氩气时 K 值约为 2.53W/($m^2 \cdot K$)，充填 100% 氪气时 K 值约为 2.47W/($m^2 \cdot K$)。新型真空玻璃将玻璃之间的间隙抽成准真空可使 K 值降至 0.85W/($m^2 \cdot K$)，然此种玻璃价格昂贵，难于普遍采用。

普通透明玻璃与一层 Low-E 镀膜玻璃组合的中空玻璃能够达到相当低的传热系数。此外，Low-E 镀膜对太阳光谱的可见光和近红外光具有选择透过性，不同的镀膜材料可以制成冬季型、夏季型及遮阳型 Low-E 膜。冬季型 Low-E 膜可依寒冷地区使用要求，形成在整个太阳辐射光谱范围内都有较高的透射率。夏季型 Low-E 膜则遮挡太阳辐射中的近红外部分，使射入室内的日光较为"凉爽"，减轻居住者的热不舒适。对于西向或东向窗户，可以在近红外辐射低透过率的基础上，把可见光透过率降到 50%～60% 甚至更低，以减少太阳辐射得热。窗玻璃的选择不仅涉及室内热量保持，还与室内热不舒适区的分布范围有关，图 3-7 定性地表示了邻近窗口的冷辐射范围。

②窗框　窗框对窗传热的影响很大，尤其是钢、铝型材制作的窗框。用聚氯乙烯塑料（PVC）做窗框时往往需要较大截面或在内部用钢衬增加窗框整体刚度和强度。新型断热桥全金属框用发泡聚氨酯、尼龙等材料为断热材料，经断热处理的窗框保温性能可提高 30%～50%。图 3-8 为东亚木包铝断热桥保温窗，以聚氨酯为绝热材料，靠近室内一侧用木材镶嵌，配以 5mm+9mm+5mm 的热反射中空玻璃，此种窗的传热系数为 2.4W/($m^2 \cdot K$)。图 3-9 是德国旭格铝合金断热桥 Low-E 玻璃窗（充有惰性气体），传热系数为 1.1W/($m^2 \cdot K$)；图 3-10 为德国 internorm 新型保温窗，窗框传热系数仅为 0.8W/($m^2 \cdot K$)。

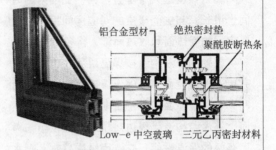

图 3-8 东亚木包铝断热桥保温窗　图 3-9 旭格铝合金断热桥 Low-E 玻璃窗截面
资料来源：马淳靖.现代住宅外围护结构设计研究 [D].2005：25

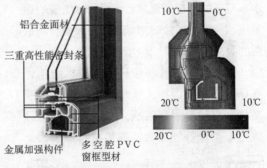

图 3-10 internorm 保温窗窗框及其剖面热成像图
资料来源：马淳靖.现代住宅外围护结构设计研究 [D].2005：25

窗的传热系数应按经国家计量认证的质检机构提供测定值采用。"建筑外窗保温性能分级及其检测方法"对窗的性能分级（表 3-4）。

③门窗的气密性　取决于缝隙的密闭性和缝隙长度。不密缝门窗必然导致室内热能的散失。由图 3-5 可见在室内采暖时门缝引起的热损失。

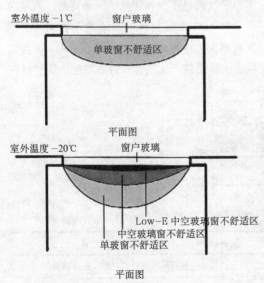

图 3-7 不同玻璃的窗冬季冷辐射引起的不舒适区域
资料来源：马淳靖.现代住宅外围护结构设计研究 [D].2005：24.

窗保温性能分级   表3-4

等级	传热系数[W/(m²·K)]	传热阻 [(m²·K)/W]	等级	传热系数[W/(m²·K)]	传热阻 [(m²·K)/W]
Ⅰ	≤2.00	≥0.500	Ⅳ	>4.00,≤5.00	<0.250,≥0.200
Ⅱ	>2.00,≤3.00	<0.500,≥0.333	Ⅴ	>5.00,≤6.40	<0.20,≥0.156
Ⅲ	>3.00,≤4.00	<0.333,≥0.250			

(3) 屋顶

屋顶在整幢建筑物外围护结构中所占份额不大，且建筑物层数越多，屋顶面积所占比例越小，但对顶层房间而言在外围护结构中所占比例则要大得多；此外夏季平屋顶的太阳辐射照度远大于垂直墙面，受辐射的时间也最长，与中间楼层的对应房间相比，顶层房间的受热面和散热面都大得多。

屋顶的保温构造按保温层所在位置主要有单一保温屋面、外保温屋面、内保温屋面和夹心保温屋面四种，目前多采用外保温屋面。外保温构造受周边热桥的影响较小，为了有好的保温性能，应选用轻质高效、吸水率低或不吸水的可长期使用、性能稳定的保温材料，并注意改进屋面构造，使之有利于排除湿气。现今一些国家采用轻质高强、吸水率极低的挤塑型聚苯乙烯板作保温层的倒置屋面，取得了较好的保温隔热和保护防水层的效果。图3-11为构造示例。

近年我国一些单位研发的憎水型水泥膨胀珍珠岩保温板、憎水型废橡胶防水胶粘接膨胀珍珠岩保温板、水泥聚苯保温隔热空心砌块等屋面保温隔热材料，以及架空屋面、微通风构造等做法，均有利于提高屋顶保温隔热性能，从而取得改善顶层室内空间热舒适和节能的效果。

此外，现今开始流行的植被屋顶具有冬季保温、夏季防热的优点。也是美化城市环境（增加城市绿化）的组成部分。

(4) 地面

地面保温是一个重要但又容易被忽视的问题。在严寒和寒冷地区的采暖建筑中，接触室外空气的地板以及不采暖地下室上面的地板如果不保温，不仅因地面温度过低严重影响居住者的健康，还增加采暖能耗；在严寒地区，直接接触土壤的周边地面如果无保温措施，则接近墙脚的周边地面因温度过低，可能出现结露甚至结霜，严重影响使用。

我国"民用建筑热工设计规范"规定的采暖建筑地面热工性能类别及适用的建筑类型见表3-5。表中的吸热指数B是反映地面从人体脚部吸收热量多少和速度的一个指数。厚度为3～4mm的面层材料的热渗透系数对B值的影响最大。由热渗透系数$b=\sqrt{\lambda c\rho}$，可知面层宜选择密度、比热容和导热系数小的材料。

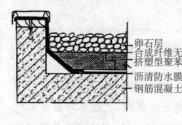
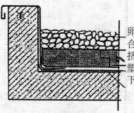

图3-11 倒置屋面构造
资料来源：徐占发主编，建筑节能技术实用手册[M]2005：52

地面热工性能分类   表3-5

类别	吸热指数B值[W/(m²·h^{-1/2}·K)]	适用的建筑类型
Ⅰ	<17	高级居住建筑，托幼、医疗建筑等
Ⅱ	17～23	一般居住建筑，办公、学校建筑等
Ⅲ	>23	临时逗留及室温高于23℃的采暖房间

3.2.3 外围护结构隔热设计

(1) 夏季室内过热原因的一般分析

夏季对室内热环境诸因素的影响主要包括：建筑外围护结构不透明部分和玻璃受到的太阳直接辐射；太阳辐射经窗口使建筑物室内的得热；建筑物与周围空气以对流等方式进行的热交换；建筑物可能的自然通风。

防止夏季室内过热主要运用建筑技术措施（即被动手段）减弱太阳辐射对室内空间的影响，并使室内的热量快速散发出去。即使以空气调节（主动手段）帮助改善室内热舒适也需要有良好的外围护结构设计作保证，以便减少对空气调节的需求和提高能耗效益。

以居住建筑为例，建筑外围护结构的设计对夏季防热有决定性的影响。在夏季，外围护结构得热由三部分组成，即：不透明墙体传热、玻璃传热和通过窗口的太阳辐射。得热的计算式可以表述为：

$$\bar{q} = \frac{(\bar{t}_{sa} - t_i) \times F_w \times K_w}{F_0} + \frac{(\bar{t}_e - t_i) \times F_f \times K_f}{F_0} + \frac{F_f \times SC \times \bar{I}}{F_0}$$

(3-2-1)

式中：
- $\bar{q}$——外墙的平均热流强度，W/m^2；
- t_{sa}——室外平均综合温度，℃；
- t_i——室内设计温度，此处取 27.0℃；
- $\bar{t}_e$——室外平均计算温度，以南京为例取 32℃；
- F_0——外墙（含窗）的面积，m^2；
- F_w——不透明墙体面积，m^2；
- F_f——窗面积，m^2；
- K_w——不透明墙体传热系数，$W/(m^2 \cdot K)$；
- K_f——窗的传热系数，$W/(m^2 \cdot K)$；
- SC——窗的遮阳系数；
- $\bar{I}$——平均太阳辐射照度，$W/(m^2 \cdot K)$。

(2) 外墙得热的计算及遮阳效益分析

1) 外墙得热计算

依国家规范、江苏省相关标准的规定，运用（3.2-1）式，对南京住宅建筑各朝向组合墙的得热计算结果见表 3-6。

南京各朝向外墙夏季得热计算比较　　　　表 3-6

条件	墙的朝向	南向	东（西）向	北向
窗无遮阳	不透明墙体的传热量（W/m^2）	7.55	12.48	6.89
	占%	18.7	34.9	27.2
	窗的传热量（W/m^2）	8.23	3.53	3.75
	占%	20.4	9.9	14.8
	窗透射的热量（W/m^2）	24.54	19.78	14.68
	占%	60.9	55.2	58.0
	组合墙的总传热量（W/m^2）	40.32	35.79	25.32
	占%	100	100	100
窗的遮阳系数为0.5	不透明墙体的传热量（W/m^2）	7.55	12.48	6.89
	占%	26.9	48.2	38.3

续表

条件	墙的朝向	南向	东（西）向	北向
窗的遮阳系数为0.5	窗的传热量（W/m²）	8.23	3.53	3.75
	占%	29.3	13.6	20.9
	窗透射的热量（W/m²）	12.27	9.89	7.34
	占%	43.8	38.2	40.8
	组合墙的总传热量（W/m²）	28.05	25.9	17.98
	占%	100	100	100

注：表中数值未考虑室内人为散热及通风换气的影响。
资料来源：建筑节能[M]，No.39，2002:84～85

2）计算结果分析

①导致夏热冬冷地区室内过热的原因有多种，由计算结果的比较可知，窗的得热量在南向、东（西）向及北向组合墙的总得热量中分别占81.3%、65.1%和72.8%。窗口得热是最主要的原因。不透明墙体材料的热惰性（或者热容），只能有助于改善室内温度最大值出现的时间以及减小温度波动的峰值，不能明显降低室内温度的平均值。

②任何朝向的墙，如果在其窗口设置外遮阳，会使室内因太阳辐射得热明显减少。此处的计算举例，选取的是昼间12h（06:00～18:00）太阳辐射照度的平均值，事实上昼间逐时的太阳辐射照度最大值与最小值的差别很大，以南京的西向为例[从18W/(m2·h)到650W/(m2·h)]，其差别有36倍之多。全年在太阳辐射照度较大的时段，设置可调节的外遮阳，必将明显改善夏季室内热舒适，并兼顾冬季对阳光的需求。

3）不同遮阳条件下的能耗分析

①模拟分析条件

实验模型是两个层高2.8m、面宽3.9m及进深为4.5m的房间。遮阳方式有水平式、垂直式、综合式及可调式，见图3-12。室内空调温度保持在26℃，运用DOE-2软件模拟南京各朝向的几种遮阳方式夏季制冷耗电量比较。

②模拟分析结果

表3-7为南京在夏季三个月不同朝向、不同遮阳方式（包括无遮阳）的制冷耗电量比较，显示了活动遮阳的优越性。

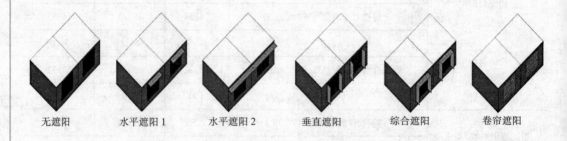

图3-12 模拟各种遮阳方式建筑模型
资料来源：马淳靖．现代住宅外围护结构设计研究[D].2005:35．

南京夏季（7、8、9月）制冷耗电量（MWh）　　　　　表 3-7

太阳辐射冷负荷	朝		向	
	南	东	西	北
无遮阳	0.968	0.961	1.414	0.677
水平遮阳1	0.725	0.77	0.914	0.573
水平遮阳2	0.676	0.743	0.882	0.552
垂直遮阳	0.739	0.772	0.924	0.514
综合遮阳	0.499	0.581	0.697	0.41
活动遮阳	0.158	0.157	0.187	0.11

资料来源：马淳靖.现代住宅外围护结构设计研究[D].2005：36～37

3.2.4 建筑物通风

(1) 概述

自然通风的效果取决于室外气温、湿度以及空气自身的质量。舒适性通风是通过全天候的通风满足室内热舒适。舒适性通风的室外最高温度一般为 28～32℃，日温差小于 10℃。表 3-8 为风速与热舒适的关系。另一种通风是为了夜间降温，就是利用夜间较凉爽的室外空气把室内热量带走，我国不同地区宜根据季节变化及室外气候条件利用有益的风资源，采用适宜的通风方式。

风速和热舒适的感受　　　　　表 3-8

风速(m/s)	相当于温度下降幅度(℃)	对舒适度的影响
0.05	0	空气静止，稍微感觉不舒服
0.2	1.1	几乎感觉不到风，但比较舒服
0.4	1.9	可以感觉到风而且比较舒服
0.8	2.8	感觉较大的风，但在某些多风地带，当空气较热时，还可以接受
1	3.3	空调房间的风速上限 气候炎热干燥地区自然通风的良好风速
2	3.9	在气候炎热潮湿地区自然通风的良好风速
4.5	5	在室外感觉起来还算是"微风"

资料来源：Norbert Lechner .Highting, Cooling, Heating[M].2001：268.

(2) 结合建筑设计的通风措施举例

1）德国法兰克福商业银行大楼

该建筑物的三面围绕一个中央筒布置，见图 3-13。在将自然景观引入室内的同时，得到了良好的通风效果。该建筑的九个 14.03m 高的花园，沿 49 层高的中央通风大厅交替盘旋而上。螺旋上升的花园与中庭结合，形成类似风扇般的气流，带动建筑内部空气流动，促进办公空间自然通风。此外，也利用花园植物的自调节能力和辅助的机械设备，组织室内通风。

2）印度帕雷克住宅

印度古吉拉特邦的帕雷克（Parekh）住宅用地南北比较长，意味着沿长轴的东西

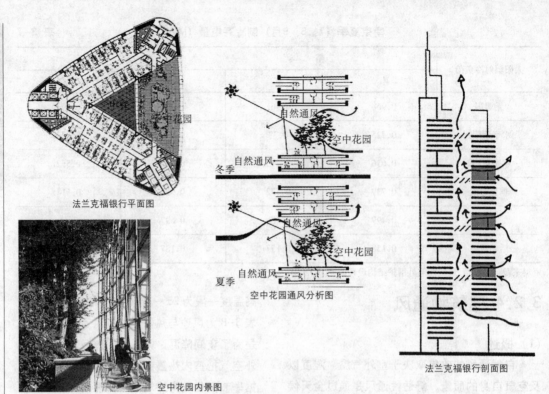

图 3-13 法兰克福银行大楼平、剖面图及自然通风分析
资料来源：赵晓颖．南京地区住宅自然通风设计研究[D]．2005:18．

向墙面将受到大量热辐射。为改善夏季热舒适，设计者将住宅设计成三个平行开间，见图 3-14(a)。夏季剖面被夹在冬季剖面和西面的辅助用房之间。以两个不同的并置的剖面适应夏季和冬季的不同气候条件。金字塔形的夏季剖面使内部空间与外部隔离开来，主要适应于炎热夏季的午后条件，见图 3-14(b)；倒置金字塔形的冬季剖面，使室内的天空开敞，以适应寒冷季节或夏日夜晚，见图 3-14(c)。

3）适合的门窗位置和构造

为了改善热舒适，气流经过人们活动高度的范围可以加快蒸发散热。图 3-15 分析了开口高低及挑檐与气流路线的关系。图 3-16 表示了不同出口位置对气流速度的影响。

在前后居室之间的隔墙设窗（或门洞），

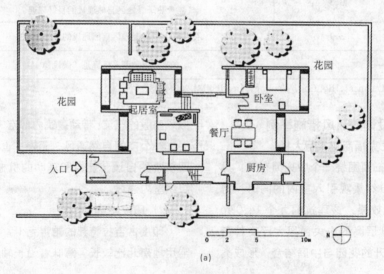

(a)

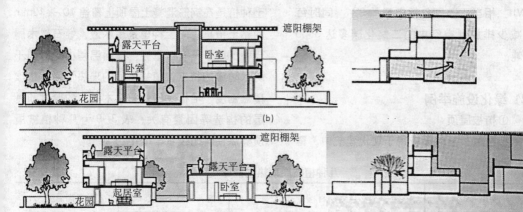

图 3-14 帕雷克住宅
资料来源：汪芳编著．查尔斯·柯里亚[M]，2003：84, 109～110.
(a) 帕雷克住宅一层平面；(b) 帕雷克住宅夏季剖面图；(c) 帕雷克住宅冬季剖面图

做矮隔断、活动屏门，或利用家具作为隔断，以及在内隔断或外廊等处用落地门、窗等都有助于组织穿堂风。

4) 通风屋顶、阁楼屋顶

我国南方地区气候炎热多雨，为了隔热、防漏创造了双层瓦通风屋顶和大阶砖通风屋顶。如果通风间层两端完全敞开，且通风口面对夏季主导风向，则通风口面积愈大，通风愈好。由于屋顶构造常使通风口宽度受到限制，一般只能调节通风层高度。对于房屋进深为 9～12m 的双坡屋顶或平屋顶，间层高度宜为 20～24cm。

阁楼屋顶是常见的建筑形式。这种屋顶在檐口、屋脊或山墙等部位开孔，以便透气、排湿和散热。利用阁楼空间通风是经济有效的措施。但如果屋面单薄、顶棚无隔热措施，通风口面积又小，则顶层房间在炎热夏季仍可能过热。此外，为提高阁楼隔热性能，尤其是冬季需要考虑屋顶保温的气候区，可依具体情况在顶棚设隔热层，以增加热阻和热稳定性。

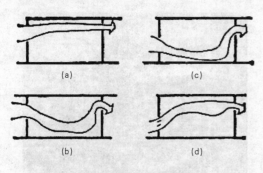

图 3-15 开口高低与气流路线图

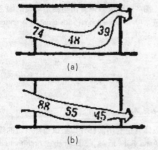

图 3-16 不同出口位置对气流速度的影响

3.2.5 绿化改善热微气候

(1) 概述

树木和绿化空间对城市致冷和节能有重要作用，对单幢建筑物可以遮挡或减弱太阳辐射。研究表明在晴朗夏天平均一大棵树因蒸发水吸收的能量为 860MJ；与完全裸露的土壤相比，由湿草地转移的潜热可导致 6～8℃的降温。另有现场测量结果表明，通过遮阳和在靠近建筑物的地方种植乔木和灌木丛，可使夏季空调开支减少 15%～35%，甚至更多。

美国国家科学院 1991 年的相关报道指出，在城市区域，1 亿棵树木与浅色的建筑装修表面结合，可使每年用电减少 500 亿

kWh，相当于美国年耗电量的2%，同时每年减少排放到空气中的二氧化碳多达3500万吨。

(2) 绿化设施举例

①植被屋顶

植被屋顶已较多应用于现代建筑中。覆土种植是在钢筋混凝土屋顶上覆盖10～12mm的黏土植草；无土种植是用水渣、蛭石或木屑代替土壤，具有自重轻、屋面温差小，有利于防水防渗的特点。植被屋顶的隔热性能与植被覆盖密度、培植基（蛭石或木屑）的厚度和基层的构造等因素有关。表3-9为几种植被屋顶隔热性能比较。

几种植被屋顶热性能比较　　　　表3-9

屋顶形式	各层材料	内表面最高温度(℃)	室外最高温度(℃)
覆土植草	12cm厚粘土植草 2cm厚水泥砂浆抹面 8cm厚钢筋混凝土	29	34.4
覆蛭石种红薯	20cm厚覆蛭石种红薯 5cm水渣 二毡三油防水层铺绿豆砂 12cm厚矿渣混凝土，2cm找平层 18cm厚双孔混凝土板	30.2	36.4
覆蛭石种草	10cm覆蛭石种草 5cm水渣 油毡防水层 2cm厚水泥砂浆 12cm厚钢筋混凝土空心板内抹灰	36.4	38.4

资料来源：林其标等编著.住宅人居环境设计[M].2001：231.

②日本大阪体育馆

这是日本为申请2008年奥运会主办权建造的万人体育馆。体育馆直径为110m，总高度25m，但整体埋入地下10m。这样设计一方面为了减少改善室内热舒适的耗能，另一方面为了使大型建筑物与周边环境组成山体公园。如图3-17及图3-18所示，体育馆植被屋顶覆土厚度平均1.0m，重量达7万吨。体育馆比赛大厅顶部有直径17m的开口，既能够组织自然气流，又可获得自然光。

图3-18 大阪体育馆与自然环境的融合
资料来源：Anna Rat-Jones，Sustainable Architecture[M]，2000：135．

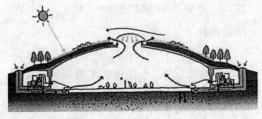

图3-17 大阪体育馆利用顶部开口组织自然气流的流线
资料来源：Anna Rat-Jones，Sustainable Architecture[M]，2000：135．

3.3 光环境

3.3.1 视觉与建筑光环境

为视觉感受创造条件的建筑光环境是通过规划和建筑设计，实现在城市和建筑空间对天然光和人工光的有效利用，既是工程科技也是建筑艺术。为了使用者能够有效、舒适地观看物体、完成作业，依据光对人们生理、心理刺激的反映，确定采光标准、采光技术、照明方式等，属于工程科技内容；然而，光的颜色、灯具选择、明暗对比与不同的建筑体量、建筑形式、建筑空间及建筑材料的结合，往往影响人们对建筑光环境的感受，属于建筑艺术。当然建筑光环境设计所包含的科技、艺术两个方面的比重依建筑物类型而有所不同。

(1) 光环境中的视觉适应

视觉适应是眼睛调节入射光量和适应光量改变视网膜感光度的能力，取决于环境亮度、建筑空间界面的光反射特性、观察的持续时间以及观察者的年龄等因素。在进行室内、外空间设计时，无论是从室外步入室内空间或室内毗邻的不同使用功能空间均需考虑视觉适应的过程。例如设计一些能够对光环境变化起过渡作用的空间，避免可能使人绊倒或难于辨别方向的台阶、踏步之类的潜在障碍物。

一些研究表明，在亮度较低的光环境中，光源的光谱功率分布可以改进人们对光环境的感受。例如蓝色成分较多的光有缩小瞳孔的作用（如同在强光环境中瞳孔的调节情况），因而有较为明亮的感受。由此可知，人行道和居住区周围的夜间照明宜选用含有偏蓝色成分的光源。现今的开放式办公室里，计算机辅助设计人员操作电脑要求低照度；另一些文书职员工作时多用局部照明，整个办公空间的一般照明如果是蓝色成分略多，当可较好地兼顾两类不同工作人员的光环境要求。

(2) 建筑采光与照明标准

1) 采光标准

我国的"建筑采光设计标准"规定了利用自然光的居住、公共和工业建筑的采光系数、采光质量及相关的计算方法。表 3-10 摘编了该标准中采光系数标准值及适用场合举例。

采光系数标准值及适用场合 表 3-10

采光等级	侧面采光		顶部采光		适用的建筑空间举例
	采光系数最低值 C_{min} (%)	室内自然光临界照度 (lx)	采光系数平均值 C_{av} (%)	室内自然光临界照度 (lx)	
I	5	250	7	350	工艺品雕刻车间，装配、检验车间
II	3	150	4.5	225	设计室，绘图室，计量室，药品制剂车间，印刷品的排版、印刷车间
III	2	100	3	150	办公室，视屏工作室，教室，实验室，阅览室，开架书库，报告厅，会议厅，诊室，化验室，药房
IV	1	50	1.5	75	起居室，卧室，书房，厨房，复印室，客房，餐厅，多功能厅，展厅
V	0.5	25	0.7	35	住宅，办公楼，学校，旅馆，医院等类建筑的走道、楼梯间、卫生间，图书馆书库，美术馆库房

注：本表摘编自"建筑采光设计标准"（GB/T 50033-2001）。表中所列采光系数标准值适用于我国III类光气候区。采光系数标准值是根据室外临界照度为5000lx制定的。亮度对比小的II、III级视觉作业，其采光系数可提高一级采用。

2) 照明标准概述

我国于 2004 年公布实施的"建筑照明设计标准"规定了居住建筑、公共建筑、工业建筑、公用场所的照明标准值以及照明节能要求。这些都是建筑空间人工照明的设计和节能的依据。

建筑光环境大多由经界面和物体反射、透射的光构成。大多数办公室家具的反射比至少应有 20%，但不宜超过 40%。表 3-11 是建议的工作环境表面反射比适宜范围。表中括弧内数值是"建筑采光设计标准"规定的数值。

建议的工作环境表面反射比（ρ） 表 3-11

表面类别	建议的反射比	参考选用的材料
工作面	0.20~0.40 (0.20~0.45)	·浅色木料 ·中间色至浅色层压板 ·中间色至浅色吸墨水垫
不透光的窗处理	0.30~0.50	·中间色至浅色百叶窗 ·涂层玻璃
保持景象的窗处理	0.03~0.05	·涂层玻璃 ·有网眼的窗帘
地面	0.10~0.20 (0.20~0.40)	·中间色至浅色地毯 ·中间色至浅色木板 ·中间色面砖
顶棚	0.85或更高 (0.70~0.80)	·优质白色面砖 ·极白的面砖 ·白色油漆
墙面	0.30~0.50 (0.50~0.70)	·浅色帘布 ·中间色至浅色树脂涂料 ·中间色至浅色油漆 ·颜色很浅的木材 ·颜色很浅的石材
开放办公室隔断	0.20~0.50	·中间色至浅色帘布 ·中间色至浅色层压板

资料来源：Gary steffy. Architectural Lighting Design[M].2002:76.

(3) 建筑光环境设计要点

1) 根据作业要求确定光环境设计方案，例如主要是照亮垂直面还是水平面，对颜色的辨别是否很重要，作业是否包括了很精致的印刷，对利用自然光减少用电花费有无明确要求等。

2) 照亮需要视看的物体（对象），通常包括墙面、家具等，来自这些物体表面的反射光可能对室内照度有所帮助。除了装饰照明外，通常希望看到的只是物体而不是光源。

3) 影响视觉的直接眩光和光幕反射主要通过观察者与光源位置的相互关系来控制和避免，眩光也可以用在正常视角范围内设置遮蔽物（包括利用间接采光）来避免；主要的光源都不宜设于观察者正前方。

4) 直射光与扩散光的组合一般可以创造最好的建筑光环境。较柔和的明暗对比使观察者得到较好的三维空间感受。

5) 阴暗与明亮同样重要，但需避免过高的亮度对比迫使眼睛连续地反复适应。一个物体可以增加其自身亮度或降低其紧邻环境的亮度而显得比较亮。然而为了视觉舒适，亮度比应控制在约 10：1。

6) 已列入工程预算中的粉刷、油漆等表面装饰材料可以很有效地改善光环境。大多数情况下都希望用浅色加上间接采光，尤其是白色的空间界面。黑色只限于戏剧性的考虑而不是以视觉作业为目的的光环境设计，例如在剧院、博物馆等一类建筑空间，需将舞台、展品衬托得很亮以吸引观众的视线。黑色涂料常用于隐蔽工程管道及不设吊顶的设备或屋架空间。

7) 尽量利用自然光。除了前面所说减少用电花费外，多数人偏爱自然光的品质和变化，需要有自然光的视野，在视看远处物件（景色）时人眼部的肌肉会得到放松。有证据表明建筑空间利用自然光对健康和效率都有好处。

8) 除了需依不同作业的视看要求选用适宜的采光、照明标准外，还应重视光的可调性及光的品质。

3.3.2 自然光利用与人工照明

(1) 利用自然光的现代窗系统

1) 百叶窗系统

图 3-19 是由等间距、断面呈三角形的反射百叶组成，装置在两层玻璃之间。在冬季将光线向上反射到顶棚，夏季有遮阳的效用。图 3-20 是此种系统应用于办公楼的实例。

可调节系统用于控制得热、防止眩光和改变光线方向。此种系统可根据室外条件对调节范围优化，当然还需要考虑板片角度、板片间隔及表面处理，直射光和天空光都可被反射到室内。

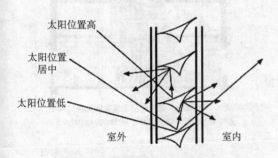

图 3-19 固定百叶窗系统举例
资料来源：IEA．Daylighting in Building[M]．2000：4-14．

图 3-20 荷兰 Hanm 办公楼装置固定百叶窗遮阳系统内景
资料来源：施植明译．智慧型玻璃立面[M]．1998：85．

图 3-21 是被称作"鱼尾板"的百叶窗系统，适用于竖向窗限制眩光和分布扩散光，尽可能将自然光反射到顶棚上，在水平线以下的照度很低。

百叶窗系统的调节可以是人工操作或自动控制。如果是为减少太阳辐射得热和能够按太阳位置的季节变化看到自然光，自动控制的方法可以提高能源效益。

2) 棱镜玻璃系统

棱镜玻璃是用透明聚丙烯材料制成的薄而平（或锯齿形）的板，多用于温带气候地区改变光的投射方向或折射自然光。依不同的使用要求，此种系统可固定装置在外墙、天窗或跟踪太阳。图 3-22 为一些国家已在市场可大批供应的四种棱镜玻璃剖面图。此类系统一般装置在双层玻璃之间，分为固定的和可调节的两种，用于遮阳和改变自然光的投射方向。

图 3-21 "鱼尾板"百叶窗系统
资料来源：IEA．Daylighting in Buildings[M]．2000：4-24．

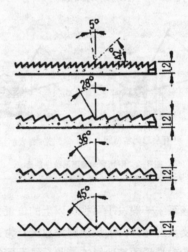

图 3-22 几种不同的棱镜玻璃剖面
资料来源：IEA．Daylighting in Buildings[M]．2000：4-39．

棱镜玻璃透光，但使室外景观变形。通常是另外增设可视窗或将棱镜玻璃设计成可开启的以便观看户外景物。图 3-23 为德国利用该系统作固定遮阳和改变光线方向的办公空间。由于可以减少因太阳辐射得

图 3-23 德国用棱镜玻璃系统作固定遮阳和改变光线方向的办公空间,棱镜系统夹在双层玻璃之间
资料来源: IEA.Daylighting in Buildings[M]. 2000:4-43.

热和更充分利用自然光,必然获得相应的节能效益。

3) 阳光导向玻璃系统

将凹面的聚丙烯板平直层叠并装在双层玻璃窗之间,使来自所有入射角的太阳光反射到空间的顶棚上。靠外侧玻璃的全息光学薄膜可以聚焦来自窄水平角范围里的光。图3-24是该导向系统的剖面图。

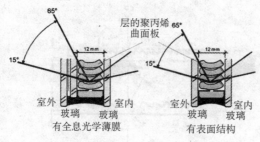

图 3-24 阳光导向玻璃系统纵剖面
资料来源: IEA.Daylighting in Buildings[M]. 2000:4-39.

该系统一般设于可视窗以上的位置,顶棚接受反射光并向下反射到作业区。为避免眩光和对视看的其他影响,此系统设置的高度大致是房间高度的1/10,较低的视窗可用普通百叶遮阳见图3-25。

该系统最适用于北半球温带气候区建筑物南向外墙的阳光定向,也可装在透光屋顶部位增加阳光在中庭里的透射,但需将玻璃倾斜20°,以改变来自较低位置的太阳光方向,见图3-26。

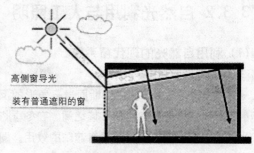

图 3-25 在可视窗上部装置阳光导向系统
资料来源: IEA.Daylighting in Buildings[M]. 2000:4-68.

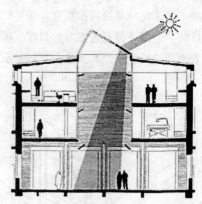

图 3-26 在采光屋顶装置阳光导向系统
资料来源: IEA.Daylighting in Buildings[M]. 2000:4-68.

此种系统无需调节控制,没有调节部件,因设于两层玻璃板之间,无需清洁保养。该系统目前造价较高,但因不需另设遮阳,可省去设置遮阳的费用。

表3-12是对北半球气候区工作场所采光技术设计的建议。表中列出的遮阳设施都可以用光电池控制,以求得到适宜的自然光并避免眩光;列出的人工照明方式是按从"最合适"到"较少合适"的顺序。此外,在一些对自然光品质要求不高的场所(例如过渡空间),可依表中建议适当放宽。

(2) 人工照明

人们固然习惯于自然光,为了社会的可持续发展也提倡尽量利用自然光,但是对自然光的利用并不都是免费的,也受到许多限制。例如,始于20世纪60年代的大开间、大进深、低顶棚开放办公室离侧窗较远的工作区必须有人工照明补充(甚至主要靠人工照明)才能达到要求的照度标准。开发利用的各种地下空间，全天都要依靠人工照明。此外，夜晚需有各种人工照明。人工光环境是城市、居住区环境的重要组成部分。

对工作场所采光技术设计的建议　　　　　　　　　　　　　表3-12

窗种类及朝向		控制方法	表面反射比		比较合适的人工照明	注意事项
			墙	顶棚		
采光顶	北东西南	中等透射比的玻璃（0.30~0.50） 建筑挡光板或百叶（室外） 建筑的收退设计 建筑的外挑设计 浅色搁板（室内或室外）	中等至浅色（0.30~0.50）	很浅色（0.90）	间接 半间接 直接/间接	避免小的、间隔的开口 依一天里的使用时间确定最佳朝向
高侧窗	北东西南	中等透射比的玻璃（0.30~0.50） 建筑挡光板或百叶（室外） 建筑的收退设计 建筑的外挑设计 浅色搁板（室内或室外）	中等至浅色（0.30~0.50）	很浅色（0.90）	间接 半间接 直接/间接	避免小的、间隔的开口 依一天里的使用时间确定最佳朝向
天窗（限斜屋面可控制）	北东西南	透射比很低的玻璃（0.02~0.10） 建筑挡光板或百叶（室外） 深的天窗井 熔块图案玻璃 遮阳、百叶窗	中等（0.30）	很浅色（0.90）	间接 半间接 直接/间接 直接	避免大面积的浅开口 依一天里的使用时间确定最佳朝向
侧窗	北东西南	低透射比的玻璃（0.05~0.15） 显著的外挑设计 建筑挡光板或百叶（室外） 熔块图案玻璃 遮阳、百叶窗	浅色（0.50）	浅至很浅色（0.90）	间接 半间接 直接/间接 直接	避免小的、间隔的开口 依一天里的使用时间确定最佳朝向

资料来源：G. steffy, et al. Architectural Lighting Design[M], 2002：104-105.

1）工作照明设计

工作照明是以满足视觉工作要求为主的室内照明，以下简要概括几类建筑照明设计要点。

① 住宅建筑

（A）由于现代人经常处在繁忙、快捷的工作生活节奏中，白天在家的时间不多，还可能因房型及朝向限制，接受自然光的条件较差。照明设计应在符合规定标准的前提下，使室内光环境实用、温馨、舒适。

（B）卧室、餐厅宜采用相关色温低于3300K的光源。起居室照明宜考虑多功能使用要求，如设置一般照明、装饰照明、落地灯等，宜设调光装置以满足不同功能需要。

（C）厨房应选用易于清洁的灯具；卫生间光线要明亮、柔和；因灯具开关频繁，宜选用白炽灯，开关宜设于卫生间门外。

（D）门厅是进入室内给人第一印象的空间，光线要明亮；走道内的照明应装置在房间的出入口、壁橱，特别是楼梯起步和具有方向性位置；楼梯照明要明亮，公寓住宅楼梯灯应与楼层层数的显示结合。为安全防范设置监视器时，其功能宜与单元内通道照明和警铃联动。

② 开放办公室

（A）普通办公室几乎都用统一布置在顶棚上的荧光灯具照明，使室内空间到处都有充足的光线和良好的照度分布，可以自由布置家具，便于照明装置与空调设备结合。但是现今正在改变这种传统的办公式照明方式，主要原因是：第一，节能的要求，在照明用电中，办公室用电占有相当高的份额；第二，工作环境的设计趋向于对人们生理、心理要求有更多照顾，希望有更舒适的环境和便于个人调节控制。

（B）依国家相关标准，办公室离地面高度0.75m水平面的照度应为300~500lx。现今有各种形式的面向作业的非均匀照明。

图3-27是一种连接（或安装）在家具上的作业与环境照明组合。这种照明方式有很大的灵活性，如果灯具位置适当，可以完全防止出现直接眩光和光幕反射。在工作台顶的间接照明灯具作为环境照明，因为只照亮作业对象和紧邻的地方，能效和光线品质都好。这种单独控制的个人照明较好地符合人们的心理要求。这种照明方式在室内布置作调整时，照明灯具可随家具移动，从而节省改装照明的费用。

图3-27 连接或安装在家具上的作业与环境照明组合
资料来源：Norbert Lechner, Heating, Cooling, Lighting[M], 2001:423.

（C）在配有显示屏幕的办公室，由于视看对象是在显示屏幕、键盘和纸质文件三者之间移动，并且对照明的要求不同，为了视觉适应，这几种视看对象上的照度不能相差太大。主要是在键盘和文件上的照度分布要比较均匀，在视野范围内不出现大的亮度对比。

视频显示器是具有定向反射特性的玻璃表面，有出现反射眩光的可能。适当安排显示屏幕、灯具、窗口的相对位置，采用低亮度灯具或间接照明，均可减弱甚至避免出现反射眩光。图3-28(a)为顶棚较低的办公室，

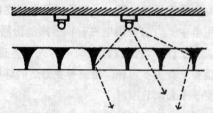

图3-28 (b) 剖面为抛物线形状的隔板能有效地减弱直接眩光
资料来源：Norbert Lechner, Heating, Cooling, Lighting[M], 2001:420.

将带有剖面呈抛物线状的隔板（图3-28（b））的灯具装置得与顶棚齐平，与洗墙灯一起构成工作室环境照明，配有视屏显示设备的隔间分别用一个灯，以求得到最好的能效。

2）环境照明设计

① 照明环境对视觉与生理、心理的作用

人们对照明环境的感受涉及个人的爱好、性格。图3-29～图3-34分析了同一间会议室因采用不同照明方式给人的感受。图3-29是仅在顶棚装置向下投光的白炽灯，桌面照度为100lx，这种光环境给人的印象不清晰（朦胧）和宁静，此外使人明显感受到约束。图3-30是周边装置间接照明灯具，沿长边墙为荧光灯，短边墙为白炽灯，桌面照度为100lx；这种光环境给人较舒适（愉快）的印象并且有宽敞的感受，但清晰度则不确定。图3-31是顶棚装置间接照明的荧光灯，桌面照度为100lx；这种光环境给人的感觉是模糊、安静，不能确定宽敞度，负面的评价较多。图3-32采用顶棚直接照明（像图3-29向下照射的白炽灯）和间接照明灯具（在短边墙上的白炽灯）；这种光环境使人感受的宽敞度印象在房间长度方向较好，但清晰度不确定，正面评价较多。图3-33是在顶部装置高强度间接

图3-28（a）采用剖面为抛物线形状的隔板构成灯具及洗墙灯作为配有显示屏幕的办公室环境照明
资料来源：Gary Steffy, et al; Architectural Lighting Design[M], 2002:162.

图3-29 在顶棚装置向下投光的白炽灯，照度为100lx

图3-30 周边装置间接照明灯具，沿长边墙为荧光灯，短边墙是白炽灯

图3-31 顶部装置间接照明的低亮度灯具（间接的荧光灯照明）

图3-32 顶部是向下照射的白炽灯，短边墙上是间接照射的白炽灯
资料来源：Gary Steffy, Architectural Lighting Design[M], 2002: 64.

图3-33 顶部为高强度的间接照明灯具（荧光灯）（间接的荧光灯照明）
资料来源：Gary Steffy, Architectural Lighting Design[M], 2002: 64.

图3-34 顶部的直接照明、间接照明与周边中等强度的间接照明组合
资料来源：Gary Steffy, Architectural Lighting Design[M], 2002: 64.

照明（类似图3-31，但照度大大增加），桌面照度达1000lx；这种光环境可以有很好的清晰度，也可以感受到空间的宽敞度，负面评价较多。图3-34是顶部直接照明、顶部间接照明与周边中等强度间接照明的组合（是图3-29、图3-30及图3-31所示照明条件的组合），桌面照度300lx；这种光环境创造的视看清晰度、空间宽敞度都很好，正面评价较多。

以上涉及个人感受的评价并没有一定的模式，需在实践中不断摸索和总结经验。

② 室内环境照明设计技术

（A）运用灯具的装饰效果美化环境。图3-35是北京人民大会堂宴会厅的吸顶灯照明。由多个简单而风格统一的灯具构成有规

图3-35 人民大会堂宴会厅照明
资料来源：人民大会堂管理局

律的图案与建筑装修组成一个美观的整体。

(B) 照明设施与建筑设计集成创造光环境，是将光源隐藏在建筑部件中，发光体不再是分散的点光源，而是扩大为发光带或发光面。因此能在保持发光表面亮度较低的条件下，使室内获得较高的照度，整个空间照度均匀，光线柔和，消除了直接眩光。图3-36为发光顶棚的实例，将顶棚划分为三

图3-36 一种发光顶棚

角形构图，打破了单调感。

(C) 照明灯具与家具集成布置，图3-37表示照明灯具装在支架上或墙上（壁灯），灯具位置都高于视平线。这类间接照明灯具提

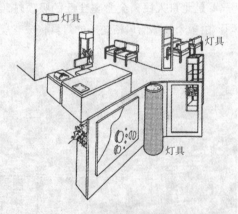

图3-37 照明灯具与家具集成布置举例
资料来源：Norbert Lechner. Heating, Cooling, Lighting[M]. 2001：422.

供柔和、扩散光，创造个性化的光环境（环境照明的照度约为作业照明照度的1/3）。

③ 居住区环境照明

(A) 人们在步行空间环境中的行为是随意的，照明应使居民在夜晚容易识别周边环境。除了照射地面的光，还要有引导性的照明将人们的视线引向不同的视看对象。这类照明宜选用低色温暖色调光源。

(B) 供行人的步道和非机动车通行的道路，应同时考虑水平面和垂直面的照明，并避免眩光，使相遇的行人能彼此识别面部。住宅楼之间的道路照明，应照亮道路全部长度，使能识别住宅楼的楼号标识，有助于行人确定方位和辨别方向。

(C) 居住区道路照明灯具的装置高度宜大于3m。不宜把没有遮挡的裸露灯泡设置在视平线上；居住区内灯杆位置和光源、灯具的选择要恰当，以免过强光线射入居室，影响住户私密和干扰居民作息。

3.3.3 建筑光环境工程实例

(1) 金贝尔（Kimbell）艺术博物馆

坐落在美国德克萨斯洲福特沃斯的金贝尔艺术博物馆，用细长的天窗和反射镜将室外自然光导入博物馆拱顶上，柔和的光线漫射到展览大厅，避免了直接眩光。一系列矩形展示空间和重复出现的天窗沿南北向排列。

引入室内的不直接射到展品上的光，不仅让人们感觉是进入了一个有阳光的空间，还能估计到处在一天的什么时刻。展厅空间没有涂什么颜色，但引入的自然光使参观者得到各种不同颜色的感觉。为了保护展品，通常用人工照明使展品达到适当的照度。图3-38为展厅景观。可见天窗引入的扩散光及局部照明灯具。

(2) 苏黎世大学（Uinversity of Zurich）法律系图书馆

由分布的顶光照亮下面围绕中庭的六层椭

图 3-38 金贝尔艺术博物馆展厅内景
资料来源：Louis Kahn[M]．2001：151．

圆形图书陈列廊。陈列廊环绕的空间由上向下逐层变窄使光线射到深处。

自然光是主要光源。顺着从北向南伸展的拱形而建的巨大天窗，使自然光经过折射、反射到达图书馆底层，天窗设有可调节光线的遮阳系统。除自然光提供间接光线外，每个读者位置设有各自调节的隐藏在栏杆内的人工照明（图 3-39）。

图书馆只用很少的荧光灯提供整体间接人工光。每个阅读位置还可得到由"T"形钢梁之间的吸声板反射的光线。靠里层的档案区利用从书架顶向下投射的光（图 3-40、图 3-41）。

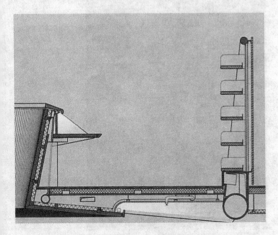

图 3-39 苏黎世大学法律系图书馆阅览位置可独立调节的人工光源

图 3-40 苏黎世大学法律系图书馆内景之一

图 3-41 苏黎世大学法律系图书馆内景之二
资料来源：Anthong Tischhaaer．桥系庭院—科拉塔瓦设计的苏黎世大学法律图书馆．[J] 2005，(7)：42-45．

（3）浦东八百伴商业楼

上海浦东八百伴商业楼夜景照明主要是：利用内透光产生的剪影表现大楼拱廊和富有韵律的成排明亮的光孔；重点突出、色彩鲜艳的大楼标志照明；利用投光灯照亮楼顶的多面体，点缀夜景观。图 3-42 为该商业楼夜景整体效果。图 3-43 为大楼日景，同时可见围廊照明灯。

（4）纽约"明信片"纪念碑

为了缅怀 2001 年在恐怖事件中丧生的

图 3-42 浦东八佰伴商业楼夜景
资料来源：肖辉乾.城市夜景照明规划设计与实录[M].
2000：174.

图 3-44 "明信片"墙内的遇难者侧脸轮廓像
资料来源：Brian Mosbacher.一座献给特别人群的纪念
碑[J].照明设计.2005，（9）：23-27.

图 3-45 地埋灯照亮"明信片"外部，勾勒出纪念碑
内表面的侧脸轮廓
资料来源：Brian Mosbacher.一座献给特别人群的纪念
碑[J].照明设计.2005，（9）：23-27.

图 3-43 浦东八佰伴商业楼日景
资料来源：肖辉乾.城市夜景照明规划设计与实录[M].
2000：174.

人，纽约斯泰顿岛"9.11"纪念碑于2004年11月竣工。两片40英尺（合12.192m）高的白色翼状雕塑，表达人们怀念之情的明信片。267片竖起的石质装饰不仅有纪念性邮票的含义，还因刻着遇难者的侧脸轮廓、姓名、生日和职业，给人以新颖难忘的印象。黄昏时分的光线为纪念碑创造了强烈的情感气氛，透过石片间隙的人工光勾勒出遇难者侧脸轮廓线（图3-44）。"明信片"雕塑隐喻在恐怖事件中倒塌的世贸双子塔楼。图

3-45为埋地灯照亮的"明信片"外部，勾勒出纪念碑上的侧脸轮廓线。图3-46为从纪念碑中间望去，可以看到原先的世贸大楼就在雕像中轴线上。两片曲面的"明信片"正好代表胜利的"V"字形。

图 3-46 两片曲面的"明信片"在原世贸大楼的中轴线上

3.4 声环境

3.4.1 声环境与听觉、健康及工作的关系

(1) 声环境与听觉感受

人们所处的各种空间环境，总是伴随着一定的声环境。任何其它形式的能量都不像声音这样遍及于人们生活的各个方面。在各种声环境中，包括了需要听闻的声音和不需要听闻的声音。图 3-47 表示了人耳的听觉范围、日常声源的声压级以及与反映听觉感受响度级关系。图 3-48 是常见家用电器使用时的 A 声级范围。

(2) 声环境与睡眠

睡眠是人们体质和精神恢复的一个必要阶段。一般说来噪声级超过 45dB（A），对正常人的睡眠就有明显影响。强噪声会缩短人们的睡眠时间、影响入睡深度。图 3-49 为依对 1000 户居民询访并配以客观测量分析得到的夜间等效声级与睡眠很干扰百分数的关系。

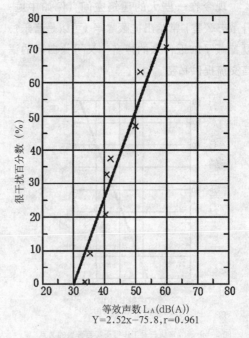

图 3-49 等效声级对睡眠很干扰百分数的关系

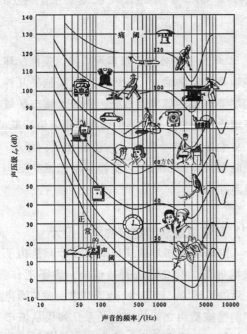

图 3-47 纯音的等响曲线及日常声源的声压级

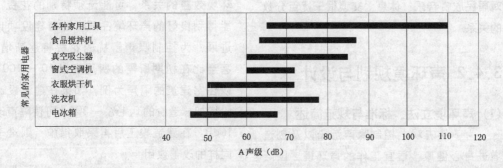

图 3-48 常见家用电器噪声源的 A 声级
资料来源：International Noise/News[J]．No．2，1993．30．

(3) 声环境与效率

声环境对效率的影响随声环境状况与工作性质而异。对于那些要求思想集中、创造性的思考、依信号作出反应和决定的工作，即使噪声较低，也会受到影响。学生对教师讲课的理解往往有赖于在课堂上循序的连续思考，偶然出现的高声级噪声将打断这种连续思考。图 3–50 表示白天等效声级与对工作很干扰百分数的关系。

现今在一些大的建筑空间（例如中庭、开敞办公室）常给出掩蔽噪声（可以是音乐），既掩蔽了临近传来的声音，又可为自己的语言交流提供私密。

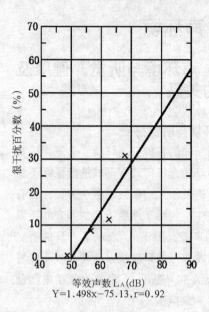

图 3–51 等效声级与对居民欣赏音乐、休闲、交谈很干扰百分数的关系
$Y=1.498x-75.13, r=0.92$

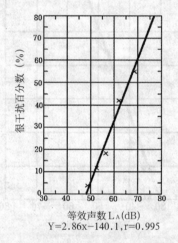

图 3–50 等效声级与对工作很干扰百分数的关系
$Y=2.86x-140.1, r=0.995$

(4) 声环境与休闲活动

人们在室内的休闲活动包括看电视、欣赏音乐、交谈、家庭团聚等。一方面对声环境有所要求，另一方面有些活动伴随产生自己可以控制的噪声。图 3–51 为等效声级与对居民欣赏音乐、休息、交谈很干扰百分数的关系。

3.4.2 声环境规划与设计

(1) 声环境立法、标准与规范简述

为了从宏观上控制噪声污染以及创造增进身心健康、适宜工作的声环境，国际标准组织制定了相关的标准。我国于 20 世纪 90 年代先后公布了噪声污染防治条例、环境噪声污染防治法；此外还发布实施了几种控制声环境的标准及规范，例如：城市区域环境噪声标准，建筑施工场界噪声限值标准，工业企业厂界噪声标准，以及住宅、学校、医院及旅馆建筑的室内安静标准和围护结构隔声标准。

(2) 声环境规划与建筑物降噪设计

声环境规划与建筑物降噪设计都是为了依据规范、标准创造有益健康，宜于工作、生活的声环境。图 3–52 为声环境品质与噪声控制措施费用之间的一般关系。如果从城市总体规划、建设项目立项开始就考虑投资与环境效益的关系，可能无须特别的花费，就能得到良好的声环境品质。随着建设项目的进展，为控制噪声干扰的花费将逐渐增加，甚至比在初期所需的费用高出 10～100 倍。以住宅建筑的隔声为例，如果在建筑设计阶段增加总造价的 0.1%～3%，可使隔声改善10dB；在建造竣工后再采取措施，则难于有同样的改善效用。

为了人类社会的可持续发展，现在全世

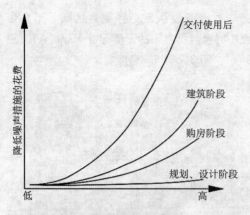

图 3-52 声环境品质与降噪措施费用之间的关系
资料来源: Tor Kihlman. Swedens Action Plan Against Noise, Noise/News International[J] No. 4, p.197, 1993.

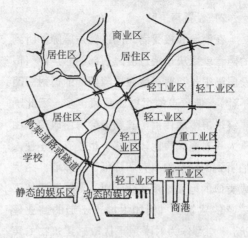

图 3-53 某海港城市的声环境规划示意图

界都日益注意节省能源和各种资源。任何需要消耗大量能源和资源的防噪、降噪措施即使很有效，也不可能采用。

1) 声环境规划

① 城市声环境规划　是城市环境质量评价的重要指标之一。工业发达国家的实践证明，城市居民对城市开发和建设项目的态度，已经从数十年前的无条件支持、欢迎，转变为现在要求参与为保证城市环境质量的论证。噪声污染的出现和解决是与现代社会的许多方面联系在一起的。我国的城市化进程为经济建设和环境建设的同步规划与实施提供了机遇。图 3-53 为一座海港城市从保证声环境质量考虑的用地规划示意图。

② 建筑群规划布局　图 3-54 为南京特殊师范学校总平面图及音乐楼平面图。音乐楼由演奏厅、若干大的音乐教室和数十间练琴房组成。音乐楼既可能对学校的其它教学楼造成干扰，也怕受到外来噪声的干扰（包括城市交通噪声以及各练琴房同时使用时相邻琴房之间的相互干扰）。在总图布置及音乐楼设计中采取的避免噪声干扰措施包括：在音乐楼与教学区的其他建筑物之间留出足够的距离（均超过 30m）；音乐楼本身与交通干道保持必要的距离，并且大多数练琴房垂直于交通干道；相邻琴房之间的隔墙、分层楼板以及走道等，均选用有足够隔声量的材料和构造。演奏厅及练琴房内都按音质要求作了声学设计。

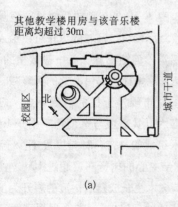
(a)

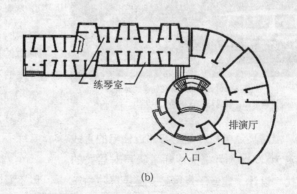
(b)

图 3-54 南京特殊师范学校总平面图及音乐楼平面图
(a) 总平面图；(b) 音乐楼平面图

2）设置声屏障

在声源和接受者之间设置声屏障，听到的声音就取决于绕过屏障顶部的总声能（假设屏障很长，对声音在屏障两端的衍射忽略不计）。低频声的衍射比高频声多，因此噪声绕过屏障后传播，其频谱会有所改变。由于人耳对高频声比较敏感，也就有助于使人们听到的噪声响度有所降低。实体墙、路堤或类似的地面坡度变化，以及对噪声干扰不敏感的建筑物（例如沿城市干道的商业建筑），均可作为对噪声干扰敏感建筑物的声屏障。图3-55是香港地铁经翠湾村高架桥路轨旁的声屏障。图3-56为与土地、绿化结合的声屏障。

图3-55 香港翠湾村地铁的高架路轨旁声屏障
资料来源：香港环境保护[M]，1997:57.

图3-56 与土坡、绿化结合的声屏障
资料来源：香港环境保护[M]，1999:155.

上海吴泾电厂冷却塔与邻近住宅的直线距离为300m，为减少冷却塔噪声对居民的干扰，设计、建造了声屏障。该声屏障由三块弧形板组成，弧形板的弧长分别为60m、84m及44m，高度为13.4m。2002年施工完毕后经测量认定厂界噪声达到"工业企业厂界噪声标准"的三类标准55dB（A）。图3-57、图3-58为声屏障实录。

图3-57 上海吴泾电厂声屏障外观
资料来源：上海申华声学装备有限公司

图3-58 上海吴泾电厂声屏障外观
资料来源：上海申华声学装备有限公司

3）绿化

① 绿化减噪

在噪声源与建筑物之间的大片草坪绿地或配植由高大的常绿乔木与灌木丛组成的林带，均有助于减弱城市噪声的干扰。树木的各组成部分（干、枝、叶）是决定树木减声作用的重要因素。图3-59是几种成片树林减弱噪声效用的比较。尽管城市区域的绿化可以给人一种清新的感觉，但绝不意味着一般散植的树木、零星的花草绿地能够提供有效的声衰减。从遮隔和减弱城市噪声干扰的需要考虑，应当选用常绿灌木（其高度与宽度均不少于1m）与常绿乔木组成的林带，林带宽度不少于10～15m，林带中心的树行高度超过10m，株间距以不影响树木生长成熟后树冠的展开为度，以便形成整体的"绿墙"。在选择树种时还应考虑树形的美观、花卉的气味、生长的速度以及

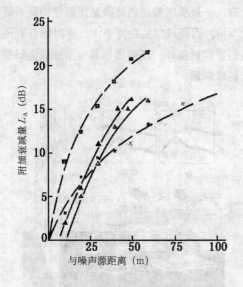

图 3-59 几种成片树林减弱噪声效用的比较
▲ 悬铃木幼树林　△ 中山陵杂木林
× 草地　　　　　□ 植物园树林

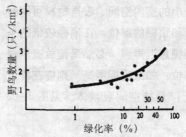

图 3-60 绿化率与鸟类个体数量关系

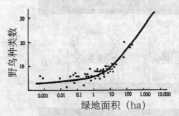

图 3-61 绿地面积与鸟类种类数量关系
资料来源：林宪德，城乡生态[M]，2001：82-83

抗御虫害和有毒气体的能力等因素。

② 绿化与声景

随着提倡建设健康居住区，出现了"可持续的声环境"、"绿色声环境"和"声景观"等概念。固然有人认为良好的声环境应该是完全没有声音，即所谓"沉寂"，但多数人认为在控制噪声干扰时，希望有自己喜欢听到的声音。这就要求依"与自然环境共生的理念"采取必要的措施创造宁静、私密、愉悦的人居声环境品质。

台湾学者的调查结果表明，80%的人喜欢听到的大自然声音是：鸟、蝉、蛙、蟋蟀等小动物鸣叫声和风、流水、喷泉以及树枝的摇动声，认为在欣赏自然声的时候可联想到周围空间景观和地域风貌。

为了引来喜爱听闻的自然声，居住区的规划设计就得为鸟类等小动物提供栖息、迁徙、觅食、繁衍等生存条件。例如青蛙离开绿丛的行动范围不超过150m，有些昆虫的活动半径不超过50m，这就对居住区绿化、水景、铺地材料的设计提出了要求。图 3-60 为绿化率与鸟类个体数量的关系，图 3-61 为绿地面积与鸟种类数量的关系。

4）建筑物的吸声降噪设计

① 吸声降噪设计

图 3-62 表示一个生产车间有几条平行布置的生产线。其中一条生产线是产品的抛光，抛光的刺耳高频噪声对车间里的每个人都有严重的干扰（见图 3-62a）。采取的降噪措施是在抛光生产线两侧设置声屏障，以及在该生产线上部悬挂吸声板（见图 3-62b）。

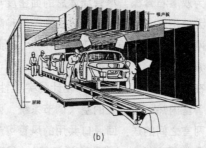

图 3-62 在产生刺耳高频噪声的抛光生产线两侧设声屏障，上部挂吸声板
(a) 强噪声生产线；(b) 低噪声生产线
资料来源：Noise/News International[J]，No.3，1996：165．

对于较小的室内空间，吸声材料可同时布置在墙面和顶棚的部位。在顶棚较低的条件下，因顶棚靠近声源，必然是铺放吸声材料的最佳部位；如果顶棚很高，则应在靠近噪声源的上部悬挂空间吸声体。见图3-63 (a) 及 (b)。

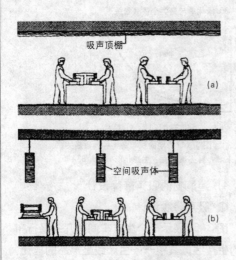

图3-63 小空间里的抑制噪声措施举例
资料来源：Madan Mehta, et. al. Architectural Acoustics[M], 1999, 172.

② 隔声降噪设计

一个车间生产设备发出的强噪声主要在频率为1000Hz附近，原先已有隔墙把设备围蔽起来（图3-64）。围护结构是25mm厚的木工板与6mm厚玻璃窗的组合。由于此种隔墙出现吻合效应的频率在1000Hz附近，以致传出的1000Hz噪声仍然最响。窗的吻合频率在2000Hz附近。解决问题的措施是改换为双层石膏板，尽管墙体总的面密度与原先大致相等，但隔声量明显提高。此种隔墙的刚度只相当于原先木工板的1/4，因此吻合频率较高，大致是2500Hz。

在设计中不可忽视隔声设计的完整性。为改善室内热环境设置的空气调节系统，因相邻两室之间的送、回风口共用的风管可产生声音的横向透射（或称串话干扰），见图3-65。对于语言私密要求较高或隔声要求较严的房间，必须对可能的横向透射作仔细检查。一般要求管道的降噪量比隔墙的隔声量大5dB。因两风口的距离不大，有时除在管道内的吸声衬垫外，还需增加其他措施以达到要求的降噪量。

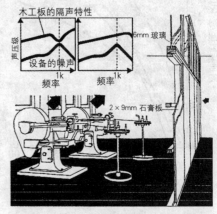

图3-64 依生产设备发出的噪声频率特征，更换隔墙设计，以求有效的抑制噪声
资料来源：John E. K. Foreman, et. al. Sound Analysis and Noise Control[M], 297, 1990.

图3-65 连接相邻两室的空调管道可引起串话干扰、影响语言私密

3.4.3 室内声学设计

(1) 概述

人们在室内空间要能很好地听闻（包括语言交流、欣赏演艺活动），有赖于室内声环境条件，即保证听好需要听闻的声音和排除不需要声音的干扰，这是建筑师在建筑设计中面临的室内声环境设计问题。

声源在围蔽空间里辐射的声波，将依所在空间的形状、尺度、围护结构的材料、构造和分布情况而被传播、反射和吸收。建筑设计人员主要可通过空间的体形、尺度、材料和构造的设计与布置，利用、限制或消除上述若干声学现象，为获得优良的室内音质创造条件。当然在综合考虑各种有利于室内音质的因素时，应力求取得与建筑造型和艺术处理效果的统一。

有听音要求的空间可以粗略地归纳为三类：供语言通信用、供音乐演奏用以及兼有前述两种用途的建筑空间。为了提高利用效率，经常要求围蔽空间适应不同用途，这就增加了声学设计的难度。现今主要有两种解决问题的思路。一种是设计人员与业主权衡使用要求的主次，依主要的、经常使用的功能确定适宜的音质标准，在可能的条件下兼顾另一类使用要求；二是对诸如围蔽空间的体形、容积、混响条件对听闻有主要影响的因素，采取与建筑设计整合的技术措施，使得可以有所需的调节范围，从而较好的适应不同的使用功能。

(2) 声学设计标准简述

我国"剧院、电影院和多用途厅堂建筑声学设计规范"、"文化行业标准"、"体育馆声学设计及测量规程"都规定了相关类型建筑的混响时间、混响频率特性及安静标准，这些都是设计的依据。图3-66为国外学者归纳的几类不同使用空间的混响时间。

(3) 声学设计要点

1) 供语言通信用的厅堂

保证听闻语言的可懂度是最终的设计目标。可懂度决定于语言声功率和语言短促音节系列的清晰程度。

设计中应考虑的影响语言声功率的因素主要是：听众与演讲者（声源）方向性的关系，听众对直达声的吸收，反射面对声音的加强，扩声系统对声音的加强以及声影的影响。

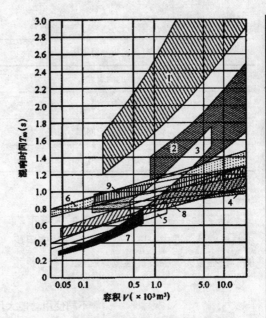

图3-66 不同使用空间的混响时间
1— 教堂；2— 音乐厅；3— 音乐演播室；4— 会议室；
5— 小的话剧院；6— 室内乐；7— 语言演播室；
8— 电影院；9— 剧院；
资料来源：Duncan Templeton, Acoustics in the Built Environment[M], 1993：67.

应考虑到对听闻清晰度起作用的主要因素包括：不同延迟时间的反射声，设置的扬声器使声源"移位"，环境噪声以及侵扰噪声。

2) 供音乐欣赏用的厅堂

① 音乐也是由断续的声音信号组成，但音量起伏大且频率范围宽，声源铺开的范围大。欣赏音乐的主观感受到的要求包括：明晰度、空间感和适当的响度。宏观评价量包括：总声压级、早期衰减时间、明晰度、围蔽感等。

② 音乐厅设计的每个部分都会对最终的声学效果产生影响。对大厅的规模、形状和容积，早期反射设计，挑台设计，演奏台（舞台）设计等都须细心研究。表3-13归纳了为取得良好音质效果可采用的建筑设计措施。

音乐厅声学设计的建筑措施　　　　　　表 3-13

有关的听音要求	建筑设计措施
明晰度	强而均匀的直达声＋界面提供的短延时反射声
平衡的投射	由舞台（演奏台）至听众席反射的选择控制

有关的听音要求	建筑设计措施
演奏的内聚性	舞台（演奏台）上反射的控制
无回声干扰	后墙反射的控制
强的围蔽感（空间感）	侧墙反射的控制
混响声级和延时率	大厅内吸声材料的分布

3）多用途厅堂

从全世界看，现今除了少数特大城市的少数厅堂外，要求一座厅堂适应不同的使用功能，正在成为一种设计准则。在设计中主要关心的一般是提供适宜的混响时间。然而不同的使用功能对于大厅体形、听众区席安排、最远视距等都有不同的要求。表3-14归纳了不同使用功能大厅的一些限值。

不同使用功能大厅的一些限值　　　　表 3-14

用途	听众席位总数	与舞台最远距离（m）	最佳混响时间（s）
流行音乐	—	—	<1.0
戏剧	1300	20	0.7~1.0
歌剧和舞剧	2300	30	1.2~1.6
室内乐	1200	30	1.4~1.8
管弦乐	3000	40	1.8~2.2

资料来源：Michael Barron. Auditorium Acoustics and Architectural Design[M].1993:340.

在建筑声学设计中可采取的措施包括：可改变的大厅容积，可改变的声吸收，可改变的反射、扩散及吸声体，设置与大厅在声学上耦合的混响室；此外，还可以利用电声设备的各种音质控制系统调节。

(4) 工程实例

1）北京保利剧院

该剧院于2000年建成，主要供歌剧、芭蕾舞和交响乐演出。观众厅的围护结构围合成六边形，但池座平面近似矩形，二层为楼座，三层是跌落式包箱。观众厅最大容量为1428座，有效容积9270m³，每座容积7.0m³；用于交响乐演出时容积增至10910m³（包括音乐罩内容积），每座容积7.7m³。观众厅平、剖面图及大厅内景分别见图3-67~图3-69。

舞台设有"闭合式"活动音乐罩。大厅墙面上设有"百叶式"调控混响装置。依使用要求确定的音质指标包括：混响时间（中频500Hz），歌剧、交响乐、室

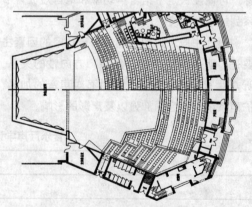

图 3-67 北京保利剧院底层及二层平面图

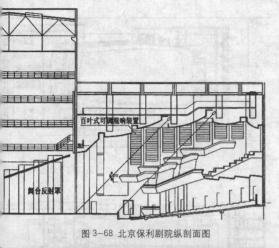

图 3-68 北京保利剧院纵剖面图

图 3-69 北京保利剧院观众厅内景

资料来源：北京市建筑设计研究院　王峥．北京保利剧院声学设计，2005．

内乐分别是 1.4s、1.7s、1.3s，低频提升 1.1 倍；各席位声压级为 75dB（A），声场不均匀度小于 8dB；背景噪声级低于 25dB（A），空调系统正常运转时不超过 30dB（A）；此外对明晰度、早期反射声、声扩散等也有相关要求。

对观众厅体形的考虑主要是：使前中座有足够强和覆盖面较大的侧向早期反射声；弧形的后墙和包厢栏板设置扩散面，吊顶作双向弯曲的定向反射面，加后座的声板。

由于自然声歌剧演出和音乐演奏要有较长的混响时间，厅内各界面尽量减少声吸收。台口前侧墙局部使用石材，其它墙面为抹灰涂料，木装修都是厚实木板或复合板，吊顶为双层 9mm 厚石膏板。座椅除座垫和靠背局部为软垫外，其余均为硬木板。设计的混响时间可调幅度为 0.5s。

舞台的声学处理包括控制混响、消除音质缺陷和保有自然声能等诸方面。

竣工后对混响时间的可调幅度、声场分布、脉冲响应和噪声水平的测定表明均达到设计指标，专业人员及观众对歌剧、交响乐等各类演出的音质效果都给予很高评价。

2）东南大学礼堂

建于 1930 年，是原中央大学礼堂。鉴于其悠久历史和优美的建筑造型，现为该校标志性建筑。这座能够容纳 2000 人的大型多用途礼堂，因其高大的穹顶及八角形平面，座席区大部分缺少有效的前次反射声，数十年来听闻条件一直很差。主要原因是礼堂的特殊体形导致声场分布很不均匀，有效反射声少；石膏粉刷界面（包括穹顶面及墙面）等，使混响时间过长（超过 3.0s）。

经技术评估，该礼堂的建筑结构还将有很长的使用寿命。1995 年进行音质改建设计时，在保留原有穹顶体形及建筑细部特征的前提下，主要把握三点：

① 在台口两侧增设大尺度扩散体，改变反射声在大厅里的分布状况；

② 选用 0.2～0.3mm 厚的铝合金微穿孔板构造增加大厅界面声吸收，尽量少增加原有结构的荷载；

③ 结合圆切柱扩散体设置必要的扩声系统。

改造后实测 500Hz 的混响时间达到 1.1s，听音效果获海内外校友广泛好评。图 3-70 及图 3-71 为礼堂改造后的内景。

3）瑞士卢塞恩（Lucerne）文化和会议中心音乐厅

该建筑位于卢塞恩湖边。1998 年建成的该中心包括座席为 1840 个的音乐厅，900 座（可伸缩座席）的表演厅等。此处只介绍音乐厅与建筑整合的声学设计。

音乐厅的体形高而且窄，座席分布在池座及环绕的四层挑台，力求使观众在视觉和听闻方面有相宜的尺度。总容积20250m³，平、剖面图见图3-72，图3-73。

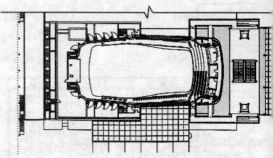

图3-72 卢塞恩文化和会议中心音乐厅二层平面图

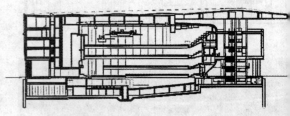

图3-73 卢塞恩文化和会议中心音乐厅纵剖面图

图3-70 东南大学礼堂改造后的内景之一，保留了原有高大穹顶

图3-71 东南大学礼堂改造后的内景之二，既保留原有建筑风格，又改善了听闻条件

声学设计的目标是对各种演出都提供最好的音质，包括从未经扩声的六弦琴、弦乐四重奏、独唱，到伴有合唱队的150人规模的管弦乐演出，还要供会议使用。

环绕音乐厅周边设有容积达7000m³混响室，这些混响室用高度3.0m至6.0m，宽度2.4m的52扇曲面门与大厅相连，根据演出要求，这些门可在90°范围内任意启闭。全部关闭时大厅的混响时间为2.2s，最适宜室内乐演出；把门开启后，可使混响时间异乎寻常地增加到5.0～6.0s，侧墙可用计算机控制的帘幕蒙上，增加大厅的声吸收，以满足会议和排练要求。舞台上空悬吊有两组大面积樱桃木声学天棚，用计算机控制其上、下移位可满足各种演出在视觉和音质方面的要求。对声学天棚的移位和混响室门的启闭都有一系列预设位置可供指挥选择。

与建筑设计整合的声学处理是大厅视觉设计的重要组成部分。建筑师为大厅选择了红、白、蓝三种颜色的组合及暖色的木质材料。环绕大厅的曲面石膏板门不同程度打开时，除改变厅内反射声的分布、混响状况外，还显露出混响室内由灯光照射的红色墙面。挑台和包厢下的紫色光带与红色混响室及天棚的繁星照明组合，给人以轻松的感受。地面、舞台、座席背面及天棚都是浅黄色木料制作，管风琴前面的合唱队席也是暖色木质材料制作，使以白色为基调的大厅增加了温暖感。图3-74、图3-75显示了该音乐厅将音质设计与建筑设计、装饰照明等要求相结合的实景。

图 3-74 洛桑文化和会议中心音乐厅内景显示音质、照明与建筑设计的整合

图 3-75 洛桑文化和会议中心音乐厅周边设置的可调节大厅混响及反射声分布的门
资料来源：ARTEC Consultants Inc. Russ Johnson, 2004.

4）芬兰拉赫梯（Lahti）西拜柳斯（Sibelius）大厅

大厅建成于2000年3月，容纳听众1100人，另有供150人的合唱队席。大厅尺寸是42m× 23m×19m（高），容积为18000m³，平面是经典"鞋盒"形。见图3-76。

大厅周边与总计7000m³的混响室以188扇门相连。仔细调节打开门的数量、选择各个打开的门位置、设定门的开启程度（即开启角度）以及这些措施的组合，可以得到演出各种节目所希望的音质条件。例如：门的开启角度可将声音投射到混响室内或大厅的某些听众区席。调节大厅音质的技术措施还有装置在混响室里的帘幕、沿大厅墙面的帘幕以及在演奏台上空有三个可调节高度的声学天棚（包括改善舞台上演奏者之间的相互听闻）。

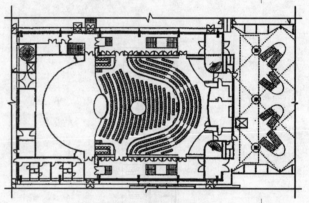

图 3-76 西拜柳斯大厅底层平面图

现代音乐厅的围护通常都用重质材料。例如砖石砌体、混凝土等。这是出于两方面的考虑，首先，厚重材料可有效阻断外界噪声；其次，这些材料能按预定的方向有效反射声音。

该大厅的建筑围护结构主要是利用木材，被称为森林大厅。大厅选址在远离闹市区的海边，只有海上船舶噪声。大厅的外墙系统是玻璃盒子里的木盒子，由玻璃幕墙与300mm厚、斜的混响室外墙组成。斜墙的构造是双层预制的木质拼板（外板厚51mm，内板厚69mm）中间留有180mm厚的空腔，并以粒径0.5～2.0mm的细砂填充，另铺一层100mm的矿棉。采用不同厚度拼板是考虑减少此种墙体隔声出现吻合效应的低谷。实验室测量的此种填砂墙系统计权隔声量（R_w）达到 63dB，优于 200mm 厚的混凝土墙。图 3-77、图 3-78 为拉赫梯西拜柳斯大厅剖面图，图 3-79～图 3-82 为木质墙体构造以及可以看见用于调节音质的门、顶棚与建筑整合设计的内景。

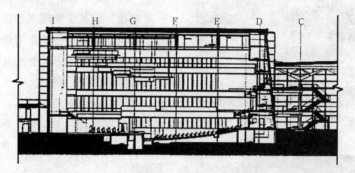

图 3-77 西拜柳斯大厅剖面图

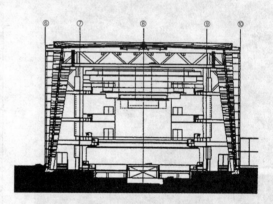

图 3-78 西拜柳斯大厅横剖面图

图 3-79 大厅周边倾斜的木质外墙构造为双层木质拼板，内填 180mm 厚的砂；另设一层 100mm 厚的矿棉板

图 3-80 西拜柳斯大厅音质设计与建筑设计、照明等整合的实景

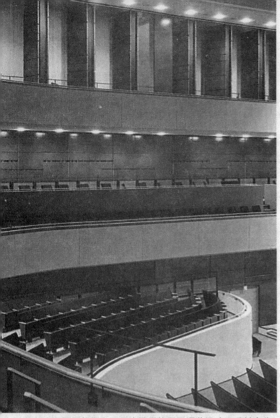

图 3-81 西拜柳斯大厅周边设置的用于调节混响及反射声分布的可启闭的门
资料来源：ARTEC Consultants Inc. Russ Johnson, 2004.

图 3-82 西拜柳斯大厅内可调节高度的顶棚
资料来源：ARTEC Consultants Inc. Russ Johnson, 2004.

3.5 空气环境

3.5.1 空气品质与空气污染

(1) 空气品质

空气环境主要包括热环境、湿环境、风环境和空气品质。洁净的空气是人类赖以生存的第一物质，人们一生约有 2/3 以上的时间在各种不同的建筑空间内度过，人们能够有效地工作、学习和增进身心健康需要有良好的空气品质。

环地球的空气由干空气、水汽以及悬浮微粒组成。空气中水汽的含量随地域、气候条件及时间的不同变化很大。来源于自然过程的悬浮微粒，诸如火山喷发、沙尘暴等，其数量、种类及成分则随时空而不同。在上述空气构成的本底中，如有超出标准的含量（水汽变化除外）或出现了自然空气中不存在的物质，就导致了空气污染。

人们对室内空气品质 (Indoor Air Quality，简写为 IAQ) 的定义和理解有一个逐渐深化过程。起初只关注空气中存在污染物的浓度指标，随后则注意人们的满意程度以及是否感觉有异味、黏膜刺激等反应，着重于人们直觉的主观感受，没有考虑对人体健康的潜在影响。

近年美国供暖与制冷空调工程师学会 (ASHRAE) 提出的"可以接受的室内空气品质"的定义是：空气中没有已知的污染物达到公认的权威机构所确定的有害浓度指标，并且处于此种空气环境中的绝大多数人（≥80%）没有表示不满意。该定义包括了客观的量化指标与主观感受。

(2) 空气污染

世界卫生组织 (WHO) 对空气污染的定义是：室外空气中如果存在人为造成的污染物质，其含量与浓度及持续时间可引起多数居民的不适感，在很大范围内危害公共卫生，并使人类、动植物生活处于受妨碍的状态。

空气污染是人类活动排放的污染物超过某区域（尤其是城镇区域）空气环境所能承纳污染物的最大能力带来的后果。室内空气污染来自室外与室内两个方面。

1）各种高强度经济活动的污染

① 工业排放　当地或远处的工业企业可能排放的高浓度氮和硫的氧化物、臭氧、铅、挥发性有机物（VOC_3）、烟尘、微粒等。图 3-83 为我国北方一座煤炭、钢铁中心城市因工业生产排放导致空气透明度极差的实景。

② 交通运输　城市区域大量的机动车流排放的污染物主要是一氧化碳、二氧化碳、氮氧化物等，是临近街道、高速公路、隧道出入口、停车场地带的主要污染源。

③ 土壤　土壤污染物主要包括氡（自然存在的放射性气体）、甲烷、湿气等，这类污染物可以通过建筑基础渗透到室内，也可能因建筑物的通风导致室内污染。

2）室内污染

人体本身就是污染源，居住者的活动、室内装修材料和设备都可能散发污染物，主要是：

① 二氧化碳　这是人和动物新陈代谢的产物，也有来自含碳建筑材料的释放。表 3-15 是人们从事不同强度活动的新陈代谢率和 CO_2 产生量。

图 3-83 我国北方一座煤炭、钢铁中心城市因工业生产排放的大量悬浮物，大气透明度极差
资料来源：National Geographic,[J], March,2004:76~77.

人的新陈代谢率和 CO_2 产生量　　表 3-15

活动强度	新陈代谢率(W)	CO_2产生量（L/S）
静坐	100	0.004
轻微	150~300	0.006~0.012
中度	300~500	0.012~0.020
重度	500~650	0.020~0.026
很重	650~800	0.026~0.032

资料来源：M. Santamouris, Energy & Climate in the Urban Built Environment[M].2001:215.

② 一氧化碳　来自不完全的燃烧，例如由较差的供热设备产生。是无气味、无颜色、无味道的高毒性气体。

③ 环境烟雾　是各种不同烟雾的混合，其中许多都有强烈的刺激性，有些是已知的会引起肿瘤的成分。

④ 甲醛　主要来自建筑材料、家庭用品、抽烟及不完全的燃烧。这种无色气体对鼻、眼、喉都有刺激，还会引起恶心、呼吸困难。

⑤ 湿度　主要是居住者的活动产生（例如烹调、洗涤）。凝结的水汽可能通过霉菌的孳生引起建筑部件损坏。

⑥ 气味　一般由新陈代谢产生，如呼吸道排出的气体、汗味等，在人多且通风不良的空间里感觉特别明显。图 3-84 为学生不堪忍受临近河道散发的毒臭气刺激，只好戴口罩和墨镜上课的情景。

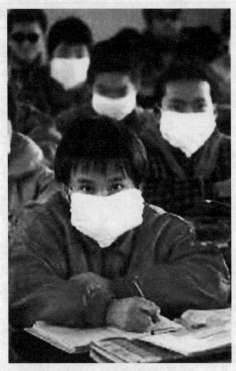

图 3-84 学生不堪忍受临近河道散发的毒臭气刺激，只好戴口罩和墨镜上课

⑦ 臭氧　由办公设备（例如复印机、激光打印机）产生的臭氧可引起呼吸困难。

⑧ 微粒　包括灰尘、碎屑、纤维以及烟尘微粒等，根据其种类、大小及多少可能有不同程度的毒性。

⑨ 挥发性有机化合物（VOC_3）　主要源于建筑材料（包括建筑涂料）和日用化学品的散发，其中有些具有毒性，严重时会伤害肝脏、肾脏、大脑和神经系统以及造成记忆的减退等。

由上述分析可知室内环境污染物来源广泛、种类繁多，有些污染物排放周期长（例如甲醛），产生的污染包括物理性污染、化学性污染、生物性污染以及放射性污染等。现今有些与室外自然环境完全隔绝的建筑室内空间，污染物的浓度比室外高得多。2003年在我国发生"非典"的情况，警示我们必须重视室内空气环境品质。表 3-16 是世界大气污染物年度排放量。表 3-17 是有关中国空气污染的经济损失估算。

世界大气污染排放量　　　　　表 3-16

污染物	污染源	排放量(10^8t)	占排放量比例(%)
颗粒物	燃煤设备	5.00	46.7
SO_2	燃油、燃煤设备、有色冶金废气	1.70	15.9
CO	工厂设备、汽车燃料燃烧不完全时的废气	2.5	23.3
NO_2	工厂设备、汽车高温燃烧的废气	0.53	5.0
碳氢化合物	燃煤、燃油设备、汽车和化工设备的废气	0.90	8.4
H_2S	化工设备废气	0.03	0.3
NH_3	工业废气	0.04	0.4
合计		10.70	100.0

资料来源：王淑莹等编著.环境导论[M].2004：92.

世界银行关于20世纪90年代中期中国大气污染的经济损失估计　　　　表 3-17

1. 城市大气污染	人数	损失财富（亿美元）
（1）污染引起的死亡损失	6.9~12.7万人	4.8~51.0
（2）污染引起的患病损失		
呼吸道疾病住院	20.7万例	1.39
急诊	393.96万例	0.91
不能正常工作与休息时间	9.62亿天	22.32
上呼吸道与儿童哮喘	63.99万例	0.08
哮喘	4.54万例	1.82
慢性支气管炎	102.32万例	81.86
呼吸系统病变	306.13万例	18.37
小计		126.74
（3）室内大气污染引起的死亡损失	13~26万人	9.1~104.0
（4）室内大气污染引起的患病损失		
呼吸道疾病住院	29.55万例	2.05
急诊	579.58万例	1.33
不能正常工作与休息时间	141.57亿天	32.84
上呼吸道与儿童哮喘	56.51万例	0.07
哮喘	4.01万例	1.60
慢性支气管炎	150.68万例	120.54
呼吸系统病变	1137.10万例	68.23
小计		226.68
（5）铅污染引起的儿童健康损失		
医疗费		0.54
补习费用		1.15
收入损失		12.14
婴儿死亡		2.74
新生儿治疗		0.16
小计		16.65
合计		525.07
相当于GDP的比例		7.44%
2. 酸雨对农业及森林的破坏		43.60
总计		568.67
相当于GDP的比例		8.12%

资料来源：王淑莹等编著.环境导论[M].2004:98.

(3) 空气环境质量标准

环境空气质量标准是以保护人类健康生存、保护自然环境为目标，对环境空气中污染物含量容许值所作的规定。表3-18是我国"环境空气质量标准"中规定的几种常见污染物容许值。表中的一级标准用于自然保护区、风景名胜区和其它需要特殊保护的地区；二级标准用于城镇规划中确定的居住区、商业交通居民混合区、文化区、一般工业区和农村地区；三级标准用于特定的工业区。

环境空气质量标准规定的几种常见空气污染物容许值　　　　表 3-18

污染物名称	取值时间	浓度限制(mg/m³)		
		一级标准	二级标准	三级标准
二氧化硫	年平均	0.02	0.06	0.10
	日平均	0.05	0.15	0.25
	一小时平均	0.15	0.50	0.70
总悬浮颗粒物(TSP)	年平均	0.08	0.20	0.30
	日平均	0.12	0.30	0.50
可吸入颗粒物(PM10)	年平均	0.04	0.10	0.15
	日平均	0.05	0.15	0.20
二氧化氮	年平均	0.04	0.04	0.08
	日平均	0.08	0.08	0.12
	一小时平均	0.12	0.12	0.24
一氧化氮	年平均	4.00	4.00	6.00
	日平均	10.00	10.00	20.00
臭氧	一小时平均			0.20

3.5.2 空气污染控制

(1) 概述

不可持续的发展模式（包括经济增长、城市化）、增长的人口及不断提高的生活水平是对资源、能源需求剧增及增加废弃物排放的根本原因。根据世界银行近年分析，单位国民生产总值增加1%，导致能耗增加约1.03%；而城市人口增加1%，能耗增加2.2%，就是说能耗的增加率约为城市改变率的2倍。统计还表明燃料生产排放的二氧化碳、二氧化硫以及氮氧化物分别占社会排放总量的37.5%、71.3%和28.1%。表3-19是南京市"九五"与"十五"期间能耗增长及一些排放物的比较。

国家的第十一个五年规划纲要提出要落实节约资源和保护环境基本国策，建设低投入、高产出、低消耗、少排放、能循环、可持续的国民经济体系和资源节约型、环境友好型社会。还提出大力发展可再生能源，到2010年单位国内生产总值能源消耗率降低20%，主要污染物排放总量减少10%，这些约束性指标表明了强化从源头防治污染的决心。

南京市"九五"与"十五"期间矿物燃料消费及排放情况比较   表 3-19

类　别	"九五"期间	"十五"期间	备注
工业燃煤总量（万吨）	5710.5	7384.9	+29.3%
生活能源：煤气（万立方米）	1436372.0	3848877.0	+168.0%
液化石油气(t)	514750.0	1248855.0	+142.6%
燃料燃烧废气排放（亿立方米）	5603.0	7319.3	+30.6%
生产工艺废气排放（亿立方米）	3666.8	7535.7	+105.5%
二氧化硫排放（万吨）	82.6	69.6	−15.7%
烟尘排放（万吨）	33.1	32.2	−2.7%
工业粉尘排放（万吨）	53.0	26.0	−50.9%
二氧化硫浓度（市区年均，mg/m³）	0.044	0.039	−12.3%
二氧化氮浓度（市区年均，mg/m³）	0.037	0.046	+24.3%
可吸入颗粒物（市区年均，mg/m³）	0.138	0.127	−9.1%
降尘（市区年均，mg/m²）	11.25	11.84	+5.2%

资料来源：南京市环境监测中心站研究报告，2006.

(2) 建筑物全寿命期的节能与减排

从建筑材料生产、建筑施工、建筑物竣工后的使用及最后的拆除、处理，无不需要消耗大量资源、能源和排放废弃物，导致空气环境的污染。以南京市为例，房屋建筑施工面积由 2000 年的 1700 万平方米增加为 2005 年的 5872 万平方米，城市开发中产生的扬尘逐渐成为空气污染的主要来源之一。

据建设主管部门估计，未来 5~10 年建筑耗能占全社会耗能的份额将由现在的 27.8% 增至 35% 以上。在增加的能耗中有相当一部分是居住者用于改善热舒适。图 3-85 说明建筑过程和建筑材料生命周期及其对环境的影响。

国家"十一五"规划要求突出抓好建材行业的节能工作，鼓励大力发展节能环保的新型建筑材料、保温材料及绿色装修材料；要求推广节约材料的技术工艺，鼓励采用再生材料，提高建筑物质量，延长使用寿命，提倡简约适用的建筑装修。

国家建设主管部门提出到 2010 年要节约 1.01 亿吨标准煤，减排 4 亿多吨二氧化碳，建设节能建筑（包括新建、既有建筑改造）的总面积累计超过 21.6 亿平方米；还要进

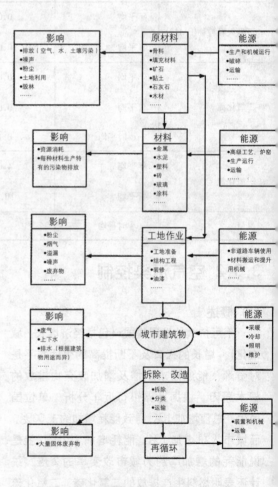

图 3-85 建筑过程和建筑材料生命周期及对环境的影响
资料来源：洪紫萍等编著. 生态材料概论[M]. 2001, 219.

行太阳能光热光电，淡水源、海水源及浅层地能热泵技术在建筑中规模化应用的城市级示范，进而推动可再生能源产业的发展。

建筑设计人员为实现"十一五"规划预定目标应尽的责任是无论对新项目的设计或老旧建筑的再生设计，都应秉承绿色建筑理念。一些发达国家新建住宅面积不超过100m²（每套）、推广低耗能住宅以及建筑寿命超过80年的经验对于克服我国一些住宅户型大、能耗多、寿命短的倾向都有很好的启示。

(3) 简约适用的建筑装修

除了人体、燃煤、烹调等固有的污染源外，现今由于建筑、装饰装修和家具造成的污染已是室内环境主要的污染源。图3-86为南京市对新装修房屋抽样监测2208家统计的污染物组成。室内空气污染涉及工业企业环境，居住环境，办公环境，娱乐餐饮环境，医院、疗养院环境乃至交通工具内环境，对各个年龄段的人都有影响。世界银行1995年统计，我国每年由于室内空气污染引起的超额死亡人数可达11.1万人，超额的门诊数可达22万人次，超额急诊数可达430万人次。现今全国4亿多城市居民生活在有严重污染的空气环境中。

国家要求大力发展绿色装修材料，但建筑材料市场实际情况是鱼龙混杂。简约适用的建筑装修设计一定要依2002年国家强制执行的"室内装修装饰材料有害物质限量标准"和2001年发布的"民用建筑工程室内环境污染控制规范"，根据建筑物类型和用途，选用符合规范的建筑材料和装修材料。

3.5.3 建筑物通风

与封闭的室内空间环境相比，人们更习惯于保持室内空间与自然环境的联系。在室外环境空气达到相关标准的前提下，自然通风可以有效地稀释和排出室内气态污染物、改善热舒适，并且有助于建筑节能。当室外

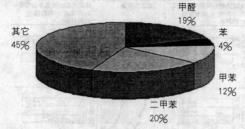

图3-86 装饰后室内空气中的TVOC组成
资料来源：南京市环境监测中心站研究报告，2006.

含尘量高于室内时需对新风作净化处理，简单的开窗换气反而加重室内空气环境的颗粒物污染。

(1) 居住区规划的通风设计

近年日本学者用1/300的居住区模型，通过风洞实验研究了居住区建筑密度与地区通风关系。

1) 建筑物布局和风速比的出现频率分布

从实际的居住区中选定低层住宅区和高层公寓住宅区中200m×270m范围内的建筑物的布置，利用转盘的转动，在16个方位变换模型的风向，测试在道路及中庭等外部空间均衡分布的50个测点的风速。各居住区数据的总数为测点数与方位数的乘积，测试高度是步行者能够感觉到风的1.5m上空（即风洞模型底面5mm高度）。

各测点的风速数据除以没有模型的平坦状况风速数据就是风速比，风速比越大就说明测点的风速越好。风速比的出现频率分布是指将全方位的全部测点的风速比从0到1.5以0.05间隔分成30段，各段的数据数量的比率用线条图表示的图形。图3-87表示各居住区建筑物布局和风速比及其出现频率分布和标准偏差。图3-87中示例1～8主要是由1～2层高的独立式住宅构成的低层建筑居住区，示例9～14为中高层公寓住宅区。

由图3-87可知，与低层居住区相比，中高层公寓居住区的风速比出现频率分布图中在横向上显得较宽，在一个地区中测试的风速比偏离很大。其中风速比超过1.0的测

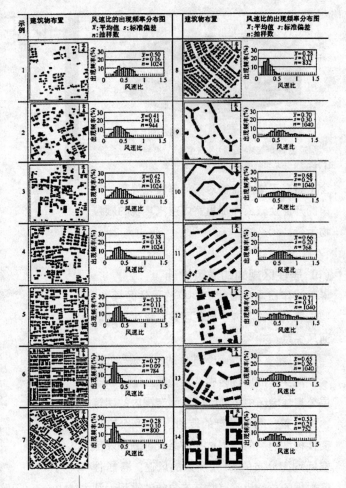

图3-87 各地区的建筑物布置和风速比的出现频率分布图
资料来源：林荫起等译. 城市环境学 [M]. 2005, 90.

试点显示了受建筑物穿堂风的影响。

2）总建筑占地率与风速比平均值的关系

总建筑占地率是指居住区内所有的建筑面积（建筑物外墙围合的水平投影面积）与建筑地基面积之比。图3-88表示了总建筑占地率与风速比平均值的关系，图中的编号与图3-87相同。由图可知，总建筑占地率越大，风速比平均值越低；中高层公寓居住区的风速比平均值高于低层居住区。

由于中高层公寓住宅用地是在一个居住区用地范围内作统一规划，容易形成相对集中而连续的、具有风道功能的开敞空间，为居住区带来较好的通风环境。在低层建筑的居住区，用地被细分化和窄小化，建筑物间距较小导致总建筑占地率增加，整个居住区的通风环境必然相对较差。

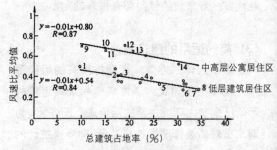

图3-88 总建筑占地率与风速比平均值的关系
资料来源：林荫起等译. 城市环境学 [M]. 2005, 91.

(2) 自然通风

最好是组织穿堂风，即风从迎风面的进风口吹入，穿过建筑室内空间从背风面的出风口吹出。穿堂风的气流应流经人们逗留或经常活动的范围，风速以0.3～1.0m/s最好。组织自然通风的效果与建筑群布局、建筑物的朝向、间距以及建筑物的平、剖面设计都有密切的关系。有大量余热和污染物产生的作业空间的自然通风，除保证通风量外，还应考虑气流的稳定性和气流路线的短捷。表3-20列出了供参考的不同建筑空间新鲜空气需要量。

不同房间新鲜空气需要量 [$m^3/(h \cdot 人)$]　　　　表3-20

建筑物类型	吸烟情况	新风量		建筑物类型	吸烟情况	新风量	
		适当	最少			适当	最少
公寓	有一些	35	18	舞厅	有一些	33	18
一般办公室	有一些	25	18	医院大病房	无	35	18
个人办公室	大量	50	25	医院小病房	无	50	40
会议室	严重	80	50	医院手术室	无	$37m^3/(m^2 \cdot h)$	
	有一些	60	40	旅馆客房	大量	50	30
百货公司	无	12	9	旅馆餐厅、宴会厅	有一些	25	20

续表

建筑物类型	吸烟情况	新风量 适当	新风量 最少	建筑物类型	吸烟情况	新风量 适当	新风量 最少
零售商店	无	17	13	旅馆自助餐厅	有一些	20	17
影剧院	无	15	8	理发店	大量	25	17
影剧院	有一些	25	17	美容厅	有一些	17	13
会堂	有一些	26	18				

资料来源：金招芬等编著.建筑环境学[M].2001:39.

(3) 置换式通风

这是利用下送上回的方式实现建筑室内空间通风的一种新的气流组织形式。德国于20世纪80年代首先运用了这种通风方式，使室内空气品质得到明显改善并且节能。此后欧洲一些学者不断研究、实践，不仅可以改善室内空气品质，还有助于改善热舒适。我国于20世纪90年代在引入此种通风技术的基础上结合国情开展的研究与实践，也取得改善空气品质与建筑节能的效果。

这种通风的原理是以低速在房间下部送风，气流以类似层流的活塞流状态缓慢向上移动，到达一定高度后，受热源和天棚影响发生紊流现象，产生紊流区。气流产生热力分层现象时出现两个区域：下部单向流动区和上部混合区。空气温度场和浓度场在这两个区域明显不同，下部单向流动区存在明显垂直温度梯度和浓度梯度；而上部紊流混合区温度场和浓度场则较均匀，接近排风温度和污染物浓度。此种方式通风的流态图如图3-89所示。

送风口送入的新鲜空气温度通常低于室内工作区温度，较凉的空气因密度较大，扩散并浮在接近室内地面高度处形成空气湖，送风速为$0.2\sim0.5m/s$左右，送风的动量很低，对室内由热源控制的主导气流无任何实际影响。

置换通风设计必须满足低速、低温差、低位送风和高位排风的条件。置换通风与冷却顶棚结合的精确设计、施工和管理，可以创造出一个既无吹风感又清洁舒适的室内空气环境，并具有显著节能效益。

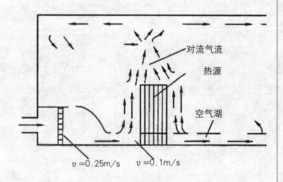

图3-89 置换通风的流态
资料来源：王昭俊等编著.室内空气环境[M].2006:139.

主要参考文献

[1] 柳孝图. 建筑物理. 北京：中国建筑工业出版社，1991 及 2000（第 2 版）.

[2] Anna Ray-Jones. Sustainable Architecture[M]. John Wiley & Sons Inc., 2000.

[3] Norbert Lechner.Heating, Cooling, Lighting[M]. John Wiley & Sons Inc.2001:181.

[4] 徐占发. 建筑节能技术实用手册. 北京：机械工业出版社，2005.

[5] 马淳靖. 现代住宅外围护结构设计研究东南大学博士论文，2005.

[6] 林其标等. 住宅人居环境设计. 广州：华南理工大学出版社，2001.

[7] 汪芳. 查尔斯·柯里亚. 北京：中国建筑工业出版社，2004.

[8] Gary Steffy, et al. Architectural Lighting Design[M]. Second Edition. John Wiley & Sons, Inc., 2002.

[9] IEA.Daylight in Buildings. (A report of IEA), 2000.

[10] 肖辉乾. 城市夜景照明规划设计与实录. 北京：中国建筑工业出版社，2000.

[11] Anthony Tischhauer, et al. 桥系庭院——科拉塔瓦设计的苏黎世大学法律图书馆. 照明设计. 2005,7.

[12] Brian Mosbacher, et al. 一座献给特别人群的纪念碑 [J]. 照明设计 .2005,9.

[13] Stig Imgemansson. Noise Control —Principles and Practice[J]. Noise/News International.1996,3:165 .

[14] John E.K.foreman,et.al. Sound Analysis and Noise Control[M]. Van Nostrand Reinhold,1990.

[15] 王淑莹等编著. 环境导论 [M]. 北京：中国建筑工业出版社，2004.

[16] Jasper Becker.China's Growing Poins[J]. National Geographic. 2004, March.

[17] M. Santamouris.Energy and Climate in the Urban Built Environment[M]. London: James & James Ltd., 2001.

[18] 王昭俊等编著. 室内空气环境 [M]. 北京：化学工业出版社，2006.

[19] 林荫超等译. 城市环境学 [M]. 北京：机械工业出版社，2005.

建筑技术新论
New Theory of Building Technology

Sustainable Building Technology
可持续建筑技术

第4章 可持续建筑技术

4.1 可持续建筑基本概念

4.1.1 可持续建筑的基本内涵和目标

绿色建筑是指在建筑生命周期内，消耗最少地球资源，使用最少能源及制造最少废弃物的建筑物。切入点是绿色环保。

生态建筑是天地人和谐共生的建筑。重点是处理好人与自然的关系、发展与保护的关系、建筑与环境的关系。切入点是生态平衡。

可持续建筑是指自然资源减量循环再生、能源高效优化组合、人居环境健康安全、生态系统平衡运行的建筑。切入点是资源能源循环再生。

对于可持续建筑，世界经济合作与发展组织（OECD）给出了四个原则和一个评定因素。一是资源的应用效率原则；二是能源的使用效率原则；三是污染的防止原则（室内空气质量，二氧化碳的排放量）；四是环境的和谐原则。评定因素是对以上四个原则方面内容的研究评定，以评定结果来判断是否为可持续建筑。

我国从基本国情考虑，从人与自然和谐发展、节约能源、有效利用资源和保护环境角度，提出"节能省地型住宅和公共建筑"这一概念，主要内容是节能、节地、节水、节材与生态环境保护，注重以人为本，强调可持续发展。国内学者收集筛选出中外85个（其中国外70个，国内15个）运用可持续发展理念进行设计的建筑物进行分析，分析结果表明，其核心内容主要也是节能、节地、节水、节材与生态环境保护等方面。从这个意义上讲，节能省地型住宅和公共建筑与绿色建筑、生态建筑、可持续建筑的基本内涵是相通的，具有某种一致性，是具有中国特色的可持续建筑理念。

4.1.2 可持续建筑的设计理念

(1) 树立科学的城市发展观

根据城市的生态承载力（生态足迹的供给）、人均生态足迹（生态足迹的需求）和人均生态赤字（生态足迹的供给与需求之差），来判断城市的可持续程度和确定城市的发展规模，并采取相应的生态策略削减生态赤字，进而达到生态平衡。

生态足迹是通过测定现今人类为了维持自身生存而利用自然的量来评估人类对生态系统的影响。生态足迹模型主要用来计算在一定的人口与经济规模条件下，维持资源消费和废弃物消纳所必需的生物生产面积，如：耕地、草地、林地、建筑用地、水域、化石燃料。

在总体规划和城市设计中，通过对城市资源的综合评价，建立土地生态适宜性分析模型，根据景观生态学"斑块-廊道-基质"理论和碳氧平衡的原理，构建城市自然生态安全网络，在此基础上编制土地利用的生态等级分区，以确保城市基本的生态安全，为规划设计提供前提条件和设计依据。

通过《可再生能源法》以及相关法规的导向作用，促进生态环境建设和循环经济的发展，促进各种生态技术的产业化，为生态城市的建设提供技术经济支持。

(2) 遵循系统论原理

系统论是研究自然、社会和人类思维领域以及其他各种系统、系统原理、系统联系和系统发展的一般规律的学科。它的主要任务是以系统为研究对象，从整体出发来研究系统整体和组成系统整体的相互关系，从本质上说明其结构、功能、行为和动态，以把握系统整体，达到最优的目标。

系统论的基本观点：一是整体观点，即一切有机体都是一个整体，是相互联系、相互作用的若干要素有机结合的复合体，其功能是"整体大于各部分之总和"。二是等级观点，即一切有机体都是按严格的等级和层次组织起来的。三是动态观点，即一切生命现象都是处于积极的活动之中，一切生命现象都是一个开放的、活的系统，并与周围环境发生物质和能量的交换。系统的整体性是系统的核心。（《世界新学科总览》1986）

城市是由自然生态系统、社会生态系统、经济生态系统等构成的复合生态系统。自然生态系统强调生态安全和生态效益；社会生态系统强调构建和谐社会和文化的先进性；经济生态系统强调适度发展和循环经济。这里既要保持每个系统内部的平衡，更要强调各系统之间的优化整合协调发展，实现复合生态系统的最优化，达到天、地、人和谐共生的目标。

根据"整体大于各部分之总和"的原理，生态设计策略和能源结构的选择，注重资源整合，谋求整体最优化。

(3) 遵循生态位理论和生态适宜性原理

生态位（niche）是生态学中的一个重要概念，主要指在自然生态系统中一个种群在时间、空间上的位置及其与相关种群之间的功能关系。（李洪远 鞠美庭 2005）

根据近期的发展，将时间因子和环境因子通称为生态因子。各组织水平的生物通称为生态元（ecological unit），可导出生态位的一般性定义：在生态因子的变化范围内，能够被生态元实际和潜在占据、利用和适应的部分，称为该生态元的生态位，其余部分称为生态元的非生态位。（戈峰 2002）

在生物群落中，能够被生物利用的最大资源空间称为该生物的基础生态位。由于存在着竞争，很少有物种能够全部占据基础生态位。物种实际占有的生态位称为现实生态位或存在生态位，物种潜在占有的生态位称为潜在生态位或非存在生态位。

根据生态位理论，所有的生态元均具有适宜的生态位。关键是看两者的关系是处于多维对位状态还是错位状态，或者说是适宜状态还是不适宜状态。对位了就会充分保持其功能效益和稳定性，可持续发展；错位了就会走向衰败或被淘汰。实践中最重要的是找准适宜生态位，特别是关键维度上的生态位。应尽量避免生态位重叠，一旦出现重叠必会引起竞争，须依照生态位分离原理来解决。竞争形成生态位的分异，分异导致共生，共生促进系统的稳定发展。

世间的一切事物都可以看作是生态元。在建筑领域，从城市形态到城市基础设施、功能布局、生态环境建设、绿化景观、旧城更新、居住街区、绿色住区、场地设计、建筑设计、建筑材料、建筑设备、建筑废弃物、旧建筑等等，无一不可看作是生态元。就是说，建筑领域中的每一件事物都应有它适宜的生态位。

根据生态适宜性原理，在生态环境设计中，要注意显化积极因素，合理利用现实生态位，转化消极因素，努力开拓潜在生态位，使原来不被生态元适应、利用或占据的部分，转变成生态元的生态位，提高生态位适宜度指数，达到生态平衡和人居环境良性发展的目的。

物质的存在状态是在变化的，处于现实生

态位的状态下，它是资源；而处于潜在生态位的状态下，它则是废弃物。当人们不断地将潜在生态位转变成现实生态位时，物质就会从一种资源转变成另一种资源，实现资源循环利用的目的。

旧城改造及旧建筑再利用，循环经济的原理，环境保护中的3R（减量化、再循环、再利用）原则，工业废弃地活化再生等，都是转变生态位的典型案例。

(4) 树立整体的生态建筑观

建筑系统是一个开放的系统，是地球生物圈中能量和物质材料流动的一个环节。如同生物体一样，维持建筑系统运作需要稳定的输入，同时会产生相应的输出，而输入的来源和输出的终点都是周围环境的生态系统。因此，只有保证输入端的减量化和输出端的资源化，才能促进建筑与生态环境的和谐共生，并对地球生物圈做出贡献。

在体现时间因素影响方面，树立建筑系统全寿命概念，考虑建筑系统在全寿命周期中与周围环境生态系统的相互作用，例如：建筑材料在生产过程中的耗能和对生态环境的影响，材料从产地运输至施工现场的耗能和对生态环境的影响，组成建筑系统的能量和物质材料的流动，等等。

在体现空间因素影响方面，控制建筑系统对自然生态系统的空间置换影响：建筑物的选址优先选择生态环境较差的地方，通过生态环境建设将对生态环境的直接空间置换影响减至最少；充分利用场地原有生态系统自身提供的某些自然机制和过程，如植被覆盖有助于增湿降温、净化空气等，以便将对生态环境的直接空间置换影响减至最少；尽量减少由于建造建筑系统所带来的各种能量和物质材料增量对原有生态系统的干扰，以便将对生态环境的间接空间置换影响减至最少。

在体现资源有限性的影响方面，可以把地球和生物圈看成是拥有特定物质量的封闭物质系统，这种有限性限定了人类对地球资源的使用总量，因此地球上资源和能量的有限性是所有建筑设计的一个基本的限制条件。这就要求建造建筑系统要高效利用和保护地球上的资源，以利于后代持续地获得资源。在实践层面，已经从少费多用的非物质化，即减量化，提升到循环利用的再物质化，即资源化。

(5) 生态优先 确保安全

在城市复合生态系统中，自然生态系统是人类生存和发展的生命支持系统，非常重要，但系统本身却十分脆弱，破坏容易而恢复难，所以人们必须树立"自然生态优先"的思想，才能确保城市复合生态系统协调平衡。

生态安全在全球安全、国家安全和城市安全中占据着越来越重要的地位。所谓生态安全，是指一个国家或人类社会生存和发展所需的生态环境处于不受或少受破坏与威胁的状态，即使生物与环境，生物与生物，人类与地球生态系统之间保持着正常的功能与结构。生态安全是国家安全和社会稳定的一个重要组成部分。越来越多的事实表明，生态破坏将使人们丧失大量适于生存的空间，并由此产生大量生态移民而冲击周边社会的稳定。保障生态安全是生态与环境保护的首要任务。（《生态安全的系统分析》杨京平 卢剑波 2002）

确保生态安全就要充分发挥自然生态系统的生态效益，并体现在城市、住区和建筑不同尺度的生态建设中。

建构城市自然生态安全网络是生态安全在城市建设中的具体体现，是城市规划与设计重要的组成部分和基本的设计依据。自然生态安全网络作为城市的生态基础设施，在城市的市政基础设施中，毫无疑问应处于先行的地位。城市的生态基础设施是城市及其居民持续获得自然生态服务的保障。在住区建设中应注重场地设计的生态化，而在建筑设计中应强调建筑对环境的生态化补偿。

(6) 因地制宜 被动优先

在总体规划和城市设计中，根据不同城市生态位的差异，建构各具特色的自然生态安全网络和城市形态。

例如，中关村科技园区海淀园生态规划用地处于北京生态保护带中，其又是北京第二道绿化隔离带第1号楔型绿地，原生植被比较好，有大面积自然湿地，人口密度小，城市化程度低，可保持园区自身碳氧平衡。因此，根据生态资源的综合评价、湿地保护及恢复范围、北京第二道绿化隔离地区规划、提高的自然生态系统生态力的社会要求，运用景观生态学"斑块－廊道－基底"原理，建立起由"核心植被斑块－植被斑块－植被廊道"构成的蛛网式自然生态安全网络（图4-1）。

又如，长春市则以建成区为主适当向外扩展，它的生态规划，根据城市现状生态环境综合评析、土地生态适宜性分析模型、碳氧平衡计算、氧源绿地方位和新鲜空气廊道宽度的分析、区域自然生态景观格局特征和城市生态安全网络设计原则，生成以伊通河条形湿地植被斑块为辐射源，向西逐级放射形成的三大绿环、十条绿带和多个点状植被斑块构成的城市自然生态安全主干网络（图4-2），并确定打造"伊通河城市森林画廊"为城市生态环境建设的重点。

再如，唐山城市生态规划，根据"一市三城"分散组团式城市结构布局特点、生态环境综合评析、土地生态适宜性分析模型、生态承载力的计算、碳氧平衡和氧源绿地分析、植被价值评估、地质因素评析及区域自然生态景观格局分析，建构了唐山主城区自然生态安全网络概念模型和中心城区自然生态安全网络（图4-3、图4-4）。并将陡河工业特色景观带、塌陷地生态恢复绿色（森林）景观区、大都市绿色景观画廊作为城市生态建设的三个亮点。

我国气候多样，在生态设计中，应根据建筑所在气候区的特点，采取相应的生态策略，构建生物气候缓冲层，形成地方特色。在这方面，学习国外建筑师C.柯里亚和R.皮亚诺的创作方向，总结和提升我国传统民居的生态技术策略和地方性做法，用于当今的生态设计，是大有可为的。

建筑设计中，在选择生态策略时，我们主张被动式策略（自然通风、相变蓄热体、阳光房等）优先、主动式策略（太阳能集热器、空调系统等）优化，这样才有利于实现生态、经济双赢，并形成特色。

(7) 学科交叉 多方共建

生态环境建设是一个复杂的系统工程，不是单一学科、个别行业或少数人能够单独完成的，必须通过多学科交叉、跨行业合作以及全民参与才能真正解决问题。

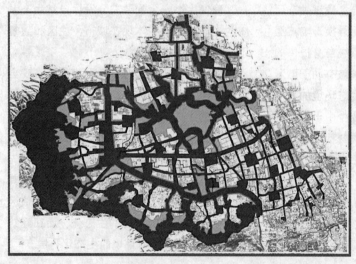

图4-1 中关村科技园自然生态安全主网络图

在学术层面,强调多学科交叉、联合攻关,综合解决复杂性问题。如在宏观尺度的生态设计中,需要建筑学、城市规划学、生态学、景观生态学、资源学、环境学、经济学、社会学、建筑技术科学等学科交叉。在中观和微观尺度的生态设计中,则要求建筑、结构、给排水、暖通、电气、经济、园林、GIS等专业密切配合,共同完成生态住区和绿色建筑的设计。在生态环境建设中,建筑师应起综合和整合的作用。

在技术层面,强调跨行业合作,共同打造生态规划和生态建筑技术支持平台。

在社会层面,必须提高全民的生态环境意识和参与意识,提倡绿色消费和节约型生活方式,建设新的城市生态文化。

它作为一种新型的社会意识形态,要把一般的传统伦理扩展到自然,珍视人以外的生命和世界的自然伦理价值。要在传统伦理背景上树立生态伦理观念,需要人类重新认识和审视自己——人并非外在于自然,并非具备以为理所当然的那么多权力。人类应该用真

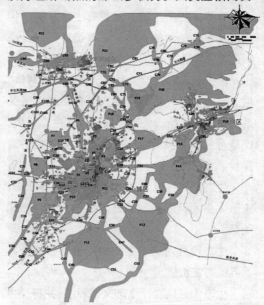

图 4-3 唐山主城区自然生态安全网络图

图 4-2 长春市自然生态安全网络图

(8)树立生态文化价值观

城市生态文化价值观的核心思想是天、地、人和谐共生,具体体现在:

1)生态伦理观的普及

生态伦理既是人对整个自然生态系统的道德意识,更是人对其自身及所处的生态环境、社会和整个自然界的完整的道德关怀。

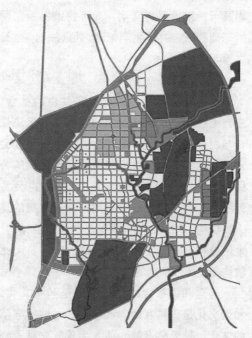

图 4-4 唐山中心城区自然生态安全网络图

心、精神、力量和思维去关爱自然中的每一事物，就像关爱人类自身一样。（雍兰利 范玉凤 2004）

和谐性是处理人与自然关系的基本原则。生态伦理不同于人类中心主义和环境伦理学的生态中心主义。它认为，自然对于人不仅仅具有资源经济价值，更具有生态及美学价值。人作为能动的主体，在改造自然时，必须追求并实现人与自然的和谐与平衡。

传统的人际伦理关系无法解决资源稀缺、生态平衡和环境污染带给人与自然的紧张关系。因此，将伦理关系扩展到自然生态环境，既是可持续发展的需要，也是完善人性的需要。

生态伦理打破人类中心主义的价值取向，克服人类利己主义，调整与摆正人与自然的关系。

生态伦理明确肯定动物、植物和整个自然界的内在价值。

生态伦理确立"生态文明观"，并将"生态文明"作为现代文明的一种崭新形态。生态文明是依据一种特定的标准而提出来的，它以生态文明观来关照人与自然的关系，以生态伦理作为核心价值，可以认为，生态文明是可持续发展的文明，而可持续发展文明的基础和核心就是生态伦理。（雍兰利 范玉凤 2004）

2）和谐社会的构建

和谐社会是社会资源兼容共生的社会，应当给各类人谋取一定的物质利益，提供生存与发展的条件；和谐社会应当是各类社会资源互相促进而又互相制衡的经纬交织的公民社会；和谐社会是社会结构合理的社会，即社会的各个组成部分之间——通常指的是人口结构、阶级结构、民族结构、职业结构、地区结构、家庭结构，有一个比较匀称、比较均衡、比较稳定的关系。

构建和谐社会的思想基础是和谐文化。和谐文化是团结互助、和睦相邻、诚实守信的文化；是无私奉献、助人为乐、充满爱心的文化；是自尊、自立、自信、自强的文化；是勇于探索、自主创新的文化。促进和谐文化建设，能为构建和谐社会提供强大的思想道德力量。

3）循环经济的推进

循环经济模式，它要求遵循生态学规律，合理利用自然资源和环境容量，在物质不断循环利用的基础上发展经济，使经济系统和谐地纳入到自然生态系统的物质循环的过程中，实现经济活动的生态化。它倡导的是一种与环境和谐的经济发展模式，遵循"减量化、再利用、再循环"的原则，采用全程处理模式，以达到减少进入生产流程的物质量、以不同方式反复利用某种物品和废弃物的资源化目的，是一个"资源——产品——再生资源"的闭环反馈式循环过程，实现从"排除废物"到"净化环境"到"利用废物"的过程，达到"最佳生产，最适消费，最少废弃"。

"绿色消费"是循环经济发展的内在动力。它倡导消费者在消费时选择未被污染或有助于公众健康的绿色产品。在消费过程中注重对垃圾的处置，不造成环境污染。引导消费者转变消费观念，崇尚自然、追求健康，在追求生活舒适的同时，注重环保、节约资源和能源，实现可持续消费。

根据我国的国情，遵循科学发展观，建设资源节约型社会和环境友好型社会，发展循环经济，倡导绿色消费，是我国社会发展的必由之路。

4）遵循接受美学原理，建设生态城市

生态城市成为区域发展循环经济的重要模式。生态城市应是高效利用资源能源、生态环境和谐、经济高效、持续发展、社会—自然—经济以及人与自然和谐统一的人类居住区。生态城市规划是生态城市建设的保障。1984年，联合国在其"人与生物圈"（MBA）报告中提出了生态城市规划的5项原则：一是生态保护战略；二是生态基础设施；三是居民的生活标准；四是文化历史的保护；五是将自然融入城市。在生态城市规划上，应考虑四个基本问题：即人口问题、资源合理利用问题、经济发展问题和环境污染问题。

在生态城市规划与建设中，要遵循接受美学原理，主动预留空白和未定性，构成其召唤结构，充分调动接受主体的积极性（即公众参与），填补空白，圆满实现生态城市建设的目标。

4.1.3 可持续建筑的内容

建筑物从规划、设计、施工、运行到拆除报废，构成一个完整的生命周期。在建材生产、建筑施工、运行及拆除的各个阶段都存在资源、能源消耗及三废排放问题。所以，可持续建筑的基本内容还是节能、节地、节水、节材、生态环保。

在我国公布的《绿色建筑评价标准》里，绿色建筑的基本内容体现在绿色建筑评价指标体系中，它由节地与室外环境、节能与能源利用、节水与水资源利用、节材与材料资源利用、室内环境质量和运营管理等六类指标组成。每类指标包括控制项、一般项与优选项。

4.1.4 可持续建筑的设计策略

可持续建筑设计可采用层层深入的方法，由外到内逐层剖析，采取的生态技术策略大致可分为四个层次，基本涵盖了绿色建筑评价标准中的各项评价指标：

1）建筑物对环境造成压力，产生负面影响，因此，建筑要对周边环境作出生态化的回应和补偿。

2）建筑物的外皮即围护结构是建筑节能的基础，重点要解决好墙体、门窗材料和构造的节能，要选用绿色节能材料。

结构体系对建筑节材、节能潜力很大，改革的重点是结构体系整体优化、结构与围护一体化和房屋工业化生产。

3）室内环境控制要在节能的条件下创造健康舒适的室内环境，生态策略的选择应注意被动式设计策略优先，优化主动式设计策略。

4）高效利用化石能源，积极开发利用可再生能源。

总的来说，可持续建筑设计策略应体现资源整合、集成创新、整体最优的原则。

4.2 建设对环境的生态化补偿

4.2.1 选址的安全性和生态考量

建筑场地选址应无洪灾、泥石流、含氡土壤及地震灾害的威胁，建筑场地安全范围内无电磁辐射危害和火、爆、有毒物质等危险源。

场地建设不破坏当地文物、自然水系、湿地、基本农田、森林和其他保护区。合理选用废弃场地进行建设。对已被污染的废弃地，进行处理并达到有关标准。对场地生态环境进行改造、恢复和建设，弥补不可避免的因开发引起的环境变化产生的影响。

例如，中央美院新校园选址在废弃的大窑坑，经精心设计和处理，打造成了形态高低错落、空间层次丰富、环境优美宜人的校园环境（图4-5～图4-7）。

4.2.2 保护原有的植被、湿地、水体和各类文化遗存

场地内的原有植被、湿地和水体应妥善保护和提升，充分发挥其生态功能。同时将其作为建筑创作和形成特色的依据。充分利用尚可使用的旧建筑，并纳入规划项目。

例如，常州北港生态小区规划，保留了原来用于农业灌溉的F形水渠，并以此为核心，形成小区中心绿地，构建小区微型自然生态安全网络（图4-8、图4-9）。

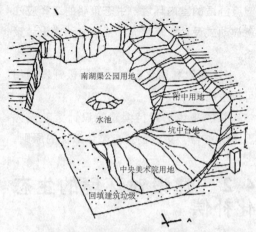

图 4-5 中央美院用地状况大窑坑示意图

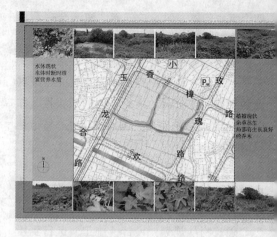

图 4-8 常州北港生态小区用地状况

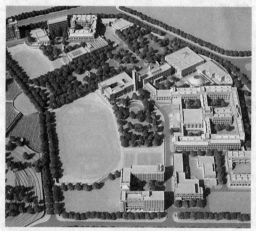

图 4-6 中央美院新校园鸟瞰

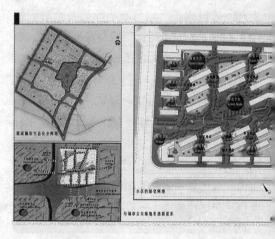

图 4-9 常州北港生态小区微型自然生态安全网络

图 4-7 中央美院下沉式中央庭院

的绿量。乔灌草相结合的复层植被结构和湿地系统，具有较高的生物多样性、较高的绿量和较强的生态服务功能。

例如，某生态型住宅小区技术实施细则中的指标：

1）小区绿地率 ≥ 40%，绿地内部的园路、地坪、园林小品等硬质景观面积 ≤ 20% 的绿地面积。室外透水地面面积比大于等于 40%。

2）通过合理的地形设计，创造不同植物的生长条件和满足地表排水的要求。

3）符合适地适树原则。从土壤、地下水位、光照条件等实际情况出发，合理选择树种。以本地区植物为主，选择有益健康、便于维护、观赏效果好、能引蝶招鸟和防噪、防尘、

4.2.3 营造复层植物群落和人工湿地，增强其生态功能

注重绿地的生态功能，关键是增加场地

固氮作用显著的树种。

4）植物构成要求：乔木数量≥2~3株/100m² 绿地；落叶乔木与常绿乔木比例：（1：1）~（1：2）；草坪面积（不计乔灌木树冠投影面积）≤30% 绿地总面积。

5）植物种类和数量要求（包括乔木、灌木、藤木、宿根、草本等，不包括具体品种）：满足《中国生态住宅技术评估手册2003》相应部分的要求。

6）复层人工植物群落≥40%~50% 的绿地总面积；一般3层以上，包括乔木、亚乔木、灌木、亚灌木、藤木、地被；绿地全部用植物覆盖，没有裸露的土地。

7）乔木与住宅建筑保持合适的距离：东面≥5m；南面≥8m；西面≥4m；北面≥5m，不影响居室通风采光并防止或减弱夏季西晒。

8）满足植物生长的有效土层深度：乔木1.5~2.0m；灌木0.8~1.2m；地被0.5~0.8m；草坪0.3~0.5m。

4.2.4 节水与水资源的循环再利用

在方案、规划阶段制定水系统规划方案，统筹、综合利用各种水资源，并按照《住宅设计标准》确定节水率和回用率。

收集屋顶雨水和地表径流雨水，经渗透和预处理后，回用水质达到《城市杂用水水质标准》。

使用可渗透铺地材料或花面地砖（镂空处可种草），采取措施使开发前后径流系数不发生大的改变。

中水系统的建设满足技术先进、设计合理、运行管理方便和成本低的要求（如毛管渗滤技术、人工湿地技术），并与小区的污水系统、雨水回用系统和景观水系统统一设计、统一利用。

景观用水达到《再生水作为景观环境用水的水质标准》和《地表水环境质量标准》的要求。

例如，常州北港生态小区规划中的生态水渠及人工湿地、雨水收集回用回渗系统和地源热泵地埋管系统（图4-10~图4-12）。

4.2.5 改善场地的物理环境

环境噪声符合国家《城市区域环境噪声

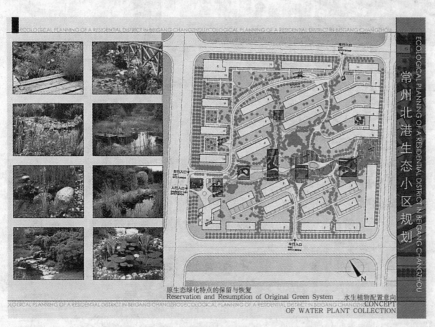

图4-10 常州北港生态小区生态水渠及人工湿地

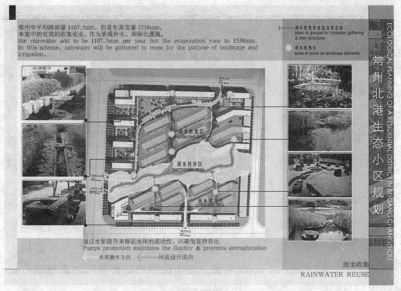

图 4-11 常州北港生态小区雨水收集回用回渗系统

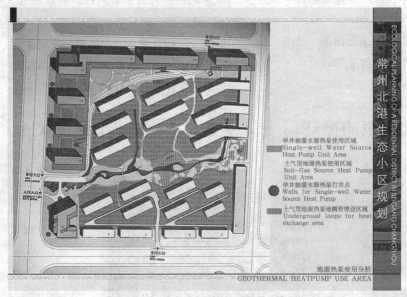

图 4-12 常州北港生态小区地源热泵地埋管系统

标准》(GB 3096—93)1 类适用区标准的要求。

采取适当的降噪措施，例如利用绿化隔离带和声屏障，减少小区外界各种噪声的干扰，特别是临街住户夜间的噪声污染不超过相关标准。

合理布置、控制小区内部噪声源。小区内部产生噪声的设备布置合理，并采取适当的降噪措施。

日照标准符合当地要求。

为硬质地面和不透水地面提供遮阳，减少它们吸收的太阳辐射。提高场地的保水性能，减少不透水地面的比例。

优化风环境，避免住宅建筑和主要通道改变周围的风向和风速指标。做到冬季减少冷风渗透，夏季促进自然通风（图 4-13）。

4.2.6 场地在施工和运营管理中的生态考量

施工不应对环境造成永久性破坏。场地

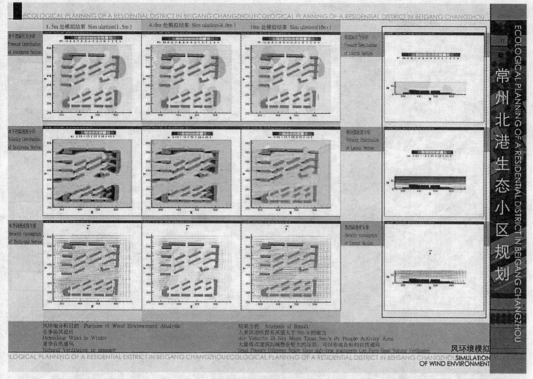

图4-13 常州北港生态小区风环境模拟分析

土方量就地平衡。规划中考虑施工道路和建成后小区道路系统的延续性。

制定并实施节能、节水等资源节约与绿化管理制度。建筑运行过程中无不达标废气、废水排放。分类收集和处理废弃物，且收集和处理过程中无二次污染。

建立并实施资源管理激励机制，管理业绩与节约资源、提高经济效益挂钩。

4.2.7 建筑的立体绿化

为进一步增加场地的绿量，在条件许可时，尽可能做屋顶绿化和垂直绿化。屋顶绿化根据功能需要有不同的类型。

地被型屋顶绿化。主要目的是增加绿地面积，减少施工及养管费用，突出体现了经济、生态原则。其对建筑荷载的要求相对较低，一般结构活荷载要求在100～200kg/m²。根据需要，可分别设计成单一免维护型、复合免维护型及生产型屋顶绿化。2005年北京市实施了13万平方米的佛甲草屋顶绿化，就是单一型免维护屋顶绿化，种植土层厚3～5cm。施工简易、成本低，基本不用养护，具有一定的节能效果和生态效益。但植物缺乏多样性，景观单一（图4-14）。复合型免维护屋顶绿化，以德国技术为代表，采用多种耐干旱的景天科植物或宿根花卉搭配种植，种植土层厚10～20cm。施工简易、成本低，低养护，具有一定的建筑节能、景观效果和生态环保等综合效益（图4-15）。生产型屋顶绿化，采用多种耐干旱的宿根花卉或蔬菜搭配种植，种植土层厚20～30cm。优点是景观效果相对丰富，并可充分利用屋面的充足阳光，生产喜光的宿根花卉或蔬菜，产生直接的经济效益。同时又可收到建筑节能、截留雨水、增加城市生物多样性等综合社会效益（图4-16）。

乔、灌、草结合花园式屋顶绿化，是为了增加生态效益，丰富景观效果，充分利用空间休闲的一种绿化方式。在建设时要充分考虑建筑结构及屋面防水安全问题，建筑活

图 4-14 单一型免维护屋顶绿化

图 4-15 复合型免维护屋顶绿化

图 4-16 生产型屋顶绿化（马丽亚提供）

荷载应大于等于 250kg/m²，植土层厚 30～90cm，选配植物造景采用乔、灌、草相结合的方式，以突出生态效益和景观效果为原则。根据开发目的的不同，可分为：休闲型、商用型（图 4-17、图 4-18）。

图 4-17 休闲型屋顶绿化

图 4-18 模块式商用型屋顶绿化（马丽亚提供）

4.3 围护结构体系设计

开发高性能的建筑围护结构部件，更好地满足建筑保温、隔热、透光、通风等各种要求，达到维持良好的室内物理环境和降低能耗的目的，这是实现建筑节能的基础，也是进一步采取其他节能技术策略的前提条件。围护结构部件主要涉及：外墙保温与隔热、屋面保温与隔热、热物理性能优异的外窗和玻璃幕墙、智能化外遮阳装置、相变蓄能围护结构和调湿型饰面材料。

4.3.1 墙体和屋顶保温隔热技术

自20世纪90年代以来，我国自主研发和从国外引进消化了多种外墙和屋面保温隔热技术。尤其是多种外墙外保温技术、外墙外挂可通风复合墙体隔热保温技术以及通风遮阳型屋面技术等，都获得相当成功。采用外墙外保温技术，可以最大限度地减少结构体系的温度变形，很好地解决墙角和结构搭接点的冷桥问题，获得相当好的保温效果。

外墙外保温技术。该技术克服了以往外墙保温中的缺点，已发展得相当成熟，并得到广泛应用。如北京振利高新技术有限公司的外墙外保温技术，已形成产业化、标准化、系列化，并不断地改进和拓展。该技术产品已推广到全国各地。

外墙外挂可通风复合墙体隔热保温技术，是在常规粘贴聚苯外保温的基础上，在保温层与外挂幕墙间增加一个约100mm的空气夹层，整个外立面空气夹层上下连通，在顶部设通风口，冬季关闭通风口，阻止夹层内空气流动，增加了外墙的传热热阻。采用100mm厚的聚苯保温＋100mm空气夹层的结构，其冬季传热系数可降到$0.4W/(m^2 \cdot K)$以下；夏季将上部的通风口打开，夹层空气上下流通，将外挂幕墙吸收的太阳辐射热带走，降低了保温材料外层的温度，大大减少了向室内传递的热量，隔热效果十分明显。此外，流通的夹层可带走保温材料的湿气，防止保温材料受潮。该外保温方式既适用于寒冷地区的外墙保温，也可用于炎热地区的外墙隔热。

屋顶保温与隔热技术。屋顶保温是为了降低寒冷地区和夏热冬冷地区顶层房屋的采暖耗热量并改善其冬季热环境质量；屋顶隔热是为了降低夏热冬暖和夏热冬冷地区顶层房屋的自然室温而减少其空调能耗。外保温屋顶，可使屋面板免受过大的温度应力和屋顶构造层内部的冷凝和结冻。

通风屋面。通过两层屋面之间的空气流动带走太阳的辐射热和室内对屋面板的传热，从而降低屋顶内表面的温度，减少房屋空调能耗。

阁楼屋面。夏季阁楼通风有利于阁楼屋顶隔热性能的提高，冬季阁楼应保持良好的气密性以提高其保温性能，故阁楼的通风口应设计成可开关的形式。

种植屋面。它是一种十分有效的隔热节能屋面，同时又能吸收 CO_2 释放氧气，蓄水降温，净化空气，发挥出良好的生态效益(见表4-1)。

种植屋面的热工效果　　　　　　　　表 4-1

	种植屋面	无种植屋面	差值
外表面最高温度（℃）	29	61.6	32.6
外表面温度波动（℃）	1.6	24.0	22.4
内表面最高温度（℃）	30.2	32.2	2
内表面温度波动（℃）	1.2	1.3	0.1
内表面最大热流（W/m²）	2.2	15.3	13.1
内表面平均热流（W/m²）	5.27	9.1	14.37
室外最高温度（℃）	36.4	36.4	
室外平均温度（℃）	29.1	29.1	
最大太阳辐射照度（W/m²）	862	862	
平均太阳辐射照度（W/m²）	215.2	215.2	

(引自江亿、林波荣等著《住宅节能》)

北京华丽联合高科技有限公司开发的《轻型钢结构ASA板镶嵌式集成节能建筑体系》，工厂预制、现场安装、施工速度快、保温隔热性能好，达到了"四节一环保"的要求，适用于低层住宅。该体系已出口到十余个国家，并在东南亚海啸恢复重建中作出了贡献。

结构体系改革中，在体现"四节一环保"要求的同时，强调结构体系与围护结构保温隔热一体化。在施工工艺上提倡工厂化和预制化，提高效率，保证质量。

4.3.2　节能外窗技术

在建筑围护结构中，墙体的问题已基本得到解决，外窗则是最薄弱的环节。由于窗本身具有多重特性，其节能设计也就成了最复杂的设计环节。

不同季节对外窗的性能要求是不同的。冬季，我们要求窗户保温隔热性能好，并希望有更高的太阳能透过率，最大限度利用太阳能，减少采暖负荷；夏季，我们希望阻挡太阳辐射热进入室内，以减少室内空调负荷。窗户自身的性能也存在矛盾，如：隔热保温性能与太阳能透过性的矛盾，遮阳与自然采光的矛盾等。近年来，国内外的厂家和研究人员，为解决上述矛盾，先后开发了一系列的节能窗产品，如普通中空玻璃窗、标准真空玻璃窗、低透型镀Low-E膜中空玻璃窗、高透型镀Low-E膜中空玻璃窗、PET Low-E膜中空玻璃窗、三层Low-E膜双中空玻璃窗、智能玻璃窗、双层皮通风玻璃幕墙系列等（表4-2）。

不同类型玻璃热工参数　　　　　　　　　　表 4-2

玻璃类型	可见光透过率	太阳能透过率	传热系数K值	太阳能得热系数SHGC	遮阳系数Sc
单层标准玻璃	90%	90%	6.0	0.84	1.0
普通中空玻璃	63%	51%	3.1	0.58	0.67
标准真空玻璃	74%	62%	1.4	0.66	0.76
镀Low-E膜中空（低透型）①	51%	33%	2.1	0.43	0.49
镀Low-E膜中空（高透型）①	58%	38%	2.4	0.49	0.56
PET Low-E膜中空②	59%	40%	1.8	0.52	0.60
三层Low-E膜双中空③	60%	35%	0.7	0.40	0.46

①玻璃组成：6mm玻璃（Low-E膜）+9mm空气+6mm玻璃。
②PET Low-E膜玻璃组成：6mm玻璃+6mm空气+PET膜+6mm空气+6mm玻璃。
③目前保温性能最好，传热系数K值最小的玻璃之一。

（引自江亿、林波荣等著《住宅节能》）

双层皮通风玻璃幕墙根据夹层空腔的大小、通风口的位置、玻璃组合和遮阳材料等的不同，分为多种类型，如："外挂式"双层皮玻璃幕墙、"箱式"双层皮玻璃幕墙、"井-箱式"双层皮玻璃幕墙、"廊道式"双层皮玻璃幕墙等。

不同的气候区对门窗玻璃的选择有重要的影响（表4-3）。以传导热为主要热损失的应采用绝热门窗，以辐射热为主的应采用遮阳门窗。也就是说，冬季室外温度低的地区要考虑绝热问题，夏季阳光辐射多的地区要考虑遮阳。

不同气候对门窗玻璃的不同选择　　　　　　　表 4-3

地区	气候特点	主要能耗	设计要求	门窗类型
高纬度地区（欧洲/北美、中国东北、西北、新疆）	冬季超过半年	传热	低U值（<2.0）高Sc（>0.7）	高透绝热（高透Low-E玻璃）
中纬度地区（中国北方大部）	冬夏各半	传热/太阳辐射	低U值（2.0~3.0）中Sc（0.4~0.6）	遮阳绝热（遮阳Low-E玻璃）
中纬度地区（广东、福建、海南）	夏季超过半年	太阳辐射	中U值（2.0~6.0）低Sc（<0.5）	遮阳（遮阳玻璃）

北方是在绝热设计的基础上考虑遮阳，南方是在遮阳设计的基础上考虑绝热。

（引自张道真 傅积阎：玻璃门窗节能分析与选择《建筑学报》2006.7）

4.4 室内环境控制设计

4.4.1 被动式设计策略

所谓被动式设计策略，就是顺应自然界的阳光、风力、气温、湿度的自然原理，尽量不依赖常规能源，以规划、设计、环境配置等手法，改善和创造舒适的人居环境。

（1）不同气候设计区的应对策略

我国各地气候条件的差异，决定了有效调控室外气候获得室内舒适环境的气候设计策略也不相同。从被动式建筑设计角度，可将我国划分为9个设计区（表4-4）。

设计分区和对应的设计策略 表 4-4

区域代码	季节	设计策略	分布地区	代表城市
1区	冬季	传统供暖+被动式太阳能	东北中北部	哈尔滨、长春
	夏季	自然通风		
2区	冬季	传统供暖+被动式太阳能	新疆北部、内蒙古	阿勒泰、乌鲁木齐、呼和浩特
	夏季	热质量		
3区	冬季	传统供暖+被动式太阳能	青藏高原、东北南部	西宁、拉萨
4区	冬季	传统供暖+被动式太阳能	东北南部湿润、华北大部	沈阳、大连、北京
	夏季	自然通风+热质量		
5区	冬季	传统供暖+被动式太阳能	新疆内陆盆地	吐鲁番、喀什、和田
	夏季	高热质+蒸发冷却		
6区	冬季	传统供暖+被动式太阳能	北纬30°~35°的中部和东部地区	西安、南京、上海
	夏季	自然通风+遮阳		
区域代码	季节	设计策略	分布地区	代表城市
7区	冬季	被动式太阳能	云贵高原	昆明
	夏季	自然通风		
8区	冬季	被动式太阳能	长江流域	成都、武汉、南昌
	夏季	自然通风+遮阳+隔热		
9区	夏季	自然通风+遮阳+隔热	华南流域	广州、南宁、海口

(引自杨柳博士论文《建筑气候分析与设计策略研究》)

根据被动式设计分区和气候设计指导原则，总结出适应气候建筑的四种基本特征：设计1~5区的"保温隔热型建筑"，体形紧凑，开窗面积较小（南向除外），外墙保温性能优越；设计6、7区的"被动式太阳能建筑"；设计8区保温、防热同时考虑的"隔热、遮阳与通风并行"的建筑特征；设计9区湿热气候区的"通风、遮阳型建筑"。

（2）自然通风

建筑物内的通风十分必要，它是室内健康和舒适的重要因素之一。通过通风，可以为人们提供新鲜空气，带走室内的热量和水分，降低室内温度和相对湿度，促进人体汗液蒸发降温，改善人们的舒适感，并可有效降低建筑运行能耗。

自然通风是被动式设计策略中最常用最有效的一种，根据产生压力差的原因不同，主要分为风压通风和热压通风两类。

1) 风压通风就是利用建筑物迎风面和背风面的压力差产生空气流动，通常所说的"穿堂风"就是风压通风的典型范例。

风压的压力差与建筑形式、建筑与风向的夹角以及周围建筑布局等因素相关。当风垂直吹向建筑正面时，迎风面中心处正压最大，在屋角及屋脊处负压最大。因此，当建筑垂直于主导风向时，其风压通风效果最为显著。

2) 热压通风即通常所说的"烟囱效应"。其原理是，热空气上升从建筑上部风口排出，室外新鲜的冷空气从建筑底部被吸入。室内外空气温度差越大，进出风口高度差越大，则热压作用越强。对室外环境风速不大的地区，"烟囱效应"所产生的通风效果是改善热舒适的良好手段。与风压通风相比，"烟囱效应"所产生的空气流动相对较慢，往往需要风压补充。风压和热压共同作用，有时相互加强，有时相互抵消，至于何时加强、何时抵消，目前还说不清。一般说来，建筑进深小的部位多采用风压通风，进深较大的部位多采用热压通风。

3）中庭空间是公共建筑经常采用的空间形态，如果处理得好，它会发挥出良好的通风功能。将中庭作为特殊的"烟囱"空间，要特别注意中性面原理的应用，采取措施提高中性面，形成中庭内的负压环境，加强中庭的拔气能力。

4）改善自然通风。可采取的措施包括：房间开口大小和位置的优化设计、构造导风设计、室内空间布局的导风作用、可控通风（如安装自然通风器）、新风热回收等。

（3）自然采光

天然光是一种无污染、可再生的优质天然光源，具有照度均匀、无眩光、持久性好等特点。自然采光在现代建筑中越来越受到重视，充分利用天然光可大量节约照明用电，还能为人们提供健康的室内光环境。相关研究表明，不少于50lx的天然光能使在地下空间工作的人们显著减轻孤独感；天然光能减轻季节性的情感错乱、慢性疲劳等，对轮班工作和从事计算机工作的人们尤其有益。

1）遮阳系统。自然采光有两个基本要求，其一，窗玻璃要有足够的可见光透过率；其二，对采光的调节与控制，即遮阳系统。它一般分为外遮阳、内遮阳和空腔内遮阳。外遮阳又分为固定遮阳和活动板遮阳。

固定遮阳主要形式有：水平式、垂直式、综合式、挡板式、外置卷帘、绿化遮阳等。朝南的房间一般采用水平式遮阳。东西向一般采用垂直式遮阳，而综合式遮阳可以很好地降低遮阳板的尺寸，使得固定遮阳在遮挡太阳直射光进入室内的同时，对室内照度水平的影响降到最低。

活动板遮阳能随天气变化和太阳位置的移动而调整遮阳角度，控制光线的灵活性大，节能效果好。手动控制遮阳板构造简单，成本低，但操作不便，适用于家庭或较小建筑。机械控制遮阳板成本较高，但容易操作，有更大的节能潜力。自控遮阳系统能连续控制遮阳板，同时控制照明设备的自动调光，使灯光和天然光的配合处于最佳状态，但价格贵。

2）智能玻璃。温控智能玻璃材料，即随着室外温度的变化，控制可见光和红外线的透过率，从而控制室内温度和亮度，可减少空调的使用频率和强度，既可降低污染，又节省能源。

3）光导管。室外天然光透过采光罩导入系统内进行重新分配，再经光导管传输和强化，由系统底部的漫射装置将天然光高效均匀地照射到室内需要光线的地方，是健康、节能、环保的新型照明系统。除光导照明系统外，还有光导—光伏照明一体化系统、光导—通风一体化系统等。

4）跟踪采光系统。采用太阳光接收器并通过传输系统将太阳光传到需要采光的空间。具体传导方式有：利用镜表面反射，将日光反射到需要的空间；通过定日镜跟踪太阳，将获取的日光汇成光束，经光学系统多次反射、折射后，引入需要照明的空间；通过光导纤维将日光传到需要照明的空间。

（4）蓄热体

相变蓄能材料在建筑中的应用主要有三类：

1）冬季，白天利用太阳能蓄热，夜晚释热，提高夜间室内温度，减少供暖能耗，如常见的阳光房、"特隆布墙"。

2）夏季，昼夜温差大时，利用夜间通风结合建筑围护结构蓄冷来调节室温，如相变蓄能吊顶系统。

3）利用夜间廉价电，转移电网高峰负荷，如相变蓄热式地板电采暖系统。

4.4.2 主动式控制策略

采暖空调系统的优化。采用辐射板供热或供冷是一种可改善室内热舒适并减少能耗的新方式。具体方式包括：地板辐射供热供冷、天花板辐射供热供冷、墙面垂直辐射供热供冷等。供热时水温23～30℃，供冷时水温18～22℃。同时辅以置换式通风系统，采取下送上排，风速低于0.2m/s，换气次数0.5次/h，实现夏季除湿、冬季加湿的功能。这种方式可达到节能、舒适、提高空气质量的目的。

4.4.3 生态核系列

生态核系列包括生态中庭、空中花园和生态舱等。它的主要特点是：

1）它是一个促进通风换气的热压通风空间。

2）它是一个具有微型植物群落的绿色空间，增加人与自然的接触，增加人的绿视率。

3）它能够改善空气质量，增加室内的含氧量。

4.5 能源优化策略

在能源应用策略方面指导思想是：高效利用化石能源，如采用电热冷联产系统；积极开发可再生能源，如利用太阳能、风能、地热能、生物质能等；对不同的能源系统进行优化组合，追求整体最优。

4.5.1 电热冷联产系统

楼宇式燃气电热冷联产系统（BCHP）是为建筑物提供电、热和冷的现场能源系统。发电机所发电力直接供应建筑物使用，发电后的余热用于供冷、供暖和供应热水。联产总效率可达80%左右，在一定条件下是节能的。

4.5.2 热泵系统

通过热泵技术从低温热源中取热，提升其温度后，为建筑物提供热量，解决供暖和生活热水的供应，是直接燃烧一次能源而获取热量的主要代替方式。根据低温热源不同，主要有如下形式：

1）空气源热泵。它使空气侧温度降低，将其热量转送至另一侧的空气或水中，使其温度升至所要求的温度。目前，空气源热泵超低温运行问题已经解决。

最近有厂家提出了低温空气源热泵+低温热水地板辐射供暖的方式，通过在北京、天津、青岛、武汉等城市20多个工程两个冬季的试点，在保证室内18℃以上的舒适环境及无辅助热源的前提下，获得了较好的节能效果。

2）地源热泵。以土壤、地下水或地面水为冷热源的热泵方式，近年来在国内有了较快发展，包括深井回灌水源热泵、土壤源热泵等。选择何种方式，取决于当地的地质状况。

3）污水源热泵。哈尔滨工业大学开发的污水源热泵空调，以污水为低温热源，实现冬季供暖、夏季供冷，全年供应生活热水。节能无污染，运行可靠，初投资低。

4.5.3 太阳能在建筑中的应用

太阳能的应用技术可分为太阳能光热利用技术、太阳能光电利用技术、自然光利用技术。

（1）太阳能光热利用技术

太阳能光热利用技术包括被动式太阳房、主动式太阳能供暖供冷技术、太阳能集热器技术和太阳能光热发电技术。

1）被动式太阳房是太阳能供暖的应用形

式之一，是依靠建筑围护结构本身来完成吸热、蓄热、放热功能的供暖系统。

被动式太阳房可分为：直接受益式、集热蓄热墙式、附加阳光间式、屋顶池式、卵石床蓄热式。

2）太阳能被动式通风降温技术有三种实现方式：①利用太阳房的温室效应；②利用烟囱效应；③两种方式的综合应用。包括太阳能烟囱、太阳能屋顶集热器、特隆布墙（它既可用于夏季降温，也可用于冬季供暖）。

(2) 太阳能光电利用技术

太阳能光电利用技术包括太阳能光伏发电技术和太阳能热发电技术

1）太阳能光伏发电技术是利用太阳能电池组件变太阳能为电能。建筑一体化光伏发电系统（BIPV）可分为独立式、复合式和并网式三种。对于并网式，当光伏电池供电不足时，由电网向用户供电；相反，当光伏电池供电大于用户需求时，则剩余电能可通过逆变器输送到电网。安装双向计量电表即可解决电力收费问题。

2）太阳能热发电技术是太阳能热利用的途径之一。它利用集热器将太阳辐射能转化为高温热能并通过蒸汽热力循环过程进行发电。目前太阳能热发电系统包括槽式线聚焦系统、塔式系统和碟式系统。

4.5.4 自然光利用技术

自然光利用技术是直接将室外光线引入室内作为采光光源，从而减少人工照明。目前导光设备的光学传输效率为20%～50%，比太阳能电池发电照明的效率高10～20倍。采用日光照明设备，只要设计合理，其成本会大大低于太阳能电池发电。

4.5.5 风能利用

在建筑设计领域，特别要注重风光互补的屋顶发电系统。

近年来许多国家的政府都非常重视"屋顶阳光发电系统"的开发。这些系统以家庭为单位进行安装和供电。为了降低造价省去了蓄电池（储能部件），它们都与大电网相联，互相补充电能。1990年开始，德国、日本、意大利、印度、美国等国政府先后提出"太阳能屋顶计划"。研究表明：太阳能光电产品的市场销量在今后十年内将以平均30%的速度增长，到21世纪中叶，阳光发电量会占世界总发电量的15%～20%，成为世界基本能源之一。

我国的风力与日照资源比较丰富，具有巨大的太阳能光电和风电市场。目前我国的屋顶光电系统已起步，生产能力4～4.5MW，主要是光伏发电，平均以每年15%～20%的速度增长。小型风力发电设备也有相当的发展，近期在提高发电效率、拓宽适应风速范围、防雷、减噪以及降低成本方面，将有新的进展。例如，聚风式小型风力发电机可使发电效率提高1.7倍。因此，在我国发展风光互补的屋顶发电系统是很有前途的。

4.6 生态技术策略应用案例

4.6.1 清华大学超低能耗示范楼

清华大学超低能耗示范楼建于清华大学建筑馆东侧，建设用地约560m^2，建筑面积3000m^2。用地为一个南北长、东西短的长方形，朝南面短，西侧被建筑馆遮挡，用地局促，设计难度大。

设计目标：超低能耗的绿色建筑，复合的实验装置。

设计中采取了五方面的生态策略（图4-19～图4-23）：

1）在建筑与环境的关系上，深入分析了周围环境和气候的特征，充分挖掘场地的积极因素，转化其消极因素。考虑到建筑对环

图4-19 清华大学超低能耗示范楼建筑外景

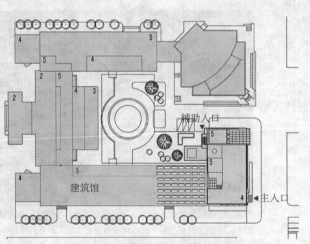

图4-20 清华大学超低能耗示范楼总平面图

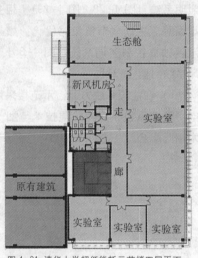

图4-21 清华大学超低能耗示范楼四层平面

图4-22 清华大学超低能耗示范楼一层平面

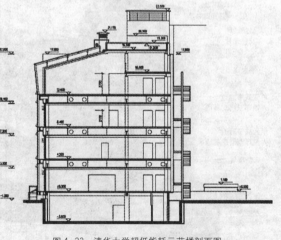

图4-23 清华大学超低能耗示范楼剖面图

境的空间置换影响，采用微型园林、人工湿地、植被屋面、生态舱等技术，对自然环境作出生态化补偿。

2）在结构体系选择上，考虑到钢结构比钢筋混凝土结构自重轻，排放 CO_2 少，便于材料的回收再利用以及实验功能的需要，选用了钢结构。

3）在建筑围护结构方面，重点是强调其高性能、应变性和智能化（图 4-24）。（高保温隔热墙体、双层皮通风玻璃幕墙、真空玻璃幕墙＋可控外遮阳）

4）在室内环境控制方面，被动式节能策略优先，如：热压通风（图 4-25）、反光板、追踪采光系统（图 4-26、图 4-27）、光导管照明系统（图 4-28、图 4-29）、相变蓄热楼地面等。主动式节能策略优化，如：室内温湿度独立控制空调系统（图 4-30）、置换通风系统（图 4-31）。

5）在能源系统方面，示范楼采用燃气热电冷联产系统，液体除湿技术与烟气冷凝技术相互配合。

图 4-25 通风竖井与楼梯间结合

图 4-26 阳光追踪传输系统（图中两根钢管柱上是球形的集光器）

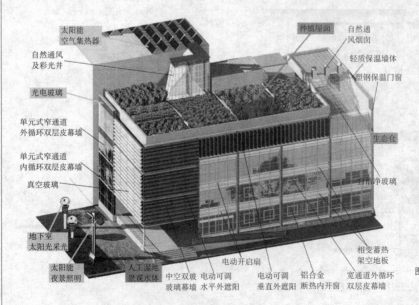

图 4-24 清华大学超低能耗示范楼围护结构示意图

图 4-28　光导管采光罩

图 4-27　阳光追踪传输系统（向地下室传输阳光的散光器）

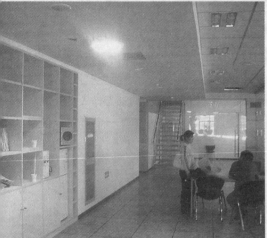

图 4-29　光导管散光罩

图 4-30　毛细管式辐射板

图4-31 置换通风系统

4.6.2 邯郸地税局数据处理中心

邯郸市地方税务局数据处理中心位于邯郸市高新技术开发区的西南部,南临为民路,东临新园街,北侧与正在建设的工商局办公楼相邻,西侧为即将建设的国税局办公楼(图4-32)。用地范围约11860m², 建筑面积约14960m², 其中主楼面积约11317m², 附楼面积约3643m²。主楼的主要用途为信息数据处理和市局机关办公,附楼的主要用途为干部培训、系统会议接待、内部工作人员就餐等。

设计目标:使其成为一个节能、健康、环保的生态办公建筑。

在设计中所采用的生态策略有(图4-33):

图4-32 邯郸地税局数据处理中心鸟瞰图

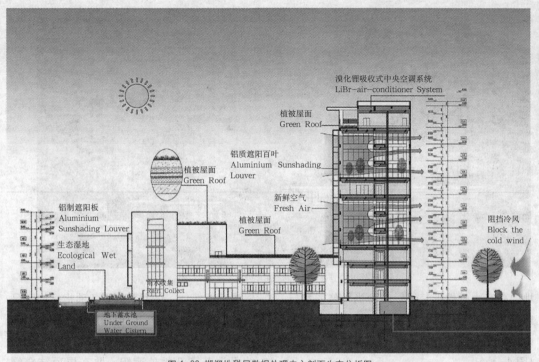

图4-33 邯郸地税局数据处理中心剖面生态分析图

1)建筑布局与场地设计中的生态策略。在建筑布局上,充分利用场地中好的朝向,尽量多地争取到阳光和风向的有利条件。建筑体形也要有利于减少能耗,有利于自然通风,有利于充分利用阳光。

2)内部空间的空中庭院设计。通过分层交错的空中庭院布局,创造出健康宜人的办公环境,使建筑内的工作人员充分地接触自然,增加绿视率,改善室内空气质量,促进室内自然通风。

3)建筑外围护设计。通过外围护系统优化,减少了建筑能耗,减轻了供热和供冷的负荷,提高了室内环境的舒适度。

4)水系统设计。用毛管渗滤"生物床"技术处理部分建筑中的生活污水,使水质达到景观用水的要求,满足场地内的景观补水需要。

5)植物的选择与配置。在场地内的植物选择与配置上,以绿量指标为指导,结合邯郸地区的气候特征,采用乔、灌、草相结合的复层植被结构,提高植被的叶面积指数。

6)利用电厂的废气资源,采用溴化锂吸收式制冷技术,减少能耗。

4.6.3 山西西龙池抽水蓄能电站办公生活区

山西西龙池抽水蓄能电站办公生活区位于山西省五台县西龙池抽水蓄能发电站现场营地,地处滹沱河与清水河交界处,距忻州市和太原市的公路里程分别为69km和150km,作为蓄电站的附属工程,用于满足施工期与使用期的电站管理、运行服务等需要,主要功能包括生产管理用房、招待所、餐厅、材料库房,以及为站区配备的小型消防站一座(图4-34)。项目用地面积约为72000m^2,建筑面积17096.60 m^2。

项目立足于常规技术在生态建筑中的实际应用,从外部气候条件、自然资源条件、建筑技术水平、经济投资等全方位多角度出发,力求达到经济合理、切合实际、有效运行的生态建筑设计目标。在设计中所采用的生态策略有:

1)总平面设计。在建筑布局上,根据基

图 4-34 山西西龙池抽水蓄能电站办公生活区鸟瞰图

地内高差大的地形特点，结合当地气候和日照情况，采用台地式布局，力求保持原有的山地自然风貌，并保留了部分有价值的树木（图 4-35a）。

2）生态化场地设计。为减少建设对环境的负面影响，采取措施对环境做出生态化补偿：植物配置强调乔灌草相结合的复层植被结构，增加绿量提高植被的生态功能。适地适树，尽可能选用地方树种，增加生物多样性。雨水回渗地下，污水则采用毛管渗滤技术处理，用于景观用水，营造人工湿地和生态水池，以达到节约水资源、美化环境、改善场地小气候的目的（图 4-35b）。

3）建筑外围护设计。建筑外墙采用外保温节能墙体，体型系数等各项指标均满足相关节能设计标准。门窗采用中空玻璃，通过模拟计算，建筑遮阳采用以垂直遮阳为主的可调节穿孔板外遮阳，并在屋顶结合绿化布置设有水平向遮阳百叶（图 4-36、图 4-37）。

4）室内环境控制。建筑体形和布局方位有利于室内组织自然通风，解决大部分时段的换气问题。空调末端采用冷热辐射盘管或风机盘管，新风系统可除湿和热回收。

5）能源系统设计。能源供应采用水源热泵系统，提供冷热源和生活热水。

6）建筑绿化设计。建筑顶部设计为绿化种植屋面；建筑中庭除作为气候缓冲空间

图 4-35a 山西西龙池抽水蓄能电站办公生活区总平面及环境设计

- ●植物配置
 采用多层次绿化，乔、灌、草结合，采用当地常见植物，营造丰富景观空间，改善场地内部微气候。
- ●毛管渗滤技术
 利用土壤深处微生物进行污水处理。同时充分利用水肥资源，将污水处理与绿化结合，美化生态环境。

图4－35b 山西西龙池抽水蓄能电站办公生活区总平面图及环境设计细部设计

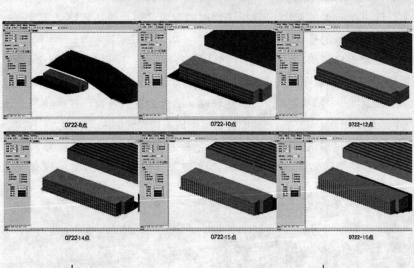

图4－36 山西西龙池抽水蓄能电站办公生活区计算机模拟遮阳设计

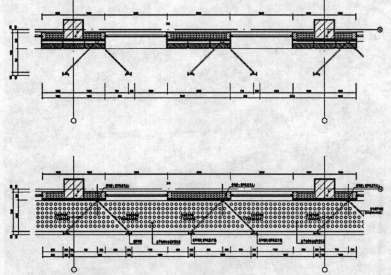

图4－37 山西西龙池抽水蓄能电站办公生活区遮阳节点设计

或热压通风空间外，可布置小型植物群落，改善空气质量，增加绿视率，形成"生态核"。

4.6.4 北京锋尚国际公寓（图4-38）

北京锋尚国际公寓位于北京市海淀区，占地2.6hm²，总建筑面积10万平方米，容积率3.0，绿化覆盖率63%（图4-38、图4-39）。作为北京市节能65%试点工程，锋尚国际公寓以"高舒适度低能耗"作为其设计理念，并依据北京节能65%的能耗指标：14.65W/m²，锋尚达到了12.4W/m²的能耗指标。在采用ISO7730标准进行的冬季和夏季热舒适度的检测中，均取得良好的测评结果。其"高舒适度低能耗"系统由供暖制冷、健康新风、外墙、外窗、屋面及地下、防噪声、垃圾处理、水处理等八个子系统组成。

1）供暖制冷子系统：即顶棚辐射供暖制冷系统，夏季送21℃循环水，冬季送23℃循环水，依靠冷热辐射维持室温在20～26℃舒适范围（图4-43）。

2）健康新风子系统：置换式新风使室内空气更纯净，处理后的室外空气，通过风道送入室内，24h不间断，在不开窗的情况下也可保持室内空气新鲜，有益身体健康。

3）外墙子系统：采用欧洲标准四层外墙防护，总厚度420～520mm，严密阻止冷热辐射和传导；干挂砖幕墙"遮阳伞"功能保护外保温板不受雨雪侵蚀，抵挡辐射；外保温方式防止冷、热桥产生，优于内保温；流动空气层挥发保温板水汽，永久保持保温板干燥时的保温效果；传热系数低至0.2～0.3W/(m²·K)（北京规范0.9～1.16）。

4）外窗子系统：采用断桥铝合金窗框，能把太阳能量留在室内的低辐射（Low-E）中空玻璃，铝合金遮阳卷帘，夏季使用外遮阳卷帘，形成室内柔和的采光效果。

5）屋面及地下子系统：屋顶为200mm厚高密度聚苯保温板＋局部屋顶绿化（图

图4-38 北京锋尚国际公寓效果图

图 4-39 北京锋尚国际公寓庭院绿化

图 4-40 北京锋尚国际公寓屋顶绿化

图 4-41 北京锋尚国际公寓中央吸尘系统

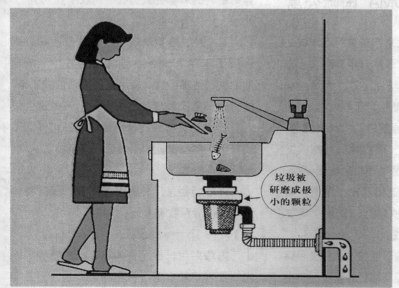

图 4-42 北京锋尚国际公寓食物垃圾处理

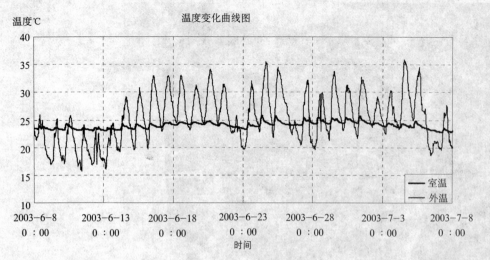

图 4-43 北京锋尚国际公寓热舒适度夏季测试结果

4-40);外墙保温板延伸到地下 1.5m。

6)防噪声子系统:外窗系统和铝合金遮阳卷帘,防止室外噪声传入;楼板垫层加隔声垫,防止楼上传入室内的噪声;同层后排水系统消除洁具排水噪声。

7)垃圾处理子系统:垃圾处理系统由中央吸尘(图 4-41)、食物垃圾处理器(图 4-42)和可回收分类垃圾周转箱三部分构成,彻底根除室内外垃圾二次搬运所导致的污染。

8)水处理子系统:设中水处理系统,将洗浴、洗衣等生活用水回收处理,用于浇灌绿地、冲洗道路、洗车、补充人工湖水。

4.6.5 当代 MOMA 国际公寓

当代 MOMA 位于北京市东直门万国城北区,项目建筑面积约 22 万平方米,南临正在动工兴建的迎宾国道和观光河道,为目前世界上最大的地源热泵节能住宅工程(图 4-44~图 4-46)。它提出"恒湿恒温,科技住宅"的理念,强调高舒适度、微能耗的可持续发展设计,采用了包括恒温顶棚辐射供暖制冷、恒湿全新风、外墙、外遮阳及窗、屋面、厨房及地漏、防噪声、中央除尘、智能化电梯等在内的十项新技术系统。

1)顶棚柔和辐射冷暖系统:顶棚柔和辐射冷暖系统主要是通过控制楼板的温度而产生热辐射,达到控制室内环境的温度的效果。这种冷暖系统构造是在混凝土楼板内埋有直径 16~20mm、间距为 200~300mm 之间的水管,冬天注入 26℃ 的热水,夏季注入 18~20℃ 的冷水,利用楼板面积大的优势辐射传热使室内环境温度均匀受控,做到使室内空气温度冬季不低于 20℃,夏季不高于 27℃,在人体最舒适范围内。

2)置换式新风系统:新风传输方式采用置换式,所有房间新风都从房间下部送出。为了节约新风,房间里的气体被排送到厨卫,在那里产生换气,带走所有污浊气体和潮湿气体。而且,考虑到能源的节约和再利用,排走空气的热都会被回收,回收率在 80%~85%,作为新的能源。

3)围护结构系统:外墙外窗面积分别降低了 30% 和 40%,这意味着减少了能耗的散失和外部不良环境对室内舒适度的影响,同时也节省了外墙外窗材料,节省的资金投入在提高建筑构件的标准上,外部构件加工简单化,容易保证施工质量,提高施工速度,降低生产成本。

外墙特别采用外保温的方式,保温材料采用热传导系数不大于 0.04W/(m²·K) 厚度 100~120mm 的苯板。

内墙采用轻钢龙骨加石膏板的结构,墙内填置岩棉和穿管线,它的优点是,施工标

图 4-44 当代 MOMA 夜景鸟瞰效果图 1

图 4-45 当代 MOMA 夜景效果图 2

图 4-46 当代 MOMA 内院效果图

准化程度高、速度快，石膏板在做好接缝处理后不易开裂，隔声性好，内隔墙的隔噪数值为40dB，分户墙隔噪系数为52dB。

外窗选用气密性和水密性良好的断热铝合金窗框，玻璃选用LOW-E玻璃，它的导热系数最低可以达到$0.6\sim1.1W/(m^2\cdot K)$，外窗达到了$<1.5W/(m^2\cdot K)$。

4）外遮阳系统：采用可调式外遮阳设施，与采用内遮阳相比制冷能耗降低了83%～88%，最大制冷功率降低了71%。选用铝合金卷帘窗遮阳，它具有良好的抗风压性和免尘性，重量是$3.5\sim4kg/m^2$，表面材料为多层粉末聚脂烤漆，光滑而不易附着灰尘。

5）屋面系统：屋面系统优化后总传热系数$\leq0.2W/(m^2\cdot K)$，采用外保温形式，保温层上方采用耐渗透性的PVC卷材防水。配合防水，采用了先进的虹吸式排水，利用不同高度的势能差，使得在落水时管道系统内部产生局部真空，从而通过虹吸作用达到快速排放雨水的目的。这种排水方式所需落水管的数量少、截面小，对坡度的要求也只有0.5%。

6）超厚楼板：采用22cm加厚楼板，上部的7cm采用陶粒混凝土，比普通混凝土更隔声隔热，更轻便、坚固，能隔绝上下楼之间的生活噪声。

4.6.6 万科·朗润园

万科·朗润园位于上海闵行区中春路、沪松公路口，是一个高档全装修住宅小区，共1000多户，总建筑面积约13万平方米，建筑形式以5层花园洋房为主，辅以8～9层的小高层。

万科·朗润园综合应用了26项生态住宅技术，小区布局、绿化、环保、资源综合利用以及住宅节能、隔声、日照、通风等各项指标达到了上海生态型住宅小区的标准，体现出人居环境健康性、自然环境亲和性的要求（图4-47～图4-49，表4-5）。

1）建筑节能，低能耗、高舒适性：外墙全部采用EPS聚苯板外保温体系，选用热工性能好的新型墙体材料，外门窗采用断热铝型材加双层中空LOW-E玻璃，冬暖夏凉，室内温度的稳定性和热舒适性大大提高。

2）回收利用旧资源：回收旧建筑物的瓦和砖，用于建造围墙及临时建筑。保留、恢复原有植被和天然河道，临时施工道路和永久道路一次施工，大面积的渗透路面，对自然环境的影响减至最小。

3）新型能源太阳能的运用：单身公寓和会所采用太阳能聚热真空管集中供热系统。

4）节约水资源和后期管理成本：雨水收集、中水回用系统满足小区杂用水水质和水量的需求，减少了后期管理费用和维修费用。管道供应直接饮用水，节约成本，保障健康。

5）洁净的室内空气：南北通透、全明设计，环保装修，室内90%以上的空间实现自然通风；户式中央空调为不同户型提供空气调节全面解决方案。

6）洁净的水环境：人工湿地、人工湖生态自平衡，水质清澈，达到天然河道三级水的标准。

7）多样化的绿化系统，改善小区微环境。倒置式保温屋面系统，大面积的屋顶绿化，西山墙垂直绿化，区内立体绿化，外墙浅色饰面。地面停车位采用绿化遮阳棚，保证舒适度。

8）安静的声环境：全装修入住，配置绿化隔离带、全地下车库，有效组织交通，降低小区噪声；采用隔声门、隔声窗、隔声墙、楼板隔声构造；无机房电梯，空调设置减振装置。

9）废弃物使用和管理：垃圾袋装、分类存放、上门收集，有机垃圾生化处理。

图 4-47 万科·朗润园模型鸟瞰

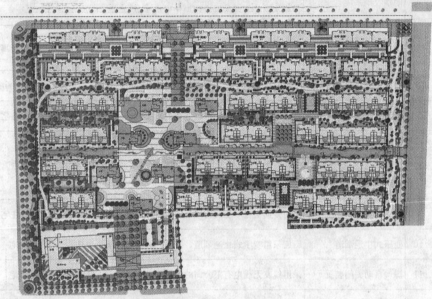

图 4-48 万科·朗润园总平面图

图 4-49 万科·朗润园人工湿地实景

万科·朗润园生态住宅技术应用一览表

表 4-5

序号	技术内容	技术特点、作用	应用部位
1	外墙保温体系	外墙聚苯板隔热保温良好,热工性能好的门窗,双层中空玻璃,形成舒适的室内热环境	所有住宅外墙、架空层板底
2	太阳能集中供热	利用太阳能聚热真空管技术,实现单身公寓、会所集中供热	单身公寓、会所
3	太阳能照明技术	广泛使用太阳能草坪灯、太阳能楼牌号照明系统、小区指示系统、太阳能时钟,有效节约能源	小区内广泛使用
4	雨水收集系统	收集屋顶、露台雨水,以及采用植草砖、渗透砖收集地表径流水,经处理后做景观绿化用水	全部
5	中水回用	收集单身公寓生活废水,经处理后进入人工湿地,作为人工湖补充用水	单身公寓
6	有机垃圾生化处理	实行有机垃圾生化处理,减少污染	两台800户
7	新型墙体材料	外墙混凝土多孔砖,内墙轻质混凝土砌块	所有住宅
8	屋顶绿化、垂直绿化、立体绿化	屋顶种植佛甲草,增加绿化面积,保温隔热;西山墙垂直绿化;小区内乔木、灌木、草坪、花卉组成的立体绿化,花架为室外车位提供遮阳	小区内
9	自平衡式通风系统	采用爱迪士自平衡式通风系统,有效改善室内空气质量	所有住宅
10	变压式止逆烟道	厨房采用变压式止逆烟道,有效排放油烟,防止串烟	所有住宅
11	燃气自动关闭装置	采用线友无线电有限公司的燃气自动关闭装置,确保安全	所有住宅
12	有效的降噪措施	小区外围绿化带密植高、中、低的乔木、灌木,选择能有效吸收噪声的树种,降低噪声;合适的隔声屏、墙;气密性一级的外门窗,双层中空玻璃,全地下车库,人车分流	小区西侧,区内
13	无机房电梯	有效降低噪声	全部电梯
14	隔音进户门	进户门增加气密性,采用隔声门	所有住宅
15	空调设备减震装置	采用分体空调,做减振措施,以减少噪声,7栋独立小高层采用户式中央空调	除7栋小高层外的住宅
16	整体式卫生间	采用远铃或其他品牌整体卫生间,减少现场湿作业,提高工业化程度	单身公寓(仅1栋)
17	地埋式变电站	应用新技术,占地小,有效增加绿化景观面积,减少电磁辐射	小区
18	成品橱柜	工业化生产成品橱柜	住宅
19	分质供水	分质供水技术确保饮用水方便可靠	所有住宅

续表

序号	技术内容	技术特点、作用	应用部位
20	居家智能系统	采用可视对讲、紧急报警等系统,为业主提供便捷和安全保障,为物管和业主建立一个信息互动平台	所有住宅
21	指纹门禁系统	单身公寓独立的指纹门禁系统,带对讲功能,确保安全	单身公寓
22	峰谷电表	合理利用电力,节约电费	全部住宅
23	烘干式毛巾架	使用方便,保持毛巾干燥	选装
24	人工湿地、人工湖生态自平衡	利用人工湿地、人工湖自净化,实现生态自平衡	区内4600m^2
25	全装修绿色环保材料	住宅100%采用,纱门、纱窗一次到位	选装
26	无梁楼盖、预应力梁板	全地下车库采用无梁楼盖,半地下车库采用预应力梁板,有效降低层高和基坑支护深度	车库

4.6.7 上海莘庄生态办公示范楼

该生态办公示范楼位于上海市建筑科学研究院莘庄科技发展园区内,建筑面积约2000m^2,建筑主体为钢筋混凝土框架剪力墙结构,屋面为斜屋面结构。建筑为南面2层、北面3层(图4-50)。

该办公楼的基本理念是:节约能源、节省资源、保护环境、以人为本。

总体技术目标是:综合能耗为同类建筑的25%,再生能源利用率占建筑使用能耗的20%,再生资源利用率达到60%,室内综合环境达到健康、舒适的指标。为实现该目标,在设计中采用了多种生态技术(图4-51~图4-55):

图4-50 上海莘庄生态办公示范楼建筑外景

图 4-51 上海莘庄生态办公示范楼室内绿色中庭

图 4-52 上海莘庄生态办公示范楼屋顶绿化平台

图 4-53 上海莘庄生态办公示范楼生态景观水池

图 4-54 上海莘庄生态办公示范楼屋顶太阳能集热板

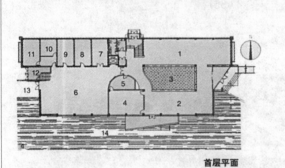

首层平面

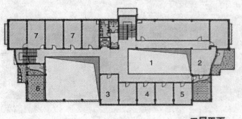

二层平面　　剖面分析图

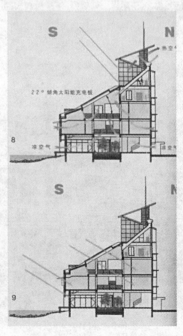

图 4-55 上海莘庄生态办公示范楼平面图与剖面分析图

1）自然通风设计策略及气流组织模拟技术：通过室外气流的模拟计算及建筑物外形的风洞实验，对不同风向和风压下建筑各部分的自然通风效果进行分析，改进和优化建筑外形及房间功能。并利用屋顶排风道进行热压通风，保证良好的自然通风效果。

2）超低建筑能耗节能技术系统：根据生态示范楼各种建筑工况，通过能耗指标和节能效果模拟分析，将多种低能耗建筑围护结构合理节能设计方案进行比较，确定适合生态示范楼的超低能耗节能技术系统：四种复合墙体保温体系＋三种复合型屋面保温体系＋双玻中空LOW-E窗＋多种遮阳技术。

3）天然采光设计优化及模拟评价技术：采用天然采光模拟技术优化中庭天窗、外墙门窗等采光及遮阳设计，冬季北面房间可透射太阳光，夏季通过有效遮阳避免太阳直射。

4）高效、环保、健康新型空调系统：针对现行空调系统普遍存在的霉菌问题、高能耗问题和臭氧层破坏问题，在示范楼里采用热泵驱动的热、湿负荷独立控制的新型空调系统。

5）可再生能源利用与建筑一体化：示范楼设计了斜屋面放置太阳能真空管集热器（150m^2）和多晶硅太阳能光电板（5kW），实现太阳能光电光热综合利用与建筑一体化。

6）绿色建材：生态示范楼中可回收利用材料的使用率达到60%，采用大量绿色工程材料。绿色装饰装修材料也全部采用环保低毒产品。

7）智能控制：以数据采集、通信、计算、控制等信息技术为手段，运用成套先进的智能集成控制系统，对建筑构件及建筑设备进行控制，确保建筑运行的节能、舒适和高效。

8）水资源回用：采用ICAST回用处理系统，对示范楼全部建筑污水和雨水进行处理，并回用于屋顶平台绿化浇灌、景观水池用水、冲厕所和清洁道路等。

9）生态绿化：通过屋顶花园、垂直绿化、室内绿化和室外绿化等多种生态绿化植物群落配置技术，改善建筑的周边及室内环境。

10）舒适环境：通过室内污染源浓度分布预评估、热环境模拟评估、噪声调研和建筑隔声模拟实验、光环境模拟分析，利用室内环境综合智能调控系统，实现健康、舒适的室内环境控制目标。

参考文献

[1] 吴良镛．人居环境科学导论．北京：中国建筑工业出版社，2001．
[2] 黄光宇，陈勇．生态城市理论与规划设计方法．北京：科学出版社，2002．
[3] 戈峰．现代生态学．北京：科学出版社，2002．
[4] 李敏．生态绿地系统与人居环境规划．北京：中国建筑工业出版社，2001．
[5] [美]麦克哈格．设计结合自然．倪文彦，宋俊岭译．北京：中国建筑工业出版社，1989．
[6] 傅伯杰等．景观生态学原理及应用．北京：科学出版社，2001．
[7] 清华大学建筑学院、清华大学建筑设计研究院．建筑设计的生态策略．2001．
[8] 杨柳．建筑气候分析与设计策略研究．西安建筑科技大学博士论文，2003．
[9] 薛志峰等．超低能耗建筑技术及应用．北京：中国建筑工业出版社，2005．
[10] 江亿，林波荣，曾剑龙，朱颖心等．住宅节能．北京：中国建筑工业出版社，2006．
[11] 李洪远，鞠美庭．生态恢复的原理与实践．北京：化学工业出版社，2005．
[12] 杨京平，卢剑波．生态安全的系统分析．北京：化学工业出版社，2002．
[13] 雍兰利，范玉凤．化解生态环境危机：从科技理性到生态伦理．河北师范大学学报（哲学社会科学版）．2004，4．

建筑技术新论
New Theory of Building Technology

Safety Design of Building
建筑安全设计

第5章 建筑安全设计

20多年的改革开放给我国城市及建筑面貌带来了翻天覆地的巨变,城市化以不可逆转的趋势成为新世纪社会、经济发展的一大动因。但作为一把双刃剑,现代人在享受城市化所带来便捷的同时,也面临着更大的风险。这一方面表现为灾害发生的可能性比过去大为增加;另一方面由于城市建筑、人口、财富日益集中,导致灾害造成的后果也更为严重;从远期来看还会对社会、经济、生态系统产生长期的潜在影响。当前国际国内各种有关建筑的灾害事故频发,一些非传统的威胁更层出不穷。因此,进一步提高建筑质量和安全设计水平,增强建筑自身免疫(Immunity)能力已成为当务之急。

5.1 建筑安全设计的内涵及外延

5.1.1 安全

"安全"是一个狭隘而宽泛的概念。作为人类社会的基本需要之一,人类在"生存"和"温饱"等基本需求得到满足之后,"安全"就成为首要的诉求。现代人需要的"安全",既包括生存条件的满足(生活、工作的安定),还包括健康的保障、生命财产的安全以及应对突发性安全事件的能力等。因此,现代安全是一种"多维度综合安全"需求,即时时安全、处处安全。

(1) 安全的原始意义,从词意和典故考虑,有如下的描述:

1) 安全在希腊文之中的意思是"完整",而在梵语中的意思是"没有受伤"或"完整",在拉丁文中有"卫生"(Salvus) 之意。

2)"安"字指不受威胁,没有危险、太平、安全、安适、稳定等,可谓无危则安;"全"字指完满,完整或指没有伤害,无残缺等,可谓无损则全。[1]

3)《汉语大词典》对安全的解释,一是平安、无危险;二是保护、保全。根据《韦伯国际词典》,英语的安全(Security) 表示一种没有危险、恐惧、不确定状态,免于担忧,同时在一定的意义上还表示进行防卫和保护的各种措施。[2]

(2) 随着科技发展,安全的科学含义更加广阔:

1) 安全指没有危险,不受威胁,不出事故,即消除能导致人员伤害,发生疾病或死亡,造成设备或财产破坏、损失,以及危害环境的条件。[3]

2) 安全是指在外界条件下使人处于健康状况,或人的身心处于健康、舒适和高效率活动状态的客观保障条件。[4]

---

[1] 罗云等. 安全文化百问百答. 北京:北京理工大学出版社,1995:3-25.
[2] 汉语大词典. 四川辞书出版社,湖北辞书出版社,2001.
[3] 安全科学技术词典. 北京:中国劳动出版社,1991:1~3.
[4] 同上

3）安全是一种心理状态。即认为，指某一子系统或系统保持完整的一种状态。

4）安全是一种理念，即人与物将不会受到伤害或损失的理想状态，或者是一种满足一定安全技术指标的物态。

（3）从众多安全专家做出的诠释来看，安全是危险的对立面，它的内涵包括两个方面：一是预知危险，二是消除危险，二者缺一不可。从外延来讲，安全是预知人类活动各个领域里存在的固有的或潜在的危险，并且为消除这些危险所采取的各种方法、手段和行动的总称。安全的本质含义是告诉人们怎样去认识危险和防止灾害。

安全不仅是一种目的，也是一种手段。要想用一个简单的定义就把复杂的安全内涵表述清楚是较为困难的。因此，应当从宏观的角度去把握安全概念。虽然安全的定义形形色色，但都包含了两个方面意思：一是人的存在状态，即人的身心免受外界危害的存在状态；二是使这种状态得以存在的外界条件。人的存在离不开物，物既是人的安全的保障条件，又是有可能对人体产生危害的因素，而物本身也有一个存在状态。

综合各种解释，"安全"应该是使人的身心免受外界不利因素影响的存在状态及使这种状态得以存在的外界保障条件。安全科学不仅要静态地研究这些保障人体健康的外界条件，而且还要动态地研究人的状态、物的状态、人与物关系表现形式的状态以及三者之间的内在联系。这两个方面结合起来，才是一个完整科学的安全概念。

5.1.2 安全设计

安全设计的涵盖范围十分广泛，包括食品、通信、交通、工业、农业、建筑业等国民经济诸多部门。设计阶段是形成产品安全度最重要的阶段。设计一旦确定，产品的固有安全也基本确定。因此，抓好设计阶段的安全保证，是整个安全体系中至关重要的一个环节。

业内对于安全设计有多种认识和界定。一般传统观念认为，安全设计是可靠性设计的重要组成部分，其目的是防止人员伤亡及设施毁损等事故的发生。"安全设计是以可靠性设计的手段达到工程安全性质量指标的目的。安全性设计是具有明确的指挥值，以赋予工程安全性可靠性为目的设计；它如实地将设计变量视为随机应变量来处理，使设计结果更符合客观实际。"[①]

5.1.3 建筑安全设计

首先，从已开展的建筑安全相关研究来看，主要集中在结构安全设计、防雷安全设计、防火安全设计、抗震安全设计、防洪安全设计、人防设计及施工安全等方面。但近年来随着各类非传统突发公共安全事件的涌现，更多对于建筑安全性的要求被纳入设计范围。这些新的安全隐患归结起来主要是人因风险(Manmade Hazards)，其中又以各种类型的恐怖袭击(Terrorists Attack)和突发公共卫生事件为突出。如何在建筑设计中较好的解决这些问题是摆在建筑设计人员和相关机构面前的新挑战。

其次，长期以来，我国的建筑安全设计活动基本局限于建筑设计者，与之对应的是我国条块分割的行业管理模式、处方式安全规范及被动滞后的安全文化意识，使得建筑安全问题严重滞后于社会经济发展。随着"以人为本"思想受到全社会广泛重视，保障人民生命财产安全成为安全工作的首要任务；同时伴随建筑的规模不断扩大、功能日益复杂、城市环境更加多样和风险种类持续增多，

[①] 金磊. 从安全设计到设计安全——谈建筑安全减灾学科建设的问题. 中国安全科学学报增刊. 1995 (12): 5-8.

传统的建筑安全设计措施已经不能在灾害发生时有效地保护人员安全,因此有必要将安全设计的含义加以拓展,为更加深入开展建筑安全研究奠定基础。

最后,建筑安全设计不应仅仅局限在项目的设计阶段,而是贯穿于项目的全寿命周期内,包括立项、设计、施工、建成使用各阶段;绝大多数在施工和使用中出现的安全问题是能够通过在设计阶段预先考虑而有效规避的,但不能完全避免。因此,安全设计必须贯穿于建筑的整个生命周期。

综上所述,可以从微观和宏观两方面来把握建筑安全设计的本质:

(1) 建筑安全设计的微观含义着重于传统意义上的设计行为,就是对建筑整个生命周期内可能遇到的各种灾害、风险在充分识别和科学分析的基础上,遵守相关安全技术规范、法律、标准;通过设计手段,最大程度地赋予建筑抵御灾害或减小损伤的能力,使风险得以消除或是使之降低到一个可以接受的水平。

(2) 从宏观上讲,建筑安全设计的含义是指,设计者(包括部门)主动运用行政、经济、法律、法规、技术等各种手段,发挥决策、教育、组织、监察、指挥等各种职能,从"人——机(建筑、设施)——环境"这一大系统进行综合考查,在建设程序的各个阶段(立项阶段、设计阶段、施工阶段、建成使用阶段等)系统全面地考虑安全问题,排查各类隐患,采取积极有效的防范措施,形成一套循环往复的回馈机制,以达到保障生命财产安全的目的。这是一种主动型、隐含型的设计策略,体现出一种本质安全。其行为部门不仅限于设计界,而应扩大到国家相关行政管理、技术法规制定和安全技术研究等部门。

5.2 国内外发展现状

5.2.1 国外发展现状

发达国家在建筑安全和防灾的管理及法制建设方面开展得较早,并重视在全社会开展安全文化的建设工作。美国早在20世纪70年代,就组建了国家层面的专门应急机构——联邦应急管理局(FEMA)。它为整个美国的应急管理系统设定全部操作标准和指导纲要,开展各种应急培训,为各州及灾害发生地提供财政支持,协助联邦划分州和地方各级政府的职责。同时,美国也制定了行之有效的灾害应急处理方面的相关法规,如:《灾害救助和紧急援助法》、《国家地震灾害减轻法》、《全国紧急状态法》、《化学品安全信息、场所安全和燃料管理救济法》等。英国于2001年设立了非军事意外事件秘书处,负责协调政府部门、非政府部门和志愿人员的紧急救援活动。日本则建立了全国危机管理中心,指挥应对包括战争在内的所有危机。韩国有中央灾害对策部,作为常设机构,它的主要任务是有效地推进各种防灾对策,审议国家防灾基本计划,协调各地的防灾工作,制定年度防灾计划。

发达国家对于涉及城市建筑安全问题的具体研究和应对同样处于领先地位,许多发达国家都根据自身特点,制定了相应的防灾战略和防灾措施。例如,在建筑抗震方面,日本东海岸的一些大城市深受地震灾害的威胁,因此城市建筑防灾主要针对强烈地震及地震引起的城市大火。由于日本城市的集聚程度较高,导致建筑之间保持安全距离比较困难,所以把提高建筑物的抗震强度和耐火强度作为主要安全措施。同时利用一切可利用的城市空间,如广场、公园、地下铁道、地下室等,作为人们的避难场所。

在建筑防火设计方面,从20世纪80年代起,澳大利亚、新西兰、加拿大、日本、英国、美国、瑞典和芬兰等国家相继开展了性能化防火设计(Performance Based Fire Engineering Approach)的理论研究与实践,并取得了不同程度的进展,有些相对成熟的方法已经投入实际应用。例如,英国1985年完成的建筑规范,包括对防火规范的性能化修改,并制定了第一部性能化消防设计指南——《火灾安全工程原理应用指南》;美国于1998年开始性能化消防规范研究,在2001年公布了《国际化建筑性能规范》和《国际防火性能规范》草案;新西兰1992年颁布了性能化的《新西兰建筑规范》,日本1989年出版了《建筑物综合防火设计》一书,1996年开始修改《建筑标准法》,也向性能化规范转变。中国香港特别行政区也开展了大型建筑的性能化防火设计,并在香港新机场、迪士尼乐园、地铁站和香港数码港等基础项目中加以运用。

当今国际形势复杂多变、跌宕起伏,国际恐怖活动愈演愈烈,引起了各国的高度重视。美国在俄克拉荷马联邦大楼爆炸发生后,司法部就在总统授权下,根据1995年6月的"马修斯报告"即联邦设施的易受攻击性评估报告,制定了关于加强建筑物防爆及防止其他可能威胁的国家标准。美国国家总务管理局(GSA)负责协调这些安全标准和成本评估,GSA安全设计标准被确定为保证所有联邦建筑物公共安全的指导原则。

在"9.11"恐怖事件后,美国又接连遭受炭疽菌的攻击。核生化恐怖事件增多的趋势,再次引起了美、英等国对生化袭击与建筑环境安全问题的高度重视。早于1998年,美国劳伦斯·伯克利国家实验室(LBNL)就开始进行该方面的研究,2003年1月10日该实验室向全美公布了《保护建筑物防御化学与生物袭击》的报告。"9.11"之后,美国在政府的推动下于2001年底开始启动众多的研究项目,参加研究的包括科研机构、院校、专业协会、企业、军队、国家实验室等多家机构。具有代表性的项目是由美国国防尖端研究项目局(DARPA)主持的"免疫建筑研究计划"(Immune Building Program)。该项研究的目标是发展一整套免疫建筑系统技术,以保护重要的军事建筑防御生化恐怖袭击。而宾夕法尼亚大学建筑工程系的免疫建筑研究采用类似的方法,主要集中在为商业及居住类建筑提供经济实用的工程技术方案。

目前,美国有很多研究机构和专业协会开始陆续公布他们的研究成果和研究报告。[①]例如:国家职业安全与健康协会(NIOSH),美国供暖制冷空调工程师学会(ASHRAE),疾病预防与控制中心(CDC),美军工程师协会(USACE),美国环保局(EPA),美国工业安全协会(ASIS),美国建筑师学会(AIA)等。具有代表性的是国家职业安全与健康协会2002年5月公布的《保护建筑环境防御空气传播的生化和放射性袭击指南》和2003年4月公布的《过滤与空气净化系统指南》。这两份资料对建筑物针对空气传播的生化和放射性袭击的防护技术作了详细的介绍。

由上面的分析可见,发达国家的城市及建筑防灾目前正沿着两大方向并进:一是,从孤立地设置消防、救护等系统向综合化发展,大体上包括:对可能发生的主要灾害及其破坏程度进行预测;把工作的重点从救灾转向防灾,建立各种综合性防灾系统;加强各类建筑物和城市基础设施的抗灾自救能力;提高全社会的公众组织程度,使防灾救灾系统覆盖到城市每一个居民。二是,开始重视并加紧研究一些新的突发性灾害事件的应对策略。从目前国际形势来看,这将是今后城市建筑安全研究的一个重点。

5.2.2 国内发展现状

我国自20世纪80年代以来,国家相关职能管理部门积极制定了一系列法规措施,以确保公共设施的安全保障和灾害事故的应急处理。主要成果有:《中华人民共和国传染病防治法》和《突发公共卫生事

---

①蔡浩等. 空气传播的生化袭击与建筑环境安全(1):综述. 暖通空调. 2005(1):42-47.

件应急条例》(1989年),《核电厂事故应急管理条例》(1993年),《中华人民共和国消防法》(1998年),《中华人民共和国防震减灾法》(1998年),《危险化学品安全管理条例》(2002年),《建筑设计防火规范》(1987年、1995年、1997年、2001年),《高层民用建筑设计防火规范》(1995年、1997年、1999年、2001年、2005年),《人民防空工程设计规范》(1995年)等等。

进入21世纪,随着经济、社会的高速发展,我国城市面貌正发生着深刻巨变,城市发展已步入快速增长时期。但是,伴随着城市化水平的节节攀升和城市规模的日趋扩大,现代城市"经济、人口、现代化建筑、社会财富、各种物流和信息流高度集中"的特点也逐渐凸显出来。现代城市特点和城市事故灾害呼唤人们强化对城市建筑安全的研究。

作为城市建筑安全领域内开展较早的"城市安全规划研究"已进行了10余年,取得了一批可喜成果,但是目前仍缺乏协调统一和系统完善。各学术机构及团体由于专业背景的局限对其划分的标准、层级往往存在较大的差异,导致研究出现自行其是、条块分割的状况。这既不利于凝练重点攻关目标,又会造成人、物、财力上的极大浪费,进一步的整合各类研究刻不容缓。

(1) 综合性研究

北京市建筑设计研究院金磊是国内最早呼吁和关注城市安全规划的先行者之一。在他的《城市灾害学原理》、《城市灾害概论》等大量专著和文献①中对此进行了广泛而深入的探讨。

以南开大学朱坦和中南大学冯凯为代表的学术团队,分别在"国家'十五'科技攻关课题"的资助下对城市安全规划作了较全面系统的研究,具有一定的权威影响。二者在划分城市安全规划研究要点和相关研究理论等重要方面持有相似的基本观点,目前得到了绝大多数专家同行的认可。有《城市公共安全规划模式的研究》②、《城市公共安全规划理论与方法的探讨》③、《城市公共安全规划编制要点的研究》④、《城市公共安全规划与灾害应急管理的集成研究》⑤等研究成果。

(2) 专题性研究

同济大学戴慎志和徐磊青在"城市住区空间安全防卫规划"⑥研究方面有独到的一面。他们侧重从建筑及城市空间环境设计的角度探讨了如何预防犯罪发生,增进住区安全;理论上重点介绍了美国学者纽曼(Oscar Newman)的"可防卫空间(Defensible Space)"理论和实践。

中国安全生产科学研究院吴宗之也是较早涉足城市安全领域的国内学者之一,作为"城市重大危险源研究"方面的权威学者,在针对各类工业设施的安全规划方面做了大量理论和实践工作,主要成果有《城市土地

---

① 金磊. 城市安全减灾规划设计三题. 现代城市研究. 1995, (5).
　金磊. 21世纪的城市化发展呼唤城市减灾. 中外建筑. 1999, (1).
　金磊. 新世纪中国城市综合减灾规划问题研究——兼论北京奥运建设"三大理念"的安全减灾. 规划师. 2002, (1).
　金磊. 城市公共安全与综合减灾须解决的九大问题. 城市规划. 2005, (6).
② 牛晓霞,朱坦. 城市公共安全规划模式的研究. 中国安全科学学报. 2003, (10).
③ 牛晓霞,朱坦,刘茂. 城市公共安全规划理论与方法的探讨. 城市环境与城市生态. 2003, (6).
④ 朱坦,刘茂等. 城市公共安全规划编制要点的研究. 中国发展. 2003, (4).
⑤ 冯凯等. 城市公共安全规划与灾害应急管理的集成研究. 自然灾害学报. 2005, (4).
⑥ 戴慎志. 城市住区空间安全防卫规划与设计. 规划师. 2002, (2).
　张翰卿,戴慎志. 城市安全规划研究综述. 城市规划学刊. 2005, (2).
　徐磊青. 社区安全与环境设计——在"可防卫空间"之后. 同济大学学报(社会科学版). 2002, (1).
　徐磊青. 以环境设计防止犯罪研究与实践30年. 新建筑. 2003, (6).

使用安全规划的方法与内容探讨》[①]、《城市重大危险源安全规划方法及程序研究》[②]、《论城市重大危险源监控与应急救援体系建设》[③]等。

此外，李彪、李耀庄等学者在利用地理信息系统（GIS——Geographical Information System）等可视化技术建立城市安全规划信息系统方面进行了有益尝试。通过建立城市公共安全规划数据库，以实现对各类安全规划对象的计算机存储与管理，使各类安全规划对象清晰可视，并实现了区域资源配置的计算及分析功能，提高安全规划工作效率，从源头上防止和减缓灾害的发生。

5.2.3 差距与不足

发达国家对建筑安全问题早已开展研究，尤其是美国"9.11事件"发生之后，欧美各国在建筑安全方面的研究更是不惜巨资。发达国家普遍建立了安全科技体系，在公共安全科技的各个方面及层次上投入了大量的人力、物力和财力，公共安全科技达到较高水平，为预防和减少危害公共安全的事件、事故、灾害、反恐防恐和突发事件提供了强有力的支撑和保障。以美国为例，针对自然灾害、重大事故和社会突发事件，建立了先进的研究基地，以及相关科技计划的审查、立项、拨款和实施的完整体系。美国国会立法，最近几年每年投资30多亿美元用于建立食品安全网络，控制外来生物入侵，反生物恐怖及动植物防疫等具有相对独立又互相联系的预警和快速反应体系，认证认可体系，食品安全预警体系，进口自动扣留机制和公众教育体系。

相比而言，尽管我国在城市建筑安全研究方面已做了一些工作，但总体上目前仍处于起步阶段，与世界发达国家相比还有很大差距。从宏观上、总体上说，建筑安全科技体系还没有完全建立起来，城市公共安全研究，尤其是建筑安全设计研究急需加强。造成如此局面的重要原因是我国公共安全管理体制、机制还不健全；各相关领域已有的研究尚处于条块分割状态；建筑安全相关领域的安全体系的建立刚刚开始，研究基础薄弱；实验条件差，设备落后；科技意识淡薄，专门人才严重不足；公众安全意识薄弱，安全素质较低；科技经费投入严重不足；缺乏相关的法律、法规和政策等支撑条件。因此，从整体意义上来讲，我国的建筑安全科技问题研究还处于初级阶段，涉及建筑安全的许多深层次问题远未解决，建筑安全科技发展严重滞后于经济社会发展，与发达国家相比存在很大差距。

5.3 建筑灾害机理分析

对于影响城市建筑的主要灾害类型和分类标准，多年来一直众说纷纭，没有形成一个广泛认可的权威表述。根据目前所收集掌握的资料来看，国内最早的权威性界定来自建设部于1997年颁布的《城市建筑综合防灾技术政策纲要》。纲要中明确指出："地震、火灾、风灾、洪水、地质破坏为现代城市主要灾害源"。同时，该说法又在建设部2004年颁布的《建设事业技术政策纲要》中得到进一步肯定。

北京市建筑设计研究院金磊则在其所著的《城市灾害学原理》一书中指出，"现代化的城市灾害不仅指自然巨灾，如'震、水、风、火'，更要涉及人为因素诱发的现代灾害，这些新致灾源有数十种之多，典型的有：建筑物的腐蚀破坏、建筑渗漏、火灾与爆炸、下沉与塌陷、装饰面危险、钢结构脆性断裂、

[①] 吴宗之. 城市土地使用安全规划的方法与内容探讨. 安全与环境学报. 2004，(6).
[②] 吴宗之等. 城市重大危险源安全规划方法及程序研究. 中国安全生产科学技术. 2005，(1).
[③] 吴宗之. 论城市重大危险源监控与应急救援体系建设. 中国减灾. 2005，(4).

室内公害污染、建筑物生物危害（蚁巢等）等。"①据此，他将城市可持续发展中的不可持续灾害要素归纳为：地震灾害、水安全、气象灾害、火灾与爆炸、地质灾害、公害致灾、"建设性"破坏致灾、高新技术事故、城市噪声危害、住宅建筑"综合症"、古建筑防灾、城市流行病及趋势、城市交通事故、工程质量事故致灾等14类。其宗旨在于形成城市灾害源的新理论，即使公共安全、社会保障、环境公害、危险事故等威胁成为现代城市能力评价的重要指标。所以，从综合减灾观出发的城市灾害源，不仅指城市自然巨灾，还特别包括日益严重的城市人为灾害及人为自然综合灾害等。这是国内首次针对城市范围内各种灾害进行系统研究的一部专著，具有前瞻性和首创性，成为日后有关城市及建筑灾害研究的一部重要参考文献。

进入21世纪，国家进一步加强了对公共安全科技的研究和投入，相继出台了一系列国家、地方性的指导法规。国务院于2005年1月26日审议通过，并于2006年1月8日颁布实施了《国家突发公共事件总体应急预案》是现阶段指导我国公共安全科技领域研究的重要纲领性文件。在其总则中明确指出了编制目的是——"提高政府保障公共安全和处置突发公共事件的能力，最大程度地预防和减少突发公共事件及其造成的损害，保障公众的生命财产安全，维护国家安全和社会稳定，促进经济社会全面、协调、可持续发展。"②

其中，"1.3 分类分级"对于突发性公共事件做了详尽的阐释和分类，具体内容如下③：

本预案所称突发公共事件是指突然发生，造成或者可能造成重大人员伤亡、财产损失、生态环境破坏和严重社会危害，危及公共安全的紧急事件（图5-1）。

根据突发公共事件的发生过程、性质和

图5-1 突发公共事件分类分级
资料来源：人民网
http://politics.people.com.cn/GB/1026/4008411.html

机理，主要分为以下四类：

1）自然灾害。主要包括水旱灾害，气象灾害，地震灾害，地质灾害，海洋灾害，生物灾害和森林草原火灾等。

2）事故灾难。主要包括工矿商贸等企业的各类安全事故，交通运输事故，公共设施和设备事故，环境污染和生态破坏事件等。

3）公共卫生事件。主要包括传染病疫情，群体性不明原因疾病，食品安全和职业危害，动物疫情，以及其他严重影响公众健康和生命安全的事件。

4）社会安全事件。主要包括恐怖袭击事件，经济安全事件和涉外突发事件等。

各类突发公共事件按照其性质、严重程度、可控性和影响范围等因素，一般分为四级：I级（特别重大）、II级（重大）、III级（较大）和IV级（一般）。

通过对《预案》的解读，可以看出"突发公共事件"这一定义几乎囊括了目前所有危

---

①金磊. 城市灾害学原理. 北京：气象出版社，1997.
②中华人民共和国国务院. 国家突发公共事件总体应急预案，2006.
③同上.

及城市公共安全的灾害种类。建筑安全本质上属于城市公共安全之下的一个子系统，预案对建筑灾害分类研究具有很强的现实导向。这也是国家首次从总体战略高度上对有关城市公共安全事件所作出的明确定义和分类。

据此，得到以下四类有关城市建筑安全的主要灾害：火灾、自然灾害（包括地震灾害、地质灾害和气象灾害）、城市突发公共卫生事件和恐怖袭击与破坏事件。

5.3.1 自然灾害

自然灾害指自然界中发生的、能造成生命伤亡与财产损失的事件。[1]通俗一点讲，自然灾害是指由于自然力的作用而给人类所造成的灾难，它是由于自然界发生的各种不以人的意志为转移的给人类造成灾难的不正常现象。"对自然界而言，这些不正常现象是其发生和发展进程中注定要发生的，有其本身的因果关系。"[2]

自然灾害分类是一个较为复杂的问题。由于类型很多，从不同角度、不同目的出发，分类方法也不尽相同；而且各类灾害之间常常伴有交叉互生现象。按照统计指标的分类方式，常见的自然灾害有：天文灾害、气象灾害、地质灾害（包括地震灾害）、地貌（表）灾害、水文灾害、生物灾害和环境灾害等七类[3]。同时，每一种灾害之下，还包括许多子类型。

与城市建筑密切相关的主要有地震灾害、地质灾害、气象灾害。

(1) 地震灾害

我国是个多地震的国家，多次大地震给我国造成了巨大的经济损失和人员伤亡。1556年关中地震死亡83万人，1920年海源地震死亡人数达20万人，震惊中外的1976年唐山大地震死亡人数达24万人，造成的经济损失更是不计其数。历次地震震害调查分析表明，地震造成的直接经济损失和人员死亡，主要是由建筑物的倒塌破坏造成的。因此，最大限度地减轻建筑物在地震时的倒塌破坏，是减轻地震造成的直接经济损失和人员伤亡的重要途径。

(2) 地质灾害

作为一个地域辽阔、人口众多、地质灾害多发的国家，我国地质灾害种类多、分布广、影响大，制约着国民经济的发展，威胁着人民的生命和财产安全。

据统计，全国崩塌、滑坡、泥石流灾害点41万处，各类塌陷面积1500多平方公里，水土流失面积超过180万平方公里。仅崩塌、滑坡、泥石流灾害平均每年造成900多人死亡。全国有400多个县（市）、1万多个村庄受到威胁，直接经济损失36亿元。有23省（区、市）存在较为严重的地面塌陷，有12个省（区、市）存在较为严重的地裂缝，有16个省（区、市）的46个大中城市出现严重的地面沉降。苏州、无锡、常州地区的地面沉降造成当地防洪能力下降，建筑物开裂，并危及铁路、公路设施，给当地经济发展造成严重影响。广西北海、辽宁大连等城市出现的海水入侵破坏了当地的地下水资源，使这些城市地下水供需矛盾更趋紧张。

1998年，长江流域发生了自1954年以来最大的一次全流域性的洪水灾害，江南、华南、西南、东北地区也连遭暴雨袭击，引发大量地质灾害。据有关资料统计分析，1998年全国共发生不同规模的崩塌、滑坡、泥石流等突发性地质灾害约18万处，其中规模较大的477处，死于地质灾害的人数有1157人，1万多人受伤，毁坏房屋50多万间，造成经济

---

[1] 黄崇福. 自然灾害风险分析. 北京：北京师范大学出版社，2001.
[2] 门福录. 关于灾害、灾害学和灾害研究方法若干问题的浅见. 自然灾害学报. 2002,（4）：149～152.
[3] 刘艺林，费国忠. 突发灾祸及现场急救. 上海：同济大学出版社，2003.

损失高达270亿元。近年来我国地质灾害频繁发生，已成为世界上受地质灾害最为严重的国家之一。

我国的地质灾害除自然因素影响外，不合理的人类活动也是诱发地质灾害频繁发生的重要原因。

人为因素主要包括建房、修路、采矿、筑坝等工程活动，山体坡脚开挖土石方形成的人工高陡边坡和竖壁，成为地质灾害最频发地带。例如，2001年5月1日重庆武隆县城江北西段人才交流中心对面发生一起山体滑坡，就是由于人工开挖高陡边坡和违规建房引起的，山体坡脚挖掘后形成灾害隐患，又在坡脚违章建立居民住宅楼。灾害发生后造成极大的生命财产损失，致使1栋8层楼房垮塌，涉及住户31户。在灾害现场清理出79具遗体，有7人受伤。

在一些地区，非法采矿采石屡禁不止，采矿采石形成的高边坡、尾矿断面和弃渣弃石的违规堆放，是造成山体崩塌、滑坡、地陷、地裂和泥石流灾害最为直接的因素。另外，许多地方一方面在地下非法采矿采煤采水，另一方面又在地上密集建房，地下水位下降、地下煤田不科学地挖掘而采空，导致地面下沉和地质构造出现裂缝，再加上修建住过程中缺少统一规划，用地不符合地质科学，建筑工程仓促上马、仓促完工，建筑材料劣质，施工过程偷工减料，进一步加剧了人为地质灾害发生时的损失程度。

(3) 气象灾害

统计显示，从1995年到2005年的10年间，气象灾害给中国国民经济带来的直接经济损失达2.1146万亿元。气象灾害是大气活动过程对人类的生命财产、国民经济建设、国防建设等造成的直接或间接的损失，它是自然灾害中的原生灾害之一。我国地处中、低纬度，地势相差悬殊，加上特定的海陆分布致使我国季风气候盛行，气候类型多样化，这一特征也就造成我国气象灾害种类繁多，分布范围广泛，一年四季都可出现。其特征是持续时间长，灾害严重，连锁反应等。据有关部门统计，1995年气象灾害产生的全国农作物受灾面积4533.33万平方米，因灾死亡5500多人，各类直接经济损失达1800亿元，可见，气象灾害对人类有较大的危害。

5.3.2 火灾事故

在我国国家标准《消防基本术语 第一部分》（GB5907—86）中，明确定义火灾是指"在时间和空间上失去控制的燃烧所造成的灾害。"

火灾的种类根据划分标准的不同，有多种分类方式。例如，按火灾成因划分，有自然火灾和人为火灾；按灾害的损失划分，有普通火灾、重大火灾和特大火灾；按火灾的区域划分，有城市火灾、农村火灾、森林火灾和草原火灾等等。

从我国城市火灾和农村火灾的比例看，我国20世纪80年代以前火灾主要集中在农村地区，火灾起数、死亡、受伤人数和直接经济损失四项指标农村占较大份额。从20世纪80年代开始，我国城市火灾的比例逐年上升，农村火灾比例下降，城市火灾四项指标占到60%以上。同时，城市火灾结构本身也在不断发生变化，从过去易燃易爆品集中的工厂、仓库和居民房等火灾指数较高的场所开始向商场、饭店、舞厅、迪吧等人员密集场所以及石油化工企业、交通运输业、电子通讯、高层建筑和地下建筑蔓延。

从火灾发生的场所和特点看,四项指标（火灾起数、死亡、受伤人数和直接经济损失）均呈上升趋势。这些变化既是城市飞速发展的必然结果，也是城市发展与城市消防基础设施建设相对滞后的现实反映。从20世纪80年代开始，一般火灾有向重、特大火灾方向扩张的趋势；从20世纪90年代开始，重特大火灾特别是人员密集的商场市场、宾馆饭店、医院、学校及公共娱乐场所等重特大恶性火灾事故火灾显著突出，一次死亡多人的事故屡有发生，人员伤亡惨重。城市重特大火灾占全部重特大火灾的主导地位。1994年新疆克拉玛依友谊馆发生"12.8"大火，导致287名儿童葬身火海；1999年12月25日圣诞之夜河南洛阳东都商厦发生火灾，火魔夺去309名无辜群众的生命，直接经济损失275.3万元；2002年6月16日北京市海淀区"蓝极速"网吧发生特大火灾，造成27人死亡，12人受伤，直接经济损失23.6万元；2004年2月15日，吉林省吉林市中百商厦发生特大火灾，再次造成54死、70伤的悲剧，直接经济损失426万元……。总的来看，1997年至2000年全国共发生特大火灾[①]约300起，城市约占全部特大火灾的80%，农村占20%，其中城市公共聚集的人员密集场所火灾又占城市重特大火灾的40%左右。这些典型火灾事故和统计数据无不说明加强城市建筑防火安全的重要性。

5.3.3 恐怖袭击与破坏事件

"恐怖袭击与破坏事件是恐怖组织或恐怖分子为胁迫政府或其他机构，以达到通常为政治、宗教或意识形态方面的目的而采取的、经预谋的非法暴力行动。某一特定恐怖袭击的目的可以是吸引公众关注、证明恐怖组织的实力、显示政府权力存在真空、报复、获得物资支持以及引起政府部门的过激反应等。"[②]

恐怖袭击的手段既可以是暴力的，也可以是非暴力的，实施的主体可以是个人、组织，甚至国家。通常表现为爆炸、纵火、绑架、暗杀、投毒、生化核（CBR）袭击和劫持等形式。

在几年前，恐怖主义对于大多数人而言还是讳莫如深、很少提及，总认为那是美国、中东、东南亚以及俄罗斯的车臣等国家和地区的事情，我国仿佛是净土一片。其实，在我国境内外恐怖主义的幽灵早已存在，疆独、藏独分子制造的恐怖活动比比皆是。各类恐怖袭击的实施者除来自"东突"、邪教、国内外分裂势力及敌对势力等组织外，还包括近年来在大中城市日益涌现出的恐怖犯罪个体。这些形形色色的袭击者出于民族分裂、经济利益、发泄对社会的不满、实施报复等动机以各种袭击方式达到自己的目的。

而在形形色色的恐怖袭击中，因为爆炸物来源广泛，具有易制造、获得、携带、实施及杀伤威力大的特点，爆炸袭击越来越成为恐怖分子最常用、最普遍、最频繁的恐怖方式[③]。世界范围内的爆炸袭击案件以美国和英国最多，但近几年来，我国爆炸案件也呈现不断上升的趋势，每年平均发生爆炸案件3000起左右。其中，2001年的"3.16"河北石家庄爆炸案、2003年西安炭市街副食大楼爆炸案、2003年"2.25"北大清华食堂爆炸案、2004年重庆铜梁茶馆爆炸案及2006年"1.16"深圳家乐福爆炸等即是在我国大城市发生的典型的震惊国内外的恐怖袭击事件。这些恐怖活动不断发生，不仅给人民群众生命财产安全带来了极大的危害，对社会公共安全构成了严重的威胁，同时还毒害了社会的政治气氛，使群众心理恐惧不安，严重影响了社会治安和政治稳定，干扰了正常的生产生活秩序，刺激和诱发了其他形式的暴力犯罪，其社会危害之大，政治影响之广，远远超过了其他暴力性犯罪[④]。

5.3.4 突发公共卫生事件

根据我国于2003年5月9日颁布的《突发公共卫生事件应急条例》，突发公共卫生事件是指"突然发生，造成或者可能造成社会公众健康严重损害的重大传染病疫情、群体性不明原因疾病、重大食物和职业中毒以及

[①] 特大火灾是指死10人，重伤20人，受灾50户，经济损失100万元以上火灾。
[②] Shelton Henry H. Joint Tactics, Techniques and Procedures for Antiterrorism. Washington DC：US Department of Defense，1998.
[③] 李伟. 国际恐怖主义与反恐怖斗争年鉴. 北京：时事出版社，2004：307.
[④] 王建新. 爆炸案件的发展状况、特点及预防对策. 公安学刊. 1999，11（2）.

其他严重影响公众健康的事件。"[1]

其类型主要包括传染病疫情，群体性不明原因疾病，食品安全和职业危害，动物疫情，以及其他严重影响公众健康和生命安全的事件。

与建筑相关的各类突发公共卫生事件中，传染病疫情占据了主导地位。人的一生中有70%～90%的时间是在室内渡过的。[2]传染病的产生、发展和传播等均与人类生活工作的内环境（建筑物）息息相关。一般传染病均具有传染性强、发病率高、危险性大等特点，一旦发生将造成极大的社会经济危害。传染病肆虐人类的历史不下数千年，时至当前，不论国内还是国外，仍然是人类发病率最高、引发突发性公共卫生事件最多、死亡率最高的病种。据1997年WHO报告，全球5230万人的死因中，传染病死亡1730万人，总的死亡率高达33.1%。20世纪90年代，人类在预防和控制传染病方面取得了一些成绩，但就我国同世界其他国家和地方的实际情况而言，造成传染病发生、流行的因素和环境依然存在。同时，新的传染病还在不断的被发现和增加，近20多年来，新发现的传染病已经超过30种。传染病突发事件随时可能降临在我们的身边，2003年在我国爆发的非典型性肺炎（SARS）即是一个典型例子。当年，SARS在中国广东首先被发现，随后席卷到中国内地26个省市和地区，4个月内又迅速涉及到了世界上32个国家和地区，最终致使8422人患病，919人死亡，一时间造成全球性的恐慌。

5.4　建筑安全设计的策略

5.4.1　建筑安全设计的原则

（1）　生命第一原则

人的生命安全总是第一位的，即使发生灾害后建筑物的主体结构也不致倒塌，并应保证建筑物内的使用者在相应的时间内疏散到安全区域。

建筑的原始意义就是保证人们免受风吹日晒雨淋，给人们提供一个安全的避难所，它一直是建筑设计的最基本要求。良好的功能、优美的造型都是建立在建筑安全的基础上的，没有安全，这些都毫无意义。

（2）　预防为主原则

预防为主的原则首先要求把安全工作的重点从事后处理变为事前预防，把事故消灭在萌芽状态中，尽可能通过设计减少风险。这就需要在新建、改建和扩建工程中，将安全设计纳入建筑物的规划设计阶段，做到统一规划，统一建设。这样可以避免由于重复设计，重复施工造成的资源浪费。

预防为主的原则还体现在建筑的安全控制上。现在公共建筑物的形式越来越多，并快速向高层、地下、大空间和多功能发展。一旦发生灾害，扑救非常困难。因此，单独依靠救援人员进行扑救已很不现实，这样往往会延误时机，造成重大损失。

（3）　分级控制原则

各类建筑物面临的危险的规模、范围互不相同，危险程度和特点也各不相同。因此，必须根据建筑物的重要性程度、使用者性质以及危险性大小，采取分级控制原则及相应的安全措施，才能达到既安全又经济的防灾效果。

（4）　动态控制原则

建筑物的安全设计是根据当时建造时的风险特点而制定选取的，然而随着时间的变化，各种灾害的风险也会发生改变，应当根据实际情况及时加以调整、改进和升级。因

---

[1] 中华人民共和国国务院第376号令. 突发公共卫生事件应急条例. 2003.
[2] 朱天乐. 室内空气污染控制. 北京：化学工业出版社，2003.

此，对建筑物的安全状况要及时地进行反馈，便于提出安全改进措施。

(5) 统一设计原则

安全设计与建筑设计一体化考虑，将安全、舒适、美观和经济完美结合起来。特别是大型公共建筑通常也是一个城市或区域的标志性建筑，对于美化城市起着重要的作用。在建筑设计中，建筑师应该协调好它们之间的关系，使建筑物既安全可靠，又美观舒适。

5.4.2 建筑安全设计的方法

(1) 建筑适灾法

建筑适灾法是与工程结构防灾理论相对应、相互补的一种建筑防灾规划设计理论，主要适应于建筑学和城市规划学领域的防灾规划设计。它通过规划（如选址与布局等）和建筑设计（如形体设计与组合等），避免或减轻灾害的不利影响，并为工程结构防灾设计提供有利的先决条件。就指导思想而言，建筑适灾法重在顺应自然，避免灾害环境的危害。建筑学作为人居环境科学的重要领域，从人与环境关系的高度、从可持续发展的高度研究人造生存空间环境，是未来建筑学的重要拓展方向。在人居环境和人类可持续发展进程中，灾害作为一种极端不利的因素，严重威胁与制约着人类的生存与发展。建筑适灾法在设计上的具体应用有以下几方面：

1）建筑基地的选择

注重宏观决策，选址趋吉避害，是中国建筑的优秀传统，它可以从整体上减轻或避免灾害，但现实中理想的"风水宝地"毕竟少有，多数建筑基址存在某些缺陷，通过对地形、地貌、地物进行适当的改造，可以补其不足，化险为夷。

2）建筑组群及单体造型设计

我国各地风格迥异的传统民居，诸如黄土高原的窑洞、内蒙草原的毡包、海南的船型屋等等，堪称建筑形体适应灾害环境的楷模。现代建筑在设计中通过空间造型的处理，组织自然通风、防烟排烟也是适灾法的应用之一。

3）结构构造"以柔克刚"

"以柔克刚"本质上是一种"以退为进"的适灾法，通过吸收转化灾害能量，避免建筑发生破坏。"以变应变"是指以变化的结构构造，适应变化的灾害环境。宋代开封的开宝寺塔，为防御长年累月的西北大风，建造时有意将塔倾向西北，以期"吹之不百年当正"，采用的是另一种"以变应变"方法。

4）主次有别、保本弃末

为提高防灾投入的效益，应按建筑的重要性、危险性，对不同的建筑类型以及同一建筑的不同部分，采用不同的安全设计标准。首先确保人的安全，其次尽量减少财产损失，大量性的低标准公共建筑尤应采用此法。

5）就灾取材、物尽其用

按受灾类型和程度，在建筑的不同部位采用不同材料，可以充分发挥其防灾性能。例如，西南一些地区传统民居的墙体，就地取材、物尽其用，基础用石材，上部用内夹竹条的夯土或土坯，墙面石灰抹灰，能够很好的防潮。又如，徽州民居的封（风）火山墙做法，在产生丰富多彩艺术效果的同时很好的起到了防火作用。总的来说，传统建筑材料的组合有外砖石内木构（防风雨）、下砖石上木构（防洪涝）、木构与砖石相间（防火）、木构与砖石相分（防震）等方式。

(2) 工程控制法

工程控制法是在进行设计时充分考虑致灾因子的影响程度而进行设防，包括工程加固以及避灾空地和避灾工程、避灾通道建设等。它是通过改变灾害环境（如兴建堤坝等）和提高工程结构抗灾能力（如抗震、抗风设计等）实现安全目标，是在确定的灾度和可靠度指标下进行的。与建筑适灾相对，工程控制法重在改造自然、创造出安全的人居环境。由于建筑设计与结构设计的分工，工程控制通常由结构专业负责，这里不做重点讨论。

在建筑的具体安全设计中，建筑适灾法与工程控制法应相辅相成，互为补充。应该按照不同情况、不同要求，综合采用上述方法，共同提高建筑的安全性能。

5.4.3 针对具体灾害的安全设计对策

(1) 火灾

建筑防火设计的根本目的在于保证使用者的安全，减小建筑物的损坏。多年来，国内外学术界和科研机构在该领域研究成果丰硕，形成了较为系统的防火设计指导思想和实际应对策略。总的来看，应包括以下几方面基本原则[1]：

第一，人员安全疏散原则。从理论上讲，人的安全总是第一位的，因此要充分考虑建筑结构失稳倒塌，烟火四溢对人员逃生的威胁。

第二，防止火势在建筑物内迅速蔓延。建筑平面布局设计对防止火势迅速蔓延起着很重要的作用。因此，防火分隔是安全评估的基础条件之一。

第三，高层与多层建筑评估标准应有区别。无论从人员逃生还是防火扑救的角度考虑，高层建筑都较之多层建筑有更大的危险。因此，在评估时要针对这两种不同的情况做出不同的规定。

第四，自动灭火系统优先考虑的原则。大量事实证明，火灾的早期扑灭是防止其大规模蔓延的关键。因此火灾自动灭火系统的设立，在安全评估中具有较大的权重，与其他设施相比，它处于优先被考虑的地位。

近十多年来，一些发达国家已开始对建筑火灾危害性进行量值计算，其目的都是用数值结果去揭示建筑物火灾危害及损失的程度。而评估总体标准的本质则是对构成该系统的各因子的校验和评价。一般来说，通过对下述一些基本因素的控制可以最大限度地减少火灾的损失，即提高建筑物的火灾安全度。[2]

第一，通过控制火源和限定可燃物的位置与总量而预防燃烧的发生。

第二，对建筑物中的一些危险部位进行有效的隔离和特殊的监视。

第三，通过防火、防烟分区的办法，控制火势的发展速度。

第四，设置通风、排烟系统以确保建筑物内人员的安全疏散。

第五，确保安全装置运转及供电的可靠性（设备的质量与系统的保养）。

第六，提高建筑总图布局的合理性，增强结构构件的耐火度，保证消防通道的宽度与畅通。

第七，建筑物中专用防火灭火装置的有效性（火灾探测、报警系统、自动灭火系统、消火栓系统等）。

第八，对建筑中的所有消防安全系统建立长期维修保养措施。

第九，对建筑使用者进行定期的消防灭火知识和安全疏散方法培训。

第十，与专业消防队保持畅通的联系并建立义务消防队伍。

通过分析可见，上述各因素的总和实质就被称为"建筑物防火安全体系"。具体来说，一个完整的建筑防火设计指标体系应包含以下三方面具体内容：

1) 防火系统

一般地说，建筑防火设计主要考虑三个原则，即：从设计上保证建筑物内的火灾隐患降到最低点；最快地知晓火情和最及时地依靠固定的消防设施自动灭火；保证建筑结

---

[1] 李引擎，季广其等. 城市建筑火灾损失与防火安全水平的评价. 建筑科学. 1998, (6): 9-15.
[2] 同上。

构具有规定的耐火强度，以利于建筑物内的使用者在相应的时间内能有效地安全疏散出去。而所谓的建筑防火系统，就是根据上述的基本原则建立起来的一整套用于防范建筑火灾的建筑设计构造和各类自动与手动设施。

在具体实践运用中，建筑防火系统又可分为主动防火系统和被动防火系统两大部分。主动防火系统在火灾发生初期对于减缓、延迟、甚至将火灾完全扑灭中将起到关键作用。它主要由下述几部分构成：

① 消防给水系统：包括消防水池、消火栓、消防水泵等。

② 火灾自动探测报警系统：包括各类火灾探测器和控制器等设备。

③ 火灾自动灭火喷淋系统：包括气体、水、泡沫、水喷雾等多种形式的灭火器材。

④ 防排烟系统：由防、排烟管道、各类阀门、送、排风机等组成。

⑤ 距离消防站的远近。

就我国目前的国情和公众的防火意识而言，被动防火系统的设计更具普遍性、可靠性、长久性和经济性。其基本作用就是在火灾发生与蔓延的过程中，将火势尽可能地控制在一个小范围之内，并保证建筑结构的整体和局部在设计规定的时间内不出现倒塌破坏。我国对建筑物防火等级的划分和防火规范的制订主要就是建立在被动防火理论之上的。被动防火系统主要由以下几部分组成：

① 防火分区与防烟分区设计。

② 耐火等级。

③ 防火门、防火卷帘（防火分隔）。

④ 内装修情况。

⑤ 防火间距及消防通道。

⑥ 通风与空调系统的防火设计。

⑦ 火灾荷载密度[①]。

2）安全疏散系统

安全疏散作为在火灾失去控制之后的一种补救措施，主要是为了确保建筑物内的人员安全，而将所有人员迅速转移至室外安全地带的方法。在建筑防火安全设计中它与主、被动防火系统一样具有重要的地位。另外，在许多其他紧急事件（如大量人员拥挤、恐怖袭击）发生时，安全疏散也是避免群死群伤恶性事件发生的最有效途径。一般安全疏散应考虑以下诸因素：

① 安全出口数量、位置、密度及宽度。

② 安全疏散距离（水平，垂直）。

③ 疏散楼梯间设计。

④ 事故广播与诱导系统。

⑤ 应急照明与安全疏散指示标志。

3）消防管理

在安全系统工程中，"人——机——环境"是一个相互作用的有机整体，人的因素常常是导致事故发生的重要环节。因此，积极做好消防管理工作，做到早发现、早控制、防患于未然是应对各类火灾事故发生的有效手段。具体来讲，主要包括以下几方面：

① 对消防管理规定的认真贯彻执行。

② 对电器设备的防护与定期维修。

③ 工作人员对防灭火知识技能掌握的熟练程度。

④ 专职值班。

⑤ 义务消防队训练水平。

（2） 自然灾害

1）地质灾害

地质灾害是指地质动力活动或地质环境异常变化为主要成因的自然灾害，即：在内动力、外动力和人为地质动力作用下，地球发生异常能量释放、物质运动、岩土体变形位移，以及环境异常变化，破坏人类生命财产、生活生产活动或危害人类赖以生存与发展的资源、环境的现象或过程。[②]

中国地处环太平洋构造带和喜玛拉雅构

[①] 火灾荷载密度是指房间内所有可燃物完全燃烧所释放热量与房间特征参考面积之比，也即房间单位面积上可燃物的发热量。
[②] 张业成等. 减轻地质灾害与可持续发展. 北京：中国科学技术出版社，1999.

造带交汇部位，复杂的地球动力作用，使中国成为世界上地质灾害最为严重的国家之一。根据地质灾害的分布特征，可从西向东，大体以贺兰山、六盘山、龙门山、哀牢山、大兴安岭、太行山、武陵山、雪峰山为界，将中国分为三大地质灾害区。西区主要有地震、冻融、泥石流、沙漠化灾害。中区主要有地震、崩塌、滑坡、泥石流、地面变形等灾害。东区主要是冲积平原，地层结构松散，主要是地面变形等地质灾害。

截至2003年初步调查表明，全国共发育大型崩塌3000多处、滑坡2400处以上、泥石流2300处以上。除北京、天津、上海、河南、甘肃、宁夏、新疆以外的24省（区）都发现岩溶塌陷灾害，总数为2841处，塌陷面积332.28km^2。黑龙江、山西、安徽、江苏、山东等则是采空塌陷的严重发育区。据不完全统计，在全国20个省区内，共发生采空塌陷180处以上，塌坑超过1595个，塌陷面积大于1150km^2。地面沉降灾害主要发生在沿海城市。目前，全国共有上海、天津、江苏、浙江、陕西等16个省（区、市）的46个城市（地段）出现了地面沉降问题，总沉降面积达4.87万平方公里；地裂缝出现在陕西、河北、山东、广东、河南等17个省（区、市），共434处、1037条以上，总长超过346.78 km。

从目前的情况来看，城市地质灾害主要涉及以下几方面：

① 高切坡、滑坡。受起伏破碎的丘陵地形限制，许多山地城市建设中平整场地和基坑开挖都会遇到人工高陡切坡。其中一些高切坡、深开挖工程，因勘察资料不准确、边坡治理方案不当、施工质量低劣等原因，使边坡的自然平衡状态遭到破坏，导致塌滑。因此，不合理切坡是产生人为地质灾害最主要因素。

② 护坡措施。为了维护山地微观环境的平衡，应尽量通过建筑的合理规划布局以及空间形态的设计来维护山地的生态平衡。但对于一些大型的工程，有时不可避免地要对地形进行适当的改造，在这种情况下，为了保证山地建筑及其周围环境的稳定，需要以一定的工程手段对山地边坡加强防护。边坡加固工程措施一般常用的有挡土墙、护坡和护面墙三种。

③ 地形坡度对地质地貌的影响十分关键，它还直接关系到建筑的选址等问题。有关地形坡度与土地利用的情况参见表5-1。

城市地形坡度与建设的关系　　　　　　　　　　　　　　　　　表 5-1

类型	坡度（°）	对地质地貌的影响	土地利用
平坡地	<5	一般不发生崩滑流	最适宜建设
缓坡地	5～15	片蚀与沟蚀不强烈，暴雨时有可能发生崩滑流	适宜建设
中坡地	15～30	片蚀与沟蚀较强烈，较易发生崩塌、滑坡泥石流	有限制建设
陡坡地	30～50	片蚀与沟蚀较强烈，较易发生崩塌、滑坡、泥石流	零散建设
峻坡地	50～70	侵蚀强烈，易发生崩塌、滑坡、泥石流	不适宜建设
峭坡地	>70	特别易发生崩塌、滑坡、泥石流	不适宜建设

资料来源：彭坷珊．主要地质灾害对我国城市发展的危害及整治对策．菏泽师范专科学校学报．2003（4）．

④ 在建设工程决策立项阶段，对场地的基岩、土层性质、地基承载能力和地下隐患等因素应加以重视。忽视这些问题，将会给建筑在竣工投入使用后带来极大的安全隐患，有导致建筑不均匀沉降、开裂，甚至倾斜、倒塌的可能。

2）地震灾害

做好抗震设计是提高建筑物的抗震性能的最基本措施。抗震设计必须严格按照抗震设防要求和抗震设计规范进行。此外，设计中还应注意场地的选择，建筑体型的把握，结构构件延性的提高以及多道抗震防线的设置等。

同时，加强抗震设计措施也会为抵御其他类型的灾害起到兼顾作用。如提高建筑的结构设计安全度，既可以增强抵御地震威胁的能力，还能在面对火灾、爆炸袭击时起到很好的防范作用。

3) 气象灾害

世界气象组织统计，气象灾害等造成的死亡人数约占各类自然灾害死亡总数的60%。另据中国国家气象局统计显示，从1993年到2003年的10年间，气象灾害给我国国民经济带来的直接经济损失高达2.1146万亿元。可见气象灾害对国民经济造成的损失之大，但总体来看其主要对工农业生产有较大的影响，与建筑安全的关系相对较小。归纳起来主要有下述几方面：

① "狭管效应"[①]。这是城市建设中越来越突出的问题。由于城市化进程的加快，致使建设用地日趋紧张，加之人口众多，近年来在城市建设中向高层发展的趋势愈加明显，大量的高层建筑密集于市区。在城市刮风时，经常有"狭管效应"作怪，通过高楼之间的瞬间风力可以达到10级以上，导致广告牌等建筑室外附加物品刮落倒塌，给市民的生命财产安全造成极大隐患。如在北京市200m高的京广中心附近就出现过，行人在大风中行走困难，甚至被风吹倒等现象。这种现象在国外也有发生，如纽约、波士顿、多伦多等大城市都发生过摩天大楼附近行人被大风吹倒、摔伤、骨折的事故，引发多起民事纠纷（图5-2）。这种现象是由于城市建筑物不适当地选址、建造，导致将高空强风引至地面，造成高楼附近局地强风，危及行人的安全。而对付"狭管效应"则要合理地对高层建筑进行布局，并有意识地加大建筑间的间距，给

图5-2 高层建筑导致的狭管效应
资料来源：
http://www.ln.xinhuanet.com/xwzx/2006-02/14/content_6232245.htm
http://beijing.qianlong.com/3825/2005/02/01/1060@2497721.htm

风"自由"。在大的方面，城市中应该规划出"城市风道"，它不仅能起到扩散大量城市污染物的作用，而且对城市的小气候能起到不小的影响作用，从而减少城市极端气候的发生概率。

② 雷害。雷击对建筑物的威胁很大。在联合国公布的1947～1980年全球各主要气象灾害造成的死亡人数排序中，雷害此期间致使2.9万人丧生。全球任何时候都有2000个雷暴在活动，每秒钟造成1800次雷雨，伴随6000次闪电，其中100次击落地面。其灾害性不仅影响飞机、导弹的飞行，干扰无线电通讯，而且能击毁建筑物，引发火灾以及易燃易爆危险品的爆炸等事故。

根据我国颁布的《建筑物防雷设计规范》（GB50057-1994），在建筑物防雷设计中应注意以下要点：其一是无论进行何种建筑设施的防雷设计前，先要做一个总体规划，综合考虑防雷设计安全要素；其二，对外部防雷，一定要

---

① 是城市中出现的一种局地气候风现象。由于城市高层建筑间距极小，大风迎面吹来后无法顺畅通过，只能聚集在很小的空间内。气象部门测试显示，在城市刮起6、7级大风时，"狭管效应"能使通过高楼之间的瞬间风力达到12级。

配合建筑风格和区域景观综合考虑，避免破坏建筑及城市风貌；其三，对内部防雷来说，除采用等电位连接法外，还应考虑防雷球措施；其四，对建筑的接地装置，一般以采用几组独立接地为宜，但一定要靠近建筑物，不要引出太远并以钻孔深埋的做法为佳；其五，不论任何时候都应避免向建筑物内引进强弱电架空线路；其六，从安装避雷装置开始，就要建立防雷信息档案及监控系统，并经常反馈信息。

(3) 城市突发公共卫生事件

根据传染病学原理，传染病的流行须具备三个基本条件，即：传染源、传播途径与易感人群[①]。理论上切断其中的任意一个环节即可以阻止传染病的爆发。建筑作为传播途径环节，主要包含空气、飞沫及接触等传播方式[②]。尤其是通过空气或飞沫途径传播的疾病在爆发后，污染物将在风压、热压和通风气流作用下迅速扩散，形成一定规模的原发感染区和一次以上的再感染区。且这种感染区将随着人员的流动而造成更大面积的扩散，导致重大人员伤亡。通过对传染病原理的分析，在建筑设计中应当着重关注以下几方面：

1) 给排水问题

时下许多建筑出于对节能、减噪、洁净等需要的考虑，门窗密闭性能普遍提高，尤其是旅馆、高层住宅、写字楼等建筑的卫生间排气主要依赖换气扇来完成。当卫生间门窗关闭时，其内形成了负压[③]区。据有关研究表明，只要0.2Pa的压力差即可使空气从高压区域向低压区域流动。卫生间作为各种病菌大量集中的场所，病菌通过其扩散传播是一个非常典型的途径。此外，我国许多大中城市不同程度存在缺水现象，随着城市建造向高空发展趋势的扩大，进一步加剧了建筑供水不足，造成卫生间不能正常冲洗。另外，由于排水系统的设计、安装不当，使用中的排水设备普遍存在缺陷，进而使水封不能形成或水封抽空，使得室内与排水系统处于直通状态。尤其是夏季高温城市，排水系统中的水封干涸经常发生。负压的出现致使排水管道中的带菌飞沫和有害气体侵入卫生间进而扩散传染。此外，对于建筑的给水系统同样要加以重视。尤其是高层建筑往往存在二次供水的问题，而楼顶的高位水箱处于被忽略的境地，常年得不到定期的清洗和消毒，极易引发病菌繁殖危害民众健康。

2) 空调系统与自然通风问题

SARS爆发之后，空调系统成为社会广泛关注的焦点。2003年北京的一些建筑空调专家专门对写字楼及大型公建的中央空调系统进行了考察和研究，认为国内的公共建筑中央空调普遍存在的问题是新风量低、空调的卫生质量不高。解决的办法是要增加新风量，在设计时，特别要注意到大型公共建筑的内区要能送给足够的新风。另外，在设计时要考虑空间的分区送风，以利于从对空调的控制上达到隔离的目的。清华大学建筑学院林贤光认为，SARS应引起人们对建筑的反思，现在很多建筑只考虑了建筑的外立面的美观，往往将中央空调的新风口和排风口设计在一起，致使进入的新风也是污染的气体。中国建筑科学研究院空气调节研究所徐伟也提出，今后建筑在空调设计上应该有安全健康的概念，新风口的设计应考虑到朝向、室外环境的干净程度，包括与排风口的相对距离等问题（图5-3）。据徐伟介绍，许多国家为提高新风质量，往往将空调的进风口选择在建筑周围的树林里或河边，而避免将新风口对着含有大量汽车尾气的马路（图5-4）。

在改进空调系统的同时，传统的自然通风是防止传染病发生的重要途径。SARS之后几乎所有卫生专家均强调，经常打开窗户保

[①] 康光宗等．民用建筑中的公共卫生安全问题研究．中国安全科学学报．2004，(6)：3-5．
[②] 同上．
[③] 负压是指接受流入空气的区域的空气压力与输送空气的区域的空气压力的相对差值。

持室内空气畅通，是最为有效的预防措施之一。这就是说，房屋设计应当能够实现良好的自然通风。我国建筑设计界目前对自然通风尚未引起足够的重视。有些办公楼、宾馆和饭店，窗户封闭，完全依赖空调，不能或很难打开窗户；有些居住建筑进深太大，通风很难，甚至出现"黑房间"。我们成天呼唤高新技术，总认为只有高新技术才能改变我们的生活和环境，才能保证我们的建筑有益于人们的健康。实践证明，综合运用传统技术和现有技术，融入可持续理念，设计和建造出来的可持续建筑，不但可以去除几乎所有新建筑所带来对环境和人类的危害，大大减少运行费用，而且能保持人们所期望的功能。自然通风技术

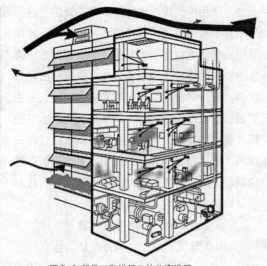

图 5-3 新风口和排风口的分离设置
资料来源：http://eetd.lbl.gov/ied/apt/APT.html

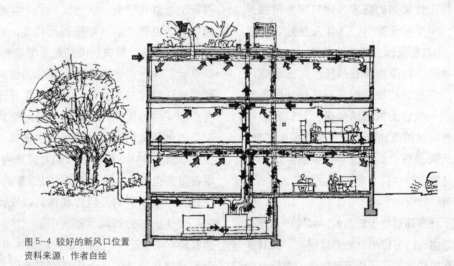

图 5-4 较好的新风口位置
资料来源：作者自绘

就是传统技术和现有技术的整合。同机械通风相比，在同等室内空气质量的情况下，自然通风不但能减少基建投资和运行费用，而且可降低能耗，减少对环境的污染，有利于使用者的健康和疾病的预防，从而可提高劳动生产力，减少医疗费用。

自然通风主要有三种方式（表 5-2）。在建筑设计中，通常是混合采用上述三种通风方式以满足房屋通风要求。

自然通风的主要方式　　　　　　　　　　　　　　表 5-2

分类	穿越式通风	浮力烟囱式通风
特点	室外空气从房屋的一侧的窗流入，另一侧的窗流出。此时，房屋在通风方向的进深不能太大，否则就会通风不畅。进气窗和出气窗之间的风压差大，房屋内部空气流动阻力小，才能保证通风流畅。	主要依靠密度差异使室外冷空气从高度低的窗处进入室内，室内的暖空气则从高位窗处排出。通常用烟囱或天井来产生足够的浮力，促进通风。但是，即使微弱的风也会在房屋的外表面产生压力，也能促进空气流通。

续表

分类	穿越式通风	浮力烟囱式通风
图示		
分类	单侧式局部通风	混合式通风
特点	局限于房间的通风。此时，空气的流动是由于房间内的浮力效应，微小的风压差和湍流。因此，单侧式局部通风的驱动力甚小，而且变化大。	混合采用上述三种通风方式以满足房屋通风要求。
图示		

资料来源：叶耀先．防治病态建筑综合症．规划师．2003，(6)：53—55．

自然通风技术是可持续的技术，是节能和减少建筑运行开支的技术，是有利于疾病防治和有益于人的健康的技术，我们应当加强研究，重视它的推广和应用。

3）建筑密度与绿化环境问题

2003年爆发的"SARS"值得建筑师在是不是要一味提高建筑密度的做法上深刻反思。香港是全球几个居住密度最高的城市之一，楼与楼之间可以说是脸贴脸、肩并肩。"SARS"爆发后在香港地区疫情一度发展很快，虽然香港是一个海岛，周边环境好，然而高密度的城市结构显然是防疫的不利因素。但对这个问题也要辩证的看待。从我国的国情出发，在土地、人口、城市化等诸多因素的共同作用下，相对的集中、高密度肯定是必要的，也是不可逆转的。这里需要思考的问题就是一个适度的原则（图5-5）。实际上，除了疫病的传播，过高的建筑密度还会带来

图5-5 建筑高度密集的重庆城区
资料来源：
http://www.sinomaps.com/pic/city/china%20city/049.jpg

很多其他的问题——不利通风、采光、防火、抗震和防爆等。

城市建筑密度的增大，必然造成城市开阔地带减少，进而导致绿化空间的匮乏。适量的绿化空间不但可以调节区域的微气候环境，还有利于净化空气，减少空气中的含菌量；此外，城市绿地、广场等开阔空间在传染病来临时，将有助于人员疏散，形成临时避灾场所。

4）建筑层高问题

从卫生角度考虑，建筑物层高宜达到3m以上。因为污染空气是随着热空气上升的，污染空气一般集中停滞在大约2/3层高的上部空间。现在一些城市过于强调容积率，房地产开发商在高容积率的情况下追求利润，层高越来越低。室内干净空气层低于2m，就容易对居民健康造成危害。同时，当前建筑界对自然通风设计重视不够，经常采用的只能开一半的推移式门窗，容易造成室内上部污染空气，且难以排出。另外，很多办公场所在层高本已很低的情况下，还采用全空气中央空调，走廊等公共场所上部被送风管占用，使楼层净高只有2.2~2.4m左右，一旦室内有病患，容易造成大面积的交叉感染。

5）建筑呈高层化、地下化、大型化的问题

时下城市中楼层过多、体量过大、密度过高、通风不畅、环境不好的"病态建筑"数量不少。对建筑界而言，"9.11事件"首先让大家意识到超高层建筑潜在的危险，一旦遭遇灾难，其损失难以估量。其次，过高的楼层，客观上加大了使用者对电梯、大堂、垃圾处理、供水、排污等设施的使用强度，增加了疾病传染的可能。再次，各地纷纷建造占地面积广、容纳人口多的大型商场、饭店等公共活动场所，空气污染很难处理，尤其是地下营业场所，紧邻排污、下水等众多市政管网，一旦出现疫情，这些场所就有可能成为扩散源。

（4）恐怖袭击与破坏事件

传统的恐怖袭击大多数是针对军事设施，美军在阿富汗和伊拉克所遭受的境遇就属这类情况。但最近几年，随着国际政治、经济形势的复杂变迁，以及军事目标安保措施的不断加强，袭击矛头逐渐转向民用建筑。造成这一情况的重要原因是民用目标的防护措施相对薄弱，袭击更易得手，而且杀伤造成的损失更为惨重；另外对这类目标的袭击容易引起极大的社会恐慌和动荡，给民众带来思想上的"恐怖"效应；同时，恐怖分子还可以利用平民死伤来激化社会矛盾，从而给政府施加极大政治的压力。

1）爆炸袭击

与建筑相关的各类恐怖袭击与破坏事件中，爆炸占据了较大成分。[①]大体可分为3大类：

① 固定式炸弹袭击

主要包括定时炸弹和触发炸弹两类。前者是将定时器与炸药放在一起，设定某一时间自然导通雷管的电源；后者则是将敏感元件设置在易触摸的位置，当人（或物）接触时导通电源引爆雷管而引爆炸药。如2006年4月10日发生的"山西轩岗矿职工医院爆炸"就属于此类。此次爆炸共造成31人死亡，多人受伤。爆炸中心附近的一座5层居民楼的一个单元也被严重破坏，周围近1公里范围内的住宅楼门窗玻璃多数被炸坏，最远波及到2公里以外（图5-6）。

② 遥控式炸弹袭击

遥控炸弹具有多样化、体积小、隐蔽性强等特点，可以利用手机、玩具、钢笔、打火机、邮包、礼品等各类载体，范围十分广泛。以手机遥控炸弹为例，恐怖分子将其和大量具有杀伤性作用的物品（如铁钉、金属碎片）

---

① 张峥，吴宗之等. 设施遭恐怖袭击的风险分析方法探讨. 中国安全科学学报. 2003, (7): 60~62.

图 5-6 山西轩岗矿职工医院爆炸后场景
资料来源：http://www.cn126.net/p.asp?id=318431

装进运动包里，并放置在预定袭击的目标区域，之后在某一时间用其他电话给手机炸弹打电话，一旦手机的铃声响起，爆炸装置就会被引爆。2003年月12日，沙特阿拉伯发生恶性汽车爆炸案，35人死亡。警方在随后的突击检查中，就发现了多部与炸弹相连的手机。2005年著名的"伦敦7.7连环爆炸袭击"也一度被认定为是手机遥控引爆所致（图5-7）。

恐怖袭击事件中，撞击世贸大厦的两架航空班机也属这一类袭击方式，有所不同的是恐怖分子用飞机代替了汽车，将装满燃油的机身代替了炸药，而利用飞机撞击大厦的巨大冲击力引爆了这个巨大的"汽车炸弹"（图5-9）。2004年11月，重庆铜梁县巴川镇一茶馆内发生的人为报复性爆炸，也是恐怖分子为私怨和报复社会自驾携带炸药的摩托车冲入人群密集的茶馆，当场造成自身在内的11人死亡，另外3人送医院抢救无效死亡。人体炸弹则是在人身上捆绑很多炸药，当接近目标时拉响起爆与目标同归于尽的袭击方式，在中东地区这样的袭击场面司空见惯。2001年11月14日，重庆市第三人民医院发生的蓄意爆炸事件也属于此类。这次事件中，当场造成5人死亡，35人受伤住院（其中6人伤势严重）。

总的说来，在威胁建筑安全的各类爆炸袭击中，汽车炸弹最具杀伤力，占有绝大部

图 5-7 伦敦"7.7连环爆炸袭击"场景
资料来源：http://news.qq.com/a/20050708/001966_2.htm

③ 自杀式炸弹袭击

这类袭击方式主要包括自杀式汽车炸弹和人体炸弹两类，它们的共同特点是均采取同归于尽的极端方式，只是采用的载体略有不同。自杀式汽车袭击炸弹是袭击者将炸药装填在汽车等交通工具上，当汽车驾驶到预定位置，随即引爆炸药与目标同归于尽的袭击方式。1995年4月19日发生在美国的"俄克拉荷马联邦办公大楼爆炸案"就是这样的例证（图5-8）。2001年轰动世界的美国"9.11"

图 5-8 俄克拉荷马联邦办公大楼爆炸场景
资料来源：http://bokerili.blog.ifensi.com/index.php?op=Vie-wArticles&Date=20060419

图 5-9 美国"9.11"恐怖袭击场景
资料来源：http://www.guoxue.com.cn/

分比例[①]，在建筑安全设计中应加以重点防范。具体来看，在安全设计中一般应包含两部分[②]：

一是安全监视和识别的设备措施。例如在入口门厅要装上X射线扫描仪、电子检测装置、各种传感器、刷卡进入以及其他利用自动控制的新技术（图5-10）。

图5-10 建筑入口安检设备
资料来源：作者自摄

二是建筑设计和环境设计的安全方法。建筑设计中主要考虑救生系统、建筑物材料及结构的防爆安全性能等。环境设计则包括选址与规划、城市设计、景观设计、沿街设施布置、停车控制等方面。

这两方面的内容与建筑自身及周边环境的总体情况关系密切，具体将在后续部分结合讨论。

2）生、化、核袭击（CBR）

这是利用投毒和生化、放射制剂进行的恐怖袭击。投放的毒药本质上就是各种生化制剂，两者可以结合考虑加以防范。近年来，生化袭击事件在世界各国屡有发生。如1995年日本东京地铁"沙林"毒气案；1998年莫斯科公园发生的一起人为放置放射性物质事件；美国继"9.11"恐怖事件后，爆发了多起邮寄炭疽杆菌的袭击事件；2004年2月美国国会山再次收到含蓖麻毒素的邮件，全球反生化袭击的神经又一次绷紧。"从现代恐怖活动的发展来看，今后的恐怖袭击活动将以生化及放射性恐怖袭击的方式来取代传统的爆炸方式，生化及放射性恐怖袭击已成为世界恐怖主义发展的新趋势。"[③]

对于建筑物防生化袭击问题我国尚处在认识和了解阶段，研究工作也才刚刚起步，建筑类的设计规范和标准中都没有考虑到防生化袭击的问题。因此，在建筑使用过程中，一旦发生生化袭击，建筑不但不能有效控制生化污染物扩散，甚至还会助长污染物的扩散。例如，公共建筑中央空调系统的设计和运行不当，就可能导致生化污染物通过运行着的空调系统的回风扩散到整幢建筑，使室内人员面临巨大危险。特别应当指出的是由于我国的城市人口密集，我国大多数城市的公共建筑内部人员密集程度要远远高于欧美国家。对于一些商业中心、会展中心、体育场馆和城市地铁等担负重要城市功能而又人员高度密集的公共建筑来说，一旦出现生化袭击事件，将会造成重大的人员伤亡和不可估量的损失。

生化及放射性制剂施放位置多样。"可以在建筑物外部释放；也可以在建筑物内部释放；可以通过通风空调系统的新风口、回风口、空调箱等处释放，也可在公共空

[①]成少伟编译．安全设计．世界建筑．1999，(5)：70-71．
[②]同上．
[③]蔡浩等．生化及放射性恐怖袭击与地下环境安全研究（1）．地下空间与工程学报．2005，(2)：171-177．

间或单个房间内释放。"[①]杀伤效果会因为施放位置和通风方式的不同而产生较大的差别。不同的建筑空间组合和通风空调系统配置，在建筑内搭配形成了复杂的空气流通通道，生化污染物可以通过这个复杂空气通道在建筑内迅速扩散。这个复杂空气通道虽结构形式基本稳定，但由于气候、人流、通风空调系统运行方式的不同，空气在该通道中的流动方向、流速、温度、压力等均变化很大，也因此导致污染物的传播扩散情况十分复杂。"生化及放射性污染物主要以蒸气、液滴、气雾和毒烟等气溶胶态和微粉态的形式通过空气传播来发挥其毒害作用。在建筑物中，污染物将通过风压、热压和通风气流的共同作用，进行传播和扩散，机理复杂。"[②]具体来说，针对人员密集公共建筑应加强对建筑出入口和公共区域的安全检查，加装监视系统，防止有毒制剂流入；对一些容易遭受感染的敏感区域在设计中应相对独立并加强保卫，如邮件收发室、货物储藏室、空调机房；空调系统的新风口和排风口应分开设置在人员不易接触的地方等[③]（图5-11）。

5.4.4 周边环境安全设计对策

影响公共建筑安全的危险因素并不仅仅局限于具体的灾害，建筑自身总体情况和周边环境状况也占有很大的比重；同时，这些基本情况往往与各类灾害均有关联（例如，建筑的总平面布置既涉及到防御传染病的自然通风、采光，又关系到防止爆炸袭击等恐怖破坏活动），因此，有必要将其单列出来加以分析。

图5-11 提高室外进风口位置
资料来源：NIOSH. Guidance for Protecting Building Environments from Airborne Chemical, Biological, or Radiological attacks, 2002.

（1） 建筑所处的地理区位

建筑所处的地理区位是在进行任何一项建筑设计时都不容忽视的先决条件。城市与建筑的规划以"择址"为首要任务。以"藏风聚气"、"依山面水"的"四神贵地"为理想的基址模式，通过选择合适的建设基址达到"趋吉避害"的目的，这就从根本上避免或减少了灾害环境的影响。传统建筑风水理论虽含有大量迷信的、非科学的成分，但其中重视宏观决策、选址趋吉避害的思想，值得我们借鉴。例如，建设用地应避开自然灾害易发地段，对于难以避免的不利地形环境，我们可以从传统建筑的营造学上得到一些启发。当无法找到十分理想的基址时，难免退

[①] 蔡浩等. 生化及放射性威胁下地下工程的安全评估与决策. 建筑热能通风空调. 2005, (2)：84-88.
[②] ASHRAE. Risk Management Guidance for Health and Safety under Extraordinary Incidents. Atlanta：American Society of Heating, Refrigerating, and Air-Conditioning Engineers, Inc., 2002.
[③] NIOSH. Guidance for Protecting Building Environments from Airborne Chemical, Biological, or Radiological attacks. USA, 2002.

而求其次，通过对地形、地貌、地物的适当改造和利用而化险为夷，或在建筑上采用某些措施以弥补基址条件的不足。

（2）场地规划布局

场地安全规划的首要目的是保障区域内生命、财产和各种设施设备的安全。达到这一目标的前提是要对影响建筑安全的各种已知或潜在危险进行综合系统的分析，这样才能有效制定减缓各种风险隐患的相应规划和设计策略。

1）场地设计

由于设计目标和价值取向的不一致，导致"安全场地设计"与"传统场地设计"之间不可避免地发生矛盾。后者主要从使用功能和形式的角度出发，而前者则注重安全防范问题。例如，在普通美学意义和空间感受上开放空间给人以吸引力，往往为传统场地设计所乐于采用；但从安全设计角度考虑则不能完全接受，因为这给建筑及其周边环境带来了潜在安全隐患。为了达到一个最优化的安全和可持续发展目标，设计者应将整体性原则贯彻到场地设计中去，通过对形式和各种功能的整合在各种设计元素和目标间达成一个较好的平衡关系。一般来说，即便在有客观条件限制的情况下，一些基本的安全设计措施作为有效的补充也应该被结合到场地设计中去。

2）平面布局形式

主要应该考虑以下几个方面：

① 建筑平面布置。从场地的自身特点、占用模式和其他一些因素考虑，建筑的平面布局可以分为集中式和分散式，二者各有优劣（图5-12）。

前者由于人员、财产和各种设施设备的

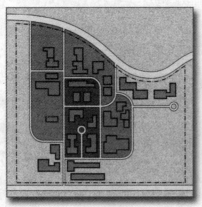
集中式布局
（重要建筑集中于基地中心）

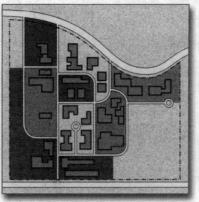
分散式布局
（重要建筑集分散于基地各处)

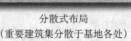

图5-12 集中式与分散式布局

资料来源：FEMA．Risk Management Series—Reference Manual to Mitigate Potential Terrorist Attacks against Buildings．FEMA426，USA，2003．

相对集中，客观上形成了一个有利于危险发生的孕灾环境。当建筑某一部分发生危险时，将增大其他部分受到间接影响的风险。但是，通过对建筑中的各类活动、集中人群和重要功能进行合理分区，可以最大程度减少灾害造成的损失。另外集中式布局由于占地紧凑有助于在建筑和基地边界间留出较大的退让距离（Standoff Distance），减少外部威胁，从而形成一个"可防卫空间（Defensible Space）"[①]。这种布局方式还有利于加强对室外环境的有效监控，减少基地出入口和安全检查点，为管理带来方便（图5-13）。

---

①Oscar Newman．Creating Defensible Space：U.S. Department of Housing and Urban Development Office of Policy Development and Rescarch.USA,1996.

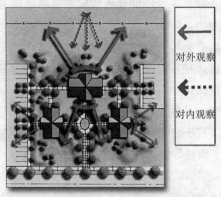

图 5-13 集中式布局有利于对室外监督并减少外部对内观察
资料来源：FEMA. Risk Management Series—Reference Manual to Mitigate Potential Terrorist Attacks against Buildings. FEMA426. USA, 2003.

相比而言，后者由于人员、设施分散，当建筑某一部分发生危险时其他部分受到的影响较小。但是由于不够集中，也使得各部分相对孤立，不能对场地内的各处设施进行有效监控，增加了安全保卫系统和快速应急处置的复杂性。

因此，在场地情况、经济因素和其他相关条件的制约下，设计者应综合两种布置方式的优势进行合理有效的平面布置。例如，作为外部人员和物资进入建筑前的最后一道关卡——建筑入口安全检查区、物流装卸场所（后勤入口）以及邮件收发室构成了建筑最内一环防御线。理想情况下，这些敏感区域最好独立设置，或者至少与建筑的主要工作场所和人员集中区域分离开来。此外，高危建筑也应当相对独立，这样当危险发生时有利于减少对其他部分的间接影响。

② 建筑朝向。朝向在节能、自然通风、采光等许多方面对建筑功能产生显著影响。广义的建筑朝向大致涉及两方面的内容：建筑与场地的空间关系、与太阳的相对方位。

建筑朝向界定了它与周边环境的相对空间关系。但是从安全设计的角度出发，建筑朝向布置更多的是从内在安全价值去考虑，而不仅仅为了满足美学意义上的要求。例如，当某一（或更多）建筑立面具有较差的安全性时，应避免使其面对或邻近街道、停车场等区域。设计人员应该在设计初期充分考虑这类问题，使建筑面临的风险尽可能减低。

与太阳的相对方位对建筑节能具有重要影响。适当的朝向有利于区域内微气候调节，争取较好的自然采光和通风，从而减少建筑整体能耗。但同时这些节能技术也带来一些安全隐患。例如，自然通风技术是一种较好的传统通风方式，有利于建筑散热和更新室内空气，但是未经过滤的室外空气有可能成为化学、生物、核制剂（CBR）的载体直接进入建筑。又如，宽大的雨蓬可能作为爆炸袭击的施爆场所；固定窗相对于开启窗户而言能更好地抵御爆炸袭击；使用传统的采光井、采光中厅和天窗有利于增加室内照度、减少人工照明，但在应对爆炸袭击时将成为建筑的弱点。此外，应该尽量使具有较多窗户的立面远离潜在危险区域。设计人员应当确保洞口尺寸、玻璃和窗框材料、固定方式尽可能满足安全性和节能要求。

③ 开敞空间。首先，在场地设计中结合室外开敞空间将会带来较好的安全效益。最显著的优势在于开敞空间所带来的安全避让距离（Standoff）。爆炸所产生的冲击波破坏力是随着距离呈立方级递减的，所以在建筑与威胁区域间留出充足的间距将有效保护设施免受破坏（图 5-14）。其次，开敞空间有利于雨水渗透到地下，从而减少场地中的地下排水管道和检修井等设施，客观上减少了地下不安全隐患。再次，如果将开敞空间设计成景观绿化区域，将不仅仅提供了令人愉悦的室外空间环境，也有效防范了汽车炸弹袭击的风险。

3) 车行及人行流线

人员、物资在一座设施中的流动主要取决于基地出入口、内部交通流线和停车场地设计。人车分流是首要的设计目标。设计人员首先应该针对建筑的使用性质分析基地内的最大交通容纳能力，包括出入口的数量、停车场地容量、主要步行和车行模式。影响安全的问题主要有以下几方面：

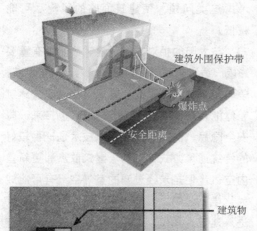

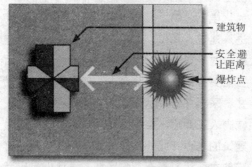

图 5-14 安全避让距离示意图
资料来源：DoD, Unified Facilities Criteria (UFC 4-010-01), Minimum Antiterrorism Standards for Buildings, USA, 2003.

① 路网设计

出于节约时间和安全的考虑，普通道路一般都尽可能设计成线性，但是对于临近有安全防范考虑建筑的道路需要谨慎对待。物体间相互碰撞时所发生的能量转移主要取决于前者的质量和速度。例如，基地周边的安全障碍物假设可以阻挡一辆自重6.8t、以56km时速行驶的汽车，但未必就能阻挡以88km时速行驶的同一辆汽车。在对场地周边道路进行安全设计时，设计者不可能限定过境车辆的类型和重量，但是可以通过道路设计来限制最大车速以达到保护建筑的目的。

首先，垂直于基地的线性路网尽量不应用于建筑周边，因为这有利于汽车增加时速冲过安全障碍物闯入建筑。其次，与建筑立面或基地周边相平行的道路应设置较高的路沿石和密度适中的行道树等隔离物，用以阻止汽车穿越。另外，曲线形的道路能够有效限制车速，对于已有的线性道路可以利用临时障碍物、路桩等措施改变道路流线来减小车速。

② 停车设施

地面停车、沿街停车和停车库是三种最常见的停车方式。地面停车场可以通过场地设计使之远离建筑，从而减小汽车炸弹威胁，但由于占地较多很不经济，同时如果没有设置专门的通道将对行人造成潜在危险。相比而言，沿街停车则为使用者提供了较多的便利，但存在影响交通的矛盾。专用停车库便于管理，但在设计中需要考虑抗震防爆能力和预防犯罪发生。尽管从建设成本和节约土地的角度考虑把停车库设置在建筑中（地上或是地下的）是最为经济可行的方式，但汽车炸弹袭击对于这种停车方式存在很大的威胁，一旦发生将直接危及建筑安全（图5-15）。对于建设用地紧张的城市和地区，建筑内部停车库是最常用的停车方式，这客观上增大了建筑的安全隐患。为此，增加人员安检和电子闭路摄像监控系统是较有效的解决之道（图5-16）。

4) 景观及城市设计

对于设计者来说，既要满足安全要求又不使建筑和周边环境具有类似军事要塞式的外观形象是极具挑战性的工作。换言之，就是要在景观及城市设计中综合考虑美观和安

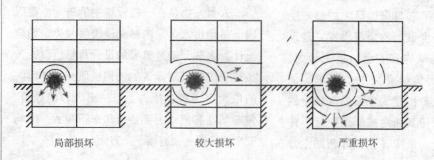

局部损坏　　较大损坏　　严重损坏

图 5-15 停车库爆炸对建筑的破坏示意图
资料来源：DoD, Unified Facilities Criteria (UFC 4-010-01), Minimum Antiterrorism Standards for Buildings, USA, 2003.

图 5-16 停车库安检措施
资料来源：作者自摄

全的要求。达成上述目标需要这二者密切配合，在实际中它们往往也有交叉重叠现象，可以综合考虑。

① 景观设计

景观设计的安全考虑包含了从植物种类选取、建筑材料选择到地势地形的构造等许多方面。建筑物周边的地形、水体和植被等景观要素一方面创造了具有亲和力的优美室外空间，另一方面也可以对其利用，以提高安全保护水平——它们在围合界定空间的同时有效阻止了外部监视和非法侵入；另外，还可以在一定程度上减缓爆炸冲击波对建筑的破坏。

② 城市设计

现代城市设计的宗旨和目标是为人们的工作、生活和休憩创造一个舒适宜人、方便高效、健康卫生、优美而富有文化内涵和艺术特色的城市空间环境。但是，当人们对某一城市空间场所缺乏足够的安全感时，就会导致其使用效率降低，从而背离设计的初衷，影响城市社会、经济和环境的可持续发展。许多城市设计要素（原则）都能与安全目的较好结合。例如，街道空间比例尺度应考虑主要使用群体的需求，创造一种限制危险事件发生、易于人际交流的宜人空间氛围。[①]此外，街道空间尺度在充分满足人行和车行流线顺畅的同时也要兼顾面对突发事件时的

安全疏散和应急反应能力。又如，位于人行道和街道两侧的树木既起到了美化环境的作用又可以作为安全防护屏障。

建筑场地周边的围墙主要用于界定范围和保护基地，但是在形式上显得过于单调和封闭，可以利用结合了安全措施的花池、柱桩和护栏等要素加以改进，在达到相同安全保护目的的同时也为步行者提供了一个视觉流通空间（图5-17）。一般来说，安全设施应不影响和限制步行者的自由出入和应急救援车辆的通行。因此，在某些情况下一些固定的障碍物宜设计成更"积极"的形式（如可移动的柱桩、护栏等）（图5-18）。

与之相类似，许多街道设施（如：邮箱、公交车站、路灯、行道树、座椅、报栏、花池和垃圾箱等）加以改进后同样可以达到安全防护目的。例如，在公交车站装设电子摄像头可以有效监控街道上的可疑目标和活动；采用含有特殊安全防护功能的硬质街道座椅、路灯、矮墙、花池、柱桩等，通过灵活多变的搭配组合可以形成一道有效防范汽车穿越的安全屏障，但并不影响

图 5-17 安全防护柱桩和护栏应用
资料来源：FEMA. Risk Management Series—Reference Manual to Mitigate Potential Terrorist Attacks against Buildings. FEMA426, USA, 2003.

[①] Oscar Newman. Creating Defensible Space: U.S. Department of Housing and Urban Development Office of Policy Development and Research. USA, 1996.

图5-18 "积极"和"消极"的汽车障碍物
资料来源：FEMA. Risk Management Series— Primer for Design of Commercial Buildings to Mitigate Terrorist Attacks. FEMA427. USA，2003.

步行者的便捷通行（图5-19）。沿街道布置的各种安全设施（座椅、路灯、矮墙、花池、柱桩、护栏等街景元素）在风格上应协调一致，共同塑造地段内的城市风貌特征，并具有视觉连贯性和节奏韵律感，避免混杂现象，影响街道景观（图5-20）。

特别要强调的是——建筑外部的危险性比内部大，在建筑周边环境安全设计中，各种设施的布置应遵循一种梯级防御的层次[①]。通过层层保护来减少外界对建筑的各种威胁。从外至内的梯级圈一般包括：第一级防御（主干道、路边停车带、人行道）、第二级防御（建筑周边场地）、第三级防御（建筑外墙、建筑内部）（图5-21）。[②]

③ 视线设计

视线设计是传统的景观及城市设计中一个十分重要的组成部分，运用得当可以引导人们发现优美的视觉画面，把建筑及周边环境的特色展现出来。但是出于安全性和私密性的考虑，需要阻断某些存在潜在威胁的不利视线，否则破坏分子可以轻易对目标建筑进行观察或发动远距离袭击（如枪击）。尤其是对建筑的重要部分应当结合平面布局、景观绿化、地形和视线屏蔽物体等采取有针对性的反监视措施。一般而言，处于较高地势之上的建筑有利于从其内部对外部环境进行观察，但同时也为潜在破坏分子监视建筑提供了便利；建筑也不宜布置在附近有较高的

图5-19 安全防护措施的综合应用
资料来源：作者自摄

[①] GSA. Facilities Standards for the Public Buildings Service. General Services Administration of the Chief Architect. USA，2003.
[②] NCPC. Designing for Security in the Nation's Capital. A Report by the Interagency Task Force of the National Capital Planning Commission. USA，2001.
NCPC. The National Capital Urban Design and Security Plan. USA，October 2001.

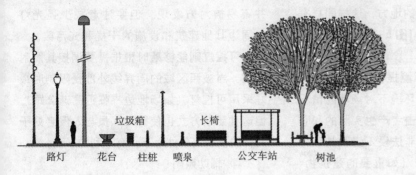

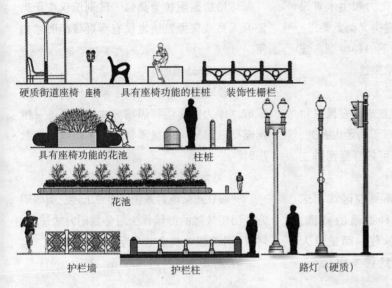

图 5-20 "华盛顿城市设计与安全规划"采用的各类街景安全元素
资料来源：NCPC. National Capital Urban Design and Security Plan, National Capital Planning Commission, 2002.

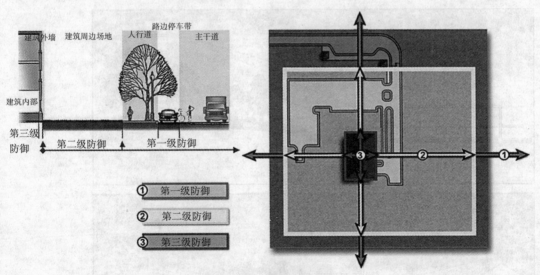

图 5-21 建筑周边的梯级防御层次
资料来源：GSA. Facilities Standards for the Public Buildings Service, General Services Administration of the Chief Architect, USA, 2003.

其他建筑物或地势较低的地方，这样同样有利于外部对建筑的观察（图5-22）。

5）安全照明

为建筑及其周边环境提供充足的照明，有利于警卫人员在黑暗环境下对场地内情况进行有效的监控，对袭击者产生实际的和心理上的威慑，易于发现非法侵入者及其破坏活动。在一些敏感区域（如重要的建筑物、基地出入口、仓库、通信、电力和供水等设备管线系统）加强照明设施显得尤为重要。

安全照明系统主要有以下四种类型，应根据场地和建筑物总体的要求来选。

① 持续照明

作为一种最常用的照明方式，它是采用一系列固定式灯座均衡地分布于场地内各处，在夜晚持续照亮。强光灯和可控灯是两种主要的光源。

强光灯以高强光束照亮受控区域，这对潜在的入侵者将造成一种很强的威慑，使他们极易被发现，无处躲藏；而警卫人员则可以在较远的距离外就能发现他们，并不易被对方发现。但要注意减少强光灯对周边其他建筑和设施的干扰和光污染。

可控灯则能够随时根据需要调控其照射范围，当被照区域的周界线外部受限制时最好采用可控灯（如场地边界临近高速公路）。但这种照明方式也使警卫人员与入侵者处于同样的被观察条件之下，有不利的一面。

② 辅助照明

与持续照明较为类似，区别仅仅在于当警卫人员或警报系统发现有可疑目标时才启用。

③ 可移动照明

可移动照明设备是由手动操作的探照灯组成。作为前面两种照明方式的补充，可根据需要在黑暗环境或紧急情况下持续照明数小时。

④ 紧急照明

一般在正常电力系统中断或上述三类照明方式出现故障的时候作为后备照明方式使用，可采用小型发电机或电池为其供电。

6）标示系统及避难场所

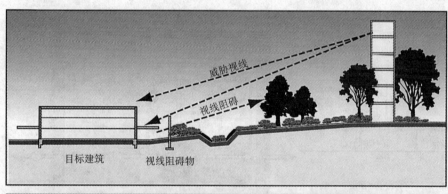

图5-22 建筑位置与视线的关系

资料来源：FEMA．Risk Management Series— Primer for Design of Commercial Buildings to Mitigate Terrorist Attacks．FEMA427．USA，2003．

① 标示系统

标示系统是一种重要的安全因素。合理的指示标志能够引导人们选择正确的行径路线，同时在发生危急情况发生时也有利于人员的紧急疏散和救援部门及时准确到达事故发生地点（图5-23）。另外，在某些重要设施或危险区域通过设置安全警示标志可以提醒普通人禁止通行。

图5-23 广州国际会议展览中心标示系统

资料来源：谢少明，（日）日比谷宪彦．广州国际会议展览中心标志系统设计．建筑学报，2004（2）．

根据《安全标志》(GB2894-82) 的规定，安全标志有四种类型[①]：禁止标志、警告标志、指令标志和提示标志。但该标准主要侧重于规范工矿企业的生产安全，具有一定的局限性。全面综合的安全标示系统应该包括道路（含场地内部道路）交通标志、安全疏散标志（这部分通常在防火系统中考虑）、建筑指示标志（包括内部和外部）、避难标志以及一些特殊的警告或禁止标志。

② 避难场所

应急避难场所是为了人们能在灾害发生后一段时期内，躲避由灾害带来的直接或间接伤害，并能保障基本生活而事先划分的带有一定功能设施的场地。日本是最早有规划地建设应急避难场所的国家之一，不仅有应急避难场所的规划、方案，而且每年还定期组织本国居民进行应急避难演习，加强了国民应急意识。同时还统一了全国的应急避难场所标志，使每一个本国居民无论在哪里都能在灾害发生后，根据标志可以很快地找到最近的应急避难场所。

2003 年 10 月，在北京市人民政府的统一组织协调下，由北京市地震局牵头的我国第一个应急避难场所——元大都城垣遗址公园正式改建完成。它遵循均衡布局、通达性好、操作性强、利于疏散、安全保障、平灾结合的原则，配备救灾所需设施和设备，如：应急帐篷、应急供电、应急水井、应急厕所、应急物资储备、应急通讯，甚至有应急野战医院、应急停机坪等等，在发生灾害性事件时能够发挥避难场所的作用。[②] 它的建成填补了我国大城市建立应急避难场所的空白，是凸显城市防灾能力增强的标志。

应急避难场所有临时和长期之分，临时应急避难场所主要指发生灾害时受影响建筑物附近的小面积空地，包括小花园、小文化体育广场、小绿地，以及抗震能力非常强的人防设施。这些用地和设施需要配备自来水管、地下电线等基本设施，一般只能够用于短时期内的临时避难。而长期应急避难场所又叫做功能性应急避难场所，"元大都遗址公园"的应急避难场所即属于此类。它一般指容量较大的公园、公共绿地、城市广场、体育场和中小学操场等，该场所除了水电管线外，还需要配备公用电话、消防器材、厕所等设施，同时还要预留救灾指挥部门、卫生急救站及食品等物资储备库等用地。它们平时是休闲娱乐场所，灾害发生时则可为人们提供长期的生存保障。这些场所内应作出统一的标识，附近的道路也将竖上应急避难场所的疏散路线指示牌，以便于在灾害发生时引导人们迅速转移至避难场所（图 5-24）。

图 5-24 "元大都公园"应急标识系统
资料来源：救援办. 城市安全一隅——应急避难场所. 防灾博览. 2003 (6).

[①] 周士元. 谈谈安全标志的应用. 建筑安全. 1995, (5): 35.
[②] 救援办. 城市安全一隅——应急避难场所. 防灾博览. 2003, (6): 13.
本刊记者. 全国第一个应急避难场所在北京建成. 城市与减灾. 2003, (6): 4-5.

5.4.5 建筑自身基本安全设计对策

建筑的自身基本情况也是一个需要重视的方面,它反映了建筑物当前所处的基本状态。各类事故灾害的发生与其有着最直接的联系,因此,全面系统的分析了解建筑的自身情况,有利于从宏观的角度把握建筑自身存在的弱点和可能面对的风险。大体上可以从以下两方面加以考虑:

(1) 建筑物的物理性能状况

建筑物的物理性能状况主要由现状总体质量、结构形式、层高等方面构成。它们综合反映了建筑目前使用中的总体物理状态,这部分内容在传统的建筑安全设计中研究较多。

1) 现状总体质量

总体质量全面综合的反映了建筑在建成使用后的物理状态,是对其进行安全设计的基础,有利于选取恰当的安全措施,减少资金浪费。

2) 结构形式

结构形式是一种最基础的被动防灾策略,涉及应对地震灾害、地质灾害和爆炸袭击等多种形式的威胁。根据具体要求选择、改进或加固建筑结构将有效保护内部人员财产的安全。

3) 其他基本参数

包括建筑层高、体型、细部构造处理等。建筑层高主要对室内的物理环境产生影响,这部分在城市突发公共卫生事件中已有详细讨论,这里不再赘述。传统设计中喜欢把重要公共建筑设计成所谓"标志性"建筑——具有显著的外观形式和体量,但从安全的角度考虑这样的方式并不十分恰当。一般而言,在具有安全考虑的建筑中,其体型宜沿水平方向展开,采用低矮体量,减少转折,使形体尽量简洁。这样既有利于避免外界的不利视线,有效抵御地震灾害,在面临炸弹袭击时还能减小建筑受到爆炸冲击波的破坏(图5-25);同时利用地形、植被等景观要素进行阻隔。安全细部构造处理也是值得考究的问题,应该和建筑立面设计结合考虑。例如,一堵坚固无窗的实墙有利于保护内部人员、财产和设施免受爆炸袭击的威胁,但这也阻碍了室内的正常通风采光和对室外情况的有效监督,从而不能在事件发生前采取积极有效的防范措施。一般可以通过使主要开窗面远离主要威胁区域,并对面临威胁区域立面的门窗洞口采取特殊设计(如采用具有斜面的较窄窗洞)加以改进(图5-26)。

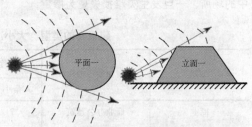

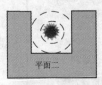 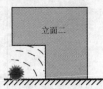

图5-25 建筑形体与爆炸冲击波的关系示意图
资料来源:作者自绘

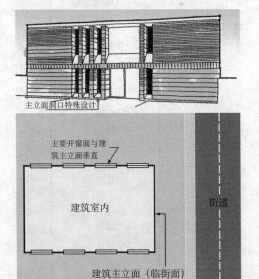

图5-26 建筑立面安全设计
资料来源:FEMA. Risk Management Series— Primer for Design of Commercial Buildings to Mitigate Terrorist Attacks. FEMA427. USA, 2003.

(2) 建筑的使用情况

使用情况则是对建筑物的功能、利用分析,涉及建筑的重要性等级、使用性质、内部人员分布、居住模式以及使用频率等方面。

1) 建筑重要性等级

一般来说,重要性等级较高的建筑物一般都处于城市重要区域和地段,外观显著,受到人为灾害影响的概率较一般建筑更大。例如,恐怖分子所选取的袭击目标大都是政府机关、商业娱乐设施以及交通枢纽等人员物质高度集中的场所,一旦发生灾难损失更为惨重。

2) 使用性质及使用频率

建筑的使用性质决定了其内部人员和财产在时间和空间上的集中程度,客观上对建筑可能面临的风险和灾难发生后造成的损失产生重要影响。例如,公共建筑相对居住建筑具有更高的风险;而商住楼较普通居住建筑而言又面临更高的威胁。再如,公共建筑中的体育场馆设施在平日可能具有较小的风险,但是在比赛日往往会存在较大的隐患。有关建筑类型与风险等级(粗略估计值)的关系参见表5-3。

建筑物的类型、大小、人员密度和风险等级　　　　表5-3

类别	建筑类型	人员密度(人/1000ft^2)		平均大小(ft^2)		相对风险等级
		最小	最大	最小	最大	
商业	商业办公建筑	7	13	2500	500000	高
	银行	7	20	2500	25000	低
	制造设施	3	10	2500	500000	中
	机场	10	20	10000	500000	高
政府	法院	7	20	2500	100000	高
	市政大楼	7	20	2500	200000	中
	警察局	2	10	2500	100000	中
	邮局	2	10	2500	200000	高
	监狱	3	20	5000	250000	低
	军事设施	2	50	5000	250000	高
食品和娱乐	食品加工设施	3	10	2500	200000	中
	餐馆	20	67	2500	25000	中
	夜总会	20	67	2500	25000	高
医疗保健	医院	7	20	5000	250000	低
	门诊部	7	20	2500	10000	中
住宿	住宅	2	5	1000	10000	低
	公寓	3	10	5000	100000	中
	宾馆	5	10	5000	200000	高
教育设施	学校	33	50	5000	250000	低
	图书馆	10	33	5000	250000	低
	博物馆	10	33	5000	250000	低
商贸设施	百货商店	13	67	5000	250000	中
	超市	10	20	5000	100000	中

续表

类别	建筑类型	人员密度（人/1000ft^2）		平均大小（ft^2）		相对风险等级
		最小	最大	最小	最大	
商贸设施	购物中心	10	20	10000	500000	高
集会设施	礼堂	50	200	10000	100000	高
	体育场（馆）	50	200	10000	200000	高
	教堂	50	200	2500	10000	中

资料来源：[美]瓦迪斯瓦夫·扬·科瓦尔斯基著. 免疫建筑综合技术. 蔡浩等译. 北京：中国建筑工业出版社，2006

3）占住模式及内部人员分布

建筑内部占住模式主要由建筑的使用性质决定，并对人员和财产的分布状况产生影响。一般来说，为了减少各种潜在威胁造成的损失，应根据占住模式对建筑内部的人、物按其使用性质进行分区布置，尽量使高危人群、设施和区域独立设置，并加强监控管理。

5.5 小结

对于建筑安全问题的关注古已有之，作为人类居住、工作和休憩的场所，从某种程度上来说，其安全性一直受到重视。然而随着近年来诸多新的危及建筑安全的突发事件不断涌现，传统的建筑安全设计体系和设计思维方式正受到严峻的挑战，也越来越多的引起多方关注。这其中，人为方式的蓄意破坏是主要形式，在传统建筑安全设计中涉及较少，已逐渐成为建筑安全设计研究中关注的新焦点。

在对建筑安全设计体系进一步扩展和整合的过程中，将安全设计的重心向建筑周边环境拓展已成为必然趋势。这是因为人为破坏的威胁往往更多的来自建筑外部，其破坏造成的后果往往也更加惨重，从美国的"9.11"事件到伦敦地铁连环爆炸案等一系列实例无不说明这一点。现阶段总体上看来似乎这类事件在我国发生的机率不大，在日常生活中很少提及；但从长远的观点视之，随着我国经济社会的不断发展，各种矛盾在一定程度上有可能激化，极个别组织和个人出于发泄对社会的不满，有可能制造破坏活动，而针对各类建筑的蓄意破坏行为往往是其首选方式。因为这样造成的人员财产损失极大，更易引起社会恐慌，从而达到其扰乱社会经济协调发展的目的。凡事预则立，不预则废，因此加强建筑安全研究，特别是在设计源头上加强安全防范更彰显重要。

总体上来看，建筑物内部的安全设计主要是传统安全设计领域研究的内容，这部分内容相对完善成熟，已形成一定的设计体系，但对于建筑外部的安全关注则比较薄弱。按照系统性原理，只有将建筑内外协调考虑才是可持续发展的安全设计观，才能为构建和谐社会保驾护航。因此，本章在对传统建筑安全设计进行必要阐释的基础上，针对建筑周边环境安全设计的原则、方法进行了较多论述，目的是结合实际探索新的建筑安全设计领域，是对传统建筑安全设计的有益补充和拓展。

参考文献

■ 中文书目

[1] 中国土木建筑百科全书——建筑. 北京：中国建筑工业出版社，1999.

[2] 罗云等. 安全文化百问百答. 北京：北京理工大学出版社，1995.

[3] 汉语大词典. 四川辞书出版社、湖北辞书出版社，2001.

[4] 安全科学技术词典. 北京：中国劳动出版社，1991.

[5] [丹麦]扬·盖尔（Jan Gehl）. 交往与空间. 何人可译. 第4版. 北京：中国建筑工业出版社，2002.

[6] 朱天乐. 室内空气污染控制. 北京：化学工业出版社，2003.

[7] 金磊. 城市灾害学原理. 北京：气象出版社，1997.
[8] 吴良镛. 人居环境科学导论. 北京：中国建筑工业出版社，2001.
[9] 杨贵庆. 城市社会心理学. 上海：同济大学出版社，2000.
[10] [德] 库尔曼 (Kuhlmann A.). 安全科学导论. 赵云胜等译. 北京：中国地质大学出版社，1991.
[11] 金龙哲，宋存义. 安全科学原理. 北京：化学工业出版社，2004.
[12] 钱学森等. 论系统工程. 长沙：湖南科学技术出版社，1982.
[13] 俞国良，王青兰，杨治良. 环境心理学. 北京：人民教育出版社，1999.
[14] 张业成等. 减轻地质灾害与可持续发展. 北京：中国科学技术出版社，1999.
[15] 李伟. 国际恐怖主义与反恐怖斗争年鉴. 北京：时事出版社，2004.
[16] [美] 瓦迪斯瓦夫·扬·科瓦尔斯基. 免疫建筑综合技术. 蔡浩等译. 北京：中国建筑工业出版社，2006.
[17] 自动喷水灭火系统设计手册. 北京：中国建筑工业出版社，2002.
[18] 唐景山，丛慧珠，崔国璋. 建筑安全技术. 北京：化学工业出版社，1993.
[19] 黄崇福. 自然灾害风险分析. 北京：北京师范大学出版社，2001.
[20] 刘艺林，费国忠. 突发灾祸及现场急救. 上海：同济大学出版社，2003.

■ 英文书目

[1] FEMA. Risk Management Series-Reference Manual to Mitigate Potential Terrorist Attacks against Buildings. FEMA426. USA，2003.
[2] NCPC. Designing for Security in the Nation's Capital. A Report by the Interagency Task Force of the National Capital Planning Commission. USA，2001.
[3] GSA. Facilities Standards for the Public Buildings Service. General Services Administration of the Chief Architect. USA，2003.
[4] DoD. Unified Facilities Criteria (UFC 4-010-01). Minimum Antiterrorism Standards for Buildings. USA，2003.
[5] ASHRAE. Risk Management Guidance for Health and Safety under Extraordinary Incidents. Atlanta：American Society of Heating, Refrigerating, and Air-Conditioning Engineers, Inc., 2002.
[6] NIOSH. Guidance for Protecting Building Environments from Airborne Chemical, Biological, or Radiological attacks, May 2002.
[7] NIOSH. Guidance for Filtration and Air-Cleaning Systems to Protect Building Environments from Airborne Chemical, Biological, or Radiological Attacks. USA，2003.
[8] Oscar Newman. Creating Defensible Space：U.S. Department of Housing and Urban Development Office of Policy Development and Research. USA，1996.
[9] DoD. Shelton Henry H. Joint Tactics, Techniques and Procedures for Antiterrorism. Washington DC，1998.
[10] FEMA. Risk Management Series- Primer for Design of Commercial Buildings to Mitigate Terrorist Attacks. FEMA427. USA，2003.
[11] NCPC. National Capital Urban Design and Security Plan, National Capital Planning Commission, 2002.

■ 杂志期刊

[1] 朱坦，刘茂等. 城市公共安全规划编制要点的研究. 中国发展. 2003，(4).
[2] 金磊. 城市安全减灾规划设计三题. 现代城市研究. 1995，(5).
[3] 金磊. 21世纪的城市化发展呼唤城市减灾. 中外建筑. 1999，(1).
[4] 金磊. 新世纪中国城市综合减灾规划问题研究——兼论北京奥运建设"三大理念"的安全减灾. 规划师. 2002，(1).
[5] 金磊. 城市公共安全与综合减灾须解决的九大问题. 城市规划. 2005，(6).
[6] 牛晓霞，朱坦. 城市公共安全规划模式的研究. 中国安全科学学报. 2003，(10).
[7] 牛晓霞，朱坦，刘茂. 市公共安全规划理论与方法的探讨. 城市环境与城市生态. 2003，(6).
[8] 冯凯等. 城市公共安全规划与灾害应急管理的集成研究. 自然灾害学报. 2005，(4).
[9] 戴慎志. 城市住区空间安全防卫规划与设计. 规划师. 2002，(2).
[10] 张翰卿，戴慎志. 城市安全规划研究综述. 城市规划学刊. 2005，(2).
[11] 徐磊青. 社区安全与环境设计——在"可防卫空间"之后. 同济大学学报(社会科学版). 2002，(1).
[12] 徐磊青. 以环境设计防止犯罪研究与实践30年. 新建筑. 2003，(6).
[13] 吴宗之. 城市土地使用安全规划的方法与内容探讨. 安全与环境学报. 2004，(6).
[14] 吴宗之等. 城市重大危险源安全规划方法及程序研究. 中国安全生产科学技术. 2005，(1).
[15] 吴宗之. 论城市重大危险源监控与应急救援体系建设. 中国减灾. 2005，(4).
[16] 张峥，吴宗之等. 设施遭恐怖袭击的风险分析方法探讨. 中国安全科学学报. 2003，(7).
[17] 王建新. 爆炸案件的发展状况、特点及预防对策. 公安学刊. 1999.11，(2).
[18] 叶耀先. 防治病态建筑综合症. 规划师. 2003，(6).
[19] 金磊. 城市建筑安全设计系统工程初探. 现代城市研究. 1994，(1).
[20] 金磊. 中国建筑安全减灾系统工程问题研究. 软科学. 1995，(3).
[21] 李引擎，季广其等. 城市建筑火灾损失与防火安全水平的评价. 建筑科学. 1998，(6).
[22] 王建新. 爆炸案件的发展状况、特点及预防对策. 公安学刊. 1999，11 (2).
[23] 张峥，吴宗之等. 设施遭恐怖袭击的风险分析方法探讨. 中国安全科学学报. 2003，(7).
[24] 蔡浩等. 生化及放射性恐怖袭击与地下环境安全研究(1). 地下空间与工程学报. 2005，(2).
[25] 蔡浩等. 生化及放射性威胁下地下工程的安全评估与

决策. 建筑热能通风空调. 2005，(2).

[26] 谢少明，（日）日比谷宪彦. 广州国际会议展览中心标志系统设计. 建筑学报. 2004，(2).

[27] 周士元. 谈谈安全标志的应用. 建筑安全. 1995，(5).

[28] 救援办. 城市安全一隅——应急避难场所. 防灾博览. 2003，(6).

[29] 本刊记者. 全国第一个应急避难场所在北京建成. 城市与减灾. 2003，(6).

[30] 闫金花，杨茂盛. 城市现有商业建筑内人员疏散安全指标分析. 西安建筑科技大学学报（自然科学版）. 2004，(3).

[31] 黄崇福. 自然灾害风险分析. 北京：北京师范大学出版社. 2001.

[32] 门福录. 关于灾害、灾害学和灾害研究方法若干问题的浅见. 自然灾害学报. 2002，(4).

[33] 康光宗等. 民用建筑中的公共卫生安全问题研究. 中国安全科学学报. 2004，(6).

[34] 蔡浩等. 空气传播的生化袭击与建筑环境安全(1)：综述. 暖通空调. 2005，(2).

[35] 傅雁，叶青波. 恐怖主义 vs 建筑. 中外建筑. 2004，(5).

[36] 苏岩，陈晓卫，杨彩虹. 建筑的安全设计. 煤矿设计. 2001，(2).

[37] 杜春雨. 城市建筑要实现从安全设计到设计安全的转变. 河南城建高等专科学校学报. 2001，(12).

[38] 金磊. 从安全设计到设计安全——谈建筑安全减灾学科建设的问题. 中国安全科学学报. 1995(12).

[39] 张鹏路. 危害城市安全的新灾种及对策. 城市减灾. 2004，(1).

[40] 成少伟编译. Designing for security（安全设计）. 世界建筑. 1999，(5).

[41] 姚振星，王勇. 论建筑的安全与防灾设计. 电力学报. 2003，(1).

■ 技术标准

[1] 中华人民共和国国务院. 国家突发公共事件总体应急预案，2006.

[2] 中华人民共和国国务院第376号令. 突发公共卫生事件应急条例，2003.

[3] 《建筑设计防火规范》（GB 50045 - 2001）. 中国计划出版社，2001.

建筑技术新论
New Theory of Building Technology

Building Environment and Equipment
建筑环境与设备

第6章 建筑环境与设备

6.1 暖通空调新技术

6.1.1 低温辐射供暖与供冷技术

(1) 辐射供暖与供冷

辐射供暖(供冷)是指提升(降低)围护结构内表面中一个或多个表面的温度,形成热(冷)辐射面,依靠辐射面与人体、家具及围护结构其余表面的辐射热交换进行供暖(降温)的技术方法。辐射面可以通过在围护结构中埋入(设置)热(冷)媒管路(通道)来实现,也可以在天花板或墙外表面加设辐射板来实现。由于辐射面及围护结构和家具表面温度的升高(降低),导致它们与空气间的对流换热加强,使房间空气温度同时上升(降低),进一步加强了供暖(降温)效果。在这种技术方法中,一般来说,辐射换热量占总热交换量的50%以上。

通常辐射面温度>150℃时,称为高温辐射供暖;辐射面温度<150℃时,为中、低温辐射供暖。水媒地板供暖、电热吊顶或电热地板供暖等供暖方式,由于辐射面表面温度一般控制在30℃以下,都属于低温辐射供暖。

由于改变围护结构内表面温度的方法可以通过电热、热(冷)空气或热(冷)水;辐射面可以是地板、顶板或墙面等立面(还可以做成屏风等形式);系统可以单独供暖或供冷;也可以同一系统夏天供冷冬天供暖,所以辐射供暖(冷)系统又按不同工作媒质或不同辐射面位置,分别命名为水媒辐射供暖(冷)、电热辐射供暖、顶板辐射供暖(冷)、地板辐射供暖(冷)等等。由于具有安全、经济、方便、热容量大等优点,因此,以水作为热、冷媒的应用最为普遍。一般认为地板供暖或顶板供冷舒适性高,对流传热强。但为了简化系统,也可用地板供冷或顶板供暖,这样使用时,一般都采用同一系统,冬天供暖,夏天供冷。

(2) 辐射供暖

1) 辐射供暖的特点

① 节能　较之传统的供暖方法,地板供暖系统供水温度低,加热水需消耗的高品位能量少,热水传送过程中热量的消耗也少。地板供暖主要依靠辐射传热,室内作用温度比采用散热器时要高1～2℃。再者,由于进水温度低,便于使用热泵、太阳能、地热及低品位热能,可以进一步节省能量。综上所述,一般认为,地板供暖比传统的供暖方式节能10%～20%,这还没有计入地板供暖用塑料管,以塑代钢所节省的能量。在目前能耗主要靠燃煤的情况下,节能20%以上意味着能够减少大量烟尘和有害气体的排放。

② 舒适性强　辐射供暖提高了室内平均辐射温度,使人体辐射散热大量减小,增强了人体舒适感。特别是地板埋管的水媒辐射供暖,由于混凝土热容量大,采用间歇供暖时升温波动小,短时间开窗通风对室温影响也不明显,间歇供暖时的舒适性强。由于室

温可以比采用散热器时低，室内空气就不那么干燥。

③实现"按户计量、分室调温"可以节省室内面积，使空间布置显得方便和灵活。

④造价与散热器基本持平，技术成熟。由于化学建材的科研水平、生产水平迅速发展，目前国内已能大批量生产合格的交联聚乙烯、聚丁烯、铝塑复合管等地板供暖系统实用的管材，以及配套的阀门、接头、卡钉等零部件，且掌握了施工运行技术，积累了工程经验，这就为地板供暖的大量使用奠定了基础。

2）管路系统构造与形式

一个完整的地板供暖系统包括热源、供暖管路系统、分水器、集水器、水泵、补水/定压装置及阀门、温度计、压力表等。图6-1为热源使用燃气锅炉的地板供暖系统示意图。

任何一种安装在地面的辐射供暖系统通常要包括发热体、保温（防潮）层、填料层等部分。地板供暖目前常用的发热体是水管，在水管中通入30～60℃的热水，依靠热水的热量向室内供热。

为了使热量向上传，一般在水管底部铺设保温（防潮）层。特别在建筑物的底层，向下的热量是纯粹的热损失，所以应尽可能地减少。在楼层地面，有些学者提出可以不设绝热层，因为向下的热量对下层的房间有供暖作用。在辐射传热占主要份额的情况下，这种主张是有理论根据的。不设绝热层时，又可以减少建筑层高损失，降低地板供暖成本，减少施工工序。不设保温层时，在施工工艺方面甚至可以有大的改变，即将水管现浇在水泥砂浆中。不过，这样做时，要注意建筑冷桥，在墙体不做绝热保温的情况下，会造成通过楼板和墙体向外的热损失（管下设保温层时，施工中可以在垫层四周敷设保温层，隔绝经墙体向室外的热传导）。此外，辐射供暖双向传热时的基础研究和设计参考资料尚不足，也给实际应用带来困难。

目前常用的保温材料当有水分存在时，毛细孔内的水分增强了传热而降低了保温作用。防潮层的主要作用是防止出现上述情况。防潮层应当做在保温层的高温侧，这样保温层内少量的水汽可依靠水蒸气分压力差排向低温侧。防潮层可以用各种塑料薄膜。目前很多企业引进国外技术，使用铝箔做防潮层。所谓铝箔一般是真空镀铝的聚脂膜或玻璃布基铝箔面层。由于铝箔强度高，还可起到加强保温层及辅助卡钉固定作用的功效。防潮层表面印出尺寸，便于铺管时参照。但目前施工工艺中利用卡钉来固定管路，往往将铝箔穿得千疮百孔，破坏了防潮作用，这要通过改进安装工艺来解决。

此外，在铺设保温层之前，一定要注意保温层基面干燥。在绝热层底部做防潮层，其本意是隔绝来自绝热层下方的潮气，但也隔绝了保温层水汽的排出。所以除了做在底层潮湿土壤上的，一般不设底部防潮层。当保温层使用加气混凝土等材料时，则无需铺设防潮层。由于密度大、热阻偏低，目前加气混凝土等很少做地板供暖的绝热层。

填料层或垫层的主要作用是保护水管，同时起到传热与蓄热作用，使得地面形成温度较为均匀的辐射加热面。从这个意义上来讲，水管和填料层构成了一个浑然一体的加热体。要起到保护水管的作用，就要求填料层有一定强度和刚度，并且尽可能传热、蓄热性能好，当然也要价廉，易施工。在地板供暖发展过程中，曾经用过砂子、沥青等填料，目前一般使用水泥砂浆或碎（卵）石混凝土。蓄热性好的材料往往热惰性也大，所以地板供暖不可能"即开即热"，但也不会"一

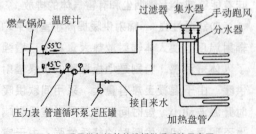

图6-1 采用燃气锅炉的地板供暖系统示意图

关就冷"。蓄热性好往往与舒适性强相伴，所以填料层的选用也是很重要的。为了防止填料层开裂，可在填料层加一层3～4mm直径的钢丝网，特别是当填料层厚度较薄时，能够起到很好的作用。

使用混凝土做填料时，上面压光之后已可以做地面，或在上面直接铺设塑料地板革，也可以做实木地板、复合木地板或铺各种材质的面砖等。但一般不使用热阻很大的纯毛地毯，以免影响地板供暖效果。典型的水媒地板供暖结构图如图6-2所示。图中各层厚度仅供参考，例如：填充层厚度可减小为40mm。图中所示复合保温层包括防潮层（铝箔）和保温层。保温板可以使用平板，也可以是预制的异型板，表面带有管槽，便于固定和保护水管。

管路的铺设方式也有多种，要求尽量简单及温度分布均匀。图6-3为几种常见的铺设形式，可以根据建筑形式灵活使用。由于回字形铺设较简单，供回水管路间隔布置使得温度较为均匀，所以成为常用的铺设方式。管底的地面也可以根据需要做成不同方式，图6-4示出了几种不同做法。其中a）为混凝土地面上铺设绝热板，再铺管的常规做法；b）为水管铺设在木质垫板上的情况；c）为水管固定于金属支架，现浇于混凝土中的情况，绝热板置于混凝土中，水管下方。

由于供暖系统一般有多个环路，所以要设分、集水器。它是连接热源和分支环路水管的集管，分水器将来自热源的供水按需要分为多路；集水器将多路回水集中，便于输送回热源再加热。分、集水器上设有阀门，可以调节和开关不同的水环路，是供暖系统的枢纽和中转站。为防止锈蚀，分、集水器一般是铜质的。普通型的，配用手动阀。高档的，可配用自控阀门及温度调节装置。

地板供暖经常与生活热水系统共用，此外由于浴厕要求温度高一些，有时在系统中加装散热器，在上述两种情况下，更要注意满足水温和水量的要求。为了满足水温要求，此时热源多采用各类锅炉（而不是单纯使用热泵机组），并通过分、集水器进行控制，以满足不同的使用要求。

(3) 辐射供冷

1) 辐射供冷的特点

辐射供冷具有以下优点：

① 节能　通常认为比常规空调系统节能28%～40%。例如：C.Stetiu使用美国全境各地气象参数对商用建筑进行模拟计算的基础上得出结论，辐射供冷的耗能量可以节省30%。注意，这里的比较是在都使用电力（不包括使用自然冷热源）的前提下进行的。

② 舒适性强　一般认为，舒适条件下人体产生的热量，大致以这个比例散发：对流散热30%、辐射45%、蒸发25%。辐射供冷在夏季降低围护结构表面温度，加强人体辐射散热份额，提高了舒适性，美国、日本、欧洲对此都做过大量的研究测试，其结论是一致的。此外，辐射供冷没有吹冷风的感觉，不存在"空调病"，以及使用分体式空调时产生室内机噪声的问题。大量研究均证实，对于穿普通鞋袜的人，地面温度20℃左右无不舒适感。辐射供冷解决了空调冷风吹向人

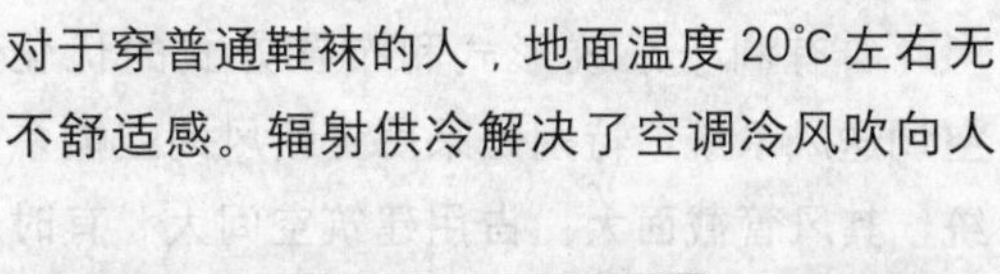

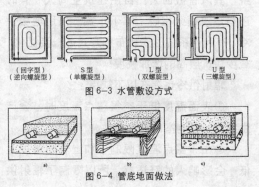

图6-3 水管敷设方式

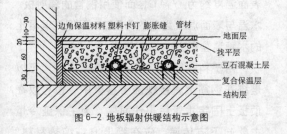

图6-2 地板辐射供暖结构示意图

图6-4 管底地面做法

体引起的身体不适，尤其是在人睡眠时。

③转移峰值耗电，提高电网效率　高温时段空调用电集中，这是很多城市伤脑筋的事情，而辐射供冷的峰值耗电量是全空调系统的27%左右，所以其调峰作用明显。特别是吊顶或地板埋管式辐射供冷系统的蓄冷作用强，可以主要利用夜间低谷电力制冷，进一步增强了转移峰值耗电的作用，在实行峰谷电价的地区，可大大节省运行费。

④提高节能性，减少环境污染　由于辐射供冷时所用冷媒温度高，所以为低温的地面水、地下水、太阳能、地热（冷）等自然冷热源的使用，提供了可能性，进一步提高了节能性，能够减少环境污染。由于冬、夏两季共用一套室内系统，又可推进冷热一体化的热泵装置的应用。对于采用顶板或地板埋管的辐射供冷系统来说，由于其蓄热性强，更便于同建筑物被动冷却、混合冷却之类的方法结合使用，一方面节省能耗，另一方面还可部分地补足辐射供冷系统冷量低的弱点。

⑤提供了另一种末端系统形式　为目前冬季供暖、夏季供冷的居住建筑提供了又一种可能的末端系统形式，改变了原来只能选用风机盘管或小型集中送风系统的情况。特别是地板供冷结合新风机组送少量干燥的新风，既改善了室内卫生条件，提高了空调降温效果，又降低了室内露点温度，可以进一步降低供冷水温，从而满足气候较潮湿地区的空调降温需要。

⑥有利于系统形式和布置方式的优化　空调送风系统，特别是采用全新风的空调系统，其风管截面大、占用建筑空间大，有时还与建筑横梁相碰，难于布置。采用地板供冷，有利于系统形式和布置方式进一步优化，减少建筑层高的增加幅度。

辐射供冷也存在以下缺点：

①表面温度低于空气露点温度时，会产生结露，影响室内卫生条件。

②由于露点温度限制，加上表面温度太低，会影响人的舒适感，所以限制了辐射供冷的供冷能力。

③在潮湿地区，室外空气进入室内会增大结露的可能性，因此要求门窗尽可能密闭，影响自然通风。

④当不同时使用通风系统时，室内空气流速太低，如果温度达不到要求，增加了闷热感。

由于以上原因，辐射供冷经常要与某种形式的送风结合，例如在欧洲就大量使用置换通风，将室外新风经过除湿处理后送入室内，既解决了新风问题，又降低了室内空气湿度，避免了结露的危险。送风还可以承担一定的室内冷负荷，使得辐射供冷在负荷较大的场合也能使用。

2）顶板供冷

顶板供冷于20世纪70年代源于欧洲，北美、日本学者对此也进行了大量研究。近年来，开始在我国得到应用。

顶板辐射供冷主要有辐射板和埋管式冷顶板两大类。辐射板也可以用钢管或非金属管配以金属板材或石膏、塑料等非金属板材制成。此时，常用公称直径10mm的非金属管或公称直径15mm的钢管。从理论上说这类辐射板可用于供冷也可用以供暖，可用作顶板也可用作地板，其上、下方传热量的比例取决于板本身的材料、构造以及其上、下方土建结构的热阻。

金属制作的辐射板对负荷的变化反应较快，在通冷水之后很快降温，通过辐射与围护结构其他表面进行热交换，使围护结构降温。不同结构的辐射板传热速率的不同造成所需水温有较大差别。例如，对于与水管相连接的铝制辐射板而言，水温16℃时，平均表面温度约为17.4℃，而使用铜管的辐射板，水温与表面温度之差约为3℃，而埋入混凝土的水管温差更大。

用塑料水管直接埋设于楼板中时，可以是绑在钢筋上直接现浇于楼板中，也可以在顶板上固定水管后再作面层，为了保证冷量主要向下方传递，应在管上方铺绝热材料。

所用水管管材及绝热材料一般同于水媒辐射供暖系统。这种结构的辐射供冷同样可用于冬季供暖。采用埋管式的冷顶板本身热惰性大，初始降温时间要长一些，但一旦表面温度达到设计要求，供冷能力与金属板是一样的，并且由于其本身的蓄热能力强，停止供水后也可在相当长的时间内保持其冷却能力。

上述两类辐射板都可有效地降低整个围护结构的表面温度，蓄冷能力比一般空调系统要强得多，特别适合于间歇供冷。

由于冷空气密度大，采用顶板时，比冷地板自然对流传热效果要好一些。但即便这样，热交换主要通过辐射方式进行，一般顶板供冷的辐射传热份额要占到50%～75%。底部封闭的辐射板的辐射热交换量占75%以上，底部开孔的辐射板的辐射热交换量一般占50%左右。一般来说，辐射热/冷占的比例越大，舒适性越强。因此，从舒适性而言，封闭辐射板要好一些，而开孔辐射板的单位面积供冷量要大一些，而且具有消声作用。

为了进一步加大对流传热份额，制造商将辐射板做成翅片管，悬吊于顶板下或嵌入吊顶中，实际成为一种主要靠自然对流的空调表冷器。这类辐射板的对流传热份额可达到85%以上，冷量可达80～100W/m^2。此外，为了与送风装置结合，欧洲制造商还推出了吊顶诱导器，利用送风喷嘴产生的一次风高速气流造成负压来卷吸周围空气，进一步强化了对流作用。这两类设备实际已超出了一般意义上辐射板的概念，但在对流热份额加大的同时，辐射传热舒适性强的优点难免会受到影响。

为了充分发挥辐射供冷舒适性强的优点，同时可向室内送入新风，改善室内卫生条件，进一步提高供冷能力，避免冷表面结露，冷顶板经常与置换通风结合使用。

3) 地板供冷

地板供暖用于夏季降温是容易想到的，特别是采用地板供暖的建筑如果夏季用同一系统供冷，则更理想。20世纪50年代，已有人提出地板供冷的设想，但真正进行系统的研究和付诸实施主要是在20世纪80年代以后。如同地板供暖和顶板供冷一样，欧洲在地板供冷的研究和实践方面也走在了前面。但应该说地板供冷尚处于应用推广期内，远未被大众和市场所广泛接受。

近年来，国内也开始对地板供冷进行研究。地板供冷具有辐射供暖及供冷所共有的一些优点，例如舒适性强、温度分布均匀、节能等。有人认为冷辐射面在脚下有悖于"脚暖头凉"的健康原则，这是一种误解。首先，希望"脚暖"主要是在寒冷季节，炎热的夏天如无降温措施，脚想凉一点也未尝不可；其次，地板供冷地面温度一般在18℃以上，不会影响舒适性，穿鞋的脚更不会有足凉的感觉；再次，在工作区范围内，由于纵向温度场很均匀，也不会有"头热"的不舒服感觉。

另一个误解是：冷表面在下，对流换热量小，因而供冷量小。对辐射供冷系统来说，总供冷量是辐射换热与对流换热量之和，并且辐射换热是其中主要部分，而影响辐射换热的一个重要参数是人体和辐射冷表面之间的角系数。该值的大小取决于人员和冷表面之间的距离以及冷表面的面积。在面积相同时，地板相对于其他冷表面（墙壁，窗户，天花板等）而言对人体有着更高的角系数。例如，一个处于6m×6m房间中央的人员，采取站姿时对地板的角系数为0.37，坐姿时对地板的角系数为0.40，人体对天花板的角系数一般仅为0.15～0.20。所以地板供冷的辐射供冷量要大于顶板供冷。另外，冷地面的对流换热量在很大程度上取决于热源。在人体站立处的周围，地面冷空气受热会产生上升气流，对流换热量也会加大。所以综合作用的结果，较大程度上提高了地板供冷的总供冷量。

在系统形式和施工等方面，地板供冷比吊顶供冷简单，造价要低得多。特别与地板供暖同时使用时，更加经济。

地板供冷的主要缺点同样是结露、单位热强度低、缺乏新风等问题。为了克服上述缺点，地板供冷与新风系统结合，同样可取得好的供冷效果，并且有利于提高室内空气品质。

(4) 辐射供暖供冷量

辐射热能以直线传播，被固体表面吸收并使之升温。由于空气是辐射的透明体，所以不能被辐射能直接加热，要靠与房间围护结构内表面及室内热源的对流换热来升温。房间各表面间都在持续不断地进行辐射能量交换。辐射强度取决于：辐射面与吸收面的温度；辐射面的辐射力；吸收面的吸收率、反射率和透射率；辐射面与吸收面及人体之间的角系数。物体表面特性对辐射有较大影响，一般来说，粗糙表面辐射力和吸收率高，反射率低；光滑及抛光表面反之。大多数建筑材料都可以视为灰体，有较强的辐射力和吸收率，对于辐射和吸收辐射能有利。玻璃对于可见光虽然有较大的透射率，对于低温长波辐射热却几乎是不透明的，并且吸收率很高。也就是说，来自辐射面的热能穿透玻璃窗传至室外的份额很少，大部分被吸收，提高了玻璃表面温度。当使用辐射供暖时，温度相对较高的辐射面向其他表面传递辐射热，导致其温度升高，围护结构材料的上述性质增强了辐射供热的效果，温升程度的提高又导致二次辐射量的加大。

应该说明，采用低温辐射供暖时，即便是辐射面的表面温度，一般也要低于室内着衣人体的表面温度，因此，人体仍然是向围护结构各内表面辐射热量的，这与高温、中温辐射供暖是不同的。但是，对比不供暖房间，由于内表面温度的升高，人体辐射散热量大大减小，以致静坐时，也能维持人体热舒适要求的正常的热平衡。

当使用辐射供冷时，可以视为"冷辐射"，围护结构各表面间辐射换热的特点完全一样，只不过辐射波的方向相反而已。对于人体而言，则由于围护结构内表面温度的降低而更有利于人体通过辐射排出多余热量，减少了蒸发散热量，提高了热舒适程度。

一般认为，辐射供暖及供冷系统的辐射能量传递占到50%以上，其余为对流传热。当采用地板供暖和顶板供冷时，对流传热份额加大；地板供冷、顶板供暖时，对流份额减小。有关辐射供冷暖的计算评价方法较多，其中适合于工程应用的简单而准确的计算评价方法（大部分是经验公式及相关的线图）特别受到重视。

按照多数国家标准和国际标准（例如ASHRAE 1992；ISO 1994），对于静坐或站立的人，推荐地面温度在18～29℃范围内，对于从事体力劳动的人，地面温度还可降低，此时供冷量可达到约50W/m^2左右。由于人体与地面间辐射换热的角系数数倍于吊顶供冷，因此地板供冷能力并不一定低于吊顶供冷能力。国内对于地板供冷也作了一些初步的研究和探讨。由于空气露点温度较高时，会限制地板供冷能力，影响室内卫生条件，必须通过控制系统避免结露发生。对于湿度较高的地区，可以结合使用置换通风或其他送风方式送一部分干燥空气，或使用除湿机进行局部除湿。

需要指出的是，辐射供暖与供冷具有"自调节"功能。当室内辐射负荷加大，例如日照直射辐射量较大时，地板或者房间墙壁内表面温度升高，特别是不设外遮阳的窗户和玻璃幕墙的内表面升温更大，这将大幅度提高冷顶板或冷地板与房间围护结构其余表面的辐射换热量。由于辐射热交换与表面绝对温度四次方之差成单调增减的函数关系，所以温差较大时，供冷量的提高是可观的。研究表明，当玻璃穹顶温度达到50℃时，通常供冷能力较低的地板供冷，其供冷能力可升高至100～150W/m^2。

6.1.2 自然通风的利用与组织

自然通风是指利用自然的手段（热压、

风压等）来促使空气流动而进行的通风换气方式。自然通风的合理利用可以降低建筑能耗，而且有利于降低室内污染物及二氧化碳浓度，满足人们接触自然的心理需要。因此自然通风与机械辅助自然通风形式（所谓"二元通风"）越来越多地被建筑师考虑并采纳。由于自然通风涉及建筑形式、热压、风压、室外空气的热湿状态和污染状况等诸多因素，因此设计有效的自然通风是十分困难的。随着科学技术的发展，世界各国如美国、日本、加拿大等对自然通风的标准、设计等进行了改进。现在自然通风设计已有了先进的设计软件和能耗分析软件，并有了自动控制系统，使自然通风设计可以实现趋利避害。

近年来，由于空调应用中各种问题的出现，例如建筑物加强了密闭性，室内空气品质的恶化导致了病态建筑综合症，过量的空调器加剧了城市热岛效应，造成室外空气热环境恶化，进而又影响空调器运行的能效比；另一方面，建筑能耗占国民经济总能耗28%左右，且随空调器的普及和生活水平的提高，建筑能耗有较大的增长趋势。因此随着可持续发展战略的提出，同时发展生态建筑也是大势所趋，自然通风这项古老的技术重新得到了重视。合理利用自然通风能取代或部分取代传统制冷空调系统，不仅能不消耗不可再生能源实现有效被动式制冷，改善室内热环境；而且能提供新鲜、清洁的自然空气，改善室内空气品质，有利于人的身体健康，满足人们心理上亲近自然、回归自然的需求。

自然通风在工业及民用建筑中有着广泛应用，国内外有许多学者对此开展了大量的研究。

（1）自然通风的作用原理及特点

自然通风最大的特点是不消耗动力或与机械通风相比消耗很少的动力，因而其首要优点是节能，并且占地面积小、投资少、运行费用低，其次是可以用充足的新鲜空气保证室内的空气品质。

由于室外风的风速和风向是经常变化的，不是一个可靠的稳定因素，为了保证自然通风的设计效果，根据《供暖通风与空气调节设计规范》的规定，在实际计算时仅考虑热压的作用，风压一般不予考虑。但是必须定性地考虑风压对自然通风的影响。

自然通风量取决于风压和室内外温差的大小。尽管室外气象条件复杂，这两者不断变化，但是我们可以通过一定的建筑设计来使得通风量基本满足预定要求。一般来说，在室外气象条件和噪声符合要求的情况下，自然通风可以应用于低层建筑、中小办公楼、学校、住宅、仓库、轻工业厂房以及简易养殖厂等。

自然通风的主要优点如下：
1) 自然通风对于温带气候的很多类型的建筑都适用；
2) 自然通风比机械通风经济；
3) 如果开口的数量足够、位置合适，空气流量会较大；
4) 不需要专门的机房；
5) 不需要专门的维护。

（2）常见的自然通风实现形式

1) 穿堂风

一般来说主要指房间的入口和出口相对，自然风能够直接从入口进入，通过整个房间后穿出出口；如果进、出口间有隔断，这种风就会被阻挡，通风效果大打折扣。合适的进、出口间的距离应该是层高的2.5~5倍（大概是6m），如图6-5所示。

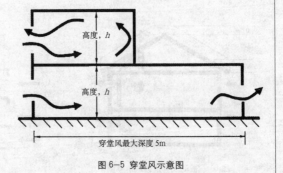

图6-5 穿堂风示意图

2）单面通风

当自然风的入口和出口在建筑的一个面的时候，这种通风方式被称为单面通风。单面通风通常有三种情况，如图6-6所示。

3）被动式管道通风

被动式管道通风系统通常用于排出比较潮湿房间中的湿空气，也可用于改善室内空气品质。通过烟囱的气流被热压和风压共同驱动。

图6-7是一个家庭住宅的通风设计构造简图。管道的尺寸通常在100mm到150mm之间，为了减少阻力损失，通常采用垂直管道，但弯头不应超过两个，而且不应有超过45°的弯头。在没有被加热的管道处，应该用保温材料包裹以防止结露。

在每个需要排风的房间中都需要一个独立的管道以防止交叉污染，必须给补充空气留有进口，管道的最后出口应该处于室外的负压区。

4）中庭通风

中庭在现代的一些办公楼中是一种常见的建筑构建。可以利用中庭来实现自然通风，图6-8即是一个理想中庭通风的例子。中庭中气流组织一般比较复杂，可以用计算流体力学技术来预测气流流动。

虽然自然通风有诸多优点，但如完全依赖它，也会有一些缺陷，主要表现为下面几点：

①通风量往往难以控制，因此可能会导致室内空气品质达不到预期的要求和过量的热损失；

②在大而深的多房间建筑中，自然通风难以保证新风的充分输入和平衡分配；

③在噪声和污染比较严重的地区，自然通风不适用；

④一些自然通风的设计可能会带来安全

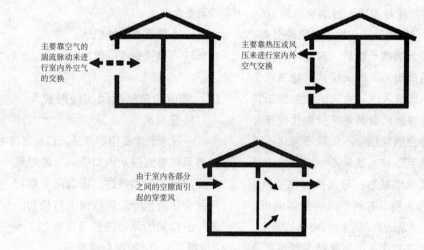

图6-6 单面通风示意图

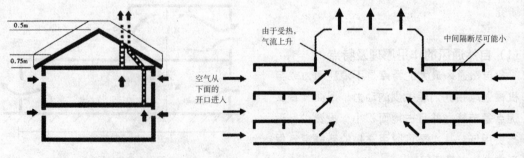

图6-7 被动式管道通风示意图　　　图6-8 中庭通风示意图

隐患,应预先采取措施;

⑤自然通风不适用那些恶劣气候环境的地区;

⑥自然通风往往需要居住者自己调整风口来满足需要,比较麻烦;

⑦目前的自然通风很少对进入的空气进行过滤和净化;

⑧自然通风风道需要比较大的空间,经常受到建筑形式的限制。

由于自然通风的可控性低,风量可能不足,对于要求较高的建筑,通常需要机械通风来补充,有时可能需要完全依赖机械通风。

(3) 自然通风的研究与应用

1) 相关研究方法

自然通风过程包含了许多复杂的流动、传热与传质问题,通常自然通风的流动过程是一种湍流流动。目前,从国内外的研究手段来看主要有以下四种:

①用计算流体力学的方法(CFD)对自然通风开展模拟;

②借助相似理论用模型试验方法研究自然通风;

③用动力学方法来分析、研究热压、风压或其他因素作用下的自然通风;

④以传统伯努利方程为基础,结合风压、热压等各种计算理论对自然通风开展研究。

这四种方法各有其特点与优势,CFD方法可以得到的流场信息丰富,有助于认识流动过程中的内在机理,并可以通过计算机仿真实验总结不同大小、不同开口方式的建筑物内自然通风的有关规律。模型试验方法成本较高,但数据可靠,目前主要作为有关理论计算与分析的验证手段。系统动力学方法成本较高,但数据可靠,目前主要作为有关理论计算与分析的验证手段。系统动力学方法可以分析热压和风压相互作用的机理,分析最终的通风方向及计算流量。

由于空调应用中各种问题的出现及工业与民用建筑能耗巨大,特别是21世纪社会和地球的可持续发展战略的提出,利用廉价、清洁的自然通风改善室内空气品质和建筑节能逐渐受到人们的重视。自然通风的应用研究还包括自然通风与其他的机械通风或冷(热)辐射盘管系统的组合,即所谓的混合通风系统等,这需要建筑师、结构工程师和建筑设备工程师等共同努力。世界能源组织也专门成立了一个由多国学者组成的混合通风研究小组,主要是研究自然通风与机械通风的结合,并且国外已有不少建筑采用了这种方式。

2) 自然通风在工业与民用建筑中的应用

人们利用自然通风主要是利用其两大功能:一是通风降温(除湿),借以改善室内热环境(热舒适)状态;二是通风换气,借以改善室内空气质量状态(如增加新风,排除各种有害气体等)。自然通风的应用主要在以下几个方面:

①单层工业厂房。自然通风无须消耗动力就可获得较满意的通风换气效果,因而在工业建筑尤其是单层厂房的全面通风及某些热设备的局部排风系统中有重要作用。

②多层或高层工业建筑中的热车间、实验室等。现在有许多工业企业、外资公司等其生产工艺中除需单层大空间厂房外,还需各种多层和高层工业建筑,这些建筑物中(包括学校)有许多实验室存在散热需要,在许多场合可采用自然通风技术。

③乡村居民。由于目前在广大的乡村更难于采用机械通风或空调技术,因此乡村民居建筑的自然通风技术尤其是在建筑设计上的考虑更显重要。

④多层或高层民用建筑如办公楼、教学楼、住宅楼等。这些建筑物中大多数没有机械通风式的中央空调系统或在每个房间装有各种窗式、分体式的空调器等。在这些建筑物中,充分利用自然通风是十分重要的,但如何合理、有效地利用自然通风是一个极其复杂的课题。例如自然通风与机械通风或冷(热)辐射盘管系统的组合即所谓的混合通

风系统等,是自然通风应用的一个重要方面。

⑤特种(殊)建筑物或构筑物。例如各种坑道及地下空间建筑物,地下烟道、风道或烟囱,地面的变电所、变压器室及其他工矿企业特别专用建筑物或构筑物等。

⑥建筑住宅小区。住宅小区的自然通风风场优化对改善小区内微气候及室内热湿环境有很重要的意义。

⑦各类建筑物中防、排烟系统关于自然通风的应用。

6.1.3 置换通风与低温送风技术

近年来,一种新的通风方式——置换通风在我国日益受到设计人员和业主的关注。这种通风方式与传统的混合通风方式相比较使室内工作区得到较高的空气品质和较高的热舒适性,并具有较高的通风效率。置换通风已经在工业建筑和民用建筑中得到应用。

(1) 置换通风的原理

置换通风是将新鲜空气直接送入工作区,并在地板上形成一层较薄的空气湖。空气湖是由较凉的新鲜空气扩散而成。室内的热源(人员及设备)产生向上的对流气流,新鲜空气随对流气流向室内上部流动形成室内空气运动的主导气流。排风口设置在房间的顶部,将污染空气排出。送风口送入室内的新鲜空气温度通常低于室内工作区的温度,较凉的空气由于密度大而下沉到地表面。置换通风的送风速度约为0.25m/s左右。送风的动量很低以致对室内主导气流无任何实际的影响。较凉的新鲜空气犹如水银泻地般地扩散到整个室内地面并形成空气湖。热源引起的热对流气流使室内产生垂直的温度梯度。在这种情况下,排风的空气温度高于室内工作温度。由此可见,置换通风的主导气流是由室内热源所控制。这种通风方式也称为热置换通风。置换通风的流态,如图6-9所示。

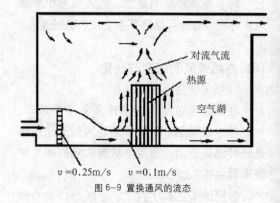

图6-9 置换通风的流态

(2) 置换通风的特性

1) 与混合通风的比较

传统的混合通风是以稀释原理为基础的,而置换通风以浮力控制为动力。这两种通风方式在设计目标上存在着本质的差别。前者是以建筑空间为本而后者是以人为本。由此在通风动力源、通风技术措施、气流分布等方面及最终的通风效果上发生了一系列的差别,也可以说置换通风以崭新的面貌出现在人们面前。二者的比较如表6-1所列。

两种通风方式的比较 表6-1

通风方式	混合通风	置换通风
目标	全室温湿度均匀	工作区舒适性
动力	流体动力控制	浮力控制
机理	气流强烈掺混	气流扩散浮力提升
措施1	大温差高风速	小温差低风速
措施2	上送下回	下侧送上回
措施3	风口紊流系数大	送风紊流小
措施4	风口掺混性好	风口扩散性好
流态	回流区为紊流区	送风区为层流区分布
分布	上下均匀	温度/浓度分层
效果1	消除全室负荷	消除工作区负荷
效果2	空气品质接近于回风	空气品质接近于送风

2) 置换通风房间内的自然对流

置换通风房间内的热源有工作人员、办公设备及机器设备三大类。在混合通风的热平衡设计中仅把热源的发热量作为计算参数而忽略了热源产生的上升气流。置换通风的主导气流是依靠热源产生的上升气流即烟羽来驱动房间内的气流流向。热源产生的热上升气流，如图 6-9 所示。站姿人员产生的热上升气流，如图 6-10 所示。

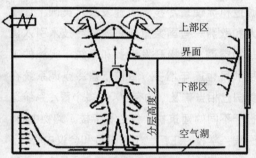

图 6-10 站姿人员产生的上升气流

关于热源引起的上升气流流量，欧洲各国的学者都进行了研究。由于实验条件的不同，所得的数据不尽相同。

3) 置换通风房间室内温度分布

由于热源引起的上升气流使热气流浮向房间的顶部，因此房间在垂直方向上形成温度梯度，即置换通风房间底部温度低而上部温度高，室内垂直温度梯度形成了脚寒头暖的局面。这种现象与人体的舒适性规律有悖。因此应控制离地面 0.1m（脚踝高度）至 1.1m 之间温差不能超过人体所容许的程度。

下部送风是否会引起足、膝两部位不舒适是人们最关心的问题。这一方面由于垂直温度梯度，另一方面是风感威胁。根据 ISO 7730（ISO 1984）的规定，地面以上标高 1.1m 处和标高 0.1m 处的空气温度之差（$\Delta t_{1.1}$）必须小于 3℃，从许多研究结果来看，对地板送风和工作区水平送风的许多工况，$\Delta t_{1.1}$ 大部分都远小于 3℃。

风感是指人体局部肢体因空气流动造成的不舒适感，但它与温度是紧密联系的。在一定的风速下，人体因温度的高低对风的感觉不同，越是在低温下越易产生风感。风感和垂直温度梯度造成的生理反应主要是皮温差（胸温与足温之差）的高低，皮温差自然愈小愈好。

(3) 置换通风的应用

置换通风在北欧已普遍采用。它最早是用在工业厂房用以解决室内的污染物控制问题。然后转向民用建筑，如办公室、会议厅和剧院等。

落地式置换通风末端装置在工业厂房的应用，如图 6-11 所示。

落地式置换通风在会议厅的应用，如图 6-12 所示。从图中可见分层高度在坐姿人员头部以上。下部区为新鲜空气，上部区为污浊空气，排风口设置在房间上部。

在办公室应用的架空式置换通风器的出风以低流速向下沉降并在地面形成空气湖，在热源的浮力作用下新鲜空气向上流动，热浊的污染空气在顶部并经排风口排出。

总而言之，置换通风系统是一种通风效率高，既能带来较高空气品质，又可节能的有效通风方式。在厂房通风及高大公共建筑通风方面值得大力推广。

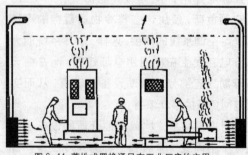

图 6-11 落地式置换通风在工业厂房的应用

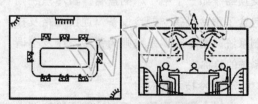

图 6-12 置换通风在上海某会议厅的应用

6.1.4　蓄冷技术

随着城市迈向现代化，城市用电结构在不断发生变化，其中用在建筑物空调系统的电力负荷比例日益增加。由于空调系统用电负荷一般均在白天用电高峰阶段，在电力低谷段用量甚少，因此空调系统用电量极大加剧了电网的峰谷负荷差。而在中央空调中，制冷系统的用电量通常占整个空调系统用电量的40%～50%，如果能把制冷系统的部分甚至全部用电量转移至夜间电力低谷时段，则对平衡电网负荷，提高电网负荷利用效率将产生十分积极的作用。因此，"蓄冷空调"就成为电力部门和空调制冷界共同关注的目标。

(1) 蓄冷技术及其应用

1) 蓄冷系统和蓄冷空调系统

众所周知，许多工程材料都具有蓄热(冷)的特性，材料的蓄热(冷)特性往往伴随着温度的变化、物态变化以及化学反应过程而体现出来。蓄冷空调的原理就是根据水、冰以及其他物质的蓄热特性，尽量地利用非峰值电力，使制冷机在满负荷条件下运行，将空调所需的制冷量以显热或潜热的形式，部分或全部地蓄存于水、冰或其他物质中，一旦出现空调负荷，使用这些蓄冷物质蓄存的冷量可满足空调系统的需要。这样，制冷系统的大部分电耗发生在夜间用电低峰期，而在白天高峰期只有部分或辅助设备在运行，从而实现电网负荷的移峰填谷。

用来蓄存水、冰或其他介质的设备通常是一个空间或一个容器，称为蓄冷设备。蓄冷设备也可能是一个可以存放蓄冷介质的热交换器，如一个结了冰的盘管。蓄冷系统则包含了蓄冷设备、制冷设备、连接管路及控制系统。蓄冷空调系统则为蓄冷系统及空调系统的总称。

2) 蓄冷技术的应用

世界上最早采用人工制冷的蓄冷空调大约出现在1930年前后。当时美国在教堂、剧院和乳品厂这类间歇使用、负荷集中的场所使用冰蓄冷供冷方式。那时的蓄冰只是着眼于减少制冷机装机容量和制冷设备的购置费用。随着机械设备制造业的不断发展，制冰设备成本大幅度降低，节省制冷设备购置费用渐渐失去了吸引力。相反，蓄冷设备价格昂贵和电耗多的不利因素却突出出来，致使该项技术的应用陷入了相当长的停滞期。

20世纪70年代以来，世界范围内的能源危机促使蓄冷技术迅速发展。美国、加拿大和欧洲一些国家重新将冰蓄冷技术引入建筑物空调，积极开发设备和系统，实施的工程项目也逐年增多。目前，蓄冷空调系统在美国已相当普及，约有4000多个蓄冷系统运行于不同的建筑物，包括写字楼、购物中心、医院、学校、工厂、工艺设备和会议中心等。

在英国大型蓄冰系统就有300多个，总容量达 $412 \times 10^6 m^3$。在加拿大、德国、澳大利亚等国，蓄冷技术也得到了相当广泛的应用。

我国的台湾地区天然资源匮乏，有96%的能源要依赖进口，因此，合理利用电力显得尤为迫切。1984年台湾从国外引进蓄冷技术并建成第一个蓄冷空调系统。近年来，随着蓄冷技术的发展与成熟，蓄冷空调系统发展迅速，其比例越来越高。1992年台湾只有33个蓄冷式空调系统，1993年发展到125个，到1997年已建成300多例蓄冷空调系统。总蓄冷量高达200多万kWh，转移高峰用电超过52万kW，每年为用户节省电费约31万元台币，并呈逐年递增趋势。同时在蓄冷技术的开发研究和应用技术方面也取得了一定的成果和经验。

我国大陆地区多年前就在一些体育馆的空调系统中采用了蓄冷技术。例如：北京首都体育馆将空调系统改造为水蓄冷空调系统，以减少制冷设备容量和降低用电高峰负荷，并取得了较好成果。但这些水池的体积都很大，其占地面积、造价和蓄冷过程中的冷损失都相应增大，使得蓄冷水技术在我国空调行业中的进一步推广受到影响。

20世纪90年代以来，冰蓄冷技术在我国大陆得到了进一步发展。深圳电子科技大厦采用了法国冰球蓄冷系统，削峰能力为47%，北京日报社15200m²综合办公楼冰蓄冷空调系统则采用有压槽式齿球蓄冷球。在此后的十几年中，冰蓄冷空调工程项目数量迅速增加。

(2) 蓄冷系统的分类

蓄冷系统的种类较多，蓄冷方法各异，蓄冷介质和蓄冷设备也不相同。按蓄冷介质的不同大致可以分为冰蓄冷系统、水蓄冷系统及共晶盐蓄冷系统。顾名思义，冰蓄冷系统的蓄冷介质以冰为主，水蓄冷系统以水作为蓄冷介质，而共晶盐蓄冷系统主要利用共晶盐的相变潜热进行蓄冷。冰蓄冷系统又有不同的制冰方式（图6-13），不同的制冰方式构成不同的冰蓄冷系统。

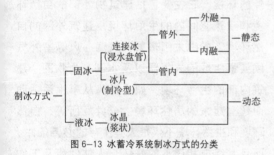

图6-13 冰蓄冷系统制冰方式的分类

与水蓄冷相比，冰蓄冷系统的优点是：蓄冷密度高，使蓄冷槽体积较小；温度稳定，便于控制；系统设计的灵活性强。冰蓄冷中的制冰方式主要有两种：一是静态制冰方式，即在冷却管外或盛冰容器内结冰，冰本身始终处于相对静止状态；二是动态制冰方式，该方式中有冰晶、冰浆生成，且冰晶、冰浆处于运动状态。

静态制冰由于系统简单，现已成为应用中冰蓄冷系统的主流。然而，静态制冰法也有自身的缺点：冰层的增厚使热阻增大，导致冷冻机的性能系数（COP）降低；一些静态系统中冰块的相互粘连导致水路堵塞。

目前，冰蓄冷研究的主要目标为动态制冰技术。动态制冰方式约有40多种，其中冰水混合浆（即含有很多悬浮冰晶的水）技术最受研究者关注。冰水混合浆可采用管道输运，其换热需采用换热器。虽然这种动态制冰方式很有前途，但迄今尚未商业化。该类系统的性能测试和优化、管理技术和经济性还需进一步完善。

(3) 与冰蓄冷相结合的低温送风系统和空调系统

从集中空气处理机组送出温度较低的一次风，经高诱导比的末端送风装置送入空调房间，即构成了低温送风系统。低温送风系统一次风的送风温度一般在3~11℃之间。

低温送风系统的概念，1947年由美国人首先提出，由于受低温冷源及空气处理设备的限制，低温送风的发展缓慢，直到20世纪70年代末，其使用仅限于空间狭小、布置送风管道有困难的改建项目上。

人们注意到，与常规空调系统相比，低温送风系统降低了送风温度，减少了一次风风量，因此也减少了一次风处理设备、送风机及相应的送风管道，使得送风系统的初投资降低。而冰蓄冷系统又能提供1.1~3.3℃的低温冷冻水，这样，低温送风系统又引起了人们的兴趣。1983年在美国能源部主持召开的第三次"蓄冰在制冷工程中的应用"专题研讨会上，首次提出了与冰蓄冷相结合的低温送风系统。1985年末，两座采用冰蓄冷与低温送风系统总建筑面积约为46450m²的空调建筑在美国投入运行。此后采用冰蓄冷与低温送风的空调建筑不断增加。

与冰蓄冷相结合的低温送风系统，能够充分利用冰蓄冷系统所产生的低温冷冻水，一定程度上弥补了因设置蓄冰系统而增加的初投资，进而提高了蓄冷空调系统的整体竞争力。与蓄冰相结合的低温送风空调系统具有以下特点：

1）初投资低

常规空调系统中，送风温差一般控制在8

~10℃；低温送风系统中，送风温差可达13～20℃，减小了送风系统的设备及管道尺寸，因此也降低了送风系统的初投资。例如：当送风温度为7℃左右时，与常规送风系统相比，风管尺寸减小30%～36%，空气处理设备的外型尺寸减小20%～30%，风机功率减小30%～50%。

与冰蓄冷相结合的低温送风系统，其初投资低于与冰蓄冷相结合的常规送风系统。一般来说，当建筑面积大于14 000m²时，采用与冰蓄冷相结合的低温送风系统其初投资会低于非冰蓄冷的常规空调系统。当建筑面积小于3700m²时，采用与冰蓄冷相结合低温送风系统，其初投资会高于非冰蓄冷的常规空调系统。建筑面积在3700～14 000m²之间时，与冰蓄冷相结合的低温送风系统在初投资上与非冰蓄冷的常规空调系统具有一定的竞争力。

2）减少峰值电力需求，降低运行费用

电力上的"移峰填谷"是采用冰蓄冷系统的主要目的，采用低温送风系统可以进一步减小蓄冷空调系统的峰值电力需求。空调系统的风机大多在电力峰值时间运行，低温送风系统减少了送风量，因此也相应地减小了峰值功率需求。对低温送风系统来说，送风温度越低、建筑规模越大时，低温送风系统消耗的功率相对越小。

低温送风系统电力需求的减少，使送风系统的全年运行电耗减少，从而降低了电力增容费和运行费。需要指出的是，在过渡季节低温送风系统中制冷机停机所对应室外温度要低于常规空调系统，使制冷机运行的时间延长，但与全年能耗相比延长运行时数所增加的能耗是很小的。

3）节省空间，降低建筑造价

低温送风系统中，由于送风量的减少，空气处理设备及风道尺寸相应减少，所占空间减小。对于新建的建筑物，由于送风管道尺寸的减小，可使建筑物的层高降低76～152mm。另外，对建筑物高度限制的地区，降低层高、增加使用面积是采用低温送风系统的主要原因。建筑物层高的减小可降低建筑的造价。

4）适用于改建工程

与冰蓄冷相结合的低温送风系统适合于既需要增加冷负荷，又受电网增容及空间限制的改建扩建工程。在这类工程中，可用冰蓄冷系统来满足增加冷源要求，利用原有风道及风机满足增加的空调负荷。这样，既节省空间，又可降低改建、扩建费用。

6.2 室内空气环境控制技术

6.2.1 室内空气环境

(1) 改变与控制室内空气环境的意义

建筑环境主要是指建筑物围护结构内、外的环境。它主要包括建筑物外部的自然环境和建筑空间内的生活环境。建筑外部的自然环境，如由太阳辐射、气温、风等室外气候要素组成的大气圈以及水圈、生物圈；建筑内部的生活环境，如人类为从事生活活动而建立起来的居住环境、公共场所等。自然环境和生活环境不仅是人类生存的必要条件，而且其组成和质量的好坏与人体健康及工作效率密切相关，要研究和利用建筑环境中对健康和工作的有利因素，更要研究消除、控制和改善建筑环境中对健康和工作的不利因素，为人们的健康和工作创造良好的环境。

建筑环境中的室内空气环境是人们生活和工作中最重要的环境之一。对此进行研究分析与控制十分必要。尤其是近二十年来，人们更加感到研究室内空气环境和质量的重要性和迫切性，其主要原因在于：

1）室内环境是人们接触最频繁、最密切的外环境之一。人们约有80%以上的时间是在室内度过的，与室内空气污染物的接触时间多于室外。因此，室内空气质量的优劣能够直接关系到每个人的健康。

2) 室内污染物的来源和种类日趋增多。由于人们生活水平的提高，家用燃料的消耗量、食用油的使用量、烹调菜肴的种类和数量等都在不断增加；随着化工产品的增多，大量的能够挥发出有害物质的各种建筑材料、装饰材料、人造板家具等民用化工产品进入室内。因此，人们在室内接触有害物质的种类和数量比以往明显增多。据统计，至今已发现室内空气污染物约有300多种。

3) 建筑物密闭程度的增加，使得室内污染物不易扩散，增加了室内人群与污染物的接触机会。随着世界能源的日趋紧张，包括发达国家在内的许多国家都十分重视节约能源。许多建筑物都被设计和建造得非常密闭，以防室外的过冷或过热空气影响了室内的适宜温度，使用空调的房间也尽量减少新风量的进入，以节省耗电量，因此，严重影响了室内的通风换气。室内的污染物不能及时排出室外，在室内造成大量聚积，而室外的新鲜空气也不能正常地进入室内，严重恶化了室内空气品质，出现了各种症候，被统称为病态建筑综合症。

至今，室内空气污染问题已经成为许多国家极为关注的环境问题之一，室内空气质量的研究与控制已经成为建筑环境科学领域内的一个新的重要的组成部分。

(2) 空气环境指标

室内空气污染物的种类很多，包括化学的、物理的和生物的等。广义上的污染物包括了固体颗粒、微生物和有害气体。为了描述和定量分析这些污染物对室内空气的污染程度，制定有关污染物允许浓度的指标是十分必要的。这些指标也是客观评价室内空气品质的主要依据。

在远离工业区的地方，空气给人们的印象是"新鲜"的。但是通过分析表明，其中也含有大量的各种有机化合物。拥有多种污染源的室内空气中，各种有害成分就更多了。因此，必须确定有关污染物成分在人体呼吸的空气中的允许浓度标准。这是一件很不容易做的工作，因为对人类处在污染危险非常小的情况下所产生的深远影响和后果的调查研究工作是一个很复杂的课题。即使是对吸烟和肺癌这样相互有关联的严重危险进行调查，在危险确定之前也需要做大量流行病学方面的研究。因此必须认识到不同污染物允许浓度的标准体现了根据当时可资利用的资料信息所做出的最佳决定，随着更多资料可资利用，进一步修改也就有了可能和必要。

1) 阈值

在确定污染物允许浓度标准时，使用得最广的概念就是阈值。所谓阈值就是空气中传播的物质的最大浓度，在该浓度下日复一日地停留在这种环境中的所有工作人员几乎均无有害影响。因为人们的敏感性变化很大，所以即使是浓度处在阈值以下，还是会有少数人由于某种物质的存在而感到不舒适。阈值一般有如下三种定义：

①时间加权平均阈值。它表示正常的8h工作日或40h工作周的时间加权平均浓度值，长期处于该浓度下的所有工作人员几乎均无有害影响。

②短期暴露极限阈值。它表示工作人员暴露时间为15min以内的最大允许浓度。

③最高限度阈值。它表示即使是瞬间也不应超过的浓度。

短期暴露极限阈值和最高极限阈值特别适用于短时间的工业暴露。民用建筑中所涉及到的允许浓度标准值均系指时间加权平均阈值。

2) 室内空气品质

室内空气品质 (Indoor Air Quality——IAQ) 定义在近20年中经历了许多变化。最初，人们把室内空气品质几乎完全等价为一系列污染物浓度的指标。近年来，人们认识到这种纯客观的定义已不能完全涵盖室内空气品质的内容，于是，对室内空气品质的定义进行了不断的发展。

在1989年国际室内空气品质讨论会上，

丹麦哥本哈根大学教授范格尔(P.O.Fanger)提出：品质反映了人们要求的程度，如果人们对空气满意，就是高品质；反之，就是低品质。英国有关专家认为：如果室内少于50%的人能察觉到任何气味，少于20%的人感觉不舒服，少于10%的人感觉到黏膜刺激，并且少于5%的人在不足2%的时间内感到烦躁，此时认为室内空气品质是可接受的。这两种定义的共同点是都将室内空气品质完全变成了人们的主观感受。

最近几年，美国供热制冷空调工程师学会(American Society of Heating, Refrigerating and Air-conditioning Engineers——ASHRAE)在修订版ASHRAE 62-1989R中，首次提出了可接受的室内空气品质的概念：空调空间中绝大多数人没有对室内空气表示不满意，并且空气中没有已知的污染物达到了可能对人体产生严重健康威胁的浓度。这一对室内空气品质的描述相对于其他定义，最明显的变化是它涵盖了客观指标和人的主观感受两个方面的内容，相对比较科学和全面。因此，尽管当前各国学者对室内空气品质的定义仍存在偏差，但基本上认同ASHRAE 62-1989R中的定义。

3）室内空气品质标准

室内空气品质标准是客观评价室内空气品质的主要依据。标准中规定了室内污染物浓度的上限值。我国于1996年发布并实施了《公共场所卫生标准》。其中在《旅店业卫生标准》(GB 9663-1996)中规定：三星级以上饭店、宾馆的CO_2浓度不超过0.07%，可吸入颗粒物不超过$0.15mg/m^3$，空气细菌总数不超过$1000cfu/m^3$，详见表6-2。

旅店客房卫生标准(GB 9663-1996)　　　　　表6-2

项目	3~5星级饭店、宾馆	1~2星级饭店、宾馆	普通旅店、招待所
温度 ℃ 冬季	>20	>20	≥16(供暖地区)
夏季	<26	<28	—
相对湿度 %	40~65	—	—
风速 m/s	≤0.3	≤0.3	—
二氧化碳 %	≤0.07	≤0.10	≤0.10
一氧化碳 %	≤5	≤5	≤10
甲醇 mg/m^3	≤0.12	≤0.12	≤0.12
可吸入颗粒物 mg/m^3	≤0.15	≤0.15	≤0.20
空气细菌总数 a. 撞击法 cfu/m^3	≤1000	≤1300	≤2500
b. 沉降法 个/皿	≤10	≤10	≤30
台面照度 lx	≥100	≥100	≥100
噪声 dB(A)	≤45	≤55	—
新风量 $m^3/(h·人)$	≥30	≥20	—
床位占地面积 $m^2/人$	≥7	≥7	≥4

(3) 室内环境品质

大量研究证明，引起病态建筑综合症的并非某一种室内污染物的单独作用，也并非完全由室内空气中的污染物所致，而是多种因素的综合作用，包括不良的室内空气品质、水系统结露或泄漏造成微生物的繁衍、长久地坐在电脑前接受到大剂量辐射等生理上的因素，也包括工作压力、工作满意度、人事关系等心理上的因素。由此可见，仅用室内空气品质这一概念不能完全解释与多种综合原因相联系的病态建筑综合症，因而国外学者引进了室内环境品质(Indoor Environment Quality——IEQ)的概念。

由美国国家职业安全与卫生研究所提出的室内环境品质概念比室内空气品质的内涵更广，它是指室内空气品质、舒适度、噪声、照明、社会心理压力、工作压力、工作区背景等因素对室内人员生理和心理上的单独和综合的作用。实际上，上述提到的我国发布和实施的"公共场所卫生标准"，也包括了室内环境品质方面的标准。

室内环境品质对人的影响分为直接影响和间接影响。直接影响指环境的直接因素对人体健康与舒适的直接作用,如室内良好的照明,特别是利用自然光可以促进人们的健康;人们喜欢的室内布局和色彩可以缓解工作时的紧张情绪;室内适宜的温、湿度和清新的空气能提高人们的工作效率等。间接影响指间接因素促使缓解对人员产生的积极或消极作用,如情绪稳定时适宜的环境使人精神振奋,萎靡不振时不适宜的环境使人更加烦躁不安等。由此可见,提高室内环境品质,可以增加室内人员的舒适度及健康保障,避免病态建筑综合症,从心理和生理两方面提高人员对环境的满意率。因此,在评价和分析一栋建筑物时,应考虑使用室内环境品质这一概念。

6.2.2 室内空气主要污染物的种类与来源

(1) 室内空气污染的来源

室内空气污染的来源很多。对于建筑专业工作者来说,掌握其各种来源是十分必要的。只有了解各种污染物的来源、形成原因以及进入室内的各种渠道,才能有针对性地采取有效措施,堵源节流,把好控制室内空气环境的第一关。

根据各种污染物形成的原因和进入室内的不同渠道,一般将室内污染物分为室外来源、室内来源(非人体自身)以及在室人员等几个方面。

1) 室外来源

这类污染物原本存在于室外环境中或其他的室内环境中,一旦遇到机会,则可通过门窗、孔隙或其他管道缝隙等途径,进入室内。大气中很多污染物均可通过上述途径进入室内。主要污染物有 SO_2、NO_x、烟雾、H_2S 等。这类污染物主要来自工业企业、交通运输工具以及建筑周围的各种小锅炉、垃圾堆等多种污染源。有的房基地的地层中含有某些可逸出或挥发性有害物质,这些有害物可通过地基的缝隙逸入室内,如:氡及其子体、某些农药、化工染料、汞等。质量不合格的生活用水在用于室内淋浴、冷却空调、加湿空气等时,以喷雾形式进入室内。水中可能存在的致病菌或化学污染物可随着水雾喷入室内空气中,例如:军团菌、苯、机油等。另外,人为带进室内或从邻居家传来的污染物,也是外来污染之一。

2) 室内来源

室内污染的来源除人体自身外主要包括以下几种途径:

①由室内进行的燃烧或加热而生成

这里主要是指各种燃料、烟草、垃圾的燃烧以及烹调油的加热。这些燃烧产物和烹调油烟,都是经过高温反应而产生的。不同的燃烧物或相同种类由于品种或产地不同,其燃烧产物的成分会有很大差别,燃烧条件不同,燃烧产物的成分也会有差别。

②从室内各种化工产品中释放而出

这类化工产品包括建筑材料、装饰材料、化妆品、黏合剂、空气消毒剂、杀虫剂等等。这类产品由于原材料本身成分中含有某些有害物质(例如氡的母元素——镭)或在生产过程中加入了某些挥发性有机物(例如苯、甲醇),使得生产出来的成品中已含有这类物质。随着产品进入室内后,这些物质即可从产品中释放出来,污染室内空气,例如:发胶中的氟里昂、黏合剂中的甲醛等。

③室内生物性污染

由于建筑物的密闭,使室内小气候更加稳定,温度更适宜,湿度更湿润,通风极差。这种密闭环境很容易孳生真菌等微生物,还能促使生物性有机物(例如生活污水、有机垃圾等)在微生物作用下产生很多有害气体,常见的有 CO_2、NH_3、H_2S 等。

④家用电器的电磁辐射污染

近年来,电视机、组合音响、微波炉、电热毯等多种家用电热器进入室内,导致人们接触电磁辐射污染的机会增多。由此产生的健康影响已引起国内外有关专家的关注。

⑤暖通空调设备及系统污染

暖通空调设备及系统造成室内空气污染的主要途径有：新鲜空气量不足导致室内各类污染物浓度积累和空气负离子浓度的减少；空调系统新风采集口受到污染；空调系统的过滤器失效，导致的室内空气污染；气流组织不合理，导致污染物在局部死角滞留、积累，形成室内空气污染；空调系统冷却水中有可能存在的军团菌而导致的空气微生物污染等。

3）在室人员形成的空气污染

①二氧化碳

二氧化碳（CO_2）是人体产生得最多的污染物质，在人体呼出的气体中它约占4%。人体呼出的CO_2量与用于肺中的氧气量的比值在0.7～1之间变化。因此，一个人的CO_2发生量与其新陈代谢率有关。一个成人在安静状态下每小时呼出的CO_2约为20L左右，儿童约为成人的一半。除CO_2外，呼出气中还含有很多其他的代谢废气和有害气体。

除了在高浓度的情况下，二氧化碳是无毒的。正常情况下室外空气中CO_2含量为0.03%～0.04%。当环境中CO_2浓度达到0.07%，体内排出的其他气体也相应达到一定浓度时，少数气味敏感者将有所感觉；当CO_2浓度达到0.1%时，则有较多人感到不舒服。若CO_2浓度再增加，达到1%～2%时，引人注意的影响就是呼吸的深度显著增加。可见，室内CO_2浓度的高低在相当程度上可以反映出室内有害气体的综合水平。由于人体所产生的CO_2量比较标准，且易于测量，因此常常将其浓度作为室内通风量是否满足要求的一般指标。但近年来的研究表明，室内污染物还包括非人产生的污染物，这些污染物浓度较高时不仅使人感到不舒服，而且有些还直接影响到人的健康。因此，简单的以CO_2为指标的新风量控制标准有时难以满足人们对室内空气健康性和舒适性要求。

应该指出的是：呼吸不是CO_2的惟一来源，因为所有使用有机燃料的燃烧过程都会产生二氧化碳。其产生量随燃料种类的不同而稍有区别。表6-3为不同发生源所产生的CO_2量。除了人体以外，其他动植物的新陈代谢也要排出CO_2。

二氧化碳发生源与发生量 表6-3

发生源		发生量
呼吸：	活动量 M （W/m²）	$7.3×10^{-5}M$ 1/(S·人)
	轻微活动	0.005 1/(S·人)
燃烧：	天然气	0.027 1/(S·人)
	煤油	0.034 1/(S·人)
	液化石油气	0.033 1/(S·人)

②一氧化碳

一氧化碳（CO）是无色、无味的气体，低浓度情况下便有毒性。它的产生主要是由于燃料的不完全燃烧。当人体吸入CO时，它比氧更易被血液所吸收而形成碳氧血红蛋白，该蛋白不能用来执行它的输送氧气的正常功能，从而导致受害者窒息直至死亡。CO的大气浓度只要达到万分之一，就会使很多人产生轻微的头痛。当然，人体对CO的敏感性是各不相同的。在老年人与年轻人中，以及在是否具有慢性呼吸器官疾病的人中其相互差别是很大的。

对一氧化碳的注意主要集中在它作为室外空气的污染物质方面，这是因为城市中汽车排气可能使其在空气中的浓度超过阈值。室内最普遍的一氧化碳污染是人体自己引入的。吸烟者吸入的一氧化碳量肯定超过阈值。同时来自香烟的二次烟气，即两次喷烟之间香烟燃烧时所发出的烟气，其中所含的CO是室内一氧化碳的一个重要来源。毋庸置疑，室内非常高的CO浓度总是与使用不合格燃烧设备分不开的。煤气炉在烹调时往往产生许多的一氧化碳。小型燃煤暖气炉不完全燃烧时产生的大量的一氧化碳常常是居室中CO意外中毒的主要原因。

③烟草的烟气

吸烟是由室内吸烟人员造成的最普遍的室内空气污染。主要的影响当然还是吸烟者本人。在确定了吸烟和肺癌之间的关系之后，人们的注意力更多地转向了非吸烟者，即被动吸烟者。有的研究人员指出：在一定条件下，烟气对被动吸烟者的危害比吸烟者还大。

吸烟者吸入的烟气通常称为主流烟气，而香烟燃烧发出的烟气称为二次烟气。实际所产生的烟气量取决于烟草的种类，吸烟者吸入的烟量和空气的湿度。吸烟时还能放出大量的有机化合物。同时香烟烟气更多的主观影响也是非常重要的，而且实际上是决定通风量的最为敏感的因素。主要的影响是能见度差，产生令大多数人讨厌的气味和使眼睛受到刺激。烟气对能见度的影响只发生在诸如体育馆之类需要较长视线的大空间中。臭味和刺激随人所经受的时间的长短而具有不同的作用。嗅觉是可以适应的，因此人们察觉气味的能力随时间延长而减弱；另一方面，刺激造成的影响却随停留时间的增加而增强，一旦眼睛开始受到刺激，就要把烟草烟雾视为最令人讨厌的影响了。

④气味

如上所述，空气质量标准的制定通常采用污染物浓度阈值这一准确的物理术语，但实际上人们往往根据室内气味的强烈程度来评价室内空气质量。在配有空调的建筑物中，如果气味难闻，人们仍会抱怨室内通风量不足。人们在室内决定进行通风换气也常常是由于室内气味不好，但遗憾的是气味的强度既不易定量也不易测量。人的鼻子是极为灵敏的，即使某些物质的浓度低于最灵敏的仪器所能测量到的强度，人们仍能觉察出这些物质的存在。另一方面，对于气味强度的察觉不能只靠气味的浓度。嗅觉容易疲劳，觉察能力会随时间的推移而迅速下降。对气味的敏感程度也因人而异。女性通常比男性对气味更敏感。人们对气味的灵敏度还随着环境温度和湿度的变化而变化。国外学者已进行了大量有关气味的描述与定量化的研究工作。我国在这方面的研究工作处于起步阶段。

建筑物内的气味起因于多个方面。如室内装饰品、烟草烟雾、厨房、厕所等都是气味的发生源。其中一个无法避免的来源就是人们自己。人体蒸发、流汗、呼吸和体表的各种有机物排泄会发出体臭、汗臭以及人体排泄的氨味，洗得十分干净的人体也会散发出一种复杂的混合气味，当达到足够的浓度时，就会产生一种令人不愉快的气味。

（2）污染物的种类及其危害

污染物主要包括固体颗粒、微生物和有害气体。如果考虑到其中微生物多依附于固体颗粒或液滴传播，也可将污染物分为颗粒污染物和有害气体污染物，其中的颗粒污染物包括固体颗粒和微生物。

对于颗粒污染物，一、二次扬尘和室内湿度过大是其产生的主要原因。目前人们主要采用避免扬尘、增强过滤、控制湿度等方式以及控制产生源等手段来避免这方面的污染。相对而言，气态污染物的研究要复杂得多。这方面的问题主要集中在两个方面：一是单个（或多种）污染物对人体的影响，二是污染物本身的产排特性。

当前人们认为各种挥发性有机物（VOC）、甲醛、氡、二氧化碳等气体会对人体产生不良影响，但具体是如何影响，许多方面还是未知。据测，室内的有害气体有300多种，将它们跟人体的不适感科学地结合起来是一项长期而艰巨的工作。另外，许多调查都显示，即使人们抱怨很频繁，但在很多情况下并没有哪一种污染物单独超标。这一结果的最好解释是由于多种而不是单独某一种污染物的影响才导致了人们对室内空气质量的抱怨，但同时也使得人们对现有污染物浓度指标的科学性和全面性提出怀疑。

污染物的产排特性也是研究的一个难点和重点。建材、装饰材料会产生多少污染物、污染物间如何相互反应等问题是解决污染的关键。从传统上来讲，控制污染源是避免污染的最好方式，但对有害气体的污染控制很难采用这种方式。这就需要将污染物的产排特性弄清，以利于采用其他手段。

6.2.3 室内空气品质的评价与控制

(1) 室内空气品质的评价

室内空气品质评价是认识室内环境的一种科学方法，是随着人们对室内环境重要性认识的不断加深所提出的新概念。在评价室内空气品质时，一般采用量化监测和主观调查结合的手段进行，即采用客观评价和主观评价相结合的方法。

客观评价是直接测量室内污染物浓度来客观了解、评价室内空气品质。但涉及到室内空气品质的低浓度污染物很多，不可能样样都测，需要选择具有代表性的污染物作为评价指标，来全面、公正地反映室内空气品质的状况。由于各国的国情不同，室内污染特点不一样。人种、文化传统与民族特性的不同，造成对室内环境的反映和接受程度上的差异，选取的评价指标也有所不同。一般选用二氧化碳、一氧化碳、甲醛、吸入尘，加上温度、相对湿度、风速、照度以及噪声等12个指标，全面、定量地反映室内环境。当然，上述评价指标可以根据具体评价对象适当增减。

主观评价主要是通过对室内人员的问询得到的，即利用人体的感觉器官对环境进行描述与评判工作。室内人员对室内环境接受与否属于评判性评价；对空气品质感受程度则属于描述性评价。人们普遍认为人是测定室内空气品质的最敏感的仪器。利用这种评价方法，不仅可以评定室内空气品质的等级，而且也能够证实建筑物内是否存在着病态建筑综合症 (Sick Building Syndrome)。但作为一种以人的感觉为测定手段（人对环境的评价）或为测定对象（环境对人的影响）的方法，误差是不可避免的。在室人员与来访者对空气品质感受程度不一致，也是正常的。这是由于人与人的嗅觉适应性不同以及对不同的污染物适应程度不一致所造成的。同时，有时候利用人们的不满作为改进和评价建筑物性能的依据，也是非常模糊的。因为人们的不满常常是抱怨头痛、疲乏，或不喜欢室内家具、墙壁的颜色等等，很难弄清楚什么是不满意的真正原因。

(2) 控制室内空气污染的方法

上面讨论了室内污染源的种类及其对室内空气的污染，同时提出了室内空气卫生标准以及可接受的室内空气品质的概念。为了解决减轻室内空气污染，保持和改善室内空气品质，使其达到人们能够接受的程度的问题，通常采取四方面的措施：一是"堵源"：源头治理；二是"节流"：减少室内污染源散发强度；三是"稀释"：保证足够的新风量和合理的气流组织，稀释和排除室内气态污染物；四是"消除"：对空气进行净化，消除污染物。

1) 污染物源头治理

从源头治理室内空气污染，是治理室内空气污染的根本之法。最好、最彻底的办法是消除室内污染源。例如：在建筑设计与施工特别是室内装修时表层材料的选用中，采用VOC等有害气体释放量少的材料；又如一些地毯吸收室内化学污染后会成为室内空气二次污染源，因此，不用这类地毯就可消除其导致的污染。

2) 减少室内污染源散发强度，就近排除污染物当室内污染源难以根除时，应考虑减少其散发强度。例如，通过标准和法规对室内建筑材料中有害物含量进行限制就是行之有效的办法；又如，切实保证空调或通风系统的正确设计、严格的运行管理和维护，使可能的污染源产污量降低到最小程度。对一些室内污染源，还可采取局部排风的方法，例如，厨房烹饪污染可采用抽油烟机就地解决。

3) 合理组织通风换气稀释

为保持和改善空气质量而采取的通风换气或空气调节措施，其主要目的就是为了提供呼吸所需要的新鲜空气、稀释室内气味和污染物、除去余热或余湿等。不同的是后者比前者在系统上更复杂一些，对空气的处理功能更强一些。

4) 空气净化

目前空气净化的方法主要有：过滤器过滤、活性炭吸附有害物、纳米光催化降解挥发性有机化合物、臭氧法、紫外线照射法、等离子体净化和其他净化技术等。

6.2.4 通风换气对室内空气质量的影响

(1) 通风与空气调节

通风系统按照通风动力的不同，可分为自然通风和机械通风两类。自然通风是依靠室外风力形成的风压和室内外空气温度差所形成的热压使空气流动的；机械通风是依靠风机形成的压力使空气流动的。自然通风不需要专门的动力，对某些建筑物是一种经济有效的通风方法。目前在我国农村住宅及城市普通住宅楼中广泛采用。但自然通风往往要受气象条件的限制，可靠性较低，有时不能完全满足室内全面通风的需要。

空气调节的意义在于为了使空气达到所要求的状态，对空气温度、湿度、空气流动速度及清洁度进行人工调节与控制，以满足人体舒适和工艺生产过程的要求。现代空调系统有时还能对空气的压力、成分、气味及噪声等进行调节与控制。空气调节系统一般由空气处理设备和空气输送管道以及空气分配装置所组成。根据需要，它能组成许多不同形式的系统。按空气处理设备的设置情况，空调系统可分为集中系统、半集中系统和全分散系统。集中空调系统多用于影剧院、商场、宾馆等大型空间的公共场所；而半集中系统和分散（局部）系统多用于旅店客房和某些小空间的场所。集中式空调系统根据其处理空气的来源可分为封闭式、直流式和混合式。封闭式系统所处理的空气全部来自空调房间本身，没有室外空气补充，全部为再循环空气。这种系统冷、热消耗量最省，但卫生效果差。直流式系统所处理的空气全部来自室外，室外空气经处理后送入室内，然后全部排出室外，因此与封闭式系统相比，具有完全不同的特点。从上述两种系统可见，封闭式系统不能满足卫生要求，直流式系统在经济上不合理，所以两者都只在特定情况下使用，对于绝大多数场合，往往需要综合这两者的利弊，采用混合室内一部分回风的系统，即混合系统。这种系统既能满足卫生要求，又经济合理，故应用最广。

(2) 通风（空调）的目的

所谓通风，是指把建筑物室内污浊空气直接或净化后排至室外，再把新鲜空气补充进来，从而保证室内的空气环境符合卫生标准。空调和通风有类似的作用，没有严格的区分，但是一般来说，空调还要考虑到控制房间的热环境，因此送风要经过较为复杂的处理过程，空调对效果的要求也更为严格。

建筑内部的通风空调条件是决定生活在建筑内部的人们健康、舒适的重要因素。通风（空调）的目的主要有以下几个方面：

1) 保证排除室内污染物。室内空气污染物的来源多种多样，有从室外带入的污染物：工业燃烧和汽车尾气排放的 NO_2、SO_2、臭氧等；有室内产生的污染物：室内装饰材料散发的挥发性有机化合物、人体新陈代谢产

的 CO_2、家用电器产生的臭氧,以及厨房油烟等其他污染物。室内污染物源可以散发到空间各处,在室内形成一定的污染物分布。大量的污染物在空间存在,会对人体健康产生不利影响,而对房间进行通风则可以带走室内的污染物。

2)保证室内人员的热舒适。研究表明,人员的热舒适和室内环境有很大关系。经过一定处理(除热、除湿)的空气,通过空调系统送到室内,可以保证室内人员对温度、湿度、风速等的要求,从而满足人员对热舒适的要求。

3)满足室内人员对新鲜空气的需要。即使是在有空调的房间,如果没有新风的保证,人们长期处于密闭的环境内,容易产生胸闷、头晕、头痛等一系列病状,形成"病态建筑综合症"。必须保证对房间的通风,使新风量达到一定的要求,才能保证室内人员的身体健康。

通风(空调)包括从室内排除污浊空气和向室内补充新鲜空气两个方面。前者称为"排风",后者称为"送风"或"进风"。为实现排风或送风而采用的一系列设备、装置的总体,称为"通风系统"。

以上列举的多种通风目的,需要合理的气流组织形式才能实现。好的通风系统不仅能够给室内提供一个健康、舒适的环境,而且使得初投资和运行费用都比较低。因此根据室内环境的特点和需求,采取最恰当的通风(空调)系统和气流组织形式,实现优质高效运行,就显得尤为重要。

(3) 换气量

从上述的通风和空调原理可以看出,无论是对室内进行通风还是空调,都要保证足够的室外新鲜空气(新风)引入室内,置换室内已被污染的空气,以稀释和排除室内空气污染物,改善和维持良好的室内空气品质。这种稀释通风在通风工程中称为全面通风。单位时间内引入室内的室外空气量称为全面通风量,亦称换气量。在空气调节工程中,称为新风量。

对于过渡季(春、秋季),室内、外空气参数比较接近,通风换气除通风机械所需能量外,无其他能量消耗。而对于冬、夏季,室内、外空气参数相差很大,此时对供暖或供冷的建筑物进行通风换气,就要支付能量费用了。为减少通风所需能源消耗,就应降低换气量。同时应保证将室内的空气污染物稀释到卫生标准规定的允许浓度以下所必须的换气量。另外,换气量也应满足消除室内余热、余湿等的需要。

1)以室内 CO_2 允许浓度为标准的必要换气量

人体在新陈代谢过程中排除大量 CO_2,由于空气中 CO_2 的增加与空气中含氧量的下降成一定比例,故 CO_2 含量常作为衡量室内空气质量的一个指标。

人体 CO_2 发生量与人体表面积和能量代谢有关。不同活动强度下人体 CO_2 的发生量和所必须的新风量见表6-4。

CO_2 的发生量和必须的新风量 表6-4

活动强度	CO_2 发生量 [m^3/(h·人)]	不同 CO_2 允许浓度下必须的新风量 [m^3/(h·人)]		
		0.1%	0.15%	0.2%
静坐	0.0144	20.6	12	8.5
极轻	0.0173	24.7	14.4	10.2
轻	0.023	32.9	19.2	13.5
中等	0.041	58.6	34.2	24.1
重	0.0748	106.9	62.3	44

2）以消除余热或余湿为标准的必要换气量

如果室内产生热量或水蒸气，为了消除余热或余湿所需的全面通风换气量可按下式计算。

消除余热：

$$G=\frac{Q}{c(t_n-t_w)} \quad kg/s \quad (6-2-1)$$

式中 G —— 全面通风量，kg/s；

Q —— 室内余热量，kJ/s；

c —— 空气的质量比热，其值为 1.01kJ/kg·℃；

t_n —— 排出空气的温度，℃；

t_w —— 进入空气的温度，℃。

消除余湿：

$$G=\frac{W}{d_n-d_w} \quad kg/s \quad (6-2-2)$$

式中 W —— 余湿量，g/s；

d_n —— 排出空气的含湿量，g/kg·干空气；

d_w —— 进入空气的含湿量，g/kg·干空气。

空气调节系统的新风量不应小于总送风量的10%，且不应小于下列两项风量中的较大值：

①补偿排风和保持室内正压所需的新风量；

②保证各房间每人每小时所需的新风量。

送入室内的室外新鲜空气量，应根据上述方法和原则，进行计算和确定。

3）换气次数

当缺乏计算通风量的资料，如散入室内的污染物量无法具体计算，或有其他困难时，全面通风量可按类似房间换气次数的经验数值进行计算。这也是工程上常用的估算方法。所谓换气次数，就是通风量 $G(m^3/h)$ 与通风房间体积 $V(m^3)$ 的比值，即换气次数 $n=G/V$（次/h）。各种房间的换气次数详见表6-5。根据换气次数和房间体积，便可计算出房间的通风换气量。

居住及公用建筑物通风换气次数　　　　表6-5

房间名称	换气次数（次/h）	房间名称	换气次数（次/h）
住宅、宿舍的卧室	1.0	托儿所活动室	1.5
一般饭店、旅馆的卧室	0.5～1.0	学校教室	3
高级饭店、旅馆的卧室	1.0	图书室、阅览室	1
住宅厨房	3	学生宿舍	2.5
商店营业厅	1.5	图书馆报告厅	2
档案库	0.5～1	图书馆书库	1～3
候车（机）厅	3	地下停车库	5～6

房间所需的通风换气量，可以通过机械通风、自然通风和空调新风系统输送到室内。机械通风和空调新风系统均设有风机等动力装置以强迫空气流动，因此它们的运行需要消耗能量，运行管理较为复杂。自然通风是一种比较经济的通风方式，它不消耗动力，也可以获得较大的通风换气量。自然通风换气量的大小与室外气象条件、建筑物自身结构密切相关，难以人为地进行控制。但由于自然通风简便易行，节约能源，且有利于环境保护，其广泛应用于工业与民用建筑的全面通风中。

6.3 暖通空调节能与可再生能源技术

6.3.1 建筑中的太阳能利用技术

(1) 太阳能及其在建筑中的利用

太阳能是地球上最重要、分布最广的清洁可再生能源。太阳能资源的分布与地区纬度、海拔高度、地理状况和气候条件有关。就全球而言，美国西南部、非洲、澳大利亚、中国西藏、中东等地区的全年总辐射量和日照总时数最大，是世界上太阳能资源最丰富的地区。

我国属太阳能资源丰富的国家之一，总辐射量在 $3.3 \times 10^3 \sim 8.4 \times 10^6 KJ/(m^2 \cdot 年)$ 之间。全国总面积2/3以上地区年日照时数大于2000h。近些年来随着人们对能源与环保问题的关注，太阳能作为一种清洁可再生能源，其开发利用得到了很大的发展。

建筑能耗占世界总能耗的1/3，其中空调和供热能耗占有相当大的比例，是太阳能热利用的重要市场。20世纪80年代国际能源组织（IEA）组织15个国家的专家对太阳能建筑技术进行联合攻关，欧美发达国家纷纷建造综合利用太阳能示范建筑。试验表明，太阳能建筑节能率大约75%左右，已成为最有发展前景的领域之一。太阳能建筑的发展不仅要求建筑师和太阳能专家互相密切合作，而且要求在概念、技术上相互融合、渗透、集成一体，形成新的建筑概念和设计。太阳能建筑也从单纯地利用太阳能进行供暖，发展成为可以集成太阳能光电、太阳能热水、太阳能吸收式制冷、太阳能通风降温、可控自然采光等新技术的建筑，其技术含量更高，内涵更为丰富。

在进行太阳能建筑设计时，首先应从总体出发做好总平面的布局设计，如：因地制宜确定朝向及合理的日照间距；保证太阳能建筑集热面具有良好的冬季日照和减少夏季太阳对室内过热的影响，做好环境自然通风降温和遮阳；在单体设计时，应选择有利于太阳能利用的平面、剖面形状，根据建筑功能及温度分区进行合理的空间和平面布局，并做好围护结构的"节能"设计，如保温、隔热、遮阳等；根据建筑的不同类型及地区气候特点，选择和设计合理的太阳能收集、储存、使用系统；选择适当的材料和构造措施对建筑进行综合、深入的太阳能一体化设计。在进行具体设计时，还要注意系统及建筑的各使用构配件在今后使用、维护的方便，以保证太阳能建筑获得正常、良好的使用效果。太阳能建筑发展到今天，已经发展成为一种系统化的太阳能建筑设计体系。

太阳能和建筑一体化设计的概念是指在建筑设计之初，就将太阳能产品和技术纳入到建筑设计中，并做到与建筑构件的有机结合，然后通过统一施工、调试、验收后交付用户的设计过程。一体化设计是一种为了实现共同利益，综合了多种考虑的设计行为，其目标是投入比所有元素综合成本更低的费用，取得更好的性能和更多的利益。一体化设计的优点主要有：建筑外观和谐统一、建筑构造合理、施工方便、设备效率提高和建筑总造价降低。

(2) 太阳能空气加热系统与建筑一体化技术

太阳能空气加热系统与建筑一体化是利用太阳能进行建筑新风加热的全新概念。在国外，太阳能空气加热这个新颖而独特的太阳能技术已被广泛应用在需要大量通风空气的各类建筑物中，它是世界上最高效的太阳能收集和利用技术之一。该系统在建筑中主要和建筑外墙面进行一体化设计，所以在建筑中人们又将太阳能空气加热系统称为太阳墙。该系统通过安装在建筑南向墙面上的太阳能集热板将室外的新鲜空气加热后用于建筑通风，在改善室内空气质量的同时减少了建筑中供暖的负荷。该系统具有原理简单、收集太阳能效率高、造价低和回收成本时间短等许多优点,系统的使用将可以极大地节约能源和节省建筑的供暖费用。在温室工程基础上发展起来的太阳能空气加热系统是一个经过许多实际工程检验的太阳能技术,它已经开始被越来越多的应用在国内外的各类建筑之中。

太阳能空气加热系统的设备组成较少。主要包括太阳能集热组件、通风系统、空气处理和控制元件三部分。太阳能集热组件主要是金属的太阳能穿孔集热板。经过集热板加热后的空气通过风扇和风管输送到室内。集热板上的辅助构件主要有集热板的固定、支撑骨架和集热板上部、下部的防雨雪盖板等。太阳能空气加热的通风系统包括保持一定风速的进风口风扇和风扇前后用来输送和分配热空气的风管以及通风系统中常用的调节阀。空气处理和控制元件主要包括机械定时器和温度感应器。

太阳能空气加热系统各部分功能明确。铝材或镀锌钢板材料的穿孔集热板用来收集太阳能,加热进入空腔的空气。风扇单元通过风扇动力使空气进入空腔后上升,从屋顶部位的进风口风扇进入建筑,通过风管将热空气分配到室内各个部分。通风系统中的调节阀为系统中控制气流方向的装置。在系统运行时,温度感应器的功能是控制调节阀和辅助加热设备;当系统不需要工作时,温度感应器的功能是在外界空气温度达到预先设定的温度后关闭系统。

太阳能空气加热系统的工作原理简单,它的独特之处就在于它使用了金属穿孔集热板来收集太阳能,不像其他的以供热为目的的太阳能集热板中普遍使用的玻璃盖板。深色太阳能集热板上的小孔将室外空气吸进空腔内,并且在这个过程中加热空气,空气通过太阳能集热板和建筑墙体中间的空腔上升,经过风扇后再通过分配热量的风管进入室内的各个部分。由于该系统穿孔集热板的温度仅比室外气温略高,集热板的外界辐射和对流热损失很小,因此大部分的太阳辐射能都能被有效利用,可见该系统具有很高的太阳能收集效率。

太阳能空气加热系统在夏季能够阻挡太阳辐射通过建筑墙面,以防止建筑过热。当室外气温较高(一般为18℃),不需要对太阳能墙体内空气进行加热时,温度感应和控制器可将建筑外部的调节阀打开,室外空气进入太阳能集热板和建筑墙体中间的空腔后又直接排到室外,达到了为建筑进行通风降温的目的。

对于有空气调节要求的建筑,可以将太阳能空气加热系统和常规空调系统的室外空气进风口连接在一起,集热板加热后的新鲜空气通过常规空调系统的风管系统送到室内的各个部分。太阳能空气加热系统对空调系统的新风进行预热处理。对只有通风负荷要求的建筑,可利用太阳能空气加热系统预热空气。

(3) 复合太阳能集热发电技术

光伏发电技术已经发展了40余年,而光伏与建筑一体化是现代太阳能发电应用的一种新概念,也是美国、欧洲、日本等国所倡导的太阳能发电应用的发展方向。但理论研究表明单晶硅光伏模块在0℃的最大理论效率也不过30%,并且其效率还随着工作温度的上升而下降(图6-14)。在实际应用中,标准条件下硅电池转换效率约为12%~17%。如果直接将光伏模块铺设在建筑表面,一般照射到电池表面上的太阳能80%以上不能转换为电力输出,而是转换为热能。这将会使光伏模块在吸收太阳能的同时温度迅速上升,导致光伏模块的发电效率下降。随着越来越多的光伏发电系统投入应用,如何使光伏与建筑一体化系统中的光伏电池保持较低的工作温度以提高效率,如何提高该系统的多功能性以降低整体成本等成为其推广应用的关键问题,受到越来越多的关注。

光伏光热建筑一体化系统正是在这种背景

下提出的一种应用太阳能同时发电、供热的新概念：在建筑围护结构外表面铺设光伏阵列或取代外围护结构提供电力、热水、供暖等。德国、日本、美国学者曾经对单台光电热水器进行了实验室研究，但研究刚刚起步。

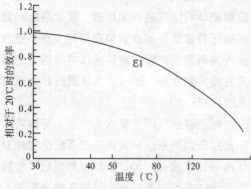

图6-14 硅太阳能电池效率随温度变化曲线

由于照射到太阳电池上的太阳辐射能大部分都没有转化成电能而是转化成热能，提高了电池本身的温度，由于太阳电池的转换效率随温度升高降低，因此使电力输出减少。由此考虑利用一个合适的自然对流或强迫对流换热对太阳电池进行冷却以提高转换效率。如果采用某种技术方式将被电池热量加热的流体加以利用，则可以构造一个能同时产生电力和热流体的设备或系统，称之为光伏光热一体化系统。

国外的光伏光热一体化系统一般采用管板式吸热板，与已商品化的光伏电池板组合，国外的专家还对自然对流和强迫对流两种热介质循环模式进行了研究。国内近些年也做了很多这方面的研究工作。

6.3.2 地源热泵空调技术

(1) 建筑空调用热泵

1) 热泵与建筑空调

随着经济的发展和人民生活水平的提高，公共建筑和住宅建筑的供暖和空调已成为普遍的需求。在发达国家中，供暖和空调的能耗可占到社会总能耗的25%～30%。作为中国传统供暖热源的燃煤锅炉是最主要的大气污染源，因此城镇中的中小型燃煤锅炉正在被逐步淘汰。燃油和天然气锅炉虽减轻了对大气的污染，但运行费用很高。此外，供暖需要的温度较低的低品位能源，直接燃烧矿物燃料的锅炉房供暖方式是能源利用上很大的浪费。而热泵就是一种在技术和经济性上都有较大优势的解决供暖问题的替代手段。

根据国家标准《供暖通风与空气调节术语标准》GB 50155—1992中，第6.4.43条"热泵"的定义为"能实现蒸发器与冷凝器功能转换的制冷机"；最新版"新国际制冷词典"的定义为"能应用冷凝器排出的热量进行供热的制冷系统"。热泵和制冷机的工作原理和过程是完全相同的，常常就是一个装置的两种称谓。热泵和制冷机在名称上的差别一是反映了在应用目的上的不同：如果以得到高温的热量为主要目的，则称为热泵，反之则称为制冷机。二是两者的工作温度区往往有所不同。由于上述两者目的不同，热泵将环境温度作为低温热源，而制冷机则是将环境温度作为高温热源。

建筑物的空调系统一般应满足冬季的供暖和夏季供冷两种相反的要求。传统的空调系统通常需分别设置冷源（制冷机）和热源（锅炉）。燃煤锅炉是最主要的大气污染源，中小型燃煤锅炉在城市中已被逐步淘汰；燃油和天然气的锅炉虽然减轻了对大气的污染，但排放的温室效应气体（CO_2）仍造成环境问题，而且运行费用很高。建筑空调系统由于必须有冷源（制冷机），如果让它在冬季以热泵的模式运行，则可以省去锅炉和锅炉房，不但节省了很大的初投资，而且全年仅采用电力这种清洁能源，彻底解决了或减轻了大气污染的问题。

热泵的作用通常是提高环境（大气、地表水和大地）中的热量或废热的温度并利用这些热量。应该指出，由热泵得到的这部分热量（热泵供热量——驱动能）属于可再生的能源。

2）热泵的热源

热泵的作用是能够将低位能源的热量提升为高位的热量。热泵运行时，通过蒸发器从热源吸取热量，而向用热对象提供热量。故热量的选择对热泵的装置、工作特性、经济性有重要影响。热泵的供热温度取决于用热对象的要求。对于暖通空调领域，供热介质的温度一般均在40℃以上，因而冷凝温度应在45℃以上，而且用热的负荷需求随室外温度的下降而增大，同时应相应提高供热介质的温度。

热泵可利用的热源，可分为两大类，其一为自然能源，热源温度较低，如：空气、水（地下水、海水、河湖水等）、土壤、太阳能等。另一种为生产或生活中的排（余）热，如：建筑物内部的排（余）热、工厂生产过程中的废热等，这类热源中有的温度较高。这两大类均属"未利用能"，通过热泵的利用，可以获得很好的效益。

热泵热源大多利用低位热源，根据这一特点，在热泵系统设计与应用中，下列问题值得考虑：

①蓄热问题。前文已指出，由于空气、太阳能等热源的温度都是周期性变化或是间隙性的，难以提供稳定的热量，故可利用蓄热装置贮存低峰负荷时的多余热量以提供高峰负荷热量不足时使用，这对提高热泵运行的稳定性和经济性是十分重要的。

②热泵低温热源与辅助热源的匹配。当没有足够的蓄热热量可利用时，在高峰负荷时，热泵可采用辅助热源，若匹配合理，对装置的初投资和运行费用都是有利的。

③热源多元化。当有多种热源可供利用时，可组合应用。例如，在室外温度高时，热泵可用空气热源，而当室外温度较低时可采用水热源热泵装置相补充。目前，由于对空气源热泵存在的固有问题没有找出有效地解决办法，所以研究土壤、空气、水、太阳能及蓄热的综合利用措施也是当前发展的趋势。例如：使用具有双热源的热泵，即在环境温度高时，热泵使用空气作为低位热源，而在环境温度低时再改用另一种低位热源，如地下水。

(2) 空调热泵的分类

以建筑物的空调（包括供热和供冷）为目的的热泵系统有许多种，例如：有利用建筑通风系统的热量（冷量）的热回收型热泵和应用于大型建筑内部不同分区之间的水环热泵系统等[7]。但应用广泛的是利用周围环境作为空调冷热源的热泵系统。国外的文献通常把它们分为空气源热泵和地源热泵两大类。地源热泵系统通常还被称为地热热泵系统、地能系统、地源系统等。我国颁布的《地源热泵系统工程技术规范》(GB 50336—2006)中把地耦合系统或以前国内有人所称的"土壤源"地源热泵系统定义为地埋管地源热泵系统。在不引起混淆的情况下有时直接称为"地源热泵"。

1）空气源热泵

空气源热泵以室外空气为一个热源。在供热工况下将室外空气作为低温热源，从室外空气中吸收热量，经热泵提高温度送入室内供暖，其性能系数(COP)一般在2.5～3.2。空气源热泵系统简单，初投资较低。空气源（风冷）热泵目前的产品主要是家用热泵空调器、商用单元式热泵空调机组和风冷热泵冷热水机组。空气源热泵的主要缺点是在夏季高温和冬季寒冷天气时热泵的效率大大降低。此外，其所必需的室外机或冷却塔对建筑物有一定的影响或损坏作用。空气源热泵的制热量随室外空气温度降低而减少，这与建筑热负荷需求趋势正好相反。因此，当室外空气温度低于热泵工作的平衡点温度时，需要用电或其他辅助热源对空气进行加热。而且，在供热工况下空气源热泵的蒸发器上会结霜，需要定期除霜，这也消耗大量的能量。在寒冷地区和高湿度地区热泵蒸发器的结霜可成为较大的技术障碍。在夏季高温天气，由于其制冷量随室外空气温度升高而降低，同样可能导致系统不能正常工作。空气源热泵不适用于寒冷地区，但在冬季气候较温和的地区，如我国长江中下游地区，已得到相当广泛的应用。

2）地源热泵

这是一种利用大地（土壤、地层、地下水）作为热源的热泵，所以称之为"地源热泵"。由于较深的地层中在未受干扰的情况下常年保持恒定的温度，远高于冬季的室外温度，又低于夏季的室外温度，因此地源热泵可克服空气源热泵的技术障碍，且效率大大提高。此外，冬季通过热泵把大地中的热量升高温度后对建筑供热，同时使大地中的温度降低，即蓄存了冷量，可供夏季使用；夏季通过热泵把建筑物中的热量传输给大地，对建筑物降温，同时在大地中蓄存热量以供冬季使用。这样在地源热泵系统中大地起到了蓄能器的作用，进一步提高了空调系统全年的能源利用效率。

①地下水源热泵

地下水源热泵系统的热源是从水井或废弃的矿井中抽取的地下水。经过换热的地下水可以排入地表水系统，但对于较大的应用项目通常要求通过回灌井把地下水回灌到原来的地下水层。水质良好的地下水可直接进入热泵换热，这样的系统称为开式环路。由于地下水温常年基本恒定，夏季比室外空气温度低，冬季比室外空气温度高，且具有较大的热容量，因此地下水热泵系统的效率比空气源热泵高，COP值一般在3～4.5，并且不存在结霜等问题。最近几年，地下水热泵系统在我国得到了迅速发展。但地下水热泵系统的应用也受到许多条件的限制。首先，这种系统需要有丰富和稳定的地下水资源作为先决条件。按常规计算，10 000m²的空调面积需要的地下水量约为120m³/hr。地下水热泵系统的经济性还与地下水层的深度有很大的关系。如果地下水位较低，不仅成井的费用增加，运行中水泵的耗电也将大大降低系统的效率。此外，还存在有地下水资源流失和受污染等问题。

②地表水热泵

地表水热泵系统的热源是池塘、湖泊或河溪中的地表水。在靠近江河湖海等大体量自然水体的地方利用这些自然水体作为热泵的低温热源是值得考虑的一种空调热泵的形式。当然，这种地表水热泵系统也受到自然条件的限制。此外，由于地表水温度受气候的影响较大，与空气源热泵类似，当环境温度越低时热泵的供热量越小，而且热泵的性能系数也会降低。一定的地表水体能够承担的冷热负荷与其面积、深度和温度等多种因素有关，需要根据具体情况进行计算。

一般来说，只要地表水冬季不结冰，均可作为低温热源使用。我国长江、黄河流域有丰富的地表水。用江、河、湖、海作为热泵的低温热源，可获得较好的经济效果。在北方地区，如果自然水体的容量很大，水深较深，则冬季水体表面结冰后水底仍将保持4℃左右的温度，也可考虑作为热泵的热源。地表水相对于室外空气来说，可算是高品位热源，它不存在结霜问题，冬季也比较稳定，除了在严寒季节时，一般不会降到0℃以下。因此，早期的热泵中就开始用江河水、湖水等作为低温热源。利用海水作热泵热源的实例也很多（包括以海水作为制冷机的冷却水）。如20世纪70年代初建成的悉尼歌剧院，日本20世纪90年代初建成的大阪南港宇宙广场区域供热、供冷工程，为23300kW的热泵提供热源。目前我国大连、青岛等沿海城市也正在实施大型海水源热泵站供热项目。

从工程方面讲，对地表水的利用在取水结构和处理方面要花费一定的投资，如清除浮游垃圾及海洋生物，防止污泥进入，以免影响换热器的传热效率；同时要采用防腐蚀的管材或换热器材料避免海水对普通金属的腐蚀。此外，河川水和海水连续取热降温（冬季供暖）或经升温后再排入（夏季供冷），对自然界生态有无影响，也是有关专家所关注的问题。

③地埋管地源热泵

地埋管地源热泵系统是利用地下岩土中热量的闭路循环的地源热泵系统。通常称之为"闭路地源热泵"、"地耦合地源热泵"，以区别于地下水热泵系统。本书主要讨论地埋管地源热泵系统，在不引起混淆的情况下本书中也把它直接称为"地源热泵"。它通过循环液（水或以水为主要成分的防冻液）在封闭的地下埋管中流动，实现系统与大地之间的传热。地源热泵系统在结构上的特点是有一个由地下埋管组成的地埋管换热器，或称地热换热器。地埋管换热器的设置形式主要有水平埋管和竖直埋管两种。水平埋管形式是在地面挖$1\sim2m$深的沟，每个沟中埋设2、4或6根塑料管。竖直埋管的形式是在地层中钻直径为$0.1\sim0.15m$的钻孔，在钻孔中设置1组（2根）或2组（4根）U型管并用灌浆材料填实。钻孔的深度通常为$40\sim200m$。现场可用的地表面积是选择地埋管换热器形式的决定性因素。竖直埋管的地埋管换热器比水平埋管节省很多土地面积，因此更适合中国地少人多的国情。

(3) 热泵在空调工程中的应用

1) 空气源热泵冷热水机组

①机组特点

空气源热泵冷热水机组的制造、推广和使用在我国仅有10余年的历史。空气源热泵冷热水机组的优点有：安装使用方便、插上电源即可使用，省去了一套复杂的冷却水系统和锅炉加热系统；具有夏季供冷水和冬季供热水的双重功能，对于我国幅员辽阔的国土而言，相当大的地区属于夏季需制冷，而冬季需供暖的范围，这种空气源热泵热水机组就特别适用；由于以空气作为热源和冷源可大大地节约用水，也避免了对水源水质的污染；将空气源热泵冷热水机组放在建筑物顶层或室外平台即可工作，省却了专用的冷冻机组和锅炉房。但由于空气的比热容小，传热性能差，它的表面传热系数只有水的$1/50\sim1/100$，所以空气源热泵冷热水机组空气侧换热器的体积较为庞大。由于空气中含有水分，当空气侧表面温度低于0℃时，翅片管表面上会结霜，结霜后传热能力就会下降，使制热量减小，所以空气源热泵机组在制热工况下工作时要定期除霜。

由于这类热泵机组兼有供冷、供热功能，可实现全年空调运行。在我国长江中下游地区和东南沿海的气候条件下，这类热泵只需满足夏季供冷量的要求，冬季供暖大部分时间的辅助加热量不大以至无需辅助加热。近年来随着市场需求的增大，我国组装式空气－水热泵机组的制造技术发展较快，紧凑式、低噪声的热泵机组被广泛应用于大、中城市中的商务、旅馆等建筑物的空调。这类机组的最大缺点是冬季气温较低时，供热量很小，需辅助热源，机组初次投资价格较贵。

②设计应用要点

以空气为热源的热泵机组，安装和使用都十分方便，对环境的污染也较小。在难以安装冷却塔、锅炉等设备的都市中心，这类热泵机组得到广泛的应用。

但以空气为热源的热泵机组的性能受环境温度的影响较大，特别是当冬季室外温度较低时，此时热泵的蒸发温度较低，制热系数就随蒸发温度下降而下降，而此时建筑物对供热的需求却增大，造成室内空调温度无法维持。因而必须在冬季加设辅助热源，以在低温环境时能补充制热量的不足。

通常，对热泵机组而言，是以确定工况条件下的热泵制热系数来评价机组性能优劣的。但是事实上以空气为热源的热泵的制热系数是随室外温度变化而变化的。只考虑某一特定工况的制热系数是不够的，还应考虑采用季节期内出现的各种室外温度的累积小时数（或称出现频率）。由于采用辅助电加热时，相当于制热系数为1，而热泵供热系数始终大于1。因而，辅助加热时间的延长，意味着电耗的增大，制热季节性能系数降低。当然，加大系统中热泵的设备容量，有助于提高供热效果。但热泵容量过大，不仅设备费用增加，而且会造成设备经常在部分负荷下工作的情况，效率低下，不利于节能。一般认为，热泵容量按供热负荷的1.7倍左右设计是比较可行和经济的。

2）水环热泵空调系统

水环热泵空调系统由许多并联式水源热泵空调机加上双管封闭式环流管路组成。系统的主要组成设备有：用冷却水塔配上水－水换热器或者用封闭式冷却塔构成的冷却设备、用各式换热器或锅炉构成的加热（或辅助加热）设备、空气分离器、膨胀水箱和补水水箱、循环水泵和水源热泵空调机，如图6-15所示。

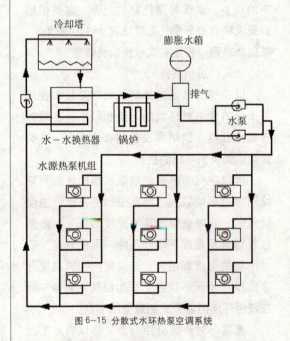

图6-15 分散式水环热泵空调系统

在水源热泵空调机供冷时使用冷却装置，在供热时使用加热（或辅助加热）设备。水环热泵空调系统在不同季节按不同的工况运行。建筑周边的房间在冬季时需要空调机供热，此时可利用内区房间放出的热量加给循环水，再由循环水加给周边房间，其不足部分可开动系统中的加热设备给以补充。从这个意义上说，水环热泵空调是一种热回收的系统，可以节省可观的能量，对于有多余热量或较大面积的中间区域的建筑物，可以回收建筑内区的余热，以提高系统运行的经济性。

全国不同气候带、不同区域及不同建筑规模的水环热泵技术适用性问题仍在研究中。有的研究者认为[14]，单纯的供冷或单纯的供热选用水环热泵系统是不合理的；对同时具有供冷和供热需要的空调建筑，当其内部余热量较小或较大时，使用该系统的节能效果不明显，只有当机组排出的热量与部分水源热泵机组吸收的热量相近时，才具有明显的节能优势。一般来说，以下几种情况可考虑使用水环热泵系统：有低品位稳定可靠的废热可以利用；建筑物内同时有供冷和供热的需要；供冷量不大，且又要求独立计量电费；使用时间不一，个别房间或区域经常需在夜间或节假日独立使用的建筑。

空调房间噪声的防治、房间换气量的保证以及对系统全寿命周期经济性的分析是水环热泵系统设计及运行中应着重注意的几个问题。

3）水源热泵空调系统

①水源热泵类型及特点

水源热泵是一种利用地球表面或浅层水源（如地下水、河流和湖泊）的既可供热又可供冷的高效节能空调系统。水源热泵技术所利用自然水源包括地下水和地表水两种类型。地下水热泵系统，也就是通常所说的深井回灌式水源热泵系统。通过建造抽水井群将地下水抽出，通过二次换热或直接送至水源热泵机组，经提取热量或释放热量后，由回灌井群灌回地下。地表水热泵系统，通过直接抽取或者间接换热的方式，利用包括江水、河水、湖水、水库水以及海水等作为热泵冷热源。

水源热泵是利用了地球表面或浅层水源作为冷热源，进行能量转换的供暖空调系统。地球表面水源和土壤是一个巨大的太阳能集热器。水源热泵技术利用储存于地表浅层的太阳能，为人们提供供暖空调，是利用可再生能源的一种形式。水源热泵技术又是一种经济有效的节能技术，其能量利用效率要比空气源热泵高出约40%。

地下水热泵系统的热源是从水井或废弃的矿井中抽取的地下水。经过换热的地下水可以排入地表水系统，但对于较大的应用项目通常要求通过回灌井把地下水回灌到原来的地下水层。最近几年地下水源热泵系统在我国得到了迅速发展。但是，应用这种地下水热泵系统也受到许多限制。首先，这种系统需要有丰富和稳定的地下水资源作为先决条件。地下水热泵系统的经济性与地下水层的深度有很大的关系。如果地下水位较低，不仅成井的费用增加，运行中水泵的耗电也将大大降低系统的效率。其次，虽然理论上抽取的地下水将回灌到地下水层，但实际上在很多地质条件下回灌的速度大大低于抽水的速度，从地下抽出来的水经过换热器后很难再被全部回灌到含水层内，造成地下水资源的流失。再次，即使能够把抽取的地下水全部回灌，怎样保证地下水层不受污染也是一个棘手的课题。水资源是当前最紧缺、最宝贵的资源，任何对水资源的浪费或污染都是绝不允许的。国外由于对环保和使用地下水的规定和立法越来越严格，地下水热泵的应用已逐渐减少。

地表水热泵的优点有：在10m或更深的湖中，可提供与地面温差较大的水作低温源或热源，比地下埋管系统投资要小，水泵能耗较低，热泵性能系数较高，运行费用低。其缺点有：在浅水湖中，盘管容易被破坏，受空气温度的影响较大，水温变化较大会降低机组的效率。

② 地下水热泵空调系统

地下水热泵空调系统与水环热泵空调系统的主要差别在于水来自地下而非循环水。常见的地下水热泵空调系统及其组成，如图6-16所示。地下水热泵抽取地下水在热泵中放出热量后再回灌到地下水层。其最大优点是非常经济，占地面积小。但是，它通常会造成地下水资源的流失和地下水层品质的退化。因此，应用地下水热泵的焦点问题是如何保护水资源，既要完善井水回灌技术，又要保护地下水资源免遭污染和破坏。在投入运行的工程实例中，已出现了井的供水和回灌能力在长时间运行后的下降问题以及井壁和换热器出现结垢等现象，并由此导致了系统供热（冷）能力的不足和系统效益的降低。

地下水热泵系统在设计和运行中出现的下列问题也应得到重视：取水构筑物对于邻近建筑的影响；取水与回灌系统的钻井、回灌、保养、长期运行等方面的问题；水源的使用政策等。这些问题处理不当可能会使整个系统的效果变差，或者使得整个系统的初投资及运行费用增加。

③ 设计应用中应注意的问题

使用水源热泵这一技术的关键前提是当地是否有适合的水源供给，需要考虑水源满足一定的温度、水量和建设方能够承担的开采利用成本。另外，对于开式水源热泵系统，水源还需要满足更高的水质要求。除此之外，还需要考虑当地水文、地质、气象条件以及工程施工的影响，对于以下问题作出相应的考虑。

（A）全国不同气候带、不同区域的水源热泵技术的适用性与经济的合理性。应该运用技术经济学的分析方法和区域分析与规划的方法，确定出地下水源热泵在我国不同地区的适用性。涉及当地水文地质条件，包括水温、水量、水质以及地热尾水资源等。不

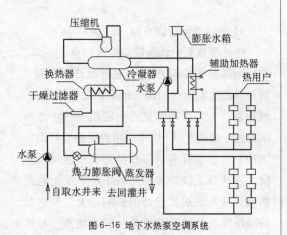

图6-16 地下水热泵空调系统

同气候带、不同地区和不同建筑类型条件下，水源热泵的投资经济性比较涉及对现有水源探测开采技术的提高和成本的降低问题。

（B）地表蓄水体的传热过程分析。地下水的传热流动过程分析，涉及地下蓄热体（包括水、土壤和岩石等）的传热与流动研究，通过这一方面的研究，对于抽水井及灌水井的运行调度、深井回灌式地源热泵机组可提供的最大出力，冬季和夏季冷热不平衡时的对策等问题作出具有理论依据的科学分析。对于深井回灌式水源热泵系统，井群的建造具有不可改动性，而井群的正常运行对于一个水源热泵系统的作用是重要的，井群的设计布局应当是慎之又慎的关键环节。

（C）取水构筑物对于邻近建筑的影响。涉及地面沉降问题、深水井对建筑基础的影响。

（D）深井回灌式水源热泵的回灌问题。回灌能力受当地水文地质条件、回灌工艺的限制。另外，水源热泵设备系统的设计会对地下水的化学、物理因素造成不同程度的改变，也会影响回灌能力的大小。需要解决深井回灌式水源热泵系统的钻井、回灌、保养、长期运行等方面的问题。

水源热泵系统设计中，建筑物当地的地质、水文、气象条件等基础资料是水源热泵系统能否成功发挥作用的关键。这些基础资料在以往的工程实践过程中往往被忽略，由此造成系统失败或效率大打折扣的例子并非罕见。

4）地源热泵空调系统

①地源热泵空调系统组成及特点

地源热泵空调系统主要包括三个回路：用户回路、制冷剂回路和地下热交换器回路。根据需要也可以增加第四个回路——生活热水回路，如图6-17所示。用户回路即空调末端的设计虽然有多种多样的形式，但采用传统的冷热源（锅炉和制冷机）还是采用地源热泵为冷热源对其设计的影响不大。制冷剂回路所涉及的技术与设备也较为成熟，与现有的制冷系统无大的区别。通常采用的热泵主机类型与水环热泵和水源热泵相同，即为水源热泵空调机或水源热泵冷热水机组。地源热泵空调系统与其他空调系统的主要差别在于增加了地热换热器。这种换热器与工程中通常遇到的换热器不同，它不是两种流体之间的换热，而是埋管中的流体与固体（地层）的换热。这种换热过程很特殊。它是非稳态的，涉及的时间跨度很长，条件也很复杂；以往对传统换热器的研究中没有现成的经验可以借鉴。而地热换热器的设计是否合理又是决定埋管式地源热泵系统运行可靠性和经济性的关键。同时，现场土壤热物性的测试、对地热换热器长期运行工况的模拟分析计算等，也是合理设计地热换热器时所需要解决的问题。

地源热泵空调系统的经济性取决于多种因素。不同地区、不同地质条件、不同能源结构及价格等都将直接影响到其经济性。根据国外的经验，由于地源热泵运行费用低，增加的初投资可在3～7年内收回，地源热泵系统在整个服务周期内的平均费用将低于传统的空调系统。

②地源热泵空调应用方式

地源热泵的应用方式按应用的建筑物对象可分为家用和商用（公共建筑）两大类，从输送冷热量方式可分为集中系统、分散系统和混合系统。

集中系统。热泵布置在机房内，冷热量集中通过风道或水路分配系统送到各房间。

分散系统。用户使用自己的热泵、地源

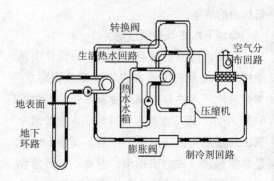

图6-17 地源热泵空调系统示意图

和水路或风管输送系统进行冷热供应，用中央水泵，采用水环路方式将水送到各用户作为冷热源。一般多用于小型住宅、别墅户式空调、办公楼、学校、商用建筑等，此系统可将用户使用的冷热量完全反应在用电上，便于冷热量计量，适用于目前的独立热计量要求。

混合系统。将地源和冷却塔或加热锅炉联合使用作为冷热源的系统，混合系统与分散系统非常类似，只是冷热源系统增加了冷却塔或锅炉。分散系统或混合系统实质上是一种水环路热泵空调系统形式。

在很多情况下，地热换热器全年的冷热负荷是不平衡的。例如：北方建筑物冬季的供暖负荷和供暖时间远大于夏季的空调负荷和空调时间；而在南方情况则相反，即使建筑物的冷热负荷及热泵冬夏季运行时间相等，注入地下的热量也要大于从地下抽出的热量。因为前者等于建筑冷负荷加上热泵轴功率，而后者等于建筑热负荷减去热泵轴功率。在这种情况下，地热换热器的吸热和放热不平衡，多余的热量（或冷量）就会在地下积累，引起地下年平均温度的变化，进而影响地热换热器的出力。为此可以考虑采用混合系统，即当地热换热器全年的冷热负荷不平衡时，可以考虑按其中较小的负荷设计地热换热器。全年运行中，地热换热器负担平衡的冷热负荷，而不平衡的部分由其他辅助的加热（或冷却）设备来完成。因此，南方地区冷负荷大、热负荷低，夏季适合联合使用地源和冷却塔，冬季只使用地源。北方地区热负荷大、冷负荷低，冬季适合联合使用地源和锅炉，夏季只使用地源。这样可减少地源的容量和尺寸，节省投资。同时，保持地热换热器全年冷热负荷的基本平衡。

6.3.3 地热能梯级利用技术

(1) 地热能利用现状

地热资源是通过漫长的地质作用形成的，集水、热、矿资源于一体，是一种清洁绿色复合型资源。根据地热水温度的高低，地热资源分为高温（>150℃）、中温（90℃～150℃）和低温（<90℃）三种。我国地热资源丰富，主要分布在我国东部地区和西南部地区。其中东部地区以中、低温地资源为主，主要分布于松辽平原、黄淮海平原、江汉平原、山东半岛和东南沿海；高温地热资源主要分布在西南部地区的藏南、滇西、川西和东南部地区的台湾省。我国地热资源以低温为主，全国近3000处温泉和几千眼地热井出口温度绝大部分低于90℃，平均温度约为54.8℃。

地热能利用可分为发电利用和直接利用两大类。用于发电的地热流体要求温度较高，一般要求在180～200℃以上才比较经济。由于地热发电成本低，电力便于输送，不受热田位置限制，电能又属于高品味的能量，所以地热发电的利用价值很高。但高温地热资源在我国分布范围不是很广，地热发电利用方式受到限制。

地热直接利用要求的地热水温度相对较低，中、低温地热资源都可以加以利用，如供暖、温室种植、水产品养殖、干燥、制冷、游泳、洗浴、灌溉、治疗以及溶雪等。中低温地热资源分布十分广泛，数量很大，发展前景广阔。

据统计，目前我国已利用的地热点达1300多处，主要是地热发电。我国虽起步较晚，从20世纪70年代后期才开始研究，但是通过努力已先后在河北、江西、广东、湖南和西藏等地建立了8座地热电站，至1996年底，我国地热发电的装机容量已达30.4MW，居世界第13位。在地热直接利用方面中、低温地热资源在我国主要用于城市居民供暖、温泉疗养、蔬菜和花卉种植、发展养殖业等方面，收到了良好的社会经济效益，节约了能源。

(2) 地热能的梯级利用技术

经过30多年的经验积累，我国地热利用的技术已日趋成熟，但在地热综合利用、梯级开发方面的经验不多，地热资源利用不充分，地热排水温度高。

为了解决地热尾水排放温度高、资源利用率低与环境热污染问题，科研人员开发了地热资源梯级利用技术。地热梯级利用就是多级次地从地热水中提取热能，多层次地利用地热能。根据各种地热利用项目对地热品质要求的不同，对地热资源进行梯级利用。例如供暖梯级利用：一级供暖→二级供暖→生活热水（图6-18）；再如多项目的梯级利用：供暖或工业利用→种殖→养殖等。

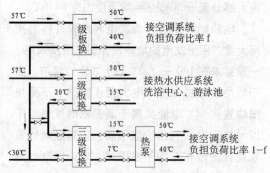

图6-18 地热供暖梯级利用系统方案示意图

近年来，我国的地热工程技术得到了长足的进步，地热梯级利用技术也进一步发展，利用低温地热资源的技术有低温地板辐射供暖技术和热泵技术。

1）低温地板辐射供暖技术

利用地热资源供暖具有保护环境、运行费用低等优点。目前在我国利用地热进行供暖日益增多。我国大多数供暖系统采用散热器供暖系统，散热器供暖系统对供水温度要求较高，一般不低于70℃，且供热后排水温度也较高。这限制了中、低温地热资源在供暖系统中的应用，且由于排水温度较高使得地热资源利用率很低。近些年随着低温地板辐射供暖技术在供暖系统中的应用，扩大了中、低温地热水的应用范围，并提高了地热水的利用率。

低温地板辐射供暖系统是在地板下敷设供暖管道，并通以热媒来加热地板，再由地板向室内放热供暖的一种供暖方式。它的优点在于舒适、美观、卫生、高效、节能。与其他常规散热器供暖系统相比，地板辐射供暖系统的热量传递方式以辐射传热为主，室内设计温度较之暖气片系统低1～3℃时，也可达到同样的舒适效果。当根据人的同感温度进行供暖设计时，辐射供暖可比散热器供暖系统节约20%左右的供热量。

地板辐射供暖系统对热媒水的供水温度要求较低，一般供水温度在45～55℃即可。便于中、低温地热水的利用。对于温度较高的地热水资源可以通过散热器片系统与地板辐射供暖系统相结合的方式来供暖。以较高温度的地热水通过散热器片系统供暖，温度降低的地热水再进入地板辐射供暖系统为建筑物提供热负荷。

2）热泵技术

如上所述，热泵是一种仅消耗少量高品位能源（如电能等）即可将低品位热能转换为较高品位热能的装置，其工作原理与供冷装置相同。热泵技术用于地热水供热系统中，可以在低温地热水中多次取地热能，使地热水排放温度降低至理想程度，既提高了地热资源利用率，又避免了对环境的热污染。热泵技术是促进地热直接利用的一次重要技术革新。

热泵应用于地热开发目前主要有两种形式：一种是以地热供热系统的地热排水为低温热源，抽取其中的热量用于供暖，使地热水排水温度进一步降低，提高地热利用率。另一种是利用中、高温水源热泵直接从低温地热水中提取热量，用于供暖系统供热或其他热用户。

利用地热资源供暖具有保护环境、运行费用低等优点，近些年发展很快。热泵用于地热供暖系统进行调峰可降低地热水排放温度，并减轻由于使用燃煤锅炉调峰等造成的环境污染。

①地热热泵调峰供暖系统

地热热泵调峰供暖系统的原理，如图6-19所示。地热为供暖基本热源，满足供暖系统的基本热负荷要求。到了严寒期，地热热量不能满足供暖热负荷要求,启用热泵调峰以提高供暖循环供水温度,达到调峰供暖的要求。该系统中,地热供暖后的尾水作为热泵蒸发器的热源,因此地热的排放温度将会进一步降低。

②地热热泵调峰供暖与生活热水供应

上述系统在满足供暖要求的同时还可兼顾生活热水供应,即利用地热供暖后的尾水作为生活热水供应。与单一地热供暖相比较,地热供暖与生活热水供应不仅利用了地热的"热",而且利用了地热的"水"。由于地热供暖后的尾水温度低于45℃,需要有将尾水加热升温的系统。一般可以采用一次地热供水与一定量地热尾水相混合方式来提升地热尾水温度,达到供应45℃生活热水的方案,如图6-19中的储热水箱部分。这种方案涉及到要降低地热供暖的供水流量,即降低地热的供热量,因此相应地要加大热泵的调峰量。

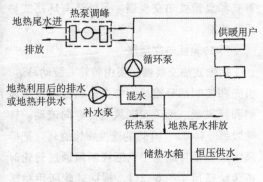

图6-19 地热热泵调峰供暖与生活热水供应系统示意图

③地热热泵调峰供暖与生活热水供应兼顾夏季空调

热泵的工作原理与制冷机相同,二者具有相同的主要部件,只是运行的温度、压力范围不同。热泵机组一机两用,提高了设备的利用率,相应减少了供暖、空调系统的设备初投资,同时电力初装费只一次性计入,投资的经济性得以提高。热泵空调机一机两用,并且机组在夏季空调的运行时间要比冬季调峰供暖的运行时间长,因此可以把热泵初投资的50%,甚至60%以上,计入空调系统。

热泵技术的应用为中、低温地热资源的利用开辟了新的天地,使45℃以下的地热水和45℃左右的地热尾水等难以利用的热能资源得到充分利用,从而大大扩大了地热资源的利用空间。而且热泵可根据不同的热力系统,提供不同的供回水温度,满足不同热用户的温度要求,增大地热资源供热的适用范围。

一般,综合类建筑对空调要求较高,大多数建筑不仅冬季需要供暖,夏季也要进行空气调节。有些公共建筑(如宾馆等)常年还有热水供应热负荷。对这类建筑可利用各种负荷对热品质要求特点的不同对地热资源进行梯级利用,并采用常规水源热泵进行调峰或联合供暖,这样可减少总体空调设备投资,减少地热开采量,降低地热排水温度,提高地热利用率。

6.3.4 空调通风系统中的热回收技术

据统计中央空调是目前宾馆、饭店、商场和办公楼等现代建筑的最大用电设备。据统计,上海市近年来空调用电负荷约占夏季用电高峰负荷的50%。而大多数空调系统的冷源采用电力驱动的制冷机组,热源则采用燃油、燃煤、燃气或电热锅炉。从压缩式制冷的工作原理可以得到机组在制冷工况下运行时要向大气环境排放大量的冷凝热,通常冷凝热可达制冷量的1.15~1.3倍。大量的冷凝热直接排入大气,白白散失掉,造成较大的能源浪费,这些热量的散发又使得周围环境温度升高,形成严重的环境热污染。而同时,还需要通过燃油、燃气和电热等方式达到供暖或卫生热水的要求,产生大量的运行费用,而且还存在污染的因素。另外,空调系统出于卫生等方面的考虑,势必引入新风,但为了平衡,又要排出与新风基本相当的室内空气。引进新风时,带来了新风负荷,排风又把室内的热(冷)量排至室外。在这个过程中也造成了能源的浪费。若使用热回收技术,将制冷机放出的冷凝热及排风所带的热量予以回收，用来加热生活或生产工艺用水、加热（冷却）新风，不但可以减少冷凝热对环境造成的污染，而且还是一种变废为宝的节能方法。

(1) 空调系统冷凝余热回收技术

从制冷循环过程来分析，可利用的余热有两种，一种是高温高压制冷剂蒸气的冷凝热（80～100℃）；另一种是冷却制冷剂后的冷却水的热量（30～40℃）。相应的回收方式有两种，一种是直接回收，加装换热器与制冷系统冷凝器同时工作（串联或并联），直接吸收高温制冷剂的热量加热自来水；另一种是间接回收，换热器同冷凝器中的冷却水换热的间接回收方式，对于这种30～40℃的低温热源来说水源热泵是最好的回收热量的方法。余热回收水源热泵系统是由末端（供热水）系统、水源中央空调主机（又称为水源热泵）系统和余热水源系统三部分组成。为用户供热时，水源热泵从冷却水水源中提取低品位热能，通过电能驱动的水源热泵主机"泵"送到高温热源，以满足用户供热需求。

(2) 空调通风系统中排风热（冷）量回收技术

空调系统中，出于卫生等方面的考虑，势必引入新风量，但为了平衡，又要排出与新风基本相当的室内空气。引进新风时，需要经过热湿处理，达到要求的送风状态才能送入室内，新风处理带来了新风负荷，同时排风又把室内的热（冷）量排至室外。例如，在夏季相当长一段时间内空调排风的温度低于新风（即室外空气）温度，可以在排风排出以前利用它通过一个热交换器冷却新风，冷却后的新风再进入后面的空气处理设备做进一步处理，以达到设计要求，这样使得新风负荷减少。同理，冬季可以利用排风的热量加热新风，从而减小新风负荷。空调系统的热（冷）量回收技术就是用排风来预热（冷）新风，从而降低新风负荷，达到节能的目的，如图6-20所示。

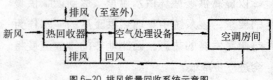

图6-20 排风能量回收系统示意图

利用新风和排风温差进行能量回收的设备称为显热交换器。有些热交换器不仅有显热交换的功能，还有湿交换的功能，称为全热交换器。例如，在夏季许多时候新风的含湿量大于室内排风的含湿量，全热交换器可以利用两者含湿量差将新风中的含湿量传到排风中，在利用排风冷量的同时还对新风进行干燥除湿。

由于排风能量回收系统热回收器两侧的工作流体都是空气，故有时称为空气与空气热交换器。根据工作特点空气与空气热交换器可分为回转型和静止型两类。常用的排风热（冷）量回收装置有转轮式、板翅式、热管式和盘管式热交换器，另外还有环路式热回收装置。

1) 转轮式热交换器

转轮式热交换器主要由转轮、驱动马达、机壳和控制部分组成。中央分隔板隔成排风侧和新风侧，排风和送风气流逆向流动。转轮以每分钟8～10转的速度缓慢旋转，把排风中热量蓄存起来，然后在新风通过转轮时再传给新风（图6-21）。根据转轮所用材料的不同，转轮式热交换器有全热交换器与显热交换器之分。如果转轮是特殊难燃纸或塑料（表面有吸湿材料或涂层）组成的，则能

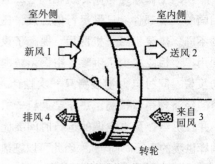

图6-21 转轮式热交换器示意图

回收显热也能回收潜热,即回收全热。全热交换器具有比较高的热回收效率,压力损失较小。显热交换器一般用铝箔、不锈钢等金属材料制成。转轮式热交换器要求新风和排风集中在一起,给系统布置带来一定困难,另外也有空气泄漏问题。

2)板翅式全热交换器

此交换器本体是用特殊加工的纸(全热交换器)或铝箔(一般为显热交换器)等做成板翅状,然后交错放置而成(图6-22),送、排风用隔板完全分开,故没有空气泄漏问题,最大效率为62%~67%。板翅式热交换器,无驱动能耗,进排风不混合,用铝箔制成的交换器压力损失相对较小,而难燃纸相对的压力损失较大。另外,要做好过滤工作,防止尘埃阻塞,此外交换器也需要将新风和排风风道集中在一起,系统布置有一定困难。

3)热管式热交换器

热管式热交换器是另一类静止型热回收设备,它是一种利用管内工作流体的相变而起热传递作用的传热元件(图6-23)。主要由五个部分组成:管壳、吸液芯、工作流体、端盖、冲液管。热管两端放在两股温度不同的气流中,工作流体热管的热端蒸发,吸收热气流的热量。成为气态的工作流体流动到热管的冷端,被冷气流冷却而恢复成液体。之后,液态工作流体又流回到热端,并重复上述过程。这样工作流体在热管内不断的循环流动,不断的将热量从热端传递到冷端。热管内工作流体的选择取决于冷热端的温度条件和它同管材的相容性,一般都由制造商根据用户的要求在出厂前充注好。热管是一种传热效率很高的装置,通常所用的热管式换热器都是由多根热管组成的。

4)环路式热回收装置

在空气处理装置的新风进口处和排风出口处各设置一个换热器,用管路将这两者连接成封闭环路(图6-24)。环路内有工作流体,借助水泵的作用使流体在环路内循环。夏季工作流体经过排风侧换热器时被排风冷却,冬季被排风加热。工作流体可以是水,当冬季工作流体的温度可能低于0℃时,可以用防冻液(如乙二醇水溶液等)。此方法是在新风和排风侧设置热交换器,热回收回路的供热体和得热体不直接接触,不发生交叉污染。另外,新风与排风风道不必集中在一起,系统布置灵活,但热回收回路由于有中间热媒,故有温差损失,热效率较低。

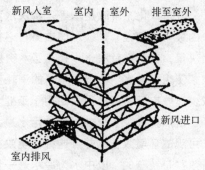

图6-22 板翅式热交换器

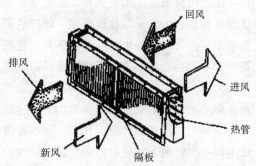

图6-23 热管式热交换器示意图

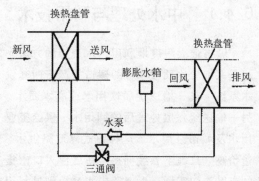

图6-24 环路式热回收装置示意图

6.4 建筑节水新技术

水是人们生活和国民经济建设中不可缺少的重要资源，是不可替代的物质。随着经济的发展、人口的增长和人们物质文化生活水平的提高，世界各地对水的需求在日益增长，水资源短缺已成为许多国家的突出问题。为了解决水资源紧张的问题，水的再生与回用，将中水开发为第二水源已越来越受到人们的重视。以城市污水二级处理后的中水作为原水，根据需要进行深度处理，供给工业生产、城市绿化、市政用水等是解决水资源短缺的最有效途径，是缺水城市势在必行的重大决策。其意义就在于：补充了水资源的短缺；使用了中水，城市自来水的消耗量就会减少。城市污水经处理后回用于工业、农业等，自然就减少了排向水域的污水量，创造了可观的环境效益，并且这种环境效益与经济效益是统一的；以中水为原水进一步深化处理的成本低于以自然水为原水的自来水厂，这是因为省去了水资源费，以及取水与远距离输送水的能耗与建设费用。城市的可持续发展应该以实现水的社会循环和水资源可持续利用为己任，并将随着社会循环水量的增大而发展。有人预计 2000 年地球上进行社会循环的水量达到可取用水量的 13%，到 21 世纪中叶，将超过 20%。因此，污水资源化（即中水回用）既可以防治水污染，保护水环境，也是解决城市水资源不足的一个重要途径。

6.4.1 中水处理与利用技术

城市最大限度地利用污水资源的方法之一是采取分水质供水，即建造并运行两套供水系统，其一输送优质饮用水或高水质水，另一输送经深度处理后的回用水，供给工业用水及城市杂用水。这种方式需双路供水，造价高，且地下管线拥挤，在居住人口密集的市区难以实现。而建筑中水系统则是利用建筑本身排出的生活污水作水源，就地收集，就地处理回用，投资不高，具有一定的社会经济效益，是国内外普遍采用的中水利用方式之一。

建筑中水即是把民用建筑和建筑小区中人们生活中用过或生产活动中属生活排放的污水、冷却水及雨水等，经集流、水质处理、输配等技术措施，回用于民用建筑或建筑小区内，作为冲洗便器、冲洗汽车、绿化和浇洒道路等杂用水的供水系统。

(1) 中水系统的组成

中水系统由中水原水系统、中水处理设施和中水供应系统三部分组成。中水原水系统包括原水收集设施、输送管道系统和一些附属构筑物。中水处理设施一般包括前处理设施、主要处理设施和深度处理设施。其中前处理设施主要有格栅、滤网和调节池等；主要处理设施根据工艺要求不同可以选择不同的构筑物，常用的有沉淀池、混凝池、生物处理构筑物等；深度处理设施根据水质要求可以采用过滤、活性炭吸附、膜分离等。中水供应系统包括供配水管网和升压储水设施，如中水储水池、中水高位水箱、中水泵站等。

(2) 中水水源及分类

中水水源即中水原水，亦即未经处理的污水、废水。按照排水水质和污染程度轻重，中水原水可分为五大类。

①冷却水：主要是空调机房冷却循环水中排放的部分废水，其特点是水温较高，但一般其他污染物含量较低。

②淋浴、盥洗和洗衣排水：有机物和悬浮物浓度相对较低，但皂液和洗涤剂含量较高。

③厨房排水：包括厨房、食堂、餐厅在制作食物过程中排放的污水，其特点是油脂、悬浮物和有机物含量高。

④厕所排水：主要指大便器和小便器排放的污水，其特点是悬浮物、有机物和细菌

含量高。

⑤雨水：除初期雨水外，其水质相对较好。

由于医院污水水质的特殊性，一般不宜将其作为中水水源。

在选择建筑小区中水水源时，应根据中水供水量和各种中水原水的排放量来确定，中水水源的水量宜为中水供水量的110%～115%。

中水系统的原水根据水质不同可分为优质杂排水（不含厨房、厕所排水）、杂排水（不含厕所排水）、生活污水三类。中水水源应优先选用污染较轻的生活污水，以降低处理费用。

(3) 中水处理方法

选择中水处理工艺流程时应根据中水原水水质、水量和中水回用对水质的要求进行选择。同时应考虑场地状况、环境要求、投资条件、缺水背景、管理水平等因素。

目前常用的中水处理方法有三大类：

1) 生物处理法

这是一种利用微生物的吸附、氧化分解污水中有机物的处理方法。包括好氧微生物处理和厌氧微生物处理。将污水中有机物、胶体变为无机物，再经过沉淀、过滤、消毒，使之达到中水标准。这种处理方法有活性污泥法、接触氧化法等。其优点是水的回收率较高，运行时间长，管理费用低。适用于有机物含量较高的生活污水，但不适宜间歇运行。

2) 物理化学处理法

它是以混凝沉淀（气浮）技术及活性炭吸附相结合的基本方式，其优点是设备设施占地小，可除去磷化物，对水质的变化适应性强，但水回收率低，经常费用较高。适用于生活污水水质变化较大的情况。

3) 物理处理法

物理处理法又称为膜处理、超滤或反渗透处理法，采用膜滤处理后再进行消毒、除臭，使之达到中水标准。此法的优点是不仅悬浮物的去除率高，而且能使细菌数及病毒得以很好的分离，对原水水质变化的适应性也较强。缺点是水回收率低，且不能除去氨。此法适用于处理水量小而水质变化较大的生活污水。

(4) 中水处理一体化设备

为了提高建筑中水处理效果，减少设备占地面积、降低处理成本并使中水工程施工快捷、方便，我国研究开发了一系列一体化中水处理设备进行中水处理。

1) 组装式中水处理设备：一种类似拼积木式的组装式中水处理设备。它可以根据不同的水质和处理深度要求，将不同的处理工艺流程段组合为一体。

2) 接触氧化法处理装置：它是一种主要处理饭店、宾馆洗浴废水的中水处理装置。处理工艺是接触氧化加过滤。

3) 生物转盘法处理设备：其处理流程是：初沉淀池→生物转盘→二次沉淀池→消毒池。生物转盘有电动和气动两种类型，沉淀为斜管沉淀池。

4) 中水系列处理净化器：处理工艺采用高压电凝聚、强氧化、气浮沉淀、过滤等技术。可处理生活污水的二级出水或洗浴水。

6.4.2 雨洪利用技术

城市的发展使越来越多的地表被建筑物和各种硬化铺装所覆盖，严重破坏了天然水循环，一方面使地表易产生积水并形成高峰值的径流，排入河道后增加防洪压力，产生隐患；另一方面，阻断了降雨对地下水的补给通道，造成地下水补给量长期小于开采量，形成大范围的降落漏斗，威胁城市安全。因此，通过雨洪利用技术修复城市自然水循环，对于改善城市生态环境、保障城市防洪安全具有重要意义。

(1) 城市化对自然水循环的影响

城市的水循环系统包括自然循环系统和

人工循环系统两部分。自然循环系统是指水由蒸发、降水、地表径流、下渗、地下水流等构成的循环系统；人工水循环系统是指由城市给水、用水、排水和处理系统组成的循环系统。

在城市化前的自然水循环系统中，通过地表植被和洼地对雨水的截留和滞蓄，能够削减大部分降雨径流，超过截流和填洼（滞留）的雨量，会在地面汇成径流进入排水渠道，最后进入河流。通常降雨的70%~80%下渗入土壤，只有10%~30%的雨水形成径流排入河道，由5%~10%的雨水被植被等截留，这部分水与下渗的水再蒸发回到大气中，蒸发量占降雨量的50%~70%，入渗到地下水的量占降水量的10%~40%。城市化前河道内的水与地下水有着密切的联系，要么入渗补充地下水，要么地下水以基流的形式补充河水，使河道内除了汛期发洪水以外呈现清水常流的景象。

城市化后下垫面硬质化，受不透水面积、滞水空间、排水管网和河道特征等方面影响，使地表径流量、汇流时间、调节容量及河道水位等产汇流参数发生改变。原有植被和土壤被不透水面替代，作为天然调蓄系统的池塘、湿地被填平，原有的雨水径流途径被排水管网和硬质化的城市河道取代，径流汇流时间缩短，洪峰增大。根据在北京市百万庄小区所做的实验，在1小时内新、旧沥青路面的降雨损失分别仅为草地的6%和12%，为裸露土地面的14%和26%；而屋面的降水损失量更小，一般都仅1~2mm。而北京市水利科学研究所的实测结果显示，屋顶的降雨损失量仅有0.7~0.94mm。由此可估计，当流域内不透水面达到城市面积20%，遇到3年一遇降雨其产流量就可能相当于该地区原有产流量的1.5~2倍。与此同时将使汇流时间大大缩短。

(2) 雨洪利用基本形式

雨洪利用是针对开发建设区域内不同下垫面所产生的降雨径流，采取相应的措施，或收集利用，或渗入地下，以达到充分利用雨水资源、提高环境自净能力、改善小区生态环境、减少外排流量、减轻区域防洪压力的目的，是一个寓资源利用于灾害防范之中的系统工程。城市的下垫面主要包括屋顶、道路、绿地（含公园及水面）、庭院、广场等类型，不论哪种类型的下垫面，基本的雨洪利用形式主要有3类，即渗入地下、拦蓄利用和调控排放。

1) 渗入地下

渗入地下法就是采用充分利用现有的能够下渗雨水的绿地、增加可下渗面积、建设增加下渗能力的专用设施等措施，使更多的雨水尽快渗入地下的方法。将雨洪渗入地下的具体措施很多，一般有下凹式绿地、渗透性铺装地面和渗沟、渗井等增渗设施。

下凹式绿地，就是将绿地低于周围地面适当深度，以便自渗的雨水少外流或不外流，同时周围地面的地表径流能流入绿地下渗。研究结果表明，当绿地下凹5~10cm时，能够消纳自身和相同面积不透水地面流入的雨水，使5年一遇日降雨无径流外排。对于一些难以低于周围地面的绿地，如果其四周的围挡高于绿地5~10cm，则可使20年一遇日降雨无径流外排。

渗透性铺装地面，是指在较大降雨情况下，能够较快地下渗雨水，使地表不积水或少积水的铺装地面。通常由铺装面层、垫层和基层三部分组成，面层和垫层又统称为铺装层。降雨先下到面层，因此要求面层有很强的透水性，能够使可能发生的所有强度的降雨很快渗入到下层，下部垫层除了应当有较大的渗透能力外，还应当有较大的孔隙率，以便滞蓄渗入的雨水。基层通常为密实的土壤，有较强的承载能力，但也有一定的下渗能力，可使暂时停留在铺装层的雨水逐渐地渗入地下。所采用的面层材料有透水砖、草坪砖、透水沥青、透水混凝土等。透水砖是一种压制的无砂混凝土砌块，有很多连通的空隙，能很快的渗透雨水，是效果最好的一种透水面层材料。渗透性铺装地面通常用在人行道、庭院、广场、停车场、自行车道和小区内小流量的机动车道。

增渗设施，是将雨水引入较深层地下入渗的专用设施，包括渗水管沟、渗水井、回灌井等。地下有时会有一些透水性较强的砂层或砂砾层，如果将雨水经过适当处理，在保证安全的前提下，引入这些砂层或砂砾层进行渗透，则会大大加快下渗的速度。因此可以根据具体情况建设渗水管沟、渗水井或回灌井等增渗设施。

渗水管沟，是在地下浅层建设的能够暂时留住雨水和下渗雨水的沟槽，一般采用透水性管道将雨水引入沟槽内，属于条状或带状渗水设施；渗水井是一种点状增渗设施，深度可比管沟深一些，雨水主要通过渗水井底部渗入地下；回灌井的深度更深，底部通常与较大的粗砂或砂砾层接触，渗水能力更强。

2）拦蓄利用

拦蓄利用是将屋顶、道路、庭院、广场等的雨水进行收集，经适当处理后导入蓄水池，可以用来灌溉绿地、冲厕所、洗车、喷洒路面、为景观补水等。这种方法能够使雨水得到有价值的利用，减少自来水的用量，从而既减少了雨水排放量，又节约了水资源。

建筑物收集雨水的一般结构是，由导管把屋顶的雨水引入设在地下的雨水沉沙池，经沉积的雨水流入蓄水池，由水泵送入杂用水蓄水池，经加氯消毒后送入中水系统，为解决降尘和酸雨问题，一般将降雨前两分钟的雨水撇除。目前，世界上许多国家都展开了对雨水利用的研究，以节约水资源，减轻当地的用水和污水处理负担。例如德国、日本等国在一些城市的建筑物上设计了收集雨水的设施，将收集到的雨水用于消防、小区绿化、洗车、厕所冲洗和冷却水补给等，也可以经深度处理后供居民饮用。

3）调控排放

调控排放是在雨水排放系统的下游，排出区域之前的适当位置建设调蓄池、流量控制井和溢流堰等设施，使区域内的雨洪暂时滞留在地下管道和调蓄池内，按照设定的下泄流量控制排放到下游管道的方法。当汇集的降雨径流小于控制井限定的过流量时，按照汇集的流量排入市政管道，当大于限定的过流量时，将按限定的最大过流量外排，同时将在管道和滞蓄池系统内产生积水。如果降雨小于溢流堰的设计标准，系统内积水的最大水位不会超过溢流堰，所滞蓄的雨水会逐渐地以不大于限定值的流量排走。如果降雨大于溢流堰的设计标准，将会通过溢流堰溢流到外部市政管道。这样调控排放系统的下泄流量通常会被控制在限定的较小范围之内，从而减少了下游管道的排水压力。

实际应用中可以将上述方法进行有机的组合，形成适合区域自身特点的、科学的最佳雨洪利用体系。

(3) 雨洪利用对城市水循环的修复作用

城市雨洪利用的核心是减少因不透水面积增加所产生的外排水量或径流峰量的增加。北京市的降雨特点是80%的降雨集中在汛期，历时短，降雨强度大，完全收集利用雨水的费用高，应当以渗入地下为主，因而对城市水循环有很好的修复作用。

1）增加降雨向土壤水的转化量

采用下凹式绿地和透水铺装能够大量增加降雨渗入土壤的水量。通常绿地的径流系数为0.15，小区内传统的混凝土硬化铺装地面的径流系数为0.9，实施雨洪利用措施后，对于设计标准内降雨，绿地和透水地面的外排径流系数可降为零。一般情况下小区内绿地占30%、硬化铺装地面占35%，若绿地的截留量按10%计，仅此两部分采取雨洪利用措施后，就比不采取雨洪利用措施增加降雨向土壤水的转化量160%。如果将屋顶雨水也全部下渗，则增加量达到300%，相当于小区内全部降雨的90%转化为土壤水。

2）增加地下水补给量

部分土壤水在重力作用下逐渐向下运动，最终补给地下水。根据北京市城区的水文地质条件，渗入土壤的雨水转化为地下水的比例一般在5%～20%，平均10%，因此，若仅绿地和铺装地面采取雨洪利用措施，所增加的地下水补给量将为小区降雨量的3.6%。若将屋顶雨水也全部下渗，则所增加的地下水补给量将达到小区降雨量的6.75%，如果以10hm^{2}的小区面积计算，每年所增加的地下水补给量为2685m^3。

3) 增加蒸散发量

下凹式绿地能够使土壤含水量增加2%～5%，使植物生长旺盛，从而增加绿地的蒸散发量0.02～0.32mm。通过透水地面渗入土壤的雨水、铺装层吸收和滞蓄的雨水，在降雨过后会逐渐通过铺装层的孔隙蒸发到空中。如果一个10hm^{2}小区采取下凹式绿地、透水铺装、屋顶雨水收集下渗等雨洪措施使90%的降雨转化成土壤水，这部分中又有10%补充地下水，则其余的81%的降雨量将通过土壤蒸发和植物蒸腾回到大气中去。若只作绿地和铺装地面雨洪利用，屋顶雨水全部收集利用或外排，则蒸散发量将占小区降雨的58.5%，比不做雨洪利用蒸散发量增加160%。

4) 有效减少径流外排量

实施雨洪利用措施能够使小区的外排径流量大大削减，甚至能够实现对于一定标准的降雨无径流外排。如果上述10hm^{2}小区内绿地和硬化地面的雨水全部下渗，屋顶雨水全部外排，则其综合径流系数会从不采取雨洪利用措施的0.67减少为0.32。如果对屋顶雨水也适当采取拦蓄利用、入渗地下或调控排放的措施，则可使外排的径流系数控制在开发建设前农田或绿地的水平。

6.4.3 建筑给排水中的节水技术

(1) 推广使用节水器具

建筑节水除了注意养成良好的用水习惯以外，采用节水器具很重要，也最有效。有的人宁可放任自流，也不肯更换节水器具。因而，大力推广使用节水器具是实现建筑节水的重要手段和途径。

1) 节水水龙头

①陶瓷阀芯节水龙头

目前节水型水龙头大多采用陶瓷阀芯水龙头。这种水龙头与普通水龙头相比，节水量一般可达20%～30%；与其他类型节水龙头相比，价格较便宜。因此，应在居民楼等建筑中大力推广使用这种节水龙头。

②延时自闭式水龙头

延时自闭式水龙头在出水一定时间后自动关闭，避免长流水现象。出水时间可在一定范围内调节，既方便卫生又符合节水要求，非常适合公共场所的洗手用。

③光电控制式水龙头

延时自闭式水龙头虽然节水但出水时间固定后，不易满足不同使用对象的要求。光电控制式水龙头就可以克服上述缺点，例如：新型的一款红外线自动控制洗手器，第一次安装时就可以自行检查该器下方或前方的固定反射体（比如洗手盆）并根据反射体的距离调整自己的工作距离，避免了过去的自动给水器因前方障碍较近出现的常流水现象，而且这种智能化的洗手器可以做到尽管你的手在下面，但没有洗手动作不给水，洗手时间过长也会停水，长期不用还可以定时冲水以免水封失灵，供电不足能提前报警。

2) 节水冲水便器

①使用小容积水箱大便器

目前我国正在推广使用6L水箱节水型大便器，并已有一次冲水量为4.5L甚至更少水量的大便器问世。但也应注意要在保证排水系统正常工作的情况下使用小容积水箱大便器，否则会带来管道堵塞、冲洗不净等问题。两档水箱在冲洗小便时，冲水量为4L（或更少）；冲洗大便时，冲水量为6L（或更少）。

②免冲洗小便器

美国推出的免冲洗小便器，是一种不用水、无臭味的厕所用器具，其实仅仅是在小便器一端加个特殊的"存水弯"装置，但因其经济、卫生、节水有效，所以很受欢迎，我国已有安装使用。

③光电控制小便器

光电控制小便器已在一些公共建筑中安装使用。

④延时自闭式冲洗阀

它是利用先导式工作原理，直接与水管相连。在给水压力足够高的情况下，可以保障大便器瞬时冲水的需要，用来代替水箱及配件，安装简洁、使用方便、卫生、价格较低、节水效果明显。

3) 热水系统中安装的节水器具

在公共浴室安装限流孔板；在冷、热水入口之间安装压力平衡装置；安装使用低流量莲蓬头、充气式热水龙头和恒温式冷、热水混合龙头等。

4) 真空节水技术

为了保证卫生洁具及下水道的冲洗效果，可将真空技术运用于排水工程，用空气代替大部分水，依靠真空负压产生的高速气、水混合物，快速将洁具内的污水、污物冲吸干净，达到节约用水、排走污浊空气的效果。一套完整的真空排水系统包括：带真空阀和特制吸水装置的洁具、密封管道、真空收集容器、真空泵、控制设备及管道等。真空泵在排水管道内产生40～50kPa的负压，将污水抽吸到收集容器内，再由污水泵将收集的污水排到市政下水道。在各类建筑中采用真空技术，平均节水率超过40%。若在办公楼中使用，节水率可超过70%。

5) 带洗手龙头的水箱

在日本很多家庭使用带洗手龙头的水箱，洗手用的废水全部流入水箱，回用于冲厕。若水箱需水时，可打开水龙头直接放水。使用这种冲洗水箱，不但可以节水，而且可减少水箱本身的费用。目前，这种水箱在我国已有销售。

(2) 控制超压出流

众所周知，由于给水管网范围的扩大、输送自来水管道的延长以及高层建筑的兴建而产生的高度差异，都会采用提高给水始端压力的方法，保障最不利供水点能够得到充足的给水。由此就会有大量的供水区域是高压给水的。因此给水配件前的静水压大于流出水头，其流量就大于额定流量。超出额定流量的那部分流量未产生正常的使用效益，是浪费的水量。由于这种水量浪费不易被人们察觉和认识，因此可称之为"隐形"水量浪费。

1) 合理限定配水点的水压

由于超压出流造成的"隐形"水量浪费并未引起人们的足够重视，因此在我国现行的《建筑给水排水设计规范》中虽对给水配件和入户支管的最大压力作出了一定的限制性规定，但这只是从防止由于给水配件承压过高导致损坏的角度考虑的，并未从防止超压出流的角度考虑，因此压力要求过于宽松，对限制超压出流基本没有作用。所以，应根据建筑给水系统超压出流的实际情况，对给水系统的压力做出合理限定。

2) 采取减压措施

在给水系统中合理配置减压装置是将水压控制在限值要求内、减少超压出流的技术保障。

①减压阀

减压阀是一种很好的减压装置，可分为比例式和直接动作型两种。前者是根据面积的比值来确定减压的比例，后者可以根据事先设定的压力减压，当用水端停止用水时，也可以控制住被减压的管内水压不升高，既能实现动减压也能实现静减压。

②减压孔板和节流塞

减压孔板相对于减压阀来说，系统比较简单，投资较少，管理方便。但减压孔板只能减动压，不能减静压，且下游的压力随上游压力和流量而变，不够稳定。另外，减压孔板容易堵塞。因此它适用于水质较好和供水压力较稳定的情况。

节流塞的作用及优缺点与减压孔板基本相同，适于在小管径及其配件中安装使用。

3) 采用节水龙头

试验表明，陶瓷阀芯节水龙头和普通水龙头在全开状态下，前者的出流量小于后者的出流量。即在同一压力下，节水龙头具有较好的节水效果，节水量在 20%～30% 之间。且在静压越高，普通水龙头出水量越大的地方，节水龙头的节水量也越大。因此，应在建筑中（尤其在水压超标的配水点）安装使用节水龙头，减少水量浪费。

(3) 完善热水供应循环系统

随着人们生活水平的提高，小区集中热水供应系统的应用也得到了充分发展。与此同时，建筑热水循环系统的质量也变得越来越重要了。大多数集中热水供应系统存在严重的浪费现象，主要体现在开启热水装置后，不能及时获得满足使用温度的热水，而是要放掉部分冷水之后才能正常使用。这部分冷水，未产生应有的使用效益，因此称之为无效冷水。这种自来水的浪费是设计、施工、管理等多方面原因造成的。如在设计中未考虑热水循环系统多环路阻力的平衡，循环流量在靠近加热设备的环路中出现短流，使远离加热设备的环路中水温下降；热水管网布置或计算不合理，致使混合配水装置冷热水的进水压力相差悬殊，若冷水的压力比热水大，使用配水装置时往往要出流很多冷水，之后才能将温度调至正常。同一建筑采用各种循环方式的节水效果，其优劣依次为支管循环、立管循环、干管循环，而按此顺序各回水系统的工程成本却是由高到低。《建筑给水排水设计规范》GB 50015—2003 第 5.2.10 条提出了两种循环方式，即立管、干管循环和支管、立管循环。取消了干管循环，强调了循环系统均应保证立管和干管中热水的循环，这对节水、节能有着重要的作用。因此，新建筑的集中热水供应系统在选择循环方式时需综合考虑节水效果与工程成本，根据建筑性质、建筑标准、地区经济条件等具体情况选用支管循环方式或立管循环方式，尽可能减小直至消除无效冷水的浪费。

6.5 建筑节电新技术

6.5.1 太阳能照明

(1) 太阳能照明简述

太阳能是取之不尽、用之不竭、无污染的可再生能源，每天送到地球表面的辐射能大约相当于 2.5 亿万桶石油。在很长一段时间内，太阳能都白白地从人们身边"溜走"了。随着科学技术的飞速发展，太阳能逐渐被开发利用，并已成为最有发展前景的环保能源之一。

太阳能照明是利用太阳能最重要的途径之一。利用太阳能电池将太阳能转化为电能用于发电，即光伏发电，如：太阳能照明、太阳能发电站等。

在室外照明中，太阳能照明的发展势头强劲。太阳能路灯（非主干道）、太阳能庭院灯、太阳能草坪灯、太阳能交通信号灯、太阳能广告灯等已非鲜见，均成为绿色照明中的亮点。

太阳能照明最显著的特点是节能、经济、环保，无需由传统的公共电力系统获取电能，节省了变配电设备、缆线、开关等的投资，基本没有运行费用。太阳能转化为电能，避免了煤、油、核等发电导致的大气和环境污染。在当今技术条件下，太阳能照明尤其适合应用于供电距离较远或不易供电的地方。

(2) 太阳能照明原理与组成

太阳能电池板把太阳能转化为电能，经过大功率二极管及控制系统给蓄电池充电。充电到一定程度时，控制器内的自保系统动作，切断充电电源。晚间，太阳能电池板充当了光控制器，启动控制器，通过蓄电池给照明灯供电，点燃照明灯；凌晨，太阳能电池板又充当了光电控制器，启动控制器，切断照明灯电源，重新开始进行转化太阳能为电能的工作。在太阳能灯燃亮时，还能够根据设置进行调光。图6-25为太阳能照明原理图。

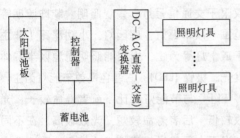

图6-25 太阳能照明原理图

太阳能照明由太阳能电池板、蓄电池、太阳能灯专用控制器、发光体及灯杆等组成。

1）太阳能电池

太阳能电池是利用光电转换原理使太阳的辐射光通过半导体物质转变为电能的器件，这种光电转换过程通常叫做"光生伏打效应"，太阳能电池又称为"光伏电池"。

太阳能电池的输出功率是随机的。不同时间、不同地点、不同安装方式下，同一块太阳能电池的输出功率也是不同的。

目前，太阳能电池的光电转换率一般在百分之十几以上，个别发达国家的太阳能电池光电转换率已经可以达到30%左右。

太阳能电池主要由硅太阳能电池、以无机盐等多元化合物为材料的电池、功能高分子材料制备的太阳能电池及纳米晶太阳能电池等几类构成。

硅太阳能电池技术相对较成熟，半导体材料的禁带不是太宽，光电转换率较高，材料本身不造成污染，所以硅是目前最理想的太阳能电池材料。以其他材料为基础的太阳能电池也正在研制和发展过程中。

① 单晶硅电池

目前，单晶硅太阳能电池光电转换率最高（20%左右），技术最为成熟，但由于单晶硅材料价格过高，制造工艺繁琐，造成单晶硅成本价格居高不下，成为发展单晶硅太阳能电池的一大障碍，现在正在逐渐被多晶硅薄膜太阳能电池和非晶硅薄膜太阳能电池等取代。单晶硅太阳能电池在道路照明、交通信号等室外照明中的应用较为普遍，光电转换率为11%～24%，使用年限较长。

② 多晶硅电池

多晶硅薄膜电池由于所使用的硅比单晶硅少很多，不存在效率衰退等问题，而且有可能在廉价衬底材料上制备。多晶硅薄膜太阳能电池的成本远低于单晶硅，光电转换率近20%，高于非晶硅薄膜电池。因此，多晶硅薄膜电池将有望成为太阳能电池的主导产品。多晶硅太阳能电池在室外照明中的应用将越来越广泛。

③ 非晶硅电池

非晶硅薄膜太阳能电池制作简单，成本较低，便于大规模生产，普遍受到人们的重视并得以迅速的发展，光电转换率在14.5%以上，但稳定性较差。提高转换率和稳定性是非晶硅薄膜太阳能电池的发展方向。目前，非晶硅电池在低功率电力系统中应用较多。

研制中的其他太阳能电池有：

① 纳米晶化学太阳能电池：纳米晶化学太阳能电池是新型太阳能电池，目前仍在研制过程中，其中纳米晶太阳能电池倍受关注。纳米晶太阳能电池光电效率在10%以上，制作成本为硅太阳电池的1/5～1/10，寿命可达到20年以上。

② 聚合物多层修饰电极型太阳能电池：原材料为有机材料，柔性好，制作容易，材料来源广泛，成本较低。性能和寿命远不如硅电池，但有可能提供廉价电能。此项研究刚刚起步。

③ 多元化合物薄膜太阳能电池：有些金属化合物如硫化镉、碲化镉多晶薄膜电池的效率比非晶硅薄膜太阳能电池效率高，成本较单晶硅电池低，并且也易于大规模生产，但由于镉有剧毒，会造成严重污染，因此，不能开发应用。

2）蓄电池

太阳能照明必须配备蓄电池才能工作，主要原因在于：一是太阳能电池只能在白天进行光电转化工作，电能在夜晚才能用于照明，因此必须储备在蓄电池内。储备的容量要足够当地连续几个阴天的照明需要；二是太阳能电池板的输出能量极不稳定，配备蓄电池后，太阳能灯等负荷才能正常工作。

蓄电池主要有以下几种：

①铅酸蓄电池：传统蓄电池，能量密度较低，对环境污染较为严重，将逐渐被淘汰。

②镍－镉蓄电池：性能较铅酸蓄电池优越，但能量密度不足，镉的污染严重，多数国家严格控制此类蓄电池的生产和使用。

③镍－氢蓄电池：具有能量密度高、重量轻、寿命长、无环境污染等优点，各国正在积极开发。发达国家在20世纪90年代已经进入产业化生产阶段。

④锂电池：新型高能化学电源，具有高容量、高功率、小型化、无污染的特点。锂电池主要用于笔记本电脑和手机。

目前，我国室外照明大量使用全封闭、免维护的铅酸蓄电池。小型照明工程、笔记本电脑和手机等大量使用锂电池、镍—氢电池。锂电池的应用领域正在逐步扩大。

3）控制器

控制器的作用是控制太阳能灯系统的工作状态，如照明灯的光控或设置开关、调光、雷电保护、电路短路保护，对蓄电池进行过充电保护、反充电保护、过放电保护、温度补偿等。控制器是太阳能灯的"大脑"。有了合格的控制器，太阳能灯才能顺利工作，同时延长蓄电池等器件的寿命。

4）逆变器

逆变器是把蓄电池输出的直流电变成交流电的装置，照明负载为直流时不必设置，照明负载为交流负载时必须使用。根据我国现状，一般蓄电池为24V（或12V、36V），室外照明灯泡（灯管）为220V、50Hz交流，因此，逆变器多为24V（或12V、36V）/AC220V 的电压形式。逆变器也应具有电路短路保护、欠压保护、过流保护、反接保护及雷电保护等功能。

5）照明负载

由于太阳能照明存在光电转换率较低，成本价格较高等因素，使得目前其应用范围仅限于交通信号灯、景观照明、装饰照明等范围，以草坪灯、庭园灯、小功率路（非主干道）灯等为主。太阳能照明光源以半导体发光二极管（LED）、三基色高效节能灯为主。

LED与节能灯相比，前者寿命较长、光效较低；后者寿命较短、光效较高。在不同情况下，要经过经济技术比较，从中选择合适的光源。

太阳能交通信号灯光源采用LED，寿命长，发光性能符合信号灯的要求。有调节明暗、频繁开关功能的1W以下的小功率太阳能草坪灯，一般应该使用LED作为光源。对于功率较大的太阳能草坪灯，使用三基色高效节能灯较为合理。

庭院灯和路灯以装饰为主时，建议选择LED；以照明为主时，建议选择三基色高效节能灯或低压钠灯。

（3）太阳能照明的发展趋势

1）提升电池板的光电转换率；

2）加大系统容量，满足大功率室外照明灯的要求；

3）降低成本。目前，一套太阳能照明灯（全套）是普通照明灯（全套）的几倍，影响了太阳能照明的推广使用；

4）延长蓄电池等器件的寿命，从而延长太阳能照明系统的寿命；

5）减小电池板、蓄电池等的体积，美化杆型；

6）逐步淘汰严重污染的铅酸蓄电池、镍－镉蓄电池等，加快开发研制无污染蓄电池，实现真正意义的环保。

太阳能照明在经过技术进步和降低价格后，将成为新世纪的主导光源之一。

6.5.2 智能化照明系统

智能化照明系统由照明和自动照度等控制系统组成。能在不同的环境与不同时间对照明系统进行精确的设置和合理管理；自动照度控制系统，能够全方位地应用室外自然光，只有在需要时才将照明系统的灯具点亮或点亮到要求的亮度。由于该系统利用最低的人工能源保证了所需的光照度，所以节电效果显著。

(1) 智能化照明系统原理与组成

智能照明控制系统的工作原理是应用了主电源经调光模块后分成多路可调光供应照明灯用电，照明灯的开关与明暗由多功能可编程控制器控制，整幢大楼的调光器和控制器均可通过编程实现对每路灯的控制，获得不同的灯光场景和灯光效果。

智能照明控制系统一般由调光模块、控制面板、智能传感器、时钟管理器、计算机及智能照明控制系统等部件组成。

调光模块。调光模块的主要功能是能对不同类别的灯具实施调光与开关控制，应用计算机控制可控硅（SCR）导通角的大小，实现利用输出电压的变化去调节灯具的亮度。灯具的亮度常规与灯具的输入电压幅值成正比关系。

开关模块。应用继电器组成的开关输出控制模块，受计算机控制，实现对照明的智能化开关管理。

智能传感器。它由红外动静探测跟踪器、光电检测管和遥控接收器等部件组成。它能有效识别人员出入房间的状况与检测环境的光照度；能按日照亮度变化自动调整住房内灯光的亮度。实现智能管理所需要的各种感应检测功能。

控制面板。经计算机实施控制，提供直观操作来控制灯光场景的部件。

计算机。位于中央控制室对整幢大楼的全部照明系统实施管理。

(2) 智能化照明系统的设计原理

现代智能化办公大楼，为了营造一个舒适的工作与生活的视觉环境，其环境照明必须要有足够的照度，使员工在此环境中工作生活能保持心情舒畅，从而有效地提高办公效率。所以，选择合理的照明方案，做好照明设计，配置时代最先进的照明控制系统，已成为智能化办公大楼设计的一个重要步骤。它不仅能有效节约能源，降低用户的运行费用，并能大大提高现代智能化办公大楼的管理水平。

智能化办公大楼的照明控制系统若按网络的拓扑结构区分，可分为总线式和星形结构混合式两种形式，这两种结构各有特色：

1) 总线式。控制系统有较强的灵活性，很容易扩充，控制相对独立，成本低；

2) 星形结构混合式。控制系统的可靠性程度高，存取协议方便而简单，传输速度和效率高。

智能化办公大楼的照明控制系统仅仅是大楼控制系统的一个部分，如果要将智能化办公大楼的各个控制系统都集中到控制中心去控制，这样每个控制系统必须具备标准的通信接口和通信协议文本，虽然在控制系统网络集成的理论上是没有问题的，但是真正实施起来却有一定的难度。因此，智能化照明控制系统通常在设计中采用分布式、集散型控制方式，对各个控制子系统在设计上采用各系统彼此独立、自成一体，实施具体的控制。楼宇智能中心管理系统对各个子系统进行收集信号和监测管理。

智能化办公大楼的照明控制系统在工程设计中通常是以一个独立的子系统设计的，采用国际上标准的通信接口和通信协议文本，并纳入楼宇智能管理系统。智能化照明控制系统通过集中管理器与信息接口，和楼宇智能管理系统相连接，实现大楼控制中心对这个子系统的信号收集和监测。

智能化照明控制主系统是由集中管理器、主干线与信息接口等元件组成，并对各区域实施相同的控制和网络信号采样；而子系统是由控制面板、调光模块、照度动态检测器与动静检测器等器件组成的，对各区域分别实施不同的控制网络。主系统与子系统之间通过信息接口等部件来连接，实现数据的传输。

6.5.3 建筑电气设计中的节电措施

(1) 照明的节能设计

照明节能设计就是在保证不降低作业面视觉要求、不降低照明质量的前提下，力求减少照明系统中光能的损失，从而最大限度地利用光能。通常的节能措施有以下几种：

1) 充分利用自然光

这是照明节能的重要途径之一。在设计中建筑专业应多与电气设计人员配合，做到充分合理地利用自然光使之与室内人工照明有机地结合，从而最大限度地节约人工照明电能。

2) 严格执行照明设计标准

照明设计规范规定了各种场所的照度标准、视觉要求、照明功率密度等等。照度标准是不可随意降低的，也不宜随便提高，要有效地控制单位面积灯具安装功率，在满足照明质量的前提下，一般房间（场所）应优先采用高效发光的荧光灯（如T5、T8管）和紧凑型荧光灯，高大车间、厂房及体育馆场的室外照明等一般照明宜采用高压钠灯、金属卤化物灯等高效气体放电光源。

3) 使用优质灯具及其他电器附件

灯具对照明节能和照明质量的影响也很大。按照照明节能的要求，灯具应随光源的需要而选用新的品种。对视觉条件要求较高的场所，如体育场馆、工业厂房、办公室、教室等，应选用效率高、配光适当的灯具。

在电气附件中影响较大的是气体放电灯的镇流器。应推广使用低能耗、性能优的光源用电附件，如电子镇流器、节能型电感镇流器、电子触发器以及电子变压器等；公共建筑场所内的荧光灯宜选用带有无功补偿的灯具，紧凑型荧光灯优先选用电子镇流器，气体放电灯宜采用电子触发器。

4) 改进灯具控制方式

改进灯具控制方式，采用各种节能型开关或装置也是一种行之有效的节电方法。根据照明使用特点可采取分区控制灯光或适当增加照明开关点。卧房、病房、客房等床头灯可采用调光开关，高级客房采用节电钥匙开关，公共场所及室外照明可采用程序控制或光电、声控开关，走道、楼梯等人员短暂停留的公共场所可采用节能自熄开关。

(2) 减少线路损耗

线路电阻在通过电流不变时，线路越长则电阻值越大。如果在一个工程中由于线路上下纵横交错，会造成电能损耗较大。在具体工程中，线路上电流一般是不变的，那么要减少线损，只能尽量减少线路电阻。要减少电阻值应从以下几个方面考虑：

1) 尽量选用电阻率较小的导线，如：铜芯导线较佳，铝线次之。

2) 尽可能减少导线长度，在设计中线路应尽量走直线少走弯路，另外在低压配电中尽可能不走或少走回头路。变电所应尽可能地靠近负荷中心，以减少供电半径。

3) 增大导线截面积，对于较长的线路，在满足载流量、热稳定、保护配合及电压降要求的前提下，在选定线截面时加大一级线截面。这样增加了线路费用，由于节约能耗而减少了年运行费用，综合考虑节能经济时还是合算的。

(3) 提高供配电系统的功率因数

功率因数提高了可以减少线路无功功率的损耗，从而达到节能目的。前面提到的输电线路损耗中包含了线路传输有功功率时而引起的线损和线路传输无功功率时引起的线损。传输有功功率是为了满足建筑物功能所必须的，是不变的。而在供配电系统中的某些用电设备，如电动机、变压器、灯具的镇流器以及很多家用电器等都具有电感性，会产生滞后的无功电流，它要从系统中经过高低压线路传输到用电设备末端，无形中又增加了线路的功率损耗。然而这部分损耗是可以避免的，具体方法有：

1）减少用电设备无功损耗，提高用电设备的功率因数。在设计中尽可能采用功率因数高的用电设备（如同步电动机）等，电感性用电设备可选用有补偿电容器的用电设备（如配有电容补偿的荧光灯）等。

2）用静电电容器进行无功补偿，电容器可产生超前无功电流，抵消用电设备的滞后无功电流，从而达到提高功率因数，同时又减少整体无功电流效果。在具体工程设计中可采用分散就地补偿和高低压柜集中补偿等方式，需根据具体情况具体分析。

(4) 供配电系统的节能设计

根据负荷容量、供电距离及分布、用电设备特点等因素合理设计供配电系统，做到系统尽量简单可靠、操作方便。变配电所应尽量靠近负荷中心，以缩短配电半径，减少线路损耗。合理选择变压器的容量和台数，以适应由于季节更替造成负荷变化时能够灵活投切变压器，实现经济运行，减少由于轻载运行造成的不必要电能损耗。

(5) 变压器的节能设计

在选用变压器时最好选择节能型变压器，减少铁芯涡流损耗等变压器的有功损耗；选用阻值较小的绕组变压器，减少变压器的线损和铁损；在选择变压器容量和台数时，应根据负荷情况，综合考虑投资和年运行费用，对负荷合理分配，选取容量与电力负荷相适应的变压器，使其工作在高效低耗区内。

参考文献

[1] 朱颖心,亢燕明,刁乃仁等编著.建筑环境学.第1版.中国建筑工业出版社,2001.
[2] 朱颖心主编.建筑环境学.第2版.中国建筑工业出版社,2005.
[3] GB50189-2005,公共建筑节能设计标准.中国建筑工业出版社,2005.
[4] GB50336-2006,地源热泵系统工程技术规范.中国建筑工业出版社,2005.
[5] 李新国,赵军.低温地热运用热泵供热的技术经济性.太阳能学报.2000, 21(4).
[6] 何满潮,李启民.地热资源梯级开发可持续应用研究.矿业研究与开发.2005, 25(3).
[7] 朱家玲,苗长海,董志林,洪庆华.地热水源热泵技术应用市场前景.太阳能学报.2002(12).
[8] 蔡义汉编著.地热直接利用.天津大学出版社,2004.
[9] 刘时彬编著.地热资源及其开发利用和保护.化学工业出版社,2004.
[10] 方轶.太阳能墙体在我国的应用研究初探.天津大学硕士学位论文,2004.
[11] 任峰.空调系统的热(冷)量回收技术.苏州大学学报(工科版).2002, 22(5).
[12] 张云坤,刘东.蓄能、热回收技术及其在空调工程中的应用.节能技术.2003, 21(3).
[13] 吴献忠.热回收蓄能空调系统的应用研究.节能技术.2003, 21(1).
[14] 杨立新.中央空调冷凝回收方案研究.天津大学硕士论文,2002.
[15] 陈沛霖主编.建筑空调实用技术基础.中国电力出版社,2004.
[16] 任伟.建筑小区中水利用工艺探讨.节能技术环保.2004, 6.
[17] 崔玉川主编.城市与工业节约用水手册.化学工业出版社,2002.
[18] 李亚峰等编著.高层建筑给水排水工程.化学工业出版社,2004.
[19] 姜湘山,李亚峰编著.建筑小区排水工艺.化学工业出版社,2003.
[20] 雷乐成,杨岳平,汪大挥,李伟著.污水回用新技术及工程设计.化学工业出版社,2002.
[21] 程洪波.复合太阳能集热发电技术.中国科学技术大学硕士学位论文,2004.
[22] GB50155-1992,供暖通风与空气调节术语标准.
[23] New International Dictionary of Refrigeration, Paris: International Institute of Refigeration.

[24] Halozan H. Heat pumps and the environment. Proceeding of 7th IEA Conference on Heat Pumping Technologies.Beijing: 2002. 61–65.
[25] 殷平. 地源热泵在中国. 现代空调. 中国建筑工业出版社, 2001.
[26] Spitler J D, Liu X B. Simulation and Design of ground source heat pump systems. 山东建筑工程学院学报. 2003, 18(1):1–10.
[27] Zeng H Y, Diao N R and Fang Z H. Heat Transfer Analysis of boreholes in vertical ground heat exchangers. International Journal of Heat and Mass Transfer. 2003, 46 (23): 4467–4481.
[28] Fang Z H, Diao N R and Cui P. Discontinuous operation of geothermal heat exchangers. Tsinghua Science and Technology. 2002.7(2): 194–197.
[29] 刁乃仁, 方肇洪著. 地埋管地源热泵技术. 高等教育出版社, 2006.
[30] 易新, 刘宪英. 神经网络模型在地源热泵地下埋管换热系统中的应用. 流体机械. 2002, 30(8):45–49.
[31] 赵军, 袁伟峰等. 地源热泵的套管式地下换热器传热研究. 天津大学学报. 2002,35(3):345–348.
[32] 徐伟等译. 地源热泵工程技术指南. 中国建筑工业出版社, 2001.
[33] Bose J E, Parker J D, McQuiston F C. Design/data manual for closed-loop ground-coupled heat pump systems. Atlanta: ASHRAE, 1985.
[34] 龙惟定, 范存养. 上海地区使用风冷热泵冷热水机组的经济性分析. 暖通空调, 1995, 3.
[35] 马最良, 曹源. 对闭式环路水源热泵空调系统运行能耗影响因素的分析. 暖通空调, 1997, 1.
[36] 李琴云, 刁乃仁, 方肇洪. 美国开式回路地源热泵利用地下水的若干规定. 节能与环保. 2003, No.3:40–42.
[37] 王卫平. 水源热泵相关的水源问题. 清华同方技术通讯.2001, No 3.
[38] 范新等. 地下水地源热泵系统研究和实践. 现代空调. 中国建筑工业出版社, 2001.
[39] 方肇洪, 刁乃仁, 苏登超, 崔萍. 竖直U型埋管地源热泵空调系统的设计与安装. 现代空调. 中国建筑工业出版社, 2001:101–105.
[40] 付婉霞, 曾雪华. 建筑节水的技术对策分析. 给水排水.2003, 29(2):47–53.
[41] 赵文耕. 住宅用节水器具简介. 给水排水.2005, 37(2):48–51.
[42] 付婉霞, 刘剑琼, 王玉明. 建筑给水系统超压出流现状及防治对策. 给水排水. 2002,28(10):48–51.
[43] (GB50015-2003) 建筑给水排水设计规范. 北京:中国计划出版社, 2003.
[44] 张书函, 丁跃元, 陈建刚. 德国的雨水收集利用与调控技术. 北京水利.2002, 3: P39–41.
[45] 陈建刚, 丁跃元, 张书函等. 北京城区雨洪利用工程措施. 北京水利.2003, 6:P12–14.
[46] 刘培军, 张琳, 艾里西尔等. 土壤含水量对蒸散的影响及其日蒸发模型. 新疆气象.1996, 1.
[47] 注册电气工程师执业资格考试复习指导书. 第3册.北京:中国电力出版社, 2004.
[48] 李锦. 绿色照明先锋——太阳能半导体照明. 照明.2005, 8:20–30.
[49] 宋贤杰, 屠其非. 高亮度发光二极管及其在照明领域中的应用. 半导体光电.2002.5:57–60.
[50] 胡立业. 太阳能LED照明系统. 上海电力. 2004, 5:403–405.
[51] 周太明, 宋贤杰.LED——21世纪照明新光源. 照明工程学报.2001,4:37–39.
[52] 项红升, 李明.LED在绿色节能照明中的应用进展. 实用技术.2004,5:52–55.
[53] 王建华. 太阳能发电技术与绿色照明. 农村电气化.2003, 10:12–13.
[54] 薛铨芝. 太阳能光伏技术的研究与发展. 大连铁道学院学报. 2003, 4:73–74.
[55] 凌玲. 太阳能半导体照明的机遇及前景. 产业透视.2003, 11:.38–42.

建筑技术新论 | Energy and Land-saving in Building
New Theory of Building Technology
建筑节能与省地

第7章 建筑节能与省地

7.1 建筑节能概论

7.1.1 概述

能源是指提供可用能量的物质资源。它产生能量供人们使用，如供暖、照明、热源、动力等，也是工业生产重要的原材料，如建材工业，钢铁工业等都离不开能源。

全球矿物质燃料能源是有限的，而且分布不均。在已经发现的油气资源中，75%的石油和78%的天然气资源主要分布在中东、俄罗斯和北美地区；煤炭资源多集中在属于发展中国家的亚洲和非洲大陆。中国能源有限，虽然生产总量排名世界第三（2001年，约11.7亿吨标煤），但人均拥有能源量远低于世界平均水平（煤1/2，天然气1/23）。我国能源结构不合理，煤炭资源所占比例偏大，环境问题日益突出。利用效率低，单位产值能耗比世界平均水平高约2.4倍。人均能源消费量低，增长潜力大，2002年人均能源消费量1179kg标准煤，人均电力消费量1271kWh，分别为世界平均水平的55%、50%，美国的10%、9%。

建筑能耗包括材料和构件生产能耗、建筑物建造能耗、建筑运行能耗和建筑物拆除能耗等。建筑运行能耗包括：供暖、空调、照明、供热水及其他能耗，大大超过建造能耗。由于气候条件的差异，建筑运行能耗一般为建造能耗的4～9倍。建筑在建造和使用中，直接消耗的能源约占全社会总耗能的30%。

建筑节能指建立在建筑物全生命周期意义上的节能。目前建筑节能主要是指节约建筑运行能耗，因我国目前建筑热水供应少，所以建筑运行能耗主要包括节约建筑供暖能耗、空调能耗和照明能耗，具体体现在建筑围护结构节能设计、供暖和空调设备系统的节能及绿色照明工程。建筑节能的原则是在不降低建筑使用品质的要求或者在不损害人的合理生理要求的前提下的节能，不能为了节能而节能。

30多年来，从能源危机向环境危机的逐渐转化过程中，人类对建筑节能概念的认识大体上经历了三个阶段：

1)"建筑节能"(energy saving in building)——节省能耗，减少能量的输入。

2)"在建筑中保持能源"(energy conservation in building)——保持建筑中的能量，减少建筑的热工损失。

3)"提高建筑中的能源利用效率"(energy efficiency in building)——不再是消极被动地节省能源，而是积极地提高能源效率，高效地满足舒适要求。

从节流转向开源，建筑节能含义的变化折射出人类对人与自然关系认识的逐步深入。如今建筑节能的中心意义是降低人工舒适气候的环境支持成本，因而"建筑节能"的含义为：在建筑中合理使用和有效利用能源，不断提高能源利用效率，以最小的环境负荷获得舒适环境。

为满足不同气候条件对房屋建筑不同的

要求（如炎热地区需要通风、遮阳、隔热，以防止室内过热；寒冷地区需要供暖、防寒和保温），我国《民用建筑热工设计规范》从建筑热工设计的角度，对我国各地气候作如下划分（图7-1）：

严寒地区：累年最冷月平均温度低于或等于-10℃，日平均温度低于或等于5℃的天数大于145天的地区。这一地区的建筑应充分满足冬季保温设计要求，加强建筑物的防寒措施，一般不需考虑夏季防热设计要求。

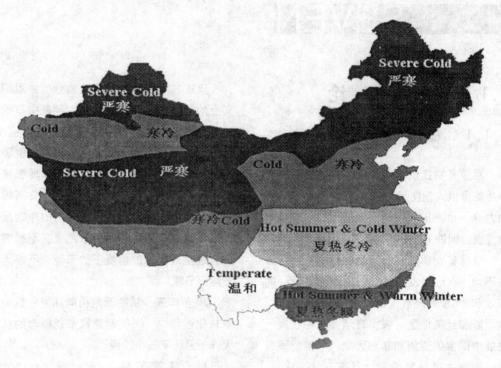

图7-1 全国建筑热工设计分区图

寒冷地区：累年最冷月平均温度-10～0℃，日平均温度低于或等于5℃的天数为90～145天的地区。这一地区的建筑应满足以冬季保温设计要求为主，部分地区兼顾夏季防热。

夏热冬冷地区：累年最冷月平均温度-10～0℃，最热月平均温度25～30℃，日平均温度低于或等于5℃的天数为0～90天，日平均温度高于25℃的天数40～110天的地区。这一地区的建筑必须满足夏季防热要求，适当兼顾冬季保温。

夏热冬暖地区：累年最冷月平均温度大于10℃，最热月平均温度25～29℃，日平均温度高于25℃的天数为100～200天的地区。这一地区的建筑必须充分满足夏季防热要求，一般可不考虑冬季保温。

温和地区：累年最冷月平均温度0～13℃，最热月平均温度18～25℃，日平均温度低于5℃的天数为0～90天的地区。这一地区的建筑可以不考虑夏季防热要求，部分地区应注意冬季保温。

我国与建筑节能有关的气候特点是：北方寒冷气团的频繁侵袭，冬季气温与世界同纬度地区相比低得多，时间又相当漫长，因而供暖度日数较大，特别要比欧洲国家大很多。夏季气温与世界同纬度地区相比较高。与欧洲供暖地区相比，我国冬季日照时间长得多，日照百分率高得多，太阳辐射得热也多得多。

7.1.2 建筑节能问题的产生

20世纪70年代，由于政治和经济原因引起了产油国与购油国的矛盾，导致世界性能源危机，引起全球对节能的重视。各国纷纷制定适用于本国的节能政策及法规。例如：英国的建筑节能工作开始于1976年，政府制定了强制性的建筑节能标准。美国国会通过了能源政策的立法，能源部组织编制了供新建建筑使用的国家强制性节能标准。

我国自20世纪60年代至20世纪70年代中期，因片面强调降低基本建设造价和减轻结构自重，导致一再削弱围护结构保温隔热水平，使得大量民用建筑冬冷夏热，供暖和空调能耗大大增加。直至20世纪70年代中期能源危机以后，特别是改革开放以来，领导部门（如建设部、农业部等）和大专院校、研究机构、设计单位开始了新的探索。

7.1.3 建筑节能现状

能源危机引起全球重视节能以来，对节能含义有两个阶段的理解，初始阶段是狭义的理解，继而上升到广义的理解。狭义的节能指的是节约传统能源，如煤、气（煤气、天然气、液化石油气）、油、柴、电。广义节能含义有二：一是开发利用可持续能源（太阳能、沼气等），二是有效用能（提高最终产品中的有效含能量与最初输入能量之比）。各国在建筑节能的科技研究与实践的发展中采取的具体措施不同，但总的来说有以下共同点：

(1) 建筑节能立法

各国为了保证建筑节能工作顺利进行，一般均建立建筑节能法，制定建筑节能标准，并且不断修订标准，每次修订均提高标准，如法国：1974，1982，1989，2001修订；美国ASHRAE 90.1-2001，1975，1980，1989，1999，2001修订，并从2001年起每隔三年修订一次；英国从1965年到2002年，外墙传热系数标准从1.7降到0.35；德国从1984年到2001年，建筑能耗标准从200～250kWh/m^{2}降到30～70kWh/m^2。

我国于1986年8月1日实施第一阶段节能30%的《民用建筑节能设计标准（供暖居住建筑部分）》JGJ26—86；1996年7月1日实施第二阶段节能50%的《民用建筑节能设计标准（供暖居住建筑部分）》JGJ26—95；北京等城市已开始执行65%的节能设计标准。夏热冬冷地区居住建筑标准2001年10月1日起实施；夏热冬暖地区居住建筑标准2003年10月1日起实施；我国公共建筑节能才刚刚起步，有《公共建筑节能设计标准》(GB 50189-2005)。同时近年来国家相关部门制定或修订了《民用建筑节能管理规定》、《关于新建居住建筑严格执行节能设计标准的通知》、《关于发展节能省地型住宅和公共建筑工作的指导意见》、《关于加强城市照明管理促进节约用电工作的意见》等，编制了"国家十大重点节能工程"之"建筑节能工程"实施方案以及《建筑法》、《节约能源法》和《城乡规划法》等。

(2) 改进建筑规划及设计方法

建筑节能从规划及设计入手，应注意：一是在总建筑面积不变的情况下，低密度、高容积率对节能有利。要选择在采光、通风条件比较好的地段进行建设，建筑物还应有良好的朝向。二是应注意窗墙面积比、遮阳效果及房间的朝向。空调负荷随窗墙面积比的增大而增加，提高窗户的遮阳性能，能大幅度降低空调负荷。房间的朝向对空调负荷影响也很大，东、西向房间的空调负荷都大于南、北向房间。

(3) 改善建筑物围护结构性能

改善建筑外围护结构的保温隔热性能是节能设计的重点。国外资料表明，提高保温隔热所增加的投资，完全可以由节省的能源费用来补偿。一般改善保温隔热性能所增加的费用仅为总投资的3%～8%，而节省能源可达20%～40%。

墙体是建筑外围护结构的主体，我国长期以实心粘土砖为主要墙体材料，对能源和土地资源是严重的浪费，现已出台规定到2010年底所有城市禁止使用实心黏土砖。各地根据当地资源情况，分别发展多孔砖和用粉煤灰、煤矸石、浮石与陶粒等生产的混凝土空心砌块及加气混凝土等。做承重用的单一材料墙体，难以同时满足较高的保温、隔热要求，因此，复合墙体发展很快，一般用砖或钢筋混凝土做承重墙，并与绝热材料复合，或者用钢或钢筋混凝土框架结构，用薄壁材料加绝热材料作墙体降低外墙传热系数。复合做法有内保温、外保温、中间保温几种。我国现有的外保温产品仅有10%应用于建筑市场，而国外这一比例达到70%～80%。

门窗的保温隔热能力较差，应改善门窗绝热性能。我国建筑中门窗大量以单层玻璃为主，设计时最理想的是选用中空玻璃，具有保温、隔热、隔声性能，可减少空调费用。中空玻璃在国外建筑物中已得到普遍应用，例如，美国不仅在新建建筑物中使用而且在旧建筑物中也用中空玻璃替换单层玻璃，德国则以法律形式规定"所有建筑物必须全部采用中空玻璃，禁止把普通玻璃用作窗玻璃"。目前我国门窗型材以彩铝和塑料门窗为主，由于塑料窗气密性等级高，且价格低，故塑料型材将是门窗型材的主要发展方向。

屋顶保温技术，应用较多的是加气混凝土保温，也有用水泥聚苯板、水泥珍珠岩、浮石砂、架空保温屋面。近年来高效保温材料开始应用于屋面，以聚苯板上铺防水层的正铺法较多，也有用倒铺法。

(4) 设备系统节能技术

我国城市集中供热、区域联合供热和小区锅炉房供热逐步扩大，但总体来看，热效率低、供热成本高的供热方式仍占主导地位。因此，供暖系统的平衡供暖（即平衡调节）、热量按户计量及室温控制调节、管道保温等是我国设备系统节能技术的关键。同时各种辐射型供暖空调末端装置节能技术如地板辐射、天花板辐射、垂直板辐射等可避免吹风感，可使用高温冷源和低温热源，大大提高热泵的效率。

(5) 照明节能技术

减少不必要的照明负荷。白天利用好阳光，应重视建筑物朝向及窗户尺寸，以便接受充分的日照。晚上充分利用好照明光源，提高室内的光反射率，像许多国家一样推行"绿色照明"工程，减少白炽灯的使用。新型家用小功率紧凑型荧光灯等高效节能灯，其发光效率比白炽灯高4倍以上，使用寿命长5～10倍，节电率达70%～80%，这类灯具在发达国家已广泛应用。

(6) 可再生能源的利用

太阳能在建筑上的利用方式主要有太阳能供暖供冷、太阳能供热水和太阳能发电。太阳能应与建筑结合进行一体化设计，安装太阳能设备后，建筑物仍然要保持良好的立面和造型。1939年美国麻省理工学院建成了世界上第一座用来供暖的太阳能建筑，至能源危机后，太阳能建筑的发展加快，目前世界上约有几十万座太阳能建筑，多为供暖太阳能建筑。我国"六五"、"七五"期间，兴建了大批太阳能住宅、学校、办公楼、掩土太阳房等。目前太阳能应用正在研究通过光热转换和光电转化技术，来提供热水和公共照明。

(7) 既有建筑改造

我国既有建筑量巨大，既有房屋建筑面积已至420亿平方米，其中城市有140亿平方米，绝大部分不符合节能要求。我国已颁布《既有供暖居住建筑节能改造技术规程》，预计到2010年，大城市完成改造面积25%，中等城市达到15%，小城市达到10%。

国外既有建筑改造进展很快。例如：BRE办公楼，建筑师在设计新楼时充分考虑了拆除下来的建筑材料和构件的使用，最后原有建筑材料和构件的利用率达96%。1973年能源危机后，发达国家开始既有建筑改造，北欧、中欧在20世纪80年代中期完成节能改造；西欧、美国仍在持续进行既有建筑的节能改造。

7.1.4 建筑节能展望

党的十六大提出全面建设小康社会，以人为本，大力提高人民的生活水平。建筑节能将会使建筑内在质量大大提高，建造高舒适度低能耗房屋，营造健康宜人的工作生活环境。党和国家对于建筑节能非常重视，多次提出要大力发展节能省地型住宅和公共建筑，切实推进建筑节地、节能、节水和节材，建设节约型社会。

(1) 以政策及立法拉动建筑节能

在《建筑法》、《节约能源法》和《城乡规划法》中，建立健全节能建筑性能测评标识制度、能耗统计报告制度、节能检查工作制度。逐步完善以《建筑节能管理条例》、《城市节约用水管理条例》、《工程建设标准化管理条例》为主，与部门规章配套的法规体系。新建节能建筑，既有建筑的节能改造，供热体制改革等纳入相关评定标准中。抓好试点示范，以点带面，确立适合本地区的产业化发展模式和因地制宜的建筑体系。

(2) 重视建筑节能技术的综合研究应用能力和材料的再生利用

建筑节能的核心问题是节能技术的发展，如：供暖空调系统的控制技术；供暖末端装置可调技术；新风处理及空调系统的余热回收技术；独立除湿空调节电技术；建筑热电冷联产技术；太阳能一体化建筑；建筑能耗评估方法的实施；采用节能产品等。今后对其研发与应用应大力支持。

(3) 开展积极有效的宣传引导工作

加强宣传培训工作，提高各方人士对发展节能省地型住宅和公共建筑的认识，树立节约能源的意识，形成良好的社会氛围。到2010年全国城镇建筑实现建筑节能50%；到2020年，我国住宅和公共建筑建设的资源消耗水平要接近或达到现阶段中等发达国家的水平，北方和沿海经济发达地区和特大城市实现建筑节能65%的目标，绝大部分既有建筑完成节能改造。如果城镇建筑全部达到节能标准，届时每年可节省3.35亿吨标准煤，空调高峰负荷减少8000万千瓦时，相当于4.5个三峡大坝发的电量，相当于国家每年可减少电力建设投资约1万亿元。

7.2 建筑节能理论

7.2.1 严寒、寒冷地区城镇供暖居住建筑

我国严寒和寒冷地区，主要包括东北、华北和西北地区，累年日平均温度低于或等于5℃的天数，一般都在90天以上，最长的满洲里达到211天。这一地区通常被称为供暖地区，其面积占我国国土面积的70%。

(1) 城镇供暖居住建筑范围和基本特点

城镇居住建筑主要包括城镇住宅建筑（约占92%）和集体宿舍、招待所、宾馆、托幼建筑等（约占8%）。

供暖特指集中供暖，不包括小煤炉供暖在内的非集中供暖。它是指由分散锅炉房、小区锅炉房和城市热网等热源，通过管道向建筑物供热的供暖方式。对于暂时没有条件设置供暖的居住建筑，围护结构也应参照节能建筑的理论进行。

我国严寒和寒冷地区城镇居住建筑在使

用和建筑形体上有如下特点：昼夜连续使用，对室内热环境和空气品质有较高的要求，室内都设计安装有供暖设备及通风换气装置，供暖方式普遍采用集中方式连续供暖；在我国，冬季住宅室温一般为16～18℃，旅馆、招待所客房的室温通常为20～22℃；城镇居住建筑的层数以多层为主，大中城市有一定量的中高层和高层居住建筑。多层居住建筑多采用砖砌体混合结构，中高层和高层居住建筑则采用钢筋混凝土框架结构、框架剪力墙结构或剪力墙结构；多层居住建筑多采用南北朝向，中高层和高层居住建筑则结合地形采用灵活的朝向；卧室开间一般为3.3～3.9m，起居室在4.2m左右；多层住宅建筑层高一般2.8～3.0m，中高层和高层住宅建筑一般采用3.0m；其他类型的居住建筑的层高为3.0～3.3m；城镇新建居住建筑尤其是住宅建筑的形式普遍出现多样化趋势，体型凸凹和错落明显，因此其体型系数难以控制在0.3以下，目前多保持在0.3～0.35。

（2）城镇供暖居住建筑的耗热量组成

城镇供暖居住建筑的供暖能耗是指在一个供暖期内，为维持室内热湿环境所需要的，并由供暖设备系统提供的能量。供暖能耗由以下三部分组成：建筑物耗热量（建筑本身的能耗），即室内供暖设备供给的热量；为维持室内热环境，供暖设备及其系统在运行过程中以及在输送热媒过程中所消耗的能量，也称设备和管网的耗热量；各种余热、废热及自然能体引起的得热量。

建筑物耗热量只是建筑供暖能耗的一部分，为了降低供暖能耗，需从提高制热设备的运行效率、提高室外输热管网的输送效率以及降低建筑物耗热量等几个方面共同着手。但提高供暖设备及其管网的热效率是有一定限度的。因此，降低供暖能耗的根本途径是降低建筑物耗热量。

1）建筑物耗热量的组成：建筑物外围护结构的传热耗热量（70%～80%）在传耗热量所占的份额中：外墙占23%～34%，窗户占23%～25%，楼梯间隔墙占6%～11%，屋顶占7%～8%，阳台门下部占2%～3%，户门占2%～3%，地面占2%；通过门窗缝隙的空气渗透耗热量占20%～30%。

窗户的传热耗热量与空气渗透耗热量相加，约占全部耗热量的50%，窗户是耗热的薄弱环节，是建筑节能的重点部位，改善窗户的保温性能和加强窗户的气密性是建筑节能的关键措施。但是，加强窗户的气密性以减少空气渗透耗热量是以保证室内最低限度的换气次数为限度的。窗户过于密闭，会使室内空气质量达不到基本的卫生要求，还会使窗户的造价提高。

2）供暖设备和管网耗热量的组成：锅炉及其附属设备运行过程中消耗的热量和电能，一般只能将含能体所含热量的一部分（55%～70%）转化成有效热能（就是说锅炉的运行效率为0.55～0.77）；供暖设备系统中的室外管网输送热媒过程中消耗的热量。这些有效热能需要通过室外管网输送，沿途又将损失其中的10%～15%（就是说室外管网的输送效率为85%～90%）。剩余的有效热能供给建筑物，成为供暖供热量。

3）其他热量的组成：是住宅室内人体、家电设施等放出的热量；太阳辐射得热量。

（3）影响供暖居住建筑耗热量的因素

外部气候条件，主要指以气象为主的外部环境条件，如：温度、湿度、风速、日照等。外部条件属于自然因素，其状态仅与建筑物建设基地所在地区的地理条件有关，而不以人的意志为转移。

建筑物设计状况和构造状况，除建筑物的规划布置、朝向、间距和体型系数外，主要指外围护结构的热工性能状况，保温隔热性能、气密性能、通风性能、透湿性能、遮日照性能以及热容量等。

室内的生活和行为模式，家用电器的使

用情况。

(4) 供暖居住建筑节能设计的基本原理和途径

供暖居住建筑在冬季为了获得适于居住生活的室内温度，必须有持续稳定的得热途径。建筑物总的得热中，供暖供热设备的供热占大多数，其次才是太阳辐射得热和建筑室内得热。这些热量一部分会通过围护结构传热和门窗缝隙的空气渗透向室外散失。当建筑的总得热量与总失热量达到平衡时，室内温度才是稳定的。

因此，供暖居住建筑节能的基本原理是，最大限度地争取得热，最低限度地向外散热。具体可总结成下列几个方面：1) 通过有效的组团规划、单体设计，在朝向、间距、体形上保证建筑物接受太阳辐射面积最大；2) 减少建筑物的体形系数及外表面积，加强围护结构保温，以减少传热耗热量；3) 提高门窗的气密性，减少空气渗透耗热量，提高门窗保温性，减少其传热耗热量；4) 改善供暖供热系统的设计和运行管理，提高锅炉的运行效率，加强供热管线的保温，加强热网供热的调控能力。

(5) 供暖居住建筑耗热量指标的计算

1) 建筑物耗热量指标的计算

建筑物耗热量指标的定义：在供暖期室外平均温度的条件下，为保持室内计算温度，单位建筑面积在单位时间内所消耗的并由室内供暖设备提供的热量，其单位是 W/m^2。

计算方法：

$$q_H = q_{H \cdot T} + q_{INF} - q_{I \cdot H} \quad (7-2-1)$$

式中

q_H ——建筑物耗热量指标 (W/m^2)；

$q_{H \cdot T}$ ——单位建筑面积的通过建筑外围护结构的传热耗热量 (W/m^2)；

q_{INF} ——单位建筑面积的空气渗透耗热量 (W/m^2)；

$q_{I \cdot H}$ ——单位建筑面积的建筑物内部得热量。住宅建筑，取 $3.8W/m^2$。

$q_{H \cdot T}$ 的计算：

$$q_{H \cdot T} = (t_i - t_e)(\sum_{i=1}^{m} \varepsilon_i \cdot K_i \cdot F_i)/A_0 \quad (7-2-2)$$

式中

t_i ——平均室内计算温度，住宅取 $16^\circ C$；

t_e ——供暖期平均室外温度，按有关规定办法选定；

ε_i ——围护结构传热系数的修正系数，按《民用建筑节能设计标准》有关规定选取；

K_i ——围护结构的传热系数 $[W/(m^2 \cdot K)]$；

F_i ——围护结构的面积 (m^2)；

A_0 ——建筑面积 (m^2)。

q_{INF} 的计算：

$$q_{INF} = (t_i - t_e)(C_p \cdot \rho \cdot N \cdot V)/A_0 \quad (7-2-3)$$

C_p ——空气的比热容，取 $0.28J/(kg \cdot K)$；

ρ ——空气密度 (kg/m^3)；

N ——换气次数，住宅建筑取 0.5 次/h；

V ——换气体积 (m^3)，按《民用建筑节能设计标准》规定选取。

$q_{I \cdot H}$ 的计算：

按实测所得经验数据选取

$q_{I \cdot H} = 3.8W/m^2$

2) 供暖耗煤量指标计算

耗煤量的定义：供暖期室外平均温度条件下，为保持室内计算温度，单位建筑面积在一个供暖期内消耗的标准煤量 (kg/m^2)。

计算方法：

$$q_C = 24 \cdot Z \cdot q_H/(H_C \cdot \eta_1 \cdot \eta_2) \quad (7-2-4)$$

q_C ——耗煤量指标 (kg/m^2)；

q_H ——耗热量指标 (W/m^2)；

Z ——供暖天数 (d)，按《民用建筑节能设计标准》选取；

H_C ——标准煤热值 $8.14 \times 10^3 J/kg$；

$\eta_1 \cdot \eta_2$ ——室外管网运行效率和锅炉运行效率，分别取 0.85 和 0.55 (节能前)，0.90 和 0.68 (节能后)。

建筑耗热量指标允许值和供暖耗煤量指标允许值——$[q_H]$ 和 $[q_c]$，按《民用建筑节能设计标准》附录 2.1 规定数值选定。

供暖居住建筑节能控制：
① $q_H \leq [q_H]$
② $q_C \leq [q_C]$

7.2.2 夏热冬冷地区城镇居住建筑

我国夏热冬冷地区包括重庆、上海两个直辖市；湖北、湖南、安徽、浙江、江西五省；四川、贵州两省的东半部；江苏、河南两省的南半部；福建省北半部；陕西、甘肃两省南端；广西、广东两省北端等地区。此地区湿润多雨、夏热冬冷。

夏热冬冷地区城镇居住建筑的节能设计，涉及夏季隔热、冬季保温及过渡季节的除湿和自然通风等四个因素。因此在进行节能设计时，不同于北方供暖建筑只考虑单向稳态传热，并将围护结构的保温作为惟一的控制指标。进行围护结构热工设计应同时考虑冬、夏两季不同方向的热传递，以及在自然通风条件下建筑热湿过程的双向传递。因此，不能简单地采用降低围护结构的传热系数，增加保温材料厚度来达到节约建筑能耗的目的。

(1) 夏热冬冷地区建筑热过程特点

夏季建筑热过程为室外综合温度作用下一种非稳态传热。如图7-2、图7-3所示，夏季白天外围护结构受到太阳辐射被加热升温，向室内传递热量；夜间由于室外气温低于室内气温，围护结构向外散热，即存在着建筑围护结构内、外表面日夜交替变化方向的热过程，以及在自然通风条件下对围护结构的双向温度波作用。冬季建筑热过程则基本上是以通过外围护结构向室外传递热量为主的热过程，如图7-4所示。

影响建筑室内热环境的因素主要有室外气象参数（太阳辐射强度、室外空气温度、湿度、风速等）、内部得热量和产湿量、建筑空调和供暖系统的运行方式。因此，这一地区建筑节能设计的重点是解决夏季建筑的隔

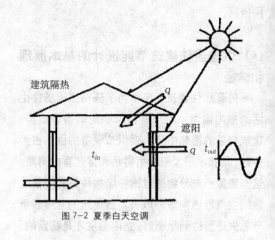

图7-2 夏季白天空调

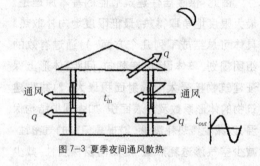

图7-3 夏季夜间通风散热

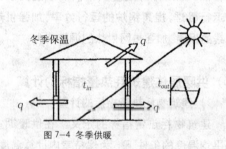

图7-4 冬季供暖

热，兼顾冬季保温。

建筑物围护结构热工设计除了满足夏季白天应具有良好的隔热性能（衰减值较大，延迟时间长）及夜间快速散热之外，还要求冬季具有良好的保温性能。同时还应了解这一地区空调运行方式以及自然通风与室外热作用之间的相互关系，这就使得建筑围护结构的热工设计和节能技术较之北方复杂和困难。

围护结构热工设计的主要内容，就是改善建筑热环境，减弱室外热作用对围护结构的影响，夏季使室外热量尽量少传入室内，而且希望室内热量在夜间室外温度下降后能

很快地散发出去，以免室内过热。冬季要求围护结构有良好的保温特性。

夏热冬冷地区过去一般采用内保温隔热或中间保温隔热技术，其主要原因是受保温材料和施工技术、造价等几方面因素的制约。保温隔热理论和技术是建立在房间供暖、空调以及自然通风条件基础之上的建筑热过程，围护结构构造形式所遵守的基本原则是具有一定的热阻、较大的衰减值和延迟时间、外围护结构外表面浅色处理、蓄热量大的结构层置于外层。

从隔热原理看，外围护结构夏季隔热基本理论是利用围护结构在太阳辐射条件下升温隔热和反射隔热两种基本方式。采用内保温隔热措施后，夏季在太阳辐射情况下，围护结构主体部分普遍被加热，使建筑物围护结构能够蓄存建筑室内不需要的大量热量，因此，应强化外围护结构的隔热，尤其是外墙外表面层的隔热、保温，提倡采用外隔热保温技术，尽可能实现室外热作用在围护结构外表面与建筑外部环境之间转化。国内目前正在大力开发外隔热保温新型复合墙体材料和外隔热保温材料技术，使建筑室内受室外温度波动影响小，且有利于保护主体结构，避免热（冷）桥的产生，其在节能改造上有许多优点，具有很好的应用前景。

在进行建筑隔热保温设计时，应根据该地区的气候特点、人们的生活习惯和要求，以及建筑的使用功能等情况，采取综合的隔热保温措施和节能设备系统，充分利用有利的气候因素而防止不利的气候因素，创造出良好的室内气候环境。

冬季建筑物的保温性能主要取决于外围护结构本身材料的热特性及围护结构内、外表面与室内外空气的换热状况。因此，应根据建筑所要求的节能指标、室内外温度和内表面允许的温度计算值来确定围护结构的热阻大小。围护结构热阻值越大，表明保温性能越好，通过围护结构向室外散失的热量越小，所以围护结构必须保证达到建筑节能所要求的传热系数限值。防止冷风渗入，加强窗的热工性能和气密性。

冬季建筑节能应注意以下几方面问题：

1）充分利用太阳能。冬季热工计算是以阴寒天气为准，不考虑太阳辐射作用，但这并不意味着太阳辐射对建筑保温没有影响。实际上，建筑师设计房屋时，总是要争取良好的朝向和适当的间距，以便尽可能得到充分的日照。入射到玻璃窗上的太阳辐射，直接供给室内一部分热量。入射到墙或屋顶上的太阳辐射，使围护结构温度升高，减少房间的热损失；同时，结构在白天蓄存的太阳辐射热，到夜间可以减缓结构温度的下降。

2）防止冷风的不利影响。风对室内气候的影响主要有两方面：一是通过门窗洞口或其他孔隙进入室内，形成冷风渗透；二是作用在围护结构外表面上，使对流换热系数变大，增大外表面的散热量。冷风渗透量越大，室温下降越多，外表面散热越多，房间的热损失就越多。因此，在保温设计时，应争取不使大面积外表面朝向冬季主导风向。

3）选择合理的建筑体型与平面形式。建筑的体型和平面形式对保温质量的保证和供暖能耗的降低有很大影响。建筑师在处理建筑体型与平面设计时，首先考虑的是功能要求，然而若因单纯考虑体型的造型艺术要求，致使外表面面积过大，曲折凹凸过多，则对建筑保温是很不利的。外表面面积越大，热损失越多，不规则的外围护结构，往往是保温的薄弱环节。因此，必须正确处理体型、平面形式与保温的关系，否则，不仅增加供暖费用，浪费能源，而且必然会影响围护结构的热工工况。

4）使房间具有良好的热特性与合理的供暖系统。房间的热特性应适合其使用性质，例如：全天使用的房间应有较大的热稳定性，以防室外温度下降或间断供暖时，室温波动太大。对于夏热冬冷地区采用间歇式供暖的建筑，要求在开始供热后，室温能较快地上升到所需的标准。当室外气温昼夜波动，特别是寒潮期间连续降温时，为使室内气候能维持所需的标准，除了房间（主要是外围护结构）应有一定的热稳定性之外，在供暖方式上也必须互相配合，采用节能的供暖系统。

夏季防热的基本措施：

减弱室外的热作用，合理地选择建筑的朝向和建筑群的布局，防止日晒。同时要绿化周围环境，以降低环境辐射和空气温度。对外围护结构的表面，应采用浅颜色，以减少对太阳辐射的吸收，从而减少进入围护结构的传热量。

在外围护结构的隔热和散热中，对屋面、外墙（特别是西墙）要进行隔热处理，并达到节能所要求的热工指标，尤其是高层住宅混凝土剪力墙结构。减少传进室内的热量和降低围护结构的内表面温度，要合理地选择外围护结构的材料和构造形式，最理想的是白天隔热好而夜间散热快的构造形式。

良好的自然通风是排除房间余热，改善室内热湿环境的主要途径之一。组织好房屋的自然通风，引风入室，能够带走室内的部分热量，并造成一定的风速，帮助人体散热。房屋朝向要力求接近夏季夜间主导风向；要合理选择建筑的布局形式，以及建筑的平面和剖面、房间开口位置和面积；采用各种通风构造措施等，设计要有利于房间的通风散热。

遮阳的作用是阻挡直射阳光从窗口进入室内，减少对人体的辐射，防止室内墙面、地面和家具表面被晒而导致室温升高。遮阳的方式是多种多样的，结合建筑构件处理（如出檐、雨篷、外廊等），采用临时性的篷布和活动的百叶，采用专门的遮阳板设施、固定遮阳措施，以及利用种植植被（种树或种植其他攀缘植物等）。

在我国南方的部分地区，在春夏之交的季节，由于气候受热带气团控制，湿空气吹向大陆且骤然增加。房间在开窗情况下，较湿的空气流过地面，当地面温度低于室内空气露点温度时，就会在地面上产生结露现象，俗称地面泛潮。我国长江中下游以南的夏热冬冷地区，在五、六月间的梅雨季节，会产生泛潮现象。为控制和防止地面的泛潮，要求室内空气湿度不宜过高，地表面温度不宜过低。因此，建筑要控制室内地面引起泛潮。传统民居中常用木地板、三合土和灰土等类材料作为地面，在潮霉季节，较为干燥，主要原因是这些材料的蓄热系数较小，可减少地表温度与气温间的差值，从而防止泛潮的产生。同样亦可采用地面做保温层，增加地板热阻提高地表面温度，或采用表面带微孔的吸湿耐磨材料，亦可控制泛潮。底层居室当地下水位高时，在地面的垫层上还要做防潮层处理。

(2) 围护结构内外隔热保温的热持性

外围护结构有无隔热保温措施，以及隔热保温层在内侧和外侧对建筑热过程影响很大，它直接影响建筑能耗的大小和室内热环境条件。从建筑热过程来分析，外隔热保温对减轻室内热负荷，防止外围护结构龟裂和内部结露都是有利的。对夏热冬冷地区，尤其是夏季气温日较差大，对于抵抗室外强烈的温度波衰减更为有利。在进行围护结构的热工设计时，如何处理好夏季隔热和冬季保温的关系，是这一地区改善室内热环境和节能的一个重要环节。恰当地选择围护结构构造措施，来满足外围护结构节能要求并达到合理与经济的隔热效果，一直是人们所关注的问题。

冬季保温构造形式和特点：保温层的位置，对结构及房间的使用质量、结构造价、施工、维持费用等各方面都有重大影响。对于建筑师来说，能否正确布置保温层，是检验其构造设计能力的重要标志之一。保温层在外围护结构的内侧，叫内保温；在外侧，叫外保温。过去，墙体多采用内保温，屋顶则多用外保温。近年来，由于保温材料技术的进步，墙体采用外保温的作法日渐增加。

外保温使墙或屋顶的主要部分受到保护，

大大降低温度应力的起伏，如图7-5所示，提高了结构的耐久性。图7-5(a)是保温层放在内侧，使其外侧的承重部分常年经受冬夏季的很大温差（可达70～80℃）的反复作用。如将保温层放在承重层外侧，如图7-5(b)所示，则承重结构所受温差作用大幅度下降，温度变形减小。此外，由于一般保温材料的线膨胀系数比钢筋混凝土小，所以外保温对减少防水层的破坏，也是有利的。

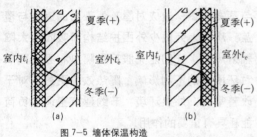

图7-5 墙体保温构造
(a) 内保温方式；(b) 外保温方式

由于承重层材料的热容量一般都远大于保温层，所以外保温对结构及房间的热稳定性有利。当供热不均匀时，承重层因有大量蓄存的热量，故可保证围护结构内表面温度不致急剧下降，从而使室温也不致很快下降。反过来说，在夏季，外保温也能靠位于内侧的热容量很大的承重层来调节温度。从而附在大热容量层外侧的外保温方法，可使房间冬季不太冷，夏季不太热。

但是，对于一天中只有短时间使用的供暖房间，因为是每次使用前临时供热而又要求室温迅速上升到所需的标准，不宜采用外保温措施。因为位于室内侧的承重层，在房间开始供热后，要吸收大量的热量，不仅预热负荷比内保温时大，且达到定温的时间也比内保温时长。对于这类间歇使用的供暖房间，内保温更为合理。

外保温对防止或减少保温层内部产生水蒸气凝结是十分有利的。外保温措施使热桥(thermal bridge)处的热损失减少，并能防止热桥表面局部结露。同样构造的热桥，在内外两种不同保温方式时，其热工性能是不同的。

既有建筑改造，特别是为了节约能源而加强既有建筑的保温性能时，外保温处理的效果最好。在基本上不影响住户生活的情况下，即可进行施工，并且采用外保温方法，不会占用室内的使用面积。

夏季隔热构造形式和特点：围护结构表面在太阳辐射条件下的升温速度和大小反映出围护结构的隔热功能，对于目前节能建筑所采用的隔热等轻质材料而言，外表面升温快，温度高，其隔热性能反而好，这是因为外表面温度高，必然向空气中散热量多，传入围护结构并透到室内的热量少的缘故，如图7-6所示。

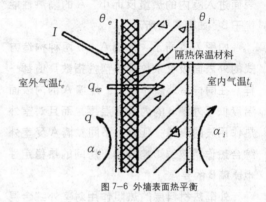

图7-6 外墙表面热平衡

围护结构外表面在太阳辐射作用下升温度和升温值，都能够反映出围护结构的隔热能力。夏季传入外围护结构并通过其传入室内的比热流量可用下式表示：

$$q_{es} = \rho_1 - \alpha_e(\theta_e - t_e) \quad (7-2-5)$$

式中 q_{es}——进入外表面的比热流量，W/m^2；

ρ_1——接受太阳辐射量部分，W/m^2；

θ_e——外表面温度，℃；

α_e——围护结构外表面换热系数，$W/(m^2 \cdot K)$；

t_e——室外气温，℃。

由式7-2-5对照图7-6可见，当ρ_1和t_e按照一定规律变化时，外围护结构的热阻值较大，外表面温度θ_e升得越高，由外表面向外通过辐射与对流散发的热量就越多，传

入外表面的热流 q_{es} 就越小，也就是隔热性能越好。

图7-7为两种节能屋面与节能外墙构造图，其中屋面的A和B都为外隔热方式。计算与实测结果表明：A、B两组节能屋面，在外表面对太阳辐射吸收系数基本相同的条件下，由于A的聚苯板导热系数$[0.05W/(m\cdot K)]$比B的加气混凝土的导热系数$[0.22W/(m\cdot K)]$小4倍以上，尽管A的厚度不及B的厚度的1/2，A的热阻$R=1.28m^2\cdot K/W$ 仍大于B的热阻$R=1.06m^2\cdot K/W$，因此，抵抗热流的能力也大，其外表面温度亦相应比B高，向外散发的热量就大。即外表面升温快、高，通过外表面进入室内的热量反而小，A的隔热性能优于B，如图7-8所示。

如图7-5所示，外墙A、B两种构造方式的外表面吸收系数及热惰性指数D值都一样，在同样室外热作用下，外墙A的内表面温度低于外墙B的内表面温度，而且对室外热作用波的衰减、延迟也不同。墙A受室外综合热作用波的影响较小，房间的热稳定性也比墙B的要强。

外隔热材料层的热阻作用对室外综合温度波首先进行衰减，使其后产生在重质材料层上内部温度分布低于内隔热方式的温度分布，加上外表面在升温过程中的吸收升温隔热机理，外隔热方式的围护结构所拥有的热量始终低于内隔热方式的围护结构，形成夜间向室内散热比内隔热方式要小，这对空调房间就更有利，如图7-9所示。

以上分析说明，围护结构外表面的隔热机理是反射降温隔热和吸收升温隔热。反射隔热是控制围护结构外表吸收太阳辐射热（如表面浅色处理），使入射到被加热表面上的日辐射能量减少，降低外表面的温度，从而使加热表面传入表面内的热流的峰值降低而且延迟，达到隔热的目的。吸收隔热是借助于热绝缘材料的蓄热系数与导热系数小、热阻大，使外表面升温快而加强向室外对流辐射热交换散热来减少向围护结构内部的传热。这种热过程机理会使进入外表面的热流初相角提前，也是轻质热绝缘材料的隔热特点。同样，吸收升温隔热方式的缺点是提高了建筑环境的温度，对建筑小区的夏季气候环境会产生不利影响。同时，由于断面上的温度变化较大，围护结构外表面可能会产生温度应力所引起的破坏。

绿化遮阳隔热与屋盖蓄水隔热是由植被或蓄水层吸收太阳辐射，通过植被或水储热与蒸发散热，造成对屋盖外表面的遮蔽与覆盖，从而大大减少外围护结构所吸收的太阳辐射热量。它们能克服反射隔热和吸收隔热对环境等的不利影响，隔热效果更好，对于改善室内、外热环境，节约建筑空调冷负荷能耗具有重要的作用。

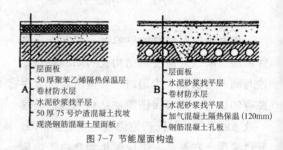

图7-7 节能屋面构造

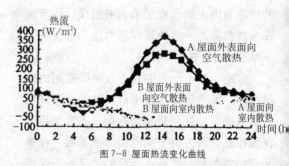

图7-8 屋面热流变化曲线

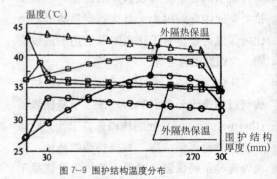

图7-9 围护结构温度分布

(3) 室外综合温度

建筑围护结构的外表面除与室外空气产生热交换外，还受到太阳辐射的作用，其中太阳辐射包括太阳直接辐射、天空散射辐射、地面反射辐射以及地表和大气长波辐射。为了计算方便，我们把围护结构外表面与室外空气之间的对流换热和受太阳辐射热两者的共同作用综合成一个室外气象参数，这个假象的参数称为"室外空气综合温度"。可以得出围护结构外表面热平衡方程为：

$$q = \alpha_e(t_a - t_e) + \rho_s I \quad (7-2-6)$$

式中 q ——围护结构外表面换热量，W/m^2；

α_e ——外表面换热系数，取 $19.0 W/(m^2 \cdot K)$；

t_a ——围护结构外表面温度，℃；

t_e ——室外空气温度，℃；

ρ_s ——围护结构外表面对太阳辐射热的吸收系数；

I ——太阳辐射强度，W/m^2。

将上式简化为：

$$q = \alpha_a(t_{sa} - t_e) \quad (7-2-7)$$

式中 α_a 为围护结构外表面总换热系数，$W/(m^2 \cdot K)$，t_{sa} 为室外综合温度，其计算公式为：

$$t_{sa} = t_a + \frac{\rho_s I}{\alpha_e} \quad (7-2-8)$$

在式(7-2-8)中的 $\frac{\rho_s I}{\alpha_e}$ 值又叫太阳辐射的"等效温度"或"当量温度"，用 t_{eq} 表示。

图7-10是对武汉市某建筑平屋顶夏季实测的气象资料，按式（7-2-8）计算得到一天的综合温度波曲线。从图中可见，太阳辐射所产生的当量温度是相当大的。而气温对建筑围护结构各个朝向的影响是相同的。但太阳辐射对各个朝向的影响差别很大，同时又因为围护结构外表面材料和颜色以及室外风速等的差异，所以各朝向的室外综合温度也就不相同。从图中可见，平屋顶的室外综合温度最大，其次是西墙。这表明在夏热冬冷地区，除了特别着重考虑屋顶的隔热之外，还应重视对围护结构东、西墙的隔热。

室外综合温度平均值应按下式计算：

$$\bar{t}_{sa} = \frac{\bar{t}_e + \rho \bar{I}}{\alpha_e} \quad (7-2-9)$$

式中 $\bar{t}_{sa}$ ——室外综合温度平均值，℃；

$\bar{t}_e$ ——室外空气温度平均值，℃；

$\bar{I}$ ——水平或垂直面上太阳辐射照度平均值，W/m^2；

α_e ——外表面换热系数，取 $19.0 W/(m^2 \cdot K)$。

7.2.3 夏热冬暖地区城镇居住建筑

夏热冬暖地区位于我国南部，包括海南全境，广东大部，广西大部，福建南部，云南小部分，以及香港、澳门与台湾。该地区夏季漫长，冬季寒冷时间很短，甚至几乎没有冬季，长年气温高且湿度大，太阳辐射强烈，雨量充沛。以一月份的平均气温11.5℃的等温线为分界线，将夏热冬暖地区进一步细分为北区和南区，等温线的北部为北区，区内建筑要兼顾冬季供暖。南部为南区，区内建筑可不考虑冬季供暖。

(1) 建筑节能设计计算指标

居住建筑要实现节能，必须在保持室内热舒适环境的前提下进行。室内热环境质量的指标体系包括温度、湿度、风速、壁面温度等。《夏热冬暖地区居住建筑节能设计标准》规定了温度指标和换气次数指标。居住空间夏季设计计算温度为26℃，北区冬季居住空

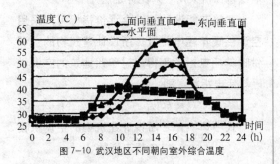

图7-10 武汉地区不同朝向室外综合温度

间设计计算温度规定为16℃。换气次数取1小时1次。

(2) 建筑热工节能设计

居住区的总体规划和居住建筑的平面、立面设计应有利于自然通风。居住建筑物的朝向宜采用南北向或接近南北向。北区内单元式、通廊式住宅的体形系数不宜超过0.35，塔式(或点式)住宅的体形系数不宜超过0.40。外窗的面积不应过大，各朝向窗墙面积比应符合规定。天窗面积不应大于屋顶总面积的4%，其传热系数K不应大于$4.0W/(m^2·K)$，天窗本身的遮阳系数SC不应大于0.5。屋顶和外墙的传热系数和热惰性指标应符合《夏热冬暖地区居住建筑节能设计标准》的规定。北区，建筑外遮阳系数取冬季建筑外遮阳系数SD_H和夏季建筑外遮阳系数SD_C的平均值；南区应取夏季的建筑外遮阳系数SD_C。外窗(包括阳台门)的可开启面积不应小于所在房间地面面积的8%；或者外窗的可开启面积不应小于外窗面积的45%。居住建筑1～9层的外窗的气密性应满足规定。

屋顶和外墙宜采用以下节能措施：浅色饰面（如浅色粉刷、涂层和面砖等）；屋顶内设置贴铝箔的封闭空气间层；用含水多孔材料做屋面层；屋顶蓄水；屋顶遮阳；屋顶有土或无土种植；东、西外墙采用花格构件或爬藤植物遮阳。

(3) 建筑节能设计的综合评价

如果所设计的建筑不能完全符合上述规定时，则应对其节能设计进行综合评价。节能综合评价采用"对比评定法"。

建筑节能设计的综合评价指标可以采用空调供暖年耗电指数，所设计建筑物的空调供暖年耗电指数不得超过参照建筑的空调供暖年耗电指数，即：

$$ECF \leqslant ECF_{ref} \qquad (7-2-10)$$

式中 ECF ——所设计建筑物的空调供暖年耗电指数；

ECF_{ref} ——参照建筑的空调供暖年耗电指数。

建筑物节能设计的综合评价指标也可直接采用空调供暖年耗电量，在相同的计算条件下，采用相同的计算方法，所设计建筑物的空调供暖年耗电量不得超过参照建筑的空调供暖年耗电量，即：

$$EC \leqslant EC_{ref} \qquad (7-2-11)$$

式中 EC ——所设计建筑物的空调供暖年耗电量$(kWh/(m^2·y))$；

EC_{ref} ——参照建筑的空调供暖年耗电量$(kWh/(m^2·y))$。

建筑物的空调供暖年耗电量EC应采用动态逐时模拟的方法计算。空调供暖年耗电量应为计算所得到的单位建筑面积空调年耗电量与供暖年耗电量之和。建筑物的空调供暖年耗电量指数ECF采用《夏热冬暖地区居住建筑节能设计标准》中的方法计算。

7.2.4 DOE-2程序分析计算建筑能耗

建筑物的传热过程是一个动态过程，建筑物得热或失热是时刻随着室内外气候条件的变化而变化的。夏热冬冷地区用静态设计方法会引起一些比较大的误差。因此，该地区建筑节能性能设计过程中采用动态的方法计算分析建筑能耗及影响其大小的因素。

美国能源部开发的DOE-2程序采用动态方法计算分析建筑能耗。该地区节能设计标准编制中以它作计算分析，也可用于建筑节能设计。

(1) DOE-2程序的基本情况

该程序是在美国能源部的财政支持下，由劳伦斯伯克利国家实验室（Lawrence Berkeley National Laboratory）等单位的模拟研究小组开发的，供建筑设计者和研究人员使用的计算机软件。DOE-2采用FORTRAN语言编写，20世纪70年代末投入运行，目前的版本是 2.1E，可以在微机上运行。

DOE-2 可以预测全年 8760h 建筑物逐时的室内热环境参数和能耗，要求使用者提供：建筑物所在地的 8760h 的气象资料（干、湿球温度，太阳辐射等）；建筑物本身的详细描述；建筑物内部人员、照明、电器以及其他与内部负荷有关的设备的情况；建筑物所用的 HVAC 设备和系统的详细描述；其他相关参数。即应有四个输入模块：气象数据、用户数据、材料数据库和构造数据库。

(2) 用 DOE-2 分析不同建筑的能耗情况

居住建筑的形式是多种多样的，建筑外形等方面的不同会在多大程度上造成建筑能耗的不同，这是一个需要搞清楚的问题。利用 DOE-2 可将一栋实实在在的建筑分别放到各个城市进行分析计算。

在计算中从对称的原理出发，可将有些建筑"截"去一部分，使计算方便而不影响分析结果。计算时设定室内温度常年处于18°C和26°C之间，即当室内温度低于18°C或高于26°C时供暖和空调设备就会运行。这比按室外气温决定空调供暖设备的运行更科学合理。

(3) 用 DOE-2 分析建筑围护结构对建筑能耗的影响

分析建筑围护结构的热工性能对建筑能耗的影响，对性能设计中如何合理确定建筑围护结构的传热系数和热惰性，进而确定材料和构造是很重要的。

建筑的体型系数、窗墙比、户均使用面积、窗户的遮阳措施等要在进行建筑描述前先初定下来，再分别调整墙的构造、窗的构造、屋顶的构造，看看建筑能耗对哪个因素反映最敏感，从最敏感的因素着手降低建筑能耗，使其符合性能指标要求。

(4) 使用 DOE-2 还存在的问题及解决的方法

住宅建筑越来越市场化、商品化，所谓典型的建筑会越来越少，而性能达标的建筑会越来越多，这就意味着越来越多的建筑要进行能耗计算。性能达标的途径，可以用冷负荷计算法来完成计算，如果没有计算程序，实际上很难完成。DOE-2 程序计算很快，但气象数据和建筑物的描述两个问题需要解决。

气象数据需要 8760h 的数据，且是许多年的数据的一种统计结果。短期内要求各个城市有这一数据不现实。可采用推断的方法，将建筑放在附近有气象数据的城市计算能耗。因为供暖能耗和空调能耗限值与度日数呈线性关系，且多例计算结果表明满足基本要求。但要优化节能设计，必须用当地的气象数据进行分析。

建筑物描述的输入部分很复杂，出了错误既不易发现也不易改正。需要开发一个 WINDOWS 系统下标准形式的界面，避免用户直接与 DOE-2 程序的文本输入打交道。

7.3 节能建筑构造

7.3.1 墙体节能

墙体具有分隔围护的作用，尤其是外墙，它直接受到大气温度和湿度、光、风、雨、雪等气候条件的影响，对室内热环境的影响非常大。

从墙体抵御外部气候条件的功能看，可以分为墙体保温和墙体隔热两种情况，墙体保温因构造的不同可以分为很多种情况。本节主要介绍复合墙体的保温节能措施。

(1) 复合墙体保温的分类及特点

据保温层位置的不同，复合墙体保温的类型可以分为以下几种类型：外墙外保温，是在墙体外侧（室外一侧）增加保温措施；外墙内保温，是在墙体内侧（室内一侧）增加保温措施；夹芯保温，是在两层密实结构层的中间增加保温措施。

采用外墙外保温的总体效果更加良好。

内保温与外保温对比如下（表7-1）：

混凝土外墙或砖砌外墙内保温与外保温措施的对比 表7-1

对比内容	外墙内保温	外墙外保温
保温部位	外墙内侧，在室内	外墙外侧，在室外
节点局部处理	较困难，易产生"热桥"，局部热损失大	较少出现"热桥"，局部热损失小
暖气、电器安装	较难处理	容易
室温波动变化	室内墙面为轻质材料，蓄热性能较差，夏季室内有"烧烤"感	室内墙面为重质材料，蓄热性能和热稳定性较好，夏季室内无"烧烤"感
对室内面积影响	减少室内使用面积	不会减少室内使用面积
适用条件	适宜新建民用建筑	适宜新建和既有民用建筑
工程费用	工程造价较低，施工工艺较为简单	工程造价较高，施工工艺较为复杂，技术要求较为严格

(2) 外墙外保温构造

聚苯板系列保温构造包含EPS（膨胀聚苯板薄抹灰）；XPS（挤塑聚苯板）；聚苯板与墙体一次浇注成型等几类。

1) EPS——膨胀聚苯板薄抹灰外保温系统基本构造（图7-11）的层次依次为①饰面层（各种涂料）；②薄抹灰，采用聚合物抹面胶浆，有水泥或其他无机胶凝材料、高分子聚合物和填料等组合，其具有较好的抗裂性能；③阻燃型膨胀聚苯板，密度为18～22kg/m³，导热系数小于0.041W/(m·K)以点粘或条粘的方法固定在基层墙面上；④粘结层，胶粘剂；⑤各种墙体及混凝土墙体。它适用于新建建筑和既有建筑节能改造的外墙外保温，也可用于防火要求不高的外墙内保温、屋面内保温及阳台的内外保温等。

2) XPS——挤塑聚苯板外保温系统外墙构造（图7-12）的层次依次为：①饰面层（各种涂料）；②薄抹灰，采用聚合物抹面胶浆，由水泥或其他无机胶凝材料、高分子聚合物和填料等组合，其具有较好的抗裂性能；③XPS材料，一种是南京欧文斯科宁有限公司的FM福满乐板，一种是美国陶氏公司生产的舒泰龙板。导热系数约为：25℃时0.028W/(m·K)，10℃时0.026W/(m·K)；④粘结层，胶粘剂；⑤各种墙体及混凝土墙体。它可用于各种形式的低层及多层建筑的外墙，适用于建筑物内、外墙保温隔热，同时亦可应用于低温冷库、冷藏库等场所，并具有极佳的结构承重效果。

3) 聚苯板与墙体一次浇注成型是在混凝

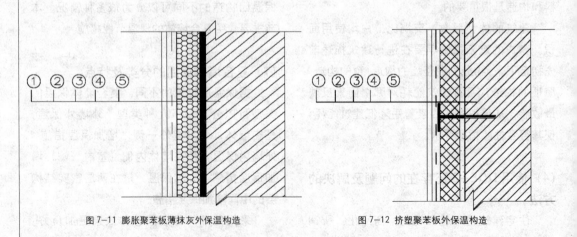

图7-11 膨胀聚苯板薄抹灰外保温构造　　　图7-12 挤塑聚苯板外保温构造

土框—剪、剪力墙体系中将聚苯板内置于建筑模板内（在即将浇注的墙体外侧），然后浇注混凝土，混凝土与聚苯板一次浇注成型为复合墙体（图7-13）。

此外，还有 ZL——胶粉聚苯颗粒外保温系统构造和 MD 复合墙体保温材料保温构造等。图7-14、图7-15、图7-16 为几例实际工程外墙外保温特殊部位的构造原理图。

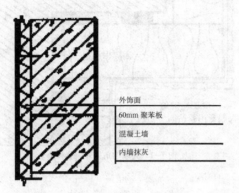

图7-13 聚苯板与墙体一次浇注成型构造图

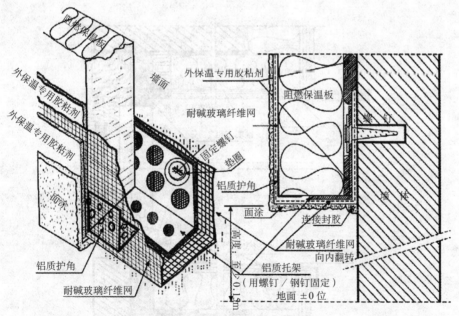

图7-14 外墙外保温系统底部构造

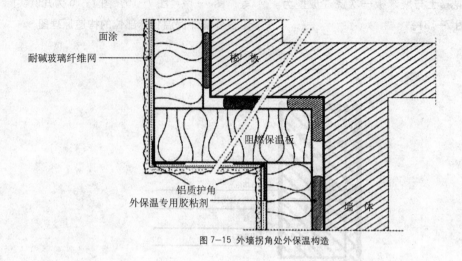

图 7-15 外墙拐角处外保温构造

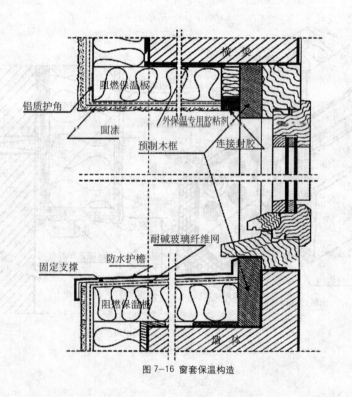

图 7-16 窗套保温构造

(3) 外墙内保温构造

建筑外墙内保温是另一种常见的保温方式，它是将保温层设在墙体内侧，施工操作方便，可以保证施工进度。其对材料性能和施工技术的要求不像外保温那么高，造价较低。内保温表面材料选择的自由度大，在建筑防火上也较为有利，而且内保温做法的应用时间较长，技术成熟，施工技术及检验标准也比较完善。其缺点是，处理冷、热桥比较困难，保温的材料做法占一定的室内面积，对室内装修也不利，不便于对既有建筑的节能改造。而墙面外侧要承受昼夜和四季温差的变化，会产生与内墙面不同的温度变形量。因而，从长远的观点看，内保温只能是某个地区过渡性的措施，在寒冷地区特别是严寒地区应予以逐步淘汰。而在夏热冬冷地区，由于室内外温差较小，墙体内外表面的温度变形差异相对小，这一问题不是很严重。

典型外墙内保温的构造层次及其特点如图7-17所示，其构造层次依次为：①基层墙体；②水泥砂浆找平层；③粘结层；④硬质保温板制品；⑤护面层。外墙内保温的构造做法与外保温基本相同，材料也有类似的地方，只是保温层的位置不同而已。

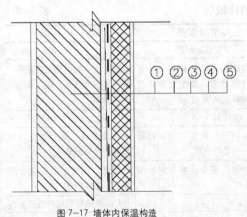

图7-17 墙体内保温构造

目前，被大面积推广的内保温技术有：增强石膏复合聚苯保温板、聚合物砂浆复合聚苯保温板、增强水泥复合聚苯保温板、内墙贴聚苯板抹粉刷石膏以及抹聚苯颗粒保温料浆加抗裂砂浆压入网格布的做法。

(4) 外墙的夹芯保温

PZX复合墙体（膨胀珍珠岩保温芯板墙体），是内用240mm砌体做承重墙，不吸水膨胀珍珠岩保温芯板做保温层，外砌120mm墙，不仅使节能住宅的墙体有了理想的保温材料，而且又解决了由内贴或外贴保温层的复合墙体所带来的墙面抹灰出现裂缝的困扰，其构造如图7-18所示。它抗震性能好，主体结构整体性强，构造柱混凝土均浇筑在240mm墙内，且包围在保温层及外砌120mm墙里，不存在热桥现象，具有改善建筑保温而造价增加不多的特点。保温混凝土夹芯墙体系是由四个部分组成：混凝土结构内墙，XPS保温板，混凝土外装饰墙体，外墙的低导热性连接件（图7-19）。它耐久性好，防火性能好，施工方便，且能明显改善墙体的保温性能。

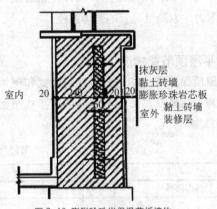

图7-18 膨胀珍珠岩保温芯板墙体

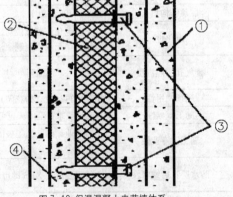

图7-19 保温混凝土夹芯墙体系
1—现浇混凝土；2—挤塑泡沫板；
3—连接件；4—现浇混凝土

(5) 双层通风幕墙

双层通风幕墙构造对提高幕墙的保温、隔热、隔声功能起很大的作用。由内、外两道幕墙组成，内层幕墙一般采用明框幕墙，有活动窗或检修门，便于维护、清洁，外层幕墙可采用有框幕墙或点支玻璃幕墙。

内外幕墙之间形成一个相对封闭的通风换气层，空气可以从下部进风口进入，又从上部排风口排出（图7-20）。这一空间经常处于空气流动状态，称之为热通道，热量在这个空间内流动。因此，双层通风幕墙又称热通道幕墙或呼吸式幕墙。

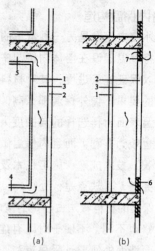

图7-20 双层通风幕墙示意
(a) 封闭式内通风体系；(b) 开敞式外通风体系
1—内幕墙；2—外幕墙；3—热通道；4—进风道；5—排风道；6—进风口；7—排风口

7.3.2 屋顶节能构造

屋顶在整个外围护结构中所占的比例较小，通过它的热量损失也相对较少，但节能效益不容忽视，所以应充分发挥建筑屋顶节能的潜力，以降低建筑的整体能耗。

(1) 平屋顶节能构造

屋顶保温层的构造方式有正置式和倒置式两种，倒置式屋面是与传统的正置式屋面相对而言的。就是将传统正置式屋面构造中的保温层与防水层颠倒，把保温层放在防水层的上面，即所谓"倒置"。在可能条件下应优先采用倒置式保温，并应在保温层上面设置保护层。倒置式屋面与普通正置式保温屋面的比较见下表（表7-2）。倒置式保温材料可采用挤塑聚苯板、泡沫玻璃保温板

节能屋面优劣比较表　　　表7-2

性能与工法	USD屋面（XPS）	BUR屋面	水泥珍珠岩屋面
保温隔热性	极佳	视选用材料	高厚度才能达到XPS的标准
施工方便性	施工简单、质轻易搬、易切割、施工期短、成本降低	需考虑防水层的施工与防水材料的选用，要配合绝热材增加施工麻烦	施工困难、搬运慢且需要做隔气层与排汽孔，施工期长，成本增加
屋顶结构负荷	极小（40kg/m³）	视选用材料	极大（400kg/m³）
老化性	几乎不老化，可以说与建筑物同寿，无翻修问题	防水层一旦破裂，绝热材可能也会老化分解	一旦受潮就开始有老化分解现象，需要翻修
排气孔、隔汽层	不需要	某些情况需要，如室内是潮湿环境	一旦受潮就开始有老化分解现象，需要翻修
屋顶使用性	屋顶可再利用（如花园）	高	因有隔汽层再利用性低且不便
施工气候性	无特别要求甚至雨天也可施工	需晴天	需好天气
施工队专业性	不需专业训练，施工极简易，人人都会	因在防水层下方先选用材料决定施工难易	施工人员需训练过
防水层日后维修性	方便只要移开XPS即可	一旦修补可能连绝热层都一起损伤	不易

注：USD工法——将绝热层放在防水层上方的工法。
BUR工法——将绝热层放在防水层下方的传统工法。
XPS——挤塑式聚苯乙烯保温板。

等。正置式保温材料可采用膨胀聚苯板、挤塑聚苯板、硬泡聚氨酯、石膏玻璃棉板、水泥聚苯板、泡沫玻璃保温板等。两种保温方式的平屋顶均可在屋面顶端设置架空通风隔热层或安排屋顶绿化，以提高屋顶的通风和隔热效果，架空通风隔热板屋顶的应用较为普遍。

我国"城市热岛"现象越来越严重。屋面绿化可以大幅度降低建筑能耗、减少温室气体的排放，同时可增加城市绿地面积、美化城市、改善城市气候环境。屋顶花园（绿化）从造园手法运用上，可运用一般的园林造园构景手法，创造优美的绿色环境；同时，亦受到所处居高临下，场地狭小，四周围绕建筑墙壁所限。种植屋面的设计要点有：1）种植介质应尽量选用谷壳、膨胀蛭石等轻质材料，以减轻屋顶自重；2）屋顶四周设栏杆或女儿墙作为安全防护措施，保证上屋顶人员的安全；3）挡墙下部设排水孔和过水网，过水网可采用堆积的砾石，它能保证水通过而种植介质不流失。

种植隔热是在平屋顶上种植植物，借助栽培介质隔热及植物吸收阳光进行光合作用和遮挡阳光的三重功效来达到降温隔热目的的。一般种植屋面的基本构造层次自上而下为：植土、聚酯毡滤水层、陶粒排水层、40mm厚细石混凝土（配筋）保护层、隔离层、防水层（改性沥青自粘卷材、聚氨酯涂膜）、砂浆找平层、保温层（块材铺贴或挤浆座砌）、找平层、找坡层、结构基层，共计11层。常用屋面绿化施工程序如图7-21所示，种植屋面的坡度宜为3%，以利排除多余的水。

夏季绿化屋面与普通隔热屋面比较，其表面温度平均要低6.3℃，绿化屋面下的室内温度要低2.6℃，隔热效果显著，可以节省大量空调用电量。同时，建筑屋顶绿化可明显降低建筑物周围环境温度0.5℃～4.0℃，而建筑物周围环境的温度每降低1℃，建筑物内部空调的容量可降低6%，对低层大面积的建筑物，夏季从屋面进入室内的热量占总围护结构得热量的70%以上，绿化的屋面外表面最高温度比普通屋面（可达60℃以上）低20℃以上。而且城市中心地区热气流上升时，能得到绿化地带比较凉爽空气流的自然补充，以调节城市气候。种植屋面的保温效果也十分明显，不论在北方或南方都有保温作用，其保温效果随土层厚度的增加而增加。特别是在干旱地区，入冬后草木枯死，土壤干燥，保温性能更佳。种植屋顶有很好的热惰性，不随大气气温的骤然升高或骤然下降而大幅波动。

蓄水屋面就是在刚性防水屋面上蓄一层水，利用水蒸发时带走大量水层中的热量，大量消耗屋面的太阳辐射热，有效减弱屋面的传热量和降低屋面温度，是改善屋面热工性能的有效途径。但是，要设计一个隔热性能好、又节能的蓄水屋面，必须对它的传热特性进行动态分析和计算，以确定蓄水的深度。蓄水屋面有普通蓄水和深蓄水屋面之分，普通蓄水屋面需定期向屋顶供水，以维持一

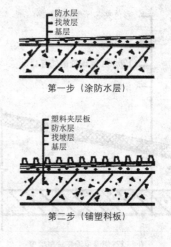

第一步（涂防水层）

第二步（铺塑料板）

第三步（铺土工布和复土种植）

图7-21 屋面绿化施工程序

定的水面高度；深蓄水屋面则可利用降雨量来补偿水面的蒸发，基本上不需要人工供水。华中地区由于夏天天气炎热，日平均蒸发量在 9mm 左右，一般水深 400mm 较适宜。蓄水深度超过一定程度则降温效果不明显，且蓄水过深，使屋面静荷载增加，将会增加结构设计难度。

(2) 坡屋顶节能构造

坡屋顶的保温层一般布置在坡屋顶里或顶棚上面。保温材料可根据工程具体要求选用松散材料、块状材料或板状材料。从冬季坡屋顶传热、耗热的角度考虑，保温材料布置在坡屋顶里或顶棚上面，其作用基本是一样的，但对阁楼内的空气温度影响较大。保温材料设在坡屋顶里（图 7-22），阁楼内空气温度接近室内温度；保温材料设在顶棚上面时（图 7-23），阁楼内的温度接近室外温度，冬季时温度太低，夏季时温度又太高，因此，建议把保温层设置在坡屋顶里。

保温层设在坡屋顶里有内保温和外保温两种做法。对于钢筋混凝土斜坡屋顶，把保温材料直接贴在屋顶板的下侧，即采用内保温的做法，混凝土两表面的温度变化很大，导致产生较大的热应力而使混凝土发生龟裂，建议把保温层设在钢筋混凝土斜坡屋顶的上侧，即采用外保温的做法。对于压型钢板斜坡顶下设钢筋混凝土水平顶棚板的做法，采用钢板下粘贴保温材料的做法不利于施工，建议采用夹芯保温钢板做斜坡顶。

炎热地区在坡屋顶中设进气口和排气口，组织空气对流，形成屋顶内的自然通风，达到隔热降温的目的。进气口一般设在檐墙上、屋檐部位或室内顶棚上；出气口最好设在屋脊处，以增大高差，有利加速空气流通（图 7-24）。

浅色坡屋面也是降低建筑总能耗的一个选择。在太阳辐射最强的中午时间，非金属浅

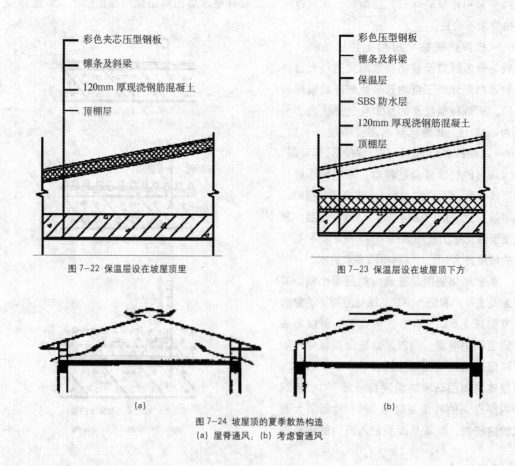

图 7-22 保温层设在坡屋顶里

图 7-23 保温层设在坡屋顶下方

图 7-24 坡屋顶的夏季散热构造
(a) 屋脊通风；(b) 考虑窗通风

暗色的坡屋面至少能反射65%的太阳光线，反射率高的屋面大约可以节省20%～30%的能源消耗。据美国环境保护署（EPA）和弗罗里达太阳能中心（Florida Solar Energy Center）的研究表明，使用聚氯乙烯膜或其他单层材料制成的反光屋面，能减少至少50%的空调能源消耗。在夏季减少10%～15%的能源消耗。

7.3.3 门窗节能构造

在建筑围护结构中，门窗的绝热性能最差。就我国目前典型的围护部件而言（见表7-3），门窗的能耗约为墙体的4倍、屋面的5倍、地面的20多倍，约占建筑围护结构部件总能耗的40%～50%，据统计，在供暖或使用空调的条件下，冬季单玻窗所损失的热量约占供热负荷的30%～50%，夏季因太阳辐射热透过单玻璃窗射入室内而消耗的冷量约占空调负荷的20%～30%。从建筑节能的角度看，建筑外窗一方面是能耗大的构件，另一方面它也可能成为得热构件，即通过太阳光透射入室内而获得太阳热能，因此，应该根据当地的建筑气候条件、功能要求以及其他围护部件的情况等因素来选择适当的门窗材料、窗型和相应的节能技术才能取得良好的节能效果。

我国目前典型围护结构的传热系数　　　　表 7-3

部件名称	构造形式	传热系数 $K[W/(m^2 \cdot K)]$
外墙	黏土、页岩实心砖 240mm	1.95
	黏土、页岩实心砖 370mm	1.57
屋面	混凝土通风屋面	1.45
外窗	单玻金属窗	6.40
地面	土壤	0.30
门	金属门	6.40
	木门	2.70

在建筑节能上，窗户是围护结构中的薄弱环节，应从增加传热阻，减少空气渗透量，控制窗墙比及窗型设计等方面来提高窗户的保温隔热性能，同时，不能忽视窗户的其他性能（包括它的经济性）来选择适宜的节能技术措施。

由表7-4可以看出，吸热玻璃和热反射玻璃的导热系数与普通玻璃的导热系数是基本相同的（表中所示导热系数的差异是由被测玻璃试样的厚度规格不同而引起的）。中空玻璃的导热系数比上述三种玻璃的导热系数低1倍左右，阻热性能显著提高。这是由于增加了空气间隔层的原因。

主要玻璃品种的导热系数　　　　表 7-4

玻璃品种	普通平板玻璃	蓝色吸热玻璃	热反射玻璃	中空玻璃		
				普通双层中空玻璃	蓝色吸热双层中空玻璃	单面膜热反射中空玻璃
导热系数 W/(m·K)	5.99～6.84	6.16	6.35～6.69	3.49	3.49	3.37

注：中空玻璃构造为 5 + A6 + 5 (mm)。

双玻窗的空气间层的传热过程是导热、对流和辐射三种传热方式综合作用的结果。在普通双玻组成的空气间层中，传热以热辐射为主，空气间层的薄厚与传热系数的高低存在着一定的规律性。在相同的材质和构造中，一般空气间层越大，传热系数越小，保温节能效果越好。但是空气间层厚度达到一定程度，传热系数的下降幅度就很小了，超过20mm厚的空气间层厚度效果并不明显。利用空气间层的作用将窗户做成双层窗、单框双玻窗或中空玻璃窗（图7-25）。单框双玻窗与双层窗和普通中空玻璃窗的热阻性能比较接近，选用单框双玻窗较为经济。

图7-25 带断热桥窗框及中空玻璃构造

从窗框料的角度来讲，加强窗户框料的阻热性能，增加其传热阻，可能对窗的节能效果产生影响的因素主要有两个，一是窗框材料的导热系数；二是窗框材料中的隔热腔室的体积与数量。从表7-5和表7-6可看出，尽管铝合金与PVC塑料的导热系数相差1270倍，但这并不代表其做窗框时会有如此大的差别。型材的阻热性能还取决于型腔断面的设计。目前型腔断面种类最多的是PVC型材，通常可分为单腔、双腔和三腔，断面形状如图7-26所示。比较其阻热性能，三腔结构最好，主要适合我国三北地区，但模具设计较为复杂，成本较高；双腔结构，较为经济实用，与单层玻璃匹配最为合理，适合于夏热冬冷地区。单腔结构应限制使用，因为这种型腔不利于节能和安装五金件，尤其对于有增强钢筋的窗，使钢衬和排水腔合一，钢衬极易锈蚀。此外，中空型腔有利于提高窗户的隔声性能。

常用窗框材料的导热系数 [W/(m·K)]   表7-5

玻璃	钢材	铝合金	PVC	PA	松木	玻璃钢
0.76	58.2	203	0.16	0.23	0.17	0.52

窗框部分的传热系数 [W/(m²·K)]   表7-6

普通铝合金框	断热型铝合金框	PVC塑料框	木框
6.21	3.72	1.91	2.37

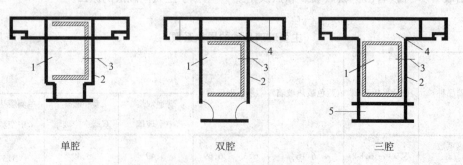

图7-26 三种不同型腔断面
1—主腔；2—加强筋；3—自攻螺钉；4—排水腔；5—隔热腔

改善窗的气密性是十分必要的,窗的气密性差时,通过窗的缝隙渗透入室内的冷空气量加大,供暖耗热也随之增加。一般多层砖房因冷风渗透消耗的热量可达到供暖耗热总量的25%～30%。加强窗户的气密性的措施有:通过提高窗用型材的规格尺寸、准确度、尺寸稳定性和组装的精确度以增加开启缝隙部位的搭接量,减小开启缝的宽度;采用气密条,改进密封方法,并注意各种密封材料和密封方法的互相配合;确定窗的气密等级。

窗墙面积比是指窗洞面积与房间立面单元面积(即建筑物层高和开间定位线围成的面积)的比值。单纯从节约建筑能耗来讲,应尽量减小开窗面积。但窗墙面积比值太小,会影响窗户的正常采光,并存在利用太阳能等问题。所以,从节能出发,结合窗户多种性能的要求,考虑不同朝向的窗户所获得的太阳辐射热不同。住宅窗户(包括阳台门上部透明部分)面积不宜过大,北、东、西向窗墙比应小些,南向可大些。在无空调的建筑中,不同朝向的窗墙面积比可取:北向0.25;东、西向0.3;南向0.35。在有空调的建筑中,单框单玻窗平均窗墙比不宜超过0.3,双玻窗不宜超过0.4。

常用的窗型有外平开窗、左右推拉、固定窗、亮窗、上下悬窗,还有内开下悬翻转窗、上下提拉窗等等。在我国,推拉窗和平开窗产量最大,左右推拉窗使用量较多,但开启面积只有1/2,不利于通风,在南方地区这是最大的缺陷。平开窗通风面积大,气密性较好,应尽可能选用。上下提拉窗虽然开启面积也只有1/2,但有完全不同的通风效果。我国建筑窗台离地面高度一般在800～900mm左右,上下提拉窗的下窗扇向上提时有800～900mm的通风高度,恰好是人的高度范围内,而且又便于晾晒衣服,符合我国大众习惯。

7.3.4 细部节能构造

由于结构上的需要,在外墙中往往会出现些嵌入构件,例如:砖墙中的钢筋混凝土梁、柱、垫块、墙角、檐口等(还有近年住宅中飘窗的上下混凝土板等)。在北方寒冷地区,由于钢筋混凝土的导热系数比砖砌体的导热系数大,热量很容易从这些部位传出去(图7-27)。这些保温性能较差的部位通常被称为"热桥"。在这些部位最容易产生冷凝水(即结露),所以对这些部位必须采取保温措施。

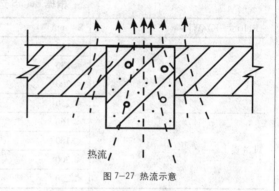

图7-27 热流示意

热桥的形成原因是:对围护结构主体而言,其材料的导热系数太大,热阻小,而传导热的路径短(类似于电路短路);由于局部的受热面积远小于其散热面积而形成失热过多,内表面温度过低。

热桥形成的危害主要表现在:使外墙内表面局部温度降低,对人体造成冷辐射,甚至造成内表面结露、霉变、淌水,严重影响室内的使用环境和美观,由此引发的建筑质量纠纷在严寒、寒冷地区屡见不鲜,即使在西安这样冬季不太冷的地区(寒冷地区的南端)也时有发生;使保温材料湿度增大,导致其导热系数增大,保温性能锐减,使内表面温度及室内空气温度下降,室内相对湿度增大,进而保温材料的湿度会进一步增大,导致恶性循环。

为减少热桥对墙体热工性能的影响,应对热桥做保温处理。

龙骨部位保温:龙骨一般设置在板缝处,以石膏板为面层的现场拼装保温板内必须采取用聚苯石膏板复合保温龙骨或其他措施加强保温。

丁字墙部位保温：在此处形成的热桥不可避免，解决的办法是保持有足够的热桥长度，并在热桥两侧加强保温。根据图7-28和表7-7所列，以"Ra"和隔墙宽度"S"来确定必要的热桥长度"L"，如果"L"不能满足表列要求，则应加强此部位的保温做法。

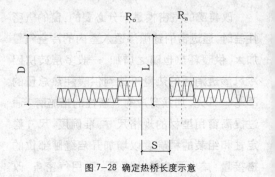

图7-28 确定热桥长度示意

根据 Ra、S 选择 l 值计算表　　　　　　　　　　表 7-7

Ra[(m²·K)/W]	S (mm)	L (mm)
1.2～1.4	≤160	290
	≤180	300
	≤200	310
	≤250	330
1.4以上	≤160	280
	≤180	290
	≤200	300
	≤250	320

拐角部位的保温：拐角部位温度与板面温度相比较，其降低率是很大的，加强此处保温后，降低率减少很多（表7-8）。

外墙交角部位的保温：在理论上可以有许多办法，但在具体处理时则受到构件加工、运输过程中的安全以及装配施工中一系列条

拐角加强保温后降低率比较　　　　　　　　　　表 7-8

编号	构造形式	室温（℃）	板面温度A（℃）	拐角温度（℃）	温度降低率
1	（构造图）	18	15.15	6.35	58.1%
2	（构造图）	18	15.15	12.05	22%

件的限制。图7-29是用聚苯乙烯泡沫塑料增强加气混凝土外墙板转角部分保温能力的一种方案。为防止雨水或冷水侵入接缝,在缝口内附加有防水塑料条。也可用于解决内墙与外墙交角的局部保温。

屋顶与外墙交角部位保温:较简单的处理方法之一是将屋顶保温层伸展到外墙顶部,以增强交角的保温能力。

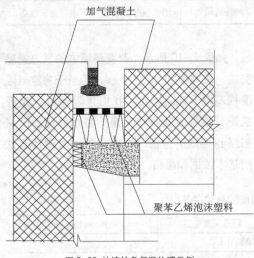

图7-29 外墙转角保温处理示例

7.4 建筑气候与节能

7.4.1 建筑与气候

自从人类社会有了建筑这个客观产物,就有了建筑、气候、人之间的辩证关系。正如英国建筑师Ralph Erskine所说:"如果没有气候问题,人类就不需要建筑了"。一个优秀的建筑作品,其空间形态和环境结构总是能够反映出它所在地区自然地域的气候环境特征,气候特征愈典型,建筑特征愈接近。

不同的气候条件,不仅使建筑的防寒、隔热、采光、通风等设计采取相应的气候应对措施,也使建筑的功能分区发生变化。即使在同一气候区,由于气候变化的程度不同,也使得建筑的构造形式或细部处理存在一定的差异。我国幅员辽阔,气候差异明显。各地区的传统建筑,从我国南方的骑楼、云南的"一颗印"民居等湿热地区的干栏式建筑,到北方的四合院和窑洞,都是适应气候而衍生出来的特定的建筑形式,是地域气候建筑的历史印证。

然而,自20世纪60年代开始,随着小型供暖空调设备和技术的发展,室内热环境直接依赖空调机来解决,不仅浪费能源,也带来很多不可逆转的环境问题,如"全球变暖"、"病建筑综合症"等。因此,重新审视建筑与气候的关系,探索建筑气候设计方法日益迫切。研究与我国不同区域气候相适宜的建筑节能设计方法是非常重要的,亦被称为"建筑气候设计"。它是建筑师主动地利用建筑设计的手段或建筑的构成要素,自然地调节和控制室内热环境,使得建筑能够随地方气候的变化做出相应的对策。

7.4.2 建筑气候设计方法

世界上绝大部分地区的室外气候与室内的热舒适环境都存在不同程度的偏离。我们把试图缩小这种环境差异的调控称为"气候调控",可简单表示为:"气候调控=室外实际气候条件-热舒适环境"。而气候调控手段既可以是通过建筑形式塑造、空间组织、构造细部等建筑设计的方法,也可以是通过环境设备控制的方法。通过建筑自身调控的被动式方法是业内提倡的生态手法,是建筑师的首选。

(1) 建筑气候调控原理

建筑气候设计的目的是在保证热舒适环境的前提下,尽量利用地域气候资源,因此,其设计的关键在于明确室外气候特点,并掌握一定的气候调控策略。建筑气候调控策略可以借助建筑围护结构与室内外热环境的相互作用来理解。建筑通过围护结构的传导、对流以及表面辐射换热三种基本传热方式,与室外热环境业内进行热量交换,如果再加上一个绝热（蒸发冷凝相变）过程，就构成了建筑气候调控原理（表7-9）。

建筑气候调控原理 表7-9

	热量控制途径	传导方式	对流方式	辐射方式	蒸发散热
冬季	增加得热量			利用太阳能	
	减少失热量	减少围护结构传导方式散热	减少风的影响		
			减少冷风渗透量		
夏季	减少得热量	减少传导热量	减少热风渗透	减少太阳得热量	
	增加失热量		增强通风	增强辐射散热量	增强蒸发散热

当这些基本控制原理通过建筑设计手段，依据一定形式表现在建筑物上，该建筑就是所谓的"气候建筑"了。常用的建筑气候设计手法包括太阳能供暖、自然通风、蓄热通风、蒸发冷却及遮阳等。这些设计方法能够在一定程度上将室内的舒适范围扩展到更宽的领域，如表7-10所示，改变环境中的气流速度变量，将其增加0.005m/s，相当于将空气温度提高0.6℃。据此，我们可以通过一定建筑设计措施改变环境变量，将热舒适的区域拓展到更宽的范围，这就是被动式设计方法的基本依据和思路。

环境变量与空气温度的补偿关系 表7-10

环境变量		舒适温度变量	备注
气流速度	大于0.15m/s的气流速度每增加0.005m/s	可增加0.6℃	
活动量	3met以上的活动量每增加1met	可减少2.5℃	环境温度需≥15℃
衣着	热阻每增加0.1clo.	可减少0.6℃	
辐射热	辐射温度每增加1℃	可减少1.0℃	辐射温度与气温差值≤5℃

(2) 建筑气候分析方法

结合气候的建筑设计首先需要建筑师采用合理的分析方法，对建筑所处的室外气候做定量分析，以便给出适宜的气候调控手段。目前应用最为广泛的建筑气候设计方法有两种：第一种是利用空气温湿图为分析工具的建筑气候图法，如Olgyay (1953) 及Givoni (1976)；Milne and Givoni (1979) 提出的建筑气候分析法；第二种是Koenigsberger等人针对热湿气候提出的Mahoney列表法。

温湿气候图法是由美国学者Olgyay提出，后经过Givoni完善的一种分析方法。它开创性地将室外气象条件、人体热舒适要求和建筑调节手段三方面的联系表示在气候图中（图7-30）。图中的横坐标表示空气温度，纵坐标表示空气含湿量，曲线表示相对湿度。实线围合区域表示人体热舒适区。用带箭头的虚线表示建筑气候调节手段。"自然通风"表示适宜通风的气候区域；"热质"表示利用建筑蓄热与通风结合的降温设计区；"蒸发冷却"表示了适宜用蒸发散热达到舒适要求的范围；当环境条件超出了上面这些利用被动式技术达到热舒适的气候范围时，就必须采用空调设备等人工调节手段。依据温湿气候分析图，可以方便地选择适宜的气候调控方法。

Mahoney列表法是由O. Koenigsberger等人（1971）针对热湿气候区，通过一系列表格分析得出气候应对策略的一种建筑气候分析方法。具体分析过程包括气候参数分析、热舒适分析、气候指标分析和设计方法建议四个阶段。

Mahoney的热舒适基准考虑了不同气候区人们对气候的反应，以及人们在白天与夜间的穿衣、活动差别，按照年平均温度值（AMT）与相对湿度的不同组合给出适宜的舒适温度范围。通过比较室外气温与所建立的舒适温度基准判断气候的冷热程度。当月平均温度超过舒适区的温度，记为"H"；低于舒适区的温度，表示气候寒冷，记为"C"；在舒适区间内，表示舒适，并记为"N"。最后，统计每个月的H、C、N的总数。依据这个分析结果提出适宜的气候应对策略（表7-11）。设计策略从H1～A3，包括通风、防雨、蓄热、防寒等6种。

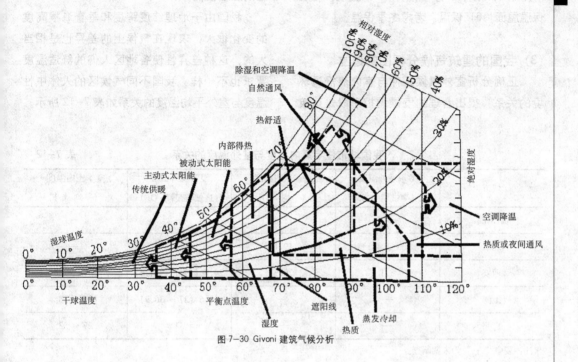

图7-30 Givoni建筑气候分析

设计策略和室外气候条件　　　　　　　表7-11

应对对策	指标	气候条件		降雨	湿度分组	月平均范围
		白天	夜间			
必须通风	H1	H			4	
		H			2,3	不超过10
期望通风	H2	N			4	
必须防雨	H3			200mm		
必须有热容量	A1				1,2,3	超过10
室外平躺休息			H		1,2	
	A2	H	N		1,2	超过10
防寒	A3	C				

采用Mahoney方法可以根据地区气候特点，制定适宜的气候策略，例如，西安地区的分析结果为：1) 建筑平面与空间布局：朝向为南北朝向（长轴为东、西向）；空间开敞，但注意防止冬季冷风渗透和夏季热风侵入；2) 气流组织：单侧布置房间，以利空气流动；3) 房间开口：中度开口，开口面积 20%～40%；4) 墙体：厚重墙体；5) 屋顶：轻质保温屋面；6) 保温：考虑冬季保温。

(3) 我国的建筑气候分析图的建立

正确分析室外气候条件与室内热舒适环境的关系，提出合理的气候调控手段是建筑气候设计的关键。近年来，多位学者对各地区舒适温度的实际调查表明，人体热中性温度与该地区的平均温度（气候状况）有密切关系。如美国人的舒适温度比英国人高3℃，而居于热带地区的人们，热舒适的期望温度是最高的，达 25～27℃。长期生活在寒冷地区的人们比较适应寒冷气候条件，感觉舒适的温度较低。

我国由于地理纬度跨度和垂直海拔高度的变化很大，表现在气候上的差异也是相当大的，这种差异性使各地区人们的舒适温度要求也不一样，我国不同气候区的人体中性温度与室外平均温度的关系如表 7-12 所示。

我国城市住宅室内温度与室外温度的关系　　　　表 7-12

城市	冬季室外温度 （测试期 ℃）	冬季室内温度 （平均 ℃）	夏季室外温度 （最低与最高 ℃）	夏季室内温度 （平均 ℃）
哈尔滨	−5.9	18.8	—	—
北京	−3.4	19.1	—	—
西安	5.1	20.3	24.7 (19.1～34.4)	24.5～30
上海			30.6 (27～36.9)	26～33
广州			31	27～33

注：表中"—"为未做调查。

由于气候差异较大，在进行建筑气候分析时，需考虑不同地域人群对气候的适应性。目前最常用的人体与室外气候的"热舒适适应模型"（Adaptive Comfort Model）是 Auliciems 的一元线性关系式：

$$T_n = 17.6 + 0.314 T_m \quad (7-3-1)$$

式中：T_n——中性温度，单位 ℃，范围：18～30℃；

T_m——室外平均气温，单位 ℃。

利用 Auliciems 的热舒适适应模型以及表 7-12 的调查结果，亦可得到我国的人体中性温度和室外空气温度的线性关系式：$T_n = 19.7 + 0.30 T_m$。进而，利用这个线性关系式可以计算得到各地区人体的中性温度。以中性温度为基准建立热舒适区，分析室外气候条件与室内舒适温度的关系，这就是考虑了人的气候适应性的气候分析法。确定了中性温度以后，舒适区范围取中性温度值的上下 2～2.5℃ 范围内 (Nichol, 1996; Szokolay, 1997)。舒适区湿度范围以 ASHRAE 55-94 标准为据，其含湿量范围为 4～12g/kg，且相对湿度界限不超过 90%。

由于空气温湿能够比较直观地反映室外气候状况和设计的关系，因此建议气候分析工具采用以空气温湿图为基准，以气候适应模型为分析依据的气候图法。将我国每个城市由中性温度确定的舒适区范围，以及各种被动式设计策略的适宜调节区域绘制在温湿图上，从而得到完整的气候分析工具——建筑气候分析图，即我国建筑气候分析图（图7-31）。图中表示的气候调节范围分别为：C为舒适区；PS为被动式太阳能供暖；V代表自然通风；M代表建筑蓄热；EC代表蒸发冷却；AC代表空调降温。

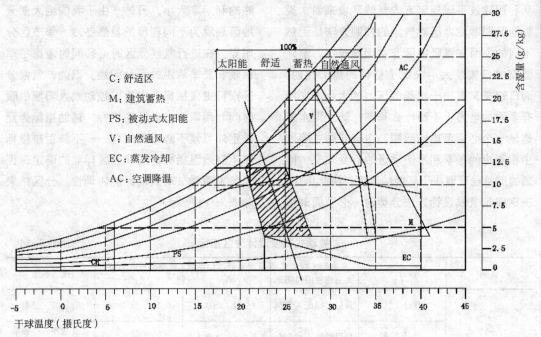

图7-31 适于我国气候的建筑气候分析

7.4.3 建筑气候设计分区

(1) 结合气候的建筑节能率分析

当建立了各地区的气候分析图后，将室外气候利用点或线段的形式表示在气候图中，计算得到各气候调节策略的节能率（有效时间），依据节能率大小可以判断各城市适宜的气候设计策略，见表7-13。

气候设计策略的节能利用率（单位：%）　　　　表7-13

城市	传统供暖或主动式太阳能	被动式太阳能供暖	自然通风	空调
乌鲁木齐	42	27	17	0
吐鲁番	32	22	32（蒸发冷却）	0
呼和浩特	48	35	13	0
长春	49	33	12	0
沈阳	41	31	15	0
北京	36	29	13	0
西安	31	35	15	5
成都	6	15	28	4
武汉	13	45	18	12
南京	22	39	18	7
上海	23	37	18	7
南昌	12	40	20	15
广州	0	33	33	17
南宁	0	38	26	25
海口	0	20	30	31
昆明	10	67	0	0

(2) 建筑气候设计分区

利用建筑气候设计分区可以方便建筑师在方案设计阶段考虑适宜的气候调节手段。从利用建筑手段控制室内气候环境来看，炎热地区和寒冷地区对气候的控制方法是迥然不同的。而在温暖地区非空调建筑中，室外温度的日较差大小决定了材料的热工性能，而日较差又取决于水蒸气压力的大小。在所有多雨的地方，不论什么季节，防止雨水渗透是一个必须考虑的问题。冷凝问题主要发生在寒冷的冬季和湿热地区的春夏之交，问题的严重程度取决于环境的温度。由此可见，决定建筑气候设计方法分类时，必须同时考虑温度与湿度的影响。

由于分区的对象是被动式气候调节方法，因此在确定分区指标时考虑采用气候设计策略的利用率大小。另外，由于我国绝大部分地区表现为不同程度的夏热冬冷，季节区分明显，在进行气候分区时必须同时考虑冬季供暖和夏季降温的设计问题。因此，气候分区指标主要指标确定为以被动式太阳能供暖时间利用率为一级区划指标，辅助指标为夏季室外气候不舒适度指标——不舒适热指数和不舒适湿指数。气候分区标准的确定保证了冬夏两季被动式设计的协调性。分区结果如表7-14所示。

被动式气候设计分区指标　　　　　　　　表7-14

级别	设计区	冬半年*被动式太阳能利用时间比	夏季不舒适热指数 f_{oT}	夏季不舒适湿指数 f_{oH}	代表城市
Ⅰ级	设计1区	利用时间比≤20%	$1 > f_{oT} > 0.5$	$0.5 > f_{oH} > 0$	哈尔滨、长春
	设计2区	利用时间比≤20%	$1 > f_{oT} > 0.5$	$f_{oH} = 0$	乌鲁木齐、呼和浩特
Ⅱ级	设计3区	20%＜利用时间比≤35%	$f_{oT} = 0$	$f_{oH} = 0$	西宁、拉萨
	设计4区	20%＜利用时间比≤35%	$1 > f_{oT} > 0.5$	$1 > f_{oH} > 0.5$	沈阳、北京
	设计5区	20%＜利用时间比≤35%	$f_{oT} = 1$	$f_{oH} = 0$	吐鲁番、喀什
Ⅲ级	设计6区	35%＜利用时间比≤65%	$0.5 > f_{oT} > 0$	$f_{oH} = 0$	昆明
	设计7区	35%＜利用时间比≤65%	$1 > f_{oT} > 0.5$	$1 > f_{oH} > 0.5$	上海、南京
Ⅳ级	设计8区	65%＜利用时间比≤90%	$f_{oT} = 1$	$f_{oH} = 1$	成都、武汉、南昌
Ⅴ级	设计9区	90%＜利用时间比	$f_{oT} = 1$	$f_{oH} = 1$	广州、南宁、海口

我国被动式气候分区共分为9个设计区，各设计区的分区与代表城市见表7-14。设计指导原则分别为：

Ⅰ级区冬季非常寒冷，被动式太阳能的可利用时间不到35天。根据夏季相对湿度的影响程度不同，有效的降温方式也不同，将Ⅰ级设计区分为两个设计区，分别为设计1区和2区。设计1区由于夏季降水较多，不舒适湿指数＞0，自然通风就成为最有效的降温方式；设计2区，夏季降雨少，气候炎热干燥，不舒适湿指数＝0，气候控制方式以建筑蓄热降温为宜。

Ⅱ级区冬季的寒冷程度比Ⅰ级区小，被动式太阳能的可利用时间增加至2个月左右。根据夏季降温方式的不同，又将Ⅱ级区分为3个设计区，分别为设计3区、4区和5区。设计3区夏季不存在热、湿问题，可以不考虑降温设计，只需处理好冬季建筑的防寒、保温设计。设计4区夏季的炎热程度增加，由气候分析知，凭借自然通风方式可以解决夏季的降温问题。因而设计4区和设计1区的建筑设计处理非常相似，冬季加强建筑的保温，争取太阳能利用，夏季考虑自然通风设计。设计5区夏季更加炎热而干燥，室外气候条件超出了自然通风和建筑蓄热降温的有效控制范围，需要依赖被动式蒸发冷却降温方式获得室内舒适的热环境。

Ⅲ级区太阳能供暖利用时间在2～4个月。同样道理，根据夏季湿热程度不同又分为2个设计区，分别是设计6区和设计7区。设计6区夏季完全在舒适范围内，可以不考虑降温设计；设计7区，湿热问题比设计4区更加突出，加上冬季也有寒冷问题存在，设计时需要权衡考虑冬夏两季对人体热舒适的不利影响，根据所需设计措施的重要程度，判断需要优先解决的问题。

Ⅳ级区被动式太阳能供暖的利用时间超过4个月。夏季湿热问题突出，湿热指数都等于1，只有一个设计区，即为设计8区。由于该区既有短暂的寒冬，又有炎热的夏季，因而建筑设计需要协调考虑冬季保温和夏季防热。由此得出，该区气候设计策略应该保温、隔热与自然通风、遮阳同时考虑。

Ⅴ级区被动式太阳能供暖超过5个月。夏季湿热指数等于1，为设计9区。该区为长夏无冬，温高湿重，典型的湿热气候，因而设计重点应放在夏季防热、降温设计上。持续的自然通风是首选被动式方法，增大的开口必须配合优良的遮阳设计，减弱室外太阳辐射的影响。因此，自然通风和遮阳设计的组合是该区被动式设计手法的最佳方案。

尽管我国气候复杂多样，且存在大陆度显著，夏热冬冷的气候特征，但是，利用建筑气候分析方法对我国室外气候资源进行定量分析可知，合理利用气候资源进行被动式的建筑气候调节可以不同程度节约建筑的供暖空调能耗，如设计1区利用太阳能可以节约大约20%的供暖能耗，设计5区利用自然通风可以节约30%左右的空调能耗。因此，建筑节能设计的关键环节是恰当而巧妙利用当地的气候资源，采用建筑气候设计方法创造舒适节能的居住环境。

7.5 省地建筑

7.5.1 概述

所谓省地建筑，主要体现在四个方面：1）选择荒废的坡地建房，不占平地；2）设计采用高密度的台阶布局，不仅建筑间距为零，而且可得到最大的日照率；3）整个建筑掩蔽于土壤之中，使每一阶的占地都被屋顶所弥补；4）向地下及空中发展，通过解决一些很大的技术难题建立未来建筑理念。

7.5.2 窑洞建筑

窑洞民居是我国黄土地带特有的一种民居类型。我国黄土高原分布广泛，面积约有63万平方公里，包括山西省全部、陕西省大部、甘肃省东部、河南省西北部和宁夏回族自治区南部等地。

窑洞民居自西至东大致可分为六大窑洞区：宁夏窑洞区、陇东窑洞区、陕北窑洞区、晋中晋南窑洞区、豫西窑洞区和冀北窑洞区。

根据窑洞在不同地形上的营造来看，大概有以下几种：靠山式窑洞、下沉式窑洞和独立式窑洞（图7-32）。

这里简要介绍西安建筑科技大学建筑学院在陕西省延安市枣园村设计并建成的绿色窑居建筑（图7-33）。新型窑洞的设计原理图如下：在保持窑洞原有优点的基础上，设计利用附加阳光间增加太阳能利用；利用地道风改善窑洞室内通风问题，改善室内空气质量；利用采光井改善窑洞深处的采光质量。

延安市宝塔区经济适用窑——延安市东馨家园窑洞住宅小区是市、区人民政府为安排市区滑坡区域和城市建设中被拆迁的中低收入居民的住房问题而确定的重点建设项目。工程共征用坡地88亩，自下而上设11排窑洞，共建有窑洞707孔。该住宅小区地处山坡地形，基地高差变化较大，客观上为小区建设设置了较大的障碍。因此提出了"因地制宜，充分利用现有地形，随坡就势、随高就低"建设窑洞住宅小区设计方案（图7-34）。

靠山式窑洞

下沉式窑洞

独立式窑洞

图7-32 窑洞几种形式

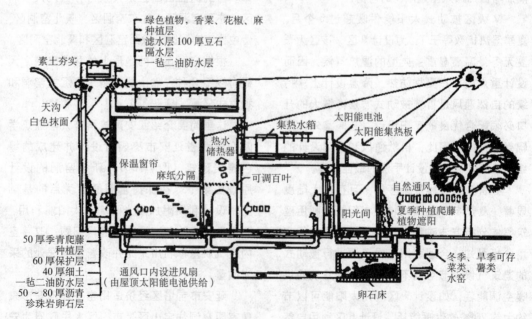

图7-33 新型窑洞的设计原理图

住宅小区鸟瞰（前排为临路多层住宅）

窑洞外观

焕然一新的窑洞内景

图 7-34 延安市东馨家园窑洞住宅小区

7.5.3 坡地建筑

坡地建筑在我国一些地区有很强的地域性。兰州位于我国西北地区，年平均太阳总辐射量为 523～585.76kJ/m^2，日照时数 2648h，在我国属于太阳辐射强，日照时数大（每年近 1/3 的时间有太阳）的地区。它的地理条件也十分特殊，东西长 35km，南北宽 2～10km，四面环山，黄河居中相贯，这一特殊的地理条件限制了城市的进一步发展。

根据掩土建筑的特点及设计的目的，选择了白塔山后的一块南坡地为设计场址，该场地离市区较近，既方便又不受城市噪声的干扰，且能减少污染，环境安静，空气清新，视野开阔（在场地可俯视兰州城），是居住、创作活动等的好场所。

本设计以综合用能、立体用地、自然空调、立体绿化等四方面为主来体现设计意图。

这组住宅共有 15 户，每户通过设置太阳能热水器、毗连大温室以及相变蓄热窗台、室内余热（冷）利用来反映建筑的综合用能；住宅外观依山就势，呈阶梯型（图 7-35、图 7-36），反映建筑立体用地；每户还设置了综合利用太阳能、风能、土壤热稳定性、室内余热（冷）等综合用能的自然空调系统。

图 7-35 坡地双零住宅模型照片

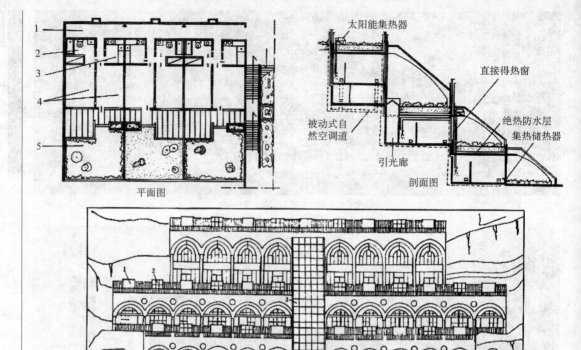

图 7-36 坡地双零住宅
1— 引光观景廊；2— 卫生间；3— 厨房；4— 居室；5— 毗连大温室

7.5.4 掩土建筑

掩土建筑是 21 世纪建筑中必须重视并值得大力发展的建筑。这里所指的掩土建筑是：无论什么结构形式（砖混、钢筋混凝土等），其中有一部分或全部用土壤覆盖的建筑（广义的建筑）。它的主要优点来自土壤的热工性质，厚重的土层所起的绝热作用使土壤中温度很低。

设计者和建造者对现场还应考虑下列问题：与现场所处天顶方向有关的太阳辐射日波动和年波动情况，斜面的、东、西、南、北面的等；土壤性质，即土壤的物理和化学组成。土壤在严酷气候条件下产生动态变化（特别是干旱区），这种变化常引起土壤和岩石在很短的时间间隔内产生收缩和膨胀，引起岩石塌方，并堆积到山脚。暴雨时出现滑坡、坍塌事故。

仔细研究了现场、小气候、大气候以及建筑物的使用性能，就可对房屋的位置进行三种选择：1) 全地下式；2) 地下式与半地下式相结合；3) 半地下（或地下）与地上房屋相结合。

将房屋或居所设置在地下存在的问题是：易遭洪水危害；沙土风暴环境中有沙土沉积，有时这种沙尘暴会造成对房屋掩埋的危害；光线有限，增加了闭塞感，眼前视景狭窄。另外，通风和空气循环也可能受到限制。

位于山顶则通风条件好（有更多的微风）；有条件作视景设计；透入室内的光线多；排水方便。但是，地下居所建于山顶，由于开挖岩石，造价将会增加，交通也更困难。

采用掩土建筑（含地面掩土建筑和地下建筑）是一个与严酷的室外气候相抗衡的好办法。设计和施工都好的掩土建筑可使室内得到满意的微气候。归结起来，掩土建筑有如下优点（与地面非掩土建筑比）：节能节地；微气候较稳定；防震、防风、防尘暴、隔声好、防火灾蔓延；可减轻或防止放射性污染及大气污染的侵入;洁净(医学菌落试验已证实);安静,有利于创作及推理思维;有利于人体新陈代谢的平衡,因为微气候较稳定;较安全(歹徒入户途径少);维修面少;有利于生态平衡及保护原自然风景。

当代许多国家特别是发达国家已经建造了一大批掩土建筑与地下空间。例如,美国有地下住宅、实验室、图书馆、数据处理中心、高级计算机中心、100多所地下学校等。尤其一些有名的大学,为了保护环境,都建有地下图书馆。又如,日本已成为发展大型地下空间的先导国家之一。日本已有30多座城市建有地下购物城"Underground shopping Cities"称为"Chikagai"(即地下街)。有的地下街有300多家商店,每天可容纳80万顾客流动。

在军事设施的建设上,许多国家特别是强国对地下空间的现代化利用较之民用建筑更是有过之而无不及。

7.5.5 地下建筑

地下空间开发利用与地上空间开发利用相比有其独到之处。地下空间在恒温性、恒湿性、隔热性、遮光性、气密性、隐蔽性、空间性、安全性等诸多方面远远优于地上空间。在日本建筑能源界知名人士早稻田大学的教授尾岛俊雄先生提出的城市再循环系统中,地下建筑发挥了很大的作用。因此应大力开发、利用地下空间,发挥地下空间的潜力。

与地面建筑相比,地下建筑最大的特点就是没有天然采光,主要依赖人工照明,这是其一个劣势。因此,如何更好的解决地下采光问题,成为未来地下建筑必须解决的问题之一。如果能将天然光资源引入到地下建筑空间中,那才是真正的未来地下建筑。

7.5.6 几种未来建筑

(1) 水下建筑

水下有丰富的自然资源和食物来源,建筑消耗和人类生活所需能量将主要来源于此,通过海底高智能设备直接由海底资源制造能量,满足建筑采光、取暖等一系列需要及人类生产生活一系列的需求(图7-37)。如此,地表也许将不再是食物及能量的主要来源,建筑和人也将脱离对地表的依赖。

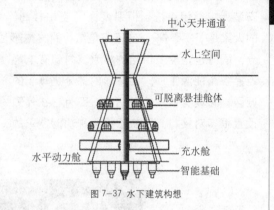

图7-37 水下建筑构想

关于建筑采光,由两部分组成,建筑外部采光(母体照明系统)和建筑内部采光(单体照明系统),能量则主要来源于母体制造的能量。双层的建筑外壳,使用一种可控透光系统,人类可通过智能化设备控制壳体的透明度,从而控制从母体照明系统中采光的多少,以及保证家庭生活的私密性。建筑的内部采光,则主要通过自身的智能化设备来控制。

在水下,由于周围水体的封闭以及由于不见日光而产生的心理压力,可能是人类精神生活的主要困扰之一。对此,可在母体中设计仿日照系统,仿照太阳的运作规律,如日出日落、四季更替等,从而维护人类心理及生理机能的需要;而单体建筑,由于具有储存能量及脱离母体的性能,就可以载着人类到处行走(就如同我们现在坐火车、飞机等交通工具一样),从而满足人类心理及相关生产、生活各方面的需求。

(2) 海上建筑

海上建筑(图7-38)是指在海上大面积建设的用来居住、生产、生活和文化娱乐的建筑。海上人工岛城市,就是在人工筑起的海岛上建筑起来的大城市。人工岛的主要类型有围海式、桩基式、浮体式、自升式等几种。

(3) 未来太空城

这是一座小型的太空城（图7-39），它采用桁架挂舱式构型，以桁架为基本结构来获得较大的刚度，桁架间的宽阔空间还可以安装光帆能源系统。桁架就像"空中楼阁"的大梁是"主心骨"，它不仅是结构的支撑部分，同时也是能源供给的核心。内部有电梯连接各个能源工厂。圆环形的部分是真正的城区，它具有很高的灵活性，因为它在外圈设置很多对接口，用来承接各种功能需求的航天器，每一个航天器本身也设计了对接口，可对接更多的航天器。未来的太空城就是用若干个航天器一个一个对接而成的。

建筑材料要注意两个问题：一是为了达到保护环境的要求，整个建筑在使用过后能全部移除，使环境不会受到污染；二是建筑结构能适应恶劣的自然环境。在建筑材料方面可以采用有为太空舱使用的高度防火材料；还有一种薄层状的"聚合物"，一种覆有金属层的塑料薄片，它可以放置到"太空屋"的任何部位以防止雷击。外壳则采用欧洲宇航局在他们的航天飞船、天线和太阳能板上应用的极轻的CFRP（碳纤维加固塑料）合成物质，

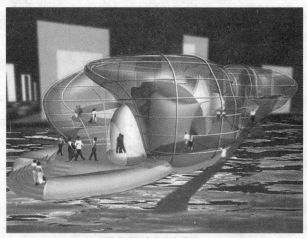

图7-38 未来海上建筑

图7-39 未来太空城

制造轻型壳状结构以抵御剧烈的碰撞，这种材料不仅轻，而且韧度和抗热、抗寒能力都非常突出，这和目前使用更多的钢筋水泥来抵抗碰撞的方法形成了鲜明的对比。

能源输送问题：人们在太空城内生活，第一需要的是氧气，怎么输送？我们看到，自来水管把水输送到各家各户，将来激光可能成为星星间输送氧气及其他气体的有效管道。纤维光学是研究光学纤维传光理论及制造的一门新学科。光纤通信具有容量巨大、抗干扰能力强、保密好、节省有色金属和适用范围广泛等特点（图7-40）。逐步发展成为大容量、远距离通信的重要手段。

随着航天活动的日益频繁，太空垃圾与日俱增，严重威胁着航天器以及未来太空城的安全。因此保护航天器免受高速飞行的太空垃圾袭击的方法是在保护层前安装一层防护屏，当太空垃圾与防护屏发生碰撞时，防护屏被击碎，同时太空垃圾也被撞碎变成粉末，从而解除了对航天器的威胁。

（4）月球建筑

由于月球上的重力低（仅相当于地球的六分之一），而且从不刮风，因此建筑师可以充分发挥想象力，设计出比地球上的建筑更为奇特的建筑（图7-41）。

从技术角度看，月球上建筑的实现是有其可能性的，无非是早晚的问题。其真正令人担心的是月球上的建筑将会呈现一种什么状态？目前，科学家已经找到了建造月球基地的首选理想地点，即位于月球南极附近的沙克尔顿环形山。但是要在月球上建立可持续发展的月球基地，必须要克服地形与动态之间的平衡。基于这种状况，可设想建立一种类似DNA结构的建筑，它以稳定的结构立于月球这块土地上，自身的伸缩就可以避免月震的威胁。连为一体的建筑形式向下深入固定在月球土壤中，螺旋式又可以无限制地发展规模，筒状的形体正好符合了月球环形山的形态，加之科学家又找到了有长时间光照的地域，这样建立起来的基地是可以长期存在的。

图7-40 太空能源输送

图7-41 假想的月球建筑

建筑技术新论　Intelligent Building Tech-
New Theory of Building Technology　nology
　　　　　　　　　　　　　　　智能建筑技术

第8章 智能建筑技术

随着科学技术的发展，建筑技术也在不断的从高新技术中吸取新的元素，智能建筑技术就是高新技术在建筑领域中的应用，形成新的建筑技术。高新技术的发展使得智能建筑技术也不断发展和完善，也不断更新和成熟。由于各个国家和地区对智能建筑的要求不一样，智能建筑技术的发展情况也有差别，这种不断发展和改进的特性使智能建筑在不同的时期以及在不同的地方具有不同的理解和应用，由此产生了各个地区和国家对智能建筑的不同的定义。虽然这些不同的定义具有不同的侧重点，但这些定义是从不同的角度对智能建筑给出的，使我们可以站在不同的立场和用不同的角度对智能建筑的基本功能和特点、基本组成和要素作一个基本的了解。

美国把智能建筑定义为："智能大厦是指通过将提高建筑物的结构、系统、服务和管理四项基本要求以及它们之间的内在关系进行最优化，来提供一个投资合理的、具有高效、舒适、便利环境的建筑物。"帮助建筑业主、物业管理人员和租用人员意识到在费用、舒适、便利和安全等方面的目标，当然还要考虑长远的系统灵活性及市场能力。

欧洲智能建筑组织(The European Intelligent Building Group)把智能建筑定义为："使其用户发挥最高效率，同时又以最低的保养成本和最有效率管理本身资源的建筑"。智能建筑应提供"反应快、效率高和有支持力的环境，使用户能达到其业务目标"。

新加坡把智能建筑定义为至少具备三个条件的建筑，一是具有保安、消防及环境控制等先进的自动化控制系统，以及自动调节建筑内温度、湿度、灯光等参数的各种设施，以创造舒适安全的环境；二是具有良好的通信网络设施，使信息能在建筑物内流通；三是能提供足够的对外通信设施与能力。这个定义对智能建筑的功能进行了细化和总结。

我国智能建筑设计标准(GB/T 50314-2000)把智能建筑定义为："以建筑为平台，兼备建筑设备、办公自动化及通信网络系统，集结构、系统、服务、管理及它们之间的最优化组合，向人们提供一个安全、高效、舒适、便利的建筑环境"。该定义基本上是上述三个定义的综合，既给出了智能建筑的基本组成和要素，也给出了智能建筑的基本功能和特点。

亚洲智能建筑学会(Asian Institute of Intelligent Buildings)将智能建筑的功能模块化，归纳为10个功能模块，并用"M+序号"表示，每个功能模块称为"QEM(Quality Environment Module)"。其中，M10是在SARS发生后加入的。

M1：环境模块——健康、节能；

M2：空间模块——利用率高、分隔组合灵活；

M3：费用模块——运行、维护费用低；

M4：舒适模块——人员舒适；

M5：工作模块——工作效率高；

M6：安全模块——有效避免和减少由于

火灾、地震、灾害和结构破坏等突发事件的损失；

M7：文化模块——营造先进、优秀文化环境；

M8：高新技术模块——及时利用高新技术成果；

M9：结构模块——布局先进、结构优化；

M10：健康和卫生模块——有效防止流行性传染病的传播。

不同智能建筑由于使用功能上的差异，可以选择不同的QEM模块进行设计和实践。可以看出，上述模块化定义不仅具有实际指导意义，而且还具有一定的灵活性。

智能建筑是新建筑技术的应用平台，是人、建筑与环境三者高度协调的有机整体，是具有感知、判断、推理和决策能力，并表现出良好行为的可持续性建筑。智能建筑利用控制和管理信息协调人与环境的关系，达到整体和谐；利用推理和决策优化过程，降低消耗，达到循环再生，并持续发展；利用信息定制或自学功能对不同的功能进行不同的设置，以达到建筑内各区间的分异和多样化的功能。在这个"整体和谐、循环再生和区域多样化"的环境中，智能建筑必将以其良好的环境质量、生态质量和宽松的人文环境产生出良好的社会和经济效益。同时，为了适应社会的发展，智能建筑也应具有极高的安全功能。

8.1 智能建筑的应用目标

作为采用新建筑技术的使用典范，智能建筑一定要有应用目标。作为建筑本身，只给人们提供了与自然界相对隔离的一个空间，在使用了建筑技术以后，特别是在使用了高新技术与建筑相结合以后，必然对这个空间有新的要求，即智能建筑技术的应用目标一定要符合人们的生活、工作的需求，并且建筑内外环境要是可持续发展的空间，并能起到一定的防灾避险的作用。这才能达到人们的愿望与建筑内在涵义的统一。

8.1.1 使用者的舒适性

对于使用者来说，提高建筑物的内在品质，提高工作或生活环境的健康舒适度，是智能建筑最基本的前提和要求。

居住建筑的设计应根据当地的气候特点，采用先进的建筑技术和材料，对作用于建筑物的声、光、热等自然因素进行系统调节，从而最大限度地减少自然因素对居住舒适度和健康的不利影响，最大限度地降低建筑采暖和制冷的能源消耗，最大限度地使室内自然温度接近于或保持在人体舒适温度18～26℃的范围内。高舒适度低能耗建筑所要实现的目标是：在任意气象条件下，通过对建筑的合理设计、合理选材，最大限度地把室内自然温度和湿度控制在人体舒适温度范围内，从而在为居住者提供健康、舒适、环保的居住空间的同时，降低建筑物的运行能耗。

运用先进的数码技术做成的家居数码智能化控制系统，与居住建筑相结合，将会大幅提高居住者的舒适度。步入房间，玄关和客厅的灯随之渐亮；轻按遥控器，即可设置灯光的强弱、窗帘的开合、家庭影院的场景选择、电器设备的运行；与此同时，安全系统时时监控着水、电、煤气和家庭的安全，并且通过现代电讯手段远程控制；下班路上，用手机拨通家里电话，空调和微波炉随即开启；家中的老人突发疾病，只需触动一个按钮，社区医院、物业、急救中心就都能接警；当主人在夜间（自行设定的时间段内）脚一落地，主卧室的某一灯光就会自动地慢慢亮起来，走入卫生间时，卫生间的灯光也会自动开启，主人回房后一段时间内，该灯则自动慢慢关闭；将换气扇一天换气几次，一次换气时间等进行智能化程序控制，以保持室内空气质量(Indoor Air Quality)，即使主人不在家，室内每天也都能交换进新鲜空气；通过程序设定就可以随时控制电器开关；主人只需在到家前打个电话就可以启动热水器、空调等电器设备，无论是严冬还是酷暑，主人一回到家就可以享受到适宜的室内温度；还可以每天在固定时间给鱼缸通气换氧，给花园浇水；还可以有专业的家庭背景音乐系统，在家里不同的地方都可以欣赏到背景音乐，而且还可以分区域的控制音量大小与开关，做到互不干扰，尽情享受生活；……。还有可视对讲、防盗系统、小区内综合布线系统等等。所以现代舒适家庭的标志，应该包括：居住环境调节智能化、能源系统使用数字化、网络化、家庭照明智能化、家电智能化、家庭安全防范智能化等多种模式。

办公建筑则通过智能建筑技术，以强调使用者需求为中心，提供低成本、高效率的办公平台，旨在提倡人性化的沟通与交流，注重办公空间对单位文化和人员素质的培养和提高，引导智能化，强化绿色环保办公理念，在"以人为本"的前提下，在最大程度上满足使用者对办公舒适性和提升工作效率及效益的要求，从而达到国际化办公建筑的标准。

现代办公建筑都需要新的建筑技术支撑，特别是智能建筑技术。现代办公建筑的配置有几大特点，都与使用者舒适有关系：

（1）强调个人隐私，但一定要有相互交往的空间；办公环境空间的规划，从封闭及注重个人隐私走向开放和互动。交流度高、富弹性的平面规划设计成为时势所趋，在更大程度上提供给大家办公共享空间，在倡导交流沟通的基础上提高工作效率，打造全新的办公方式，这也是智能建筑的人性化的表现。新型智能型办公建筑，使用者用脑时间长，办公时间相对较为灵活，需要更多的休闲空间以及人与人交流的环境。办公时间内的休闲将突破传统的"办公室＋公共走廊"的空间模式，提倡开放式办公环境。

（2）从建筑本身的设计、空间的划分到家具的使用、办公设备的使用等，都要符合人体工程学。

（3）保持室内空气的新鲜，将自然空气引入办公楼内成为"后非典时期"办公楼非常关心的问题，引入自然空气的理念必须融进建筑设计和空调系统设计当中。

（4）由于每人对工作温度的要求不同，故一定要有满足个人不同需要的舒适的工作温度，以提高工作效率。

（5）工作区间的灯光控制，既要使得每人眼睛舒适，还要能满足各人不同的需要。公共空间的灯光也要使得眼睛保持舒适。

（6）方便而又快捷的因特网网络系统，随着网络的普及，网络资源的共享成为提升工作效率的重要来源。

（7）办公空间要亲和自然环境，增强对景观的要求。一是外部景观，建在优美的自然景观附近，水景尤佳，依山傍水，与自然界亲密接触。二是建筑内的绿色景观也愈来愈受欢迎，有共享交流功能的建筑内交往空间成为日后办公建筑的一种趋势。在办公区内应有更多的公共休闲空间及楼宇内的立体绿化。

8.1.2 再组织的灵活性

再组织的灵活性是智能建筑技术重要的标志性应用结果。组成建筑的每个部分，建筑中使用的每个设备，都需要有再组织的功能。再组织意味着从建筑材料上说，能够再使用；从建筑部件上说，能被各种不同类型、不同用途、不同建筑结构的建筑使用；从使用者来说，不同地点的变化，却不改变自己的工作环境的各项舒适度变化、对外联络方式的变化；对建筑的管理者来说，将建筑的各种不同功能充分发挥，建筑本身以及建筑所使用的设备效果可以灵活的组织，充分满足使用者的要求。

再组织的灵活性可以反映在如下多个方面：建筑结构是由钢结构组成，钢架本身是可以在三维方向上进行调节，故该钢架可以用于各种不同功能的不同的建筑；墙体和屋顶也是由轻质材料或金属材料组成，地板也是可拼装的，与钢架结构成为可再组织、再利用、可回收的智能型建筑部件；形成可再组织的围护结构。围护结构的材料都是由可再生、可回收组成，这也是属于再组织的范围。地板由钢架抬高，抬高的空间分层放置空调系统和新风系统的管道，强电系统管线，弱电系统管线，包括所有光电通信线路和设备控制线路；地板抬高系统取代吊顶的优点之一就是再组织的灵活性，空调气流和新风气流从地板下引入地面，由管道引至办公桌面，控制桌面气流强度和方向，即可调整自我小空间的舒适度，当需要对室内进行重新布置时，可以保证个人小环境适于每人不同的需要，而不会因办公地点的改变而改变，使得每人的工作环境就像自己汽车的小空间，可以自由调整最适合自己的舒适度，以提高工作效率。照明系统的设置则有传感器监测天空中四个方向和朝天水平方向的光照强度，而每盏灯都有自己的地址编码，计算机和遥控器可以控制每盏灯的亮度，这样，计算机则根据每盏灯的具体位置，发出每盏灯的亮度控制指令，在一个建筑群或较大的建筑中，明显地降低照明用电量，且还能保证每个办公桌桌面上的光照强度满足每个人的不同需要。

8.1.3 工程的适应性

简而言之，工程的适应性就是用最适于本工程的方法，完成该工程。换言之，即采用全寿命周期的概念，就是在工程的各个阶段，用最少的花费，用最优的方法，达到该工程的最佳功能实现。

工程的适应性好是智能建筑技术的重要特点。由于智能建筑是各个学科在建筑中的资源整合，采用了一系列的高新技术，使得在建筑的这个平台上，可以完成更多的人们所赋予它的功能。可以适应更多的功能要求，或者经过简单的改变，就能适应新的功能，

这是没有采用智能建筑技术的建筑所不能做到，或者不能完全做到的。

在绿色奥运建筑研究课题组所作的"绿色奥运建筑评估体系"中，有两段谈到建筑的适应性：

"设计阶段的'建筑适应性评价措施表'的内容：

（1）建筑的总体功能布局满足今后长期使用的要求（体育场馆功能充分考虑了赛后利用，其他类型建筑能够适应合理的功能改变要求）；

（2）建筑的平面布局考虑多功能使用或适应功能改变的要求；

（3）建筑的空间设计考虑多功能使用或适应功能改变的要求；

（4）建筑的结构设计考虑多功能使用或适应功能改变的要求；

（5）建筑的机电设计考虑多功能使用或适应功能改变的要求；

（6）建筑多功能使用或适应功能改变的经济合理性。

验收与运行管理阶段的'建筑适应性'设计条文说明：

本条目旨在鼓励建筑师在设计中考虑更灵活的应对措施，并进行合理的技术设计，使设备和空间设计具有良好的自由度，并在当面临基本维修或因改变建筑用途而带来的各种必要改动时，对材料和设备的更换和扩充显得更容易，并尽可能减少对建筑结构和装修材料造成损坏。鼓励提高建筑的荷载余度和抗震性能，以增加建筑对今后改变用途的适应能力。

本条目主要从三个方面评估是否有效提高建筑的适应性。

（1）材料和设备的耐久性

针对非临时性建筑，鼓励选用优质建材和优质建筑设备，并采取科学的方法进行施工安装，以尽量延长材料和设备更换时间。

（2）适应性

考虑适当的层高与荷载的裕度，以便适

应今后功能改变的要求。空间自由度反映在单位建筑面积对应的不可移动的外墙和承重墙的长度。外墙和承重墙越少，空间改变的自由度就越大。

(3) 设备、管道更换的方便性

主要考虑维修、更换设备时，尽可能减少对建筑结构和装修材料造成损坏。"[1]

在国家科学基金和德国DFG基金的合作研究项目中，也有适应性的介绍：

"可适应性内容广泛，可附加的、能够增长的、可改变的、可拆卸的、可分解的、可分隔的、可自己建造的、可扩大的、生态住宅、节能建筑、规划的灵活性、安装式建造、功能可变的、地域性的、大范围的、临时结构、低造价建筑、活动的车船、多样目标的、暂时性的规划主张、可携带和循环使用的结构、再生的、重复使用的、可代换的、废物利用的掩避体、短时性的建设体制、可抛弃的建筑、由使用者自行规划的、多样性空间的有效利用等等，都属于可适应性建筑。"[2]

8.1.4 节约能量

很难想象一个耗能建筑能够被称之为智能建筑或绿色建筑。采用智能建筑技术的建筑可以多方面的对建筑能耗的降低起着关键的作用。

建设部曾提过我国住宅建筑节能发展的重点领域和关键技术：

"研究新型低能耗的围护结构（包括墙体、门窗、屋面）体系成套节能技术及产品；新型能源的开发和能源的综合利用，包括太阳能、地下能源开发利用和能源综合利用；室内环境控制成套节能技术的研究和设备开发；利用计算机模拟仿真技术分析制冷空调系统，对制冷空调系统进行智能控制，最大限度减低运行能源既有建筑的节能改造成套技术，特别是围护结构和供暖空调系统改造；建筑物室内温度和湿度控制技术和冷热量计量收费技术及围护结构的热传递机理；节能指标体系优化方法以及建筑低能耗围护结构组合优化设计方法；冷热源的优化运行方式，包括制冷采暖系统运行工况优化调控，冷热负荷的预测技术，开发调节控制软件等；建筑室内温度控制和冷热量计量控制成套技术，包括适合中国国情的控制产品，冷热量计量装置的研制，计量收费系统的数学模型和软件，自动计量及收费网络系统的开发；新能源供热制冷成套技术的研究开发，包括地热能、太阳能、地下和地面水体蓄能等的开发利用；低能耗建筑的综合设计体系研究、建筑设计、环境控制和节能设计的优化匹配，节能建筑和节能设备优选和集成，以及相应优化节能设计软件的开发等。

研究制定一套适合我国国情的污水处理标准。

……

开发研制有关仪表和设备，提高自动化程度，以减少能耗，降低污水处理成本，是污水处理发展的有效途径。"

上述这些关键技术都是智能建筑技术的应用范畴，当然，建筑中还有一些领域可以使用智能建筑技术，节约更多的能量消耗。智能建筑技术的采用，使上述关键技术的应用变得更为适合于建筑节能，采用这些技术后可以称之为高舒适度低能耗建筑。

高舒适度低能耗建筑能够明显缩短需要供暖供冷的时间，另一方面使供暖供冷的强度大幅度降低。高舒适度低能耗建筑是通过对影响建筑性能的各部件和设备调节系统进行优化设计来实现的，其中包括围护结构和日光利用系统；照明系统；结构系统；取暖、通风和空调系统（HVAC）、内部装修和布置；电源和通讯系统；控制系统等。一般来说，在建筑节能上，讨论得比较多的是围护结构和HVAC系统。实际上，要做到真正的低能

---

[1] 绿色奥运建筑研究课题组.绿色奥运建筑评估体系.北京：中国建筑工业出版社，2003.
[2] 荆其敏等.生态的城市与建筑.北京：中国建筑工业出版社，2005.

耗建筑，上述子系统都需要集成运行，进行优化设计和用最佳模式运行，而且如果其中任何一个子系统达不到标准，都无法实现理想的效果。在对建筑进行高舒适度低能耗优化设计的过程中，建筑材料的选择固然重要，但更重要的是必须首先根据当地气象条件的动态变化，通过计算建筑采暖和制冷负荷的增减，为选择优化的围护结构设计方案提供依据，在保证室内舒适度的前提下，最大限度地降低建筑运行能耗。

采用了多事件原理控制的智能建筑的基本目标之一是节能。该系统可以根据个人的喜好调节光和热，试图通过居住者手动控制来达到比同类建筑节能40%的目的，迄今为止该系统仅仅模拟实现。美国科罗拉多州（Colorado）的一个研究小组正在运用软计算方法——神经网络，他们仅仅关注建筑灯光的智能控制。MIT人工智能实验室也在进行一项智能房间的项目。他们将照相机、麦克风和多路复用器相结合使得人们能以自然方式如语音、手势、动作和上下文信息同基于房间的系统进行交互。还有考虑利用智能嵌入式的方法建立一个集成的、半自动化的建筑控制系统。该方法基于一个双层的模糊——遗传系统，该系统是基于记忆的，拥有数据、样本存储和检索能力，并通过用户和环境的交互来学习和改善性能。上述人工智能方法主要是针对节能和舒适性目的，并且都是从局部（某个系统或某个房间）来改善服务质量。

8.1.5　环境保护的可持续性

智能建筑技术对环境保护也可以起到很大的作用。由于智能建筑技术就是绿色建筑技术的一个部分，这一点，在谈到智能建筑和绿色建筑的关系时还会阐述。对于可持续性，国际建协（UIA）与联合国教科文组织一份文件中有一段较公认的提法："就其最高广义而言，可持续性所涉及的是一个社会、一个生态系统或任何一个不断发展的系统在永久的将来都能继续有效地发挥其正确的功能作用，而不会受到那些关键性资源的耗尽或过负荷的强迫而衰退。"值得注意的是，该文件对"资源"的解释："就一个社会来说，其资源可以是物质的，如化石燃料、土层；可以是天然的废物吸收系统，如潮湿地带或大气；可以是社会性的，如教育水平和公平竞争、光明磊落的意识。"可持续发展必然含物质和精神两方面，相辅相成，缺一不可。保证可持续发展的资源也必然含物质和精神两方面，缺一不可。

建筑无论在国内外，都可视作一种商品，而"绿色"则存在一个简单概括的标准，也就是其特点，这个简单的标准包含了六条：一是满足国际标准，如《保护臭氧层国际公约》、《蒙特利尔协议书》等公约；二是可回收的、可再生的；三是能够改善区域环境的；四是能够改善居室内环境的，如空气污染、噪声污染等等；五是保护人类健康的，可以防辐射、防致癌物质等等；六是提高资源与能源利用。满足了其中任何一点，同时又不违反其别的条款，那么就可以称为"绿色"的。在建筑领域，要达到"绿色建筑"的具体条款（国家已颁布"绿色建筑评价标准"，有关定义当以该文件为准），的确还有很长的路要走，不仅是我们中国，世界各国和地区要达到这个标准，都不是短期内可以做到。在可持续发展的意义上说，建筑的全寿命周期概念是个非常重要的概念，从设计开始一直到最后，甚至包括房屋倒塌以后房屋本身废弃材料的处理以及对环境的二次污染，建筑材料的制造、运输过程中是否有有害气体的散发等，所有这些过程都应该计入全寿命周期内容。

8.1.6　大幅提高处理突发事件的能力

随着智能建筑的发展，智能建筑技术中，

有关将各子系统进行系统集成的需求大大增加，这已成为当前智能建筑领域的一大热点。这种对系统集成的需求，除了管理智能建筑内各子系统的信息外，主要需求反映在对突发事件的处理上。譬如，由于突发事件的特殊性，建筑物的火灾处理系统已不是一个消防系统所能处理的；衡阳的火灾与建筑的材料和设备有关，SARS传染病的爆发，香港淘大花园的高感染率，据香港大学的研究，与建筑的通风有关；美国的"9.11"事件等等。如何根据突发事件时人群的流向和意图，确定建筑中各种设备的运转状况，延长人员的逃生时间，增加逃生通道，是建筑中管理信息系统亟待解决的问题。现在智能建筑在这个方面有一定的基础，主要在于已安装了一些设备子系统硬件，包括它们的各自的管理信息系统软件，但由于各自出产于不同的厂家，硬件和软件产品都有各自的标准。要使得各设备子系统能在大集成系统的协调下，在优化它们的日常工作任务的前提下，并且能给出突发事件时设备运行的处理决策，以及提供人员逃生的时间和通道，供管理人员参考。

我国已于2006年初发表了"国家突发公共事件总体应急预案"，其中谈到"提高政府保障公共安全和处置突发公共事件的能力，最大程度地预防和减少突发公共事件及其造成的损害，保障公众的生命财产安全，维护国家安全和社会稳定，促进经济社会全面、协调、可持续发展。""事故灾难。主要包括工矿商贸等企业的各类安全事故，交通运输事故，公共设施和设备事故，环境污染和生态破坏事件等。""科技支撑。要积极开展公共安全领域的科学研究；加大公共安全监测、预测、预警、预防和应急处置技术研发的投入，不断改进技术装备，建立健全公共安全应急技术平台，提高我国公共安全科技水平；……。"

火灾是突发事故中最突出的一种。根据伯克霍夫（Berckhoff）的定义，事故是个人或集体在为实现某种意图而进行的活动过程中，突然发生的、违反人的意志的、迫使活动暂时或永久停止的事件。含义包括以下几个方面：

（1）事故是一种发生在人类生产、生活活动中的特殊事件，人类的如何生产、生活活动过程中都可能发生事故；

（2）事故是一种突然发生的、出乎人们意料的意外事件；

（3）事故是一种迫使进行着的生产、生活活动暂时或永久停止的事件。

为达到上述目标，有必要对智能建筑中的各项设备进行集成，以满足需要。利用先进的思想和方法实现建筑智能化系统的集成，使集成系统的"智能"水平得到显著提高。但目前关于系统集成的研究如果仅集中于信息技术IT领域，实现信息的跨系统访问，即较低层次的信息共享，还不能完全达到目标要求。系统既要强调数据的存储，还必须重视信息的有效利用。在解决诸如突发事故等涉及全局的突发事件上，现在大多数系统仅能做到简单的自动化而非智能化，缺乏学习和推理等智能特性。基于智能建筑的目标和智能的内涵，智能建筑集成系统应考虑以数据库作为知识源，辅助实现系统联动、协调、优化等目标，为人们解决突发事件提供设备运行的决策支持。在智能建筑从控制发展到管理的今天，试图实现高层次的智能建筑集成已成为必然。

尽管智能建筑技术在我国起步较晚，但系统集成从一开始就引起国内工程界和学术界的普遍关注。从理论指导来看，一般认为有IBMS(Intelligent Building Management System，以办公自动化和建筑自动化为主)、面向物业管理的集成模式BMS(Building Management System)集成。BMS的集成方法有两种：一种是以楼宇自控设备生产厂的设备为基础，应用厂商提供的专用技术把BMS的相关子系统集成起来；另一种采用通用的协议转换器，如下所述。

(1) 采用实时系统的集成方案：对工程数据库的集成、用于管理数据库的集成、实时数据库的集成，且重点在于实时数据库的集成。

(2) 采用 OPC 技术的集成方案：将所有子系统之间所需的共享数据收集上来，存储到统一的 SQL 开放式数据库中，使各个本来毫不相干的子系统可以在 IBMS 平台上互相对话。该方案具有技术先进、灵活性和通用性好等特点，是实现 IBMS 集成的有效途径。

在国内的工程实践中，系统集成的方式有以 BAS 为中心，通过 LonWorks 或 BACnet 等技术实现和集成的模式。有以信息集成为核心，采用 OPC 技术和 ODBC 技术实现 IB 集成。在探索符合中国实际的智能建筑系统集成道路上，我们应充分消化吸收国外的技术，设计出有自主知识产权的系统集成的理论基础和应用软件。应以建筑物内突发事件为集成的出发点，形成突发事件发生前安全运行，并能预防发生突发事件；而在突发事件发生后，智能建筑的决策支持系统支持设备安全减灾运行策略。

由智能建筑突发事件的特点可以看出，突发事件的解决即各系统如何协调动作是典型的半结构化决策问题。在这样的问题上，人类专家还不能完全提供用于该问题求解的规则。在这样的领域建造基于规则的专家系统难度很大。但一个不争的事实是：现场操作人员在异常发生，如火灾报警时，往往会对相关系统采取动作。这种动作决策一部分是基于规则性知识的，一部分是基于经验的。对一个控制对象或子系统内部而言，规则性知识的权重可能大一些，但就全局而言，这种规则很难获得。因此，只能凭借存储在专家大脑的相似问题的解决经验来决定如何协调整个集成系统。人类是具有鲁棒性的问题求解者，他们常常以有限的、不确定的知识解决困难问题，并且随着经验的增长，处理问题的能力在不断地增强。这是应用于现实世界问题领域的人工智能系统所需要的性质。用以前经验的方法是人类专家的一种基本而重要的解决问题方法。基于经验的推理技术 CBR(Case Based Reasoning) 同人类推理者十分相似，所以 CBR 方法对于建立辅助解决突发事件的安全减灾运行策略很有意义。

8.2　智能建筑各子系统的介绍[①]

有关智能建筑技术在建筑中的使用，国内外都有成功的范例，特别是一些带有实验性质的、概念性的实验室，如清华大学超低能耗示范楼，英国 BRE 研究所办公楼和 Integer 项目，美国卡内基－梅隆大学建筑物性能测试中心等。现以美国卡内基－梅隆大学建筑物性能测试中心为例进行较为详细的说明。

美国卡内基－梅隆大学（CMU）建筑系建筑物性能测试中心 (Center for Performance and Diagnostics, Department of Architecture, Carnegie Mellon University) 所筹建的智能办公室 (Intelligent Workplace，简称 IW) 是一个受美国国家科学基金委员会支持，由国际财团 ABSIC (Advanced Building Systems Integration Consortium) 投资兴建的。IW 是美国第一所有关建筑物性能测试的重点实验室，集研究、发展和商业运用于一身。该中心的目的是提高建筑物内部的工作环境质量和节约能源。对建筑物的各项性能指标进行测试和模拟，以期满足建筑物内办公人员（以办公室为实验对象）对环境的七个方面的要求：1. 新鲜空气；2. 适宜的温度；3. 适当的光线；4. 既有室外的景致又要相对的隔离；5. 独立和安静的工作空间；6. 具有多媒体功能的计算机网络系统以及电源系统；7. 符合人体工程学的家具与环境。根据估算，仅只在节约能源

[①] 余庄. 智能建筑的新发展及其设计指导思想. 建筑学报. 1998, 1.
余庄. Volker Harckopf. 智能建筑设计到管理中的可控性. 建筑学报. 1998, 12.

方面，采用了一系列新技术以后，可使建筑物的节能达到75%（按美国现在使用能源的普遍情况为标准）。所以，卡内基—梅隆大学（CMU）建筑系在参照了日本、德国、法国、英国和北美的各项研究成果后，重新设计而建成的这个新型研究中心必将会推动建筑界以及智能建筑学科上的发展。由于该中心运用了各项最新技术和最新材料，应用新的系统集成概念，采用人工智能技术，故它的建立代表了建筑技术的最新趋势。

8.2.1 围护结构和日光利用系统

IW建造在一个建筑的屋顶上，共约620m²，整个IW划分为两个区域，一个是个人工作区域，约300m²，划分为30块个人工作间。另一个是公共活动区域，可在此区域内开会或者进行各种公共活动。建筑采用钢架结构，屋顶由9个四面坡屋顶组成，其中每个屋脊的两个长坡屋顶呈不对称形式，朝南坡度小于朝北坡度。坡顶有一圆柱，直径为21英寸。圆柱两边为可开启的盖子。这是一个屋顶通风系统，它能有效地将聚集在屋顶的热空气排放出去，保持室内空气质量（如CO_2的含量等）。特别是在室外空气条件（空气温度和相对湿度）在较理想状况的前提下，室内空调系统HVAC(Heating, Venting, Air Conditioning)可关闭，由风扇辅助屋顶通风系统通风，维持舒适的工作环境。屋顶由塑料板材铺设。塑料板为三明治式板材，由两片塑料中夹隔热、保温、防潮等有多功能作用的泡沫塑料。屋顶上安装大面积的天窗。天窗的开启程度可调，由发动机进行控制。从天窗中既能看清室外情景，并能防止阳光眩目，还可改变室内光线的强度和照射位置（图8-1）。

水流式墙架、铝墙面、大面积的玻璃窗和玻璃门形成整个墙面（图8-2）。墙面的材料就只有两种：铝和玻璃。铝是可循环使用的，因铝可回收，符合环保要求。所有的玻璃面均为中空玻璃。每隔1.2m铝制的墙架就竖直嵌入直径0.5英寸水管一根。水管用于温控水循环。温度的传导通过与水管联成一体的铝墙面向室内辐射热量，铝墙面即为散热器。每隔4.8m墙面，即4个墙架为一可独立控制的水流温控系统，通过管道上电控阀门的开启程度，控制这4个墙架所在空间内的温度。4根钢管中两根进水，两根出水，这样，靠近这4.8m墙面的空间内的"微气候"即能由此进行调节。是否有人到此空间来工作决定它的工作状况。窗和水流式墙架浑然一体。窗朝上推开，可使空气对流的效果更加明显，下雨时也不会让雨水漂进来。玻璃窗是中空玻璃，防止热量散发和外面的温度影响室内温度的调节。玻璃门是对开式（图8-3）。窗的开启将来会由发动机控制，控制参数为室外温度、湿度、风、降水量以及室内温度。每当需要调节时，控制系统会自控窗的开关或通知办公人员以参考意见，由办

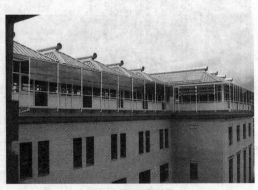

图8-1 围护结构外景

图8-2 窗和日光利用系统

公人员决定是否开启窗户。

室内采用钢架地板抬高方式，整个地板下为 IW 的各种管道和结构化布线系统。（图8-4）有空调系统管道、新风管道、流水管道、电源系统布线、数据、声音和图像系统的布线等，在地板下有序地按层排放。地板由长宽各 0.5m 的人造材料板相拼而成，放在钢架上。地板揭开即为管线系统，便于维修与管理。数据、声音和图像系统的接口，则通过安装在地板上的接线盒引入地面。接线盒中不仅有数据、声音和图像系统的插座，还有控制线路的插座。

围护结构外墙还设有人行通道，室外人行通道外侧安装反光百叶。是由 3 层按平直排放的长 2.4m 的玻璃组成（图 8-5）。反光百叶的反光角度，由发动机控制与反光百叶相连的液压杆完成。反光百叶玻璃上有一层特殊材料，从里往外看，玻璃透明，从外往里看，玻璃板近似于镜面。反光百叶在让日光透过的同时，也最大限度的减少太阳的眩光，日光的充分利用还能减少灯光的使用。根据太阳的位置、云层的厚度、室内的温度、室内光线的强度来调整反光百叶的角度。其主要的目的是提供适当的室内日光，减少眩目阳光，以及在冬天将太阳的热量也反射至室内，而夏天则需遮阳，以利最大限度地减少照明系统，供热和供冷系统的能耗（图8-6）。

8.2.2 照明系统

在灯光的使用上也采用新型的荧光灯。

图 8-3 从室内看围护结构

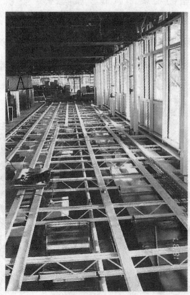

图 8-4 地板抬高方式

图 8-5 日光利用系统

图 8-6 灯光系统

的嵌接结构，以及钢构架地板结构，用工字型梁承重主要建筑（图8-7）。在结构系统中，采用可循环使用的钢材作为建筑材料。在工地安装前，在工厂中预制好，那么在建造过程中没有浪费，钢材中也无气体逸出。易于安装的预制构件和螺栓接头，也是特别设计的。螺栓接头支持建筑构件的反复使用，三维可调结构接头在 X、Y、Z 轴上使得围护结构完全可调。钢构架作为结构支撑，使得架空地板、HVAC 系统、电源线路、数据和通讯系统成为集成的地板结构系统。

图 8-7 钢结构系统

由于有可调的电子镇流器，荧光灯的亮度可以调节。此种荧光灯的发光效率较高，且镇流器噪声小。每个荧光灯都是可以控制的，它们有自己的控制地址，根据亮度检测传感器，自动调整灯的亮度。此种荧光灯用于作为环境灯光，因为照明系统是把环境光源和个人光源分开控制的。个人光源是由个人工作环境区间的检测器控制开关、灯光方向和强度。而环境光源的位置是需要仔细布置的。工作台上有台灯。由个人工作环境系统中的检测器检测有无人工作时，自行控制灯的开关。台灯上有一个荧光灯管和一个卤素灯泡，采用荧光灯管是因为它的高效率，而卤素灯泡是用于调整灯光颜色。

而在 IW 的周边，安装一圈嵌入地板内的灯，用于没有日光可利用而在监测到有人时灯自动打开。

8.2.3 结构系统

IW 的结构由下列三部分组成：钢构架的三角形屋顶、易于安装的钢管柱和钢构架梁

8.2.4 取暖、通风和空调 (HVAC) 系统

具有智能化的 HVAC 系统的使用目标是：
(1) 所有的使用者满意；
(2) 有独立的使用者控制系统；
(3) 有重组需要时，HVAC 可重新布置；
(4) 减少能量消耗；
(5) 保持自然的热量和通风；
(6) 将新风和空调分开。

IW 的空调系统，是将热量调节和新风调节分开，两个系统分别独立控制。使用者能自我调节自己工作区间的空气质量，窗户也是可开启的（美国有许多办公室的窗户是不能开启的）。每个温度可控单元的面积减少到最多调节 4~6 人的工作区间。在这种情况下，使用者可控制自己工作区间的空气温度、空

气流速大小及空气流向,这样,才能达到真正的热量和通风控制,且能节约大量的能源。

脱水式新风调节系统是IW的主空气调节系统。所谓脱水式,是由一个脱水转轮吸收湿气,使得转轮潮湿,当转轮很慢地旋转到空气再生装置时,热空气将使转轮干燥。根据季节的变化,当空调处于预热状态时,室内的热空气通过热传导轮放出热量去预热欲输送进室内的空气。而在预冷状态,一个蒸发器轮冷却从室内出来的空气,然后通过热传导轮去冷却输入空气。

当空气以很慢的速度在地板层上通过时,遇到物体和人体以后,空气会自动上升。空气的温度以高于或低于室温4℃送入室内,遭遇热物体后,上升至天花板与天花板层面上的空气混合循环。而位于天花板上的温度调整设备使此过程更为有效,空气从墙或隔断上部通风口输出。

在天花板上,位于公共活动区域上方安装反射式冷却板。板中通过流动的冷水,非常有利于直接吸收热量。反射板中的流水控制参数,如温度和水流速度等,可以起到辅助控制露点温度和空气湿度的作用。公共活动区域天花板上还安装空气搅拌式空调器,用振动式风扇进行空气交换和混合,使空气变化的响应加快。这种空调器由于悬挂在天花板上,冷水和热水是其温度调节源,加上风扇的作用,温度调节作用好,且易控制。这种空气调节器的功率仅为35~40W之间(图8-8)。

个人工作区域内共安装30套个人工作环境系统。每套系统都用软管与地下空调系统、新风系统相连,且有自己的空气混合器。这样,每套个人工作环境内的使用者都可以自己调整小空间内的"微气候",可调整的参数包括空调热量、空气流量和方向、桌面光照亮度和背景音乐等,进入小空间的空气经过过滤(图8-9)。

采用以上技术的空调系统和新风系统(HVAC)可满足上述的使用目标。

8.2.5 内部装修系统

工作空间相互独立。相对关闭的工作空间可使办公人员集中注意力,就是会议室也要保证不增加别人的可干扰性。

个人工作区域内安装了30套个人工作环境系统后,由于每个工作环境内空调热量、空气流量和方向、桌面光照亮度和背景音乐等可调,使得IW的内部装修系统具有良好的可控性,智能化程度也提高到新的程度。人离开自己的工作空间,控制系统自动关闭以节约能源。该系统可以让使用者集中注意力去工作而无须随时调整环境参数。研究表明,适宜的工作环境可使使用者提高工作效率16%。此个人工作环境系统还采集温度、相关湿度、空气流量和空气质量等数据,送中心控制系统(图8-10)。

整个中心有"健康的"内部环境:

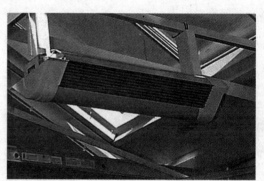

图8-8 大空间区域的空调设备

图8-9 个人办公区间

图8-10 个人办公区间、个人可调HVAC

(1) 在设计上的变化

1) 使用低气体逸出和低放射性的材料;

2) 家具、墙、地毯、纺织品、涂料、胶粘剂都符合"健康"要求;

3) 使用可回收和可重复使用的材料;

4) 采用容易维护和高统一性的材料。

(2) 在建造中的变化

1) 产品运输过程中有极少的气体逸出;

2) 减少建造过程中污染的"沉淀"。

(3) 使用中的变化

1) 采用能重新布置的办公室HVAC系统(上述HVAC系统就满足要求);

2) 使用低污染作用的办公室用品,如计算机、打印机磁粉盒、清洁器、纸等;

3) 使用可回收的办公室用品;

4) 将植物作为空气过滤器、氧发生器和脑力劳动健康器;

5) 向使用者征求意见、反映和个人行为的控制作记录,并根据记录修改内部装修系统。

8.2.6 电源和通讯部分系统

计算机网络(即数据、声音、图像网络)和电源布线系统,使用标准的、可再配置的插座和接口。布线系统走入架空地板以下(图8-11)。基本办公设备使用有线系统,安装卫星网络设备,再加上移动性较强的无线办公系统。设置多媒体会议中心。IW的控制系统采用集散控制方法,系统的集成使得子控制系统之间的通讯有基本的基础条件。主控制服务器与子控制系统的连接既采用硬件相连又考虑软件兼容。

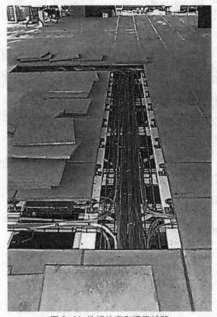

图8-11 地板抬高和通讯线路

8.2.7 控制系统

控制系统分为两大控制部分:

(1) 温度和空气品质控制系统

温度和空气品质控制系统的控制目标包括蒸发式冷却空调系统、埋管式辐射墙板、个人工作环境系统、可开启窗户、屋顶通风装置等。本系统的传感器包括室内温度、室内湿度、室外温度、室外湿度、冷热水流数据、房间使用状况、空气品质数据、露点温度以及室外风力等。执行机构是热转轮、蒸发冷却器、水流阀门、空气处理器、加热盘管、冷却盘管、气流混合调节器、水压调节器、屋顶通风装置等。

(2) 照明控制系统

照明控制系统的控制目标包括环境灯、周边灯、工作灯、室内遮光设备、日光反射板等。灯光控制系统的传感器，包括室外日光检测器（最大照度）、室内照度检测器、房间使用状况等。执行器是控制日光反射板的电机，控制天窗、可开启窗户、门遮阳设备的电机、数字式日光灯整流器、数字式相位灯光调节器和数字转换器等。

温度和空气品质这两个控制系统和照明控制系统是互相干扰的。为了节约能源和得到舒适的工作环境，冬天和夏天对日光的需要是不同的。

(3) 控制系统结构

总控制工作站（图 8-12）
1) 热冷水系统
    热水系统
    冷水系统
2) 空气处理系统
    空气处理单元 -1 (AHU1)
    空气处理单元 -2 (AHU2)
3) 埋管式辐射墙板
    埋管式辐射墙板控制系统
    埋管式辐射墙板 1~26 (分组)
4) 个人工作环境系统
    个人工作环境系统控制系统
    个人工作环境 1~30 (分组)
5) 系统接口
    温度／空气品质控制系统与照明控制系统接口（两个公司产品）
6) 控制系统的输入、输出量
    控制系统的输入、输出量的监测
7) 控制系统的硬件
    控制系统的硬件工作状况监测
8) 安全监视和检查系统
    门卫磁卡检查系统
9) 系统设备
    打印机
    网络设备

(4) 计算机控制系统的控制策略

总控制工作站的控制策略必须根据各种条件，用控制算法去协调上述设备的工作。按照当天的室外气象参数，蒸发式冷却空调系统已根据时间或遥控命令，在工作人员到来之前开始工作，提供基本室内温度和其他条件，当个人工作环境的房间使用状况检测传感器检测到有人工作，提供启动信号给上级计算机，控制系统按照人的给定期望值，调整此个人工作环境的环境参数。

温度控制系统、空气品质控制系统和照明控制系统的某些控制目标是相关的，被控制目标和设备之间存在互相干扰。且智能建筑集成系统的各个部分是由一些不同厂家生产的，这些产品中存在很多不同标准，像数

图 8-12 总控制柜

据传输总线、硬件接口、软件接口、控制算法等。由于信息流和被控目标的不确定性和复杂性，使得控制系统非常复杂。如夏天的阳光提供工作台的光线亮度，但又带来多余的热量；减少阳光的照射又可能使工作环境照度不够。故怎样发挥每一设备的工作能力，可控制工作环境温度、湿度、空气新鲜度、照度、噪声、背景音乐、与外界（世界和本系统之间）的通讯畅通程度、各种办公设备使用的方便程度等等，既能像轿车内的空调系统一样，所有指标都能在本人的工作区间内作自我调整，创造最佳工作环境，又能满足保护环境、减少污染、节约能源的大目标，这些就是控制系统的基本任务。

无论是温度控制系统、空气品质控制系统还是照明控制系统的控制过程都没有现成的模型可以精确地描述，慢过程、超时延迟和非线性使得控制器使用不需要数学模型的算法，如模糊控制、预测控制等。温度控制系统、空气品质控制系统就是一个超延时反应系统，再加上这两个控制系统与照明控制系统分别采用两个公司的产品，所以，控制系统总工作站采用PID和模糊控制方法，控制系统网络的拓扑结构分为三级，分别为现场工作级、网络控制级和程序员操作级。由程序员操作级的控制系统总工作站协调和控制整个控制系统。

如果没有计算机控制系统来管理和维护上述的功能，建筑或建筑群是不能称为智能建筑的，虽然智能单元能自动完成一些功能，但全部工作需要计算机集成控制系统来协调。所以，用工作站协调来自于不同生产厂家的子系统是必要的。

8.3 智能建筑与绿色建筑的关系

在我国新颁布的"绿色建筑评价标准"指出，"绿色建筑是指在建筑的全寿命周期内，最大限度地节约资源（节能、节地、节水、节材）、保护环境和减少污染，为人们提供健康、适用和高效的使用空间，与自然和谐共生的建筑。"

"绿色建筑是将可持续发展理念引入建筑领域的结果，将成为未来建筑的主导趋势。目前，世界各国普遍重视绿色建筑的研究，许多国家和组织都在绿色建筑方面制定了相关政策和评价体系，有的已着手研究编制可持续建筑标准。由于世界各国经济发展水平、地理位置和人均资源等条件不同，对绿色建筑的研究与理解也存在差异。"

实际上，智能建筑本身的发展，以及它经过的历程，也是朝着绿色建筑的方向在发展，只是在国内有时把智能建筑定义在狭义的弱电系统与建筑的结合上。那么，智能建筑就是一个实现绿色建筑总目标的手段或是工具，是功能性的。但如上节所述，实际上，智能建筑的应用目标包括的六个方面，也是与绿色建筑的应用目标完全相吻合的。要完成绿色建筑的总目标，必须要辅之以智能建筑相关的功能，特别是有关的计算机技术、自动控制、建筑设备等楼宇控制（Building Automation）相关的技术。没有相关的技术，绿色建筑的许多功能就完成不了。总之，这是两个高度相关的概念，智能建筑是绿色建筑的技术支撑，绿色建筑是智能建筑的目标。按照我国现有制定的智能建筑标准（智能建筑工程质量验收规范），智能建筑包括下列7个系统：

1) 通讯网络系统

本系统应包括通讯系统、卫星数字电视及有线电视系统、公共广播及紧急广播系统等各子系统及相关设施。其中通讯系统包括电话交换系统、会议电视系统及接入网设备。

2) 信息网络系统

信息网络系统应包括计算机网络、应用软件及网络安全等。

3) 建筑设备监控系统

建筑设备监控系统用于对智能建筑内各类机电设备进行监测、控制及自动化管理达到安全、可靠、节能和集中管理的目的。建筑设备监控系统的监控范围为空调与通风系统、变配电系统、公共照明系统、给排水系统、热源和热交换系统、冷冻和冷却水系统、电梯和自动扶梯系统。

4）火灾自动报警及消防联动系统

5）安全防范系统

安全防范系统的范围应包括视频安防监控系统、入侵报警系统、出入口控制（门禁）系统、巡更管理系统、停车场（库）管理系统等各子系统。

6）综合布线系统

7）智能化系统集成

系统集成检测验收的重点应为系统的集成功能、各子系统之间的协调控制能力、信息共享和综合管理能力、运行管理与系统维护的可实施性、使用安全性和方便性等要素。

……

现摘录"绿色建筑评价标准"中相关部分，与上述的智能建筑的各系统所要完成的功能进行比较，说明以绿色建筑为目的，在智能建筑概念下的建筑设备及其要完成的功能作为支撑，才能达到绿色建筑的目的，这也说明了这两者之间的密不可分的关系。

8.3.1 居住建筑

(1) 节地与室外环境（表8-1）

表8-1

"绿色建筑评价标准"中相关标准	采用"智能建筑标准"中的手段，才能达到绿色建筑相关标准
4.1.2 住区建筑布局保证室内外的日照环境、采光和通风的要求，满足《城市居住区规划设计规范》GB 50180中有关住宅建筑日照标准的要求。 一般项 4.1.6 住区公共服务设施按规划配建，采用综合建筑并与周边地区共享。 4.1.8 住区环境噪声符合《城市区域环境噪声标准》GB3096 的规定。 4.1.9 住区室外日平均热岛强度不高于1.5℃。 4.1.10 住区风环境有利于冬季行走舒适及过渡季、夏季的自然通风。 4.1.12 选址和住区出入口的设置方便居民充分利用公共交通网络，到达公共交通站点的步行距离不超过500m。 优选项 4.1.14 开发利用地下空间，如：利用地下空间作公共活动场所、停车库或储藏室等用途。	智能化系统集成 系统集成检测验收的重点应为系统的集成功能、各子系统之间的协调控制能力、信息共享和综合管理能力、运行管理与系统维护的可实施性、使用安全性和方便性等要素。 有关绿色建筑的外部环境对室内环境的影响，尽管与建筑设计有根本的关系，但如何采用主动式或被动式应用，包括日照、噪声、风环境等，都与智能建筑的设备，特别是新研究或新从国外引进的设备有很大的关系。 与智能建筑目的中的使用者舒适性、再组织的灵活性、工程适应性、节约能量、环境保护的可持续性相关。

(2) 节能与能源利用（表 8-2）

表 8-2

"绿色建筑评价标准"中相关标准	采用"智能建筑标准"中的手段，才能达到绿色建筑相关标准
4.2.2 当设计采用集中空调（含户式中央空调）系统时，所选用的冷水机组或单元式空调机组的性能系数（能效比）应符合国家标准《公共建筑节能设计标准》GB 50189 中的有关规定值。 4.2.3 设置集中采暖和（或）集中空调系统的住宅，采取室温调节和热量计量设施。 一般项 4.2.4 利用场地自然条件，合理设计建筑体形、朝向、楼距和窗墙面积比，采取有效的遮阳措施，充分利用自然通风和天然采光。 4.2.5 选用效率高的用能设备，如选用高效节能电梯。集中采暖系统热水循环水泵的耗电输热比，集中空调系统风机单位风量耗功率和冷热水输送能效比符合《公共建筑节能设计标准》GB 50189 的规定。 4.2.6 当设计采用集中空调（含户式中央空调）系统时，所选用的冷水机组或单元式空调机组的性能系数（能效比）比国家标准《公共建筑节能设计标准》GB 50189 中的有关规定值高一个等级。 4.2.7 公共场所和部位的照明采用高效光源和高效灯具，并采取其他节能控制措施，其照明功率密度符合《建筑照明设计标准》GB 50034 的规定。在自然采光的区域设定时或光电控制的照明系统。 4.2.8 设置集中采暖和（或）集中空调系统的住宅，采用能量回收系统（装置）。 4.2.9 根据当地气候和自然资源条件，充分利用太阳能、地热能等可再生能源。可再生能源的使用占建筑总能耗的比例大于 5%。 优选项 4.2.10 采暖和（或）空调能耗不高于国家和地方建筑节能标准规定值的 80%。 4.2.11 可再生能源的使用占建筑总能耗的比例大于 10%。	1) 建筑设备监控系统 建筑设备监控系统用于对智能建筑内各类机电设备进行监测、控制及自动化管理，达到安全、可靠、节能和集中管理的目的。 建筑设备监控系统的监控范围为空调与通风系统、变配电系统、公共照明系统、给排水系统、热源和热交换系统、冷冻和冷却水系统、电梯和自动扶梯系统。 2) 信息网络系统 信息网络系统应包括计算机网络、应用软件及网络安全等。 3) 综合布线系统 4) 智能化系统集成 系统集成检测验收的重点应为系统的集成功能、各子系统之间的协调控制能力、信息共享和综合管理能力、运行管理与系统维护的可实施性、使用安全性和方便性等要素。 空调系统是绿色建筑中节能的关键，舒适度的关键，环保的关键，故也是智能化的关键。空调设备和其他智能化设备的充分结合，才能达到绿色建筑有关的标准。 且与智能建筑目的中的使用者舒适性、再组织的灵活性、工程适应性、节约能量、环境保护的可持续性、大幅提高处理突发事件的能力相关。

(3) 节水与水资源利用（表8-3）

表8-3

"绿色建筑评价标准"中相关章节	采用"智能建筑标准"中的手段，才能达到绿色建筑相关标准
控制项 4.3.2 设置完善的供水系统，水质达到国家或行业规定的标准，且水压稳定、可靠。 4.3.3 设置完善的排水系统，采用建筑自身优质杂排水、杂排水作为再生水源的，实施分质排水。 4.3.4 用水分户、分用途设置计量仪表，并采取有效措施避免管网漏损。 4.3.5 采用节水器具和设备，节水率不低于8%。 一般项 4.3.9 在缺水地区，优先利用附近集中再生水厂的再生水；附近没有集中再生水厂时，通过技术经济比较，合理选择其他再生水水源和处理技术。 4.3.10 在降雨量大的缺水地区，通过技术经济比较，合理确定雨水处理及利用方案。 4.3.11 使用非传统水源时，采取用水安全保障措施，且不对人体健康与周围环境产生不良影响。	1) 建筑设备监控系统 建筑设备监控系统用于对智能建筑内各类机电设备进行监测、控制及自动化管理，达到安全、可靠、节能和集中管理的目的。 建筑设备监控系统的监控范围为空调与通风系统、变配电系统、公共照明系统、给排水系统、热源和热交换系统、冷冻和冷却水系统、电梯和自动扶梯系统。 2) 信息网络系统 信息网络系统应包括计算机网络、应用软件及网络安全等。 3) 火灾自动报警及消防联动系统 4) 智能化系统集成 系统集成检测验收的重点应为系统的集成功能、各子系统之间的协调控制能力、信息共享和综合管理能力、运行管理与系统维护的可实施性、使用安全性和方便性等要素。 且与智能建筑目的中的使用者舒适性、工程适应性、节约能量、环境保护的可持续性、大幅提高处理突发事件的能力相关。

(4) 室内环境质量（表8-4）

表8-4

"绿色建筑评价标准"中相关章节	采用"智能建筑标准"中的手段，才能达到绿色建筑相关标准
控制项 4.5.5 室内空气质量符合《民用建筑室内环境污染控制规范》GB50325的规定。 一般项 4.5.7 围护结构的热工设计符合《民用建筑热工设计规范》GB50176的规定。 4.5.8 设采暖和（或）空调系统（设备）的住宅，运行时用户可根据需要对室温进行调控。 4.5.9 采用可调节外遮阳，防止夏季太阳辐射透过窗户玻璃直接进入室内。 4.5.10 设置室内空气质量监测装置，利于住户的健康和舒适。	1) 建筑设备监控系统 建筑设备监控系统用于对智能建筑内各类机电设备进行监测、控制及自动化管理，达到安全、可靠、节能和集中管理的目的。 建筑设备监控系统的监控范围为空调与通风系统、变配电系统、公共照明系统、给排水系统、热源和热交换系统、冷冻和冷却水系统、电梯和自动扶梯系统。 2) 信息网络系统 信息网络系统应包括计算机网络、应用软件及网络安全等。 3) 智能化系统集成 系统集成检测验收的重点应为系统的集成功能、各子系统之间的协调控制能力、信息共享和综合管理能力、运行管理与系统维护的可实施性、使用安全性和方便性等要素。 且与智能建筑目的中的使用者舒适性、再组织的灵活性、工程适应性、节约能量、环境保护的可持续性、大幅提高处理突发事件的能力相关。

(5) 运营管理（表8-5）

表8-5

"绿色建筑评价标准"中相关章节	采用"智能建筑标准"中的手段，才能达到绿色建筑相关标准
控制项 4.6.2 住宅水、电、燃气，采暖与（或）空调分户、分类计量与收费。 4.6.6 制定并实施施工项目保护环境具体措施，控制由于施工引起的大气污染、土壤污染、噪声影响、水污染、光污染以及对场地周边区域的影响。 一般项 4.6.8 智能化系统定位正确、采用的技术先进实用、系统可扩充性强，能较长时间的满足应用需求；达到安全防范子系统、管理与设备监控子系统与信息网络子系统的基本配置。 4.6.14 设计为改造和更换设备、管道提供便利。 优选项 4.6.15 对可生物降解垃圾进行单独收集或设置可生物降解垃圾处理房，垃圾收集或垃圾处理房设有风道或排风、冲洗和排水设施，处理过程无二次污染。	1) 建筑设备监控系统 建筑设备监控系统用于对智能建筑内各类机电设备进行监测、控制及自动化管理，达到安全、可靠、节能和集中管理的目的。 建筑设备监控系统的监控范围为空调与通风系统、变配电系统、公共照明系统、给排水系统、热源和热交换系统、冷冻和冷却水系统、电梯和自动扶梯系统。 2) 通信网络系统 本系统应包括通信系统、卫星数字电视及有线电视系统、公共广播及紧急广播系统等各子系统及相关设施。其中通信系统包括电话交换系统、会议电视系统及接入网设备。 3) 信息网络系统 信息网络系统应包括计算机网络、应用软件及网络安全等。 4) 火灾自动报警及消防联动系统 5) 安全防范系统 安全防范系统的范围应包括视频安防监控系统、入侵报警系统、出入口控制（门禁）系统、巡更管理系统、停车场（库）管理等各子系统。 6) 综合布线系统 7) 智能化系统集成 系统集成检测验收的重点应为系统的集成功能、各子系统之间的协调控制能力、信息共享和综合管理能力、运行管理与系统维护的可实施性、使用安全性和方便性等要素。 且与智能建筑目的中的使用者舒适性、再组织的灵活性、工程适应性、节约能量、环境保护的可持续性、大幅提高处理突发事件的能力相关。

8.3.2 公共建筑

(1) 节地与室外环境（表8-6）

表8-6

"绿色建筑评价标准"中相关章节	采用"智能建筑标准"中的手段，才能达到绿色建筑相关标准
控制项 5.1.2 建筑场地选址无洪灾、泥石流威胁，建筑场地安全范围内无危害性电磁辐射及火、爆、有毒物质等危险源。 5.1.3 不对周边居民区及交通道路造成光污染。 一般项 5.1.4 充分开发利用地下空间作为公共活动场所、停车库或设备房等。 5.1.9 场地内无严重污染空气环境的污染源。 5.1.10 场地环境噪声符合《城市区域环境噪声标准》GB3096的规定。 5.1.11 室外风环境利于建筑通风和冬季人员行走舒适。	智能化系统集成 系统集成检测验收的重点应为系统的集成功能、各子系统之间的协调控制能力、信息共享和综合管理能力、运行管理与系统维护的可实施性、使用安全性和方便性等要素。 有关绿色公共建筑的外部环境对室内环境的影响，尽管与建筑设计有根本的关系，但如何采用主动式或被动式应用，包括日照、噪声、风环境等，都与智能建筑的设备，特别是新研究或新从国外引进的设备也有很大的关系。 且与智能建筑目的中的使用者舒适性、工程适应性、节约能量、环境保护的可持续性、大幅提高处理突发事件的能力相关。

(2) 节能与能源利用（表8-7）

表8-7

"绿色建筑评价标准"中相关章节	采用"智能建筑标准"中的手段，才能达到绿色建筑相关标准
控制项 5.2.1 围护结构热工性能指标符合国家和地方公共建筑节能标准的有关规定。 5.2.2 空调采暖系统的冷热源机组能效比符合国家和地方公共建筑节能标准的有关规定。 5.2.3 建筑采暖与空调热源选择，符合《公共建筑节能设计标准》GB 50189第5.4.2条的规定。 5.2.4 照明采用高效光源和高效灯具或采取其他节能控制措施。 5.2.5 对于新建、改建和扩建的公共建筑，应根据用户等情况，对冷热源、输配系统和照明等各部分能耗进行独立分项计量。 一般项 5.2.6 建筑总平面设计有利于冬季日照并避开主导风向，夏季则利于自然通风。建筑主朝向选择本地区最佳朝向或接近最佳朝向。 5.2.7 建筑外窗可开启面积不小于外窗总面积的30%，透明幕墙具有可开启部分或设有通风换气装置。 5.2.9 采用适宜的蓄冷蓄热技术和新型节能的空气调节方式。 5.2.10 采取切实有效的热回收措施，设计为可以直接利用室外新风的空调系统。 5.2.11 通风空调系统在建筑部分负荷和部分空间利用时不降低能源利用效率。 5.2.12 风机的单位风量耗功率和冷热水系统的输送能效比符合《公共建筑节能设计标准》GB 50189第5.3.26、5.3.27条的规定。 5.2.13 建筑需蒸汽或生活热水选用余热或废热利用等方式提供。 5.2.14 采用太阳能、地热、风能等可再生能源利用技术。 5.2.15 楼宇自控系统功能完善，各子系统均能实现自动检测与控制。 优选项 5.2.17 对于直接以天然气作为一次能源的系统，采用分布式热电冷联供技术和回收燃气余热的燃气热泵技术，提高能源的综合利用率。 5.2.18 可再生能源的使用占建筑总能耗的比例大于5%。 5.2.19 建筑冷热源、空调输配系统、照明、生活热水等部分能耗实现分项和分区域计量。	1) 建筑设备监控系统 建筑设备监控系统用于对智能建筑内各类机电设备进行监测、控制及自动化管理，达到安全、可靠、节能和集中管理的目的。 建筑设备监控系统的监控范围为空调与通风系统、变配电系统、公共照明系统、给排水系统、热源和热交换系统、冷冻和冷却水系统、电梯和自动扶梯系统。 2) 智能化系统集成 系统集成检测验收的重点应为系统的集成功能、各子系统之间的协调控制能力、信息共享和综合管理能力、运行管理与系统维护的可实施性、使用安全性和方便性等要素。 且与智能建筑目的中的使用者舒适性、再组织的灵活性、工程适应性、节约能量、环境保护的可持续性、大幅提高处理突发事件的能力相关。

(3) 节水与水资源利用（表 8-8）

表 8-8

"绿色建筑评价标准"中相关章节	采用"智能建筑标准"中的手段，才能达到绿色建筑相关标准
控制项 5.3.1 根据建筑类型、气候条件、用水习惯等制定水系统规划方案，统筹考虑传统与非传统水源的利用，降低用水定额。 5.3.2 设置完善的供水系统，水质达到国家或行业规定的标准，且水压稳定、可靠。 5.3.4 管材、管道附件及设备等供水设施的选取和运行不应对供水造成二次污染，并应设置用水计量仪表和采取有效措施防止和检测管道渗漏。 5.3.5 合理选用节水器具，节水率大于25%。 一般项 5.3.6 在降雨量大的缺水地区，选择经济、适用的雨水处理及利用方案。 5.3.7 在缺水地区，优先利用附近集中再生水厂的再生水；附近没有集中再生水厂时，通过技术经济比较，合理选择其他再生水水源和处理技术。 5.3.8 采用微灌、渗灌、低压管灌等绿化灌溉方式，与传统方法相比节水率不低于10%。 5.3.9 优先采用雨水和再生水进行灌溉。 5.3.10 游泳池选用技术先进的循环水处理设备，采用节水和卫生的换水方式。 5.3.11 景观用水采用非传统水源，且用水安全。 优选项 5.3.12 沿海缺水地区直接利用海水冲厕，且用水安全。 5.3.13 办公楼、商场类建筑中非传统水源利用率在60%以上。	1) 建筑设备监控系统 　　建筑设备监控系统用于对智能建筑内各类机电设备进行监测、控制及自动化管理，达到安全、可靠、节能和集中管理的目的。 　　建筑设备监控系统的监控范围为空调与通风系统、变配电系统、公共照明系统、给排水系统、热源和热交换系统、冷冻和冷却水系统、电梯和自动扶梯系统。 2) 智能化系统集成 　　系统集成检测验收的重点应为系统的集成功能、各子系统之间的协调控制能力、信息共享和综合管理能力、运行管理与系统维护的可实施性、使用安全性和方便性等要素。 　　且与智能建筑目的中的使用者舒适性、再组织的灵活性、工程适应性、节约能量、环境保护的可持续性的能力相关。

(4) 室内环境质量（表 8-9）

表 8-9

"绿色建筑评价标准"中相关章节	采用"智能建筑标准"中的手段，才能达到绿色建筑相关标准
控制项 5.5.1 采用中央空调的建筑，房间内的温度、湿度、风速等参数满足设计要求。 5.5.2 围护结构内部或表面无冷凝现象。 5.5.3 采用中央空调的建筑，新风量符合标准要求，且新风采气口的设置能保证所吸入的空气为室外新鲜空气。	1) 建筑设备监控系统 　　建筑设备监控系统用于对智能建筑内各类机电设备进行监测、控制及自动化管理，达到安全、可靠、节能和集中管理的目的。 　　建筑设备监控系统的监控范围为空调与通风系统、变配电系统、公共照明系统、给排水系统、热源和热交换系统、冷冻和冷却水系统、电梯和自动扶梯系统。

续表

"绿色建筑评价标准"中相关章节	采用"智能建筑标准"中的手段，才能达到绿色建筑相关标准
5.5.4 室内空气中污染物浓度满足《民用建筑室内环境污染控制规范》GB 50325 的规定要求。 空调系统的过滤器、风机盘管和风道等定期清洗或更换。 5.5.5 建筑外窗的隔声性能达到《建筑外窗空气声隔声性能分级及其检测方法》GB 8485 中Ⅱ级以上要求。 5.5.6 建筑室内采光满足《建筑采光设计标准》GB/T50033 的要求。 5.5.7 建筑室内照明质量满足《建筑照明设计标准》GB 50034 中的一级要求。 一般项 5.5.8 单独处理的新风直接入室，避免二次污染。 5.5.9 合理进行建筑平面布局和空间功能安排，减少相邻空间的噪声干扰以及外界噪声对室内的影响。 5.5.10 室内背景噪声满足《民用建筑隔声设计规范》GBJ118 中室内允许噪声标准一级要求。 5.5.11 宾馆类建筑围护结构构件空气隔声性能(Rw)满足《民用建筑隔声设计规范》GBJ118 二级要求。 5.5.12 建筑设计和构造设计有采取诱导气流、促进自然通风的措施。 5.5.13 建筑 75% 以上的空间可根据需要实现自然采光。 5.5.14 建筑入口和主要活动空间有无障碍设计。 优选项 5.5.15 采用中央空调的建筑，采用经济有效的空气净化技术和系统。 5.5.16 采用可调节遮阳，调控夏季太阳辐射。 5.5.17 设置室内空气质量监测系统，保证健康舒适的室内环境。 5.5.18 建筑 75% 以上的空间可实现自然通风。	2) 信息网络系统 信息网络系统应包括计算机网络、应用软件及网络安全等。 3) 火灾自动报警及消防联动系统 4) 综合布线系统 5) 智能化系统集成 系统集成检测验收的重点应为系统的集成功能、各子系统之间的协调控制能力、信息共享和综合管理能力、运行管理与系统维护的可实施性、使用安全性和方便性等要素。 与建筑设备监控系统、信息网络系统、智能化系统集成相关，且与智能建筑目中的使用者舒适性、再组织的灵活性、工程适应性、节约能量、环境保护的可持续性、大幅提高处理突发事件的能力相关。

(5) 全生命周期综合性能（表 8-10）

表 8-10

"绿色建筑评价标准"中相关章节	采用"智能建筑标准"中的手段，才能达到绿色建筑相关标准
控制项 5.6.2 采取具体措施有效控制施工引起的大气、土壤、噪声、水、光污染以及对场地周边区域的影响。	1) 建筑设备监控系统 建筑设备监控系统用于对智能建筑内各类机电设备进行监测、控制及自动化管理，达到安全、可靠、节能和集中管理的目的。

续表

"绿色建筑评价标准"中相关章节	采用"智能建筑标准"中的手段，才能达到绿色建筑相关标准
一般项 5.6.5 建筑设备管道更换方便，空间可灵活划分，调整方便。 5.6.6 施工、运营过程具有节约资源计划书，采取具体措施有效实现施工及运行过程中的节能、节水、节材。 5.6.7 物业管理部门或公司通过 ISO 14001 环境标准认证。 5.6.9 采用智能化手段进行系统运行状况的数据计量。 优选项 5.6.10 结合模拟手段进行建筑规划设计优化。 5.6.11 从建筑全生命周期角度，通过技术经济分析确定各项技术、设备、材料的选用。 5.6.12 具有并实施节能管理与激励机制，管理业绩与节约资源、提高经济效益挂钩。 5.6.13 对水、电、天然气、热等实行独立计量收费，取代按面积收费的方式。	建筑设备监控系统的监控范围为空调与通风系统、变配电系统、公共照明系统、给排水系统、热源和热交换系统、冷冻和冷却水系统、电梯和自动扶梯系统。 2) 通信网络系统 本系统应包括通讯系统、卫星数字电视及有线电视系统、公共广播及紧急广播系统等各子系统及相关设施。其中通信系统包括电话交换系统、会议电视系统及接入网设备。 3) 信息网络系统 信息网络系统应包括计算机网络、应用软件及网络安全等。 4) 火灾自动报警及消防联动系统 5) 安全防范系统 安全防范系统的范围应包括视频安防监控系统、入侵报警系统、出入口控制（门禁）系统、巡更管理系统、停车场（库）管理等各子系统。 6) 综合布线系统 7) 智能化系统集成 系统集成检测验收的重点应为系统的集成功能、各子系统之间的协调控制能力、信息共享和综合管理能力、运行管理与系统维护的可实施性、使用安全性和方便性等要素。 且与智能建筑目的中的使用者舒适性、再组织的灵活性、工程适应性、节约能量、环境保护的可持续性、大幅提高处理突发事件的能力相关。

在 2005 年北京"首届国际智能与绿色建筑技术研讨会"上，也提出了"智能与绿色建筑"的概念，把智能建筑与绿色建筑作为统一体，成为一个新概念，将智能建筑原来偏重于弱电控制系统的旧观念，提高到新的高度。

(1) "智能与绿色建筑"是一个有机的整体概念，这一概念应贯穿于建筑物的规划、设计、建造、使用以及维护的全过程，覆盖建筑物的整个生命周期。

(2) "智能与绿色建筑"注重与周边资源的和谐，包括对日光利用，空气流通，景观环境等的综合考虑，为居住者提供一个各方面俱佳的生活空间，并对周边环境产生长期的积极影响。

(3) "智能与绿色建筑"是综合运用建筑智能化技术达到生态健康的生活理念。其内容包括：绿色建材，建筑设施，建筑智能化系统，智能化家居及小区管理系统，建筑和交通监控管理系统，建筑环保，管理和辅助决策系统。

(4) "智能与绿色建筑"关注建筑材料与能源的合理利用与节约，因而在建筑的设计阶段，对建筑物建造与使用过程的每个环节都应进行认真地筹划，以求最大程度地节约能源与材料。

（5）"智能与绿色建筑"将环保技术、节能技术、信息技术、网络技术渗透到居民生活的各个方面，即用最新的理念，最先进的技术和最快的速度去解决生态节能与居住舒适度问题。

（6）"智能与绿色建筑"不仅仅是遮风避雨，享受环境和振作精神的场所，也不光是与周围环境相隔绝的包厢，而是成为环境的一部分，与之共同构成和谐的有机系统，不管是城市还是郊区都是如此。

参考文献

[1]Hartkopf V, V Loftness, P Mill. Integration for performance Building System Integration Handbook. John Wiley&Sons Inc, New York, 1986:231-317.

[2] 余庄, Hartkopf V, Vivian Loftness. 智能建筑的新发展及其设计指导思想. 建筑学报, 1998,(1).

[3] 余庄, Volker Harckopf. 智能建筑设计到管理中的可控性. 建筑学报, 1998,(12).

[4] 荆其敏等. 生态的城市与建筑. 北京：中国建筑工业出版社, 2005.

[5] 绿色奥运建筑研究课题组. 绿色奥运建筑评估体系. 北京：中国建筑工业出版社, 2003.

[6]V Loftness, Hartkopf V, P Mill. Critical frameworks for building evaluation:total building performance, systems integration, and levels of measurement and assessment. Building Evaluation. Edit. Wolfgang F E Preiser. Pienum Publication Corporation, New York, 1989:149-166.

[7]Hartkopf V, V Loftness. Designing the office of the future: the Japanese approach to tomorrow's workplace. John Wiley & Son Inc, New York, 1993.

[8]Chair P A. Defining intelligent control. IEEE Control System Magazine, 1994, 14(3):4-5, 58-66.

[9] 智能建筑工程质量验收规范, 中华人民共和国国家标准 GB50339-2003.

建筑技术新论
New Theory of Building Technology

Computer Aided Building Function Design
计算机辅助建筑性能设计

第9章 计算机辅助建筑性能设计

9.1 计算机辅助建筑性能设计的发展趋势

建筑空间的建筑性能设计涉及到很多学科，只有掌握现代建筑技术科学的设计人员，才有可能设计出满足建筑性能要求的建筑空间。现在，科技成果向现实生产转化的程度愈来愈快，科学技术的集成也促进建筑性能的标准化、通用化。建筑空间的建筑性能设计走向信息化，这也是当今建筑性能设计的关键所在。建筑空间的建筑性能设计水平的高低，反映他对建筑性能技术信息掌握的多少。信息掌握的多，应用的好，扩散速度快，才能占领设计的制高点。现在各类高新技术信息来源俱增，设计知识和信息的更新及扩散速度加快，使建筑性能设计发生了质的飞跃。当前出现的建筑空间的建筑性能设计活跃期，其明显特征就是创新。一些新设计理论和理念的形成，一些新型建筑空间的建筑性能的出现，一些新技术的推广都说明创新的活力和对建筑的贡献。因此，对设计人员不断进行创新意识的培养和知识更新具有重要意义。

未来建筑空间的建筑性能设计首要目标是服务于绿色建筑空间，营造绿色建筑空间。基点应是从用户的切身利益出发，营造健康、安全、文明的工作和生活环境，提高用户的工作和生活空间的质量和文明，是涵盖环境生态和可持续发展的一个过程。应该做的工作是：要把空气、阳光、绿色引进建筑空间。

未来的建筑空间的建筑性能设计，将会创造一切硬件条件迎接大自然赋予人们的享受，而且通过设计师的创新，改善居住的舒适程度和绿色环境。他的含义为：健康、有益、节能、低耗和低污染，是涵盖环境生态和可持续发展之内的一个概念。利用自然，减少污染，保护自然，回归于自然，强调"人与自然环境和谐共生"。随着对建筑空间的要求越来越高，建筑性能的设计也就越来越重要，如建筑节能设计，就是建筑性能的优化的表现。今后我国建筑节能的任务就是在保证使用功能、建筑质量和室内环境符合小康目标的前提下，采取各种有效的节能技术与管理措施，降低新建房屋的单位建筑面积能耗，同时，对既有建筑物进行有计划的节能改造，达到提高居住热舒适性、节约能源和改善环境的目的。建筑节能是建筑技术发展的一个方向，也是节能领域的组成部分。世界平均建筑能耗占总能耗的37％，其中，包括供暖、通风、空调、照明在内的民生能耗又占能耗的80％以上。我国建筑能耗约占全国总能耗的25％，且由于近年来建筑迅速增多，年增长率高达15％，建筑能耗呈增长趋势。建筑能耗属于消费性能耗，对于消费性能耗，除了保证正常消费需要的部分，余者完全浪费。因此，在世界能源问题日益急迫、建筑能耗不断增长的今天，讨论建筑节能问题意义十分重大。建筑空间能源选择是建筑节能的基础。对能源的选择和利用，包括对自然能源利用以及建筑的体型和围护结构的选用，是建筑节能最为关键的一步。

建筑性能也是公共建筑的设计和运营中的重要指标。公共建筑的功能是综合性的，他是包括有展览、会议、办公、餐饮、物流管理、仓储、商务服务和信息网络服务于一体的综合性现代化超大型建筑群体，以能够承办大型综合性展览和大规模商贸活动为其基本功能，兼顾会议、办公、物流仓储、餐饮娱乐和与展览会议有关的展示、演示、表演、宴会等功能。公共建筑的功能是综合性的，其能源的利用和选择，为达到建筑节能的目的，其重要性是不言而喻的。

与以往任何时期相比，建筑性能设计的重要性越来越强，建筑性能设计是建筑空间的设计的重要基础，能给建筑带来绿色的、可持续发展的点睛之笔。

要把建筑空间建设成为智能化且符合绿色建筑的要求，需要重视建筑环境物理条件，对热、声、光以及室内空气质量提出了更高的要求，无论是在哪个地方，特别是在夏热冬冷地区，对建筑节能和建筑性能的要求更为突出。当代信息技术与环境技术设备的发展使得对建筑的物理条件进行参数化设计和数字化精确调控成为可能，而且可以借助于数字虚拟现实技术，在方案阶段便可以对整个建筑的能源消耗和生态效应有一个准确的估算，最大限度减少不可再生能源的消耗和相对机械耗能，真正实现绿色高技术建筑。设计应主动地应用高新技术手段，对建筑物的物理性质（光线控制、通风控制、温湿度控制以及建筑新材料特性等）进行最优化配置，合理地安排并组织建筑与其他相关环境因素之间的联系，使建筑与外界环境统一成为一个有机的、互动的整体。

计算机辅助建筑性能设计，或者说是建筑性能的模拟设计，是在各建筑性能的数学模型的基础上，通过计算机的数值计算和图像显示的方法，在时间和空间上定量描述建筑性能的数值解，从而得到对各种建筑性能的仿真结果。

在国内外，计算机辅助建筑性能设计，一般都是在建筑热工计算、建筑光学、建筑声学以及与这些建筑性能相关的因素，如太阳运行图、气象数据的参数、舒适度的研究等设计上进行模拟。时下为了更好地研究建筑节能，用CFD（Computational Fluid Dynamics）的方法，使用相关软件，对建筑内、外的环境进行风洞模拟，也属于这部分的工作。现在，国内外都开发了很多的软件，做了许多有关方面的研究。使用建筑性能的模拟设计，无论是在建筑设计中，还是建筑设计后，都能较为清晰的了解建筑性能的变化情况，对建筑设计有很好的辅助作用。由于这些软件的编制基础，都是在有关方面多年来的研究基础上，首先建立数学模型，然后根据这些数学模型编制软件的计算部分，再用计算机的图形显示功能，或者说是利用计算机虚拟现实的技术，将结果在屏幕上显示出来。显然，这对于需要满足具体建筑性能要求的建筑设计，比如要满足建筑节能的要求，是极为有用的，也是极为必要的手段。

当前，建筑空间的计算机辅助建筑性能设计走向专业化。单纯靠结构和水暖电这些主要专业解决更细化的建筑性能设计问题，来满足人们对舒适度提高的迫切要求，显然是不够的。因此，建筑空间的建筑性能辅助设计日渐兴起并走向专业化。下列问题就是计算机辅助建筑性能设计所考虑的问题：

（1）建筑性能、室内人群、建筑材料、外部环境、建筑形式等对建筑本身的影响；

（2）分析建筑空间的能源应用模型，分析过程中进行各项节能设计，这是建筑性能计算机辅助设计的理论基础；

（3）对自然能源采用主动设计手段进行利用的数字化依据，以及利用建筑的体型和围护结构的选用，合适自然能源利用效率的优化方法；

（4）建筑性能计算机辅助设计的基本数据库的建立。该数据库包括建筑性能、人群、材料、外部环境、建筑形式在设计中的基本

参考数据;

(5) 对现在已经成熟的各项主要节能技术,如双层玻璃幕墙、围护结构外的可控遮阳、玻璃围护结构(含屋顶)、屋顶植被、相变材料等在各种类型建筑中应用的可行性;

(6) 用计算机模拟程序,对各项设计的关键因素进行设计中的模拟,采用设计—模拟—再设计—再模拟的循环手段,进行主动性设计;

(7) 根据建筑特点,用上述计算机模拟程序,对建筑节能的主要部分,即地点、气候、围护结构、门窗的大小及位置、建筑的体形和体形系数、建筑材料的使用、照明设施的影响、空调设施的使用以及节能建筑部件的采用,进行节能的全面评估;

(8) 对建筑的综合经济分析是通过对节能建筑和常规建筑的全生命周期费用的各组成部分进行比较,求出建筑全生命周期内节能建筑的费用节减的现值,并求出其投资回收期;

(9) 节能费用相对增加值的评估,即采取节能技术和节能构造以及材料而导致的增加费用。评价建筑物系统设计、建筑物改造、能源预算以及寿命周期成本和收益;

(10) 用系统科学中的最优理论和方法,用上述的数值结果,在设计选择中搜索优化方案,对建筑物各系统变量进行详细的参数研究,使得设计者提高收益并降低初投资。

9.2 计算机辅助建筑性能设计的方法

9.2.1 建筑生态大师-ECOTECT

Ecotect 由英国 Square One research PTY LTD("Square One")公司开发研制,是一个为建筑师在设计中使用而开发的软件,目前已经发展到5.5版本(图9-1)。使用该软件,建筑师可以方便的在设计过程中任何阶段对设计进行评估。只需要输入一次模型,即可在软件中完成对设计方案热性能、天然光和人工照明、日照、混响时间、声音传播和经

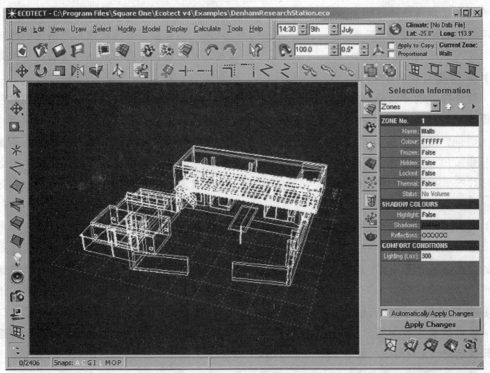

图9-1 ecotect 操作界面

济分析以及建筑对环境的影响。这些分析结果可以帮助建筑师在设计阶段时对建筑方案做出评估，或从建筑环境角度比较不同方案的优劣，从而作出更加有利于生态的选择。

Ecotect 的计算得到了国外专业评估组织的认可，被广泛的运用到建筑设计中。欧洲已有大量的建筑在设计中使用了该软件，如英国威尔士加的夫港的政府办公楼、英格兰赫尔市的大型露天体育场、澳大利亚佩思的圣玛丽剧场等等。目前，Ecotect 在全世界已经发行了 2000 多个独立的使用版权。此外，在澳大利亚、英国和美国有超过 60 个大学正在教授学生们使用该软件。

9.2.2　Ecotect 软件的特点

（1）在同一程序中可完成不同内容的分析

在软件中只需输入一次模型，并输入模型中的各部件的建筑和材料参数，软件即可直接从建筑模型中读出所需要的数据，分析建筑的热性能、天然光和人工照明、日照、混响时间、声音传播、经济分析以及建筑对环境的影响等技术指标。

（2）采用交互式分析模式

软件提供的分析是即时性的。比如改变地面材质，就可以比较房间里声音的反射、混响时间、室内照度和内部温度等的变化；加一扇窗户，立刻就可以看到他所引起的室内热效应、室内光环境等的变化。

（3）直接的、可视化分析结果

分析结果以图、表格、动画等各种可视化的方式显示出来，非常直观。

（4）兼容性好，建模方便

软件的操作界面简洁，建模方便；模型可用其他建模工具导入，如 AutoCAD、3dMax 等；最后还可以输出到渲染器 Radiance 中进行逼真的效果图渲染，或导出成为 VRML 动画，为人们提供一个三维动态的观赏途径。

9.2.3　体育馆物理环境的模拟分析

华中科技大学新体育馆是由华中科技大学与武汉市政府联合投资建设的，位于主校区东边生活区中，是一座可以满足体育训练、比赛、文艺演出、会议、展览的多功能综合体育馆，辅助设施完善，带有练习馆、会议室、活动室、演播室等辅助用房，体育馆与原有 400m 跑道操场，室外篮、排球训练场连在一起，构成东区的体育活动中心，正在建设中。

新体育馆比赛大厅为圆形平面，直径近 90m，结构设计运用大跨度现浇钢筋混凝土框架结构体系，100m 跨相贯节点梭形桁架轻钢结构屋面，主场馆为钢筋混凝土结构与钢结构的复合结构。室内上弦标高 27.5m，下弦标高 23.5m；室内有效容积 82241m³，设固定座位 3919 个，活动座位 2410 个，比赛场地为 70m×41.8m。主入口设在一层平台上，从东、西看台下方用玻璃幕墙围成的厅内进入。一层平台下安排训练、会议、艺术体操等辅助用房。地下层设有空调机房。

配套设备设计要满足国际比赛和彩色实况转播的要求，实现比赛场地的高照度、均匀度、色温和显色性、场地主扩声的语言清晰度、声场均匀度及传声增益指标，使之达到国家语言和音乐兼用一级指标。场地灯光、音响、人员出入、检票、记时记分、高窗开启、安全监控、停车等均实现智能化管理。

根据华中科技大学建筑设计研究院所提供的建筑施工图（图 9-2）在 Ecotect 中建立简化足尺模型。模型共分为 7 个空间：比赛厅（图 9-3）、东侧入口玻璃厅、西侧入口玻璃厅、位于一层的两个训练房、其余为裙房部分。

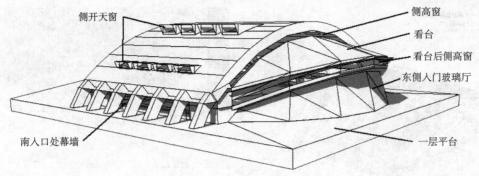

图 9-2 Ecotect 中的体育馆模型

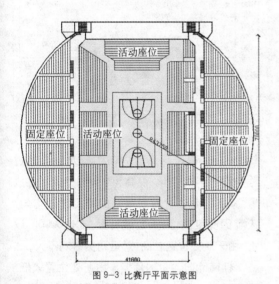

图 9-3 比赛厅平面示意图

9.2.4 体育馆的光环境模拟

根据我国人工照明要求，大部分体育项目在练习时场地内水平照度应达到 150～300lx，进行正式比赛时场地内水平照度应达到 300～750lx。因此认为，在自然采光条件下，比赛场地上水平照度达到 150lx 即可满足在一般训练需要，水平照度达到 300lx 即可满足比赛需要。根据武汉所处的地理纬度模拟 CIE 全云天条件，天空设计照度取值 9000lx（Ecotect 计算得出），采光设计采用全云天作为设计依据（即选择最不利光气候条件）。窗户设计参数：普通透明浮法玻璃，透明度为 88%。围护结构室内表面反射率：顶棚——0.85；木地板——0.70；地面——0.65；墙面——0.85。

(1) 照度分析

在全云天条件下体育馆比赛场地上的水平照度。所分析的工作面为距地面高 1.0m 处的平面（选此高度是为了和人工照明标准取得一致）。

从图 9-4 中可以看到在全云天的条件下，馆内平均照度为 259.98lx，最高照度 543.75lx，最低照度 43.75lx。场地中部较亮，但看台下仍有一定阴影区，主要比赛区域内的照度基本均大于 150lx。这样的照明条件可满足大部分球类活动（篮球、排球、羽毛球和体操等）在场地中部进行训练的需要；如果进行乒乓球活动则还需要辅助人工照明，达到 500lx 的标准。

需要说明的是，上面的模拟是在未考虑室内结构条件即屋顶钢桁架、马道（图 9-5）影响下进行的计算。

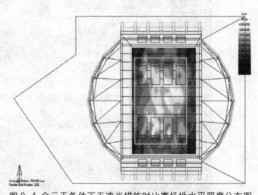

图 9-4 全云天条件下无遮光措施时比赛场地水平照度分布图

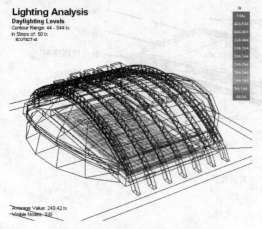

图 9-5 馆内有桁架时比赛场地照度分布

图 9-6 体育馆室内鸟瞰平面照度分布图

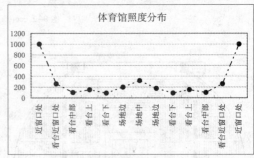

图 9-7 体育馆剖面照度分布

(2) 均匀度分析

图 9-6 为体育馆室内鸟瞰平面照度分布图，图 9-7 是根据其数值得到的剖面上的照度分布曲线。由此可看到采用天窗、侧窗结合的采光方式后，整个比赛大厅中照度的分布曲线呈"w"形：赛场内照度较高，在 200～1000lx 之间；而坐席照度较低，在 50～200lx 之间。

(3) 室内视野分析

图 9-8 两组图片分别反映了从场地内西侧向东侧、以及从场地内南侧向北侧运动过程中视野内的变化，视高为 1.8m，相机水平放置。从图 9-8 中可看到地面的照度比较均匀，天窗的亮度高，大大超过背景，高达 5000lx 以上，由于所处位置较高，对运动员影响不大。

但南北向入口的幕墙，因所处位置较低、面积较大，易在运动员视野内形成大面积亮

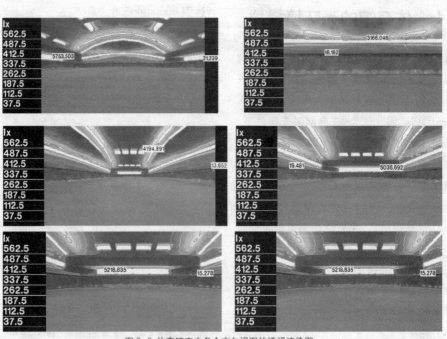

图 9-8 体育馆室内各个方向视图的透视渲染图

带，产生眩光影响。

（4）室内直射光问题分析

天窗和侧高窗的设计提高了室内的平均照度水平，改善了室内的照度分布，使之更加趋于合理。但他们同样也会带入太阳直射光，造成眩光，这对室内活动是非常不利的。因此，必须对天然采光采取一定遮光和控制光的照射措施。如侧开天窗采取老虎窗的形式，结合造型做了出檐处理，檐口挑出达1.5m。

图9-9分析了南面上部侧开天窗遮阳效率。图中可看到，该檐口在4～8月里有比较好的遮阳效果，达到全天100％的遮阳率；而其他的月份里，随着太阳高度角的不断降低，遮阳率也逐渐降低，到达12月份时，平均遮阳率仅为37.1％。大部分时间里太阳是可以通过窗户直射入大厅的。从冬至日该窗户的逐时遮阳率分析图中可以看得更清楚，全天大部分的时间里遮阳率均低于50％（图9-10）。

至于东西两侧的高窗，几乎没有遮阳处理，太阳直射的问题更为严重，在上午和下午的时候，他们分别会带入大量的直射光到场地上。

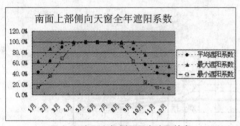

图9-9 南面上部侧开天窗遮阳效率

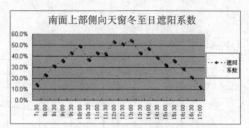

图9-10 南面上部侧开天窗冬至日逐时遮阳效率

9.2.5 体育馆热环境模拟分析

（1）模拟参数

地理环境：武汉，北纬30.6°，东经114.3°，海拔23m。

气象资料：Meteonorm V4.10模拟的武汉地区逐时气象资料，数据中包括室外干、湿球温度，气压，相对湿度，太阳辐射强度，云量，风速等。

室内设计参数：采用空调时室内设定温度18～26℃。

模拟周期：一年，每天使用时间为上午8点至晚上22点。

通风换气：大厅采用自然通风，当室外条件达到室内设定温度时即开窗；玻璃厅的自然换气次数为0.5次/h。

室内状况：假定比赛厅中有50人进行训练，东西两入口厅内各有10人，处于稳定状态；不考虑照明热负荷。

模型参数：输入详细的外墙、屋顶、地面等材料的数据参数。

模拟过程：建立计算机模型，输入地理条件和气象数据，得到全年室内温度曲线、供暖与制冷耗电量，热负荷分析图。

（2）模拟结果及分析（图9-11～图9-13）

模拟的温度为室内平均干球温度。从全年不同极端条件天气的室内逐时气温变化图上可以看到比赛大厅、两侧玻璃入口厅的变化规律：

比赛大厅——从全天来看，比赛大厅内温度变化曲线比较平缓。夜间室内气温波动不大，普遍比室外高1～2℃；白天室内气温有所上升，晴天里中午一般比室外低2～4℃，阴天时室内外温度很接近。室内最高温度一般出现在下午2～4时之间，最低气温一般出现在早上6～8时之间。

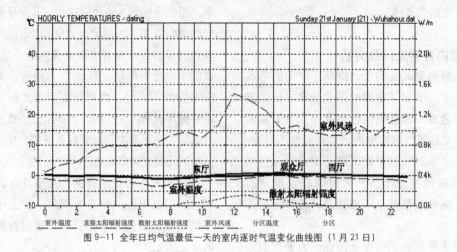

图 9-11 全年日均气温最低一天的室内逐时气温变化曲线图（1月21日）

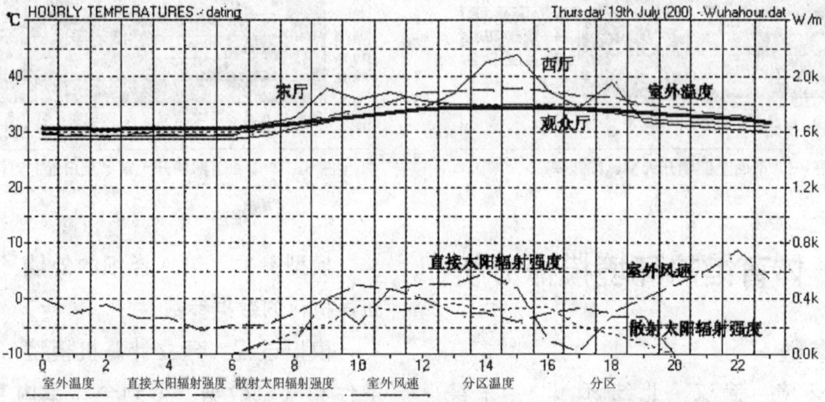

图 9-12 全年日均气温最高一天的室内逐时气温变化曲线图（7月19日）

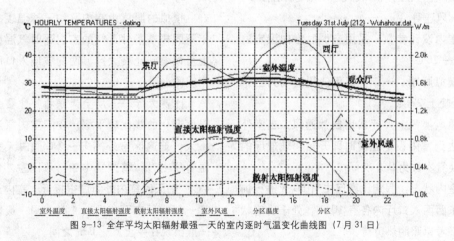

图 9-13 全年平均太阳辐射最强一天的室内逐时气温变化曲线图（7月31日）

两侧玻璃厅——两侧玻璃厅受太阳辐射的影响明显，日气温变化幅度非常大。阴天里，玻璃厅内部气温与室外非常接近，夜间一般比室外高 1～2℃，白天受散射太阳辐射影响温度会有局部的升高。

晴天里，夜间的室内气温也与室外气温基本保持相平，与比赛大厅内气温相比略低；白天时两厅的温度会随着太阳辐射强度的增强而发生骤升和骤降：太阳升起时，东厅开始升温，上午 9～10 时室内温度达到最高，之后开始骤降，至中午 12 时半左右达到某种接近室外气温的平衡，下午基本比室外低 1～2℃。西厅室内温度上午比室外低 1～2℃，中午 12 时左右开始上升，在下午 3、4 时左右达到最大值，室内气温可比室外高 10℃ 以上；之后开始降温，至下午 6、7 时左右重新达到某种接近室外气温的平衡。

总的来说，东西两厅日间气温波动大，波动幅度主要由当日直接太阳辐射决定。在太阳辐射较强的日子里，两厅室内气温可比室外高 10℃ 以上，而且西厅的最高温度比东厅还要高 5～7℃；在夏季厅内温度可高达近 50℃。

(3) 日热量得失分析

比赛厅和玻璃厅的围护结构差异很大，其热负荷构成差异也很大。

1) 比赛厅（图 9-14、图 9-15）

从全年极端条件天气下的室内热负荷构成图上可以看到，通过围护结构和通风是比赛大厅得热、失热的主要原因，太阳辐射带进的热负荷相对较小。这样的结果是由体育馆的结构形式决定的。体育馆的体积大，围护结构的表面积也很大，但窗户所占面积很

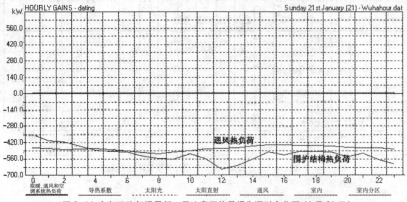

图 9-14 全年日均气温最低一天比赛厅热量损失逐时变化图（1 月 21 日）

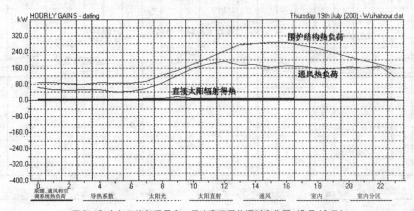

图 9-15 全年日均气温最高一天比赛厅得热逐时变化图（7 月 19 日）

小（表9-1）。因此，由围护结构、通风带入的热量远远大于太阳辐射带入的热量。

比赛厅中不同围护结构面积（m²）　　表9-1

全部的表面积	22723.820
阳光下暴露面积	19589.520
窗户面积	918.706

需要说明的是，Ecotect中认为的通风热损失是指室内暖空气损失所带走的能量以及因取代他的低温空气需要加热所消耗的能量。采用自然通风方式时，通风传递的热量包括两部分：通过窗口和建筑物围护结构缝隙渗透所带进、带出的热量。体育馆表面积大，通过窗户、墙壁渗透入室内的空气量较大，传递的热量也较大。

2）东侧玻璃厅（图9-16、图9-17）

从上面的图中我们可以看到，由太阳辐射带入的热量是东侧玻璃厅得热的主要来源。

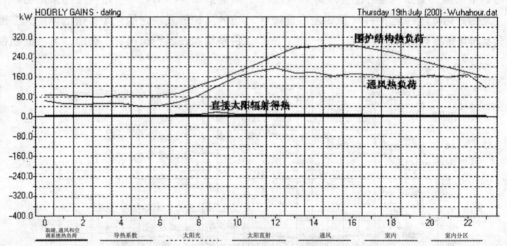

图9-16 全年日均气温最低一天东侧玻璃厅热损失逐时变化图（01.21）

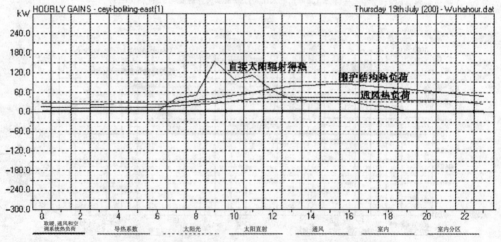

图9-17 全年日均气温最高一天东侧玻璃厅得热逐时变化图（7月19日）

该数值受当天太阳辐射的强度影响大,太阳辐射越强,进入的热负荷也越大,甚至导致东侧玻璃厅内的室内最高温度不是出现在日平均气温最高的那天,而是出现在日平均太阳辐射最强的那天。

通过围护结构也有一定热量传递,晴天时总量与通过辐射方式进入的热量接近;阴天时则是室内热传递的主要部分。

3) 西侧玻璃厅(图9-18、图9-19)

西侧玻璃厅的热负荷构成与东厅基本一致,太阳辐射引起的热负荷是室内得热的主要来源。

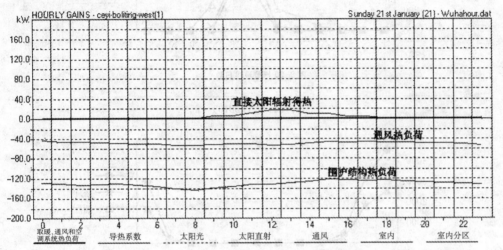

图9-18 全年日均气温最低一天的西侧玻璃厅热损失逐时变化图(1月21日)

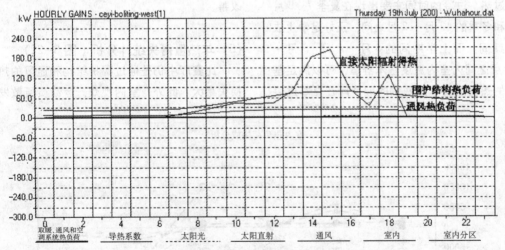

图9-19 全年日均气温最高一天的西侧玻璃厅得热逐时变化图(7月19日)

(4) 年温度统计分析

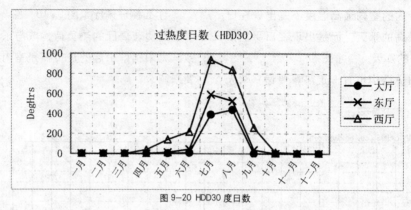

图 9-20 HDD30 度日数

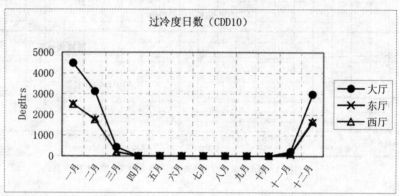

图 9-21 CDD10 度日数

从图 9-20 和图 9-21 中可看到，比赛大厅过热、过冷的时间主要出现在夏季 7、8 月份和冬季的 12 月～2 月之间，正好是学生放假期间；而上学期间的 3 月～6 月、9 月～11 月之间内室内温度基本舒适，可以满足基本的热舒适要求。两侧的玻璃厅在夏季过热时间较长，尤其是西厅，其室内热环境有待改善。

(5) 年热量得失统计分析（图 9-22）

比赛厅中仍是通过围护结构和通风的热损失最大。此外，室内观众、运动员所散发

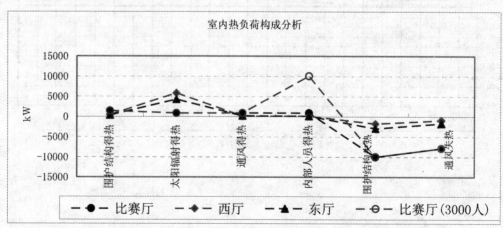

图 9-22 室内得热、失热构成分析

出的热量也不可忽视。经模拟发现，当考虑比赛厅晚上有3000人在观看比赛时，人体散发的热量在得热中占很大的比例。

东西两侧厅的得热主要是通过太阳辐射带进热量，失热主要是通过围护结构散发出热量。西厅所得到的直接太阳辐射能量最多。若要改善两个玻璃厅的热环境，关键是对两厅夏季采取遮阳措施，减少可直射入室内的阳光，并采用传热系数低的玻璃幕墙，减少通过围护结构向外传递的热量，提高冬季的室内平均温度。

9.2.6 体育馆声环境模拟分析

(1) 模拟参数

屋架采用钢桁架，为体现空间的结构美，室内不设吊顶。馆内有效容积为82241m³，厅内设固定座椅3919个，人均容积21m³；活动座椅2410个，总座位数为6329个，人均容积13m³。

(2) 混响时间

Ecotect中混响时间有三种算法：Sabine、Norris-Eyring、Millington-Settle。模拟3919座时满座室内混响时间，结果如图9-23所示。

修正后的计算结果如图9-24、图9-25所示。

由图9-24和图9-25可知，按照目前的情况，馆内低频部分的混响时间显得过低，不利于展现声音的丰满度；高频处的混响时

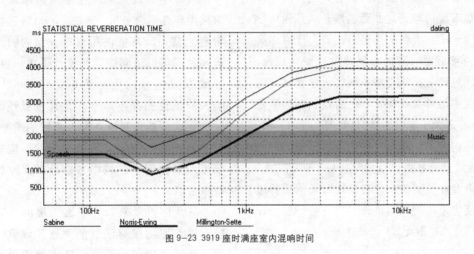

图9-23 3919座时满座室内混响时间

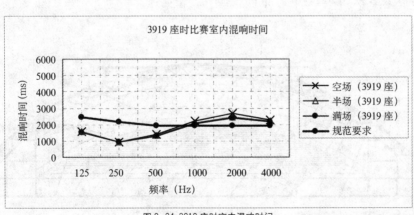

图9-24 3919座时室内混响时间

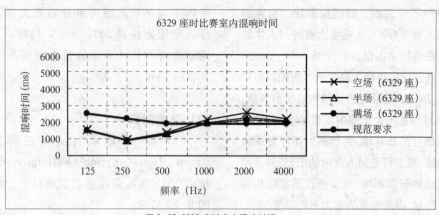

图9-25 6329座时室内混响时间

间比标准稍微高了一些。混响时间的频率特性不够规范。

(3) 几何声学分析

比赛大厅的屋顶采用组合方式，由一片上凸弧形屋顶与两片曲面构成。从几何声学的角度分析，当弧的半径与比赛大厅室内高度比较接近时，室内极易产生声聚焦现象，需协调好两者关系。华中科技大学新体育馆的上弦中轴标高为27.5m，屋顶弧面的半径有60m，远大于室内高度，是室内高度的2倍。根据场内各点的模拟，室内没有明显的声聚焦现象，声音扩散比较均匀（图9-26）。

需要注意的是，比赛场地四周的平行矮墙之间容易出现颤动回声，对这些部位应作强吸声或声扩散处理。

(4) 体育馆声环境评价

馆内有效容积为82241m³，馆内设固定座椅3919个，人均容积21m³；活动座椅2410个；总座位数为6329个，人均容积13m³；大于交响乐大厅推荐的每座容积 7～10m³。

从混响时间来看，在屋顶按原设计要求采用穿孔铝合金板（背贴80mm玻璃棉），看台后窗户、幕墙使用窗帘，馆内的满场混响时间可以达到规范和设计要求。但是，各频率混响时间相对于500～1000Hz混响时间的比例并不理想，尤其是低频部分过低，这虽然有利提高室内声音的清晰度，但在音乐会声音会显得过于干涩。室内需要重新调整围护结构中各部分吸声材料的吸声性能。

从几何声学来看，屋面弧度的处理比较合适，室内没有明显的声聚焦现象。此外，比赛场地四周的平行矮墙间容易出现颤动回声。对这些部位应作强吸声或声扩散处理。

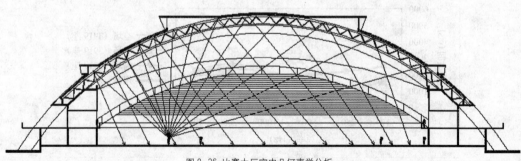

图9-26 比赛大厅室内几何声学分析

9.3 DOE 简介

DOE – plus（图 9-27）可模拟建筑物在使用过程中，各种设备、系统的能耗状况，还可对建筑进行经济分析和评价。DOE 采用动态计算方法——反应系数计算方法，计算了大楼中在各种条件下的能耗。它要求输入建筑的模型，建筑物应按房间或其他某种单位分割成空间（space），每个空间有自己的空间条件（space condition）、使用情况的周期（schedule）、墙体、窗户、外门、遮阳板、设备等特征，然后根据该地区全年每天 24 小时的气象资料，可得到每个空间、每个小时的报告。

DOE 计算包括负荷计算模块（load）、空调系统模块（system）、机房模块（plant）、经济分析模块（economy），其流程如图 9 – 28 所示。在他的输出报告菜单中有建筑耗能情况的分析，在 load、system、plant、economy 等菜单下，可以分析不同的空间和系统，获得每个空间的能耗指标，如耗冷量、耗热量、耗电量、使用小时等及其统计分析，并且还有相关的峰值和峰值出现时间的报告（图 9-28）。

负荷计算模块利用建筑描述信息以及气象数据计算建筑全年逐时冷热负荷。冷热负荷，包括显热和潜热，与室外气温、湿度、风速、太阳辐射、人员、灯光、设备、渗透、建筑结构的传热延迟以及遮阳等因素有关（图 9-29）。

空调系统模块利用负荷模块的结果以及用户输入的系统描述信息，确定需要系统移去或加入的热量。该模块考虑了新风需求、系统设备控制策略、送回风机功率以及系统运行特性（图 9-30）。

机房模块利用系统模块结果以及用户输入的设备信息，计算建筑及能量系统的燃料耗量和耗电量。该模块考虑了部分负荷性能（图 9-31）。

经济分析模块进行寿命周期分析。输入数据通常包括建筑及设备成本、维护费用、利率等（图 9-32）。

以上 4 个模块顺序执行，后面计算模块要利用前面模块的计算结果。每次不一定要运行全部 4 个模块，这取决于目标的确定。假设只考虑建筑本身的冷热负荷，只需运行

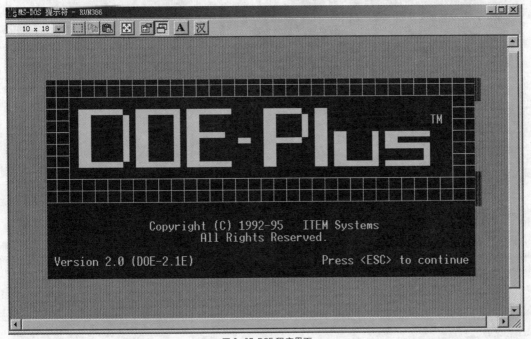

图 9-27 DOE 程序界面

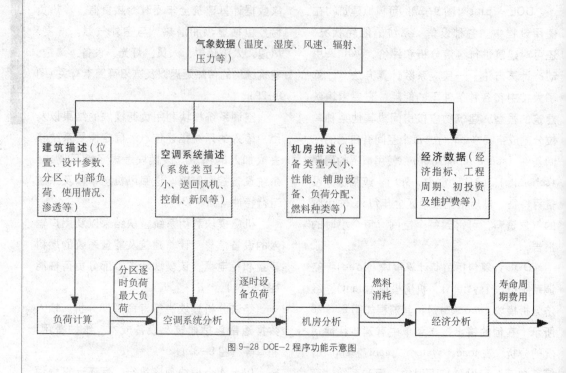

图 9-28 DOE-2 程序功能示意图

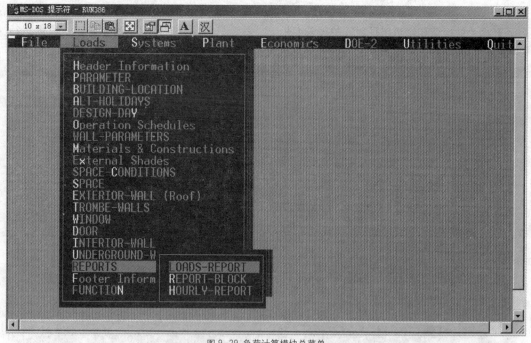

图 9-29 负荷计算模块总菜单

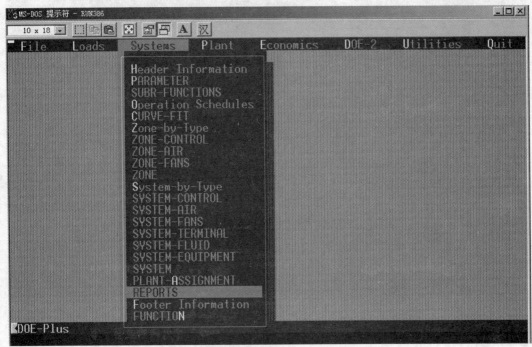

图 9-30 空调系统模块总菜单

图 9-31 机房模块总菜单

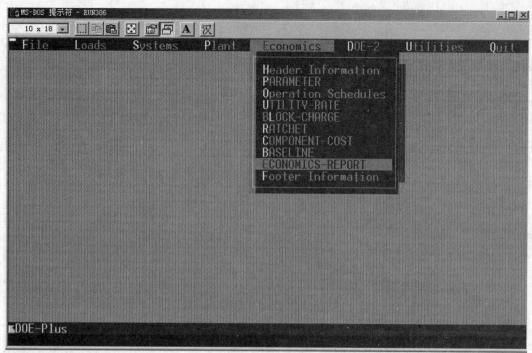

图 9-32 经济分析模块总菜单

第 1 个模块。

相应于以上 4 个模块，DOE 分别有 LDL、SDL、PDL 以及 EDL 等执行程序，由总控程序 BDLCTL 协调完成所有工作。用 DOE 进行建筑能耗模拟时，除了气象数据保存在单独的文件外，所有的信息，包括地理位置、建筑描述、材料特性、运行班次、设备性能等都组织在 1 个文件名后缀为 inp 的文件里。所有的指令、输入信息都用建筑描述语言 BDL 描写。

BDL 指令格式为：

U-name = Command
　　Keyword = Value
　　.........
　　Keyword = Value ..

其中 U-name 是用户指定的名称，Command 是指令类型，他也决定了下面的数据输入，".."是指令结束符，是必需的。比如，如果定义 1 个房间的 4 面墙，其东南西北墙的 U-name 可以分别指为 wall-e、wall-s、wall-w、wall-n，而 Command 就是 WALL。对应于 WALL，有 X（坐标）、Y（坐标）、WIDTH（宽度）、AZ（方位角）等定义的关键词。描述其他信息的指令也是类似的格式。在 LDL、SDL、PDL 以及 EDL 模块中，各自有非常丰富 BDL 指令类型。除了输入模拟需要信息的指令外，每个模块的计算结果可以按用户要求通过相应的指令输出。

9.3.1　DOE-PLUS 的参量描述及输入

(1) 建筑描述

建筑位置：包括经纬度、海拔、时区、朝向等；

气象资料：逐时干球、湿球温度、气压、风速风向、日照等；

建筑遮挡物：遮挡物表面积、透明度、位置；

建筑围护结构描述：围护结构各保温层厚度、次序以及材料导热系数、干密度、比热容等特性，家具及结构的热延迟系数等；

建筑内部空间位置关系：内外墙构造、定位等；

运行时间设定：包括建筑各空间占用（住

人）时间序列、照明时间列表、设备（风扇等非供能设备）时间表；

空气渗透参量。

（2）供暖空调管网系统设置

供暖空调管网系统的类型很多，各种类型的运行方式不同，其参数设定也因而互异。下面给出一般情况下所有系统都必须的参量及其输入方法。

建筑内部空间温度设定参数：逐时供热设计温度列表、空调设计温度列表、温度调节方式、温度浮动范围，这些参数在Zone-Control内设定。

运行参数列表：加热参数列表和制冷参数列表，在SYSTEN-CONTROL和FAN-CONTROL(SYSTEN-FAN)中设定。

SYSTEM系统设计温度在下列指令中输入：

ZONE-CTR——供暖设计温度、制冷设计温度；

SYSTEM-CTR——系统最高(低)供热(制冷)温度。

室外温度质量：根据室内人数确定的空调系统送风风速和换气次数（在Zone-Air内输入），系统送风量、回风量，最小室外通风占系统总送风量的比例，自然通风时间列表，自然通风换气率，自然通风换气温度列表（设定窗户启闭的温度）。

风扇特性：须根据情况设定，一般包括风扇效率、满供风负荷的单位能耗、风扇运行静态压力、风扇运行控制方式、夜间通风控制。

设定室内空间名称和服务空间的管网系统：在Zone-Names中确定各空间的名称和属性，在Plenum-Names中确定系统服务的空间。

（3）供热、制冷设备特性参数输入

对设备参数的设定分两个部分：设备运行参数和设备经济属性参数。详细描述如下：

选定设备类型，通常常用的设备有：锅炉、蒸汽设备、火炉、冷（热）凝器、太阳能收集器、热恢复装备、冷凝器、吸收式冷凝器等，各种设备所用能源是不同的，锅炉常用燃料和电，冷凝器常用电能等；

设定设备运行的时间列表；

设定设备种类：在PLANT-EQUIPMENT中输入设备类型、容量、数量；

设备运行负荷率：在PART-LOAD-RATIO中输入设备运行最大、最小和运行效率以及辅助设备电输入效率；

设定设备参数：设备运行容量确定依据（根据当前负荷或天气状况两种方式确定），能源效率；

运行负荷的设备分配：确定满足建筑负荷所需运行的设备的顺序。在Load-Assignment中输入设备类型（供冷、供热）、负荷范围、设备、数量、运行方式等参数；

负荷管理：确定设备的季节性运行顺序以及管理冷、热和电负荷；

设备经济参数输入：在PLANT-EQUIPMENT中输入设备初期投资、安装费、设备运行费用（润滑油、电、水等）、维护费、设备寿命、设备运行时间、检查停运期限以及检修费用等，在plant-cost和reference-cost中对设备寿命、投资、安装和运行费用等参数进行详细设定；在energy-resource中输入能源种类、能源输送效率、单位能源含热量等参数。

（4）经济性能模拟参数

在plant输入建筑供暖空调能耗量和设备费用的基础上，与economics中建筑经济变量、能源费用及其他参数一起对节能建筑生命周期费用进行综合验算。相关参数如下：

能源效用率：能源种类、价格、价格浮动参量等，在utility-rate中设定；

非设备部分费用参数：初期投资、安装费、年运行维护费、主要检修期费用。这里的非设备投资费用指除将初始能源转化为供暖空调能量和电的设备（锅炉、冷凝器等），它包括屋顶绝热部件、HVAC系统、太阳能收集系统，甚至是整个建筑费用。相关参数有以下几种：初期投资、数量、安装费、年维护费用、检修间隔及费用和部位寿命；

节能经济效益比较：节能建筑收益比较基准模型参数包括初期投资、置换费、能源效率、年能耗量以及计算年限内逐年运行费、能耗费用。

在DOE-2能耗和建筑生命周期费用模拟计算的主要参数基础上，可以对建筑能耗、设备运行费用以及建筑、设备运行维护费用进行计算机模拟。经济性能模拟过程处于整个过程的最上层，他必须以能耗、设备、系统的模拟结果为基础，因为节能建筑收益中节能效益占主要部分，所以，能耗模拟结果的精确性确定了最终结果的准确可靠性。因此，在loads、systems、plants模块中的参数输入和控制必须准确可靠，并且应该在充分分析比较的基础上，确定参量的取值和控制策略。

9.3.2 关于气象数据

用DOE进行建筑能耗模拟，一个基本前提是具备所在地区的全年气象数据。根据DOE需要的每天24h的逐小时气象数据，才能进行计算。逐小时气象数据包括：(1)湿球温度；(2)干球温度；(3)大气压；(4)云量；(5)降雪量；(6)降雨量；(7)风向；(8)含湿量；(9)室外空气密度；(10)室外空气焓；(11)太阳总辐射强度；(12)太阳垂直辐射强度；(13)云类；(14)风速。另外还需要12个月的地面温度数据。实际上以上参数并不完全独立，有的可根据其他参数计算。DOE也没有使用以上全部数据，如果原始资料有太阳辐射数据，则DOE不使用云量、云态、降雨和降雪数据；只有在原始资料缺少太阳辐射数据的情况下，DOE才根据这些数据估算辐射。DOE采用的时间是地区标准时间，对中国而言就是北京时间。

由于种种原因，我国缺乏足够的全年的逐小时气象数据。我们是采用当地气象局提供的典型年温度、湿度等气象数据，太阳辐射数据由Meteonorm软件产生，然后合并成本地的气象数据，作为DOE计算的输入条件。

经过20多年的发展完善检验，DOE本身的准确可靠性是得到世界认可的。由K.J.Lomas等在1997年第26期"Energy and Building"上发表的文章"Empirical validation of building energy simulation programs"，将DOE与欧洲、澳洲和美国同类软件，在相同输入环境下的运算结果与实际测量值进行比较，各软件都有自己的特点。DOE的结果也得到世界上的公认。

DOE-2软件所采用的是反应系数计算方法，与前者的静态相比，是更合理的动态的计算方法。与传统的人工计算方式相比，他有如下优点：

1）充分考虑到了各种因素的影响，使结果更加准确；

2）由于计算单位是空间，计算起来更加灵活，可以考虑不同性质空间的不同情况，如某些空间使用空调，某些空间不使用空调，不同的空间又有不同的室内条件，还可以根据室内人物活动的情况，安排空间每天使用设备的时间，这样的计算，其实更加接近实际的生活情况；

3）充分考虑了内墙、楼板、屋顶、地基等建筑构造，以及建筑材料的相关热工性能（如热阻、比热）对建筑物节能指标的影响；

4）只要建立了一个模型之后，修改其空间性质和气象资料，就可以计算出不同地区的节能指标；

5）输出报告中的结果非常丰富，可以查到每个空间的耗冷量、耗热量、耗电量、能耗、使用小时数等指标及其总和，并且还有相关的峰值、峰值出现时间的报告，这对于调配用电量有很大意义。图9-33为DOE-Plus在"Load"菜单下有关墙的参数的输入界面。

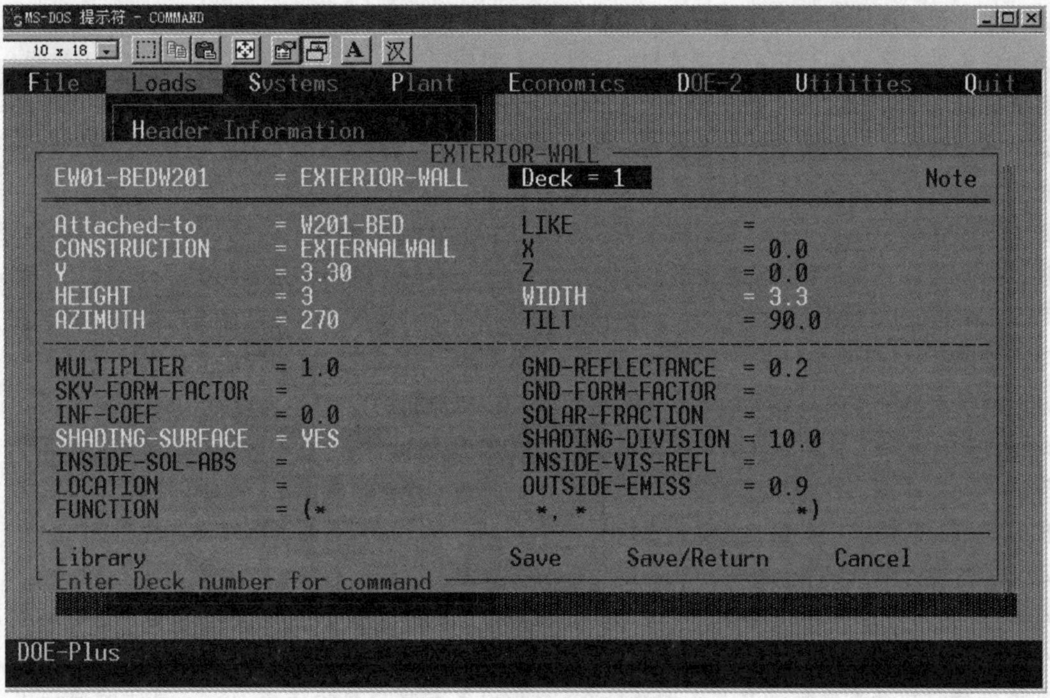

图 9-33 墙参数的输入界面

9.3.3 DOE 在建筑节能标准计算中的应用

夏热冬冷地区是指长江中下游及其周围地区。湖北省全省均在该地区范围内。绝大部分地区夏季炎热，冬季寒冷。近年来，随着我国经济的高速增长，该地区的城镇居民纷纷采取措施，自行解决住宅的冬、夏季的室内热环境问题。夏季使用空调和冬季使用供暖设备成了一种很普遍的现象。由于该地区的各种原因，居住建筑的设计对保温隔热问题不够重视，围护结构的热工性能普遍较差。主要供暖设备是电暖器和暖风机，能效比很低，电能浪费很大。这种状况如不改变，该地区的供暖、空调能源消耗必然急剧上升，将会阻碍社会经济的发展，且不利于环境保护。

下面案例的内容即是针对湖北省地区居住建筑，从建筑、热工和暖通空调设计方面提出节能措施，对供暖和空调能耗规定控制指标。

(1) 模拟条件

居室室内计算温度，冬季为 18℃，夏季为 26℃；

室外气象计算参数采用武汉典型年的气象报告；

供暖和空调使用时，换气次数为 1.0 次/h；

供暖、空调设备为家用气源热泵空调器，空调额定能量转换率（cooling—elr）取 0.37，供暖额定能量转换率（heating—eir）取 0.36；

室内照明得热为每天 0.0141kWh/m^2。室内其他得热平均强度为 4.3W/m^2。

采用这样的模拟条件，一方面是依据《夏热冬冷地区居住建筑节能设计标准》（JGJ 134—2001）中的相关要求，另一方面也是根据武汉地区的实际情况和人体工程学制定的。室内热环境质量的指标体系包括温度、湿度、风速、壁面湿度等多项指标。本例只提供了温度指标和换气指标，原因是考虑到一般住宅较少配备集中空调系统，湿度、风速等参数实际上无法控制。在室内热环境的诸多指标中，最起作用的是温度指标，换气指标则是从人体卫生角度考虑必不可少的指标。

居室温度夏季控制在 26℃，冬季控制在 18℃，与目前该地区住宅的夏热冬冷状况相比，考虑该地区经济发展比较快，居民对改善居住条件的要求很迫切，而建筑物的设计基准期为50年，也是《夏热冬冷地区居住建筑节能设计标准》的要求。调查表明，目前使用空调的家庭，空调运行的设定温度大多数为26℃左右，也有一些年轻家庭空调设定温度为24℃。冬季供暖的室温还很少有18℃那么高，但在以坐姿为主的室内活动的情况下，维持室内冬季的热舒适，18℃是必要的。

换气次数是室内热环境的另外一个重要的设计指标。冬、夏季室外的新鲜空气进入室内，一方面有利于确保室内的卫生条件，但另一方面又要消耗大量的能量，因此要确定一个合理的换气次数。住宅建筑的层高在2.5m以上，按人均居住面积15m^2计算，1小时换气一次，人均占有新风37.5m^3，接近《旅游旅馆建筑热工与空气调节节能设计标准》GB 50198中规定的二级客房的换气量标准（每人每小时40m^3），是比较适宜的。

空调额定能量转换率（cooling-eir）取0.37，供暖额定能量转换率（heating-eir）取0.36。这主要是考虑家用空调器国家标准规定的最低能效比。由于夏热冬冷地区室内供暖、空调设备的配置实际上能够控制的主要是建筑围护结构，所以在计算中适当降低设备的额定能效比对居住建筑实际达到节能50%的目标是有利的。在计算中取空调的最低能效比，有利于突出建筑围护结构在建筑节能中的作用。

居住建筑的内部得热在冬季可以减小供暖负荷，在夏季则增大空调负荷。在计算时将内部得热分为照明和其他（人员、家电、炊事等）两类来考虑。对人员、炊事和家电得热还分别考虑供暖和非供暖空调房间的情况。室内得热的多少随机性很强，在计算中取定值，与实际情况是有出入的。但是为了使不同的建筑之间有可比性，规定在计算中取定值。在计算中室内照明得热按每天耗电0.0141kWh/m^2取值。室内人员、炊事和视听设备等的其他得热，分为显热和潜热两部分。对卧室和起居室，显热按每天4.33kWh，潜热按每天1.69kWh取值。对厨房和卫生间，显热按每天2.9kWh，潜热按每天1.76kWh取值。

(2) 模拟周期

本例没有明确划定供暖期和空调期，而是用空调和供暖年耗电量作为控制指标，主要原因是湖北地区居住建筑目前较少配备集中供热和供冷系统，降温和供暖基本上是居民的个人行为。春、秋两季，气温突降或骤升时，不论是否已到了所谓的供暖期或空调期，居民都有可能开启冷暖型空调器供暖或降温。

本标准模拟了一个普通家庭，家庭成员白天工作，晚上回家。因此假定房间内的设备有其自身的使用周期。具体的使用周期如下。

卧室：每天晚上十一时至次日早上七时，照明仅在晚上十一时使用。

起居室、餐厅：平时从晚上七时到十时，周末和节假日的时候从早上八时到晚上十时。

厨房：每天早上八时和晚上十时。

其中，仅考虑卧室、起居室和餐厅有空调制冷，并且平均每小时换一次气。

(3) 模型参数

输入的模型是由湖北省居住建筑节能标准制定小组所提供的，户型结构在湖北地区具有一定的代表性。这栋建筑朝向为正南正北，住宅是一梯两户，建筑面积为1140m^2，体型系数0.349，层高3m，窗墙比34.9%，单元标准层建筑面积104m^2，三室两厅一厨两卫。每层两户，每户建筑面积稍小于100m^2，分为3个卧室，1个起居室，1个餐厅，1个厨房，2个卫生间（图9-34）。卧室和起居室控制温度和换气次数，卫生间和厨房不控温。

运行周期：

照明和设备的使用周期，是根据房间不同的使用性质，分别进行了设定；

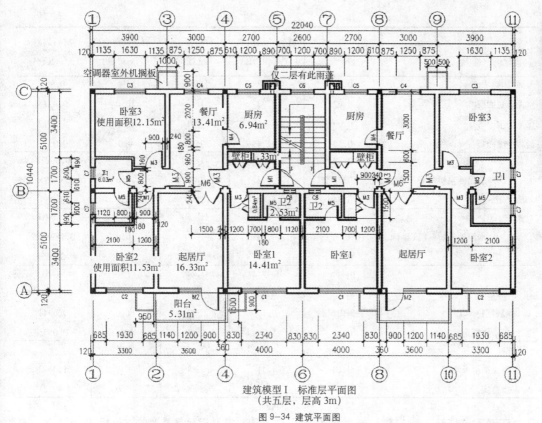

建筑模型Ⅰ 标准层平面图
(共五层,层高 3m)

图 9-34 建筑平面图

空调供暖和制冷仅考虑在卧室、起居室和餐厅内,平均每小时换一次气;

居室内计算温度,供暖期为 18℃,制冷期为 26℃。

围护结构:

外墙采用 250mm 厚的复合墙体,内墙采用 240mm 厚的分户墙和 120mm 厚的隔墙。各项围护结构的热工参数,根据相关节能的要求输入。

供暖和制冷设备系统:

假定每家使用一套独立的热泵空调系统,供暖与制冷均以电力为能源。按照节能标准,设定该系统在供暖和制冷时的能量转换效率、余热回收率、热容量;并为不同的房间的空调系统指定了他的工作时间、工作设定温度、房间的通风方式和通风周期、自然通风率和最大通风率等等。

结构上采用 240mm 厚的承重墙和 120mm 厚的隔墙,外墙采用 250mm 厚的复合材料。围护结构的热工参数表如表 9-2 所示:

围护结构的热工参数　　　　　　　　　表 9-2

名称	材料厚度 (m)	材料导热系数 W/(m·K)	材料密度 kg/m³	材料比热容 J/(kg·K)	材料热阻 (m²·K)/W
外墙	0.29	(0.5613)	(1700)	—	0.5167
水泥砂浆外粉刷墙	0.02	0.93	1800	1050	0.0215
墙体(复合)	0.25	0.5313	1700	1050	0.4705
石灰砂浆内粉刷层	0.02	0.81	1600	1050	0.02469

续表

名称			材料厚度（m）	材料导热系数 W/(m²·K)	材料密度 kg/m³	材料比热容 J/(kg·K)	材料热阻 (m²·K)/W
屋面			0.21	(0.24706)	(1530)	—	0.850
水泥砂浆面层			0.02	0.93	1800	1050	0.0215
保温防水层等			0.09	0.1167	400	1550	0.7712
混凝土屋面板			0.10	1.74	2500	920	0.0575
内墙	240内墙		0.29	(0.878)	(1880)	—	0.30278
	① 水泥砂浆粉刷层（两面）		0.025×2	0.93	1800	1050	0.3056×2
	② 墙体		0.24	1.10	1800	1050	3.065
	120内墙		0.16	(0.8845)	(1800)	—	1.3463
	① 水泥砂浆粉刷层（两面）		0.02×2	0.93	1800	1050	0.1528×2
	② 墙体		0.12	1.10	1800	1050	3.065
楼板			0.138	(0.4911)	(1980)	—	0.281
① 木地板			0.022	0.17	700	2510	0.1294
② 保温材料			0.016	0.19	500	1170	0.0941
③ 混凝土楼板			0.10	1.74	2500	920	0.0575
一层地面			—	—	—	—	—
① 混凝土面层及地坪			0.10	1.51	2300	920	1.0172
② 素土夯实			(3.6)	1.16	2000	1010	(40.2)

在确定这些热工数据时，既考虑了满足冬季保温，又考虑到要满足夏季隔热的要求。这里采用的是平均传热系数，即按面积加权法求得外墙的传热系数，考虑了围护结构周边的混凝土梁、柱等热桥的影响，以保证建筑在夏季空调和冬季供暖时通过围护结构的传热损失与传热量小于标准的要求，不至于造成建筑耗热量或耗冷量的计算值偏小，使设计的建筑物达不到预期的节能效果。将屋面和外墙的传热系数值定为1.0W/(m²·K)和1.5W/(m²·K)即是在此基础上根据湖北地区的气候状况而制定的。

这里需要注意的是，在划分空间的时候，我们是以房间为单位。整栋建筑共有5层，共划分了91个空间。至于外墙、内墙的数目就更多了。因此，为了清晰的体现建筑的结构，合理的为这些构件命名，是非常重要的。

（4）模拟结果

在评价建筑物能耗水平时，建筑物耗热量指标、供暖耗电量指标、耗冷量指标、空调耗电量指标是重要的评价标准。

1) 建筑物耗热量指标

按照冬季室内热环境标准设定的计算条件，计算出的单位建筑面积在单位时间内消耗的需要由空调设备提供的热量，单位为W/m²。

2) 供暖年耗电量

按照冬季室内热环境设计标准设定的计算条件，计算出的单位建筑面积供暖设备每年所要消耗的电能，单位为kWh/m²。

3) 建筑物耗冷量指标

按照夏季室内热环境设计标准设定的条件，计算出的单位建筑面积在单位时间内消耗的需要由空调设备提供的冷量，单位为W/m²。

4) 空调年耗电量

按照夏季室内热环境设计标准设定的计算条件，计算出的单位建筑面积空调设备每年所要消耗的电能，单位为kWh/m²。

因此，我们主要参考DOE的输出报告中的相关数据，求出这四个指标。

1）建筑物耗热量指标：W/m²

2）供暖年耗电量指标：

$$\frac{25159（全年供暖耗电量）}{772（供暖部分建筑面积）} = 32.59 \text{kWh/m}^2$$

3）建筑物耗冷量指标：

$$\frac{10.4557 \times 1000000（最热月耗冷量）}{744（该月小时数） \times 772（供冷部分建筑面积）}$$
$+4.3$（单位建筑面积的建筑内部得热量）$=22.50$W/m²

4）空调年耗电量指标：

$$\frac{20214（全年空调耗电量）}{772（空调部分建筑面积）} = 26.18 \text{kWh/m}^2$$

这样，我们便得到了所需的指标参数。

（5）影响指标的几个因素

根据DOE的计算，我们发现影响指标的主要因素有下列几个：

1）围护结构的热阻

各朝向外墙热阻值增加时，建筑物的热负荷和冷负荷都有所降低。例如，根据SS—H报告，当外墙热阻值从0.34(m²·K)/W（普通240砖墙）增至0.4705(m²·K)/W，热负荷降低12%左右，冷负荷降低4%左右；当外墙热阻值从0.4705(m²·K)/W增至1.00(m²·K)/W（250加气混凝土），热负荷降低20%左右，冷负荷降低6%左右，节能效果明显（图9-35、图9-36）。

2）房间的朝向

房间的朝向对建筑的耗电量的影响很大。根据SS—A报告，不论围护结构的热阻和比热容如何，顶层住户的耗电量要比非顶层住户的供暖耗电量大25%左右，空调耗电量大10%左右。西边住户的供暖耗电量比东边的住户的耗电量大20%，制冷耗电量相差不多。

3）通过门窗缝隙的空气渗透

通过门窗缝隙的空气渗透对耗电量有一定的影响。当房间的换气次数由1.0次/h增加到2.0次/h，根据SS—D报告，供暖耗电量和制冷耗电量分别增加了4.9%和6.2%。因此，加强门窗的气密性，对建筑节能有一定意义。

4）窗户遮阳情况和窗墙面积比

从DOE的报告中，我们可以看到随着窗墙面积比的增大，建筑的供暖和制冷耗电量也在增大。根据SS—H的报告，当建筑物的窗墙比从34.9%增到50.4%时，建筑物的制冷、供暖负荷会增大5%左右。使用遮阳板也能降低制冷的能耗。从SS—D报告中可发现，当仅在起居室外的窗户上考虑遮阳板的因素时，建筑的制冷耗电量就减少了1.6%。若在所有的窗户外均使用遮阳板，节省的能量将会更多。

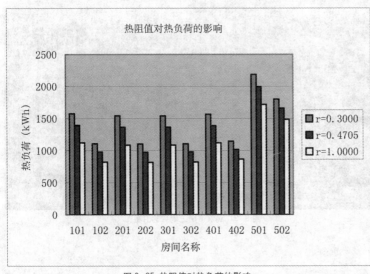

图9-35 热阻值对热负荷的影响

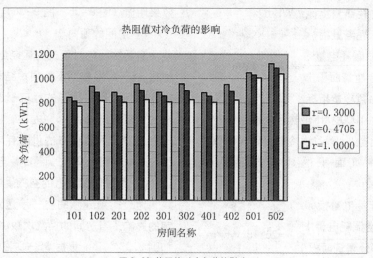

图 9-36 热阻值对冷负荷的影响

9.4　CFD 模拟与建筑环境

9.4.1　武汉市宜居基本地理条件分析

地理条件是影响气候的重要因素之一，现用遥感图对武汉周边地势进行简单分析。

图 9-37 为武汉周边地势图，图中可以看出，武汉市的南部、西部、东北部都有较高的山脉，相对于武汉市的大通风口（主要是夏季的海洋季风）为西南方向和东南方向。对于冬季来说，武汉市北面没有阻挡寒冷西北风的地形屏障，西北风可以长驱直入，这也是形成武汉市夏热冬冷气候的原因之一。武汉周边山势形成盆地状，水体极为丰富是最大特点。

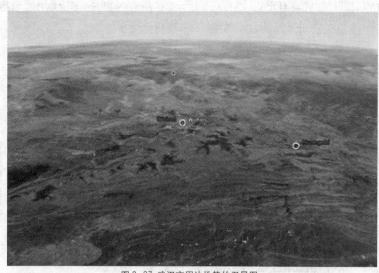

图 9-37 武汉市周边地势的卫星图

9.4.2 研究的边界条件和参数

武汉市地处北亚热带季风区，属亚热带湿润季风气候。雨量充沛、热量丰富、夏热冬冷、四季分明。夏季最长为135天，冬季次之为110天，春秋季各为60天。年均气温17.7℃，1月最低，月平均气温3.0℃，7月最高，月均达28.8℃。年月气温平均值差达25.8℃，大于同纬度的杭州、成都等地，显示出武汉气候的大陆性。武汉市市区盛夏闷热，白天气温常在37℃左右，夜间也常保持在30℃左右，极端最高气温为41.3℃，素有"火炉"之称。武汉市风向明显地随季节变化而变化，冬季以北风和东北风为主，夏季多东南风。年平均风速为2.7m/s，最大风速10.0m/s（北风），静风频率为10%。

(1) 气象条件分析

采用武汉市典型气象年的数据，形成风玫瑰（图9-38）。

(2) 风的温度、风速设定

在这次研究中，风在各种条件下设置了不同的值。夏季白天（取正午12：00）的风的温度为32℃，风速为15km/h。夜间（取凌晨2：00）的风的温度为30℃，风速为5km/h。冬季的风的温度为0℃，风速为15km/h。应用前述软件及数据资料可以得出下列各主要风向的发生概率（表9-3、表9-4）。

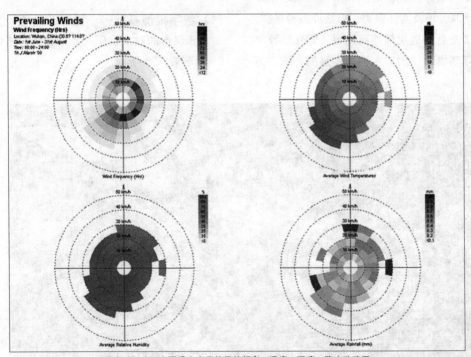

图9-38 武汉市夏季3个月的风的频率、温度、湿度、降水玫瑰图

夏季风速概率表　　　　表9-3

	东南	西南	东北	南风	东风
全天	22	23.7	18.2	9.7	6.9
中午12时	30.5	13.9	25.3	14.2	2.2
晚上2时	23.3	14.7	24.6	7.4	6.2

冬季风速概率表 表 9-4

	东南	西北	东北	北风	东风
全天	15.2	14.9	34	9.8	7.1
中午 12 时	13.2	13.2	21	13.3	7.7
晚上 2 时	16.1	18.5	30.8	10.6	8.6

(3) 水体和湿地的参数设置

1) 湖水的温度设置：夏季湖水温度设为 26℃，冬季为 5℃。

2) 江水的温度设置：夏季为 17℃，冬季为 9℃。

3) 在采用蒸发面为环形的蒸发皿 (0.3m2) 时，夏季蒸发量为 352.3mm。冬季蒸发量为 81.2mm。蒸发量的计算包括水面蒸发、土壤蒸发、植物散发以及流域总蒸发量的计算，涉及面比较宽，方法亦多种多样。器测法是直接运用陆地蒸发器、蒸发池及水面漂浮蒸发器，测定水面蒸发量的方法。方法简便实用。各地实测资料也较充足，但由于蒸发器的水热条件和天然水面不同，所以测出的蒸发量需要通过折算，才能转化为天然水面蒸发量。其折算关系为：

$$E = \phi E' \quad (9\text{-}4\text{-}1)$$

式 9-1 中，E 为水面实际蒸发量；E' 为蒸发器测定值；ϕ 为折算系数。

(4) 数字模型基础——城区的分级设置

武汉市的数字模型的具体分级方法如图 9-39 和表 9-5 所示。

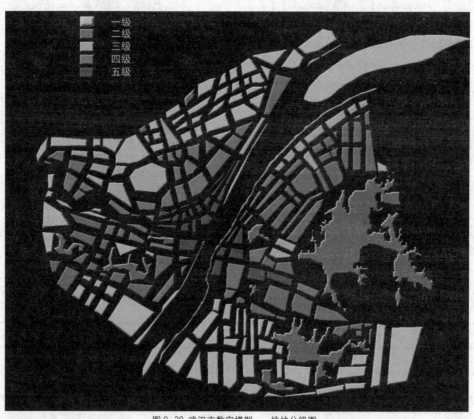

图 9-39 武汉市数字模型——地块分级图

城区的分级数据表　　　　　　　　　　表 9-5

等级	建筑密度	容积率	人口毛密度	绿化程度
一级	10% 以下	0.5 以下	200 以下	很好
二级	10% ~ 20%	0.5 ~ 1.0	200 ~ 400	好
三级	20% ~ 30%	1.0 ~ 1.5	400 ~ 600	一般
四级	30% ~ 40%	1.5 ~ 2.0	600 ~ 800	较差
五级	40% 以上	2.0 以上	800 以上	差

1）在区域等级划分中，根据不同区域的实际情况，在综合考虑建筑密度、容积率、人口毛密度、绿化程度等因素的基础上，取各参数在本地块上的平均值。

2）以接受太阳辐射的程度、风的影响为标准。若绿化程度高，如高等学校用地，尽管人口密度大，但可调整为一级。绿化程度还包括无覆盖、非裸露土地，如菜地等的概念（航拍相片可以观察）。

3）一等级区域为建筑密度小，容积率低，人口毛密度小，其中包括大面积的非建筑用地（如绿地、耕地、园地、林地等）。

4）二等级区域为建筑密度较大，容积率较高，人口毛密度较高，其中有相当面积的非建筑用地（如绿地、园地、林地等）。

5）三等级区域为建筑密度相对较大，容积率相对较高，人口毛密度相对较高，有一定面积的非建筑用地（如绿地、园地等）。

6）四等级和五等级区域为建筑密度大，容积率高，人口毛密度高的区域，其中有少量非建筑用地（一般城市绿地为主，根据其级别的升高而相对减少）。

(5) 计算流体力学 (CFD) 方法在城市规划中的应用研究

1）从理论上讲，CFD 方法适用于任何传热和流体问题。但在实际中，仍存在许多限制，其中计算机的运算能力、流场在自然条件下的性质以及复杂的受居住者影响的边界条件如何确定等，是最难以解决的几个问题。

2）通风和渗透的驱动力具有很强的随机特性，确定计算的边界条件和选用适当的湍流模型十分困难。受这些限制，目前 CFD 技术仅能应用于分析稳态的通风问题。

3）在城市规划中的具体应用，符合以上的约束条件。

4）在城市分区的基础上，对 CFD 中数字模型中的每个地块赋予不同的属性，其中包括：决定地块是空心还是实心，以及地块高度（根据建筑密度）；决定地块材料，可以根据不同的等级地块选择不同的材料，如水泥、砖等；根据不同的材料决定不同反射率，对太阳和热量的反射率；决定材料不同的初始温度等等。

5）上述的数字模型形成一个封闭空间，在空间的周围，设置进风口和出风口，边界条件作为进风口和出风口的参数。由气象条件形成进风口和出风口的边界条件，如风的大小、温度、方向等。

6）水面作为一种风源，由水的蒸腾速度决定其大小、湿度、速度、温度等。

7）研究在气象条件的作用下，城市数字模型在受到风的作用下，其最后的稳态状况的分析。

9.4.3 模拟的结果和分析

(1) 武汉市总体情况的模拟结果和简单评价

从图 9-40 可以看出，夏季武汉市主城区气候炎热，中心城区平均温度保持在 35℃ 以上，汉口人口密集区平均温度甚至高达 37℃。

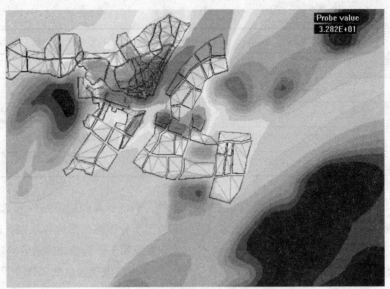
图 9-40 夏季白天西南风时武汉的温度图

即使在非城市中心，平均温度也在 33℃ 上下。

夏季武汉周边的湿地在各种风向的影响下，对武汉市中心城区环境质量的改变影响比较小，因为湖上吹来的温度较低的风在很大程度上被城市热岛效应消解掉了。城市郊区的湿地对市郊空气温度调节能够有一定范围的影响，但是始终无法进入市域内部。城区内部的水体对其周边的城区有一定的调节作用，但范围有限。长江和汉水温度较低（17℃），所以对其周边环境的改善作用较大。

在各个风向上，风在吹过城市后风速开始线形的降低，而且在城市内部，空气流通缓慢。可见城市中的建筑较大阻碍了空气的流通。湿地对空气流通速度的影响较小。

夏季夜晚的风速比较低。无法解决城市夜间降温的问题。湖泊的影响也不明显。与白天相比，城市中心仍然燥热，环境质量差。中心城区温度较白天只降低 2℃，而一般城区温度几乎没有变化。当然，在两江周边的区域，受益于江水温度较低，沿江区域比较舒适。

在冬季整体气温很低。城市热岛效应一定程度上使主城区受益，温度比郊区要高 2～3℃。长江及汉水流域水温为 9℃，使周边情况良好，比较温暖。但是外围城区情况不理想，气候严寒、温度较低。各大湖泊的温度稍高，但是对城市几乎无任何影响。

（2）湖泊型湿地的影响分析

前面已经部分谈到了湖泊对城市的影响，但是这些分析建立在既成情况的基础上，只能进行定性分析，无法进行定量分析和比较分析。也就是说，无法确定湖泊对城市的影响究竟有多大。鉴于此，以下假设出一些非真实情况，用于对比体现湖泊湿地的影响。

1）通过去掉湖泊，并对比原图，对比分析湖泊对武汉市环境、温度和大气环境质量的影响。

图 9-41 可以证明，市郊湖泊型湿地对城市的空气质量改善影响不大，但可以改善城市周边的舒适度。在我们假设去掉湖泊之后，城市市郊区域的环境迅速恶化，气温至少上升 3～4℃。市区内部分地区将上升 1～2℃。可见湖泊对城市空气环境质量及城市的可持续发展至关重要，需要严加保护。

2）考虑将湖泊与长江和汉水连通的情况下（即可以降低湖水的温度），城市气候环境将受到的影响，以及能多大程度的改善城市环境。

静止的湖水水温随周边环境变化而变化，流动的水温度比较低。因此，应尽量让武汉市内、外的湖泊连接起来，形成流水和大面积的

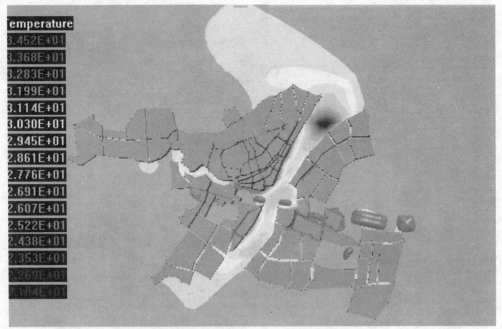

图9-41 夏季白天东南风时武汉市无湖泊的温度图

湿地,更大范围的改善城市气候条件。一旦湖水流动起来或是形成湿地,水温会相对较低,气温会有一定的降低。这在各种风向的影响下会在一定程度上改善周边城区的环境状况。

在湖水温度为30℃的情况下城区环境没有较大变化,但是对湖泊周边地区来说,气温升高,环境更加恶劣。湖泊温度37℃时情况更加糟糕。不仅湖泊周边大面积温度升高,城区也受到一定影响。原因有二:一是城区内部的湖泊温度升高,带动周边地区温度进一步升高;二是外围湖泊拉高周边环境气温,对城市散热产生顶托作用,城市热岛产生热量无法及时排出。

从图9-42中可以看出,在湖水温度为23℃的情况下,由于此时长江、汉水流域温度较低,状况良好,城市郊区温度较低,带动城市周边温度降低,有利于城市散热。所以尽量将湖泊与江水、湖泊与湖泊连接起来可以提高湿地对高温的抵御能力,有利于城市整体散热,最终改善武汉市的环境质量。

(3) 城市热岛效应分析

城市热岛效应指城市地区整体或局部温度高于周围地区,温度较高的城市地区被温度较低的郊区所包围或部分包围的现象。

夏季白天西南风的温度图。

从图9-43中可以明显看出,在夏季白天各个主导风向情况下,汉口大面积城区温度高,武昌和汉阳部分地区温度高,其他地区温度相对较低。长江、汉江以及城市周边的湖泊对其周围的温度影响较大,对周边温度有一定的调节作用。

从图9-44中可以看出,在各个主导风向影响下,夏季白天气流在城区周边的滞留时间较短。在城市主城区,空气龄指数相对较大,说明滞留时间长。而在部分城区空气龄指数相对较小,说明空气滞留时间短,利于空气质量的改善。

夜间城市在受到各种主导风向的影响下,虽然风的温度有所下降,但在进入主城市区域时,对城市中心区并没有起到明显的降温作用。部分城区仍然保持较高温度,与白天温度相差不明显。夜间城市主城区在受到东南和西南主导风向作用时,湖泊及河流的风速较大,有利于对其周边环境温度进行调节,有利于改善周围的空气环境质量。反

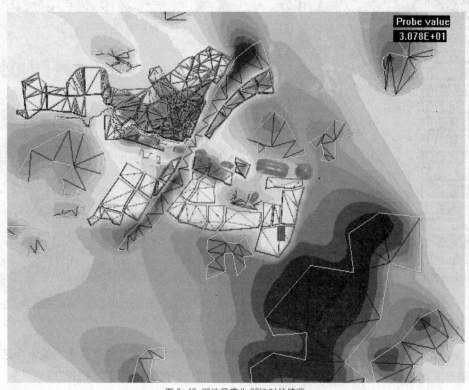

图 9-42 湖泊温度为 23℃时的情况

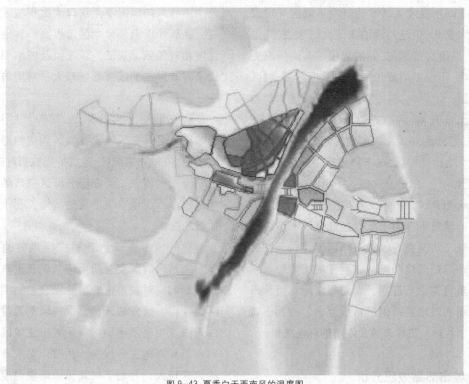

图 9-43 夏季白天西南风的温度图

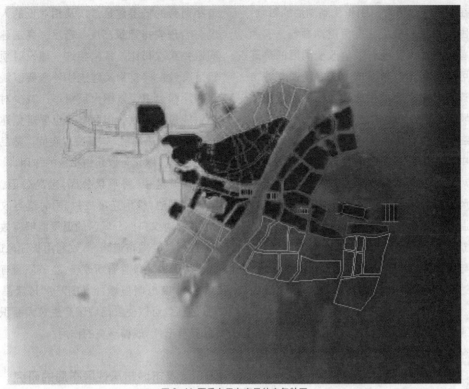

图 9-44 夏季白天东南风的空气龄图

之,在受到南风和东北风时,其调节作用则相对较小。

夏季夜间主城区在东南和西南主导风向影响下,风在城区的滞留的时间较短,表明通风较好,有利于通风降温,改善空气质量。而在东北和南主导风向影响下,风的滞留相对较长,不利于通风和降温。

冬季武汉市气候干燥、寒冷,温度较低。主导风向以东北方向为主,东南、西北和南向风也会有一定影响。白天和夜晚气温相差不是非常大,因此主要考虑武汉市白天(中午12:00)受气候的影响情况。

(4) 城市热岛解决改善措施分析

针对汉口城区人口密度大,建筑密度高,城市下垫面性质改变大,大量热量极易集中,从而产生热岛效应的现象,从城区的实际情况出发,采用以下措施调节改善城市热岛。

1) 改变建筑和人口密度

从图 9-45 来看,在城区中,通过降低人口密度,减小建筑密度,适当改善城市的下垫面的性质,汉口部分城区的温度能够有效的改善,在临近长江的区域,其通风有所改善,空气质量有所提高,舒适度也明显增加。

2) 提高绿化程度

3) 热岛效应影响范围大小的分析(此处主要指由工业热源引起的热岛效应)

在东风情况下,青山区热岛影响范围,在距离热岛中心约 3km 处,温度提高 2.7℃;在东北风情况下,热岛影响范围明显增大,在距离热岛中心约 6km 处,温度提高 1.7℃。由此可见,热岛效应不仅对于城区有较明显的影响外,对于周边区域的部分区域有一定的影响(图 9-47)。

(5) 建立通风道的研究

在穿越城市的长江和汉水区域,温度明显低于其他区域,而且风速较大,对其周围的热环境影响较大。因此,长江、汉水可以作为天然的通风道,对其周边热环境进行调节。

在城市周边区域，由于受到湖泊的影响，其周围温度相对较低，空气流动顺畅，有利于改善空气质量，能有效的改变周围的热环境。可考虑将湖泊与城市中的绿地通过城市道路连接起来，形成生态通道，增大城市中的通风，达到降低城市温度的目的。

在城市中心区，由于其建筑密度大，人口集中，并且道路规划的相对密集，导致产生的热量不能有效传导产生滞留，区域温度高、风速小，不利于改善热环境，达到有效降低温度的目的。可考虑将区域内人口密度和建筑密度降低，把有限的绿地连接成片，打通与周边湖泊、河流的联系，形成通风道，从而达到改善热环境状况，有效降低温度的目的，减弱城市中的热岛效应。要保护现有公园绿地，扩大绿地覆盖率，发展立体绿化；控制区域建筑容积率、合理规划、适当分散高层建筑和商业中心；拓宽道路，加大建筑道路退后红线距离，利用大型建筑前的广场、公园等形成通风廊道；在已形成的"热岛"中，建设一定的城市通风道。通风道是广义的通风道，即包括道路、道路两旁的绿化和人行道、道路两旁的低层建筑、以及相对低的人口密度；合理安排建筑高度、密度，高层建筑之间避免鳞次栉比，紧密相连，建设时须高低错落有致；建筑物及建筑物外表要以浅色材料和涂料为主，以增大反射率，减少对太阳辐射能量的吸收；但同样，也要避免建筑物之间相互的热辐射，这是减少夜间"热岛"的方法之一，绿化可以起到相应的作用。

在城区中，将喷泉公园、宝岛公园、青少年宫等湖泊、绿地连接成片，同时适当改变城市道路，对汉口部分城区的温度能够有效的改善。通过改变城市道路，有效利用长江风道，使城区中的通风条件有所改善，空气质量有所提高，舒适度也明显增加（图9-48）。武昌建立通风道后，可以使武昌城区产生较大面积的降温，具有节能、改善环境的作用。

(6) 武汉市城市居住区布局的研究

由于武汉湖泊众多、道路网发达这两大特征，形成了适合现代城市发展、具有形成宜居潜力的众多区域。最为关键的是，武汉中、外环道路网与武汉江、湖的交接点往往

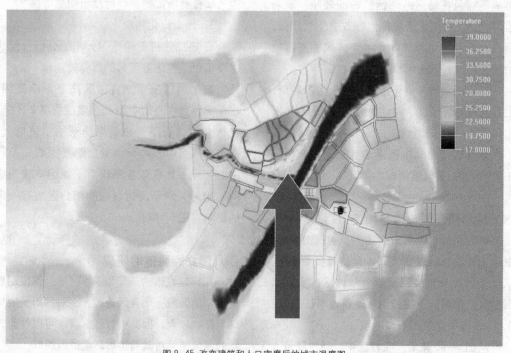

图9-45 改变建筑和人口密度后的城市温度图

图 9-46 提高绿化程度后,舒适度改善

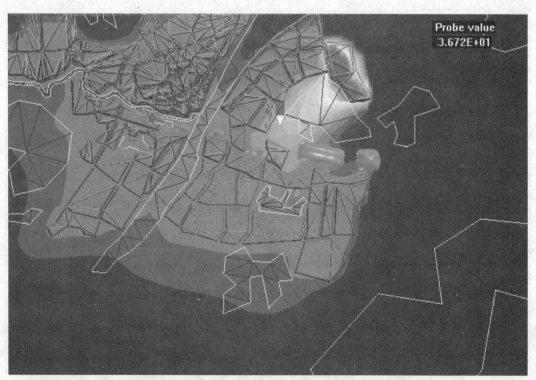

图 9-47 热岛效应影响范围大小

图 9-48 建立相应通风道后的武汉市夏天白天的风速图

是生态环境较好的地域。这些位置气候宜人、景观优美、气温较低,各种环境指数都比较好。因此,非常适宜构建宜居组群,发展居住、旅游、高新技术等各种产业(图 9-49)。多湖泊的生态环境可以避免城市热岛效应带来的居住条件的恶劣,也可以分散工业区,减轻对城市密集区的污染,并为二次净化污染提供空间和条件。发达的路网保证了快速交通的实现。人们可以便捷的来往于城市中心区和居住地。当然,以上仅是居住区布局的罗列,还需要根据具体的规划要求,对具体的各方面的条件进行整合。如位于城市夏季主导风为上风向的居住区问题,就需要根据具体情况,做更进一步的研究。

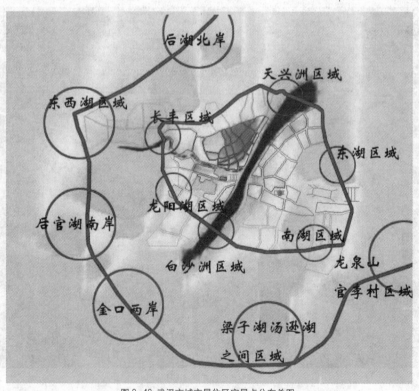

图 9-49 武汉市城市居住区宜居点分布总图

参考文献

[1] 余庄. 建筑智能设计 —— 计算机辅助建筑性能的模拟与分析. 北京：中国建筑工业出版社，2006.

[2] 余庄等. 城市规划CFD模拟设计的数字化研究. 城市规划.2007(06).

[3] 余庄等. 夏热冬冷地区办公建筑节能的数字分析和设计策略. 建筑学报.2007(07).

[4] 肖凤. 体育馆建筑环境模拟分析及其优化建议. 华中科技大学硕士论文，2002.

[5] 余庄等. 武汉市城市总体规划修编专题 —— 武汉城市气候改善与宜居环境优化研究.2005.

[6] 汪光焘，王小云，苗世光，余勇. 现代城市规划理论和方法的一次实践 —— 佛山城镇规划的大气环境影响模拟分析. 城市规划汇刊.2005，6:18-22.

[7] Kazuya Takahashi, Harunori Yoshida, Yuzo Tanaka, et al. Measurement of thermal environment in Kyoto city and its prediction by CFD simulation. Energy and Buildings. 2004,08.

[8] 李才媛，彭春华，赵勤炳等. 武汉市2003年盛夏异常高温特征分析. 华中师范大学学报（自然科学版）.2004，(9)：379-382.

[9] Airpak Tutorial guide, Flunet, 2003.

[10] Airpak users guide, Flunet, 2003.

[11] DOE-plus users guide.

建筑技术新论
New Theory of Building Technology

Development of Western Building Technology
西方建筑技术发展

第10章 西方建筑技术发展

10.1 低能耗节能建筑

10.1.1 节能建筑设计的历史发展进程

(1) 历史性回顾

人类建造房屋，是为了有一个防风避雨的栖身之地。如何用有限的材料、能源，创造尽可能舒适的居住环境，是世界各地人民一直努力的目标。

远古以来，

非洲、亚洲各地原始人类文化中根据各地气候条件因地制宜建造的各种"没有建筑师的建筑"（图10-1）。

图10-1 爱斯基摩人的半球形冰屋

公元前400年，

苏格拉底提出：理想的住宅，夏天凉爽，冬天温暖。

19世纪，

极地探险，船只被困冰层之中，探险队员依靠船上有限储备物质为生，建造保温舱。保温层半米厚，无窗，舱内表面做气密性处理，供暖依靠队员体温和一盏油灯。

20世纪，

北欧北美国家开始太阳屋试验，在模型模拟、计算，以及建造技术上积累经验。20世纪70年代石油危机后，开始加大这方面的研究。

1974年，丹麦，零能源住宅

由丹麦哥本哈根技术大学试验建造，设计采用了属于主动式措施的太阳能热水器和年度性热水存储器，被动式节能措施包括做40cm厚保温层，窗户采用三层普通玻璃，安装保温门及采取较高的气密性措施。在实践中出现年度性热水存储器失效的情况。

1974年，美国，超级保温住宅

当时共设计70幢超级保温独栋屋，在很短时间内生产并销售，探索了工业化工厂批量生产的道路。

1976年，德国亚琛Philip试验住宅（图10-2）

重点探讨太阳能的利用途径，外保温层、窗户和通风设备得到很大改进。主动式措施有对室内旧风、下水和家用电器的余热回收利用，改善供暖系统，使用热泵和太阳能热水器，整套技术设备较复杂。

图10-2 德国亚琛Philip试验住宅剖面图

1977年，加拿大

试验重点在提高能源效率而非采用昂贵的技术设备。房子体形紧凑，保温层极好，窗套做保温，避免冷桥，被动式利用太阳能，构筑简单，造价经济，节能概念清晰（图10-3）。

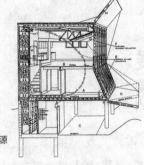
图10-3 加拿大以提高能源效率为目的设计的住房

1980年，瑞典，低能耗节能小区

小区内住宅已经具备现代低能耗节能建筑的所有特点：极好的外保温层，避免冷桥，减少热损失，紧凑的建筑体形，被动式利用太阳能，采用高效机械通风和热泵。在当时建筑技术水平下，每栋房子的年供暖量仅为 24kWh/m²。

早在1975年，瑞典播·阿当斯（Bo Adamson）教授就指出机械通风设备在节能住宅中的重要性。1980年瑞典建筑规范中就特别强调在住宅中必须安装机械通风设备，因为房屋外围护墙的厚度已经很大，没有机械通风的话会造成墙体损伤并对居住者健康有不良影响。1991年瑞典的低能耗节能建筑的标准为：年供暖量最大值为 70kWh/m²。（2002年，德国采用此标准）

1981年，德国，零供暖住宅

试验采用由3～4层玻璃组成的窗户，纤维材料外保温层做到1m厚。

20世纪80年代，德国，低能耗节能住宅

在斯堪的纳维亚国家节能建筑经验基础上，德国开始开发低能耗节能住宅，多采用木质和重型墙构筑。

1988年，中国

中国政府委托播·阿当斯(Bo Adamson)建造中国的被动式节能居住小区，没有采用主动式供暖和机械通风。中国是节能潜力最大的国家之一。

1989年，德国，零能耗住宅

木结构，带太阳能热水器，10m² 季节性热水储存器，保温层厚度36～55cm，双层保温玻璃节能窗，保温窗框，带热回收的机械通风设备，地下热交换器。缺点是气密性差，造成热存储器损失大，影响最终调节效果。不过它的年供暖量只有 17kWh/m²，较接近被动式节能建筑标准。

1991年，德国，被动式节能建筑

沃夫冈·菲斯特（Wolfgang Feist）和播·阿当斯（Bo Adamson）共同确定了适用于欧洲中部的被动式节能建筑概念。在德国Darmstadt-Kanisch建造了第一栋达到被动式节能标准的多层联排住宅。

1992年，德国，能源自给自足建筑

体形紧密，南向大开窗及采用透明保温材料，太阳能热水器、光电板、电解水、光电板能源转化效率达到50%。

(2) 欧洲节能建筑现状

欧洲各国由于地理及政治经济形势不同，有着不同的建筑传统。北欧国家如瑞典等，在20世纪70年代就大力开发节能建筑，现在技术上已经达到相当高的标准。德国自20世纪80年代与瑞典开始科研合作以来，节能建筑发展迅速，目前以德国为领军的德语语系国家（德国、奥地利、瑞士）的节能建筑的建设最普及，几年前还属于"先进行列"的低能耗节能建筑标准，现在已经是新建建筑普遍的标准要求了。意大利、西班牙等国也开始注重节能问题。随着各国之间交流合作增强，合作交流项目增多，节能概念扩大到东欧的新欧盟成员国中。

与这种"面"发展的同时，还有许多"点"的深入：

1) 结合老城区改造和更新，普及老建筑的节能改造；

2) 注重被动式节能建筑的推广，并在继续提高完善被动式节能技术、探索降低造价的基础上，把新建筑中的经验运用到老建筑节能改建中去，而且研制适合不同气候条件如意大利地区的被动式节能建筑标准及技术；

3）加强制冷方面的研究；

4）节能从住宅建筑扩大到其他类型建筑中去；

5）开始对已建成多年的大型节能建筑的现状做比较及检查分析。

环境保护、建筑节能成为面向未来的新兴产业，并带来经济上的收益。

10.1.2 什么是低能耗节能建筑

(1) 低能耗节能建筑简介

在欧洲，低能耗节能建筑指的是供暖需求比现行建筑节能规范的标准低30%以上的新建筑以及经节能维修改造后的老建筑。

房屋达到什么样的标准，总体的节能设计以及所采用的具体措施，由建筑师和业主自行决定。这种标准与建筑物的构造无关：在一个高层板楼里的一套公寓，有朝南的大窗，无遮挡，不费什么劲就能达到这个标准；而一栋独立别墅，带屋顶凸窗、出挑，南面有树木或相邻建筑物遮挡，又处在风口的话，必须采用相当复杂的保温措施，才能达到低能耗节能住宅的标准。

节能规范在建筑物的体形系数 A/V 基础上对建筑的对流热损失和初级能源消耗作出规定。要达到这样的标准，围护结构各部分除了达到保温要求外，还要避免、减少冷桥，保证建筑物良好的气密性以及采用合适的供暖及通风设备（表10-1）。

建筑物年供暖需求[kWh/(m²·a)]　　表10-1

低能耗节能建筑	40～79
3L 油－住宅	16～39
被动式节能住宅	15
零能耗住宅或产能住宅	0 或有产能
目前现有住宅	80～300

10kWh 的热能相当于 1L 燃油、1m³ 天然气或 2kg 碎木粒完全燃烧放热，所以低能耗节能住宅的供暖需求相当于每平方米居住面积需要 4～8L 燃油供暖。

老建筑、低能耗节能建筑、被动式节能建筑的最大供暖需求比较，如图10-4所示。

不同标准住宅的初级能耗比较，如图10-5所示。

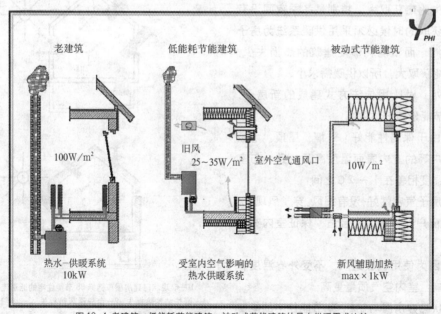

图10-4 老建筑、低能耗节能建筑、被动式节能建筑的最大供暖需求比较

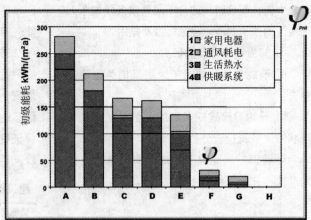

图 10-5 不同标准住宅的初级能耗比较
A-老房子；B-（德）保温规定 1984；C-（瑞典）保温规定 SBN1980；D-（德）保温规定 1995；E-低能耗节能住宅；F-被动式节能住宅；G-零供暖能耗住宅；H-零能耗住宅

（2）为什么要建保温低能耗建筑

从建筑物热平衡表（表 10-2）来看，

建筑物热平衡表　　　　　　　　　　表 10-2

建筑物的热损失（-）	
对流热损失	房屋外围护结构与外界环境热交换产生的热损失
通风热损失	开启门窗或者使用机械通风而产生，即外来冷空气替换温暖室内空气时产生的热损失
渗透热损失	从房屋隙缝进入室内的室外空气产生的热损失
建筑物的热获取（+）	
内部热源	居住者（37℃人体体温）以及家用电器和电炉、电灯等产生的余热
太阳热能	太阳光从窗户进到室内，光能转换为热能

如在欧洲中部气候条件下，冬天建筑物的热损失比热获取大，特别是冬季夜间没有太阳热获取的时候必须采用供暖系统为房子提供热能。而低能耗节能建筑的热损失少，太阳热能获取大，所以供暖需求小。

另外，对比用传统方式建成的新房子，低能耗节能建筑舒适度高：

1）由于保温性能好，外墙、屋顶、地板以及窗户等的室内表面温度高且一致，与室内空气温度相差在 1～2℃ 之间；

2）房子气密性好，没有漏风、穿堂风现象；

3）窗户安排和大小合适，保证室内充足采光；

4）因为使用机械通风，不受外界温度和风的影响，室内空气质量更高。

现状已建房屋与德标 95 节能住宅的能量流通比较，如图 10-6 所示。

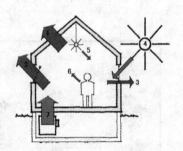
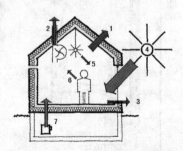

10-6 现状已建房屋与德标 95 节能住宅的能量流通比较
1-围护结构热损失；2-窗户通风热损失；3-隙缝渗漏的热损失；4-太阳辐射能获取；5-电器产热；6-人体产热；7-供暖系统

(3) 瑞士"迷你能源节能建筑标准"MINERGIE®

瑞士普通新住宅按现有的标准 SIA 380/1，每平方米每年的供暖能源消耗是 100kWh，而 MINERGIE 的居住建筑保温标准最大为 42kWh/m²，即节能达 60% 以上。为要达到这个标准，房屋需要有良好的保温，保温层多在 20cm 以上；气密性好；尽量避免冷桥；使用带暖回收的机械通风系统等。

该标准对建筑物各部分的 U 值有如下规定，如表 10-3 所示。

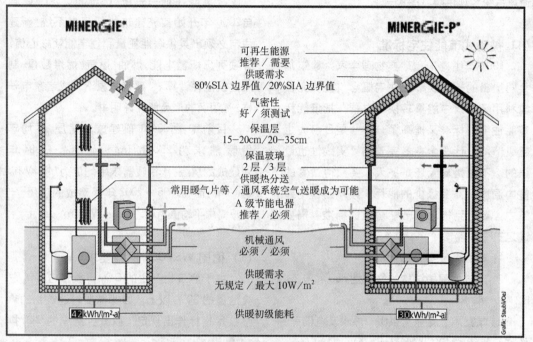

图 10-7 采用 MINERGIE 和 MINERGIE-P 标准的瑞士普通新住宅剖面图

建筑物各部分的 U 值规定　　　　　　　表 10-3

围护结构	与室外空气接触或在土壤层中深度少于 2m	与非供暖部分相邻或埋在土中 2m 以上
屋顶，顶层楼板	0.2	0.25
墙		0.28
地板		0.25
窗户	1.3	1.6

注：窗墙比不超过 30%，冷桥部分也要达到相关规定。

在暖通技术方面有一些常用标准解决方案，如表 10-4 所示。

暖通技术方面的常用标准解决方案　　　　　　　表 10-4

标准解决方案	1	2	3	4
产热系统	带地热探桩的暖泵全年供暖及生产热水	木燃料锅炉冬季供暖及生产热水结合太阳能集热器非供暖期生产热水	自动木燃料锅炉供暖和全年生产热水	利用室外空气的热泵供暖和全年生产热水（不适用于海拔 1000m 以上地区）
室内供热温度	最高 35℃	最高 50℃	最高 50℃	最高 35℃

注：通风系统需要使用带暖回收的热交换器（有效功率 80% 以上）；
在造价方面也有规定，使用标准方案不许超过传统房屋造价的 10%。

另外还有标准更高的、参考被动式低能耗节能标准而改良的MINERGIE-P（被动式）标准，房屋的保温层增加到25～35cm，无冷桥，有高气密性。其供暖、热水和通风的总能耗最大为30kWh/m²，甚至可以像被动式节能住宅那样用通风系统实现供暖（图10-7）。

（4）被动式节能住宅标准

1991年由德国和瑞典物理学家、建筑师共同提出的被动式节能住宅概念，更加完善地利用了建筑中能量转换的过程，把低能耗节能住宅的标准又提高了一步，是目前为止超级节能设计概念中最完善的、实践性也最强的。不论是夏天还是冬天，要获得适宜的室内温度只需要极少的能耗。具体到住宅建筑中，要达到被动式节能建筑的标准，需要满足三个条件：

1）年供暖量≤15kWh/(m²·a)；

2）建筑外围护结构的气密性n50≤0.6/h；

3）年家用总耗能（供暖、热水及电器等）的初级能耗≤120 kWh/(m²·a)。

（详解见下节）

10.1.3 德国保温节能建筑发展

德国建筑节能体系及技术在欧洲以至全世界都处于领先地位，是长期以来持之以恒、坚持不懈的结果。德国是能源紧缺的国家，能源供应很大程度上依赖进口。在1973年石油危机后，德国开始了建筑节能方向的发展。

1976年德国公布第一部节能法规《EnEG》，1977年第一部建筑节能法规《WSVO》开始实施，在这个法规里，限制了建筑的外围护结构，热损失量，建筑师在设计建筑物时须提供严谨的建筑物能耗计算证书，以证明建筑物满足节能规范要求。1982年，德国政府又将节能标准在以前基础上提高了25%。1995年公布新的建筑法规《WSVO′95》，在1982年基础上再次提高30%。

2002年2月实行新的建筑节能规范《EnEV2002》。新的建筑保温节能技术规范的思想从控制单项建筑围护结构（外墙、外窗、屋顶）的最低保温隔热指标转化为对建筑物真正的能量消耗量的控制。

建筑能耗证书系统（Energiepass）：德国自2006年开始实施建筑能耗证书系统，新建住宅必须出具供暖能耗量和住宅能耗核心值。分项列出所需电能、燃油、燃气、燃煤数量，制成建筑能耗计算表。建筑将象汽车或者家电一样，有明确的产品能耗说明书。

目前德国1984年前建成的房屋，平均年供暖需求为225kWh/(m²·a)，1984～1994年间建成的房屋，年供暖需求平均值为145 kWh/(m²·a)，而在1995～2002年间建成的房屋，年供暖需求平均值为105～90 kWh/(m²·a)。

（1）德国WSVO95保温要求

由于建筑物产生的CO_2排放量占CO_2总排放量的30%以上，因此需要对建筑物的热学技术指标作出规定，以减少房屋的CO_2排放量。

1995年保温标准要求建筑物的供暖需求减少1982年标准的30%以上，在对现有房屋做维修时也要满足新的保温规范。它把建筑物分成下列几类：

1）普通室内温度的新建房屋，如住宅楼、办公楼、学校等；

2）室内温度在12～19℃的新建房屋，如工厂厂房等；

3）现有房屋的扩建工程，如加建附属用房、扩建楼层等；

4）局部建筑构件在现有房屋的植入、替换或更新；

5）安装特殊构件及装置，如外遮阳卷帘、大面积供暖设备、通风设备等。

对建筑的保温用两种方式作出规定：

1）从热量平衡计算出发，规定房屋年供暖需求的最大值：根据建筑供暖区的外围护表面积A与供暖区内建筑体积V的比值确定体型系数，从而规定在不同情况下年供暖需求的最大值，报批建筑的年供暖量不能超过这个最大值。

2）针对小建筑采用的不同建筑构件保温系数（简化方式），如表10-5所示。

不同建筑构件保温系数　　表10-5

构件	K 值
外墙	<0.5
外窗、门联窗以及屋顶天窗	<0.7
屋顶架空层的楼板、与外界空气接触的楼板	<0.22
地下室天花板、与非供暖区相连的墙和天花板，以及与土壤层相连的楼板与墙	<0.35

各联邦州对测试人／机构、审查机关以及测试时间自行作出规定，测试结果以简明扼要的形式在"供暖需求标准证明"中标示出来，为房屋的潜在买主、租户以及其他使用者提供房屋能源质量的信息，并可由此估算房屋使用时的供暖支出。

我国目前制订的节能规范，相当于德国1995年保温要求的标准。

(2) 德国EnEV2002建筑节能规范

1995年的WSVO只对建筑供暖需求作出规定，但供暖除涉及使用天然气、燃油、电等二级能源外，还与设备、调节系统、运输系统以及产热水和通风系统有关。而且这些二级能源都是从一级能源提炼产生，它们从生产到送至消费者身边也有能量的消耗。

德国制定建筑节能规范《EnEV2002》来取代以前的建筑保温要求《WSVO'95》以及供暖设备要求《HeizAnlV1998》其核心思想是从控制单项建筑围护结构（如外墙、外窗和屋顶）的最低保温隔热指标，转化为控制建筑物的初级能耗。这不仅出于经济利益上的考虑，也是为了从根本上减少二氧化碳等气体排放，从而减少全球范围内的温室效应。

建筑的总能耗包括供暖、通风和热水供应。新规范规定，新建建筑必须出具供暖需要能量、建筑能耗核心值和建筑热损失计算结果，特别是建筑外围结构热损失计算结果；分项列出所需电能、燃油、燃气、燃煤等数量，制成建筑能耗计算表。新建建筑只有满足新的节能标准才能兴建。

1）规定建筑最低标准的保温值；

2）节约夏季制冷能耗，控制建筑构件热穿透系数的最高允许值（外墙0.45/0.35，外窗1.7，玻璃1.5，楼板、斜屋顶0.3，与土壤或非保暖区相邻的楼板、外墙0.4，平屋顶0.25）；

3）控制建筑的气密性和通风换气量；

4）规定住宅要有满足卫生、健康要求的通风换气量，要求有足够的开启扇面积；

5）规定住宅建筑中尽可能避免冷桥构造；

6）改善供暖设备和热水系统。要求所有新安装的燃油气炉，必须达到欧共体最新节能环保标准；

7）供暖系统需安装循环水泵，三级以上自动调节装置，以便根据供暖需要提供相应的热水量；

有供暖管线、供暖系统的住宅居住区必须安装相应的自动控制系统，根据外界温度和时间因素影响，而自动调节供暖量以及自动开启和关闭；室内必须安装温度自动控制装量，以根据温度和时间变化自动调节供暖量。

老房改建改动范围在20%以上的，必须做外保温层更新。而且老房子在买卖后2年内，要达到《EnEV》的节能标准：不节能的燃油和燃气供暖炉，以及1978年前开始使用的设备在2006年前要更换；没有使用但可进人的屋架下楼板，需要补充8～12cm的保温材料；在非供暖区的暖气和热水输送管道要包保温层等。

此外，建立建筑能耗证书系统。住宅在销售时，必须具备"能源消耗证明"。证明清楚列出了该住宅每年的能耗，提高了建筑的能源透明度，有利于消费者比较、甄别。

(3) 德国 2006 年以后的建筑节能规范

自 2006 年开始，所有欧盟成员国都要实施欧盟对建筑物总能效的规定，每个国家根据欧盟法规做出相应规定。德国在继续使用《EnEV2002》基础上的修订法规的同时，把能源证书的应用扩大到现状建筑上，并对非居住性建筑的照明和制冷的能耗作出规定。

10.1.4 能效标识制度：德国 dena 能源证书

(1) 背景及发展

在家庭耗能中，用于供暖和家用热水的能耗占据了使用费用中的大部分。而且在初级能源消耗中，建筑能耗占总能耗的 1/3。但是，与汽车或家电产品不同，住宅和房子的租户以及买主对该项目的能耗情况一点都不了解，也没法作出比较。

2002 年欧盟对于建筑物整体能源效率的规定出台，要求所有成员国都引进建筑物的能源证书，设计者有义务对新建造的建筑以及详尽的老建筑翻新项目作能耗需求，除计算供暖能耗外，还给出设备功效的数据。从而建筑的能耗成为设计的一个重要组成部分。

德国能源署 dena (Deutsche Energie-Agentur GmbH) 设计出全德统一的能源证书，在 2003 年 11 月到 2004 年底在德国 33 个地区做示范性推广，为在公众中推广"能源证书"做前期宣传普及工作。在 2005～2006 年，培训审批约 400 人或组织获得发放能源证书的资质。dena 的目标是在日后地产广告中，标出建筑的能源消耗成为最自然不过的事情，为消费者提供建筑物能耗方面的客观信息，就像目前冰箱和洗衣机市场的情况一样。

2006 德国节能补充规范的出台，把能源证书的应用从新建筑的范围扩大到现状建筑中，在其证书中要对如何降低现有的能量需求提出改进建议。

至 2006 年 10 月为止，全德获得认证、可以发放能源证书的专业技术人员共有 18 000 人。根据 2006 年 10 月底政府公告，从 2008 年开始，所有房屋必须要具备能源证书，每 10 年更新一次。

欧盟内各国情况不一。某些节能意识强的国家，如德国、丹麦和荷兰等，已经在义务或自愿的基础上对不同类型的新建筑作出能源能效标识或类似的评估。而其他某些国家则迄今为止没有任何相关行动。欧盟为推广规范，并加强成员国之间的信息交换，以SAVE 为主题组织了一系列的国际合作项目。

(2) 实际意义

在买卖、建造或租用房屋时，通过能源证书，可以对其能源消耗以及相应的使用费用有所估计，从而使各方受益：地产商清楚地知道楼宇的能耗情况，有利于在制定房屋维修、翻新计划以及购买房屋时作出合适的决断；随着日益上升的房屋使用费用，人们在房地产市场上会越来越注重能源效率，能源证书为买方和卖方、租户和出租方提供另一个评判标准；业主可以得知房屋能源改良的措施；建筑界从业人员获得新的工作领域等等。受益最大的是自然环境，房屋能耗的透明性有利于节能，减少 CO_2 的排放。

(3) dena 能源证书的组成

dena 能源证书由等级标签、对消费者的解释、建筑物相关数据及现状建筑的改良做法建议等部分组成。以住宅楼为例（图10-8）：

1) Nr.1 总览

dena 登记号及发放时间；

总体评估（分带形和阶梯形两种图表显示）；

建筑类别／功能；

地址；

业主；

建造年代；

供暖设备年代；

住宅套数；

供暖的居住面积；

能源证书发放的程序（详细或简单）；业主和鉴定人。

2)Nr.2 建筑形象档案

供暖需求；

现状照片。

3)Nr.3 为业主和租户提供的信息

建筑外表面围护结构的能源损失：以供暖需求为指标，分（极低—低—中－高－极高）等级。

供暖设备造成的能源损失：以设备消耗值为指标，分（极低－低－中－高－极高）等级。

CO_2 排放量：分（极低－低－中－高－极高）等级。

供暖、生活热水和辅助设备的能源需求：列出它们使用的能源形式（燃油，电，木头等）、年需求、初级能源消耗量。

4)Nr.4 节能改造措施建议

提供两个不同方案，并给出改进后的供暖需求、初级能源消耗以及可减少的 CO_2 排放量。

5)Nr.5 年使用情况档案

每年不同能源（电、燃油等）消耗情况的测量。

图 10-8 dena 能源证书

10.1.5 低能耗节能建筑的设计要点

1）确定整体设计概念，逐步实施。

房屋的形状和位置，以及平面及室内空间组织都对能源消耗有影响。要采取尽量简单的解决方案，即采用清晰的平面、简单的系统、简单有效的构造和节点，使用标准化构件及市场上的大众化产品；实施性价比高、长期节能效果好的方案。

2）实现高度的外保温，避免冷桥，以减少房屋的热损失。

保证保温层20cm或更厚，外墙总厚度由于使用结构的不同在 25～50cm 之间。由于许多房屋通过冷桥造成的热损失远比保温良好的外墙的热损失高，所以要做好连接部分的保温：窗户与墙、屋顶、以及其他窗户之间，门和墙之间，外遮阳设施与墙之间，墙、屋顶上的管道以及烟囱，墙、屋顶的设备井，龙骨等固定连接件，门槛、窗台板及窗下墙等的连接。

3）利用太阳能。

在热量平衡许可的情况下，开南向大窗户，并利用房屋结构作热能储存，内墙、楼板、地面用实心的重质材料较好。

4）保证房屋气密性，采用机械通风。

如果从墙角隙缝里渗漏进室外空气，会降低局部室内温度，产生冷凝水，滋生霉菌，从而破坏建筑构件，还会损害人体健康。

5）剩余供暖需求的覆盖要优先考虑使用太阳能、生物质能和环境热源等可再生性能源。

可再生性能源尤其适用于低能耗节能建筑，因为房子的供暖需求低，使用小型设备（集热器，热泵等）以及少量木材作燃料的炉子就可以满足供暖需要。

6）热量的存储及发送尽量在低温条件下进行，并把热存储器安放在房子的供暖区中，同时注意减少管线长度。

7）尽量使用节能家电。

在现代建筑节能设计中，建筑师是协调师，要把结构师、声学－热学－光环境专家、电器和暖通环境设备工程师以及房屋智能调控系统专家组织起来，共同完成建筑设计。而且，节能设计参与建筑设计的时间越早，来自技术工程师的配合越密切，对设计的优化就越有利。

另一个值得注意的方面是：建筑的节能设计是一个能源利用的整体有机概念，而且节能设计最终为建筑设计服务，而并非单纯技术和材料的堆砌，建造低能耗节能建筑的目的是为了给住户提供更舒适的居住环境，节约能源，保护环境。

欧洲国家节能建设中的一些教训有：

1）二十世纪八九十年代太阳能玻璃建筑十分时髦，多数人把它理解为南向开窗、北向封闭、尽可能被动式地利用太阳能，但并没有注意到建筑夏季散热的问题，造成许多办公建筑在夏天打开遮阳设施，室内光照不够，必须使用人工照明的荒谬情形。

2）过分强调某些技术，或者过度使用某些材料，如超规模的太阳能设备和存储器等。

3）没有考虑到住户的生活习惯及使用方式，造成使用与预期设计不符的情形。

4）建筑物座北朝南有利节能，但小区中单一的行列式布置却导致室外空间的单调，遏制了小区建筑多样性的出现，而多样性正是保持一个社区及城区生命力的重要因素。

5）政府机关、研究所、业主、住户、房地产商常常只讨论单座建筑的"供暖需求"或某些技术细节，却常常在市郊开辟新的节能居住小区，忽略了由此带来的生产能源、交通通勤的支出。实际上，老城区改造、现有资源再利用是建筑业中最好的节能途径。

10.1.6 做法简述

(1) 保温材料

保温材料的类型，如表10-6、表10-7所示。

保温材料的类型　　　　　　　表10-6

无机		1 玻璃纤维 2 珍珠岩 3 泡沫塑料 4 石棉
有机	人工合成	5 苯基－硬泡沫板 6 聚苯－拉伸泡沫板 7 聚苯－微粒泡沫板 聚氨酯－硬泡沫板
	自然	棉 8 亚麻 麻籽 9 木质软纤维保温板 10 木－棉轻质预制板 11 软木 12 羊毛 13 纤维素（废纸纤维）

保温材料的实物列举　　　　　　　表10-7

注：实物列举与表10-6为一一对应的关系。

(2) 保温构造

节能规范中对建筑构件 U 值的规定，如表10-8所示。

节能规范对建筑构件 U 值的规定　　　　　　　表10-8

建筑构件	临界值		目标值	
	U 值	保温层厚度(cm)	U 值	保温层厚度(cm)
外墙	<0.3	14	<0.2	18
玻璃	<0.3		<0.1	
屋顶	<0.2	18	<0.15	28
地板	<0.35	10	<0.3	12
地下室楼板	<0.35	10	<0.3	12

U 值可以有不同的构造做法来达到，举例说明如下：

1) 外墙

① 实体墙——单一结构

砖墙、混凝土墙等单一材料制成的实体墙结构，在选用保温性能最好的砌块砖情况下,墙体厚度为36.5cm时,一般能达到低能耗节能住宅的最低标准。

②实体墙——热肤式保温连接结构

17.5cm的薄实体墙为承重结构,外面做15～20cm的保温层,保温材料可用聚苯、矿纤维板或软木等材料,要注意粘结剂、保温板和粉刷要相互协调(图10-9)。

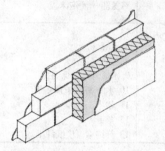

图10-9 实体墙——热肤式保温连接结构

③木质轻型墙

欧美工厂木质轻型墙的生产已经很成熟,有多种产品可选用。图10-10为木龙骨中填充14cm保温材料,框架上再覆盖一层6cm的保温层,然后是外饰面板。

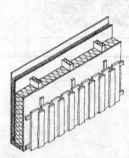

图10-10 木质轻型墙

④混合墙体构造

内层为承重的实体墙,外层为工厂预制的、带保温功能的木质外墙。

2)屋顶

作为房屋最重要的围护结构,它的U值最大不超过0.2,即保温层要达到12～26cm,最好做到30cm,同时要注意连接节点的处理(图10-11)。斜屋顶中,保温材料可以放在屋架梁之上、之间、之下,或采取混合方式。一种比较简单有效的方式是用吹风机把纸屑状纤维素保温材料吹进屋架梁之间的空间。平屋顶要注意找坡,保温材料的固定有粘贴、机械锚固、上压重物等形式。

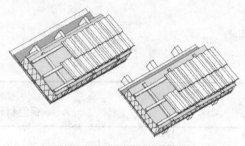

图10-11 屋顶的保温构造

3)窗户

与其他密闭部分比较,窗户的热损失最大,但日光透过玻璃进入室内,有热获取。因此描述玻璃部分的能源性能有两个指标:U值描述热损失情况,g值则为太阳在垂直入射时通过玻璃进入室内的太阳辐射比,如表10-9所示。g值越大,进入室内的太阳能越多。理想状态的玻璃有小的热损失(低U值)和高的热获取(高g值)。

另外需注意的是,窗户除了玻璃部分外,还有30%的面积是窗框。所以,选择窗户时除了考虑玻璃的节能性能外,还要比较窗框的指标。近年来,市场出现多种由木头、木-铝以及塑料制成的节能窗框,某些达到被动式节能标准的窗框常常做到12cm厚,极大地减少了整个窗户的热损失。

不同类型玻璃的热损失和热获取值　　　　表10-9

	玻璃中心U值	g值
单层玻璃	5.0～8.0	87%
双层隔热玻璃	2.8～3.0	
双层保温玻璃	1.2～1.4	58%～64%
三层保温玻璃	0.6～0.8	40%～60%

(3) 冷桥与热损失

冷桥是建筑外围护层中保温薄弱的环节,那里的热损失比周围其他区域要高得多。冷桥一般在建筑转角等处、内表面比外表面小得多的地方,或者是导热性强的建筑构件穿通保温层的地方产生。在低能耗节能住宅中,由于房屋保温性能好,冷桥带来的热损失在整个建筑热平衡表中的比例相应变大,因此尽量消除冷桥是节能设计中的重要组成部分。

如图10-12所示,在某木质外墙中,木龙骨之间的保温做得很好,但由于木头的导热性是保温材料的3倍以上,通过木龙骨的热损失很大。在龙骨框架外面加设一层保温层的话,可以有效地减少冷桥效应。

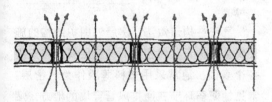
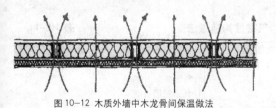

图10-12 木质外墙中木龙骨间保温做法

冷桥的显示:红外线热照片。

利用红外线相机可以形象地显示建筑物的保温情况。外部摄像时多在冬季夜晚,室外温度低于5℃的时候,房子门窗紧闭2~3h。照片里如果围护结构表面颜色亮,则那里温度较高,保温不好;深色表面说明那里温度低,保温好。

冷桥的计算:计算构造节点的冷桥-损失综合系数 $\Psi [W/(m \cdot K)]$。

减少冷桥作用的构造做法举例,如表10-10所示。

减少冷桥作用的构造做法　表10-10

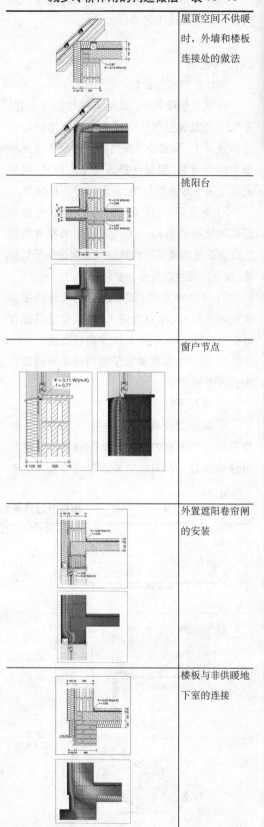

	屋顶空间不供暖时,外墙和楼板连接处的做法
	挑阳台
	窗户节点
	外置遮阳卷帘闸的安装
	楼板与非供暖地下室的连接

另外，市场上还有许多隔热的连接固定构件，保证在施工时减少冷桥。

(4) 气密性

为什么气密性要好？

1) 减少供暖需求。如果房屋气密性不好，冬天室内温暖空气从房屋上部通过围护结构的隙缝漏出，而室外冷空气则从房屋下部的隙缝里渗漏进来。要保持舒适的室内环境，需要把漏进来的冷空气加热，从而供暖能耗增加。

2) 夏天隔热。保温好的房屋，夏天里室内温度要比室外低3～5℃。但是，如果室外热空气或者是屋顶盖瓦下的热空气渗漏进房子里的话，房子的温度甚至会比室外还高。

3) 减少穿堂风现象。由于空气冷热渗漏或风吹的影响，冷空气涌入，形成穿堂风或在地板附近形成冷流区，影响室内舒适度。

4) 好的空气质量以及室内环境对过敏体质的人有利。

5) 有利于隔声。

6) 减少建筑构件损伤。在气密性不好的房子里，冬天室内热空气从隙缝里出来的同时放热冷凝，在围护结构上形成冷凝水，形成霉菌，造成建筑构件损伤。

7) 好的气密性是机械通风有效运转的前提。

气密性检测：通过Blower-Door测试（图10-13），可以检查空气交换率n50以及找出现有的隙缝位置。测试时，在入户门上安装一个抽风机，在门窗紧闭的情况下，在建筑物中形成50Pa的高压或低压，相当于5级风力。这时可以测出空气交换的体积，从而计算出空气交换率n50。在低压、室外低气温时，结合红外线摄影，可以形象地"看到"隙缝位置。在高压时，结合人工烟雾，也可以清楚地显示隙缝位置。

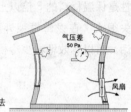

图10-13 气密性检测方法示意图

气密性构造做法：房屋外围护结构的施工要全部保证其气密性，气密层要满布室内各个表面。通常采用塑料薄膜作为气密层。常见的薄弱环节在通排风管穿墙的地方、烟囱、屋顶天窗（表10-11）等处。

屋顶及屋顶天窗的气密性构造做法 表10-11

图示	部位	构造层次
	屋顶气密层的重叠	1) 保温层 2) 屋架 3) 气密层 4) 气密层接头 5) 封闭木桩
	屋顶与砖墙连接处	1) 保温层 2) 屋架 3) 气密层 4) 龙骨 5) 天花板饰面 6) 波形金属板 7) 内抹灰 8) 砖墙
	屋顶天窗连接处	1) 透气的防水层 2) 保温层 3) 气密层接头 4) 防潮层 5) 隙缝密闭层 6) 内表面 7) 天窗

(5) 通风系统

建筑物的通风从根本上来说,不是出于能源的考虑,而是室内清洁的需要。现代社会里,人大部分时间是在室内度过的。好的室内空气要达到一定的湿度、无有害成分、无异味,并且 CO_2 含量限制在一定标准之内。单独依靠开窗通风,并不能满足空气交换的需要,因为所交换的空气量与室外风向和风力有关,通常开窗换气量不是太多就是太少。

机械通风系统有机械进风、机械排风以及机械进排风三种形式。低能耗节能住宅中多采用机械进排风系统,有组织地把室外新鲜空气送到起居室、卧室等主要房间,而在厨房、卫生间等附属用房里把旧风汇集起来排出。

从节能角度来讲,在空气交换的过程中,结合使用热交换器对室外空气预热、然后利用旧风余热做二次加热(暖回收)等技术,可以把-10℃的室外空气加热到17.5℃,从而极大地减小了热损失。暖回收主要采用对流热交换器以及暖泵等。虽然系统本身要耗费能量,但总的来说,设计得当、带暖回收的通风系统,可以节省系统耗能十倍以上的供暖能量(图10-14、图10-15)。

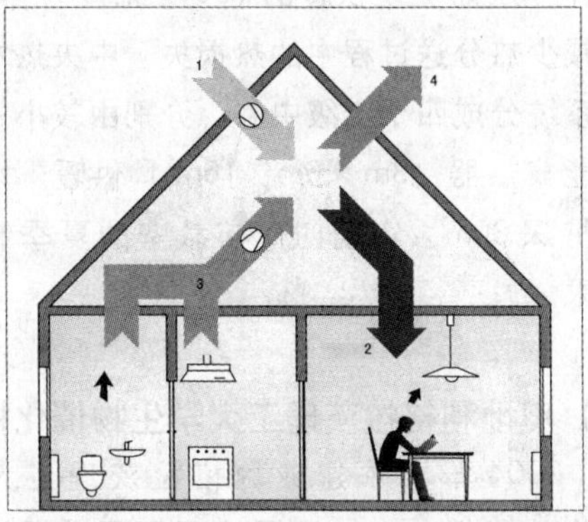

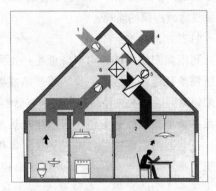

图10-14 带中央新风和回风系统的室内通风系统
1—室外新风;2—室内新风;3—室内回风;4—室内旧风

图10-15 结合热交换器和热泵的通风系统
1—室外新风;2—室内新风;3—室内回风;
4—室内旧风;5—气-气热泵;6—热交换器;

通风系统正常使用及节能的前提条件是房屋的气密性。

(6) 供暖和生活热水

低能耗建筑的供暖系统与传统房屋没有本质的不同,只是技术工程师在设计早期就参与进来,从供暖和通风技术方面对建筑设计方案进行优化,如把厨房、卫生间等附属用房放在一起等。另外,各设备彼此配套,功效很高。

1) 热量发放

由于低能耗住宅的热损失小,由阳光以及室内热源产生的热获取在能源平衡表的比例很大,有时冬天在有阳光的时候,完全不需要供暖。放热系统必须要快速地对太阳辐射变化作出反应,可以调低温或者完全关掉。所以多采用含水量少的板式暖气片或(空气)对流式供暖器。另外,由于供暖需求小,暖气片的体积也相应较小,投资相对传统设备要少。

2) 热量分送

所有暖气和热水的管道做好保温,放在供暖区内,输送线路尽可能短而简单。如果窗户的保温性能很好,玻璃的内表面温度高,相应提升附近空间的舒适度,暖气片就不一定非要安装在窗户下,而可以随意放在内墙上,缩短管线,减少投资及热损失。

3) 热量生产

低能耗住宅中决定供暖锅炉大小的因素不是建筑物的供暖需求,而是生活热水的需求。供暖使用的能源有油、气、电及木头等,具体选择时还应考虑它们的 CO_2 排放量。

燃气锅炉要尽量使用节能锅炉，因为天然气来自不同的产地，并非每立方米天然气含有的能量都相同，此外，使用地区地理位置不同造成天然气的压力和温度也有所不同，这也影响到燃烧值。目前燃油锅炉也有了燃烧值比较。

由于电的生产放出大量有害物质，而且初级能耗很大，所以一般并不直接用电来供暖或烧热水，而是用它来驱动电动高效暖泵。

为利用太阳能集热器生产热水，供暖锅炉也要能生产热水，同时供暖系统需要配备足够大的热水存储器。在供暖系统的设计中，也要注意减小泵的能耗。

4) 热水的生产

利用太阳能集热器可以降低生产生活热水所需能耗达一半以上。集热器里热媒接受太阳辐射升温，把热量转移到热水存储器中。如果冬季里集热器的能量不足以生产热水的话，存储器由供暖锅炉作补充加热。集热器面积为每人 $1.5m^2$，真空管集热器效率较高，每人 $1～1.2m^2$ 足够。存储量为每人 $60～100L$。存储器和管道需要做良好保温。

10.1.7 实例

(1) 德国弗赖堡太阳能信息楼

德国南部老城弗赖堡是德国的"太阳城"，政府利用这里阳光充足的有利条件，开创太阳能产业基地，建筑物中普及利用太阳能技术的程度很高。2003年底建成的太阳能信息中心楼（图10-16），把节能楼整体优化组合作为设计、建造和管理的中心命题，实现建筑物供暖无 CO_2 排放。

建筑地上6层，总面积 $14\,000m^2$，体形紧凑，$A/V=0.29$，为办公（75%）、研讨及展览（12%）、商业（4%）之用，另外9%面积为技术中心（图10-17）。由于三面为街道环绕，建筑平面成U型，围绕内院布置。结构为钢筋混凝土骨架结构，地下室（技术、仓库、停车）不供暖，屋顶全部采用保温层在防水层之外的逆转屋顶做法，立面部分采用外墙联合保温系统，部分为玻璃幕墙（木-铝）（图10-18）。设备技术的设计满足建筑物分区单独使用的需要。

建筑供暖利用太阳能集热器、地热桩集热，以及附近大学医院的供暖管网（图10-19）。太阳能集热器 $34m^2$ 满足生活热水供暖需要的50%，剩余需求由供暖管网提供。设计者还采用政府补贴加社会集资（投资回报）的方式筹资，从而得以在医院供暖中心安装现代化的、经节能优化设计的暖回收设备，使其节约的能源相当于建筑供暖能耗，从而实现供暖的100%无 CO_2 排放。为减少热分送过程中的热损失，中央热水管道系统分成四个二级中心，分别由较小的太阳能集热器（$3m×6m$，$16m^2$）供暖。地热探桩深 $80m$，实现门厅与教室的夏季制冷需求。

(2) 奥地利格拉茨理工大学生物催化楼

2004年春季建成的格拉茨理工大学生物催化楼，在被周围建于不同时期、不同风格建筑包围的内院式围合基地状态下，给多相杂合的环境建立了新秩序（图10-20）。建筑在预算极少的限制下，保证了生物实验室多功能使用要求，并以其简洁的形式成为校园中的标志性建筑。它建成后即获得2004年建筑铝质材料应用奖，德语国家（德国、奥地利和瑞士）Best Architects07 奖。

这是一栋六层的研究、实验和办公综合楼，总建筑面积 $4420m^2$，为生化、生物催化、微生物、分子生物以及基因等方面的研究使用（图10-21）。建筑结构采用钢筋混凝土骨架结构，用东西外墙、楼梯间、设备管道井等做结构加强处理，地下室采用实心墙结构，桩基。

东西和北立面悬挂 $12cm$ 混凝土预制件，带形窗，南立面则采用铝-玻璃框架幕墙，外廊上安装穿孔铝板做成的折叠板遮阳设施

图 10-16 太阳能信息中心楼外景

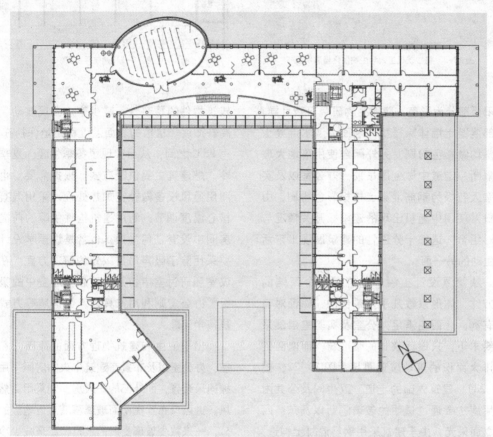

图 10-17 建筑平面图

10-18 建筑入口大厅内景

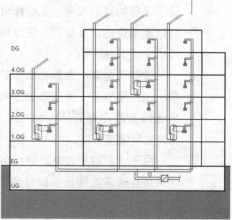

图 10-19 分散式太阳热供给简图

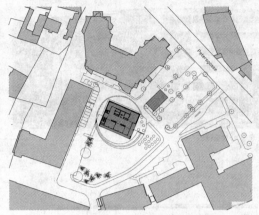

图 10-20 格拉茨理工大学生物催化楼总平面　　　　图 10-21 建筑平面图

遮阳板部分为彩色，隐喻生物研究日新月异。内部混凝土墙体除楼梯间墙面为清水混凝土外，均做彩色粉刷，另外配合使用落地大玻璃隔断。走道中做金属吊顶，办公室以及实验室天花板为钢筋混凝土楼板彩色粉刷。由于日常使用中随机出现的遮阳板开关情况与色彩组合，这栋十分理性的建筑展现出它活泼生动的另一面。

从能源设计上看，建筑是一个简洁的四方体，体形系数几乎是最优的，保证对节能有利。北面在满足办公室及实验室自然采光要求下，只设计狭长的带形窗，而南面则安排大面积的落地玻璃幕墙（图10-22、图10-23）。建筑内部的走道、卫生间及公共附属用房主要通过透明的玻璃隔断以及东、西外立面采光。由于建筑采用钢筋混凝土构造，北面外墙以及楼板（上做无缝水泥铺面）保证了足够的蓄热容量，又选择合适的构造做法以及相应的保温材料，把冷桥可能带来的热损失减少到最小。

设备管道集中布置在四个管井中，从那里引出水平分管，通到办公室和实验室。水平管线安放在走道的楼板下面，利于检修，另外安装吸声吊顶。

由于太阳辐射以及建筑内部热源产生的多余热能通常在楼板中暂时储存起来，会提高楼板的平均温度。在楼板里组合安装水循环系统（混凝土核心温度调节），主动地利用

建筑构件的蓄热性，减少室内温度波动，提高舒适度。楼板的表面温度稳定地保持在22～23℃之间，从而实现了冬季供暖、夏季制冷，是建筑主要供暖方式。根据需要，也可利用通风设备做补充加热处理。采用混凝土核心温度调节、利用建筑构件供暖的前提是房间中没有任何吊顶，也就是说声学设计中要采用除了吸声吊顶以外的解决方案。在会议室和研讨室中特别安装悬挂在空中的吸声板，办公室则利用家具以及吸声墙等方式解决声学问题。

出于卫生和建筑物理方面的原因，实验室、办公室以及布置在建筑中央的房间采用机械通风装置，而外部的一般房间则采用自然通风。进风口布置在南面玻璃幕墙靠近地板的部分，一来减少玻璃受风的敲打，二来减少冷辐射，保证冬天人坐着的时候有舒适的室内环境。进风管从底下楼层进，立面中安装特别的进风闸门，同时安装减噪消声设施。

建筑北面无需遮阳设施，只是在计算机工作区根据需要安装防眩光设施。南部玻璃幕墙外约1m处单独安装铝制折叠遮阳板，防止夏天阳光直射入室内、提高室内温度，从而极大地降低制冷费用（图10-24）。冬天及过渡季节关闭遮阳板，阳光入射不受影响。遮阳板手动控制，由工作人员自行调控。为防止室内无人情况下房间过热，南部玻璃全部采用防晒玻璃。

图10-22 建筑南立面

图10-23 建筑北立面

图10-24 建筑南立面的折叠遮阳板

(3) 爱尔兰 Limerick 市政厅

Limerick 是西爱尔兰的城市，位于 Shannon 河三角洲地区的入海口。2003 年秋季建成的新市政厅位于市郊一块由高速公路、大型超市、市郊住宅区以及沿河自然保护区所围绕的地段上，约 260 人在此工作。当地政府需要为公众提供一个亲民的、开放的、透明的、容易进入的市政厅，建筑师则试图在减少能耗的同时为工作人员创造一个舒适的工作环境。设计的另一个要点是把基地与相邻的自然保护区联系在一起，并形成沿高速路的一条人工绿化带，行人可穿过绿化带到达自然景区，同时建筑要形成当地的一个标志。

最后的结果是把建筑放在距高速路约 70m 远的地方，迎街面设入口和会议厅，中心是一个长条状的开放式中庭，东面为办公楼（图10-26、图10-27）。中庭形成公众与工作人员会面的地方，同时是建筑的通风中心，为办公室提供新鲜空气。由于要从高速路上看见市政厅，所以建筑比相邻的超市要高一些，利用室外高差把室外绿化与停车场分开（图10-28、图10-29）。

中庭作为建筑内部的主要交通和社交空间，立面采用纤细的玻璃－木框架结构，一来利用它遮挡相邻的超市，二来为作为当地政府权力象征的会议厅提供一个背景，展示城市氛围。中庭内空间四层高，朝向西南方，所以接受太阳辐射的程度很高，有效地利用热学的"烟囱效应"成为建筑物对流通风的"发动机"。玻璃－木框架 75m 长，15m 高，

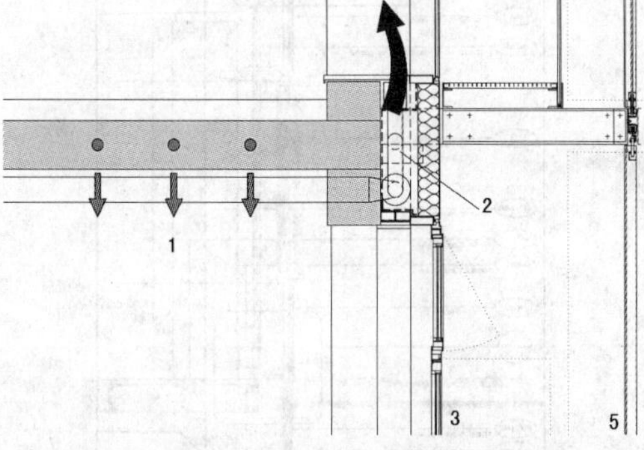

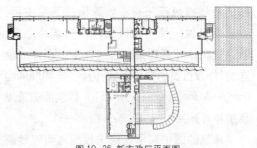
图10-26 新市政厅平面图

图10-25 南部楼板及外墙的构造做法
1—新风；2—防噪设施；3—玻璃幕墙；4—玻璃栏板；
5—折叠遮阳设施

图10-27 新市政厅剖面图

图10-28 新市政厅平面图

图10-29 新市政厅剖面图

玻璃幕墙的水平受力由木制弧形肋结构平衡，垂直方向受力由办公楼上的钢屋架平衡。

办公部分及图书馆的尺度降了下来，与周围的住宅楼呼应。办公室的最大进深为12.7m，朝中庭敞开，利用它对流换气。朝东的办公室外面安装稍向上倾斜的混凝土预制件反射板，把入射日光反射到室内天花板上，提高室内自然光亮度。另外，窗户上部内侧安装特殊的照明设施，在日光不足的情况下提供非直接的人工辅助照明。由于Limerick纬度很高，直射阳光季节性变化很大，导致不同地点和朝向的办公间受光情况不同，所以为每个工作台专门设计与办公家具结合的防眩光保护屏，由工作人员自行调整。

整栋楼几乎全部采用自然通风，中庭顶部的机械排风闸只有在特殊情况下才使用。会议厅是惟一使用机械通风和空调的地方。新风进风口布置在建筑东立面上，设计成垂直的、外设百页的窗户形式，由BEMS（Building Energy Management System）建筑能源管理系统控其开关（图10-30、图10-31）。

建筑的围护和承重结构根据当地气候条件设计，利用混凝土结构做蓄热体进行被动式温度调节。

建筑建成后获2004年Architectural Record奖。

（4）澳大利亚悉尼南威尔士大学红楼

红楼（Red Centre）是澳大利亚悉尼新南威尔士大学Kensington分校中心建筑群的一部分，里面除了数学系、国际学生中心办公

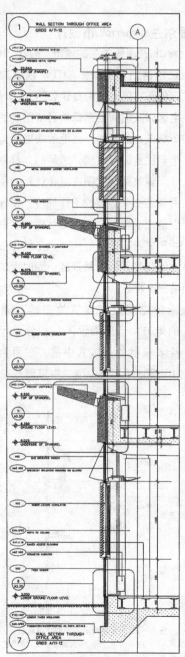

图10-30 建筑东北墙面细部构造

图 10-31 幕墙的木制构造

室外,还是工业设计、景观设计、土木工程、建筑系的系馆。它与现有的教学楼形成组团,把校园区中的步行主干道、绿地以及周围广场空间联系组织起来(图 10-32)。为与相邻建筑产生呼应,红楼主立面外墙大面积采用红色瓷砖,从而得名"红楼"。办公区的窗户简化为规矩的带形条窗,而在入口、展厅以及公共空间采用大面积的开口,加以强调(图 10-33)。大讲堂、教室采用钢和玻璃,做成局部出挑的玻璃盒子,与办公部分清晰区别开来(图 10-34)。它除了注重与室外环境结合、楼内空间分布有致外,还按照"绿色建筑"原则进行设计,强调自然通风、被动式供暖制冷和高度的日光利用,创造舒适的室内环境,并节省能源。

建筑内部采用重质的、热吸收慢的混凝土结构作为热储存器,安装水循环管道,白天吸热、晚上放热到室内空气中,参与调整建筑的热交换。加热了的空气经过风管、电梯以及楼梯间的自然对流在建筑北面排出。南部办公区以及北部局部办公区的室内旧风,主要通过外置的通风管道排出(图 10-35)。另外在外挂式瓷砖表面与其后玻璃幕墙之间的空气夹层中安装有排风口。两者都是利用烟囱效应自然排风:因为北部是建筑的太阳入射面,那里由于强烈的太阳辐射产生向上的热气流,形成与室外空气的气压差。而且这种效果由于排风管道外置、瓷砖反射热辐射的性能好而得到加强,从而有效地实现了建筑的自然排风(图 10-36)。

大楼里安装自动减震器和灵活的排风闸门,根据楼内不同分区,它们自动作出调控。办公室的通风通过立面上的进风缝实现,并由窗户补充。两者都可手动开关。在暴热天气下,打开天花板上的吊扇。冬天时每个工作单位上都有独立的热辐射器。

建筑外面安装的水平固定遮阳百叶有效地防止北面讲堂夏季过热,冬天房间自然升温不受影响(图 10-37)。东西方向外立面上安装垂直的百叶外遮阳设施。除了在机房和其他特殊要求的实验室外,大部分房间不使用人工气候条件装置。被动式供暖和通风设计概念经过计算机模拟加以测试和改进,并在使用中定期检查和优化处理。

为减少人工照明,整栋大楼尽量利用日光,同时还要避免夏季由于过度的日光导致室内温度过高,因此在太阳光照明与热获取之间要讲求平衡。在北面的办公室部分采用低视景窗与高窗两种不同的窗子。高窗的窗台同时起到反射日光的作用:自然的太阳入射光线从那里经过顶棚进到室内深处。低窗还提供自然遮阳。防眩光设施安装在外立面的内侧。另外,朝走廊一侧的隔墙上也安装了窗子,内墙表面粉刷鲜亮的颜色。这些措施都有便于利用自然采光。

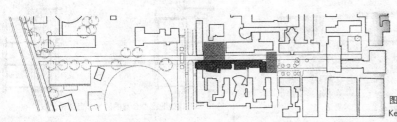

图 10-32 新南威尔士大学 Kensington 分校总平面图

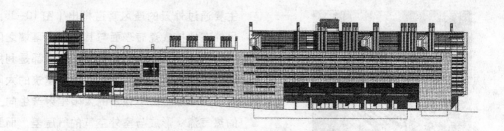

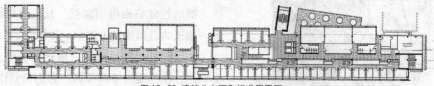

图 10-33 建筑北立面和标准层平面

图 10-34 建筑外景透视

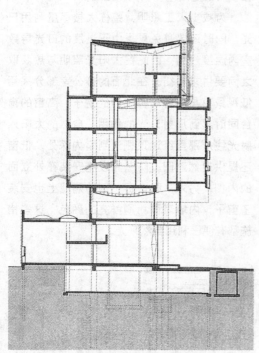

图 10-35 南部办公部分安装的排风管道

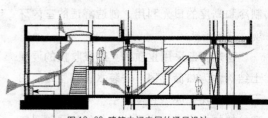

图 10-36 建筑中间夹层的通风设计

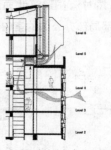
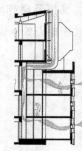

图 10-37 建筑北部办公室的通风和自然采光设计

(5) 德国德绍环境部办公楼

"要求别人做到的，首先要自己做到。" 2005年建成的德国环保部大楼（图10-38），就是环保节能建筑的一个良好典范。整栋建筑体形紧凑（A/V=0.4），具有性能极好的外围护结构。主要利用可再生性能源，安装一个（世界最大的）气—地热交换器、光电板以及太阳能集热器，使用的建材都经过环保测试，如德国典型的木质工厂预制件标准立面。采用了主动和被动式的措施来减少能耗与 CO_2 的排放量，并在空间与材料上精打细算，真正体现了节约的意义。

基地位于德国东部德绍城火车站附近一片废弃闲置的工业用地上，反应城市可持续性发展的出发点。花了5年的时间清洁地下水，并更换 $3000m^3$ 的旧土。现有的火车站与原先煤气厂的厂房建筑被有机地结合进来。建筑容纳800人办公，总面积4万平方米，地上四层（图10-39）。建筑物拉直了的话，总长度可达450m。办公楼平面设计成带中庭的长条曲线形，是为了让出尽可能多的室外空地作公共绿地，并顺延从市郊到市中心的步行和自行车通道。

建筑的入口作为室内外的过渡，是一个装有玻璃顶的大厅，作接待、集会、展览之用，并且安排对外开放的大讲堂，还与建筑主体办公区的中庭相连。两者用1m高的透明玻璃栏杆隔开，空间上仍保持通畅。建筑师特别设计了自承重的钢管结构体系，入口大厅顶部跨度40m（图10-40）。玻璃顶由多重折叠结构组成，朝南面安装光电设施。太阳光强的时候，玻璃内面的遮阳卷帘自动打开，中庭里光影交织，并随着天空云彩变化展现动态画卷。

大厅及中庭除了景观庭院设计外，还布置着许多当地艺术品。另外把特殊功能用房如大讲堂、打印中心、档案室等，布置在混凝土结构的异形"岩石"中，散布各处，成为景观设计的一部分。中庭集绿化庭院、交通空间、社交空间于一体，是办公楼的心脏。办公区根据行政划分，分区分段设计，每隔一定间距有高架桥连接，中庭也因此被分为四个部分。高架桥与建筑相连部分也即各部门的中心区，被鲜艳颜色标志出来，并以此为固定点，各部门办公面积可灵活地扩缩，适应日后可能的变化。

办公部分主要采用中间走道、两边办公室，小办公室结合大公共空间的组合形式，建筑净进深（不含立面厚度）是11.2m。虽然大体形是异形，但仍可采用标准化构件：走道1.6m，两边办公室进深4.7m，最小开

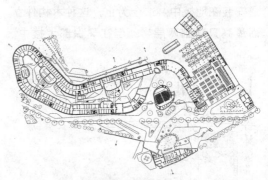

图10-39 建筑平面图

图10-38 建筑鸟瞰图

图10-40 建筑入口大厅内景

间 2.75m，办公室最小面积 12m²。65% 的走道内墙采用玻璃隔断。在朝中庭的低层办公室里，由于屋顶玻璃在打开遮阳设施的情况下，光线透过率只有 15%，所以自然光照明受到限制。为改善这种情况，中庭的地面采用亮度高的材料，办公室天花板反射率 80%。

环保部图书馆布置在"老房子 109 号"以及新建的、连接办公楼与老房子的过渡性建筑中。老厂房内部被掏空，改成三层书库，外立面照原样维修。连接体虽然只有一层，但在与老房子相连的地方，它的屋顶以夸张的姿势升到老房子上面，解决地下阅览室的采光及自然通风问题，同时有力地结束了整个空间序列。咖啡厅（餐厅）作为单独的部分设计，放在办公楼外，并把室外绿地与基地外面的车行道、还有远处的火车轨道隔开。建筑物所有公共部分，设计坡道适合残疾人使用。

建筑采用钢筋混凝土骨架结构（柱网尺寸 5.5m），平屋顶，木质立面（图 10-41、图 10-42）。顶棚地面露明，所有电、通讯管道安装在地板中。迄今为止，这种木构件立面最高只建到两层半。但在环保部大楼中，全部四层都采用木质结构。各个立面标准件采用工厂预制，工地组装的方式，施工时连脚手架都不用安装。每个标准件尺寸 2.7m × 7.0m（两层），重达 2500kg。松木框架内填充纤维保温材料。窗洞部分，玻璃与窗户之间安装防晒百叶，尺寸 1.6m × 2.1m。由于建筑呈曲线形，所有立面构件的表面都作弧度处理。玻璃带分成透明与彩色两部分，包括可开启的窗户、不透明的夜晚才打开的通风口以及带玻璃表层的墙体。窗户（U 值为 1.2）的外面再安装一层普通玻璃，两者之间安装外置遮阳百叶。朝中庭的窗户（U 值 1.3）内安装防眩光设施（表 10-12）。

不同建筑构件 U 值选取情况　　表 10-12

建筑构件	U 值
外墙（平均值）	0.23
屋顶（平均值）	0.13
窗户（朝中庭）	1.3
窗户（外面）	1.2
屋顶玻璃（框架不计）	5.8
与土壤接触的地板	0.35

立面的色彩是建筑师一贯夸张风格的体现。松木的红棕色随着年代久远会变成银灰色。彩色玻璃板在靠近老建筑的南向立面上选用红色调，朝西向公园方向为绿色调，朝

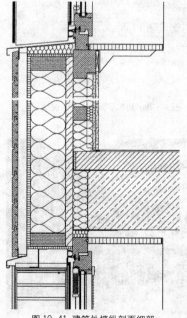

图 10-41　建筑外墙纵剖面细部

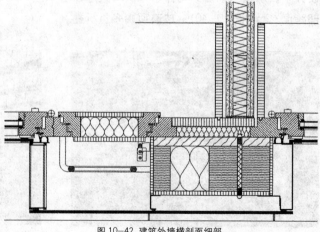

图 10-42　建筑外墙横剖面细部

东向住宅区方向为黄色和橙色调，共33个颜色，7组色系。建筑犹如印象派画家的作品：近看是斑斓的色块组合，远看则是统一的图画。中庭内部玻璃板的颜色则素净下来。

由于西面公路及火车轨道的噪声影响，建筑原先全部自然通风的设想没有实现。这一面的办公室以及机房、大讲堂等散热需求高的房间采用机械通风。通风设备可由各个分区自行调控。为减少能耗，室外新风先经过埋在土里3m深、总长度4800m的热交换器升温或降温后才进到室内。然后通过挂在走廊吊顶里的新风管，再经过一个做了消声处理的风阀进入办公室。风阀在有火情的时候会紧紧地关上。在走道尽头，空气被吸走，经过热回收（功效74%）后才被排出室外（图10-43）。

大厅与中庭总面积有3400m²，不供暖，分成5个防火分区。有火情的时候，屋顶抽风机打开，把中庭空气抽走，直到相应的热对流产生，达到自然排烟的效果。夏季夜晚打开设在一层的通风阀门，通风降温。

机房的空调由吸收冷机实现，大讲堂则采用压缩型冷机。它们由屋顶的太阳能装置供热水和电能。楼内20%能源需求由生物质能、太阳能等可再生性能源覆盖。建筑供暖需求为38.5kWh/m²a，在低能耗节能标准与被动式节能标准之间。能源生命周期为50年。具体的节能措施包括：

1）减少外围护结构的热损失
①紧凑的建筑形式，利用中庭作热环境的过渡区；
②保温材料的U值极低。

2）减少通风过程的热损失
①建筑的气密性高；
②对旧风做热回收处理；
③利用土壤中的热交换器进行室外新风预热。

3）优化夏天隔热
①利用土壤中的热交换器进行室外新风预冷；
②利用玻璃空气夹层安装外遮阳设施；
③屋顶玻璃顶内面做有效的防晒设施；
④使用利用建筑构件蓄热性的混凝土核心温度调节技术，而且夜晚通风降温。

4）最大化获取太阳能
①办公室外面安装活动遮阳设施（冬天日光入射室内深处）；
②太阳能集热器主动式获取太阳能；
③安装光电板。

5）利用中庭调节建筑物室内温度
①面向中庭的办公室：开启窗户自然进风排风，旧风可以凭借自然对流方式经过气闸门排到中庭里；
②面向室外的办公室：旧风凭借自然对流方式经过气闸门排到中庭里。

6）优化自然光利用

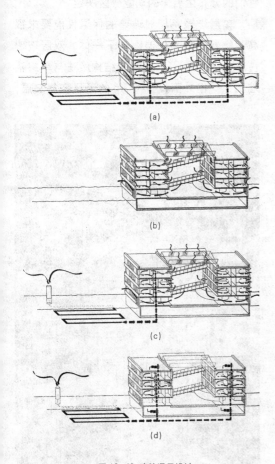

图10-43 建筑通风设计
(a) 夏季白天；(b) 夏季夜晚降温；(c) 春秋季节；
(d) 冬季通风

①平面建筑进深不大;

②立面的玻璃含量相对高（外立面35%，中庭立面60%）;

③使用日光导射系统，室内表面涂反射性强的涂料。

7）其他生态措施

①采用生物质能；

②采用可再生性、环保的、可拆卸再利用的材料；

③做屋顶绿化。

(6) 美国纽约 Genzyme Center 办公楼

Genyzme 是一家生物技术公司，2003年底在美国麻省剑桥建成公司总部大楼，由德国建筑师负责建筑及室内绿化设计，奥地利工程师做日光及人工照明，美国工程师负责结构、施工及建筑物理环境设计，2004年入选 AIA 十大绿色项目之一，并获得美国绿色建筑评估系统 LEED（Leadership in Energy & Enviromental Design）的白金奖，反映了美国节能生态建筑的最高水平（图10-44）。

办公楼容纳900人办公，总建筑面积3.2万平方米，受周围高密度的基地条件限制，以中庭为中心向空中发展，地上共建12层（图10-45）。建筑的特点在于生态建筑的气候设计以及室内办公空间的营造。它采用的单层及双层玻璃幕墙立面、可开启的窗户、活动遮阳设施以及彩色卷帘，既是节能设计中的组成部分，又为工作人员创造室内良好的办公环境。中庭贯通建筑各个部分，布置室内绿化，并在不同层高和方向上安排办公室，具有公开与私密双重特质。另外，中庭为办公区提供自然排风以及采光，是建筑的核心。

波士顿地区夏天炎热，冬天寒冷，建筑立面采用标准化悬挂式玻璃幕墙，12层每层都有可开启的窗户，夏季夜晚打开，通风降温（图10-46）。玻璃幕墙分单层、双层两种，它们的分布由后面的功能分区决定。

单层玻璃幕墙对玻璃的保温性能要求很高，集外围护与保温隔热于一体。双层玻璃占总立面的50%，内层的结构做法与单层幕墙相似，但外面设置1.2m的通风空气夹层，

图10-44 建筑室外夜景

图10-45 建筑中庭内景

然后才是玻璃保护外层，抵抗风雨侵蚀。通风空气夹层形成建筑物室内外的温度过渡区域，平衡室内外的温差：夏天防晒，冬天由于玻璃温室效应升温，减少建筑热损失。另外可作为阳台、走道使用。夹层的通风有机械与手动两种方式，防止夏天空气层过热。另外在靠近外层玻璃的地方安装遮阳百叶，实现外遮阳。办公室内安装有防眩光卷帘，冬季夜晚放下卷帘还可减少室内热损失。所有的防护设备都有机械与手动两种调控方式，方便工作人员自行调控。总的来说，美国的立面制造技术远远落后于欧洲，但在此办公楼中，仍然实现了节点热隔离处理，在窗户上做附加排水层、气密层，以及平开与转开结合的开窗技术。

建筑的中央供暖与制冷系统，采用附近街区供暖中心提供的蒸汽。夏天时蒸汽驱动冷气机，冬天里则直接转变成供暖能量。整个能量在转化循环中损失很小，而且冷气机的利用效率很高。

中庭在建筑内部起到大型排风空间以及捕捉日光的作用。新鲜空气通过楼板里的通风口、立面上的窗户进到办公室，然后随着室内的空气自然气压差进入中庭，从那里经过玻璃顶的抽风机排出（图10—47）。

绿色建筑的原则之一是要与自然贴近，至少75%的办公面积必须有2%以上的自然光照明，而且所有的办公单元都要看到窗外。日光从玻璃立面以及中庭进入。另外在中庭顶上安装7个定日镜，追踪太阳轨道，把屋顶日光集中折射到中庭里来，经过空中吊挂的"水晶吊灯"玻璃棱页片，光线照亮整个大厅。中庭玻璃顶采用棱镜玻璃组合，过滤日光，是遮阳及防眩光设施，而进光量不会减少。另外，室内安装"光墙"，即反光性极强的垂直百叶，其他墙面（金属饰面）与天花板的反光性也很高（图10—48）。所有家具的布置由自然光走向决定，室内多采用玻璃隔断，减少对内部办公室的阴影遮挡。中庭里的水池也起到反光作用。整个中庭光线充足，随着天空中云彩的变化充满灵动的气氛。中庭采用Milieu灯具，它可把白色光转化为暖色调的光线，从而产生从内到外的视觉过渡。晚上玻璃顶棱镜翻转过来，把打在身上的光线反射到中庭里。另外聚光灯也打在"水晶吊灯"上，通过它的折射照亮中庭。

雨水落地后被汇集到两个蓄水罐中，一半为冷却塔供水，另一半用于屋顶绿化浇灌。另外采用各种节水技术，使办公楼的用水量比同等规模的一般建筑物减少32%。

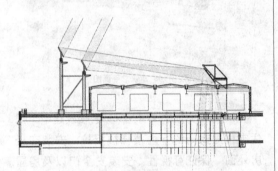

图10-47 双层玻璃幕墙、通风和采光设计

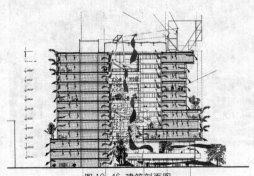

图10-46 建筑剖面图

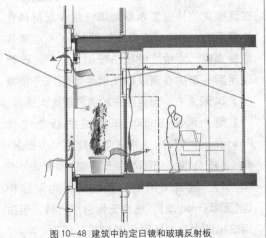

图10-48 建筑中的定日镜和玻璃反射板

(7) 英国伦敦 Angell Town 社会福利住宅 Boatemah Walk

伦敦的街区 Angell Town 是建于20世纪70年代的社会福利多层住宅居住区。小区内部环境、安全性有很大问题，是出租车司机不愿驶入的地区之一。从1998年以来开始老房维修改建以及小区内住宅楼节能重建、新建工作，是当地此种类型居住区的第一个维修重建计划（图10-49）。2003年获得 Deputy Prime Ministers' Award 的可持续性社区建设奖，因其对地域场所的塑造，设计品质以及安全与健康的居住环境得到表彰。

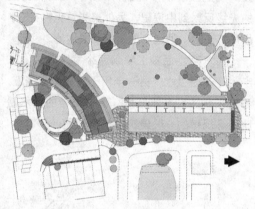

图10-49 建筑总平面图

2002年完成的 Warwick 老楼改建中，把住宅楼里封闭的室内楼梯被拆掉，安装在楼房外面，保证可视性；安装安全门以及房屋对话系统；把厨房安排在靠近道路一边，以加强对小区社区绿地的监控。节能措施有：在现有实墙外安装木框架填纤维保温材料作外保温层，改换 U 值为1.6的 LOW-E 镀膜双层保温窗，冷桥外做隔热粉刷等。经过改建使用后一年的观测表明，供暖等能源开销减少了50%左右，而且住户的满意度大大提高。

同一地段上2005年完成的新住宅楼 Boatemah Walk 为拆迁重建建筑，有三层，共18套公寓，不同户型（图10-50、图10-51）。建筑采用工厂预制的木构架结构（剖面150mm厚），结合无毒自然材料，包括用旧报纸生产的纤维保温材料（屋顶300mm厚，梁及地板下面150mm厚），木框高效保温玻璃窗 [K 值 $1.5W/(m^2 \cdot K)$]，以及太阳能光电板整体组合屋顶（屋顶倾斜12°，共230m^2，产电1300kW）。另外，收集雨水供马桶洗刷。房子建好后，做 Blower Door 气密性实验。

对阴而多雨的英国天气来说，这种稍低角度的光电板工作效率还令人满意。光电板选用有保护膜而非玻璃表面的产品 UNISOLAR，因此不需要固定的框架来固定。而且保护膜同样不易划伤，有自清理功能。这是英国使用此种灵活性光电板的首例（图10-52）。

公寓内朝南布置起居室、卧室和阳台，以保证最大限度获得太阳能，而且阳台起夏季遮阳作用。厨房朝北布置，从那里可以看到社区小公园。厨房和起居室之间的隔墙采用双层玻璃隔断，以保证室内充足的采光。

新房子外立面安装松木饰面，一层是黏土面砖。室内松木地板，厨房和卫生间地板采用 Marmoleum 材料，外阳台采用天然橡胶。

图10-50 建筑东立面

新房子的设计及建设过程十分重视社区住户参与,参与者的20%是楼里的原有住户,30%为黑人及其他少数民族血统,5%为妇女。房子建好后,极大地改善了小区形象,住户的社区归属感及自豪感也得到很大提高。

图10-51 建筑南立面

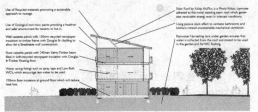

图10-52 建筑生态节能设计示意图

10.2 被动式节能住宅

10.2.1 被动式节能住宅简介

被动式节能建筑的概念由德国物理学家沃夫冈·菲斯特(Dr.Wolfgang Feist)博士和瑞典建筑构造技术专家播·阿当斯(Bo Adamson)教授于1988年共同研究界定,并在1991年德国达姆市Darmstadt-Kanisch建成第一栋被动式节能住宅。它的名字"被动式"来源于人们努力追求、希望能最大限度加以利用的自然特性:利用太阳光取暖。目前已有550多座建筑(住宅、办公以及公共建筑)按照被动式节能标准建成,这个数字以每年100%的增长率不断扩大。

在被动式节能建筑里,不论是夏天还是冬天,要获得适宜的室内温度只需要极少的能耗。具体到住宅建筑中,要达到被动式节能建筑的标准,需要满足三个条件:

(1) 年供暖量 $\leqslant 15 kWh/(m^2 \cdot a)$;

(2) 建筑外围护结构的气密性$n50 \leqslant 0.6/h$;

(3) 年家用总耗能(供暖、热水及电器等)的初级能耗 $\leqslant 120\ kWh/(m^2 \cdot a)$。

被动式节能建筑是低能耗节能住宅不断发展的结果(图10-53)。虽然不是能源效率改革的终点,但是树立了有限利用能源的一个里程碑。目前已出现能源消耗中性的被动式节能住宅,它们供暖所需的能量由风力、水力和太阳能光电设备提供,不再消耗石化燃料,不再排放二氧化碳。下一节能阶段的零能耗建筑也已经建造出来,它们的外保温层做得更好,甚至护窗板也做了保温处理,进一步减少夜间通过窗户的热损失,从而把供暖需求减少到零。另外还有能源上自给自

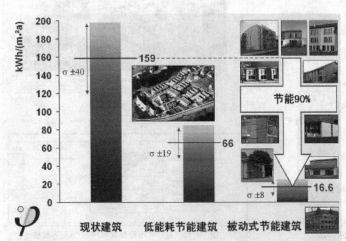

图10-53 现状建筑、低能耗节能建筑和被动式节能建筑

足的建筑，它们不仅供暖需求少，而且家用电器、热水及烹调所需的能源都能自己生产并存储。

被动式节能建筑并不是某些专家的发明，而是现代技术在人类几千年建造过程中的产物。只是它经历了理论系统的提炼，实践中关键性的突破，结合目前所有的建造技术，才最终得以实现，并不断改良优化。

10.2.2 特点

欧洲中部地区的标准供暖系统是带辐射器、管道和油、气燃炉的中央热水机。目前的现状房屋一般情况下最大的年供暖需求约 $100W/m^2$，也就是 $100m^2$ 的住宅每年需 10kW。

被动式节能住宅的核心思想是：尽可能地减少建筑热损失，以至于单独的供暖系统成为多余，其供暖需求只有 $10W/m^2$。研究和实践表明，在这种情况下，剩下的那么点儿"剩余供暖需求"完全能简单地用新风加热的方式解决，即加热器产生的热量通过通风系统由室内新风带到室内。如果这种"新风加热"作为惟一的热源能满足房屋供暖需求的话，我们称这个房子为"被动式节能住宅"，因为它没有任何"主动式"供暖系统，也不需要任何空调装置。

(1) 标准及检验程序 PHPP

被动式节能建筑的供暖需求小到单独的供暖系统成为多余的程度，供暖热能运用本来就有的通风系统输入室内。衡量是否达到被动式节能建筑标准的准则就是简介中所述的三个条件。

利用 PHPP 计算程序（类似 EXCEL 表格），建筑师可以很方便地计算出建筑物的能源平衡、通风系统标准、供暖需求、初级能耗等（图10-55），业主也由此依据获得银行和政府的相应优惠贷款。它从1998年开始制定使用，随着被动式节能建筑的发展有不同版本，并且在不断地完善中。需要列出建筑围护结构面积、当地气候数据、供暖需求、各构造部分U值、受遮挡情况、热损失、内部产热、冷桥、通风系统功效等等，最重要的表格是供暖平衡表、热量获取和分送、耗电计算以及初级能耗计算。

(2) 由来

符合室内卫生要求的室内新风的标准要求 $V \approx 30m^3/$（小时·人）；

在每人 $30m^2$ 居住面积情况下，每人 $\geqslant 1m^3/(m^2 \cdot h)$；

温度边界值 $\upsilon < 50°C$ 在补充加热器中，从而，$\Delta \upsilon = 30K$；最大供暖负荷 $PHz = 1m^3/$

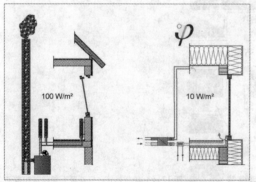

图10-54 传统住宅和被动式节能住宅的对比

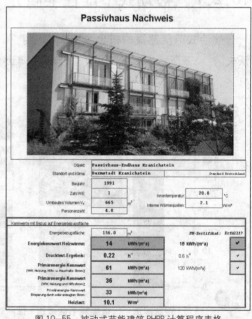

图10-55 被动式节能建筑 PHPP 计算程序表格

(h×m²) × 0.33Wh/(K·m³) × 30K=10W/(m², 居住面积)。

机械通风系统对维持好的室内空气质量来说是必不可少的，虽然说要注意避免新旧风混流，但在更新室内空气时，送风系统完全可以被利用起来，运输热（夏天是冷）风。以每人每小时需要30m³的标准出发，在每人30m²的居住面积情况下，每平方米的新风量至少要有1m³/(m²·h)。补充供暖机的最高温度必须小于50℃，以防止产生灰尘自燃。简单计算，空气的容热为0.34Wh/(K·m³)得到最大的热负荷为10W/m³，可以很轻巧地通过室内新风实现。这个结论适用于所有住宅性建筑，与气候无关。但要把供暖量控制在一定范围内所付出的代价，则与气候条件有很大关系。

以德国为例，现状建筑（多建成于1980年前）用于供暖的能耗是220kWh/(m²·a)，1995年后新建房屋的供暖量为其一半。另外家用热水还需要28kWh/(m²·a)，家用电器需要32kWh/(m²·a)。1980年开始兴起建设，2006年成为普通房屋标准的低能耗节能住宅把供暖能耗降低到了30~70kWh/(m²·a)。而在被动式节能建筑中，供暖能耗在15kWh/(m²·a)以下，而且用于家用热水和电器的能耗也相应降低。总目标是，家庭能源总消耗要降低75%。

(3) 外围护结构保温的最高效率

欧洲中部冬天室外气温常常低于-10℃，而10W/m²是一个很小的供暖量，真的能满足要求么？以1991年德国Darmstadt的第一栋被动式节能建筑为例（图10-56）说明它的特点：

1) 被动式节能建筑超级保温，所以外围护结构（屋顶、墙、地下室楼板以及地板）的透热系数为0.15W/(m²·K)，这意味着，保温层需要25~40cm厚，而且无冷桥，气密性好。

2) 采用双面镀膜三层保温玻璃获取被动式太阳能，冬天里获取的热能甚至大于玻璃的热损失。

3) 机械通风系统保证持续的空气更新，并采用高效的暖回收器来减少室内暖空气排出时的热损失。

如果这三项措施做得好的话，已经能达到被动式节能建筑的标准。从根本上说，所有三种技术都在低能耗节能建筑中得到很普遍地应用。两者区别的关键，在于被动式节能设计把所有的细部更仔细地组合，从而获得更有效的整体解决方案。

在过去几年中，一系列适应被动式节能建筑要求的外墙构建方式发展成熟起来（图10-57）。

被动式节能建筑的气密性必须做得非常好才行，气密层要包裹整个屋子，接头部分要仔细加密。研究中一个有趣的现象是，在超级保温的构筑物中，冷桥完全可以避免，即实现围护面积的热损失（按外部尺寸计算）小于整个构筑物热损失。在第一栋被动式节能建筑示范项目中，所有的节点都经过二维热流计算（现在多经过三维计算），仔细优化过，最后成功地实现了无冷桥构造（图10-58）。

玻璃在过去30多年中也得到长足发展（图10-59）：

1) 至1980年为止，欧洲中部的窗户大部分仍然采用单层玻璃，冬天窗户内表面常常会产生冰花。

2) 1984~1995年窗户普遍采用双层玻璃，$U=3W/(m²·K)$，热损失减半，但窗户内表面仍常常出现冷凝水。

3) 1990年起，保温玻璃市场逐渐扩大开始使用（两层玻璃，单面镀膜、充氩气玻璃），$U=1.5W/(m²·K)$。1995年后在所有新房子及旧房改建中应用。目前德国市场份额为80%。但这种双层保温玻璃仍然不能满足被动式节能建筑的要求：窗户内表面温度低于14.5℃，会产生不舒适的辐射温度差别；如果窗下不安装暖气片，还会产生冷风混流现象。

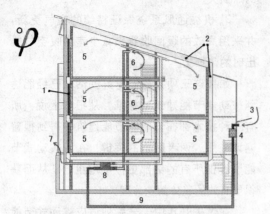

图 10-56 第一栋被动式节能住宅楼的剖面图
1— 三层保温玻璃；
2— 保温层，U 值低于 0.15；
3— 室外空气；
4— 新鲜空气过滤器；
5— 室内新风；
6— 室内回风；
7— 旧风排风；
8— 气对气热交换器；
9— 土壤交换器

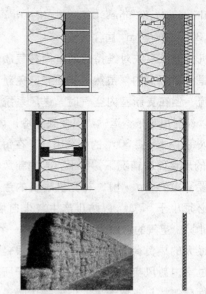

左上：改良的外墙保温联结系统（30cm 保温层，先树保温层，再建砖墙）
右上：硬泡沫保温层做壳，现场浇注混凝土
左中：木质轻型墙，双 T 支撑件，30～40cm 的保温层
右中：工厂预制多层板，聚氨基保温三夹板
左下：低技的草秆黏土墙，在北美日渐流行
右下：高技的真空超级保温材料，厚度仅 2.5cm 即可满足需要
图10-57 多种被动式节能建筑的外墙构建方式

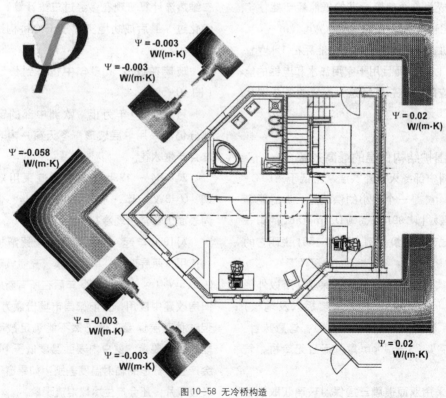

图 10-58 无冷桥构造

玻璃种类	一层玻璃	二层玻璃	二层充氩气保温玻璃	三层充氪气保温玻璃	三层充氩气保温玻璃	三层氙气保温玻璃
TYP	1fach	2Iso	2WSA	3WSK	3weißKr	3Ag²X
U 值 $(W/(m^2·K))$	5.60	2.80	1.40	0.70	0.70	0.40
表面温度	-1.8 ℃	9.1 ℃	14.5 ℃	17.3 ℃	17.3 ℃	18.4 ℃
g 值	0.85	0.76	0.63	0.49	0.60	0.38

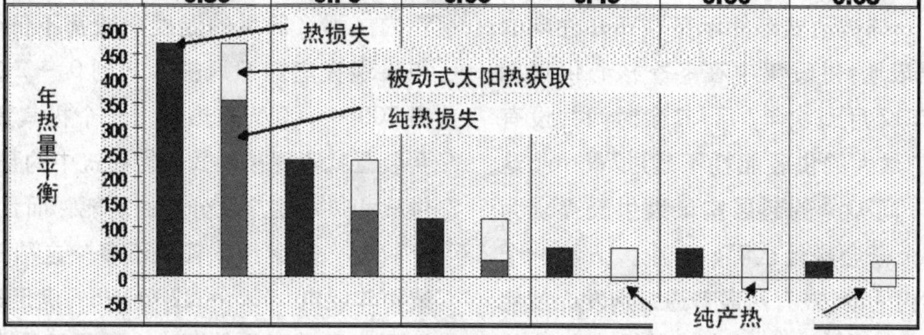

图 10-59 玻璃种类与特性示意图

4) 被动式节能建筑的玻璃是三层，双面镀膜，填充氪气或氙气，$U=0.7 \sim 0.8 W/(m^2·K)$。内表面温度与室内温度接近，不需要在窗户下安装暖气片。冬季南向无遮挡的时候，通过玻璃的被动式太阳能产热高于玻璃的热损失。

但是，窗框、玻璃间分隔支撑件以及窗户安装会有热损失。普通窗框的 U 值在 $1.6 \sim 2.24 W/(m^2·K)$ 之间，是保温玻璃的两倍。玻璃分隔支撑件一般是铝制，会产生冷桥。所以还要为被动式节能建筑专门设计保温的节能窗框，而且玻璃要深深地嵌进窗框中。图 10-60 为三种经过测试达标的被动式节能保温窗框。

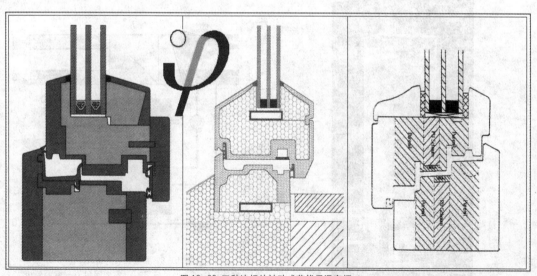

图 10-60 三种达标的被动式节能保温窗框

(4) 暖通三合一组合装置

在第一栋被动式节能建筑中开始采用高效的逆流-气/气-热交换器，每户每年耗电在 200～400kWh 之间。而回收的热能是 3000～4000kWh/a，Heizzahl 供暖系数在 10 以上（回收热能/耗电量）。这么高的电能利用效率由即时电风机实现。图 10-61 为高效气热回收机带逆流热交换器和即时电风机。

在第一栋被动式节能示范楼四户住宅的测量数据表明，供暖集中在冬季核心供暖期中，即每年 12 月到次年 2 月，其余时间并没有供暖。每户最大的供暖能耗不超过 $7W/m^2$。这就是说，一间 $20m^2$ 的起居室最大供暖需求为 140W。这个概念是什么呢？一个大人和一个小孩的室内活动，或者两盏普通灯泡发光就能产生这么多的热量。所以在被动式节能建筑中，能源的转换完全在自然的范围中进行。

带热回收的通风设备在被动式节能建筑中是必不可少的（图 10-62）。如前所述，与进风装置连接的一个小小附加供暖器就足以加热整个屋子。加热室内新风的能源可以来自家用热水系统。这种转化关系可以这样解释：迄今，传统房屋用供暖系统"顺便"产生家用热水，而被动式建筑中用家用热水系统"顺便"覆盖极小的供暖需求。

这个关系在图 10-62 中显示为一个小型热泵（耗电约 300～400W，输出热 1200～1400W，类似冰箱的一个压缩机）提取气/气热交换器中获得的室内旧风的余热，而室内旧风本来就是机械控制的，比室外空气温度高，并带有整幢房子里暖蒸汽的余热。如果室外新风经过地下热交换器预热后才进到室内，那么旧风的温度一般都不低于 10℃。如果现在室内旧风被冷却到 0～2℃，会放出 500～800W 的热量。一个极其简单的组合装置就实现被动式节能建筑中的整个通风、供暖和热水生产及分配的功能，而且其体量、外貌与一般家用冰箱差不多。这种三合一装置每年耗电 1000～2200kWh，满足家用热水和剩余采暖所需的要求。如果还配合太阳能热水器使用的话，耗电量还可降低 25%。这种装置（家用型）已经测试并且市场化，目前正随着被动式节能建筑的推广普及在研发适用于大型公建的产品。

(5) 能耗

在第一栋被动式节能示范楼中，所有四户人家电器采用普通家庭电器种类，但都是

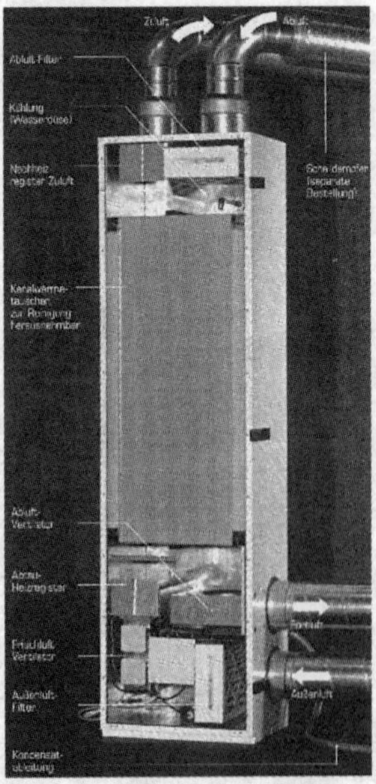

图 10-61 高效气热回收机带逆流交换器和即时电风机

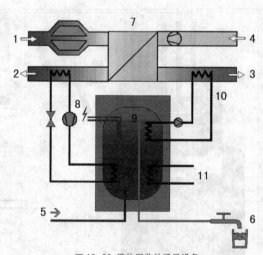

图 10-62 带热回收的通风设备
1-室外新风；2-旧风排风；3-室内回风；4-室内新风；5-冷水；6-热水；7-气/气板式热交换器；8-小热泵；9-热水存储器；10-新风补充加热器；11-（选择）太阳能集热装置

高节能标准。

1）洗碗机、洗衣机与热水系统连接；
2）照明采用节能灯泡；
3）冰箱耗电低于 100kWh/a；
4）冷冻箱耗电低于 117 kWh/a。

节能电器除了省电外的另一个好处是减少夏天制冷需求。

图 10-63 是示范住宅中 1991 年 10 月至 1998 年 9 月实测能量总消耗情况。

1）房屋供暖最终能耗平均值在 10 kWh/($m^2 \cdot a$) 天然气，包括供暖系统效率损失和热量传导损失；
2）在用太阳能热水器提供大部分热水的情况下，另外需要 7.3kWh/($m^2 \cdot a$) 天然气补充热水生产；
3）厨房燃气消耗量 2.7kWh/($m^2 \cdot a$)；
4）家用电器、通风和包括太阳能热水器调节器、热泵等在内的总电耗有 14kWh/($m^2 \cdot a$)。

整栋房子四户人家所有能源消耗为 30～34kWh/($m^2 \cdot a$)，这个值在过去 15 年都很稳定。相比一般的新建房屋，它节能达到 78%。

(6) 造价和市场前景

根据 2002 年对已建成的低能耗节能住宅和被动式节能住宅的调查统计，低能耗节能住宅的造价在 205～405 欧元/m^2 之间，被动式节能住宅在 210～425 欧元/m^2 之间，两者的最高、最低值都差不了多少；从平均造价来看，低能耗节能住宅为 285 欧元/m^2，被动式为 325 欧元/m^2，多出 15%。但是考虑所建的低能耗住宅都是一般装修标准，而被动式住宅为高标准装修，综合来说，被动式住宅的造价比低能耗节能住宅每平方米净居住面积约高 50 欧元。而 2005 年底的数据表明，被动式节能的造价比低能耗节能建筑（现行德国标准）只多出 5%～7%，主要是因为保温层、窗户、通风设备以及可能安装的太阳能设备，两者的差距越来越小（图 10-64）。

下面用统计图表加以说明。一般来说，当房屋的节能效率随着加厚的保温层、超级保温节能窗以及高效的热回收器的运用而提高时，房子的年供暖需求会降低，但是房子的建造成本也随之增加。这是边界模糊效应的一个体现，当房子耗能为 0 时，造价很高，只有出于研究目的而建造，没有市场推广价值。在实践中，许多欧洲开发商没有尝试建造比低能耗节能住宅更保温的住宅，觉得不太可能在经济合理的情况下，把房屋供暖需求降到 30kWh/($m^2 \cdot a$) 以下，也是出于这种想法。

但是，如图 10-64 所示，在临界点 15 kWh/m^2 上，造价产生一个突降。因为被动式节能住宅年供暖量降在 15kWh/m^2 以下，不再需要独立的供暖设备。省下的这一笔开支，可以用在高效通风系统，保温窗以及更好的保温层上面。

而且被动式建筑的使用维护费用也很低（每年 50～100 欧元）。如果把这个因素也考虑进来的话，那么目前建造的被动式节能建筑在其生命周期中的总费用并不比一栋按传统方式建造的新房子的费用高。而且随着市

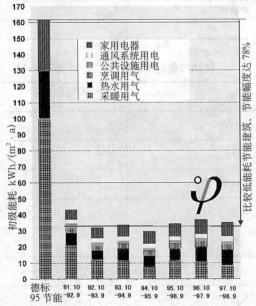

图 10-63 1991.10～1998.9 示范住宅实测能量总消耗情况

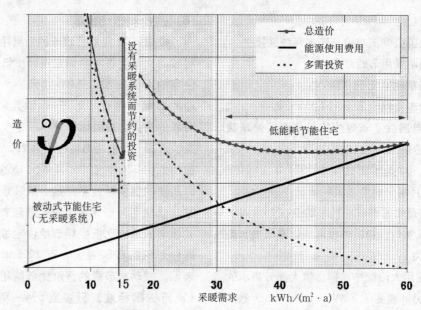

图 10-64 低能耗节能住宅、被动式节能住宅（无采暖系统）的造价比较

场化的扩大，被动式节能建筑的造价还会降低。这一点在近两年建成的大型住宅楼、办公楼实例中都已有证明，后文实例中有介绍。

基于这个原因，欧盟把被动式节能住宅作为发展的标准，开始实施"欧洲标准的造价经济的被动式节能建筑"(CEPHEUS: Cost Efficient Passive Houses as European Standards) 项目，并于 1998～2001 年在五个欧洲国家试验性建造了 250 套被动式节能住宅，对被动式节能建筑进行深入研究和市场推广。现在的趋势是，被动式节能标准从最初的小住宅不断扩大到公共建筑中，并且在老建筑的节能改造中也得到推广应用；另外还跨出地域的限制，推广到德、奥以外的国家，最近新出台了适应意大利气候的被动式标准。

至 2006 年 9 月底，被"被动式节能建筑研究所"认可并注册的被动式节能建筑共有 742 座（表 10-13、表 10-14）。

被动式节能建筑类型（座）　　表 10-13

一家一户独立屋	457
带小套间的独立屋	28
两户联建独立屋	
双拼独立屋	53
联排屋	72

续表

样本房	2
多层集合住宅	40
多层集合公寓楼	12
商住楼	8
小区	4
老人公寓	3
幼儿园	7
学校／高校	5
体育馆	1
宗教建筑	1
办公楼	19
工厂厂房	1

被动节能建筑的分布（座）　　表 10-14

德国	457
奥地利	23
瑞士	8
卢森堡	4
荷兰	4
瑞典	2
比利时	1
美国	1

而据奥地利研究机构2006年估计,现有实际已建成的项目还有更多(图10-65)。

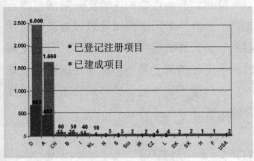

深色为已登记注册的项目,浅色为所有已建成项目
图10-65 已登记注册和已建成项目统计图

10.2.3 设计原则

开源节流,即减少建筑物的热损失,增加热量获取。

(1) 建筑体形和朝向

1) 基地:基地的情况在这里影响很大,处于风口或靠近河岸耗能较多。最理想的是朝南坡。经过基地绿化,如在迎风面种植落叶乔木,可改善不利条件。

2) 体形:由于被动式节能住宅标准高,因此建筑物的形体方正与否十分重要。各种突起、附加部分应该避免,使A/V比值尽量小。总的来说,双拼、连排以及多层集合住宅要达到被动式节能标准,远比独栋别墅要容易得多。相同室外温度条件下,建筑物暴露在空气中的部分比与土壤接触的部分热损失要大。因此,如果建筑与基地充分结合,部分被土覆盖,或者做屋顶绿化,会对节能有好处。

3) 朝向:为最大限度获取太阳能,要保证建筑物在寒冷的冬季不受遮挡,并且最大限度利用太阳辐射:南面尽可能开大窗,东、西面适当开窗,北面开小窗或不开窗。但是要以建筑的功能为重:如果业主只是早晚在家,那么,开东西向大窗就比南向大窗要合适得多。

4) 遮挡:要保证日照间距,在冬至日没有建筑和植物遮挡。冬季夜晚经过窗户的热损失增大,窗外要有遮护设施如折叠式、推拉式护窗板(鱼鳞板或百叶窗)等。

5) 热存储:吸收的太阳辐射并不总能得到充分利用。特别在由轻质墙体(如木头夹芯板)建成的房子,夏季会很快房子过热,需要通风排热。实心墙体建筑则会把最热的时候吸收的太阳能储存下来,过一段时间后再放出。因此夏季的遮阳必不可少。南向房间要尽可能做深,太阳能通过门洞向其他房间扩散,最后均匀分散在整个建筑物中。

(2) 地板、屋顶和墙面的保温

建筑外表面的保温要做到最好的质量。建筑物要整个地被包裹在保温层中,保温层要完整、连续、不间断。外墙面的U值要小于0.15,即保温材料厚度至少要有25cm,最好做到40cm,使U值降到0.1以下。屋顶保温层(如轻质支撑结构之间填充或气压吹入保温材料)可做到50cm厚。

一般来说,要避免复杂的结构设计,以减少冷桥,同时建造施工时要按规章小心作业。

(3) 窗户

玻璃部分的U值要小于0.7。三层保温玻璃填充氪氙等惰性气体的做法可使U值达到0.7,甚至0.4。同时玻璃也要具备高的能量通过率,g值要大于50%。随着使用年代的增加,会发生填充的惰性气体溢漏的现象,因此要选择优质厂商的产品。窗户构造的薄弱环节是窗框及其与墙体的连接部分。木头窗框的截面尺寸至少要有92mm×92mm,保证U值小于1.0,特别的塑料合成材料可达到0.3。保温玻璃过热时,会发生玻璃崩裂现象,因此要小心防护。房子不要做附加玻璃建筑如玻璃温室等,而且玻璃温室不要供暖。

(4) 气密性

空气对流造成的热损失要尽量减少。经常开窗以及隙缝漏风会加大热损失,造成建筑潮湿，而且影响防噪效果，另外，使通风设备的热回收失效。因此在房子建好后要做气密性测试（Blower-Door）：在房门或外窗上安装通风机，把室内气压降至50Pa，通过测量从隙缝里渗漏进室内的空气，计算出漏损量，帮助找到外围护结构的薄弱部分，从而进行修补。

建筑师做方案设计时，就要同时考虑到房子的气密性，尽量采用简单的细部。在轻质外墙内面必须做防潮层，外面做防风层，如采用含沥青的软纤维板或者防风卡纸。实心外墙只要在内面做粉刷层即可，但要注意完全彻底，楼梯后面看不到的地方也要刷到，而且粉刷要从地板到顶棚一直连到屋顶防潮层上。

（5）通风设备

每人每小时平均需要25～30m³新鲜空气。在密闭的房子里由机械通风设备解决通风问题，新风温度高于17℃，流速不小于3m/s。管道分支少、线路短有助于减少热损失。通过高效的热交换器（逆流或多层十字形，回收率>80%）以及暖泵，能把旧风里的热能转移到新风中，使新风预热。新旧风管道带有各自的通风机。室外的进气口要安装防虫网，并且距离地面要有一定高度，以防止小动物窜入。各个房间之间，通常会在门洞附近形成空气对流。在空气交换率40m³/h情况下，至少要1m²大。在热交换器中，温暖湿润的室内空气被降温到露点下，产生的冷凝水被导引到积水器中。在冬天如果新进风温度太低时，要注意防止热交换器结冻。实践中一般把至少10m长的进风管道埋在地下，这样做的另一个好处是同时给空气预热。

（6）减少耗能

1）减少冷桥；

2）采用家用节能电器，经济条件许可时可考虑安装光电板；

3）通风设备的耗电量要小于0.35W/(m²·h)；

4）热水输送管道要装在供暖区中，同时管道要包保温层，冷水废水管道也要包保温层。

被动式节能住宅的造价比一般房屋高出20%，主要是采用了机械通风设备及热交换器。但是无需安装供暖设备，而且日后使用时的水电耗费要少得多。随着全球能源紧缺的现象日益严重，被动式节能住宅的优越性会越来越突出。

10.2.4 实例

（1）奥地利Hochschwab雪地旅馆

奥地利山区滑雪胜地有许多小旅馆，为登山者滑雪者提供休息歇脚的地方。雪地旅馆的特殊之处在于使用者的数目极大地受季节、周末、旅游淡旺季、天气影响，变化很大。夏天周末天气好的时候，一天有好几百人远足到此，而在冬天大雪封山的时候，人际罕见。Hochschwab的雪地旅馆采用被动式节能建筑技术，并把太阳能建筑的基本原则与阿尔卑斯山的气候特点结合起来，实现能源的自给自足，是一个有意思的例子（图10-66～图10-69）。

地段位于海拔2154m高的山峰上，与世隔绝，与山谷村庄的电、水及排污系统没有任何联系，不通车，也没有运输缆车。附近没有任何水源，而且基地位于维也纳市高地水源区中，污水排放也是一个难题。由于地段的高海拔及南向无遮挡，为太阳能利用创造了最好的前提条件。设计的重点放在被动式节能设计、适应高地的供暖系统以及可再生能源的利用上。

旅馆设计中经过初期的背景分析，发展出初步概念，再经过设计、模拟及优化等过程，前后共有10个设计和科研单位合作。施工时在半山腰处建了一个转运站，材料从山谷的村子用车运过来后，再用直升飞机转运到山顶。所有运输车辆的进出、装卸要紧密配合，同时兼顾天气、工作人员的身体和心理状态作周密安排。从2004年6月开始兴建，工期

图 10-66 建筑鸟瞰图

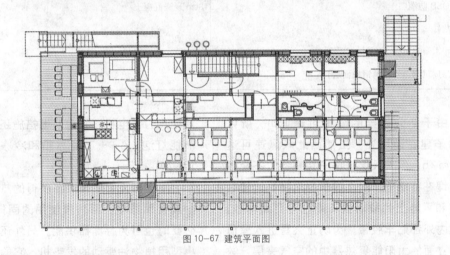

图 10-67 建筑平面图

图 10-68 冬季建筑外景

图 10-69 建筑休息厅内景

共11个月，分两年完成。

建筑体形方正严实，没有凹入凸出，降低A/V比，并且减少风雪侵袭。北向迎风处低矮，窗户少而小；南面设计充分考虑利用太阳能，单坡顶出挑，落地玻璃幕墙。室内空间朝南为"太阳区"，为容纳大量人流的餐厅、休息厅和客房；附属部分（走道、衣帽间、设备间等）放在中间及北向。由于建筑按照被动式节能标准设计，立面和窗户的热工性能很好，休息厅是一个温暖敞亮的大厅，可以远眺Hochschwab高峰全景。客房里设高架床，一个房间最多可容纳11个床位。

房子为两层的木框架结构放在混凝土实体基座（仓库和技术用房）上，外墙和屋顶采用工厂预制成品、现场组装的形式。外墙做法举例如表10-15所示。

Hochschwab旅馆外墙做法　　　表10-15

东西外墙 $U=0.11$（从外到内）	基座与室外空气接触的外墙 $U=0.25$
1.9cm 松木外饰面板	3.5cm 镀锌面板
2.4cm 龙骨，加防风气密层	14cm 工厂预制外墙面
1.6cm 木质面板	1.2cm 防风气密层，3道
24cm 保温层	0.5cm 粘胶，满铺
3cm OSB 防潮层	18cm 现浇混凝土
8cm 龙骨	
1.5cm 木制饰面板	
（厨房另加0.5mm不锈钢板面层）	

由于冬天这里的降雪可达10m，所以把房子建在迎风处。虽然西北风风速可达200km/h，但大风保证房子在寒冬里不会被完全埋在雪地里。因而建筑的气密性比建在山谷和平地上的被动式节能住宅要高得多。窗框内外都贴牢胶带。为防止飞雪进入屋顶的和立面的太阳能集热器中的空气夹层，做了双道多孔钢板，内置过滤器除雪。

南立面上安装透明的太阳能光电板，是建筑设计的重要组成部分，也是造型手段之一。室外平台的栏杆里安装发动机，光电板效率有7.5kW，覆盖旅馆用电量的65%。另外35%的电能由植物油-热力发电机提供，产热27kW，产电14kW，热能被储存起来，用作热水及供暖用。为保证各种电器节能优化使用，不允许大功率的电器如吸尘器、洗碗机同时使用。当电池储量只有60%时，二级用电器自动跳闸，直到储量增加到70%为止。当蓄电量低于60%时，会自动启动热力发电机。其他节电措施还有：采用节能灯泡、A++节能冰箱和冷冻箱等（图10-70）。

南立面太阳能集热器获得的热能储存在附属存储器中。厨房里使用的固体燃料炉，必要时也可为存储器供能。另外还有备用的小型用植物油驱动的发热机，它的余热也可以补充存储器的需要。

机械通风系统带暖回收设备，为"太阳区"提供新风。室外新风进风口在北立面上，做防雪堵塞处理，排风口在屋顶上。通风设备的噪声很小，而且各个房间都作隔声处理，彼此不干扰，即使设备间抽风机最大功率运转，其他房间的人也觉察不到。卫生间配备单独通风设备。厨房独立的通风设备集中安装在抽油烟机里，可分不同档次使用（图10-71）。

饮用水依靠雨水搜集并存储起来，并经多道生物净水过滤后使用。为防止浪费，安装干式厕所。饮水存储器在地下室里，容量34m³，可保证旅馆旺季一个月的用水。厨房污水过滤分流后回收，水经紫外线消毒排到自然环境中，固体部分与干式厕所固体沉淀物混合由飞机送到山脚村庄，与那里的垃圾一起处理（图10-72）。

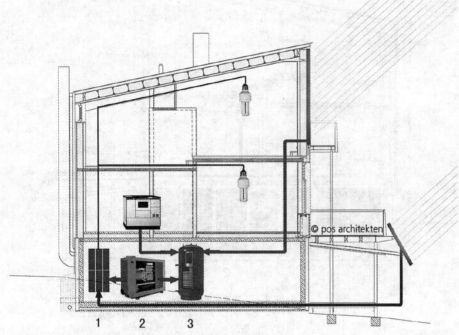

图10-70 太阳能获取利用图
1—电池组；2—烧菜油的冷热联机；3—热水存储器

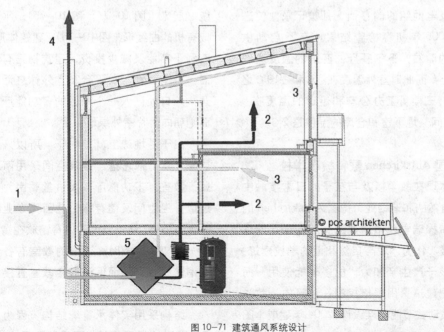

图10-71 建筑通风系统设计
1—室外空气；2—室内新风20℃；3—室内回风；4—旧风排风；5—被动式节能标准的通风装置，带旧风的暖回收系统

423

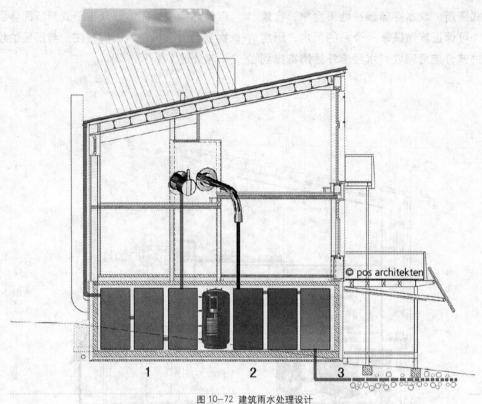

图 10-72 建筑雨水处理设计
1- 生活用水存储器；2- 生物废水净化；3- 净化程度达 99%，回渗基地土层

旅馆内安装视频远程控制系统，实现远程监控。除了对太阳辐射、温度进行测量外，光电板及电池组的储存情况都被记录、传送出来。2006年初春检查结果：在不启动供暖系统的时候，下午餐厅、客房的温度达到20℃以上，而此时室外温度在5℃和-19℃之间变换。三楼员工办公室和走道的温度在5～9℃之间，地下室和仓库的温度是2℃。

(2) 德国 Aufskirchen 蒙特梭瑞学校

为体现在教学以及与孩子的日常接触中强调与自然的和谐相处，德国 Aufskirchen 的一所蒙特梭瑞学校希望建造一所高标准的生态节能楼。作为体现与自然和谐的学校建筑，它要对孩子产生亲和力，能多功能使用，而且还要把建造费用严格控制在预算中。教学楼按照被动式节能标准设计，2004年建成（图10-73）。

这栋两层楼的建筑好像从地里长出来似的，曲线的植草绿化屋顶一直延伸到地面，把它下面大小、高度都不同的各个房间有机统一起来（图10-74、图10-75）。平面也做成有机的曲线形（图10-76）。建筑体形紧凑，有利于节能及减少投资。建筑物只有两个立面：东南面朝入口平台及室外休息活动场敞开，入口处嵌入一个椭圆的多功能厅；西南面则朝向大片室外绿地。

由于基地边上就是村子，所以只能建两层楼。从节能考虑，建筑空间采用南北向布置，教室、多功能厅、大讲堂朝南，中间为过道、卫生间及储存室，北面为专业教室及教师办公室，体量最大的体育馆放在端头（图10-77、图10-78）。二层的教室有各自的独立消防楼梯，从而保证各个教室直接与外界相连。

结构采用实体承重墙结构，因为它的防火、防噪比轻质墙好，而且蓄热量也大，冬、夏室内温度相对稳定。地下室采用防水混凝土，其他内墙及楼板为清水混凝土。外围护结构采用承重木质框架构造外挂木立面板，保温效果好，造价低廉，而且工厂预制，现场组装，工期短。室内装修也适当选用木材。木头与混凝土结构混合使用，相得益彰。

建筑外围护结构中，水平方向上的屋顶和地板占了较大比重，所以大跨度屋架下的空间被利用起来，全部填充保温材料，简单、有效地满足被动式节能建筑的保温要求。基础地板下面做保温层。玻璃幕墙和窗户采用三层保温玻璃、被动式节能窗框（12cm厚），周围树木阴影遮挡情况事先作分析，以保证最优的太阳能获取。

毛胚状态下做 Blower-Door 气密性测试，n50=0.091/h，良好的结果与建筑内部大空间有关，另外，缜密的细部设计以及施工也功不可没。

室内气候环境设计理性分区，分别对待。所有房间的技术设备管线均连接到核心区附属用房部分的吊顶中，那里也是旧风回收区。所有主要功能用房由机械通风系统提供新风。通风设备并不作为空调设备使用，不参与室内温度及湿度调节，新风温度设定为 16℃，流量为 15m²/(h·人)，需要结合开窗通风。整个设备适应学校人流骤增-骤减的要求，可以从最大通风量 8180m³/h 平稳地减少到 2160m³/h 或 1080m³/h。特殊房间如化学实验室及厨房没有与中央通排风系统相连，而是直接经屋顶排出。多余新风经过风闸溢出，进到走廊，最后汇聚到多功能厅上空被集中抽走。

冷桥产生于混凝土墙体与地板的连接处屋架梁断面部分，以及玻璃幕墙支撑结构上。但在计算中均排除它们的影响，施工时也作特别加强处理。

考虑到太阳光照及室内热源，总供暖需求不到 40kW，由燃气-集中热电炉产生，另外辅助使用一个 60kW 热、挂在墙上的气燃炉。在室外 -16℃ 的情况下可让室内温度达到 22℃。整套设备同时生产生活热水。教室、办公室、大讲堂作为一个热循环系统，使用固定暖气片（70℃/50℃），而体育馆、多功能厅、图书馆、教师室以及厨房分别有独立的气-热循环系统，附属用房不安装供暖设备。

围护结构做法如下：

外墙（从内到外）U=0.18

1）粉刷；

2）石膏板 15mm；

3）气密层 OSB 板，22mm；

4）木质组合胶合板，带纤维保温层，220～280mm；

5）底板，防风层，16mm；

6）龙骨及空气层 60mm；

7）木质外饰面 24mm。

屋顶 U=0.1

1）顶棚 65mm；

2）龙骨 60mm；

3）气密层 OSB 板，25mm；

4）防潮层；

5）木屋架内填纤维保温材料 400mm；

6）OSB 板 25mm；

7）PVC 辅助防水层；

8）EPDM 防水层；

9）防护垫；

10）屋顶绿化 100mm。

地板 U=0.14

1）胶质面层 5mm；

2）水泥铺面 60mm；

3）分隔层；

4）保温层 120mm；

5）防潮层；

6）钢筋混凝土底板 300mm；

7）PE 膜防水层，2 层；

8）周边保温层 120mm；

9）洁净过渡层 50mm。

玻璃：三层保温玻璃，g=53%，U=0.7。

保温窗框构筑：可开启部分 U=0.78。

固定部分：U=0.8。

图 10-73 建筑鸟瞰图

图 10-74 建筑南立面外景

图 10-75 建筑北立面外景

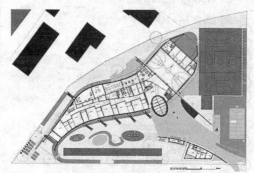

图 10-76 建筑平面图

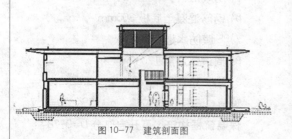

图 10-77 建筑剖面图

图 10-78 建筑走道内景

(3) 奥地利萨尔茨堡 Hallein 院落式多层围合住宅

该建筑建于 2000 年，属于欧盟 CEPHEUS 计划在奥地利实施的七个项目之一。建筑为院落式多层集合住宅，总共有 31 套住宅（图 10-79）。由于地段的东北部外临铁路，需要特别做好防噪措施。为降低造价，采用四栋住宅楼围合中心院落、共用两个楼电梯间形式，由外走廊连接各户（图 10-80、图 10-81）。公共交通部分（楼梯间和外廊）、地下室和外阳台均不供暖，从结构上与住宅部分脱开，建在主体保温层之外。外阳台在夏季还起遮阳作用。

主体建筑采用钢筋混凝土骨架式结构（厚度 18cm），各个支撑构件之间是木框架结构，楼板为 24cm 厚的钢筋混凝土板（图 10-82）。地下室顶盖、外廊和楼梯间也采用钢筋混凝土结构。混凝土外墙的传热系数为 0.16W／(m²·K)，木结构外墙为 0.11 W/(m²·K)。

整个建筑群采用分散式通风，每家安装带逆流热交换器的通风设备，方便住户自行控制（图 10-83）。通风设备设计成墙体悬挂式，安装在各家的储存间里。新风从室外进来后，通过外廊里安装的管道入户，旧风从屋顶上排出，每两户共用一个排风管。通风采用置换通风，新风入户后，从地板下输送到各个房间。新风区包括起居室、卧室和儿童房，卫生间和厨房属于排风区。通风量分为三个等级：常用、持续和加强（适合吸烟者）。

家用热水为 50℃，主要依靠屋顶上安装的 107m² 太阳能热水器提供。必要时可启动地下室里安装的以木屑粒为燃料的炉子，补充热水供应。

图 10-79 模型鸟瞰图

图 10-80 建筑内院

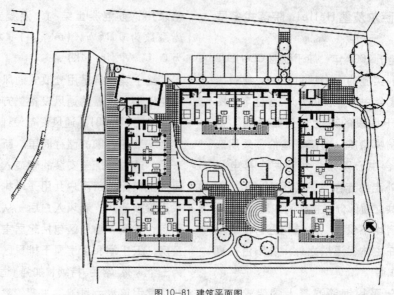

图 10-81 建筑平面图

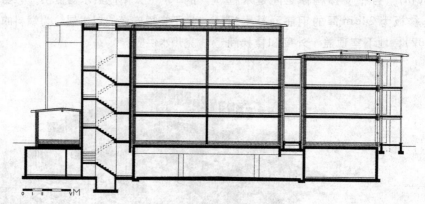

图 10-82 建筑剖面图

图 10-83 建筑能源设计示意图
1—通风设备；2—地热地板；3—木屑燃炉；4—热水存储器；5—集中冰冻箱；6—土壤热交换器；7—太阳能集热器（东南）；8—太阳能集热器（西南）；9—冷水；10—热水；11—室外新鲜空气；12—室内新风；13—室内回风；14—旧风排风；15—技术用房的回风

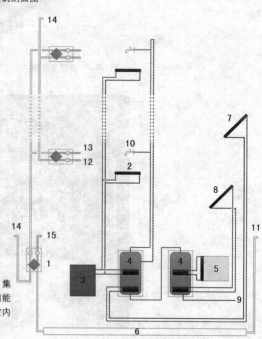

为进一步减小家用电器耗电，利用余热，在地下室中专门设置集中洗衣房，安装集中冷冻室，为每家提供一个210L的冷冻箱。冷冻箱由中央制冷设备驱动，它在全负担使用时所产生的余热用于干燥室，保持稳定室温19℃。

建筑群安装雨水回收系统，集中收集储存雨水作厕所洗洁和室外绿地浇灌之用。

(4) 德国斯图加特 Burgholzhof 点式多层住宅楼

早期的被动式节能住宅多采用单坡顶，南面大玻璃窗，其他三面封闭的形式。现在随着技术发展、市场及工厂生产的扩大，被动式节能住宅的造型越来越丰富，与普通建筑外观上无显著区别，造价也逐渐降低。2003年底在德国斯图加特 Burgholzhof 节能住宅小区中建成了三栋被动式节能点式多层住宅楼（图10-84），造价甚至与一般房屋造价持平。

图10-84 建筑外景

Burgholzhof节能小区由原美军军营用地改建，这三栋点式楼沿街排列，面向东南方的葡萄种植基地。楼间距11m，平面为15.65m×17.5m的方形，地上6层，平屋顶，A/V值小，有利节能。一梯两户，垂直交通放在建筑中心部位（图10-85）。南面布置起居室、外阳台，北面布置餐厅、厨房及生活阳台，东西面布置卧室，一套使用面积为113m^2的住宅有四室两厅两卫。这种平面布局，通过餐厅与起居室的视觉联系，进一步扩大室内空间感觉，而且可以把所有位于排风区的附属房间集中排在一起，室内水平管道汇集在一个金属管中，吊挂在走廊顶棚下，经济有效。窗子交错布置，形成韵律。朴素的功能性设计由于对称性与不对称的结合，也有独特魅力。

建筑师从1992年获知被动式节能住宅概念以来，一直在实践中努力降低它的造价，目前只建造被动式节能住宅，注重在设计初期与设备工程师合作，并且发展出一套快速、经济的做法。屋顶多采取平屋顶结构，上面保温层常常做到60～70cm厚，阳台为减少冷桥与主体脱开，有自己的承重结构。而且对角线方向上使用钢索作交叉加固。窗户没有按照规矩做法安装在保温层中，而是从方便施工及减少造价的原因出发，放在承重墙上。这样虽然需要更好的窗户以及做好连接节点，但建筑师认为比规矩做法要省钱。所有窗户均采用整面的可开启落地玻璃窗，与顶棚连接部分采用超薄真空保温板覆盖。

三栋楼，不到14个月全部建成。每栋楼试验不同的暖通技术：

1号楼，与小区其他住宅楼一样，接到小区供暖供电管网中。地下室中布置转换站、热水储存，新风的二次加热使用水—气加热器及电热器加热，通风中心经保温围护处理后放在屋顶，垂直管井布置在中央楼梯间中，水平管道进户。

2号楼在地下室中采用集中式燃油炉（辅助使用热储存器提高能效），自产电和生活热水，另有燃气炉解决高峰期的需要。

3号楼每户单独安装整体冷热联机，机械通风系统带暖回收装置,用暖泵作余热利用。

围护结构做法如下：

1) 地板：小石块洁净过滤层，防水膜，混凝土15cm，U值为0.35的聚苯保温层30cm，防水膜，硬石膏涂层6cm。

2）地下室外墙：钢筋混凝土 20cm，防潮层，U 值为 0.35 聚苯保温层 30cm。

3）地上墙体：承重墙体 KS-Quadro 或预制单元墙体 17.5cm；楼梯间和室内隔墙 22cm，粉刷；外墙外安装 U 值为 0.35 聚苯保温层 30cm，门窗框堂做保温处理，粉刷；非承重墙使用石膏板 10cm，卫生间、走廊墙体为木龙骨框架结构，高窗安装彩色有机玻璃。

4）楼板：钢筋混凝土实体楼板 18cm，楼梯平台 25cm 加强楼板。

5）屋顶：平屋顶，无坡度，从内到外分别是：钢筋混凝土楼板 14cm，防水层，木质多层板 60cm×80cm 作底、填充 40cm 厚的 U 值为 0.35 聚苯保温层，其余部分聚苯保温层 45cm，保护膜，12cm 绿化屋顶。

6）窗户和玻璃：所有窗户为通高的落地玻璃窗，安装在墙体层上，塑料保温窗框，3 层加密处理，三层保温节能玻璃，根据朝向选用不同的 U 值和 g 值，室内连接处做粉刷气密性处理；与天花板连接处安装真空保温板 V-Q-tec。

（5）德国乌尔姆市 Energon 办公楼

大型建筑要达到被动式节能标准，是比小型建筑相对容易的事情，因为建筑的 A/V 比值比独立别墅小很多，这边是节能系数较高的缘故。欧洲目前最大的被动式节能办公楼是 2002 年建成的，位于德国乌尔姆市科学园区里的 Energon 楼，总建筑面积 6980m²，共有 5 层，供 400 多人办公（图 10-86～图 10-90）。该办公楼的 A/V 比值为 0.2，是独立别墅的好几倍。建筑师有相对大的自由度，可以试验新的技术解决方式。

建筑是轴对称三棱体，但每个立面在垂直和水平方向都微有弯曲，为球截面。中心是三角形 5 层高的中庭，上盖玻璃顶。基地无阴影遮挡，位于南坡。办公楼依坡而建，局部深埋在土中。主入口层设在二层，底层为花园层，从那里与室外花园连通。

室外环境设计的中心是一个很大的雨水汇集池，水可以 100% 渗透到地下或蒸发。水池以卵石为主要材料结合水生植物模拟自然湖泊，随着蓄水量和季节的不同，有不同面貌。水池底部是黏土层，密实度很高，保证水能渗透，但速度极慢。另外附加安装地下蓄水池做缓存用，以避免雨水量多时要抽排水的麻烦。汇集的雨水用来浇花，并为入口部分的水池提供水源。整个室外环境设计中避免密封土壤表层，在进车道及停车场采用允许雨水渗透的铺面材料，建造石头护坡，地下车库上面铺了 1m 厚的土壤层。

由于地基较软，必须做 16m 深的桩基。花园层的地板出于静力学的原因与桩基脱开，作为不承重的板放在 20cm 厚的保温层上，因为这种保温材料只能承受较小的压强。混凝土桩没有做保温处理，有冷桥，但这一点在一开始计算时就考虑到了。而且由于桩埋在土里，与土壤接触的热损失只有接触空气热损失的一半，所以这里的冷桥属于可以控制的。

建筑物水平方向上的结构加固，由在中庭里布置的两个楼梯间和一个机械管井完成。建筑采用混凝土结构，每层楼板厚 28cm，平

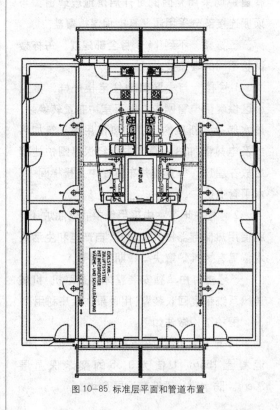

图 10-85 标准层平面和管道布置

放在纤细的柱子上。在各层的楼板中都埋藏了进风通道以及混凝土核心温度调整系统的水循环管道。在平屋顶上另搭龙骨，以保证排水和安装太阳能光电板所需的最小倾斜角度。龙骨之间用气压填充方式安装纤维保温材料，局部厚度达到60cm。带保温层的排风管道也在这里有足够的安装空间。室内旧风被输送到旧风中心，经过热交换器放出余热后才能排走。

地下车库冬季不供暖，在结构上完全与办公楼脱开。由于自重小，做了一般的平地基。车库与主楼之间做30cm厚的保温层，以防止主楼与车库之间产生冷桥。同样，在主楼地下土壤中埋设的所有进风管道都做20cm厚保温层，减少对土壤的热损失。桩基的局部冷桥已在计算时考虑进来，并且做好了防冷凝水处理。整个建筑都被保温层包裹得严严实实，只有桩基和立面外悬挂的清洁走道部分有冷桥。

建筑立面由三个同样的球截面围合，办公部分是规整的开窗，采用工厂预制木墙体，外面是带通风层的水泥纤维板饰面层，入口和花园层部分采用局部的玻璃幕墙。每一层都安装清洁走道，垂直方向的钢拉索和鹰嘴钩把它们吊挂起来，并且把重量分散到各个楼层上去。预制木墙体的做法是内外木夹板之间安保温龙骨拉撑件，内填矿纤维保温材料，木夹板做防风防潮处理（图10-91）。立面划分结合精密几何计算，保证每一层可以重复使用同一种型号的面材。整个楼体由于构件的重复率和工厂预制化程度高，所以施工时间也短，极大地降低了造价。木墙体的连接处从内面填实，外面做带通风夹层的水泥纤维板饰面层，通风层中隐藏遮阳百叶和排水管。

拉撑清洁走道的钢质鹰嘴撑带来的冷桥问题并不太严重。因为它们被固定在木质龙骨的外面，并没有完全穿通保温层。否则会产生冷凝水，从而影响围护结构的保温性能。

办公室窗洞安装达到被动式节能标准的木—铝质节能窗，它的 U 值（包括窗框、玻璃、玻璃末端封边以及安装方式）小于0.85。出于心理学考虑，每间办公室的窗户至少有两扇可以开启。整个外立面的开窗率为22%。

入口和花园层局部采用的玻璃幕墙，也达到被动式节能标准。一般来说，由于与地面连接部分的隙缝和传统门锁技术压力不够的缘故，外门常常影响外围护结构的气密性，属于薄弱部分。办公楼的玻璃幕墙卡扣剖面和玻璃构筑设计得十分精细，整个结构 U 值也在0.85以内。幕墙采用三层双面Low-E镀膜保温玻璃填充惰性气体，玻璃之间支撑件是合成纤维。

中庭上面的玻璃顶采用两层保温玻璃，铝质框架。这种玻璃在垂直安装的情况下 U 值是1.2，按照目前的5°倾斜角水平安装的情况，U 值变为1.5，计算时要顾及这一点。双层保温玻璃的保温性能虽然不及三层玻璃，但是重量减少1/3，而且价格便宜很多。再加上中庭其他各表面在冬天都是温暖的，玻璃顶虽然温度相对较低，但总面积不太大，经过整个热量平衡表的计算还是可以接受的。

玻璃顶夹层中安装水平电动遮阳薄膜，薄膜一方面具有70%的透光率，保证朝中庭一侧办公室利用日光的时间率有25%；另一方面可保证夏天太阳直射时辐射减少75%。此时日光的通过率只有13%，g 值达到17%。运用遮阳薄膜可减少约66%的夏天太阳辐射热量。

玻璃顶中安装 $16m^2$ 的排风口，用于夏天太阳暴晒时通风散热。利用烟囱效应结合花园层和入口层的进风口，可以保证中庭有效的自然通风。

办公室窗外安装的遮阳百叶，可以实现办公桌面高度的遮阳，而其顶端部分则可以把入射太阳光反射到室内顶棚上去。这样可以减少人工照明，并避免在电脑屏幕上形成眩光。遮阳百叶通过机械控制，但也可人工单独调节。在百叶水平打开的情况下，视线不受遮挡，同时窗户处于阴影中。

办公楼各部分以中庭为核心布置。为避免笼子式隔绝冷冰冰的印象，中庭里架起连桥作为公共聚会区，吸引人到中庭里来。办公室朝中庭一面的窗户都可以向中庭打开，人们从连桥、电梯以及旋转楼梯可以直接进入中庭，而不再经过前室或玻璃隔断。而且每层都有向中庭敞开的公共休息室。这些都是在对防火、声学和室内气候等要求作出综合考虑才能实现的。栏杆做吸声处理，走廊饰面采用工厂里使用的吸声地板，从而保证中庭里没有令人讨厌的嘈杂回声。中庭里常年室温保持在 18～26℃ 之间。

花园层围绕中庭布置了餐厅、厨房和健身房。其他各层安排办公室和会议室，局部是开放的公共休息室。它们的出现避免走道过长，而且联系中庭。计算机办公部分安排在朝北的两面。平面划分、附属用房以及各管线的布置保证每一层楼可以租给两个不同的单位，整个大楼可以有八家租户，并可满足办公隔间或是开放型大办公室的需要。

被动式节能标准的办公楼冬季供暖不成问题，因为通过办公室电器、电灯和人的活动已有足够的内部产热。但这些热源夏天也会放热。即使整个大楼 100% 处在阴影中，它也会由于内部热源的存在而慢慢热起来。夏天里处理建筑过热的问题，可以通过各种节能措施有效地实现。办公楼冬季供暖需求为 15kWh/（m^2·a），夏季制冷需求为 12kWh/（m^2·a）。采用的方式是混凝土核心温度调节方式来解决。它类似于热地板的做法，在混凝土天花板中总共安装了 5000m^2 的水循环系统。主要利用混凝土吸热缓慢的热物理特性，把室温保持在想要的温度范围之内。由于顶棚下表面裸露，因此产生巨大的热辐射面积，冬天放热，夏天制冷。它与传统的冷顶区别的关键在于，调节器内部温度与室温相差不大。调节器温度变化范围在 18（夏天）～25℃（冬天）之间。这个很小的变幅只是由于被动式节能建筑极其节能，因而所需的能量极少的情况下才可能。由于协同效应，必须在供暖、制冷以及控制调节方面作精细的技术调整。整个办公部分室内温度全年始终保持在 20～26℃ 之间，用户根本觉察不到辐射热或冷，也根本没有传统的滚烫的暖气片或是空调向外滋滋喷凉气的现象。

混凝土核心温度调节是个缓慢、完全自然调节的过程。室温如果在冬天里由于南面太阳辐射突然上升到 25℃，（这在没有启动遮阳设备的情况下很快会发生），那么顶棚由于它最高 25℃ 的温度上限，就不再放热，而必须吸收热。多余的热能通过楼板中调节温度的水循环系统平均分布在整个大楼里。楼北面不受光的部分，室内温度明显低于 25℃，因此那里混凝土会放出热量。由于充分利用混凝土热吸收缓慢带来的延时性，可以极大地节约热能。

在房屋技术设备中占地最大的是机械通风装置（图 10-92）。室外进风口设在办公楼旁的绿化丛中。空气通过一个 28m 长的混凝土管道（直径 1.8m，上覆 2m 厚土壤层，作为气-土型热交换器，供暖期获热 4.3MWh/a，夏天采冷量为 2.6MWh/a）以及初级过滤器后被输送到设在地下车库里新风中心，从那里到与地热探采装置连接的热交换器做二次加热或降温，然后再通过带暖回收的远程供热管网的三级加热，消声器消声，最后送到中庭里。新风中心同时对空气作加湿处理，空气相对湿度 25%，考虑到其他室内湿润源，冬天室内空气相对湿度不低于 30%。

中庭的作用类似一个巨大的新风管道，每个办公室都从那里抽取所需的新鲜空气，有的通过设在内墙上进风口，有的利用埋在楼板里看不见的通风管。新风率为 25m^2/h，集中加湿器保证冬天空气湿度至少有 30%。新风输送速度以及温度浮动幅度都控制在最小范围之内，空气稳定而缓慢地进到办公室，没有紊流穿堂的现象，用户也觉察不到任何噪声。同时，房间里的旧风被抽走，通过走廊里的风道向上输送到屋顶的旧风中心（配备过滤器，排风机，热交换器以及消声器），经过热交换器，放出 64% 的余热后排到楼外。由与地下热交换器、地热探采装置以及混凝土楼板中的水循环系统协同运作，热媒预热的覆盖率达到了 84%。整栋楼通过机械通排风设备稳定均匀地吸气、排气，这一切静悄悄地进行，用户根本觉察不到。所有房间的外窗都可在任何时间打开，而不影响通排风设备的运行。

通风管道采用镀锌钢板，截面为圆形或方形。厨房排风管道作防油渗透措施。在所有穿过楼板或墙体的部位作防火处理。通风管道与室内环境没有温差，所以不做保温层。

厨房的旧风出于防火原因，单独排风，不经过暖回收热交换器。

建筑供暖需求由一整套在能效上彼此协同的设备提供：地下热交换器（新风预热）、暖回收热交换器（旧风余热利用）、地热探采装置以及连接远程输热管网。首先，室外新风经过地下热交换器，即埋在地下、利用土壤恒温的进风管道，预热后进到新风中心。然后通过热交换器以及地热探采装置进一步加热，根据需要再利用当地输热管网的能源加热。这样一级级使温度升高。

计算机房和厨房的冷冻室安装有特别的冷压机，它的余热也供应给供暖系统。

制冷同样使用暖回收热交换器和地热探采装置。大楼周边共有 40 根地热桩，垂直打入 100m 的地下，满足夏天 120kW 的制冷需要。通过水循环把土壤层利用起来作为季节性的冷、热储存，或者充、放能量。夏天，从混凝土核心温度调控得到的多余热能被存储在土壤里。这种土壤蓄热不需要任何建筑构造，因为土壤由于其自身的蓄热性能可以直接被利用起来。重要的是要根据季节变化对土壤层进行热能的存储与排放，保证土壤散热与吸热的平衡，而不是常年一直被加热或被降温。

另外，地下热交换器在夏天对新风预冷。

为减少耗电，应注意使用节能的电器，甚至取消某些设施。经过优化组合，楼里一家软件公司的耗电量降低了 50%。车库和办公楼平屋顶上安装光电板。虽然光电板的水平安装不是最优，但这样安装简便，不需要做复杂沉重的支撑结构。光电板总面积 1600m²，发电 150kW。考虑到大楼的生产建造以及日后循环回收所需的能量，整栋楼在其生命周期中可以实现 CO_2 排放的中性平衡。

办公楼建成后，造价结算表明，它甚至比传统的办公楼造价要低。其中，基本土建以及暖通技术设备都花费不多，暖通技术设备占总造价的 25%，属于平均水平（表 10-16）。

Energon 办公楼与传统办公楼的造价比较　　　　表 10-16

	欧元/m² 净建筑面积	欧元/m³ 净 BRI
乌尔姆 Energon 被动式节能标准	1779	312
传统办公楼——中等标准	1741	315
传统办公楼——高级标准	2284	384

分析起来，原因在于一系列的节约措施以及它们之间的协同效应，整套技术设备效率更高，但没有传统办公楼设备那么复杂。由于达到被动式节能标准，热损失小，供暖制冷所需的能量减少了 80%，技术设备要求也降低。通过中庭进风，以及混凝土楼板中装进风管道，节省了以往通风管所需的空间以及与旧风的混流。楼里没有做吊顶，不但可以充分利用混凝土核心温度调控，楼面做辐射面，而且降低层高（3.24m），从而减小建筑体量。

通排风之间相对平衡，可以通过极少的空气量和速度调整，从而减少通风管网的截面尺寸，完全不需要传统供热系统中的暖气片以及整个送回暖循环系统。冷顶只在热标准要求高的研讨室中安装，所有办公室完全依靠混凝土核心温度调节设备，夏天足够凉爽。另外，40根地热桩可以利用"免费"的地热资源来供暖和制冷，安装简单的水循环系统和热交换器即可，只需要极少的电能。供暖所需的能量大部分是从窗户射入的太阳能量。

节能的优势在建筑运行的过程中得以充分证明。使用后，每年供暖制冷的总开支（不包括照明、电梯和厨房用电等）为14 200欧元，即每人约34欧元或每平方米1.8欧元。

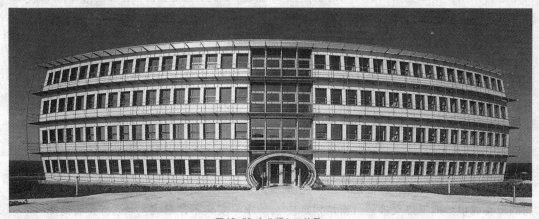

图10-86 办公楼入口外景

图10-87 办公楼中庭内景

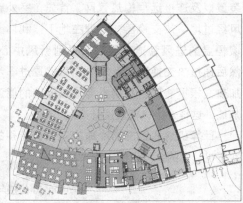

图10-88 花园层平面图

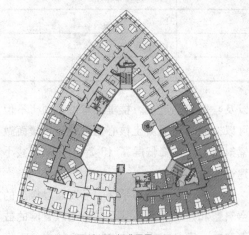

图10-89 标准层平面图

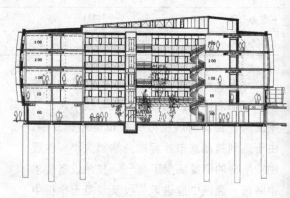

图10-90 建筑剖面图

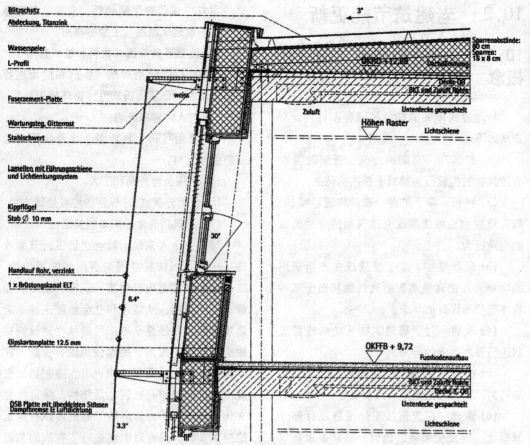

图 10-91 建筑外墙细部构造

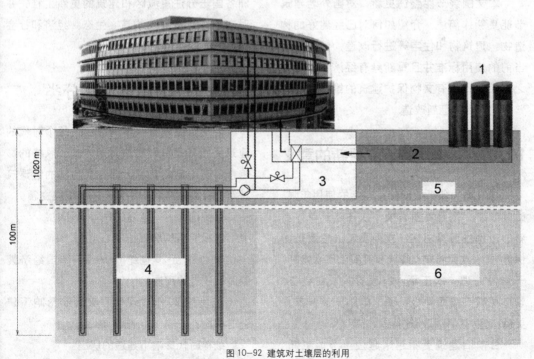

图 10-92 建筑对土壤层的利用

1- 新鲜空气吸入；2- 地下通风道；3- 新风中心；4- 地热探桩（40 根）；5- 细砂黏土；6- 石灰岩层

10.3 老建筑节能更新

10.3.1 与老建筑有关的重要概念

与老建筑相关的构建举措有多种，分别定义如下：

(1) 整饬：没有明确定义，任何改善现有建筑物的构建行为都属于整饬的范围。

(2) 更新：除了扩建、改建或现状维护，所有可持续性地提高现有建筑物的使用价值的构建行为。

(3) 现状维护：除了重建或由更新采用的举措外，使建筑物重新达到最初出于某种具体需要而设计的状态。

(4) 改建：对现有建筑物在结构或其现状进行重大改变的行为。

(5) 扩建：完善现有建筑物而采取的构建行为，如楼层加建或侧翼加盖等。

(6) 重建：在建筑及室外设施现存部分基础上，恢复受破坏的部分。当需要重新规划设计时，该建筑属于新建筑。

本文围绕节能整饬更新，对国外老建筑节能更新作简述，介绍如何对已经建好的构造物、建筑物和住宅等进行改造，使其适用当前的使用标准并且重新具有经济价值。与之有关的不仅有文物保护建筑的维护，还有普通建筑物的翻新改造。

10.3.2 老建筑节能更新的意义

建筑物的各组成部分有一定的使用年限，时间长了，需要更新替换。以往建筑单体更新的工作主要集中在外立面更新（主要是做保温层）、立面粉刷、砖墙和混凝土现状修补、干燥性处理、木工活、屋顶更换、白铁工、管道更新、墙面地板贴面、电路安装、窗户更新、室内装修和粉刷等。

目前旧建筑更新越来越注重节能更新，为降低 CO_2 排放量以及减少使用的费用，特别注意减少建筑物供暖能耗。业主的节能意识和要求也越来越高，主要要求有：

(1) 注重节省能源、材料和维护费用；

(2) 建材的使用周期（生产和使用过程中的环保性，日后可拆卸性，循环使用性）；

(3) 对人体健康无害；

(4) 使用可再生性能源，尽量使用当地可再生性材料；

(5) 利用当地产品和工人；

(6) 使用分散式、环保型的垃圾处理方式；

(7) 建筑功能考虑未来的灵活使用。

对业主个人来说，对老建筑进行节能改造，一来可以维持并提高房屋的使用价值，二来可以增加室内舒适度，三来可以节约能量，保护环境。从城市和社会角度来说，老建筑更新工程是整个城市可持续性建设的重要组成部分，因为它继续使用现有资源，在不征用新的土地面积的情况下，提高建筑密度，并且维持原有社区生活结构，保证社会文化的延续性。由于老房子总是占现有建筑的绝大多数，只有对旧房进行了有效的节能改造，才能收到明显的节能效果。所以，欧洲各国十分注重城区和建筑的更新工程，并对它们进行技术－构造、生态、经济和社会文化方面的综合整体评估。

10.3.3 老建筑年代分类

老建筑影响着城市的面貌。每个时代的建筑受到其建造时代的构建方式、风格的影响，带有一定的特点。把各式各样的老建筑按年代分类，有利于简化问题，建纲立领。

以德国为例，老建筑按年代分成：

木桁架结构房屋；

19世纪至20世纪——战前德国经济繁荣时期建造的房屋；

20世纪20年代现代主义运动影响下建造的房屋；

纳粹时代影响下建造的房屋；

20世纪50年代战后重建建造的房屋；

20世纪60年代建造的房屋;
20世纪70年代建造的房屋;
20世纪80年代建造的房屋;
2000年以后建造的房屋。

每个年代的建筑及规划项目下面还具体细分为住宅、非住宅类、城市、市郊住宅等,总结它们典型的构造形式,典型的缺陷和损失以及改善措施均有描述。

如20世纪60年代的房屋大多没有保温层,位于供暖区与非供暖区的结构在热围护上没有分开。外墙采用多孔砖、混凝土砌块或石灰砂岩砌块、最小的墙厚、外饰面、带内质保温的混凝土预制三夹板。屋顶采用黏土瓦或混凝土屋面砌块,保温很差。多为大面积采光窗,采用木质、铝制以及塑料窗框,单层隔热玻璃。楼板多为混凝土楼板砂浆铺面,内、外阳台没有与主体建筑在热学围护上分开。

存在的缺陷和损失是:

外墙:保温层不够或受损,地下室外墙潮湿,窗下墙有冷桥。

内墙:墙体薄,隔声不好。

屋顶:保温层不够,平屋顶多有漏水问题。

楼板和楼梯:缺少踏步声防噪保护。

窗户和门:保温和隔声不好,窗框变形,金属窗框无保温隔离处理,门需修复。

卫生设备:老化,需更新。

供暖设备:中央供暖系统大多老化,缺少调节系统。

电:整个系统需要更新。

要采取的改善措施有:

全面改善保温层,进行立面更新和混凝土构造更新,添加屋顶保温,更新并优化暖通技术设备等。

10.3.4 老建筑更新过程简述

(1) 构造及技术设备现状分析

对老建筑进行现状分析是节能更新改造工作的前提,在此基础上才可以研究相应的改善措施,并做出预算。如果一开始没有找出所有的损失,而是在施工中逐步发现、改进的话,会花费更大。对老建筑的现状分析可参照表10-17进行。

老建筑现状调查分析表　　表10-17

项目名称:								
性质	公共建筑 / 半公共建筑 / 私人产业							
楼层	楼层数 / 地下室 / 屋架空间 / 主体建筑 / 附属建筑							
建造年代								
用途								
居住面积	住宅套数 / 面积							
商业面积	商业单位数 / 面积							
总使用面积								
备注								
现有构造	各部分评估	现状			采取措施		备注	
		好	中	差	原样维护	更新		
外墙	承重情况							
	防潮措施							
	基座防潮措施							
	墙体保温							
	特殊结构部分							
外窗	结构							
	保温 / 防噪							
	外窗台板							
	内窗台板							

续表

现有构造	各部分评估	现状			采取措施		备注
		好	中	差	原样维护	更新	
外门	结构						
	表面						
屋顶（外面）	材料／铺面瓦						
	承重状态						
	排水沟／管道／连接点						
	屋架间空间利用						
	屋顶天窗						
屋顶（内面）	底板气密层						
	保温层						
	木结构						
	虫蚁腐蚀情况						
楼梯间	过道地面						
	墙						
	墙面						
	住宅入户门						
楼梯	支撑情况						
	梯级表面						
	饰面层的背面						
	栏杆						
内墙	结构						
	表面						
	外墙的内表面						
各楼层顶棚	承重情况						
	保温／防噪						
	湿房间的表面						
	踢脚						
	楼板						
内门	结构						
	表面						
供暖系统	产热机						
	产热面积						
卫生系统	排污管						
	进水管						
	洁具						
电器系统	电表／保险						
	电线／开关						
地下室	防潮层						
	承重墙						
	隔墙						
	要承重的楼板						
进户连接	污水管						
	水管						
	煤气						
	电						
	电话						
室外环境	篱笆／围墙						
	密实地面						
	停车位／车库						
	室外楼梯						
	游戏场／垃圾场						
	绿地／植物						

(2) 设计决定造价：设计的基本原则

影响老建筑更新工程造价的因素有三：

1) 现有的房屋情况（分析）；
2) 在老房中实现新的用途（设计）；
3) 新用途要达到的标准选择（等级）。

其中，设计阶段对造价的影响最大。应尽可能地利用原有结构，不对建筑物动"大手术"，巧妙地用"小手术"解决问题。

1) 理性改善平面：住宅中现有的多功能用房或套间应尽量维持原状，墙体也应尽量少拆除。必要时利用轻质隔墙实现平面划分的改动。

2) 选用老建筑所能承受的措施：垂直管网要少，在文物保护建筑开窗不许改变的情况下通风和采光要采取折中措施，尽量利用现有构件。

3) 选择适合老建筑的建造方式：建造方式宜简不宜繁，尽量采用干操作方式，使用预制构件，以节省时间，缩短工期。

(3) 造价估计和控制

造价估算在现状分析的基础上，一般按每平方米居住面积造价或每立方米改造体积的造价为单位估算。改造费用一般较新建项目造价高的原因有：

1) 室内空间较高；
2) 立面做法复杂，有石膏雕刻、自然石块等装饰构件；
3) 内部装修复杂，有壁炉、墙面木装修、镶木地板、铅制彩色镶嵌玻璃、超大尺寸带复杂饰面及衬里的门，而且五金构件复杂；
4) 其他：文物保护的要求，复杂的手工拆除工作，运输及场地小等问题造成的影响。

(4) 实施

老建筑更新项目中，对工地上的组织要求更高。各工种之间要密切配合，互相协调。要取得现有住户与租户的配合。

(5) 技术改造（防噪、防火和保暖）

下面仅就保暖部分作简述。

老房子更新中出现的保温问题主要有：

1) 现有的外墙保温不足或没有；
2) 各楼层之间的楼板大多没有足够的保温，在住宅之间这种情形还可接受，但与非供暖区相连的顶层楼板或地下室楼板则必须采用保温措施；
3) 在安装附加保温层的时候要考虑到建筑构件生成冷凝水的情况，特别是做外墙内保温时还要补做防潮层；
4) 安装保温窗的时候，由于窗框隙缝减少，也会产生冷凝水的问题；老窗子不密实，隙缝透风，排出室内空气水分；而安装新窗后，如果通风不好，会增大室内空气湿度，从而增加产生冷凝水的几率。所以不能单纯只安装保温窗，而要改善所有外墙的保温。

规范中对老建筑的保温要求针对单个建筑构件提出，如表 10-18 所示。

第一次安装建筑构件，以及构件的更新和替换所允许的最大 U 值　　表 10-18

编号	构件	措施	最大 U 值	比较保暖体条规 WSV'65
1a	外墙	新外墙，新木桁架构件墙，内保温层	0.45	0.5
1b	外墙	带外饰面，外墙面板，双层砖墙的外层墙，保温层，新的外墙粉刷	0.35	0.4
2a	外窗，门连窗，屋顶天窗 1	全部更换或第一次安装，补充安装的外层窗或内层窗	1.7（玻璃 U 值）	1.8
2b	玻璃	更换	1.5（玻璃 U 值）	
2c	前挂式立面	新的前挂式立面，更换悬挂的玻璃或板材	1.9（立面 U 值）	

续表

编号	构件	措施	最大 U 值	比较保暖体条规 WSV'65
3a	外窗，门连窗，屋顶天窗 2	完全更换或第一次安装	2.0（窗户 U 值）	
	箱式双层窗或普通双层窗	更换玻璃	红外－反射涂层	
3b	特殊玻璃	更换	1.6（玻璃 U 值）	
3c	前挂式立面带特殊玻璃	新的前挂式立面，更换玻璃	2.3（立面 U 值）	
4a	楼板、屋顶和屋顶天窗	陡坡屋顶	0.3	0.3
4b	屋顶	平屋顶	0.25	0.3
5a	与非供暖区和土壤接触的楼板和墙	外面的面层，板材，防潮层或地下排水管沟，在非供暖区一侧的天花板面材	0.4	0.5
5b	与非供暖区和土壤接触的楼板和墙	更换，第一次安装，内面的面层或板材，更换在供暖区一侧的地面铺面材料，加设保温层	0.5	0.5

10.3.5 具体节能设计原则及更新措施

在旧改新节能工程中，如果单纯依靠主动式技术如光电设备、太阳能热水器或新的家用能源设备而节能的话，是十分不经济的。但如果把同样的钱花在改善外围护结构的保温性能和房屋的气密性上面，那么节能的效果和效益则会十分明显。

老房子能源效率低的原因主要在于没有保温层，或保温层做得不够，窗户不保温，有大量的冷桥如出挑的阳台或没有保温的地下室，以及房子不密实、漏风。这种漏风并寒冷的房间与滚烫的暖气片、干燥的空气、冰冷的内墙表面共存，不可能给住户带来高舒适度的感觉。

节能改造并不意味着不再使用现有的设备。正相反，由于改造后供暖需求降低，对设备运行系统温度的要求也降低，从而产热机可以更高效地使用。研究成果表明，冷桥的影响甚至会随着外保温层保温性能的提高而减小。另外，在外围护结构保温得到改善的情况下，构件潮湿的现象会普遍减少。

(1) 具体步骤

1) 建筑物的构造和能源的现状评估。

2) 建筑设计方案（现状录入、改动设计、能源改造方案及造价比较分析）。

3) 地下室顶棚做保温（如果地下室不供暖的话）。

4) 最高层楼顶顶棚和屋顶做保温。

5) 更换保温窗户，必要时扩大南向窗户面积。

6) 外立面做保温（尽可能做外保温）。

7) 对与土壤接触的建筑构件做保温（如果地下室供暖的话）。

8) 暖气设备更新。改用天然气、木颗粒作燃料，或改用热泵，地下热以及暖回收设备。房子保温性能越好，暖气设备就越小，越便宜。

9) 安装太阳能热水器，提供家用热水。

10) 安装光电板，产电。

(2) 基本原则

建筑体形：

相比新建筑，建筑体形系数在旧改新节能工程中影响不大。采取的措施有：

通过楼层加盖或旁侧加建改善 A/V 值，

在立面局部凹凸平衡，如在起居室前设置凹阳台，或是在立面保温层外加建不供暖的外阳台；

减少垂直方向上的突出部分，如地下室或楼顶楼梯间的改善；

改善入口，如加建防风前室，楼梯间入口重新设计等。

朝向：

为最大程度利用太阳能，被动式供暖，采取的措施有：

扩大现有的窗户面积，窗下墙降低为60cm或改成落地窗；

扩宽窗户（要换新窗梁，造价较高）；

增开南向窗户；

在结构承重许可时，加大室内进深；

适当情况（如不可能扩大窗户面积时）考虑采用透明保温材料；

在立面安装太阳能集热器或光电板。

被动式获得太阳能和夏天遮阳

阴影遮挡：

周围环境（楼房植被）和建筑物自身构件（阳台、窗套、柱子等）的阴影遮挡在热量平衡计算时要考虑进来。窗户尽可能安装在建筑结构的外侧，或窗洞做斜角，以减少阴影遮挡。

热工分区：

虽然在旧改新工程中平面可改动程度不大，但还是有一定灵活性，如区分供暖部分和不供暖部分，两者要分开。放在地下室（不供暖）的暖气机（供暖）要有保温措施。在改造工程计划阶段就要确定多层集合住宅中的楼梯间是供暖还是不供暖。

(3) 具体措施

旧改新节能改造的措施有很多（表10-19），如：加做或改善外保温层，减少冷桥，改善气密性，使用保温窗，机械通风并带高效暖回收、高效产暖设备，使用可再生性能源。这些措施在新房子建设中被证明是有效的节能措施。其中最重要的方面是：保温，气密，机械通风。目前已有很多旧改新节能改造成功的例子，它们的节能效果达到75%~90%。

值得强调的是，许多人的头脑里存在有一种对房屋的气密性很普遍的误解：我呼吸，所以我的房子也要呼吸；把房子密闭起来做机械通风，我就不能呼吸了。实际上，房子不密闭，四处漏风的话，会产生空气中水汽结露的现象，从而容易在外墙墙角等地方产生霉斑，损坏建筑物，破坏空气质量。已完成的节能旧改新经验表明，气密性的改善对建筑物整体节能效果影响很大。同时，气密性做得好，机械通风的质量也会好。

具体改造措施对舒适度和能耗的改善　　　　表10-19

措施	舒适度改善	能耗改善
加大窗户，保温窗	更多光线，联系室外，提高室内表面温度，减少对流热损失	加大U值，更好被动式太阳能获取，减少人工照明，从而降低耗电量
立面更新	墙体干燥，墙表面温度提高	通过墙面的热损失可减少20%
屋顶更新，屋顶加建	增加居住面积，改善建筑外观	通过屋顶的热损失可减少20%
新地板	减震防噪，地热地板暖脚	通过地板的热损失可减少5%
太阳能热水器	享受免费热水的喜悦	可满足60%家用热水需求，可满足30%供暖需求
太阳光电板	节省后20年电费	在与当地电网并网的情况下，可100%满足房屋电能耗
更新供暖设备	根据需要条件更新，更加环保	比老设备耗能减少30%
机械通风	室内空气质量高，无霉菌	可减少总供暖量20%

10.3.6 细部构造做法

(1) 概述

老建筑节能更新的细部构造做法，如表 10-20 所示。

老建筑节能更新的细部构造做法 表 10-20

外墙		热肤式保温联合系统	保温联合系统适用于所有粉刷外墙以及受损的、受污的砖墙。在现有外粉刷外面可以粘贴一层最厚为 15cm 的保温板，然后在保温板外做两道粉刷层
		带后置通风层的悬挂式立面	当恶劣的外界条件对外表面要求较高时，或出于某些建筑造型设计要求时，采用悬挂式立面。它的结构复杂，造价较粉刷外墙高，但造型表现力强
		内保温	在文物保护建筑更新中出于保护立面装饰及原始结构面貌的需要，采取内保温
		补充添加核心保温	在北方地区空心双层砖墙的更新中，可用鼓风机把保温材料吹进墙体间现有的空气间层中，补充添加核心保温

斜屋顶		在屋椽间做保温	当屋架下空间没有被利用时，可从室内安装；如果更新中需要更换屋面瓦，亦可从外面安装。在屋面瓦完好而且室内有需要保存的顶棚饰面时，则可用鼓风机把保温材料吹进屋椽之间的空间，但同时要注意保持屋面瓦与底层屋面板之间通风层的通风
		在屋椽下做保温	做完屋椽间保温后，一般应在屋椽下面再做一层保温，以减小由屋椽造成的冷桥
		在屋椽上做保温	此做法需要重新安装屋面瓦，但容易实现无冷桥的构造，而且屋椽可以裸露于室内空间之中，成为室内造型构件
平屋顶		平屋顶保温（暖顶）	无通风层的平屋顶在改善屋顶防潮层的同时，要安装新的更厚的保温层：在现有防潮层之上安装，上面再做防水层和碎石层
顶层楼板			有通风层的房屋，在顶层楼板上可毫无问题地密实铺装保温板，最厚可达22cm，但如果顶层空间要上人的话，造价会提高
地下室天花板			后加保温层最好做在地下室天花板的下面（外保温），使天花板位于供暖区中。保温板一般粘贴即可，在层高允许情况下，最少需要8cm厚

续表

	窗户及玻璃更换	目前保温窗多采用双层保温玻璃,U值达到$1.5\sim0.9$。由于保温玻璃的重量及厚度与老房子的隔热玻璃一致,可以继续使用原有窗框,只更换玻璃即可
窗户		

(2) 墙体保温改造实例

墙体保温改造实例,如表10-21所示。

墙体保温改造实例 表10-21

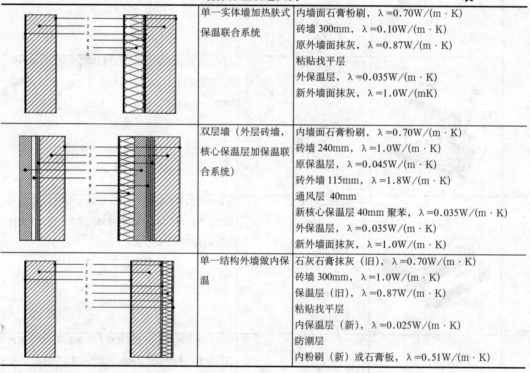

图示	说明	构造层次
	单一实体墙加热肤式保温联合系统	内墙面石膏粉刷,$\lambda=0.70W/(m\cdot K)$ 砖墙300mm,$\lambda=0.10W/(m\cdot K)$ 原外墙面抹灰,$\lambda=0.87W/(m\cdot K)$ 粘贴找平层 外保温层,$\lambda=0.035W/(m\cdot K)$ 新外墙面抹灰,$\lambda=1.0W/(mK)$
	双层墙(外层砖墙,核心保温层加保温联合系统)	内墙面石膏粉刷,$\lambda=0.70W/(m\cdot K)$ 砖墙240mm,$\lambda=1.0W/(m\cdot K)$ 原保温层,$\lambda=0.045W/(m\cdot K)$ 砖外墙115mm,$\lambda=1.8W/(m\cdot K)$ 通风层 40mm 新核心保温层40mm聚苯,$\lambda=0.035W/(m\cdot K)$ 外保温层,$\lambda=0.035W/(m\cdot K)$ 新外墙面抹灰,$\lambda=1.0W/(m\cdot K)$
	单一结构外墙做内保温	石灰石膏抹灰(旧),$\lambda=0.70W/(m\cdot K)$ 砖墙300mm,$\lambda=1.0W/(m\cdot K)$ 保温层(旧),$\lambda=0.87W/(m\cdot K)$ 粘贴找平层 内保温层(新),$\lambda=0.025W/(m\cdot K)$ 防潮层 内粉刷(新)或石膏板,$\lambda=0.51W/(m\cdot K)$

(3) 屋顶及楼板保温改造实例

屋顶及楼板保温改造实例,如表10-22所示。

屋顶及楼板保温改造实例 表10-22

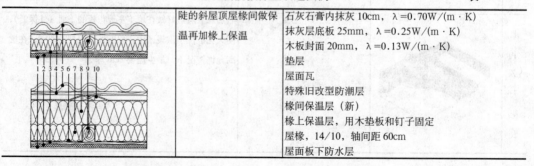

图示	说明	构造层次
	陡的斜屋顶屋椽间做保温再加椽上保温	石灰石膏内抹灰10cm,$\lambda=0.70W/(m\cdot K)$ 抹灰层底板25mm,$\lambda=0.25W/(m\cdot K)$ 木板封面20mm,$\lambda=0.13W/(m\cdot K)$ 垫层 屋面瓦 特殊旧改型防潮层 椽间保温层(新) 椽上保温层,用木垫板和钉子固定 屋椽,14/10,轴间距60cm 屋面板下防水层

续表

图示	说明	构造层次
	陡的斜屋顶椽间做保温再加椽下保温	石膏板 12.5mm，$\lambda=0.25\text{W}/(\text{m}\cdot\text{K})$ 垫层和空气 30/50 （旧，损坏）防潮层（剥除或刺穿洞或使用新的 Sd 值高的防潮层） 椽间保温层（旧）12cm 椽 14，$\lambda=0.045\text{W}/(\text{m}\cdot\text{K})$ 屋面瓦 防水层 椽间保温层（新）$\lambda=0.035\text{W}/(\text{m}\cdot\text{K})$ 垫层龙骨椽，14/10，轴间距 60cm 防水层（新）
	混凝土顶层楼板，外表面做保温	内粉刷（旧）10mm，$\lambda=0.70\text{W}/(\text{m}\cdot\text{K})$ 混凝土楼板 18cm，$\lambda=2.3\text{W}/(\text{m}\cdot\text{K})$ 在楼板外部上面做保温层 250mm，$\lambda=0.035\text{W}/(\text{m}\cdot\text{K})$，两层交错铺装 封面板 21mm，$\lambda=0.16\text{W}/(\text{m}\cdot\text{K})$ 水泥无缝地面 40mm 防潮层
	顶层木梁楼面，外表面做保温	内抹灰层 15mm，$\lambda=0.70\text{W}/(\text{m}\cdot\text{K})$ 木梁 20/10，$\lambda=0.13\text{W}/(\text{m}\cdot\text{K})$ 木板封面 20mm，$\lambda=0.13\text{W}/(\text{m}\cdot\text{K})$ 空气层 80mm，$\lambda=0.42\text{W}/(\text{m}\cdot\text{K})$ 树皮填充 30mm，$\lambda=0.13\text{W}/(\text{m}\cdot\text{K})$ 黏土磨面，$\rho=800\text{kg}/\text{m}^3$，$\lambda=0.30\text{W}/(\text{m}\cdot\text{K})$ 填充砂砾 80mm，$\lambda=0.70\text{W}/(\text{m}\cdot\text{K})$ 木地板 25mm，$\lambda=0.13\text{W}/(\text{m}\cdot\text{K})$ 防潮层在楼板外表面上面做保温层 250mm，$\lambda=0.035\text{W}/(\text{m}\cdot\text{K})$， 两层交错铺装刨花板作铺面 21mm，$\lambda=0.16\text{W}/(\text{m}\cdot\text{K})$
	双层平屋顶带内保温层	原有内粉刷，$\lambda=0.70\text{W}/(\text{m}\cdot\text{K})$ 混凝土楼板，$\lambda=2.3\text{W}/(\text{m}\cdot\text{K})$ 原有屋顶保温 空气层，带防虫网 封面板 25mm 风雨保护层 碎石层，最少 50mm 内保温层，$\lambda=0.025\text{W}/(\text{m}\cdot\text{K})$，粘贴在楼板上 防潮层 石膏板 12.5mm
	原有保温平屋顶外加反转屋面做法	原有内粉刷，$\lambda=0.70\text{W}/(\text{m}\cdot\text{K})$ 混凝土楼板，$\lambda=2.3\text{W}/(\text{m}\cdot\text{K})$ 找平层和防潮层 原有保温层 风雨保护层 新的保温层（选用适合反转屋面要求的保温材料） 过滤纤维网 碎石层，最少 50mm
	地下室混凝土楼板加外保温	水泥无缝地面 40mm，$\lambda=1.65\text{W}/(\text{m}\cdot\text{K})$ 踏步声防噪层 40mm，$\lambda=0.045\text{W}/(\text{m}\cdot\text{K})$ 混凝土楼板 180mm，$\lambda=2.3\text{W}/(\text{m}\cdot\text{K})$ 粘胶粘贴 新保温层，$\lambda=0.035\text{W}/(\text{m}\cdot\text{K})$ 顶棚粉刷 10mm，$\lambda=0.51\text{W}/(\text{m}\cdot\text{K})$

(4) 交接部位节点构造

交接部位节点构造，如表 10-23 所示。

交接部位节点构造　　　　　　　　　　　　　　　　　　　　　表 10-23

图示	说明
	单一外墙加保温联合系统，斜屋顶屋椽间做保温再加椽上保温
	单一实体外墙加保温联合系统，混凝土顶层楼板、外表面做保温
	外墙加内保温，混凝土楼板嵌入墙体
	外墙加保温联合系统，地下室混凝土楼板嵌入墙体

(5) 门、窗户的安装

使用不同类型玻璃，玻璃内表面温度，如表 10-24 所示。

在相同温度下，使用不同类型玻璃内表面温度比较　　　　　　表 10-24

	单层普通玻璃	双层隔热玻璃	双层保温玻璃	三层保温玻璃
U 值	5.8	3.0	1.1	0.4～0.7
玻璃内表面温度				
室外温度为 0℃ 时	+6℃	+12℃	+17℃	+18℃
室外温度为 -11℃ 时	-2℃	+8℃	+15℃	+17℃

安装的几种可能性，如表 10-25 所示。

安装的几种可能性　　　　　　　　　　　　　　　　　　　　　表 10-25

图示	优点	缺点
	在窗框内面可能产生冷凝水的地方添加保温层，外保温层也可日后补做	窗户需要较宽的窗樘
	窗子保温好，风雨侵蚀少，外保温层也可日后补做	需要较宽的窗樘，内窗台板窄

续表

	内窗台板可较宽	窗户安装困难，窗户稍变小
	保温和气密性做法简单，是加宽窗洞时的好选择	须与外墙保温更新同时进行
	内窗台板可以做到最宽，无窗洞造成的阴影遮挡	需要较宽的窗榃，受风雨侵蚀较大
	改善日光射入	外窗洞斜角部分制作复杂，须与外墙保温更新同时进行
	日光入射好，风雨侵蚀少	须做砖墙斜角，外窗洞斜角部分制作复杂，须与外墙保温更新同时进行

门窗安装的具体做法举例，如表 10-26 所示。

门窗安装的具体做法举例 表 10-26

	单一实体外墙加保温联合系统的窗户：上部安遮阳卷帘闸的做法	内粉刷 砖墙 300mm 原有外粉刷，加粘贴和找平层 保温层 （新）外粉刷，或硅胶树脂粉刷 卷帘闸（带保温及气密层） 保温层包裹到窗榃，50mm 原有箱式窗的外边锯掉，内层盖板打开，从底部或外墙填入保温材料。窗榃从外面做好保温，并与卷帘闸的保温粘贴在一起。 （或者卸掉整个箱式窗，安装新式保温窗）
	单一实体外墙加保温联合系统的窗户：下部窗台板的连接	窗户 外粉刷（新） 铝板面层，带保温层 保温层 填充材料 气密性薄膜／胶带，填缝胶带／粉刷端头处理 砖墙 300mm 在保温层中安窗户所需的钢质支撑架 外粉刷（老）带粘贴找平层 内粉刷

续表

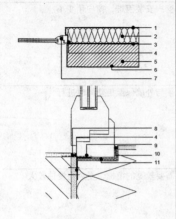	单一实体外墙加保温联合系统的窗户：窗框	外粉刷（新）
		保温层
		外粉刷（老）带粘贴找平层
		为在保温层中安装窗户所需的钢质支撑架
		砖墙 300mm
		内粉刷
		窗户
		填缝胶带／粉刷端头处理
		气密性薄膜／胶带
		预先压缩进的气密胶带／保温联合系统
		生产商提供的端头处理
		填充材料
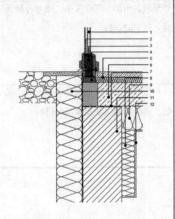	周边保温，地下室外墙内保温：外门槛部分	被动式节能标准的外门，$U=0.8$
		经过热学改良处理的玻璃夹层支撑件
		门框和门槛做热学隔离处理
		用硬质保温材料做高度找平
		水泥无缝地面，踏步声防噪层
		混凝土楼板，端头砖墙
		防潮层
		地下室外墙内侧做保温，至楼板保温下 0.5m 处
		地下室楼板下做保温层，150mm
		周边保温，200mm
		砖墙 300mm，带粘贴找平层
		内粉刷

10.3.7 实例

(1) 德国莱比锡板式住宅楼更新改建

前东德和前东欧国家 20 世纪 70 年代建造大批工厂预制混凝土大板式住宅楼，平面严格按照墙板的尺寸划分，早期所建的楼房没有任何外墙保温，能源危机爆发后采用泡沫混凝土、三层板带保温层墙体。由于其体量大和建筑形象单一，不受住户喜欢，现在空置很多，沦为社会底层居民住宅，并引发许多社会问题。如何处理此类房屋已经成为城市改造中的重要问题。

这些高楼出现的典型损坏情况有：

1) 外墙：长立面和山墙有混凝土损伤，内阳台出挑部分有混凝土损伤，三层板外层保护层受损，板之间连接有隙缝，墙体裂缝缺口，窗户变形、缺五金件，隔声保温不好。

2) 屋顶：由于钢筋混凝土配筋不足导致屋顶顶板的隙缝及腐蚀损伤，顶层楼板的保温不足、受损，通风孔太小或关闭造成通风屋顶夹层不通风，防水层、排水管不好并受损。

但是，光进行技术性更新并不能提高房屋的居住质量，因为这些楼房的外形还很缺乏亲和力，表现在外形简陋、入口暗淡、无标志、楼梯间无人看顾、整体形象颓废等。所以需要在技术更新的同时，设计新的、明亮友好的入口；楼梯间立面全部采用玻璃围护，加大采光并加强立面划分；阳台重新造型；外墙粉刷改用明亮友好的色调；改善室外环境设计；在入口层引入商业（图 10-93～图保温技术方面的改善措施有：

在现有外墙外面加设矿棉保温层，改用保温窗，增加屋顶外保温。

具体实例选用位于东部城市莱比锡Neu LöBnig的一栋建于1973～1974年间的11层板式住宅，原有176套住宅。相对于小区其他板式楼，耗能量较高 [184kWh/(m^2·a)]，而且由于部分住宅没有外阳台，只有40%的出租率。其业主"莱比锡住宅和建设组织"曾考虑要把它拆毁。但2003年德国能源署dena推出"在现状改建中实现低能耗标准"的政府资助项目，为老建筑能源更新提供低息贷款，为示范性项目减免部分贷款，并且开办技术培训，提供专业咨询。业主看到了希望，做了一个老房子的能源性能评估。

评估的结论是，整个小区的板式楼改建前景很好，因为：

1) 板楼坐北朝南，南面布置起居空间，朝北为交通附属房间，有利于被动式利用太阳能；

2) 各板楼之间楼间距大，保证日照充分并利用太阳能；

3) 这些板楼不属于建筑文物保护对象，因此能源改造可进行得更深入。

2004年开始旧改新工程，在原有轴线划分和结构基础上，加入新的元素。主要措施有：首先外墙加保温层，并安装新的保温窗户。由于小区内所有窗户都是同一尺寸，因此窗户更新投资相对较低。然后加建带有光电板的外阳台。部分阳台栏杆结合安装太阳能集热器，为家用热水提供服务。同时改善现有的远程输热管网的连接（图10-99、图10-100）。其他生态方面的附加措施还有：屋顶上做雨水回收利用装置，为室外绿化浇灌之用。

改造工程同时极大地提高了该板楼的居住价值，因为它解决了部分卫生间和厨房的采光问题；给一楼的住宅提供独立小院，其他楼层住宅带外阳台，根据需要还可改成温室，加强与室外空间的联系；给顶楼原来后退的部分做加建，形成了八套带屋顶花园的跃层住宅（图10-101）。北部入口部分改建，加强标志性。外观上通过彩色粉刷改变建筑面貌，一、二层做基座，每4个开间改换一种颜色。改建后住宅实现满租，而且还有人排队求租这里的房子。

改建后的能源耗费降为44kWh/(m^2·a)，改建费用每平方米仅490欧元（表10-27）。业主尝到了旧改新的甜头，目前在改建整修1978年底前建成的房子，下一步计划是改建1983年的老房子。

改建前后每年初级能耗与热损失统计表　　　　表10-27

	每年初级能源消耗	热损失
改造前	184 kWh/(m^2·a)	1.76W/(m^2·K)
（比较）标准节能新建筑	71 kWh/(m^2·a)	0.85W/(m^2·K)
改造后	44 kWh/(m^2·a)	0.56W/(m^2·K)
供暖需求	44.9 kWh/(m^2·a)	
初级能源消耗节约率	76%	
减少排放 CO_2	428t/a	

图 10-93 建筑改造前南面外景

图 10-94 建筑改造后南面外景

图 10-95 建筑改造前北面外景

图 10-96 建筑改造后北面外景

图 10-97 建筑改造前阳台外景

图 10-98 建筑改造后阳台外景

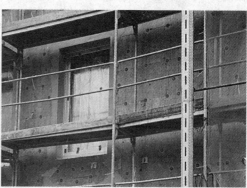

图 10-99 建筑墙面安装的外保温

图 10-100 阳台安装太阳能板式集热器

图 10-101 屋顶加建带室外平台的跃层住宅

(2) 瑞士苏黎世老年看护中心 Entlisberg

瑞士第一大城市提出"苏黎世是能源城市"的口号,开展节能行动,并获得2005年"欧洲能源奖"金质奖章(European Energy Award in Gold)。2004年全市已有23座建筑达到MINERGIE®节能标准,2005年底市内新建筑实现该标准的比例上升到80%。2005年完成的老年看护中心Entlisberg节能更新项目,是大型公共建筑节能更新的一个例子。

看护中心地上8层,建于1973年,是瑞士最大的看护中心。为了改变原有的医院病房形象,增加家居气氛,并给老年住户提供更高的舒适度,2003年至2005年看护区板楼和基座裙房进行全面更新。建筑师在立面更新的过程中,安装新的金属环景凸窗,扩大视野,增加室内面积及采光,并通过其光影强调了各个房间,给老房子带来了新的时代感(图10-102~图10-105)。楼内每个单人、双人间加配独立卫生间,走道尽头的四人间被改成通透的公共起居间,同时改善了走道黑暗的情况(图10-106、图10-107)。另外,对原有聚会厅、大厨房进行改造,加建办公室,扩建咖啡厅及入口,并对车道入口和室外环境进行改善。

节能按照MINERGIE®标准设计,细致地对待这个20世纪70年代的老房子,部分工程必须在不影响看护所正常运行的条件下进行。外墙外加装18cm矿棉保温层、粉刷,平屋顶更新18cm保温层,并做绿化屋面。裙房里原有的技术中心被更新,并在房顶上加建新的技术间。安装前挂式箱式凸窗户,采用大片的保温玻璃2-IV。裙房的外墙以及地下室中供暖区与非供暖区之间的楼板、墙体,根据投资—性价比分析,没有采用MINERGIE®标准,只按照现行节能规范更新(图10-108、图10-109)。

(3) 德国 Kempten 能源中心 EZA

EZA能源中心改建项目完成于2002年。它设计的意图,是通过把一栋老房子更新改造成被动式节能标准,探讨旧建筑更新的可能性,推广利用可再生性能源,以及可持续性建筑的概念。

图10-102 建筑改造前南立面

图10-103 建筑改造后南立面

图10-104 建筑改造前北立面

图10-105 建筑改造后北立面

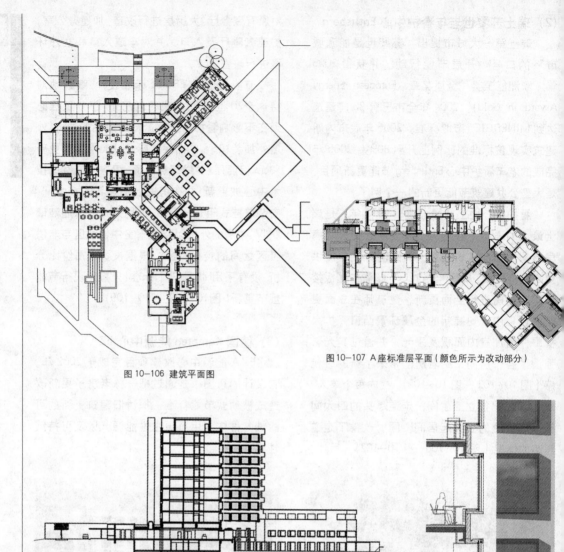

图 10-106 建筑平面图

图 10-107 A座标准层平面（颜色所示为改动部分）

图 10-108 建筑剖面图

图 10-109 建筑箱式窗细部

老房子位于小城 Kempten 老城区边缘，建于 1958 年，前后临街。由于地势南高北低，原有修车场（地下层）在北面街道入口，花店则在南面靠近城墙的公路入口。选用它作为能源中心，一来该位置交通方便，二来旧改新，房子本身就是建筑节能的最好范例。

改建的任务之一，是要保留花店的用途。但花店里总有人进进出出，有违被动式节能建筑密闭的原则。所以花店只采用低能耗节能标准，从建筑主体中脱离出来，而且稍稍后退。这样在两者之间空出的小小空间，成为它们共用的入口小广场。花店的地下仓库仍与能源中心的北面一层相连。

老房子向东扩建 4m，但仍沿用原来的开间尺寸和屋顶坡度。这样改善了房子形体扁平的比例，同时安排了能源中心的主入口和二层高的门厅。老房子一、二层作展览用，展示该建筑的改造过程以及使用的技术设备，三层（屋顶层）为办公室。地下一层，即北面一层，原为修车场，现在是讲堂，带独立入口，通过原楼梯间与展览部分连通。从经济方面考虑，在设计时就注意沿用原有门窗尺寸和层高，并继续使用原有楼梯间。另外，室外停车场不再使用硬质地面，花店的屋顶做绿化屋面（图10-110～图10-114）。

能源中心本身有相对方正紧凑的体型，北面开窗很小，南面是大面积的玻璃幕墙结合太阳能热水器，光电板安装在南坡顶上（图10-115～图10-117）。要达到被动式节能建筑标准，改造的难点在建筑内部。楼梯间与现有相邻建筑，以及北面一层与花店仓库的交接，是保温的薄弱环节。因此在改建中采用不同处理方式。直接与地下土壤层及隔壁房子相连的房间属于过渡地带，是不供暖的。所有连接点对照无冷桥设计要求，做出改良方案。气密层由室内粉刷、屋顶的OSB防水层以及地板的防潮层组成，而且在改建过程中一共做了两次气密性检测（图10-118）。

北面外墙设计成深灰色。在入口层是砖墙外加20cm石棉板保温层，然后粉刷。其他部分是带通风夹层的纤维水泥板，设计中特别采用绝热保温支撑件，以减少冷桥。门窗框外包30mm厚的保温材料。南部、东部采用木框架支撑结构，外挂三层保温玻璃。为调整日光射入量，在玻璃幕墙外安装自动调控的百叶防晒装置。

地下室外保温要在房子周边挖方。由于经费限制，只在比较容易接触得到的地方补做了外保温：北部把原防潮层掀开后安装14cm厚的周边保温，南部由于靠近老城墙地基，外保温只补做到入口下面1.2m深为止

（图10-119、图10-120）。在北部一层，原修车场现为讲堂的部分，由于层高限制，选择在地板饰面材料下安装极薄、极贵，但保温效果极好的真空保温材料。另外在讲堂顶部，与花店以及室外停车场相应的地方也同样使用了真空保温材料。

关于老屋架是否继续使用的问题，也做了多方案研究。经过计算比较，使用新的屋架比老屋架维修只多花费300欧元，而且在被动式节能建筑中常用的38cm厚的纤维素保温材料可以方便地安装，所以更换了整个屋架。南坡顶上安装了27m^2的光电板，每年约产电能1900kW。

经过计算，能源中心的实际供暖能耗是19.5kWh/(m^2·a)，略高于被动式节能建筑的标准15kWh/(m^2·a)。但旧改新能达到这个程度，也不简单。

(4) 奥地利 Grafenschlag 小学改造

Grafenschlag是奥地利一个不到900人的小镇，海拔781m，采用风力和生物质能发电。镇上的小学校建于1970年，为两层的平屋顶建筑，包括小学教室、幼儿园以及在地下室的特别房间。现在需要扩大幼儿园，并且增设活动室。在做维修计划的时候，建筑师把它当作一个整体的生态设计来做，除了节能保温的维修外，还要争取改善室内空气质量，提高室内舒适度（图10-121、图10-122）。

首先请奥地利建筑生物研究所做房子的

图10-110 建筑改建前

图10-111 建筑改建中

图 10-112 建筑改建后

图 10-113 改建前建筑红外线照片

图 10-114 改建后建筑红外线照片

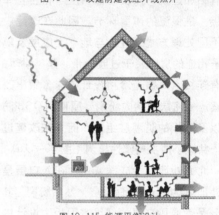

图 10-115 能源平衡设计

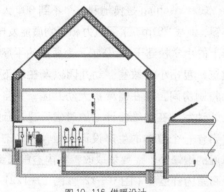

图 10-116 供暖设计

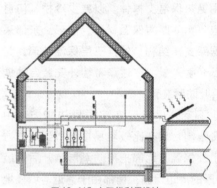

图 10-117 太阳能利用设计

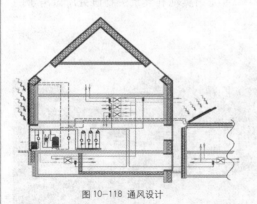

图 10-118 通风设计

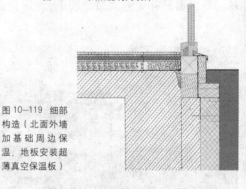

图 10-119 细部构造（北面外墙加基础周边保温，地板安装超薄真空保温板）

图 10-120 细部构造（南面外墙组合安装太阳能集热器）

图 10-121 建筑改造前外景

图 10-122 建筑改造后外景

热物理学模拟分析。使用计算机动态模型模拟研究了几种改造方案，然后从热学结果以及造价估算两方面决定采取最可能的节能方案。

具体的改造措施有：

1）在东南面的教室前加建不供暖的玻璃温室，它在春、夏、秋季可以作为附属教室和课间休息活动室使用，扩大使用面积。温室内侧挂遮阳卷帘，为教室遮光、遮荫。

2）其他立面上加设保温层。

3）原来的钢窗换成木—铝窗户。

4）缩小北立面的窗户面积。

5）新风预热：在院子里埋设地下热交换器通风管道（8×35m 塑料管，直径 30cm）。

6）新风的再次加热：利用东南面的温室或是走道里的暖气片。

7）利用机械通风保证教室和幼儿室的空气更新：房间里安装 CO_2 感应器，在室内 CO_2 浓度超过 800ppm/m^3 时会自动启动通排风设备（图 10-123）。

8）走道里无管道通风：走道里的旧风通过在隔墙上自由安装、作了防噪处理的通气装置渗透进教室，与教室内旧风一起从顶棚上抽出。

9）利用旧风余热：旧风在从屋顶上排出去之前经过热交换器，放出余热。余热利用水循环系统送到走道里给新风加热。

10）夏天制冷：为防止夏天过热，每间教室都能独立启动附加制冷设施，从地下热交换器或是从院子里引进新鲜凉爽空气降温。

改建工程在 2000 年夏季开始，2001 年春季完工。玻璃温室的冬天平均温度在 10℃以上，室外极其寒冷的时候也不会低于 0℃。室内空气和舒适度大大提高，而且光挺的玻璃幕墙使建筑焕然一新（图 10-124）。

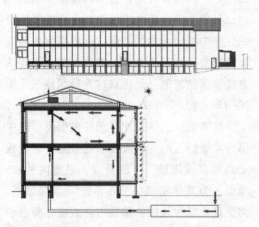
图 10-123 立面及剖面通风示意

图 10-124 二层玻璃温室内景

(5) 德国波鸿百年厅

百年厅属于文物保护建筑，是鲁尔地区钢铁工业的一个里程碑。它最初是为 1902 年杜塞尔多夫博览会而造，因此建筑的三角架钢结构并非是从"功能决定形式"而是从美学观点出发而设计，之后改建在波鸿。自 1903 年以来，其是波鸿钢厂高炉炼钢的动力中心。在后来的使用中，不断得到扩建，总面积达到 8900m²。1968 年钢厂被合并后百年厅作为车间使用到 20 世纪 80 年代（图 10-125）。1993 整个波鸿西区工业园经维修改为以文化艺术为主题的公园，百年厅是主要的展厅。2002 年再次改建后，百年厅成为鲁尔区文化节演出和大型活动的中心，每年 5 月至 10 月使用（图 10-126、图 10-127）。

改建的目标是在运用新建筑元素与老建筑进行对话的同时，保持老建筑的历史整体印象，并要满足一个功能复杂的演会中心的功能技术要求，而且节能。

整个大厅内部在满足新功能时要尽量保持历史面貌不做更改。采取任何构建措施的前提是，不改变建筑那种粗糙、沧桑的性格。这样才可能有真正的工业建筑的体验——新的结构服务于文物古迹并尊重它。

双面织物幕帘可以把大厅分成不同的部分。厅 1 内轴 9～13 之间的部分是文化节期间的枢纽，厅 2 的吊车梁上部以及厅 4 屋架下的空间作为舞台技术的技术控制中心。室外加建有两部分。沿着厅 1 整个南立面，加建带地下室的两层入口门厅和出挑的雨篷（图 10-128）。地下室部分安排观众衣帽间、卫生间以及技术仓库用房。入口在一层，可容纳 2000 人。内设室外楼梯、电梯、餐厅。另外顺着原来建筑轴线在厅 1 北侧加建 6 层的后台艺术家更衣休息室。

室内没有加建任何体量，从而保留展示突出钢结构和空旷的空间特征，用帘幕自由划分空间，运用原来的吊车梁系统可在室内任何地方搭建临时舞台、背景和观众席，并安装声学、灯光设备。但是原来墙体和柱子的承重已达到极限。解决方式是把加建部分与老房子结构连成整体，通过屋架下的预应力钢索把负重牵引到加建部分上，而且不改变室内特性，不影响吊车梁运动（图 10-129）。

老建筑的外围护结构由于其原始功能和建造年代的关系，已经不满足现代保温以及与能源相关的通风系统的要求。建筑师提出一套节能方案，加设保温层，利用暖泵吸收余热补充室内供暖需求，并兼顾不同功能分区同时使用的情况，在墙体下部加设进风口，屋顶上安装排风口，实现自然通风（图 10-130）。

一般说来，大型活动会场的一个难题是要为大量人群提供足够的新鲜空气。通常采用复杂的通风设备，大功率的抽风机，多级风道，把冷、热风送到室内。但百年厅的设计理念和文物建筑保护的要求，以及大厅要尽可能灵活地使用的功能要求，不可能把通风管道装在屋架或是地板下的空间。所以必须寻找另外的解决途径。由于百年厅体形巨大（8000m³，分成三个大厅，局部高度 22m），计算表明，它自身容纳的空气量能够满足 1600 人在 90min 节目演出中呼吸的需要，而不用额外进新风。在这个理论基础上，构想出一个自然通风方案。演出前，墙面接地部分设置的进风口与屋顶的排风口被打开，新鲜空气涌入，室内空气排出。演出时，演出场地（用帘幕分隔）范围内屋顶和墙的风闸口关闭，因为厅内空气含量已满足换气要求。厅内其他地方的风闸口则根据室内热环境情况自动打开或关闭，进行调节。场间休息或演出结束时，风闸口打开通风换气（图 10-131、图 10-132）。

尽管大厅的保温和遮阳性能很差，厅中仍可实现舒适的室内温度。地板内安装地板加热和制冷系统，冬暖夏凉，是室内的热、冷源。为减小热损失，在系统下做保温层。为更好地发挥地板的热辐射面效应，舞台和活动观众席底部架空，减小对地面遮挡，而且不影响空气对流。在气闸门打开换气的时候，虽然会有冷空气进来，但由于地板和墙面温暖，所以并不让人感到不舒适。

屋顶保温很差，安装对流式供暖器。供暖器防止屋顶产生冷空气气流，或者偏转冷空气气流方向，使它们不会在下面的演出空间产生冷流穿堂的现象。

所有的这些措施在设计阶段都运用计算机动态模型模拟，仔细分析并优化后才实施。模拟假定室内1600人，室外温度22℃，灯光、舞台设备在舞台区的产热为80kW。在这种情况下，观众席间的室内温度在23～24℃之间。舞台部分由于局部热源的影响有26℃。

系统设计时还仔细研究过提高能效的问题。在文献考古中发现，百年厅附近有一个工业冷却池。冷却池中的温度由于余热影响在冬天里也始终高于5℃，连接一个暖泵到冷却池，冬天供暖时就有了热源。在这种条件下，用1kW的电，可产生5kWh的热效应，供暖几乎是免费的。天气极其寒冷时，另外打开一个尖峰负荷供暖炉就可以了。制冷也同样可以利用冷却池。如果工业余热不再排到池里，那么放在池子里的热交换器就与暖泵脱开，作为制冷的热交换器为地板制冷系统服务。

整个暖通设计没有复杂的通风设备，节约了初期投资，而且还省下了日后管理维护的大笔开支。

图10-125 改建前建筑群鸟瞰

图10-126 改建后入口外景

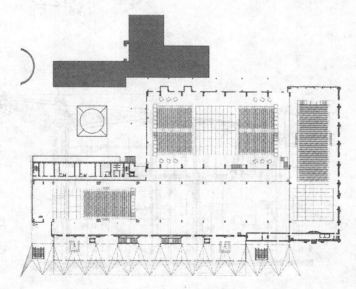

图10-127 平面图

图 10-128 新加建入口大厅

图 10-129 建筑室内空间场景

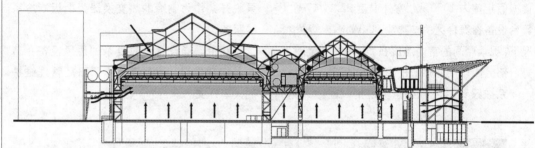
图 10-130 能源设计

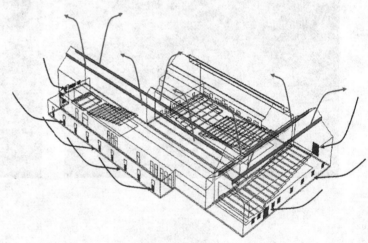
图 10-131 通风设计

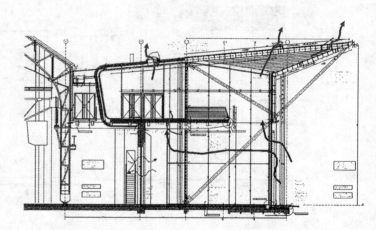
图 10-132 大厅剖面通风示意

10.4 太阳能在建筑中的利用

10.4.1 什么是太阳能建筑

太阳能建筑指的是主动式或被动式利用太阳能成为设计主题的建筑。房子夏天凉爽冬天温暖,而且由于太阳能设计的优化,建筑供暖和制冷的需求很低,节能效率高。建造太阳能建筑的目的是为了节约能量,一是为了省钱,二是为了解决全球升温、石化燃料紧缺的现象。另外太阳能建筑还可提供高舒适度的室内环境。

太阳能建筑的发展大体可分为三个阶段:第一阶段为被动式太阳房,主要通过建筑物结构、朝向、布置以及相关材料的应用进行集取、储存和分配太阳能的建筑。第二阶段为主动式太阳房,以太阳能集热器与风机、泵、散热器等组成的太阳能供暖系统或者与吸收式制冷机组成的太阳能空调及供热系统的建筑。第三阶段是加上太阳电池应用,为建筑物提供供暖、空调、照明和用电。目前国外多组合利用太阳能供电、供热、供冷、照明,建成太阳能综合利用建筑。

经过合理优化设计,太阳能建筑可以实现不同的节能标准,如低能耗节能建筑、被动式节能建筑、零能源建筑以及正能源产能建筑等。

一般衡量太阳能建筑的标准有:

(1)建筑物的保温:需要达到供暖只需 3L 油的低能耗节能住宅或者更好的被动式节能住宅标准。

(2)生活热水生产:利用太阳能集热器满足生活热水需求的覆盖率要达到60%以上。

(3)电:使用太阳能光电板每户至少产电 1 kW。

10.4.2 太阳能在建筑中的技术应用模式及发展趋势

优化太阳能利用的整体设计(图 10-133):规划、单体、技术。

为建造好的太阳能建筑,首先在总图规划上就要创造利用太阳能的条件,在建筑单体的具体设计中要注意节能,减少供暖需求,然后通过技术设备利用太阳能产热和产电。

总的原则仍然是节能建筑的"开源节流":一方面优化太阳热的获取,建筑物面向太阳布置,南面开大窗,而且一定要同时设计遮阳设施;另一方面要尽可能减少热损失,包括简洁密实的体型,足够的外保温层,无冷桥,同时结合使用节能的暖通技术设备等。

在早期总图规划中,需要从太阳能被动式获能角度出发进行设计优化,利用建筑外围护结构的玻璃部分获取能量,减少周围建筑物及树木遮挡,并为主动式获能创造有利条件。其原则有:

(1)确定良好的 A/V 比指标,从根本上减少建筑楼宇热损失。

(2)建筑物尽量南北向布置,北边建筑密度可以做高,南边则可较宽松布置,注意日照间距。

(3)通过窗户或太阳蓄热墙(透明保温材料)等创造太阳能被动式获取的有利条件。

(4)安装太阳能集热器等装置,采取主动式获取太阳能。

(5)在扩大太阳能获取的同时要注意房屋保温,加厚外保温层远比单纯扩大朝南开窗面积到35%~50%要经济适用。

(6)制定减少个人机动车通勤的交通方案。

(7)采用小区集中低温-供暖系统。

10.4.3 城市建设和小区规划总图中太阳能设计的原则

从技术应用来说,通过转换装置把太阳辐射能转换成热能利用的技术属于太阳能热利用技术,通过转换装置把辐射能转换成电能利用的技术属于太阳能光发电技术。

在建筑上,太阳能利用主要包括两大类型:

(1)太阳能集热系统收集和转化太阳辐

射能，提供生活热水、取暖或制冷，需要处理好集热、蓄热和保温三个重要的技术环节（图10-134）。

系统具体类型分为两类：

1）被动式利用建筑物本身作为集热装置，依靠建筑朝向的合理布置，以自然热交换的方式（辐射、对流、传导），使建筑物达到供暖和降温的目的。

2）主动式利用石化能源或木头、植物油等可再生性能源驱动太阳能集热器，结合蓄热装置组成循环太阳能系统。

（2）太阳能光电系统将太阳辐射中的能量直接转化为电能，为建筑物及整个社会提供清洁能源（图10-135）。

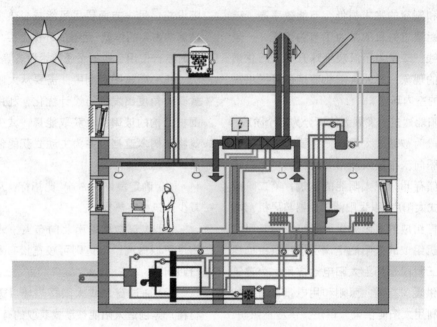

图10-133 整体化节能设计

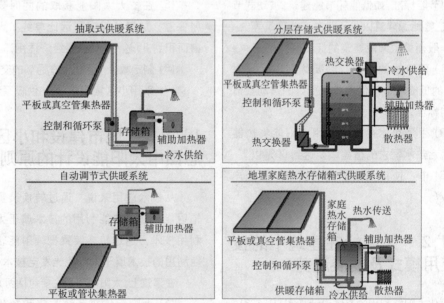

图10-134 利用太阳能辐射热提供生活热水和冬季采暖图解

10.4.4 太阳能集热器与建筑的结合

经过长期的发展，太阳能集热器的技术已经很成熟，应用也很广泛。现主要针对它与建筑的结合加以阐述，因为太阳能集热器作为惟一"看得见"的元素，在建筑的外形设计中作用很大，它在房子整体形象中的组合程度，影响到公众对太阳能建筑的接受。另外，装置的安装还要满足一定的技术要求。所以建筑师要与生产厂家的安装工程师密切合作。

(1) 屋顶朝向和坡度

屋顶接受太阳辐射能量与朝向、当地纬度及屋顶倾斜度有关。图10-136为欧洲中部慕尼黑地区南向、不同坡度的斜屋顶所接受的太阳辐射量。从图10-136中看出，在同一纬度下，全年受热量最大的是南向，倾角为30°的斜屋顶。

另一个图表为德国亚琛的太阳辐射接受示意（图10-137）。在40°倾角、南偏东（西）的坡顶与正南朝向的坡顶获热要减少5%。从表中还可以看出，在正东或正西朝向时，采用较平的坡度(20°)获热量也不错。一般来说，集热器朝向越偏离正南向，坡度要相应降低。

图10-135 瑞士Genf某停车场上安装的光电板为工业区供能

图10-136 慕尼黑地区南向、不同坡度斜屋顶接受的太阳辐射量

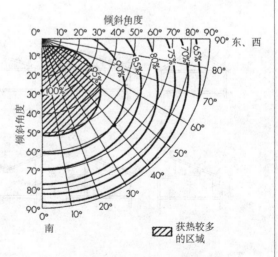

图10-137 德国亚琛的太阳辐射接受示意

表 10-28 为获热较多的集热器安装坡度、朝向组合经验值。

集热器安装坡度、朝向组合经验值　　　　表 10-28

	朝向	倾角
游泳池池水加热	东－西	0°～30°
全年的生活热水加热	南/东－南/西	15°～45°
太阳制冷	南 +/-15°	30°～40°
空气供暖系统（气－集热器）	南 +/-15°	45°～90°
带长期热存储的小区供暖系统	南 +/-30°	20°～50°

对朝向和坡度的考虑一般在总图设计阶段就决定下来。具体说来，斜屋顶15°～35°倾角较好（图10-138）。35°以上的陡屋顶，集热器安装较困难，增加造价。低于10°的，会有排水困难、落雪积聚以及玻璃无法实现自身清洁。在平屋顶上要安装集热器的话，必须用支撑架把它架起来。由此带来的支撑架建造、安装和固定会增加投资。而且与那种组合进斜屋顶的集热器或者工厂预制集热器屋顶整体构件不同，安装在平屋顶上的集热器并不具备防水性。

（2）屋顶和外墙组合

平板式以及真空管式集热器可以安装在斜屋顶、平屋顶以及外立面上（图10-139～图10-141）。不过外立面上应用较少，因为垂直方向上产热量较小；安装面也少而分散，只有大面积玻璃以及阳台栏板可以安装；而且安装困难，管道系统的铺设也成问题，会提高造价。

（3）对斜屋顶构造的要求

单坡顶特别适合大面积安装太阳能集热器。双坡顶房子要注意山墙面上两坡协调的问题。另外，板式集热器总是方形的，所以在非直角的屋顶角落需要特制的金属覆盖件，以保证外观的一致。总的来说，屋顶水平倾角应尽可能设计在20°～45°之间，屋顶可利用面积越大（100m² 以上），越集中，就越有利安装，减少造价，热损失也相对较小。根

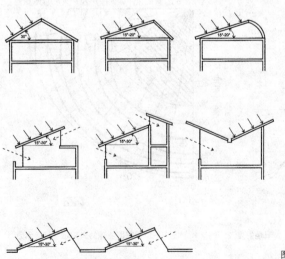

图 10-138 适合大面积安装太阳能集热器的屋顶形式

据系统的不同,有效集热器面积是总安装面积的75%～90%。

在坡度小于15°的情况下,集热器的产热量会降低15%,低于15°不利排水;大于40°的屋顶,里面空间的利用价值提高不大,而集热器安装困难,造价增加。平屋顶上做支撑架安装集热器会增加投资20%～30%,以后如果要整修屋面,必须先把集热器从支架上拆下来才行。另外,还要尽量避免天线、屋顶天窗、排风管穿过集热器。

集热器在屋顶的安装有两种形式:

1)标准型

集热器是标准化的大尺寸模数板,可以快速地大面积安装。标准做法中,屋顶的构造(土建部分)做到气密层以及固定在屋椽上的横向龙骨为止。集热器(厂家安装)固定在龙骨上。集热板彼此之间紧密相连,起防水作用,可以替代屋顶防水层并排水(图10-142)。龙骨之间保留30～40mm的通风空气层。

集热器入水管和排风管一般安装在上部靠屋脊处,出水管、进风管安装在下部靠

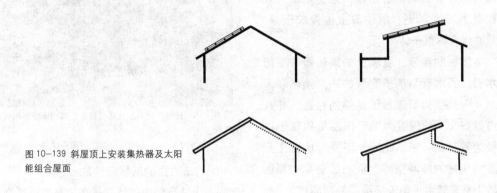

图10-139 斜屋顶上安装集热器及太阳能组合屋面

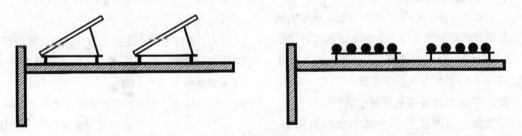

图10-140 平屋顶上安装板式、管式集热器

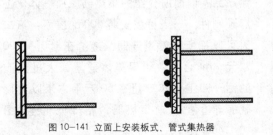

图10-141 立面上安装板式、管式集热器

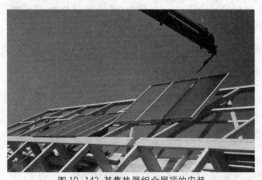

图10-142 某集热器组合屋顶的安装

屋檐（雨水排水管）处，还要为单管汇合到总管预留空间。所以集热器与屋脊、屋檐要保持足够的距离（对上至少80cm，对下30cm）。

这样的系统有效面积为75%～80%。

2) 集热器组合屋顶

这是工厂预制的集热器—屋顶一体化构件，包括完整的屋椽、通风层、气密层以及集热器（加玻璃表面）。另外还可提供配套的屋顶保温层（带内防水层）。屋顶土建部分做到屋架梁，然后把整个组合屋面固定在屋架上即可。各板彼此紧密相连。这种系统有效面积最大可达90%。屋顶看上去像玻璃顶，南北坡结合浑然一体。

集热板的连接：屋顶上的集热器需要把进水管、回水管与房子底层的热交换站联系起来，因此要为管道预留足够的位置，并且管道做好100%保温，即带保温层的管子总直径为管径的3倍。此外，还要考虑管子受热膨胀所需的缓冲空间。集热器安装中要注意防止垂直管道可能破坏屋顶的密实性。

(4) 外立面安装集热器

能在外立面上组合安装太阳能集热器的前提条件是墙面上没有周围建筑物或树木的遮挡（图10-143）。同时要注意，垂直面上的采热量比30°～40°倾斜、朝南的屋顶要少30%～35%。多雪地带，外立面安装集热器比屋顶有利。

立面上有时还可结合真空管状集热器，多用在阳台挡板以及遮阳雨篷上。如果管轴线的最小倾斜度达到一定程度，还可以采用暖管（Heat-Pipe）集热器。管状集热器的安装对底层的土建部分密实性要求较高。

(5) 平屋顶安装集热器

集热器依靠独立的龙骨支撑架，安装在水平或微斜（<10°）的屋顶或地面上。安装快速，可以调整支架获得最优朝向和角度。如果吸收管管芯可做轴线旋转的话，外露的真空管集热器可以较简单地水平安装。

图10-143 德国巴代利亚州环境部办公楼墙面安装的板式集热器

构造方面的前提条件是：

1) 注意防风，特别是在较高的建筑物上。如图10-144、图10-145所示，在碎石屋面上要把集热器支架锚固在波形金属板上，并用碎石覆盖。

2) 注意屋顶承重极限：集热器（带热媒）每平方米重约20～30kg，另外还有管道及支撑架的重量要考虑进来。

3) 露明的支撑架和管道要注意天气保护。

4) 安装中不能破坏屋顶的密实性（气密防水）。

(6) 价格与发展趋势

经过十几年的发展，市场上已有多种成熟产品。前面所介绍的集热器屋顶一体化工厂预制件，一天可以安装200m²屋面，第二天可以把所有管道连通，造价在150～200欧元/m²之间。如果集热器屋面大批生产的话（即工厂年产量在50万平方米以上），就有希望把目前集热器价格降低50%（图10-146、图10-147）。

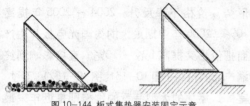

图10-144 板式集热器安装固定示意

图10-145 某大楼屋顶安装实况

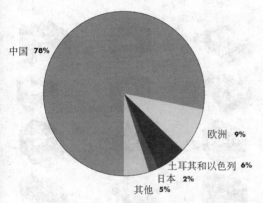

图10-146 截止2004年底，世界各国所有类型太阳能集热器的安装情况

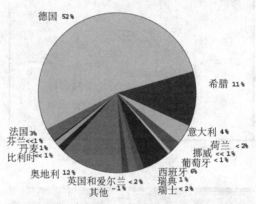

图10-147 截止2004年底，欧洲各国所有类型太阳能集热器安装情况

10.4.5 太阳能光电板在建筑中的组合

要达到光电板与建筑的一体化，一方面要做到光电系统在整个建筑能源物理技术上的融合，另一方面还与建筑的形象有关。一般来说，好的组合不仅是物理技术上的，还是设计艺术上的。对建筑师来说，美学上的组合是讨论的重点。设计中通常需要注意以下几点：

朝向和倾斜度：举例来说，在欧洲中部的最佳安装朝向和倾斜度为南向、水平倾角约30°。

阴影遮挡：建筑物需要一定的间距，同时要考虑周围树木的生长情况，防止阴影遮挡。在城市规划中需要做三维阴影投影分析，以避免日后地段外建设造成阴影。

防眩光：光电板反光会造成光污染，需要避免。

建筑设计质量：标准要高。

技术构造设计：房屋技术构造设计与光电板系统要融合。

(1) 设计的原则

避免阴影投射到光电板上，保证光电板后的通风，简单地安装，简便地更换，光电板的清洁工作需要解决，管线要做好防晒和风、雨保护。

根据奥地利2003年的调查报告，实践中出现的问题主要有：转换开关失效（与太阳能光电板的技术发展有关），光电板实际功效低，由于树木、其他建筑以及建筑本身突起造成的阴影遮挡，安装失误造成线路失效。

(2) 设计工具 PVSYST

PVSYST 是瑞士研究开发的光电板计算机辅助设计软件，面向建筑师，数据库中包含光电板产品目录以及各地气象资料。使用时选择项目所在地点，输入项目有关数据，获得结果。同时可做阴影模拟分析，3D 渲染，投资分析，数据列表等（图 10-148、图 10-149）。

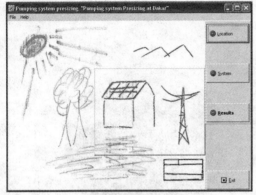

图 10-148 PVSYST 的初级工具界面

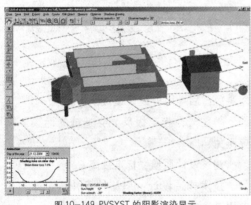

图 10-149 PVSYST 的阴影渲染显示

(3) 安装：技术与美学

光电板的安装也要考虑与建筑的结合问题，实际应用中有很多成功的例子。光电板多为模数化生产，可以按照建筑师的设计要求在大小、形式及安装技术上选取相应产品（图 10-150）。

(4) 发展趋势

由于标准化大批量生产、产量提高以及技术的进步，光电板的生产成本在过去的几年（截止至 2006 年）中已经降低很多。但是在家庭型小面积光电板方面，由于世界各地对光电板的需求量也提高，生产者利用这种形势，价格不降反升，2004～2005 年提高 10%，2006 年中期最大的德国光电板片生产商把价格又提高 5%～10%，直接影响到终端产品的价格（图 10-151、图 10-152）。不过，室外、屋顶的大型装置的价格则是近年来最低的，从而吸引许多投资基金会建设大型太阳能园区的项目（图 10-153）。

图 10-150 各种设计安装方式

图 10-151 各国安装光电板情况纵览

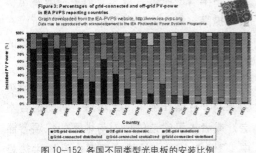

图 10-152 各国不同类型光电板的安装比例

图 10-153 德国某太阳能产业区

10.4.6 小区供热系统及热能存储

由于太阳能产热夏季最大,而房屋供暖冬季需求最大,所以节能小区中,太阳能获得后还有储存以延时使用的问题(图10-154)。一般来说,一家一户分散安装集热器并自带热存储器的做法投资最大,大面积集热器带短期热存储器有最好的性价比。

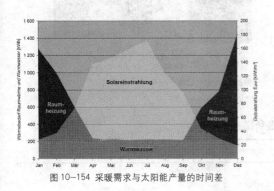

图 10-154 采暖需求与太阳能产量的时间差

(1) 大面积集热器+短期热存储器

大面积集热器系统并非众多小面积集热器系统的简单组合,它有自身的技术要求,多用在住宅小区、旅馆、医院等每天生活热水需求量较大的地方($3m^3$/天)。系统主要用来提供生活热水,并辅助供暖(图10-155)。作为小区的中央供热系统,它由中央冷、热站(冷、热源,机房,配电等),室外管网系统、住户室内末端(风机盘管、计量表等)太阳能集热器以及短期热存储器组成。优点是效率高、环保,缺点是管网以及系统初期投资较大,管网热损失也较大。

与太阳能集热器系统相关,要注意的地方是:

1)集热器尽量大面积安装,以降低边框比例,减少管道安装。多使用大尺寸的集热板(每块 $5m^2$ 以上)以及工厂预制的集热器-屋顶一体化构件。真空管-集热器虽然产

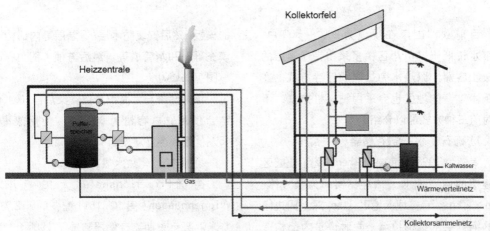

图 10-155 太阳能存储示意

热量较高，但性价比没有板式集热器好。

2）不要把全部生活热水放在造价昂贵的生活热水存储器里，而是采用小容量热水存储器（造价2500欧元/m³）+后备蓄水箱（造价500欧元/m³）的存储方案。

(2) 大面积集热器+长期热存储器

适用于供暖量在1250mWh/a的小区。系统由中央冷/热站、管网系统、住户室内末端、太阳能集热器以及长期热存储器组成（图10-156）。

长期热存储器要求蓄热性好，热损失小。

其利用率（供热量/最初充热量）随容量增大而提高，每立方米造价相对降低。所以在当地地理、水利条件允许下，要造大容量的存储器。

存储器的设计一般把热能直接或用热水为媒质，存储在地下（土壤层、封闭的含水层）或者人工建造的地上与地下的保温容器中（图10-157）。具体方案要由系统供热量以及当地地理条件决定（表10-29）。钻探桩－热存储器以及含水层－热存储器系统热损失很高，只有在蓄热容量在10万立方米以上才可考虑。

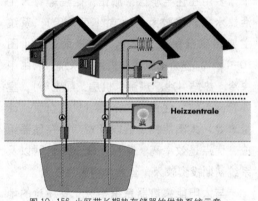

图10-156 小区带长期热存储器的供热系统示意

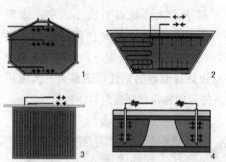

图10-157 长期热存储器的几种形式
1－热水热存储器；2－砾石/水－热存储器；3－钻探桩－热存储器；4－含水层地下水导管－热存储器

不同类型存储器所需存储量　　　　表10-29

存储器类型	混凝土热水	砾石/水	钻探桩	含水层地下水导管
每平方米板式太阳能集热器所需存储量	1.5～2.5m³	2.5～4m³	8～10m³	4～6m³

目前欧洲国家在规模为200～500户、地下水位低于10m小区，多采用带保温层的混凝土容器、以热水为热媒的储存方式；在地下水丰富的地区也会采用钻探桩方式。下面对前三种方式加以介绍。

1）砾石/水－热存储器

案例为1998年底德国Chemnitz工业园区中建成的砾石/水－热存储器。为长方体，58m×20m×7m，埋入地下3.5m深。周边修建的钢框架木结构护墙，同时也是内部构造的模板。然后安装防水层、保温层等内部构造，填充砾石和水管道等，最后盖顶（图10-158～图10-160）。

该存储器与大面积真空管集热器（540m）结合使用，总容量为8000m³，使用效率为45%，最大存储温度为60℃。

2）混凝土－热水热存储器

德国Friedrichshafen太阳能小区Wiggenhausen（图10-161）配备的1.2万立方米混凝土长期热存储器建成于1996年。它布置在一、二期规划之间，位置居中，旁边就是热站，管道短，热损失小。为降低造价，增加结构稳定性，经过多方案选择，混凝土容器确定采用圆纺锤形体形，容量大，表面积小，土方量和构造耗材少。内部采用重金属钢板（1.25mm厚、标准尺寸1.25m×4.25m）做防水面板，彼此搭接，用气焊固定在混凝土墙的预埋件上。钢板像鱼鳞一样覆盖预埋件，全部固定好后两次检查有无泄漏。屋顶结构用木头做支撑架，钢板同时起到屋面板的作用。完工后用自来水做密实性检测（图10-162、图10-163）。

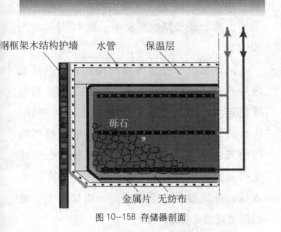

图10-158 存储器剖面

图10-159 建造过程

图10-160 填沙石

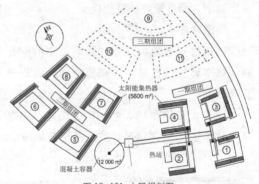

图10-161 小区规划图

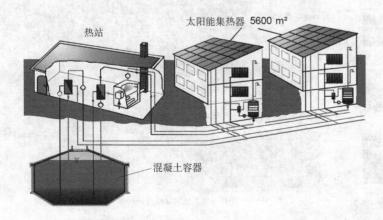

图10-162 小区供热系统

保温层采用压实矿棉板。墙壁部分保温层厚20cm，屋顶30cm，地板没有做保温层。在保温材料之外分别是防水层（PVC薄膜1.5mm厚）以及小砾石水渗透层（1m厚）。容器建好后，土方回填，形成小山包，做室外绿化，为儿童室外活动场地。

存储器通过充水和排水管道与外界设备相连，另有通风管与外界气压保持一致。可以充水至95%，留5%作为水体积膨胀的缓冲空间。

整个系统全部净花费135万欧元，造价约115欧元/m³。

3) 钻探桩-热存储器

比较起来，钻探桩-热存储器（图10-164）的优点如下：

① 在同等存储容量下，钻探桩投资比混凝土存储器要低20%～30%；

② 钻探桩以模数制造，可分期扩建，适应小区分批分期建设要求；

③ 建造过程中对土地和环境影响不大，土方量小，而且最终初级能耗少。

局限性在于：

钻探桩受当地地理条件影响，使用受限制；热学转化过程复杂，需要特殊的调节器及管理。

1996年在德国Nekarsulm太阳能小区中建成钻探桩-热存储器。首先在预定地段中取点打桩70m深，做土样分析，确定钻探桩的深度只能达到30m。

钻探桩形成一个封闭的、以热水为媒质的水力液压循环系统。首先钻井30m深，直径115mm，然后在井里放进两根耐热性好的U形塑料管（直径25mm）。管子90°交叉错开放，由特殊支撑件固定，尽可能靠近管壁，中间再插进一根导流管。最后用含水的糊状混合物（砂、水泥、混凝土配料）填实，与周围土壤形成长期的热交换（图10-165、图10-166）。

钻探桩分布按正方形网格规划，根据土壤导热性，间距最好为2m。大约5到6根钻探桩连成一组，整个存储器轴线对称布置。这样比较接近热学技术上最理想的圆柱型热辐射方式，而且构筑简单。在系统中心轴线上布置暖区的总管线，外边缘则安排冷区的管线。存储器中心温度最高，边缘最低。最后所有管线汇集到一起。

从1996年到2002年间，分三期（36-132-528）共建成528个钻探桩，容量达6.3万立方米，总规划建960根桩，11.5万立方米蓄热量（图10-167）。

图10-168为特定深度中钻探桩之间温度的变化，上、下曲线分别是夏季、冬季的情况。从图10-168中可以看出，受钻探桩中循环热水平均温度的影响，钻探桩周围温度（真

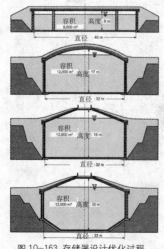

图10-163 存储器设计优化过程

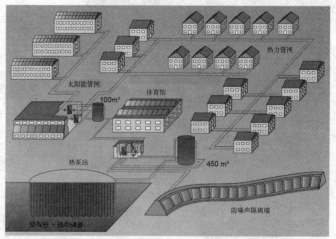

图10-164 节能小区系统供暖结合钻探桩-热存储器设计简图

实温度)叠加形成存储器温度区域曲线。区域曲线的走向趋势表明,越靠近存储器边缘,温度越低。冬天时钻探桩周围真实温度与夏天相反。随着存储器放热,温度降低,热损失也相应减少,所以区域曲线虽然绝对温度低,但下降弧度反而比夏天要缓。

在图 10-169 中可以看出,充热、放热会带来短期温度剧烈变化。最高温度在 60°C 出

图 10-165 钻探桩内放入的热交换器

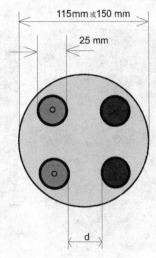

图 10-166 热交换器平面

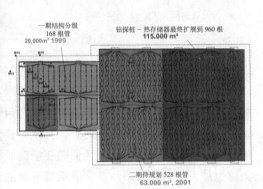

图 10-167 钻探桩分期建设规划

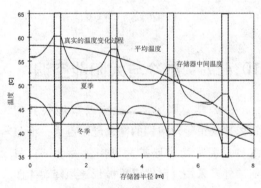

图 10-168 特定深度中钻探桩之间温度的变化

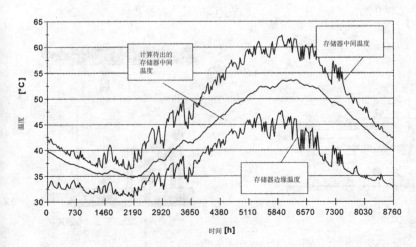

图 10-169 年度温度走向图

头,全年的平均温度在 35~55℃ 之间。比较混凝土热水存储器的平均温度振幅（35~85℃）,钻探桩存储器的容量要在热水存储器 4~5 倍以上才有效。

钻探桩存储器启动后,需要 3~4 年的时间,周围的土壤层升温达到相对稳定的状态,即存储器的热损失达到相对稳定状态。图 10-170 为计算机模拟的存储器启动后第 1、3、10 年钻探桩及周围土层垂直剖面的温度分布情况。

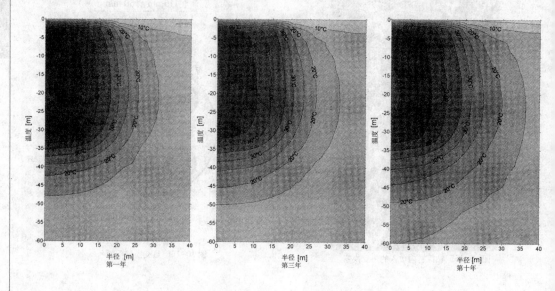

图 10-170 计算机模拟存储器启动后第 1、3、10 年钻探桩及周围土层垂直分布情况

10.4.7 制冷与太阳能空调

办公楼、旅馆、实验室及其他公共建筑如博物馆等对空调的需求越来越大,而且这种趋势从南半球扩大到中部及北部。目前国外多采用（自然或机械）通风降温（图 10-171）、利用建筑物构件实现混凝土核心温度调控（图 10-172）等方式进行房屋的供暖与采冷。在前面小节中已有介绍。

在冷能的生产方面,由于传统空调的制冷剂破坏臭氧层,并造成 CO_2 排放量不断增加,其使用不断受到批评。而太阳能热利用制冷与人们的制冷需求有同时性:当太阳辐射越强、天气越热的时候,我们需要空调的负荷也越大,形成太阳能空调应用最有利的客观因素（图 10-173）。因此,在条件适当的情况下,利用太阳能的空调可以成为替代传统空调的另一种选择。

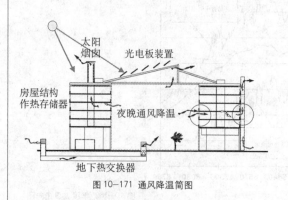

图 10-171 通风降温简图

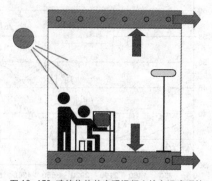

图 10-172 建筑物构件实现混凝土核心温度调控

(1) 节能前提：减少房屋的采冷需求

太阳能空调提供了一种为建筑物制冷，又不损害环境的方式。不过，太阳能是免费的，但整个系统仍然比传统压缩空调要贵。所以，在决定采用太阳能空调之前，首先需要仔细分析建筑物的情况，降低它的采冷需求（图10-174）。

对房屋采冷需求影响最大的是下面几个建筑设计和用户使用方面的因素：

1) 立面上的玻璃部分：太阳光辐射和热量传导。

2) 外围护结构：保温层。

3) 建筑物的热量存储性能：混凝土墙体。

4) 内部敏感的和潜在的负担：人体、电器等。

敏感型的采冷需求是建筑总采冷需求的主要部分，它们造成室内温度的快速上升。而潜伏缓慢型供暖需求不提高室内温度，而是提高室内空气的含水量，从而增加室内空气湿度。

设计阶段对建筑物采冷需求可以产生影响的因素有：选择建筑物的朝向，窗户和立面采用外遮阳设施，设置足够外保温层，结合夜晚通风降温，满足需要的良好的通风设计等。

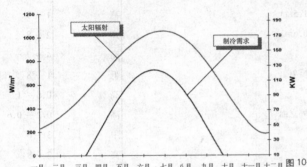

图 10-173 太阳能热产量与人们的制冷需求有同时性

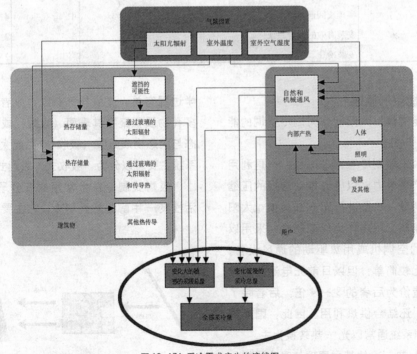

图 10-174 采冷需求产生的流线图

现状建筑物减少采冷需求的措施，如表 10-30 所示。

现状建筑物减少采冷需求的措施　　　　　表 10-30

	方式	造价	节约（%）
使用管理方式的改善	不同房间的室内温度自行调节	无	0～6
	提高房间的室内温度（如从 25℃升高到 27℃）	无	4～8
	提高室内相对空气湿度（如从 50%升高到 60%）	无	1～5
	正确使用灯具和电器	无	3～7
	正确使用室外遮阳设施	无	0～5
减少内部产热	调整照明灯泡（改换光线强度、灯泡自动开关控制的强度等）	低	4～6
	调整 LED 灯具（改换光线强度、灯泡自动开关控制的强度等）	低	2～4
	使用节能 LED 灯具代替卤素灯泡或白炽灯泡	中	10～13
围护结构	内部遮阳	低	2～5
可采取措施	外部遮阳	中	8～19
	安装垂直遮阳设施（0.6m）	高	2～18
	安装水平遮阳设施（1.5m）	高	1～9
	安装水平遮阳设施（0.6m）	高	2～8
	使用防晒玻璃	高	4～7
	外墙选用浅色调加大反射	低	1～8
	加保温层	高	0.6～1
	安装带后置通风层的外立面	高	0.2～0.6
	屋顶保温层	中	3～6
	为屋顶加遮阳设施	高	2～8
	屋顶建通风夹层	高	4～15
暖通技术设施的改进措施	安装暖回收	高	4～8
	实施夜间通风降温	中	4～8
	安装有效的调控系统	高	4～8
	安装冷顶	高	2～8

(2) 太阳能空调概述

太阳能空调以太阳能作为制冷空调的能源（图 10-175）。

利用太阳能制冷有两条途径，一是利用光伏技术产生电力，以电力推动常规的压缩式制冷机制冷；二是进行光－热转换：太阳能集热器集热，用热作为能源制冷，采用以水为媒质的空调机或用热驱动的通风设备。前者系统比较简单，但以目前光电池的价格计算，其造价为后者的 3～4 倍；后者除了供冷之外，还结合供热利用。因此，国外的太阳能空调系统通常以光－热转换为主。

（太阳）热制冷的基本原理与吸收的热化学过程有关：流质与气态媒体或者经过固态多孔物质积聚在其表面（吸附）或者被某液态与固态物质吸收（吸收）。由此太阳能制冷系统主要可以分为：吸收式、吸附式两种。

吸附式制冷技术常用的有分子筛－水、活性炭－甲醇吸附式制冷。它主要由太阳能

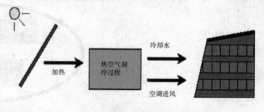

图 10-175 制冷原理简图

集热吸附器、冷凝器、蒸发器等组成，工作原理如下：白天太阳辐射充足时，吸附器吸收太阳辐射后，温度升高，使制冷剂从吸附剂中解吸，吸附器内压力升高。解吸出来的制冷剂进入冷凝器，经冷却介质冷却后凝结为液态，经减压阀进入蒸发器蒸发。夜间或太阳辐射不足时，环境温度降低，吸附器自然冷却后，其温度、压力下降，吸附剂开始吸附制冷剂，产生制冷效果（图10-176）。

系统的性能系数COP值偏低。

而研究最早的、发展较成熟、应用较多的吸收式制冷技术是利用吸收剂的吸收和蒸发特性进行制冷的技术，根据吸收剂的不同，分为氨－水吸收式制冷和溴化锂－水吸收式制冷两种。它以太阳能集热器收集太阳能产生热水或热空气，再用太阳能热水或热空气代替锅炉热水输入制冷机中制冷。由于造价、工艺、效率等方面的原因，这种制冷机不宜做得太小。所以，采用这种技术的太阳能空调系统一般适用于中央空调，系统需要有一定的规模。

根据具体过程中操作的不同，又有封闭式与开放式两种（表10-31）。

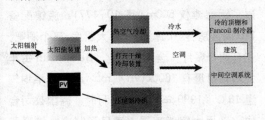

图10-176 太阳能制冷利用的途径

太阳能空调技术一览表　　　　　表10-31

方法	封闭循环系统		开放循环系统	
冷循环	冷媒封闭式循环		冷媒(水)与空气有直接接触	
原理	生产冷水		空气湿度和蒸发降温	
吸收剂的状态	固体	液体	固体	液体
典型原料	水/硅化物	水/锂盐，氨/水	水/硅化物，水/锂盐	水/钙盐，水/锂盐
市场上运用的技术	吸收冷机	吸收冷机	吸收辅助空调机	即将推向市场
典型产冷量	50～430kW	15kW～5MW	20～350kW/单位	
COP（Q冷/Q暖）	0.5～0.7	0.6～0.75（一级）	0.5～1	〉1
工作温度	60～90℃	80～110℃	45～95℃	45～70℃
太阳能利用技术	真空管/平板集热器	真空管集热器	平板集热器/太阳能空气集热器	平板集热器/太阳能空气集热器

1)（冷水）封闭系统利用冰箱原理，只不过压缩泵由太阳能集热器代替，利用太阳能量加热水和冷却剂混合物。冷却剂受热蒸发，在相邻容器中凝结，在真空状态下送到热交换器中又被蒸发。蒸发所需的能量由热交换器的水提供，水温随后降到6℃，可循环利用冷却室温。同时，冷却剂又变成液态，与水混合后可被循环利用，开始下一轮制冷过程。

2)（冷气）开放系统主要利用太阳热能对室外空气除湿，被干燥的空气接下来被水浇淋而冷却，送到房子里降温。在马来西亚及中国南部等地区，气候炎热潮湿。那里的空调传统做法是使用制冷技术把空气降到极低的温度，使之放出水汽，这个过程耗费的能量比把空气单纯降温要大很多。而且接下来还要把极低温的干燥空气升温到可以接受的范围内，这又需要耗能。现在正研制利用太阳能除湿技术。

(3) 太阳能空调封闭式吸收冷机制冷的原则

封闭、固态吸收剂的制冷过程一般与所谓的吸收冷机（工作温度 60～90℃，COP=0.3～0.7）一起工作。由真空管和平板集热器收集太阳能。

以1999年德国弗莱堡大学医院实验楼安装的太阳能空调为例，冷机由两个吸收器、一个蒸发器、一个凝结器组成。在蒸发器中热媒经低压、低温（9℃）变成气态，进入吸收器中，被环保的吸收剂吸收；而在另一个吸收器中水蒸气被从太阳能集热器中送来的热水（85℃）加热，气压上升，在冷却塔周围温度30℃的情况下重新变成液态（冷凝），回到蒸发器中，开始下一轮循环。

吸收冷机所需的热力驱动由170m² 的真空管太阳能集热器提供。另外辅助使用热存储器来提高太阳热的利用程度，冷存储器帮助平衡短期制冷需求的波动。在冬天太阳能加热室内新风以帮助降低供暖支出。

(4) 经济性和应用前景

全欧洲目前共安装有70个太阳制冷装置，主要在德国和西班牙。从技术上来讲，以德国和奥地利为先进，因为这两个国家一直注意环境和能源保护，政府也大力支持。

根据对不同气候条件（意大利西西里／德国弗莱堡／丹麦哥本哈根）太阳能辅助利用与传统空调案例对比情况表明，在没有利用太阳能的情况下，空调（电和热驱动）的初级能耗大。

对比传统空调，太阳能制冷设备的一次性投资较高，因为除了空调外，还要安装太阳能集热器，而且太阳能产热的价格比用化石性燃料产热的价格高。但是由于使用可再生性能源，电耗减少，运行费用相对要少。所以从使用期内总成本的角度出发，太阳能制冷设备还有广阔的应用前景。

(5) 实例

1) 西班牙 Benidorm 的旅馆 Belroy

旅馆 Belroy 位于西班牙 Costa Blanca 海岸，距海滩仅 500m（图10-177）。旅馆配备110间客房，两个泳池，一个大厨房，三个酒吧，还有两个餐厅，全部空调化。Benidorm 每年太阳辐射量有 1600kWh/(m²·a)，年平均气温16℃，1999年业主与比利时、德国公司合作，采用太阳能装置，满足了制冷、供暖和热水全部能源需要的大部分。

旅馆屋顶总共安装了329个真空管太阳能集热器装置，每个装置由47个单块板、7个集热器组成，以水为热媒，管道与集热器共有容积 2000L（图10-178）。循环装置中的泵由太阳光线控制，启动值设为 150W/m²。早晨阳光较弱，主要用来加热循环系统中的热媒（水）。集热器的能源转换率有50%，每年产热 366.8kWh，热量在旅馆地下室里的备用蓄水箱3个容积各为 12m³ 的水池里储存起来。另外还有3个家用热水储存器（1.2m²），经过热交换器由备用蓄水箱加热。旅馆房间由通风系统实现空调控制：通风系统采用气－水交换器，通过媒质（水）夏天降温冬天采暖。在冬天太阳平均辐射量 36kWh/(m²·a) 的情况下，旅馆需要供暖。夏天时开动吸收冷机。太阳能集热器向吸收冷机提供96℃ 的热水，冷机则向通风系统提供9℃ 冷水。整个太阳能装置能量首先用于制冷供暖，然后是热水供应（图10-179）。

吸收冷机使用一种水－盐（锂／溴银矿盐）混合物为媒质，最大制冷量为 125kW，主要由四个热交换器组成。第一个热交换器是分离机，它利用集热器里送来的96℃ 的热水把富水（盐含量低、水含量高）的水蒸发出来。水蒸汽随后进到第二个热交换器（冷凝机），在那里冷凝变成液体然后经过节流阀到第三个热交换器（蒸发器）中被蒸发掉。通过这个蒸发过程，空调机里的热水放热，降温至9℃。低压蒸汽涌入第四个热交换器（吸收器），这里有经过第一个分离机后含水量降低、含盐量相对升高的贫水。贫水吸收低压水蒸汽，变回富水，在媒质泵帮助下，与贫水进行热交换后可循环使用。在吸收器的冷凝器中水蒸汽变液体，放出的余热通过冷却塔向外释放（图10-180）。

整个吸收冷机的能源转换率有50%～60%。与传统的压缩冷机相比，只有中间泵一个设备需要少量的电能。旅馆采用太阳能装置完全取代了原来的500kW燃油炉。

2）科索沃Pristina欧盟重建局办公楼EAR塔楼

这栋大楼在科索沃战争中受炮火轰击受损（图10-181、图10-182），现作为欧盟重建局办公楼于2002～2003年间得以修复（图10-183），并安装太阳能集热器与冷机结合的太阳能空调制冷系统。该工程除了要修复2300m²办公面积（1426m²为需供暖／制冷的部分）外，还要用可再生性能源减少建筑的供暖／制冷需求进行热学节能更新，以及安装新的供暖和制冷设备。

它没有采用传统的电动制冷系统，而是使用太阳能空调，安装了227m²太阳能集热器，结合使用冷机，是太阳能制冷在商业建筑中为数不多的实施项目之一（图10-184）。

图10-177 旅馆外景

图10-178 真空管集热器外景

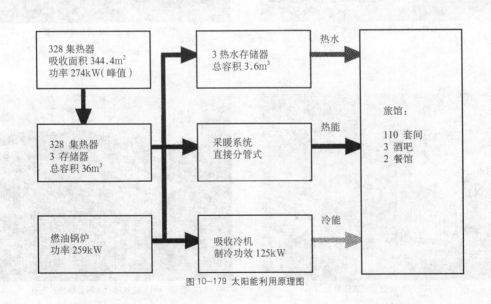

图10-179 太阳能利用原理图

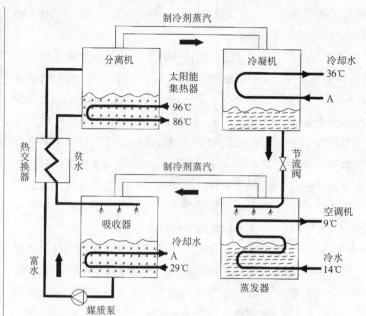

图 10-180 吸收冷机工作原理图

图 10-181 改造前建筑外景

图 10-182 改造前建筑因战争受损

图 10-183 改造后建筑外景

图 10-184 建筑屋顶太阳能集热器近景

工程由奥地利工程师设计实施，采用大板式（每块 12.6m²）集热器，为两个吸收冷机提供驱动热能。塔楼的最大制冷需求按照 110kW 计算。

大楼全部空调化。新风先在带暖回收的热交换器与室内旧风进行热交换，冬天加热或夏天降温。夏天新风预冷后还要进一步经过冷电池组，由冷机降温到所需的温度上。通过这样处理的空气可以满足 1/3 的建筑制冷需求。剩余需求由安装在办公室和会议室的 Fan Coil（送风式对流辐射制冷器，由风扇驱动的空气流与冷水流在热交换器中进行热交换，使空气降温，从而降低室内温度）系统满足。

两个吸收冷机的制冷功效分别是 45kW，另有备份的电动冷机功效 30kW。冷机使用溴化锂为吸收剂，进口温度为 75～90℃，系统的性能系数 COP=0.7。如果清晨傍晚太阳供热不足，热存储器也没有足够供应时，则启动备份的电动冷机。系统制冷太阳的应用覆盖率为 75%。夏天太阳能集热器既为冷机供能，又生产生活热水。春、秋、冬供暖季节则补充支持供暖系统，覆盖供暖需求。

整个太阳能和制冷的调节系统还采用远程视频控制系统，不受地理限制，工程师在奥地利可以进行配置和优化。整个系统在 2003 年 5 月建成，经初期的远程监视和优化调控后，正常运行，符合当初设计结果（图 10-185）。相比传统的电动制冷，组合系统只需其 1/5 的耗电量。对于只有一个老式燃煤发电站的城市 Pristina 来说，预计在设备总使用期共节约 10 万升燃油和 25 万公斤煤，相当于减少 CO_2 排放量 1000t。

技术指标：
制冷需求 90kW；
供暖需求 170kW；
总办公面积 2300m²；
太阳能集热器面积 227m²；
热存储器 4m³；
冷水存储器 1m³；
冷却塔 220kW；
尖峰时期备用电动冷机 30kW。

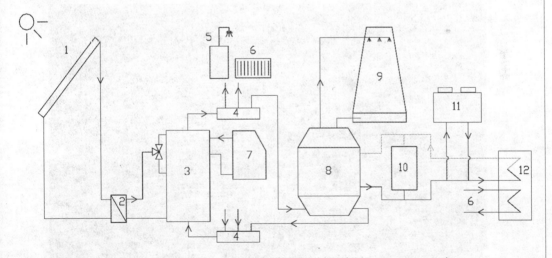

图 10-185 太阳能空调制冷系统功能设计图
1—太阳能集热器；2—热交换器；3—热存储器；4—二级补充加热器；5—生活热水循环；6—空间热循环（辐射散热器，Fan Coil 制冷器，空调机）；7—备份加热系统（200kW 油锅炉）；8—吸收冷机（2×45kW）；9—冷却塔；10—冷水存储器；11—备份冷却机（30kW 电动压缩机）；12—冷/热发送系统（Fan Coil 制冷器，空调机等）

10.4.8 太阳能建筑实例

随着太阳能利用技术的发展，所谓的太阳能建筑多种多样，各种技术设施与建筑设计的结合越来越和谐，第一代太阳能建筑生硬的技术感已经没有了。

(1) 荷兰 Amersfoort-Nieuwland 太阳能小区住宅楼：光电板

相比西欧各国，荷兰地少、人口密集，城市发展对环境压力较大。而且专家们担心，随着地球变暖，海平面升高，许多荷兰城市会遭受灭顶之灾。所以早在1988年就开始在 Alphen aan den Rijn 建设生态节能小区，该项目在材料、能源、水资源利用、建筑造型以及垃圾处理上积累了很多经验，为日后类似生态小区的建设设定了标准。

20世纪90年代后开始大规模生态小区建设，其中 Amersfoort-Nieuwland 是其中，也是世界上最大的太阳能小区（图10-186）。它建造于1994～2001年，共有5000座房子，其中10%安装光电设施，每年产电100万kWh，可满足300户人家的能源消耗（图10-187）。

整个小区采用花园城市概念做整体规划，小区内遍布通航运河，是能源概念与城市规划、技术设备和建筑造型设计结合较好的范例。

以小区中 Waterkwartier（图10-188）为例：

与一般太阳能小区规划北面停车进户、南面起居的做法不同，它强调花园城市概念结合高密度，联排别墅沿着东西巷道布置。前巷为入户通道，安排有各家的入口和厨房，一方南入口，一方北入口；后巷为花园出入口；巷道尽头是小广场，为公共活动场所。每户人家三层，各带一小块宅前绿地和后花园。

住宅南坡倾斜70°，北坡30°。太阳能光电板满铺在陡峭的南坡木屋顶上。比较平缓一些的安装角度，这样做只减少10%的产电量，但是不受遮挡，无积雪，可全年利用。旁边的连排住宅沿着河道布置，每家有各自的小码头，当河道中的水位达到一定程度时，就可通航。由于河道的缘故，这里的房子为东西向。每户人家的 $8m^2$ 光电板，安放在突起单坡顶朝南的外墙上（图10-189）。在地

图10-186 小区鸟瞰

段南部尽端的点式住宅楼,分为东西两部分,由外走廊联系,共用垂直交通。在西边七层楼里,把 70m² 的光电板集中安装在南面外墙上,光电板尺寸划分与立面设计结合起来。在东边五层楼里,光电板与阳台上遮阳百叶结合起来,一层层水平的遮阳挡板可根据太阳照射情况自动开关,同时也可由住户手动自行调控(图10-190)。

图10-187 超市屋顶上太阳板的安装

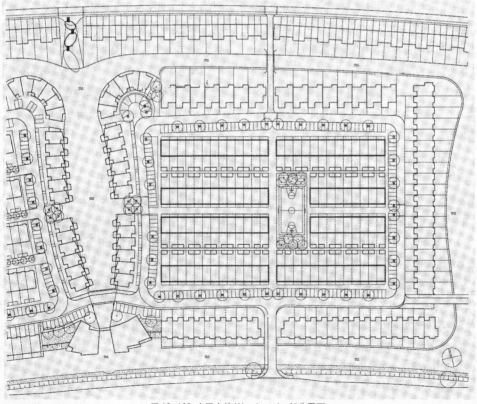

图10-188 小区中的 Waterkwartier 部分平面

图 10-189 小区中的点式住宅

图 10-190 小区中的联排住宅

(2) 德国 Corburg 太阳能住宅：被动式综合利用

位于德国南部 Corburg 的太阳能小区，建于 20 世纪 90 年代末（图 10-191）。为重点利用太阳能，各住宅楼采用行列式西南向布置。而且这样布置垂直坡向，保证冷气流无阻碍地向山谷运动，自然风通畅。为减少室外硬质地面，每两栋楼共用一条宅间路。每栋四层，以一梯两户为单元，多单元重复组成，体型简洁方正（图 10-192、图 10-193）。住宅取西南向，所有房间自然采光通风（图 10-194）。楼梯间与住宅部分脱开，不供暖。朝南部分装大面积玻璃，并从能源吸收角度出发，地板采用深色材料，墙、顶棚做鲜艳色彩处理。

住宅部分体型极其紧凑，保温也做得很好（U 值为 0.16）。看上去特别具有太阳能建筑特点，是在西南面外墙中融合了太阳能集热器：钢筋混凝土的窗下墙前挂透明的保温材料。它保证在冬季供暖期被动地利用太阳能，为其后的房间供热。在夏季和春秋过渡性季节中，获得的太阳能通过埋在钢筋混凝土预制块中的热交换器传导到两个中央热水存储器中储存起来，避免夏季过热。由于透明保温材料立面所选择的混合热处理方案，提高了整个设计的经济效应。

整个设计特别注重使用蓄热性高的材料。墙体采用 17.5cm 以及 24cm 厚的石灰砂岩，以此为单位制定整个平面尺寸。除此之外，住宅的平面也从最大蓄热性概念出发设计，在西南向大玻璃带形窗与住宅中间承重分隔墙之间，是一个多用途的"太阳室"（图 10-195）：它既是连接后面两间卧室的走道，又足够宽，可作游戏室、餐厅，或工作间。而且整个开间有开到顶的通长窗户，扩大了起居室的空间。窗子外开，夏天时成为内阳台。

承重分隔墙是实心墙体，吸收射入室内的太阳能，延缓一定时间之后再向室内发散出来。墙体上安装小窗，使其后的房间也获得南向太阳光。北立面外墙上统一开狭长的小窗，安装折叠推拉护窗板，早晨可反射阳光入室，冬天晚上关上可减少热损失（图10-196）。

建筑的供暖需求是 35kWh/(m²·a)，于1999 年建成，造价为每平方米 1060 欧元。

(3) 瑞士 Domat/Ems 老年中心：透明保温材料

2004 年瑞士阿尔卑斯山区小村子 Domat/Ems 的老年疗养所新建的四层老年人住宅楼，把整个房子当作大的温室来设计，南部外立

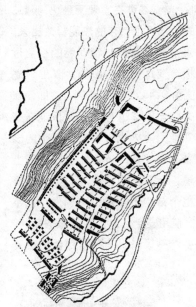

图 10-191 Corburg 小区总图

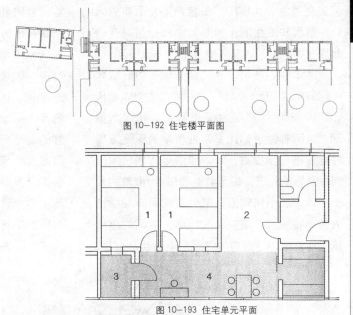

图 10-192 住宅楼平面图

图 10-193 住宅单元平面

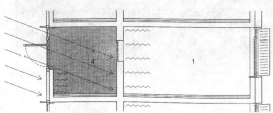

图 10-194 住宅单元剖面

图 10-195 住宅阳光室内景

图 10-196 住宅北部外景

483

面采用大面积透明保温材料，达到瑞士"迷你节能建筑－被动式－节能标准"，并由其独创性获得瑞士太阳建筑奖（图10-197、图10-198）。住宅楼共有20套小住宅，向西南方连成一排布置，由东北方向的宽大走廊联系。走廊里布置垂直交通，并且是老年人与邻居交谈的公共场所。每套户型北面布置入口、厨房和卫生间，南面为由推拉门隔开的起居室和卧室，以及内阳台（图10-199）。

老年中心使用了建筑师与瑞士科研机构一起研制的GlassX与GlassXX高效保温玻璃（图10-200），夹层中使用盐水合物或水循环。这两种做法都比充惰性气体的保温玻璃性能要进一步提高。8cm厚的半透明玻璃板用作卧室的外墙，板子共有四层6mm厚的安全玻璃、三个间隔层。最外面的间隔层中植入玻璃棱镜片、填充惰性气体，中间的隔层填充惰性气体，最内的隔层则灌满盐水合物。

盐水合物的特性使玻璃具有吸热及储存的功能，其功效相当于15cm厚的混凝土板，在26～28℃之间的蓄热量达1185kWh/m²。棱镜玻璃片做遮阳设施：夏天阳光直射时会完全被反射出去，而冬天的平射阳光则被允许通过。光线穿过棱镜，被玻璃墙里面填充的盐水合物吸收。盐结晶体在室温下融化，吸热，然后在适当的时候再把储存的热能释放出来。在这个太阳直射光转化成热辐射能的相变过程中，玻璃板会变透明。墙面的g值在17%～48%，U值为0.48 W/(m²·K)。即使在阴天，能量的转化效率也有34%，保证在有雾的时节仍然能为室内供暖供能。整个内表面温度冬天能达到26～28℃，就像是墙上装了个热炉子，而且墙面温度均一，室内舒适度很高。整个结构不需要机械构件，也不用电力驱动，使用安全可靠，而且服务期长。施工时不需要特殊设备，与寻常保温玻璃安

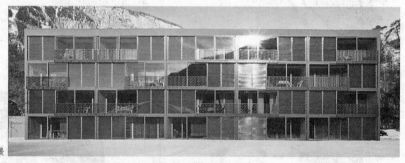

图10-197 建筑南立面外景

图10-198 建筑北立面外景

图 10-199 建筑内景

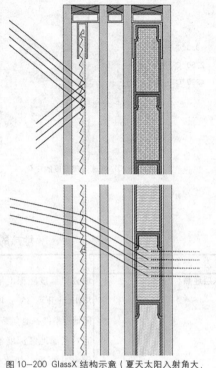

图 10-200 GlassX 结构示意（夏天太阳入射角大，被反射；冬天平射阳光全被允许通过）

装方式相同。建筑采用实体墙结构，以便更好地利用和存储太阳能：混凝土楼板，砖承重墙，结构墙外加 20cm 保温层。

建筑实际上可以仅仅采用机械通风设备供暖，但考虑到老年人的生活习惯与心理承受能力，特别采用低温地热地板为房间供暖及制冷。建筑的供暖与生活热水由两个精确定好功率的气-水型暖泵提供。蒸发器放在屋顶上，这样可以利用冷机循环的余热来对室外空气进行预热处理，从而进一步提高整套设备的效率。

10.5 地热能利用

10.5.1 地热能利用简介

地热能的利用可以很大程度地减少温室气体的排放。与其他可再生性能源（风、水、生物质能、太阳能）比较起来，它随时随地都可以获取，也不受气候与季节、白天黑夜变更的影响。由于燃油和液化气价格不断上升，地表地热能的开放利用得到很大发展。

(1) 能量来源

地球的组成从外到内分为地壳（总平均厚度 17km，大陆地壳 34km，海洋地壳 10km）、地幔（厚度约 2900km）和地核（半径约 3470km）。地球从地面至地心，随着深度的增加，密度不断加大，温度也在不断地提高。地核内核的温度在 4500～6500℃ 之间，99% 地球的温度在 1000℃ 以上，剩下部分的 99% 也在 100℃ 以上（图 10-201）。世界各地在 1km 的深处，几乎都能测到 35～40℃ 的温度。

据估计，地热约 30%～50% 来自地球形成期间的剩余能量，50%～70% 来源于放射性物质的衰变过程，这些衰变过程在地壳中一直放热，亿万年来，持续不断。在地壳最外表的部分，还有来自太阳辐射以及与周围空气热交换带来的能量。

(2) 能源的分类

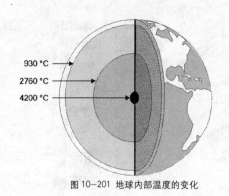

图 10-201 地球内部温度的变化

地球热能可以作为能量源泉产生热能和电能。根据其位置和利用方式分为两种：一是地表浅层的地热作直接利用，主要用来供暖和制冷（暖泵供暖）；二是深层地热作直接利用或者产电。另外，还有高焓（热函，热力学单位）蓄热地和低焓蓄热地的区别。高焓指的是，那块地区已经有很高的温度。

地热的分类与开采方式，如表10-32所示。

地热的分类与开采方式及用途　　　　　表 10-32

分类		开采方式	用途
深层地热	地壳里温度随深度增加，平均1km升温35～40℃，但随地理条件各地有变化 有的高温地区深度不大，但已有几百度，如火山地带，属于高焓蓄热地。高焓蓄热地的热能多用来产电 非火山区的地下温度不同。要利用热能都要深挖井。性价比较高的产电方式需要温度在100℃以上	受地理条件、能源储量以及设计所需温度影响分为：水力热系统，热干岩系统，深度地热探桩	产电
接近地表的地热	5～10m深的土壤层中温度常年稳定	利用地热探桩、土壤热交换器等	结合暖泵为房屋供暖/制冷
地下轨道的地热	地下市政工程中出现的温暖地下水（35～40℃）也可被利用		结合太阳能集热器供暖
矿山的地热	废弃矿场、天然气油田的废管井中水温常在60～120℃之间，管道现成，可再利用		
季节性热存储器	利用土壤层，深度有高低。所谓的高温-热存储器（50℃以上）需较大的深度	利用新型暖泵，冬季把土壤层10℃的温度利用起来室内升温供暖，自身降温、存储，到夏季再放热、制冷，完成热循环	结合太阳能热利用功效更高

注：目前很多国家主要利用 1000～3000m 深度的热能（热水）以及地表浅层土壤的相对恒温效应。

(3) 能量的应用方式：直接利用、供暖/制冷、产电

1) 直接利用：地球自身的热能被人类一直在利用着。世界文明古国中国、罗马等都有利用温泉热水的记载。法国中部早在14世纪的时候，就已经有了世界上第一个地热远

程供热管网。

人们对地热的直接利用有如下的方式（表10-33）：

人对地热的直接利用方式　表10-33

用途	温度℃
烹调、蒸发、晒盐	120
干燥水泥板	110
干燥有机物如草、蔬菜、羊毛等	100
晾干鱼	90
房屋供暖（传统方式）	80
制冷	70
养殖牲畜	60
种植蘑菇、矿泉浴、生活热水	50
低温地热地板	40
游泳池、桥梁和街道防冰、生物分化、发酵	30
养鱼	20
自然制冷	低于10℃

2）供暖/制冷：应用中需要的温度较低，深层地热完全满足需要。在浅层地表的地热常常还需要结合暖泵作辅助升温。主要应用于下面几个方面（表10-34）：

表10-34

用途	能源	年平均效应值
暖泵	86.673	2.75
游泳池	75.289	2.39
房屋供暖	52.868	1.68
温室	19.607	0.62
工业	11.068	0.35
农业	10.969	0.35
干燥（农业）	2.013	0.06
制冷，融雪	1.885	0.06
其他	1.045	0.03
总共	261.418	8.29

3）产电：地热产电最早的例子是1913年意大利托斯卡纳地区的地热发电站，高温水蒸气推动发电机发电。多用在地热资源丰富的国家，2000m深度之内，几百度的高温。

地热产电主要集中在历史上地热资源丰富的国家（高焓蓄热地）。其他国家要么得挖得更深，要么得利用相对低温（100～150℃）发电（表10-35）。

2000～2005年世界各国地热产电的产量　表10-35

国家	产电量（MW）
意大利	254
印尼	250
墨西哥	198
肯尼亚	92
美国	60
俄罗斯	50
冰岛	30
菲律宾	22
科斯达黎加	18

10.5.2　深层地热能利用

温暖及烫的地下水（40～100℃以上）可以为城市的区域及远程供热网络供热，或在游泳池以及商业建筑中使用。这种情况下，水力热动装置至少要与两套钻探装置相连，从开采钻探条中抽取地下热水，它的热能通过热交换器交给供暖系统，同时地下水降温，然后经过注射钻探条输送到原地下水源中。如果开采出来的地下水温度达不到直接利用所需的温度时，可以使用暖泵提高水温。在温度及开采量足够的情况下，还可以用地下水来产电，只不过其效率仅为8～13％，比水力发电（约80％）要低得多。

另一个在美国发展起来的技术是热-干-岩系统（Hot-Dry-Rock）（图10-202），主要利用几公里深的地下温度超过100℃的地下热岩石层，把水用高压从一个钻探通道压到地层深处，以加大或形成新的地下裂缝，然后把冷水灌到裂缝里去加热。加热后的水通过第二个钻探通道抽上来，经过热交换器为楼宇供暖等供能，或者利用热蒸汽带动发电机的风扇等方式得以利用。这种水力热动装置适用于有厚沉积岩的地区。目前这种方式在欧洲也有实验性应用。

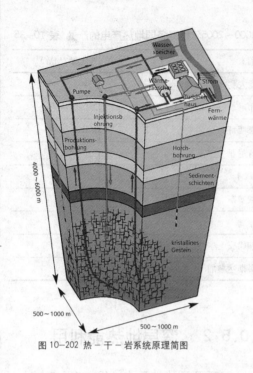

图 10-202 热-干-岩系统原理简图

10.5.3 浅层地表的地热能利用

在一般浅层地表平均温度为 10℃ 的情况下，仍然可以在住宅小区、办公楼、学校、医院、博物馆以及游泳馆等建筑中得到广泛地应用。

(1) 钻探条、集热器、地下水利用和暖泵

地热能可以用来供暖或制冷。获取地热能有开放式系统和封闭式系统两种方式：

在开放式系统中，不断抽取靠近地表的地下水。在热交换器里地下水放出自身热能（生活供暖）后降温或者接受建筑楼宇的余热（空调）而升温，然后通过同一个地下水管道排回去（图 10-203）。这种利用地热能的方式在地下水位相对较高的情况下特别有效，夏天可以简单地直接利用地下水降温。

在封闭式系统中反复利用一种流质热媒，把热能运输给暖泵，热媒在暖泵里被降温（生活供暖）或升温（空调），然后又流回钻探条或集热器中，与那里的地层温度平衡。

钻探条可以钻到地里 100m 深的地方，集热器则在土壤冻结线以下（约 1.2～1.5m 深）水平铺设（图 10-204）。热媒通常采用水－防冻剂－混合液。

地热能集热系统中的重要组成部分是暖泵，它可以把地里的低温升高到室内供暖所需的温度来。其原理类似冰箱，只不过正好相反。

如图 10-205 所示，地下水（开放系统）以及流质热媒（封闭系统）的热能在暖泵里排出，进到制冷剂中。这种制冷剂在一个封闭循环系统中反复使用，自身也不断在气－液态之间转换。受热时，制冷剂蒸发，蒸气在压缩机中密度变大而进一步升温。然后在凝结器中放热、变成液态。液态制冷剂受压，经过闸门解压后又循环使用。所利用的热能可以来自地下水，也可以来自室外空气。另

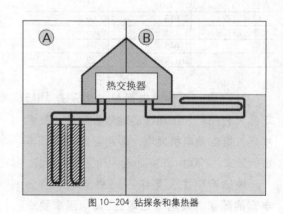

图 10-203 开发式地下水利用　　图 10-204 钻探条和集热器

外还可利用余热如建筑楼宇通风系统中的室内废气等。但要注意，如果使用温度过低的热媒会导致暖泵消耗太多电能。

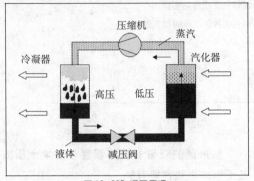

图 10-205 暖泵原理

(2) 热能储存

土壤层也可以利用起来做热存储器，把夏天的太阳能热放在冬天使用，或者冬天的冷转到夏天里降温。但目前蓄热器热损失还很大，系统大多数还未达到经济适用的程度。

(3) 设计步骤

地表浅层的地热几乎到处都可以用，建筑单体设计中重要步骤有：

1) 减少房屋供暖能耗：老房子要首先通过节能更新改造降低房屋供暖能耗，以尽量减小地热能利用系统的体积。

2) 挑选最优方案：根据地形和基地大小不同，有不同方式如地下集热器、地热钻探条、地下水-暖泵、与土壤层接触的混凝土建筑构件以及地下热存储器等。

3) 经济性评估：在房子已有低温供暖系统（如热地板供暖）的情况下，结合地热能利用会比较经济。新建房屋如几乎都利用地热能，应考虑结合低温供暖系统。如果供暖系统运行温度太高，暖泵的能耗会太大，即使钻探条很长，整个系统也不经济。

4) 地热能利用系统的设计：关键的参数是房屋的供暖需求以及供给暖泵的蒸发器使用所需的机器的取热功率。钻探条的长度与地下土质（含石量和水饱和度）有关，某些情况下必须多设几根较短的探条，以防止破坏地下水通道。

5) 钻探需经有关部门批准。

10.5.4　地热能开发与环境承受性

与化石性能源相比，地热能的开发利用可以减少 CO_2 的排放，对环境保护有好处。但同时也要注意这种能源利用对环境的影响。

(1) 有毒物质：从地热源出来的热水及蒸汽可能含有高浓度的有害物质如硫、硼酸、氨、汞等，它们对机器装置的腐蚀性很大，而且日后的清除也成问题。

(2) 地下水：在深层地热利用中常常使用近地表的地下水做冷却之用，这样会加剧地下水减少的问题。因为冷却过程中 40%～50% 的冷却水会被蒸发掉，而残水变热，矿物质含量提高。把残水排回地下水中会使地下水变暖变咸。

(3) 耗电：地热能系统中的暖泵会耗电。

(4) 严格地说，地热能不是一种"可再生的"资源。在深层地表的水力热动装置不是利用较弱的、持续、自然地从地核中发散的热能，而是直接开采那些有限的深层能源，严格意义上是挖蚀地球内部的热储存。众多模拟实验表明，被冷却的地域需要几百年甚至上千年的时间才能慢慢回温。

10.5.5　建筑中的运用

(1) 土壤-暖泵供暖系统

与传统燃烧化石性燃料的供暖系统相比，低能耗节能住宅中常常使用的暖泵供暖系统直接与热源连接获得能量，利用室外空气或者土壤热能。利用土壤热能的方式有两种：大面积平铺的土壤地热集热器以及垂直深挖的地热钻探桩。供暖系统的组成部分，如表 10-36 所示。

土壤-暖泵供暖系统的组成　　　　表 10-36

在房屋内的装置	房屋外的装置
低温-热发送系统 暖泵以及热存储器、调节器 在中央热水机的情况下要有热水储存器 供暖系统的翻转泵 热媒翻转泵	土壤集热器或地热钻探桩 容纳热媒传送所需的收集管道

(2) 地热集热器

土壤层可以季节性地储存太阳热能，即使在冬天很冷的时候，1m 以下的地方也不会结冻，温度常年保持相对稳定。利用这个特点，可以配合暖泵使用，为其供能。土壤热能的再生主要依靠太阳辐射，雨雪以及室外空气。由于从地核传到地表的热流只有 $1W/m^2$，可以忽略不计。

土壤里的热能获取通过一个大面积水平铺设的塑料管系统（热交换器）组成，管道埋在约 1.2～1.5m 深的土中，由盐水（水-防冻剂）作热媒，把土壤中的太阳热能送到暖泵里去。供暖期间盐水的平均温度约为 2℃。

集热器的管道长度与管径与当地土质以及土壤的供热性能有关。

土质与供热性能关系　　表 10-37

土质	供热性能（W/m^2）
干燥沙质土	10～15
潮湿沙质土	15～20
干燥黏土	20～25
潮湿黏土	25～30
地下水通过层	30～35

如表 10-37 所示，含砾石多的沙质土供

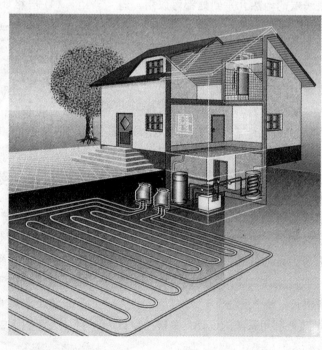

图 10-206 地热集热器原理图

热性能没有潮湿的黏土好。集热器的铺设面积与暖泵的功率有关，而它又由房屋的供暖需求决定。大致说来，低能耗节能住宅所需的集热器面积为房子供暖区内所有供暖面积的 1～1.5 倍。集热器铺设在基底面积之外，如花园、室外空地中，以此杜绝集热器结冻时对房屋可能产生的危害。暖泵系统结合土壤集热器的优点在于利用土壤的供热稳定及其热能，热源可以常年使用，无须特别维护。

(3) 地热钻探桩

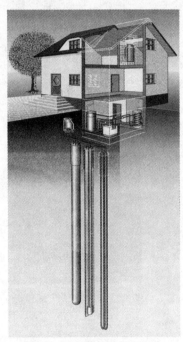

图 10-207 地热钻探桩原理图

很多情况下由于建筑地段面积太小，不适合安装平铺式集热器的话，暖泵系统多结合地热钻探桩，即通过不同挖掘方式打垂直地热桩（图 10-207）。钻探桩主要由两个 U 形塑料管组成，在管子中间还安装注射管。钻探井及管道做好后，从注射管压进去一种可以凝固的、起隔绝作用的半液态胶状悬浮物，它从下往上填充钻井，同时构成与周围土壤层的流状联系，并隔绝不同的含水层。

另一种方式是把钻井用可透过性的填充物（砾石、砾石-沙）填充，以保证地下水与钻井的联系，促进热能的获取。

钻探桩的数量和深度由基地的土质决定，并非到处适用，并要事先取得当地水利及地下水管理部门的同意。在水保护区内一般不可打钻探桩。总的来说，钻探桩的前提条件是对土质的精确了解、土壤层顺序、土壤抗压力以及现有地下水或地下水层的水位及水流方向。一般地热钻探桩系统在普通水、土条件下平均采热量有 60 W/m 钻探桩深度。地下水充足的地方产热量也相对较高。实际钻井深度要由钻探人员现场根据实际情况决定，目前一般在 50～100m 之间。

地热钻探桩的优势在于利用地表浅层的地热能，因为 10m 以下土壤温度常年保持在 10℃ 左右，热源可以常年使用，无须特别维护。

(4) 通风系统中的土壤热交换器

利用土壤相对恒温的特点，可以把室外空气冬天预热、夏天预冷后才进到通风设备中作室内新风，以节省能源。土壤层中埋设的热交换器可以把室外 -10℃ 的空气升温到 5℃，夏天的 30℃ 降到 19℃。

土壤热交换器由塑料或混凝土通风管组成，几乎水平（0.5% 找坡）布置在冻土层下，多在房子四周或室外空地上。然后土壤层要填密实。由于空气卫生原因要做好清洁及防霉菌工作，在进风口要设置过滤器，减少粉尘。春节及夏季闷热时节产生的凝结水要排走。为了管道清洁方便，需设检修通道，并且做防噪处理。此外，还有设计排水管，并有一定坡度，以保证排水通畅。如果水不能排到地下室的蓄水池的话，必须设置室外排水井坑，让凝结水在那里渗透到砾石层中。在地下水位较高的地方，需做密闭排水井坑，用水泵排水。管道直径多为 150mm，较大管径相对投资比过高。